# 建筑节能设计手册

## ——气候与建筑

# 建筑节能设计手册

## ——气候与建筑


[美] 阿尔温德·克里尚<br>
尼克·贝克<br>
西莫斯·扬纳斯<br>
S·V·索科洛伊 编

刘加平 张继良 谭良斌 译<br>
杨柳 闫增峰 校



中国建筑工业出版社

著作权合同登记图字：01-2003-3314号

**图书在版编目（CIP）数据**

建筑节能设计手册——气候与建筑／［美］克里尚等编；刘加平等译；杨柳等校. —北京：中国建筑工业出版社，2004
ISBN 7-112-06900-9

Ⅰ.建… Ⅱ.①克… ②刘… ③杨… Ⅲ.气象学-应用-建筑 Ⅳ.TU14

中国版本图书馆CIP数据核字（2004）第105658号

Climate Responsive Architecture: A Design Handbook for Energy Efficient Buildings/
Editors: Arvind Krishan, Nick Baker, Simos Yannas, S.V.Szokolay
ISBN 0-07-463218-3


责任编辑：董苏华
责任设计：郑秋菊
责任校对：李志瑛　王雪竹

**建筑节能设计手册**
——气候与建筑
［美］阿尔温德·克里尚　尼克·贝克　西莫斯·扬纳斯　S·V·索科洛伊　编
刘加平　张继良　谭良斌　译
杨　柳　闫增峰　校

*
中国建筑工业出版社出版、发行（北京西郊百万庄）
新 华 书 店 经 销
北京中科印刷有限公司印刷
*
开本：880×1230毫米　横1/16　印张：27　字数：770千字
2005年7月第一版　2005年7月第一次印刷
定价：80.00元
ISBN 7-112-06900-9
TU·6146（12854）

本社网址：http://www.china-abp.com.cn
网上书店：http://www.china-building.com.cn

# 译 者 序

资源枯竭与生态危机促使人类反思建立在工业文明基础之上的行为模式，以寻求人类社会、经济、技术和环境可持续发展的途径。

建筑活动是人类改造自然最大的活动之一。工业技术的进步实现了对建筑空间环境的绝对控制，导致人们能够尽情地利用能源和各种自然资源，不断满足对人工环境质量日益提高的需求。然而，对能源危机和环境恶化的追根溯源，发现人类建筑活动所消耗的能源资源和排放的污染物占到社会总量的三成。建立在资源无限环境容量无限理念之上的现代建筑设计理论和方法受到挑战，“气候建筑学”、“生态建筑学”则应运而生。

建筑师在建筑设计中主动地合理利用各种保温防热措施以及自然通风、遮阳等设计手段以适应地区气候特点，节约能源、利用太阳能等可再生能源，是建筑节能的主要途径，也是生态建筑、绿色建筑的主要方面。但不知西方人为什么把它叫作“被动式设计”(Passive Design)，而相对应的利用机械设备系统和外部能源输入来控制改变环境状况的技术则称为“主动式系统”。在我们的文化理念里，“被动式设计”容易被认为是被动、无可奈何的行为，多多少少具有一丝贬义。在建筑设计过程中，“被动式设计”要求建筑师了解环境地理状况（气候、地形、地貌、风向、植被等），学习并继承传统建筑中蕴含的生态智慧，采用低成本、低造价或者是造价适当的技术组合与材料，具有经济节约、易于普及的明显优势，尤其对发展中国家而言，是符合现代建筑技术发展要求的。也许对于西方人来说，采用先进的采暖通风与空调设备，充分利用新技术和新材料来解决生态问题才能体现建筑学科的发展方向，而向自然寻求答案是不得已而为之。如今，不论“被动式设计”最初定义的初衷如何，但它越来越受到全球建筑学科的关注，因为只有“被动式设计”才能减少建筑物对自然生态系统的破坏，才更符合人居环境可持续发展的要求。

本书是国际被动式与低能耗建筑协会1995年4月在印度新德里建筑与规划学院召开的国际学术研讨会上交流论文的汇集。第一部分介绍了建筑设计中应考虑的各项要素，包括建筑体形与围护结构、气候与热舒适、被动式采暖与降温、住区模式与场地规划、门窗与采光、自然通风以及适应气候的低能耗建筑技术，对其做了详细的讲解，并把这些要素和传统的设计方法相结合，还介绍了相应的设计工具及众多实际案例，每一案例都是许多节能及可持续性技术的集成和综合应用。

虽然本书的内容围绕印度地区，但气候测量、建筑物理，特别是对建筑热过程的研究，是普遍存在且可定量计算的课题，其研究成果可以非常容易地在国家与区域之间进行交流。然而，任何一位专家都没有提出一个可以解决全球问题的方案，因此我们应弄清这些原理和策略的实质，并适度吸纳地域传统经验，对其进行灵活调整并运用到设计实践中去。

译者

2005 年 5 月

# 前　　言

维克多·欧尔焦伊（Victor Olgyay）在1963年编著出版了具有前瞻性的《气候设计》(Design with Climate）一书。几十年前以及在20世纪的不同时期，它都是建筑学科的一本极其重要的教科书。该书以建筑形式、细部构造与当地气候的相互关系为基础，倡导建筑师在建筑设计中要更多地考虑气候的影响。柯尼希斯贝格尔（Koenigsberger）等在1973年出版的《热带房屋手册》(Manual of Tropical Housing)，在技术用语和地理范围上都有所扩大。早期在英美等国发表的这些虽朴素但鲜明的观点，均是本领域的前沿之见。它们倡导以气候来丰富建筑设计的内涵，把建筑科学作为实现其目标的动力之源，并且预言，目前建筑行业和文化领域的全球工业化将走上绝境。

## 当代设计

我们正处在新旧世纪交替之际，工业和消费的加速发展所带来的乐观及私欲膨胀的时代正在结束。许多地方正处于一个不确定的时刻。资本主义和工业化大生产并不能满足所有的期望，人们的心情忧郁失望。除了遍布全球的资源枯竭、空气污染、水污染、森林消失、土壤沙化等问题外，全球气候的变化及区域经济的衰退都是新的现实。突然间，“气候设计”这些原有的思想不仅有了新的意义，成了人们新的需要，而且这种需要变得愈来愈紧迫。尽管这些书当时只是为了说明建筑结合环境设计的可能性，而现在却显得极为必要。

作为建筑环境的设计者和提供者，我们今天生活、工作在一个全新的、与以往不同的全球文化氛围之中。当今世界，物质和信息不再是工业化链条中最高处单向流动的资源，而是一个由具有非线性、非均匀性、非平行性特征的多向量组成的资源矩阵。在这个新的资源矩阵中，除文化之外，还得考虑人们对地域和传统方法及材料的认识，甚至还要对人们在经济和传统文化系统中所扮演的角色进行深入的了解。

同时，我们还应更深刻地认识到我们在工业生产及其过程中所付出的真正代价，因此，我们需要新的知识网络来交流经验和信息流，需用最新的智慧建立新的模式。

## 国际被动式与低能耗建筑协会全球联盟

国际被动式与低能耗建筑协会(PLEA)1981年在百慕大召开第一次全体会议，成立了一个由研究、应用和教育工作者组成的非正式全球联盟。它代表着联系全球、各自承担不同义务的一个新的组合体。电子媒体远距离通讯上的方便，使得PLEA能够在许多不同的地方以不同形式召开多次会议。通过这些会议，该联盟不仅发展了自己的专业理论，而且还在不断地吸纳新鲜人力资源。从一开始，南北半球、东西方之间及高度工业化国家与经济发展中国家之间互通信息的作用就为人们所共识，并付诸实施。在这些理念之下，本书开创了PLEA联盟全球交流和互动的一个新开端。

本书就是这样一个全球联盟工作成果的浓缩，由6个国家的16位作者共同撰写。编写本书的初衷源于1995年4月在印度新德里建筑与规划学院召开的一次国际学术研讨会。为了确认和推广会议交流的成果，在PLEA的资助及PLEA英国分会的支持下，本书将所有交流论文汇集并重新编写。因此，本书是国际学术交流与信息共享的成果。

## 全球的典范

本书作者国籍各异，专业背景不同，涉猎主题多样，突出了共同承担全球责任和共享地域设计的成果。气候测量、建筑物理，特别是对建筑热过程的研究，是普遍存在且可定量计算的课题，其研究成果可以非常容易地在国家与区域之间进行交流。然而，这些作者中任何一位都没有提出一个可以解决全球问题的方案。受全球环境恶化及经济负增长的影响，使用单一的机械方法如空调去达到公共舒适标准是不可取的。与此同时，应该向人们推荐其他的降温策略，这些策略要更尊重自然，崇尚人类历史经验中的先进思想。案例研究使这些原理和策略更清楚，表明适度吸纳地域传统，对其进行灵活调整并运用到设计中去，可以获得意外的成功。

作者们丰富的专业知识和深厚的文化底蕴以及对事业的执着追求是令人敬仰的。在第一章中，雅典著名建筑师亚历山德罗·通巴茨斯（Alexandros Tombazis）开宗明义地指出，使用更简单、更自然和可持续发展的生物气候设计方法，可造就“少即是美”的建筑。他提供的那些精美的图片展示了地中海及伊斯兰文化中气候与建筑的协调美。路特·拉乌（Ruth Lahav）和托尼·里格（Tony Rigg）等从事实际工作的设计师以耶路撒冷、以色列及其他圣城为基础，强调在可持续性建筑设计中应考虑生理需求和测量结果的运用。耶路撒冷的另一位建筑师阿里·拉哈米莫夫（Arie Rahamimoff）撰写的部分章节的插图也对此作了综合说明。“建筑形体与围护结构”一章论述了设计中遇到的挑战。虽然阿尔温德·克里尚（Arvind Krishan）仅从印度新德里这个区域角度作了论述，但是他采用的生物气候形态分析方法则可用于其他地方，强调了在城乡设计中新旧知识的融合。与此一致的是，来自凉爽英国的弗格斯·尼科尔（Fergus Nicol）把人体舒适度这个普遍概念，尤其是高温气候下人的舒适度这个概念应用到了印度这样一个文化和气候多样性的国家。他对南亚次大陆的实地研究进一步详述了舒适度的复杂性，现在这已经是到处谈论的话题了。印度的文化及气候的多样性正是研究地域建筑环境的理想之选。

“被动式采暖与降温综述”一文是西莫斯·扬纳斯（Simos Yannas）写的，他在英国伦敦从事研究工作，并在建筑学会授课。利用气候的被动式建筑方案使建筑物本身成为能提供舒适条件的结构，而不必使用电能、燃料或其他机械设施。通常情况下，气候变化越大，这种被动式或者叫作生物气候法的应用机会就越多。艾萨克·迈尔（Isaac Meir）的“住区模式与场地规划”一文极大地扩展了这些概念的范围。他在内格夫沙漠和以色列新社区的气候学经验可直接用于其他许多地方，而不仅仅是干旱地区。迈尔的生物气候设计总表列出了城市要素、建筑类型、建筑构件以及它们的品质和潜力等内容。因此，改善室内和室外的小气候，是建筑设计要达到的预期目标之一。

随着建筑设计向细部发展，材料和构造的运用也必须体现生物气候概念。S·V·索科洛伊是国际知名的建筑学家，曾论述过建筑围护结构和表面的热特性及热迁移过程。他最初和奥托·柯尼希斯贝格尔（Otto Koenigsberger）等人合作，于1973年发表了早期的成果《热带房屋手册》。他把一些地域建筑材料如草纸板、砖及成品材料如玻璃和聚苯乙烯都写入书中。

在印度及热带、亚热带地区天气炎热，用于通风、采光及遮阳的开口设计应予以考虑。在内格夫本·古里安大学（the Ben-Gurion University of the Negev）沙漠建筑研究室工作的亚伊尔·埃特农（Yair Etzion）定量地描述了此类建筑设计的参数及设计工具。与此相类似，英国剑桥大学的尼克·贝克（Nick Baker）详细论述了采光设计和遮阳设计的协调问题，因为在建筑设计中，它们往往是矛盾的。

印度的气候和文化极具多样性，苏珊·露芙（Susan Roaf）把自然通风的原理应用于这一需求复杂的工程实践中。她是英国牛津布鲁克斯大学（Oxford Brookes University）的研究员，以出版她在中东及印度次大陆的应用研究而著名。汉诺威大学（the University of Hanover）的沃尔夫冈·维尔科姆（Wolfgang Willkomm）是一位德国建筑师，他建立的可持续建筑设计模式可以说是对前面章节进行了总结。他认为采用适宜的技术是气候建筑学一个至关重要的方面，所以，在沙漠地区的生态建筑，使用土质建材更为合适，因为那里树木不能生长，调整热质量是控制气温日波动和季节性波动的基本方式。同样，在干热地区，高密度住宅区最好的方案就是采用被动式防热设计。

由索科洛伊、贝克和克里尚撰写的最后一章给出了一些特殊的措施和方法，这些能使建筑师将被动式设计原理快速方便地运用到设计实践中去。

第一部分的结束语也可看作是导言，是对案例研究的概括总结。每一案例都是许多节能及可持续性技术的集成和综合应用。建筑有时被叫作妥协的艺术，但从三大洲的建筑实践中，我们可以看到受制于气候、地域和资源的设计标准是如何在建筑决策全过程中得以体现的。在每一个工程中，综合项目下有许多小项目。因此，在马里等国，使用黏土砖建造房屋，不仅与社会和就业密切相关，而且能够解决热舒适问题。同样，在英国一些大学的建筑综合体中，虽然每个侧翼承担着不同的建筑功能，但从细部构造和几何形体上，都可体现出所采用的生物气候设计策略。因此有时使用当地的黏土砖和砖瓦不仅有助于地方经济的发展，同时可使建筑物具有良好的热稳定性。

## 地域设计

对当地的需求、资源状况以及特有的社会价值观的考虑要多于对最好的技术和施工方法的考虑，它要求在建筑环境决策中能被认识和预见到。面对可持续性发展的新千年，在建筑环境设计决策和工程实践中，在美学追求和社会责任方面，必须超越技术的先进性。这就要求“气候设计”应演化为“地域设计”，它是地域资源走向国际化、实现预期目标的基石。

**杰弗里·库克**

美国建筑师学会荣誉会员

美国亚利桑那州立大学建筑学主任教授

英国伦敦威斯敏斯特大学客座教授

国际被动式与低能耗建筑协会前任会长

2000年1月

# 鸣　　谢

首先，对各位的鼎力支持和鼓励，我个人表示衷心的感谢。

本书的出版源于我院与伦敦大学巴勒特建筑学院（the Bartlet School of Architecture，London）的一项合作研究项目。此次合作使得一次重要的国际设计研讨会如期召开。由国际被动式与低能耗建筑协会（PLEA）、英国议会、印度新德里规划与建筑学院主办的这次会议的主题是："让建筑适应气候，以获得可持续发展"。本书最初之目的也在于此。

本书是国际知名建筑师、建筑科学家共同努力的结晶，可供专业人员和学术研究使用。编写小组共同编著本书，第一次把系统的建筑设计分解为诸建筑要素，但并不破坏传统的设计方法。每一章都论及一个建筑要素的设计，并都是由该领域的职业建筑师或建筑科学家撰写的。为完成此书，他们奉献出了自己的学识，付出了大量的心血，对此，我个人深表敬意。

我还要感谢每一个人，他们是杰弗里·库克教授，S·V·索科洛伊教授，西莫斯·扬纳斯教授，尼克·贝克博士，苏珊·露芙博士，弗格斯·尼科尔先生，布赖恩·福特先生，亚伊尔·埃特农博士，艾萨克·迈尔教授，托尼·里格先生，阿里·哈拉米莫夫先生，亚历山德罗·通巴茨斯先生和W·维尔科姆博士。

我的助手库纳尔·贾殷（Kunal Jain）也为本书的出版付出了艰辛的劳动，没有他的工作，本书的出版是不可能的。

最后，我得感谢本书的出版商，由于这本书结构复杂，他们为此付出了艰苦的劳动。

**阿尔温德·克里尚**

新德里规划与建筑学院　院长

# 编者简介

**阿尔温德·克里尚**

阿尔温德·克里尚，新德里规划与建筑学院研究部主任。在他开办的事务所——建筑体系设计研究中心（CASA）中任注册建筑师、规划师和结构工程师。职业生涯已逾32年，曾任世界银行中国区的项目顾问，先后在印度、美国、欧洲、中东以及中国等地独立或与国际机构合作完成多项规模大小不同、自然条件各异的工程项目。克里尚在气候建筑学领域的研究被公认为国际领先。

克里尚曾获华盛顿大学建筑学（the University of Washington）硕士学位和印度技术学院（The Indian Institute of Technology）的博士学位，任教20余年。曾应邀多次在国外讲学，数次主持国际会议，担任印度国家及地方政府的多个规划委员会委员职务，出席过许多次规划会议。

他还曾成功完成过多个国家和国际基金研究项目，其中包括印度政府基金项目——喜马拉雅地区抗震建筑的研究。最近又完成了印度非常规能源部（the Ministry of Non Conventional Energy Sources）国家可再生能源研究所的著名设计项目——萨达斯沃热森（Sardar Swaran Singh）项目。

克里尚著书颇丰，在国际会议、期刊、报告会上多次发表论文。

**尼克·贝克**

尼克·贝克是一位训练有素的物理学家，因广泛关注环境问题而对节能产生浓厚兴趣。他曾参与了一系列欧盟的研究计划项目，包括热舒适、天然采光和能耗模拟等，发表的作品广泛涉及能源与建筑环境。他是LT法——一种用于非居住建筑能耗设计工具的创始人，这种方法现已广泛用于各种气候条件下的建筑设计。他担任剑桥大学建筑系（the department of Architecture, University of Cambridge）兼职讲师和马丁中心主任（Director of Martin Center），圣-埃得蒙学院（St Edmunds）教师，剑桥建筑研究所（Cambridge Architectural Research Ltd.）主任。

**西莫斯·扬纳斯**

西莫斯·扬纳斯出生于伊斯坦布尔，在雅典接受建筑学教育与实践并成为一名建筑师，1973年迁至伦敦，从事钟爱的环境设计研究工作。他担任建筑学会研究生院环境与能源研究(the Environment and Energy Studies Programme at the Architectural Association Graduate School）项目主任，PLEA常任秘书。已有多部建筑与环境的著作和手册问世，曾应邀在多个国家做学术讲演。

**史蒂文·索科洛伊**

史蒂文·索科洛伊是一名建筑师，执业于悉尼(Sydney)，任教于利物浦、伦敦、内罗毕和昆士兰等地。曾任建筑科学研究室主任，后为建筑学部主任。1992年底退休后，主要从事能源、气候、太阳能设计的咨询工作，现任联合国一些机构的顾问。

他首次在英国的弥尔顿·肯尼斯（Milton Keynes）建立了第一个太阳能采暖住宅，在布里斯班（Brisbane）建起了太阳能空调房屋。有十几本著作问世，150多篇研究论文发表，并获得1989年度PLEA国际奖。

史蒂文·索科洛伊曾两次担任澳大利亚与新西兰太阳能学会主席（1978—1980和1992—1994)，并担任上届PLEA主席。目前任职于自然能源研究与发展委员会（NERDDC)、美国能源部被动式降温专家组以及澳大利亚与能源有关的标准委员会，并在昆士兰可替代能源顾问小组任职。

**阿里·拉哈米莫夫**

阿里·拉哈米莫夫1943年出生于保加利亚，1949年随家人移民到以色列。他先在海法学习，1969年毕业于赫尔辛基。曾在赫尔辛基为Toivo Karhonen和Veli Paatela两家公司工作，1970年后在耶路撒冷从事建筑学与城市规划工作。

他曾在新墨西哥州的哈佛大学和斯图加特大学任教，并多次到欧洲、美国、印度及俄罗斯等地讲学。

**阿兰·扬(Alan Young)**

阿兰·扬是伦敦大学巴勒特建筑学院环境设计与工程系的高级讲师。在成为一名建筑设备工程师之前，阿兰的专业为物理学，博士学位论文是关于物理化学方面的研究。现任职于伦敦大学，从事他喜好的现代建筑和乡土建筑热物理与能耗性能研究，担任环境设计与工程专业硕士学位课程导师。曾任英国政府能源设计咨询计划的指导，以及博物馆、档案馆和图书馆建筑委员会资源与环境组的顾问。他曾研究过办公楼建筑在自然通风、混合通风和空调模式下的空气质量与健康的关系，并对这三类模式的运行费用进行过比较研究。最近的研究包括办公室粉尘过滤、家庭厨房一氧化碳水平、湿热气候条件下博物馆建筑的被动式环境控制，以及希腊桑托里尼乡土建筑中被动式烟囱效应的性能。

**弗格斯·尼科尔**

20世纪60年代至70年代早期，弗格斯·尼科尔在英国医学研究委员会的人体生理部和建筑研究中心（BRE）从事建筑物理和人体热舒适研究。特别值得一提的是，他与迈克尔·汉弗莱斯（Michael Humphreys）共同创立了热舒适“适应”法，现在越来越受到国际社会的青睐。他曾在加纳的卡莫西科技大学（the University of Science and Technology in Kumsi，Ghana）建筑学院和伦敦建筑协会（the Architectural Association in London）任教。1992年，放弃书店经营，重返教学与研究岗位。

现就职于北伦敦大学（the University of North London）和牛津布鲁克斯大学（Oxford Brookes University）。在这两所大学里，他致力于建筑节能和可持续建筑的多学科硕士课程教学。他现在还承担着欧盟项目，以欧洲六所大学为基础，开设替代能源在建筑中的综合利用这一国际硕士课程。他还主持着北伦敦大学的一个项目，开发一个实现建筑内人体舒适的教学多媒体软件。

过去几年里，弗格斯领导了英国和巴基斯坦的热舒适研究，他还是英国联合会资助的塔尼西亚热舒适研究的顾问，欧盟一主要项目的协调人，在六个欧洲国家从事热舒适调查，并以热舒适的适应性为基础，更合理地进行控制设计，以节省能源。

弗格斯·尼科尔是英国热舒适兴趣小组的创始人之一，还是英国及欧洲顾问委员会成员，提供建筑通风热舒适方面的建议。

**亚伊尔·埃特农**

亚伊尔·埃特农1944年出生于以色列，分别在以色列工学院和加州大学获学士和硕士学位。1980年在得克萨斯A&M获得博士学位，曾在以色列建筑学院及其他国家任教。他曾领导以色列本·古里安大学布洛斯顿沙漠研究所建筑部的工作，后成为城市规划与沙漠建筑中心主任。1997年，他被任命为布洛斯顿沙漠研究所沙漠区人事部的主任，他还负责Bank Chair的沙漠建筑研究项目。

他的主要研究课题是与沙漠建筑相关的领域中建筑热舒适、建筑节能、建筑材料、建筑被动式采暖、建筑被动式制冷以及有关城市设计的气候与能源问题。

他是以色列住宅隔热标准委员会成员，现在还是替代能源利用委员会（以色列工商部）成员、建筑能源顾问委员会（科技能源部）成员、南非比勒陀利亚研发基金评估员、《建筑与环境》杂志编委。

他在以色列及国外发表著作论文很多，主持过许多设计革新项目，主要有：西特布克沙漠研究所国际中心、西特布克的内沃辛太阳能村和比尔奥拉的KKL－GADNA青年营。

**托尼·里格**

托尼·里格是耶路撒冷R·拉哈夫、T·里格建筑与城市规划设计公司的合伙人。该公司从事居住、公共及商业建筑设计和城镇与工业区的规划设计工作。在三十多年的工作中，他在所有的项目中，把气候与可持续性设计作为中心主题。他是国际建筑师协会（UIA）建筑与能源计划的主持人之一。他著述很多，最新的作品有1993年在UIA芝加哥大会上发表的《芝加哥宣言》（合作），1998年与路特·拉乌合作在葡萄牙PLEA大会上发表的《可持续规划设计》和2000年在巴西马瑙斯召开的第三届国际热带建筑论坛上发表的《可持续规划与建筑节能》。

他获奖很多，最近一次是以色列南部比尔希瓦政府管理中心的公开竞赛奖（与路特·拉乌和林·华沙教授共同获得）。

**亚历山德罗·N·通巴茨斯**

亚历山德罗·N·通巴茨斯1939年出生于巴基斯坦的卡拉奇，毕业于雅典国立技术大学建筑学院。

他是迈亚联合建筑事务所负责人，该事务所成立于1965年，旨在深化建筑设计与项目管理。

公司在希腊及其他国家的工作多次受到表扬，获得过100多项国内外竞赛大奖，公司受委托的许多任务正是由于他所获得的荣誉。公司曾参加日本、印度、阿联酋、芬兰、奥地利、德国、意大利、荷兰、法国、葡萄牙和塞浦路斯等国的国际招标项目。

亚历山德罗·N·通巴茨斯曾在25个国家做过讲演，在许多国际招标项目中担任评标成员。他发表文章很多，受到希腊国内外好评。1991年当选为美国建筑师联合会荣誉会员。

**沃尔夫冈·维尔科姆**

沃尔夫冈·维尔科姆出生于德国的莫尔海姆－鲁尔，1982年在汉诺威大学获博士学位，有25年的教学科研工作经历，是巴拉圭、巴西、坦桑尼亚和汉堡、印度等地大学的访问学者。最近和他的学生参加了在希腊举行的夏季学术讨论会，参与了西藏文化基金资助的修复工作。他的主要研究领域是热带建筑和建筑材料的再生利用。现在汉堡科技大学从事建筑工程与材料技术的教学工作。

**苏珊·克莱尔·露芙**

苏珊·克莱尔·露芙在牛津布鲁克斯大学工作，从事关于减少人体释放的温室气体和建筑产生的破坏臭氧的气体的教学和发展建筑策略。她现在还广泛地参与培养专业建筑教育人才的工作。曾三次组织国际建筑教育工作者会议。露芙博士作为牛津建筑学院的职业培训导师，其主要工作是极力推动建筑学的教学工作，能够培养出把地域性与建筑专业有机结合的设计人员。

她是一位成功的建筑师、讲师、研究员和作者。在曼彻斯特大学从事建筑教学一段时间之后，她在伊朗和伊拉克工作了十年，从事传统建筑、建筑技术、景观、游牧民族建筑和考古方面的研究工作。

**艾萨克·A·迈尔**

艾萨克·A·迈尔1957年出生于希腊的特沙龙尼奇，1975年移居以色列。1981年在以色列技术学院建筑与城镇规划学院获得建筑学学士学位，1984年获硕士学位，并留校任教（1982–1984）。1986年进入到内格夫的本·古里安大学布洛斯顿沙漠研究所建筑与城市设计中心工作。此后参与了多项建筑节能与荒漠适应方面的研究与设计工作，包括室外微气候的研究、建筑形式与技术的进化和适用性、被动式适宜性技术、拜占庭时期与当今气候变化的比较、以色列贝多宁地区的城市化进程、规划设计偶然性的预先控制、设计资料信息的普及与教育网络的研究等。

他独立撰写或与他人合作发表了大量关于干旱地区的论文、研究报告和著作。曾主持过在以色列等国举行的学术研讨会，作为多学科专家小组成员，参与过多次国际会议的组织工作。曾任以色列建筑师联合会能源与环境工作组的临时负责人（1979－1980），多次在以色列和其他国家讲学，曾为伦敦建筑学会的访问学者（1992）、牛津布鲁克斯大学建筑学院访问教授（2000－2001）。

他参与过多项建筑环境与能源工程的设计，包括以色列干旱地区的私人和公共建筑。他还是诸如以色列建设与住房部等机构的顾问，所获奖项主要有以色列科技部的研究奖和英国国会奖（1991），还有多利技术奖（1992）。近年来，多次应邀为电视专栏节目（如1999年英国广播公司的“边缘生活”栏目）和电视记录片（如2000年的地理与艺术栏目的“神秘的沙漠”节目）撰稿。

**杰弗里·库克**

杰弗里·库克教授出生于加拿大新斯科舍省的拉纳伯格市，是倡导将被动式和低能耗原理用于小区规划和建筑设计中的发起人。作为美国早期的太阳能会议的组织者和主持人，他参与了20世纪70年代促使被动式设计合法化的太阳能运动。1980年，他创办了《被动式太阳能》杂志，并担任编辑。

与此同时，作为组织者，他是国际被动式太阳能与低能耗建筑协会（PLEA）的第一任主席。在过去20年间，该组织在全球举行过多次会议、设计竞赛和咨询工作。1988年，为了表彰他在国际上所取得的成就，被首次授予终身教授。

**布赖恩·福特**

布赖恩·福特是英国WSP环境公司技术部主任，布赖恩·福特协会前负责人，环境设计及建筑师顾问协会主席。1996年至2000年，在德·蒙特福德大学（De Montfort University）任生态建筑学兼职教授。他出生于1949年，1974年毕业于坎特伯雷艺术学院（Canterbury College of Art）获建筑学学士，1981年获设计研究硕士。他教学经验丰富，早年在皮克肖特联合公司和阿兰·肖特共事，后来成为肖特福特公司的合伙人。

他最近的工作成果有美国匹兹堡的戴维劳伦斯会议中心（David Lawrence Convention Center，Pittsburgh，USA）、悉尼澳大利亚体育馆、意大利雷卡纳蒂的伊加里尼办公中心、印度美雅布尔的维第克普那塔里木寺庙、英国剑桥的航空博物馆、印度拉贾斯坦邦奥伯罗伊宾馆、马耳他证券交易所。他研究广泛，多次获奖。最近的印度建筑研究院的2000年优秀建筑奖就发给了因设计印度艾哈迈达巴德多伦研究中心的阿比克拉姆等，他就是其中的合作人之一。

他著书广泛，在很多国际会议上有论文发表。

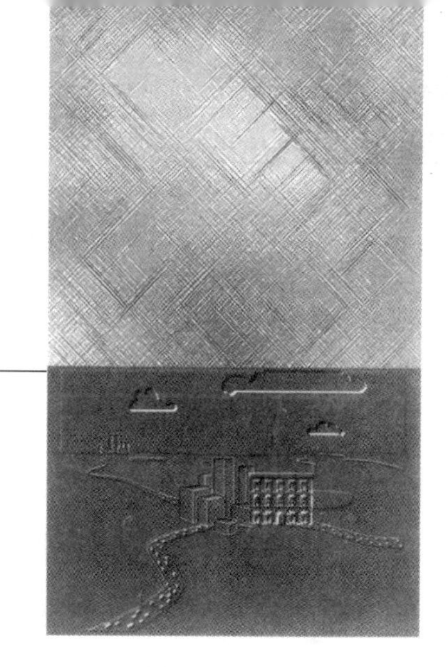

# 目　　录

## 第二部分 设计数据

# 引　　言

■阿尔温德·克里尚

建筑也许是全面判断每一个文明成就的惟一事物。我们不断发现人类先祖们创造的城市及其遗迹，证明每一文明都有值得骄傲的过去。而“工业社会”所创造的东西却很少让我们“地球村”的人感到自豪。我们正把人类推向环境崩溃的边缘。

尽管有人倡导技术革命及工业化，推崇“高科技”管制下的“健康星球”，但表象之下，一切并不都是美好的，就像奥斯卡·威尔德小说中的人物道伦·哥雷，他总是青春永驻，但其画像却在房子里老化了。现在的经济发展就掩盖了这样一个扭曲的星球。消费这辆机车破坏了陆地，污染了海洋，吃掉自然界的根基，威胁人类生存的惟一方式。

建筑处在消费的前沿，能源消耗极大的多层玻璃盒子随处可见。这些建筑不考虑气候条件、地理位置及文化背景。这实际上就是这趟失控的消费列车的写照。

然而，出现这样的现象好像是不可思议的。在过去几百年里，人们尊重自然，在地球上修建了许多设计复杂的建筑，比如巴拜罗印第安人（Pubelo

巴基斯坦海德拉巴的风斗

伊朗的“拜吉尔”

克什米尔列城的施皮吐克住宅区

Indians)设计的蒙塞沃德(Mese Verde)、伊朗的“拜吉尔”(Badgirs)、海德拉巴的风斗，等等。

同时，仔细研究一下列城（克什米尔）寒冷干旱的山地沙漠气候区的当地建筑，特别是施皮吐克住宅区就能证明其设计的复杂程度，对人的启发也很多。在南向坡的住宅群中，为实现最大限度的采光，设计中对建筑物的平面及三维形式、建筑物之间的关系、街宽与建筑物高度之间的比例进行了有

杰伊瑟尔梅尔市遮阳的街道

效的控制，是创造性建筑与场地设计的典范。

相反，在炎热干旱的沙漠气候中，印度拉贾斯坦邦的杰伊瑟尔梅尔市的设计就是与其环境相适应的一个特有例子。四通八达的街道网、合理布局的热质及彼此遮阳的设计策略，创造了一个整体舒适的都市环境。每所住宅都有院落并在入口设有集热设施。对考虑太阳位置的街道设计研究说明了街宽、建筑物高度之间通过相互遮阳形成一个凉爽环境的复杂关系。

本书就是要创造一种方法，通过这种方法，使建筑和住宅的设计能与自然相适应，并能把气候作为设计的一个基本参数。

本书把建筑设计划分为不同的要素，每一章讲解一个要素，但并没有牺牲传统的设计方法。设计过程一章把所有的设计要素汇聚在一起。第一部分是“设计原理与要素”，第二部分的“设计数据”支持说明第一部分。

亚历山德罗·通巴茨斯在本书的第一章第一节“建筑学与生物气候设计——少即是美”中，指出了建筑设计的本质。“生物气候设计”，或叫其他什么名称，是不是一个可有可无的事，只能由专业人士、有识人士来做，而实际的建设是另外一回事，并且更重要、更壮丽的建筑，只能由那些不懂、不关心技术问题的人来完成吗？考虑到地域和气候的设计是一个技术问题吗？是我们已达到了顶峰还是在赶时髦？第一次石油危机结束后，有一种要建设“太阳能建筑”的趋势，至少在公众的心中和国家资金项目中是这样，因为这种建筑的造价并不是那么高。现在会不会是“太阳能建筑”这个术语的翻版或太阳会即刻消失这样的问题？

问题好像是建筑师“惧怕或缺乏对数学的兴趣，缺乏对物理学基本原理的理解。事实上用这些方式表达的知识，理解起来更困难，对建筑师基本思维的影响更加不可能。”——通巴茨斯语。

因此，本书讲述了理解相关基础科学背景的方法和通过这些方法，建筑可分为不同的要素进行设计的一个建筑设计过程。

同时，阿里·拉哈米莫夫讲述了可持续性这个概念，托尼·里格和路特·拉乌讲述了导致不可持续发展的生活方式——消费与排放这样一个现实。他们提出了实现可持续的建筑方法并尽力使其成为现实。

“建筑形体与围护结构”的作者提出了一条贯穿设计全过程的主线。尽管建筑设计过程是一项复杂的活动，涉及各种自然参数和各种量之间的相互关系，本章还是论述了在保持设计本质的同时，实现概念设计决策的方法，从而使设计决策有章可循，使之在量化评价的基础上，形成定量化设计结论。

由于气候是设计的一个重要因素，也是热舒适的一个重要问题，弗格斯·尼科尔提出把“热舒适”作为一个动态参数的正确方法。这个参数因文化背景和地域不同而有所不同。这个方法导致设计策略的诞生。

西莫斯·扬纳斯的建筑物“被动式采暖与降温”设计使“温度平衡”有了合理的基础，使建筑设计与气候联系起来。尽管本章讲的是设计方法，但对设计要素也进行了详细的总结。

按气候进行建筑设计始于对区域的分析和规划，每个区域都有独特之处，因此，建筑设计也应是独有的。艾萨克·迈尔提出了区域分析及规划设计模式，以形成概念设计决策。

建筑物内外的相互关系建立在其外表——建筑物围护结构上，索科洛伊的“建筑围护结构”一章论及通过围护结构的热流控制技术。在列出有助于分析和设计围护结构的数学公式的同时，他还提出了围护结构设计方法及各种要素即隔热层的热特性等。

建筑物通过门窗与外界连通并换气，亚伊尔·埃特农提出：门窗的设计方法是围护结构设计的一个重要因素，通过数学公式可计算控制门窗的热流运动规律。该章还用图表说明了门窗控制设施的设计方法。

尼克·贝克的"采光"一章，讨论了建筑设计的一个非常重要方面，即通过采光，使建筑物内最大化地利用日光。采光的重要性怎么强调也不过分。它是生活必需品，且可有效地节约电能。根据印度的一项调查，在建筑物总用电中，住宅照明用电占29%；在商务楼中，照明用电占60%，遗憾的是在商务楼中的照明，多是在白天日光充足的情况下用掉的。通常印度的天空条件可提供8000 lx(勒克斯)的光照，一般的室内工作需200−300 lx就行了，使用率不到自然光的2%。掌握本章的采光设计原理，应用各种设计方法就有效地利用日光来达到节能的目的。

通过空气流动和外界热、湿条件的相互作用可实现热舒适度高、空气新鲜的居住环境。它不但可提供生命必需的氧气，而且还使流动的风存在于我们周围，控制着人体和环境的热平衡，不管是室内环境还是室外环境均是如此。

因此，建筑设计要达到有效通风就成为生态建筑学的一个重要方面。苏珊·露芙的"通风"一章，在研究建筑设计的同时，历史性地提供了建筑物有效通风的方法。

在整个设计过程中的一个中心问题就是可持续性问题。可持续建筑最有效的实现方法是要有正确的技术，沃尔夫冈·维尔科姆明确指出，设计必须以"比例"为基本原则。"比例"不仅是几何学上的一个术语，也是指恰当地解决目前问题的一个术语。

艺术设计工具说明了设计过程，索科洛伊的"软件包"一节提供了简单而全面的热过程分析与模拟工具，有助于建筑师实现和检测设计理念决策的正确性。

建筑师实现设计方案所采用的基本设计决策有：建筑规划及其三维形式应该是什么？把气候参数作为决定因素引导出的建筑形式，通过正确的基础，能实现此目标吗？

"太阳能围护结构"是实现三维或多维建筑与太阳的一年和每天的运动相适应的工具。按照本手册采用的设计程序提供的理念设计策略，建筑师可设计各种形式的三维外围护结构。这种方法还可用于评估围护结构因太阳辐射产生的吸热情况，此参数可优化外围护结构和整个建筑的设计。

阿里·拉哈米莫夫的文章讲述了城市项目规划和设计规模，确立了规划和设计决策的重要性，并将其贯彻于整个建筑过程中。

布赖恩·福特展示的马耳他SFC啤酒厂及英国莱斯特大学工程实验室等项目是这种技术应用的典范，这些建筑都与气候是适应的。

作者展示的希尔多功能会议大楼、迪哥利多功能学术中心、PEDA多功能办公楼等都表现了不同气候条件下不同用途的建筑。

本书第一部分是关于设计方法方面的内容，第二部分为综合数据库，其分析与提供的形式对建筑师和其他专业人员非常有用。

要把气候作为设计的一个内在方面，必须掌握各种参数的内涵及其在设计中的应用。既然设计是为了应用，那么气候参数，即辐射、气温、湿度、风速等就必须作为设计工具予以掌握。

图表建筑语言以气候分类表、生态表、舒适表、辐射表和玛浩尼(Mahoney)表等形式分析说明气候数据。

尽管这些内容并不是绝对的决定因素，但有助于设计策略的形成，何况这些内容是整个设计过程中最基本的要素。

书中列出了印度的各种气候区域，“遮阳”一章讲的是街道及户外的综合设计工具。

“植物资料”一章提供了全面的植物数据库，可用于印度的不同区域，满足了建筑与地形及其界面综合设计长期的需要。

为了对建筑物进行详细设计，支持设计的综合数据放在“数据表”一章中，包括：地面反射系数、表面传导系数及材料热阻系数、不同气候区域中不同建筑物表面的辐射传热及其分析等。

作者殷切地希望本书第一部分的设计方法和第二部分的设计数据能使建筑师们设计出与气候相适应的建筑，又不消耗大量资源。因此，让我们一起向《新德里宣言》做出承诺吧！

**阿尔温德·克里尚**



## 新德里宣言

“通过与气候相适应的低能耗建筑实现可持续”国际设计研讨会。

“通过与气候相适应的低能耗建筑实现可持续”国际设计研讨会于1995年3月27日至31日在印度新德里召开，会议由新德里建筑与城市规划学院高级建筑研究中心承办。

与会人员一致坚信：

可持续性发展是建筑业面临的最大挑战之一。

高能耗和对环境有破坏的建筑与可持续性相对立。为了迅速改善可持续性在建筑活动中的必要性，所有相关人员必须更好地合作，包括用户、建设单位、政府、非政府组织、教师及设计工作者。

被动式节能建筑能提高人的舒适度，进而改善人类生活条件及生活的各个方面。

科学知识为被动式节能生态建筑提供了工具和方法，明智的设计指导策略需要运用这些知识。

被动式节能生态建筑设计对个人、地方和国家来说，都极大地减少了建筑的经济和环境运行成本。

通过传统建筑学习先辈的智慧是提高未来建筑水平的有力工具，同时研究和展示高创新、低科技的建筑方案，也是探索建筑的可持续发展所必需的。

可持续设计对人类生活的每一方面来说，都是重要的。个人、城乡、地方、全国都应采用可持续环境发展战略。

今天的与会者来自世界各地，我们应牢记对子孙后代的责任，迎接创建优秀建筑和可持续发展事业的挑战。

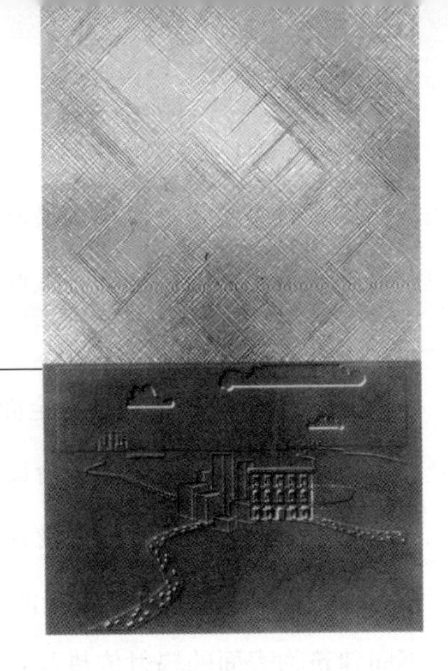

# 缩略表

| | |
|---|---|
| EEC | 欧洲经济共同体 |
| UIA | 国际建筑师协会 |
| AIA | 美国建筑师学会 |
| ASHRAE | 美国采暖、制冷与空调工程师学会 |
| BRS | 英国建筑研究所 |
| CDS | 联合国可持续发展委员会 |
| CIBSE | 英国特许建筑服务工程师协会 |
| CPZ | 潜在控制区域 |
| DF | 采光系数 |
| DIF | 漫射反射系数 |
| DTF | 漫射透射系数 |
| ERC | 外反射分量 |
| IRC | 内反射分量 |
| ISES | 国际太阳能学会 |
| NGOs | 非政府组织 |
| PMV | 预测平均投票率（热舒适指标） |
| SC | 天空成分 |
| TAP | 热虹吸空气控制板 |
| TIM | 透明绝热材料 |
| TSI | 热带夏季指数 |
| UNCED | 联合国教育发展协会 |
| UNDP | 联合国开发计划署 |

# 第一部分

# PART I

## 设计原理与要素

## Principles and Elements of Design

# 全球问题
# Global Context

## 1.1 建筑学与生物气候设计——少即是美

■ 亚历山德罗·通巴茨斯

生物气候设计已有悠久的历史。但遗憾的是，要让建筑师和其他设计人员接受它，并作为设计的一个组成部分，而不是一时的时尚，像所有其他来去匆匆的“主义”一样被吹走，这还有很长的路要走。

我先对前几年的发展做一总结。在现代运动占统治地位之前，生物气候设计问题更多地表现在民宅而非“官”宅。但与采光最密切的建筑，如罗马的万神庙和哥特式大教堂则是例外。在过去，地域与气候作为一个自然问题因不同原因而被考虑得较多。这些原因中重要的有：人类发展步伐缓慢，人们只能在探索中学习；当地的建筑及建筑材料特点；必须充分利用有限的资源及方法。玻璃作为一种大量生产的材料，再加上钢材，从根本上改变了这种状况，19世纪很多大型漂亮的玻璃建筑拔地而起。

在勒·柯布西耶（Le Corbusier）后来的工作中，除其他问题之外他认识到遮阳和自然通风的重要性不仅仅在于其必要性，还有美学价值。欧尔焦伊兄弟的开创性作品及CRS（Caudill、Rowlett、Scott）办公楼对气候作了系统科学的处理，然而主流建筑远没有考虑这些问题。廉价能源的获得，复杂机械系统的发展，不同种类玻璃的生产使建筑过多地依赖于配套设施，注重其外表而不考虑其处在何地。

现在我们知道，20世纪70年代早期的第一次石油危机震动了设计人员（或准确地说，这方面的专家们），使他们猛然醒悟，其结果是建筑师把精力集中在减少建筑物采暖上（由于处于北方气候的国家的发展）。起初以主动式得热系统为主，到了后来的70年代中期，多采用被动式。

同时，世界人口在过去20年里从38亿增加到52亿，到20世纪末，50%的人口都将居住在城市中。目前20%的世界人口消耗着80%的世界能源，同时制造出了相应多的污染，50%的能耗被用于建筑的生产和运行。在几十年的时间里，我们建造了有史以来所有建筑物的总和。与此同时，我们突然认识到如果我们继续消耗不可再生能源，越来越多地污染环境，再加上世界人口的飞速增长，特别是第三世界人口的增长，世界灭亡的日子也就为期不远了。

我们还认识到：问题的全部是人与环境如何保持平衡，这个问题很复杂，而不仅仅是能源消耗、人口增长、污染和废物的生产问题，以及我们生活于其中并有一定限度的生态环境问题。最后还认识到如果不能对其副产品进行处理，那么没有哪一项发明是上帝赐予我们的不竭之源，这已为历史所证明，比如原子能。从人类发展的角度看，我们都承认我们既不可能依靠先辈留下的东西，也不能以牺牲子孙后代的未来为代价，掠夺他们的资源来支撑我们的生活。

当然，近几年，建筑设计开始改变方向，它强调自然，设计手段更具完整性，并尽量考虑以下方面：

- 可持续发展的实现；
- 材料与不可再生资源的枯竭；
- 建筑生命周期分析；
- 建筑对环境的污染影响；
- 能耗的减少；
- 人类的健康与舒适。

建筑师现在清楚，这些都是非常重要的，而不再是少数人关心的边缘问题，它们已存在了很长时间。在装帧精美的建筑杂志上能见到整期都在讨论这些问题，并成为重要建筑会议的主题，如最近在芝加哥举行的由国际建筑师协会和美国建筑师学会共同召开的会议和欧洲经济共同体在佛罗伦萨举行的会议，人们对此就不再感到意外。这两次会议都发布了相关决议。

然而对我来说，下面的问题才是重要的：生物气候设计，或叫其他什么名称，是不是只是一件可有可无的事，只能由专业人士，有识之士来做，而实际的建设却是另外一回事，并且更重要、更壮丽的建筑只能由那些不懂、不关心技术问题的人来完成呢？设计考虑到地域和气候仅是一个技术问题吗？是我们已达到了顶峰还是赶时髦？第一次石油危机结束后，有一种要建设“太阳能建筑”的趋势，至少在公众的心目中和国家资金项目中是这样，因为这种建筑的造价并不是很高。现在会不会是“太阳能建筑”这个术语的翻版或“太阳”会即刻消失这样的问题？

我想多数建筑师在思考、设计、创新的过程中把气候问题作为工作中的一个可有可无的参数而不是一个重要的参数是有很多原因的。首先我认为是建筑教育的失误。在很多情况下，至少在几年前，建筑系的学生还不知道生物气候设计的基本情况和原理是什么。在学校时，这部分教育应成为他们在设计室里获得技能的一部分。但这两部分教育是完全不同的。其次，建筑师对数学畏惧，缺乏兴趣，对物理学的基本原理也缺乏了解。事实上，这些知识目前确实如此，理解起来困难，更不可能影响建筑师的基本思维。第三，建筑师喜欢设计和形式的自由，他们认为凡是对他有所限制的都会束缚他们的手脚，并尽力避而远之。

然而问题恰与此相反，建筑和其他事物一样，是解决问题的活动，就像勒·柯布西耶所说的那样，它是一次重要的游戏。为了解决问题，玩好游戏，必须限制从何处开始并制定游戏规则。在限度之内，限制越多，过程就越有趣，越有创造性。在真空中设计是不可能的，如果考虑的只是形式，其结果只能是雕塑，而不是建筑。

第二个原因是建筑师只接受了用眼的培训。建筑师只对空间及新的场所进行“想像”，而并不动用其他感觉器官。这样这些器官会休眠起来，逐渐丧失建筑创造的许多内在内容，而这些内容对生物气候建筑设计来说又是非常重要的。我只讲三点最基本的。尽管声、味、触觉的重要性并不亚于这三点。

1. 时间：时间被称为第四维建筑空间，是非常重要的。因为任何一个物体只能存在于一定的时间当中，时间赋予物体以生命，并将其与周期性（可断定的）或非周期性的重复联系起来。时间与季节和日期模式有关，因此与气候和建筑物使用方式有关，建筑应该被设计成与自然界相协调的而不是对立的，进而时间与建筑的动态特征相关，而不是我们现在看到的静态外表。

2. 空气：是第二个看不到但重要的要素。我们创造出一个空间，并把它看作是空的。这样我们就忘了这样一个事实：这个空间既被空气包围，也充满着空气。反过来由于温度或压力差使空气产生运动，这样空气就有了生命。与空气运动有关的是建筑的体形、布局、高度、朝向、门窗的大小和位置。

3. 光：特别是日光，是第三个重要的因素。建筑物不能没有光，从我们能用人工照明来代替自然采光时起，许多楼宇和建筑的采光效果越来越差，可以毫不夸张地说，决定建筑形式的不是建筑师而是光，建筑师只不过是这种形式的铸造者。

我坚持认为在设计过程中，建筑师应对画在纸上或电脑屏幕上的方案和各个部分进行分步研究，使时间、光和空气对设计的影响更形象。这样设计中要研究的内容就很多，非专家之眼是难以看出的，只有把各种影响考虑进去，最终作品才会更加丰富和完善。

传统的建筑设计与思维方法是静态的，建筑物按理想的尺寸完成了。在此过程中，尤其是只要有了配套设施，理想化的尺寸就意味着它是按照极端条件计算的，并相应地把不同要素按此计算。但在现实中，建筑是活的、动态的，而不是静态的，是像你、我那样有生命的有机体。建筑物也能感受冷热，也会呼吸，出汗，也会穿衣或脱掉多余的衣物，能晒太阳或遮阳，能让风进入也能将其拒之门外。

计算机程序不管是结构型的、电子的或机械的，都使动态设计成为可能，但重要的不是程序算出的几千个数据，而是所强调的设计思想和它们所依靠的基础。

就建筑而言，建筑师是设计小组的领导者和发起人，是协调各方的多面手。然而，建筑越复杂，问题也越复杂，建筑师也就越想放弃自己的角色。这样问题就会乱成一团，相互矛盾的各方都想在最后的设计中占一席之地，那结局会是什么呢？服务部门（有形还是无形并不重要）控制的建筑机器在很大程度上只能去修正这些原始的错误，我们所拥有的只是用大剂量的药物去医治它，而不是一开始就有一个符合逻辑的、健康的方案去预防它。要预防这种事情的发生，首先必须有明确可行的目标贯穿于整个设计思想和独立的设计体系中。这就意味着从一开始就要打好基础和优先考虑它。

然而，要让建筑师担当起协调人和创造者的角色，首先他必须能够理解设计小组其他人员的基本工作语言，并保持清醒的头脑，这样下一个问题就来了。

建筑设计是一个综合、复杂的过程。专家们要解决的专业问题很多，并且因情况不同而有所不同。但有些基本问题，比如我们正在谈的，他们无时无处不在。这些问题过去有，将来也会有；在极地存在，在赤道上也存在。这些问题都是一样的，差别只是问题的难易程度及其内容如何罢了。终究建筑存在都是要靠太阳的，只不过有些利用得巧妙有些利用得不好罢了。

有些问题是建筑师必须掌握，不能留给其他人解决的。作为首席负责人，应更好地履行管理和评估的角色，学习基础知识，了解不同建筑的差异，然后再把这些知识用于实践。虽然这些问题现在已有比过去多的人接受了，但如何才能让其成为主流建筑被普遍接受，而不再被当作一个可有可无的事呢？

我认为建筑师既是地球上的公民又是影响地球未来的人，提出这些问题并让他们感到解决这些问题只是他们的义务，这是不对的。他们应明白自己的影响力、工作职责和对可持续发展的未来所承担的义务，用世界末日论吓

图1.1 约旦安曼封闭和大体量的建筑有利于减少日温度波动

一吓他们是对的，也是必要的，因为这些都是紧要的事实。但这就够了吗？纯粹的建筑设计师在内心深处总是认为建筑应是一只自由飞翔的小鸟，翱翔在现实、世俗和限制之外。因此他会说我们讲的都是对的，并且是必要的，但还是留给关心它的人去做，他还会尽可能继续驾驭着自己自由创新的列车，把这些事留给政治家去做，让生态狂人也喊上几声，让优秀的医生／工程师们去开出良方！

我认为比较好的办法就是把这些问题放在恰当真实的环境之中，把它们看作是在最神秘的自然界中进行现实的设计，它的技术问题也很重要，与我们生存的地球息息相关。这些问题的内在美，最直接最根本地影响着建筑设计，而不应该仅是风格上或是附加方式的设计，应该有助于对建筑形式进行

**图1.2** 德国北部基尔地区的茅草屋顶建筑：露天博物馆

抉择。这些问题与逻辑和敏感程度有关，毕竟建筑师对思维与心理的结合总是感到自豪的。

为了强调我们所谈问题的重要性，以引起人们的兴趣，让我们假设这样的一天已经到来，光电电池发电费用降低，其过程对环境也没有什么不良影响，这时候建筑师的设计过程是不是就可以自由化？仅仅因为他可以不考虑其他因素就真的不考虑了吗？如果他真是这样，最终结果能让人满意吗？肯定不是。

在最近出现的名言中，我们先有密斯·凡·德·罗的“少就是多”，其目的在于强调纯洁、理性、简单的重要性，而在当时的设计中，大而多、复杂被认为是重要的。后来，又有了罗伯特·文丘里的“少就是使人厌烦”，其含

图1.3 摩洛哥拉巴特的调味品商店的自然采光功能

义是纯洁和管制的背后在过多的限制和违背自然的东西。必须承认这种观点有一定的合理性，它倡导多样化的设计。接着E·F·舒马赫提出了“小即是美”的思想，这是对大而集中管理方式的回应，对无控制的增长提出质疑。必须承认，这个观点比以往任何观点都重要。

倡导“少即是美”的时代已经到来。从理智和正确决策的意义上看，“少”并不意味就是小，而是在生活、发展和设计思想上要少到好处，“美”和“少”放在一起，其本意是“美丽”、“舒适”。运用更简洁、更自然、可持续的办法，能够达到同样的具有美学性质的设计结果。

我得承认我个人对过去20年里建筑业发展的满意程度的看法。我一直对技术、革新及其与建筑之间的联系感兴趣。这就是我首先关注“太阳能建筑”的原因。它是新生的东西，其潜在价值还待于开发。然而在现实中，我的设计只是把更多的机械结合到设计中。随着时间的流逝，我认识到与此相反的设计才是对的，“太阳能”本身是一个不太恰当的名称，重要的是气候、地域和场地设计的内在美，并把它作为美好的生态系统的一部分，让它编织出一个绿色的奇迹：我们的地球。

尽管我们不想承认这些，但我认为人们都知道虽然建筑与时装设计相去甚远，其发展经过了不同的阶段。事实上，越是以设计为方向（从狭义上讲），对本应进入设计的参数考虑得就越少，就越容易受到个人喜好和时尚的影响。

建筑与其位置、可持续性、气候以及从当地常识课上学到的简洁与美的知识、人类的需求与愿望等关系密切。其本身就是各方面知识的综合，并有自己的完整性，几乎没有什么要补充的。

这样，我认为我们应该把生物气候设计作为整体设计的一部分，我们不

图1.4 阿联酋迪拜的自然通风塔

应该也没有必要夸张，夸张是肤浅的表现，是初学者的特点。成熟的人对一切都有权衡的考虑。

这就是生物气候设计，即原来叫做太阳能设计的基本情况。起初认为它有自己的特征，与其他建筑不同。首先我们认为它只能由特定的专家、设计师、建筑师来完成，而不是人人都能做的。其次它会产生一种不同于以往的美，这种美曾被束之高阁（这样，在许多情况下，包括你我都会失业）。再次，它把环境与社会激进思想联系到了一起，这些激进思想与社会格格不入。对他们来说，钟表的指针应该倒拨，以免过多地强调技术的重要性，影响了人们的思想。我坚信，夸大这些思想对一些重要问题的解决及建筑物的内在美是不利的。

图1.5　希腊特拉皮亚艾吉尔勒厄斯的11世纪寺庙的废墟

另一方面，光说是不够的，会误导人。今天好多称做是生物气候设计的建筑，从设计价值的关系构成上看，实际上只是“时髦”的代名词——我们不要害怕承认这一点。在许多这样的建筑中，多余的技术及复杂的机械电气设施占了许多。这些技术、自动化设施的确是我们所必需的，但一定要用“少即是美”这一思想来指导它。

**图1.6** 印度尼西亚苏拉威西（Sulawesi）与湿热气候相适应的轻质建筑

## 1.2 可持续性与建筑学

■ 阿里·拉哈米莫夫

可持续性是当今建筑与规划中一个最有意义的思想，它基于资源的有限性及对资源无节制的利用而导致的环境恶化及给人类带来灾难的理解。无节制的资源利用尽管给人类带来痛苦，但也激励人们去研究、去发明，帮助我们理解建筑及其对未来的作用。

20世纪70年代的能源危机改变了建筑形式，建筑设计开始注意自己的朝向、窗户的尺寸、遮阳、通风、隔热及其他重要的建筑技术。钢材、玻璃、水泥等新的建筑材料改变了当代建筑的体积和质量。实际上，能源危机改变了我们对现代建筑的看法。楼梯、玻璃幕墙、平屋顶等建筑要素都要和时间、能耗、舒适度及地域适应性目标进行严格的比较。

对建筑史极大的、长久不衰的兴趣，特别是对“被动式节能建筑”的兴趣，改变了我们对待过去的态度，并赋予未来以新的含义。如果现代性受到批评，认为它只是为了所谓的“更好的未来”所倡导的运动，那么能源危机让人们对资源有限性的进一步理解，一些主要技术上的失败（遍及各大洲），迫使人们以新的眼光看待“建筑文化”。我使用了“建筑文化”这个词，因为我们的意义更广泛一些。我们所涉及到的不仅是建筑的艺术或技术，还有全部 “人与自然” 的关系，实际上，各种层次的关系都有。

20世纪80年代在设计的各个层次上出现了“人与环境”的对话，这些设计既有区域性的设计，又有城市设计和建筑设计，出现了三个占主导地位的思想：

1．人类资源是有限的。

2．人类行为对自然界的影响是不可逆的。

3．我们要对下一代承担道德上的义务。

这三点对80年代“建筑文化”有重要的影响。环境与生态成为国内国际活动的重要内容。欧洲的“绿色政治”、美国及亚洲的“环境意识”、“里约宣言”甚至就连宗教组织也在讲这个问题。所有这些都是近十年最紧迫的事。

资源匮乏是一个全球性的问题，世界上不同地方匮乏的形式不同，人们看到的有食物、水、新鲜空气、土地、时间的不足。资源匮乏已为人类所“共识”。对资源匮乏的担忧已从学术界、实验室和研究所中走了出来，摆到一个国家、地方、一个城市决策中心的桌面上。资源匮乏改变了建筑界以往的观念，“可持续”理念是近几年出现的与设计问题最相关的一个思想，也许是建筑界十年、百年、千年里最重要的问题。

可持续性同时包括各种规模的设计。例如，在一个大的区域，某一细节可能都会很重要，如隔热原则会影响该地区的能源、城市的水管理，会影响该地区的排水体系，可持续性思想吸取了过去的教训，并把它作为塑造未来的重要因素。

在我们走向20世纪末的时候，我们从研究过去中得到的收益比过去几十年我们所做的要多得多。现在既不是对过去的否定，也不是对过去的模仿，而是吸取教训来改变目前的现状。我们希望，通过认真设计、精心研究和应用，可持续性理念一定会提供一个理想的历史“平台”，对未来产生有意义的深远的指导作用。

可持续性理念在制约和相互制约之间架起了一个重要桥梁，我们面临的复杂问题只能通过相互制约因素的合作、协同来解决。与可持续性相关的另一方面是“文化的永久性”。如果对过去几十年人们关注的中心及事物的联系进行分析，我们可以肯定地说不断变化是建筑业的主题。在如下的设计问题中，我们可以看到其变化；20 世纪 60 年代的太阳能集热器，70 年代的零能耗建筑，生物气候城市研究，80年代对区域观念和按地域设计的精神的研究。

我们都记得亚历山大 · 杜马斯（Alexander Dumas）说过：“每一代人都是危险的，包括我们这一代人”，我们仍可以这样说；所有的例子都说明了建筑重心的转移。

关于可持续性与建筑，我概括为两点：20世纪建筑最有趣的特征之一就是在“统一性”与“多样性”这两个对立的方向上寻找平衡点。我们仍在继续探求普遍的原理和统一的因素来指导建筑业。同时，建筑业也在不断地研究其适应性。研究的目的是为了内在的多样性，而不是研究人为制造出来的危险的时尚特性。我们进行的研究是多样性的研究，它与区域条件和区域关系相一致。在此条件下，可持续性的作用就是“阿基米德的杠杆”，可持续性可以推动实际的需要，可以利用有限的资源去创造新的形式，在全球化的进程中将其运用于发达和不太发达的国家。

建筑现在面临两大主要挑战：一是有许多重要问题急需解决。仅举几例如下：大批人口的住房问题，保护环境问题，创建多样性的城市环境和区域环境问题，保护历史文化遗产问题，可持续发展的工业和旅游业问题等；二是在20世纪里，解决这些问题的努力不够。这一代人和下一代人不但要创造性地解决问题，而且要为营造一个健康的设计方向创造出“新视野”。在此挑战下，可持续发展理念创建了一种思维模式和工作方法，既有助于形成系统解决问题的方法，又点燃了未来“新视野”的火花。

# 1.3 可持续性——理念与现实

■ 托尼·里格，路特·拉乌*

## 可持续性——理念

无节制、不考虑后果的开发使地球出现了极大的环境危机。1992年在里约举行的联合国环境与发展高峰会议上对此有了真正的认识。各国政府一致认为这是未来几十年应优先考虑的主要问题。

危机的原因是人类为了自身的繁荣与舒适而对资源的开发。

当时人类还不明白地球生态应保持平衡。

当时人类破坏环境的规模很大，毫无疑问影响了我们赖以生存的自然和生态平衡。

在里约，人们达成共识，人类一定要走可持续发展之路，走尊重地球生态平衡之路，可持续性可用于人类的活动和开发，他们应该为了现在和未来而保护全球环境及不可再生资源。

“可持续”和“可持续性”成为会后使用频率极高的词。出现在日常生活、专业和科学用语中，可持续思想也成为“21世纪议程”的基础，它是里约全球环境保护思想的总结。人们达成共识，这些原则适用于影响地球环境的任何人类活动，因为现在人类活动的规模非常巨大，使地球自身也难以为继，人类必须保护环境，否则环境就会遭到破坏。

虽然核战争产生的灾难性后果只要少数负责的人控制和阻止就行了，而“可持续发展的地球”，却要依靠地球上每个人每天的活动，这种监督控制难度更大，对我们日常生活的潜在影响也更大。

## 可持续性与建筑

可持续性影响建筑设计的每一个阶段和内容，主要方面有：

### 交通

为了使可持续性最大化，城镇规划和建筑设计应从基础做起。一方面，通过机械运输产生的人流、物流及服务的流动要最小化。另一方面，高效、无污染的交通体系要更吸引人、便捷、易于使用。

### 材料与资源枯竭

建筑设计与施工应确保尽量不使用不可再生资源（如：原始森林中的木材），如必须使用，最后要予以回收（如金属及某些塑料等）。

### 废物及回收

施工不应产生大量废物，建成后，也不应让废物存在其中，通过灵活多样的方法，应把它们回收，做不同的利用，避免所买材料、资源和能源的破坏。

---

* 国际建筑师协会建筑与能源工作组，以色列耶路撒冷。

### 材料与健康

对人有害的环境不能认为是可持续的。因此，强调健康建筑也就是强调可持续性设计。复合材料的毒性问题多与发达国家的高密闭全空调建筑有关，这些都是非持续性的标志。设计和使用的材料越复杂越要考虑这些问题。

### 臭氧层枯竭

这是全球环境问题的一个非常具体的方面，氯氟烃（CFCs）从安装有空调系统（A/C）的建筑中侵入大气层，一些用泡沫剂生产的塑料绝缘材料也会产生这种气体。1974年至1990年间，大气中破坏臭氧层的CFCs浓度翻了一番，其原因就在于此。建筑物至少应该使用非CFC制冷系统（在设计上尽量避免使用空调），避免使用CFC泡沫塑料绝缘材料。

### 物化耗能

建筑物建造过程中的能耗量尽管很“小”（约占全球能耗的5%），但在许多发展中国家，却是一个非常重要的因素。就建筑材料的类型而言，有些建筑材料，如水泥（基本上不可回收）和铝（可回收）在制造中都是高耗能材料，认真考虑物化在建筑中的能耗是可持续设计的一个基本部分。

### 能耗与可再生能源

我认为，这是建筑设计中可持续性的一个至关重要的全球性问题。消耗不可再生能源用于建筑采暖、制冷和照明的能耗约占全球总能耗的45%。这种耗能方式不仅是对这些能源的非生产性、非持续性利用，而且也是全球环境污染和全球变暖的重要原因。

当然，这种情况目前多出现在发达国家。但如果设计时不考虑气候，让过去的错误重演，现在的发展中国家明天也会出现这样的问题。

利用当地小气候条件进行设计的建筑，依靠当地可再生的太阳能、风能等，在使用和居住时，能达到舒适的程度。这是建筑设计与建造的先决条件，之后才有廉价、现成能源的利用。在过去100年里，发达国家的建筑师们忘记或忽略了这些最基本的因素，在设计中，没有考虑气候。

## 可持续建筑与能源

“21世纪议程”的一个缺陷就是它虽以目录的形式列出了可持续发展面临的一些问题，但它并没有对其重要性和紧迫性进行分级。把这些问题留给了读者，让他们自己做出结论，判断哪些是未来首先应该考虑的，这就让人迷惑了。我在这里再次强调可持续性设计问题是因为其意义对全球未来来说比其他方面更重要。

## 温室效应

不可持续发展产生的一个主要问题就是大气组成的变化，进而会使太阳、地球和深层空间的热流平衡发生改变。

大气层的特定构成会造成“温室效应”：使地球热流和气温变化波动减缓，地球上大部分地方的气温都保持在15－35℃左右，众所周知，这些地方都是生命和地球生态的基础。

人类活动使大气中产生“温室效应”的气体浓度增大，向深层空间释放的热量减少从而使全球温度升高。目前温室效应气体的比例如图1.7所示。

目前温室效应50%是由二氧化碳（$CO_2$）气体造成的，这种气体是因煤、石油和天然气等矿物燃料的燃烧产生的，它们向空气中排放的二氧化碳含量是前所未有的。自工业革命时起，大气中二氧化碳的浓度增加了30%，而且现在以每10年4.5%的速度在增长。如果能耗继续保持目前的速度，在50年内，二氧化碳的浓度会翻一番，这能让地球上的气温增加2－4.5℃。而二氧化碳的释放量为每10年增加20%（图1.8）。

1988年多伦多世界大气变化紧急会议提议，到2005年，以1987年为基数，实现二氧化碳的释放量减少20%。

甲烷是造成温室效应的另一原因，其比重为18%，现在它增加得很快，主要原因是农业生产、废物处置及采矿业的不断发展。

氯氟烃（CFCs）被用作雾状推进剂和冰箱空调的制冷剂，不但破坏臭氧层，而且也是造成温室效应的另一原因，其比重为14%。从20世纪50年代起，它就被人为地释放到大气中，尽管已经停止生产，但其性质稳定，在大气中还要存留很长时间。

氮氧化物（NOx）在造成温室效应的原因中占6%，目前还在增加，它主要是由内燃机和发电厂产生的。

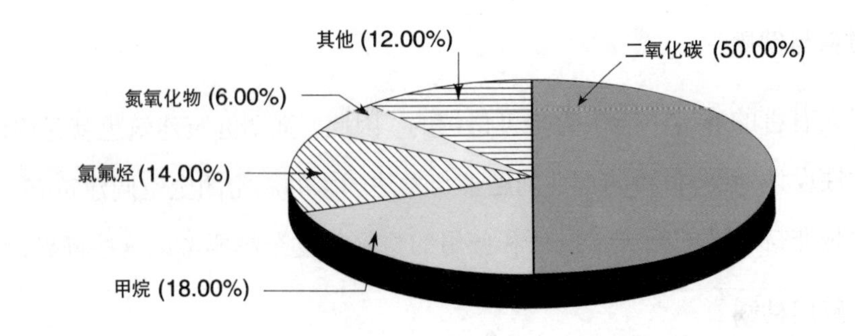


图1.7 1986年温室气体构成百分比

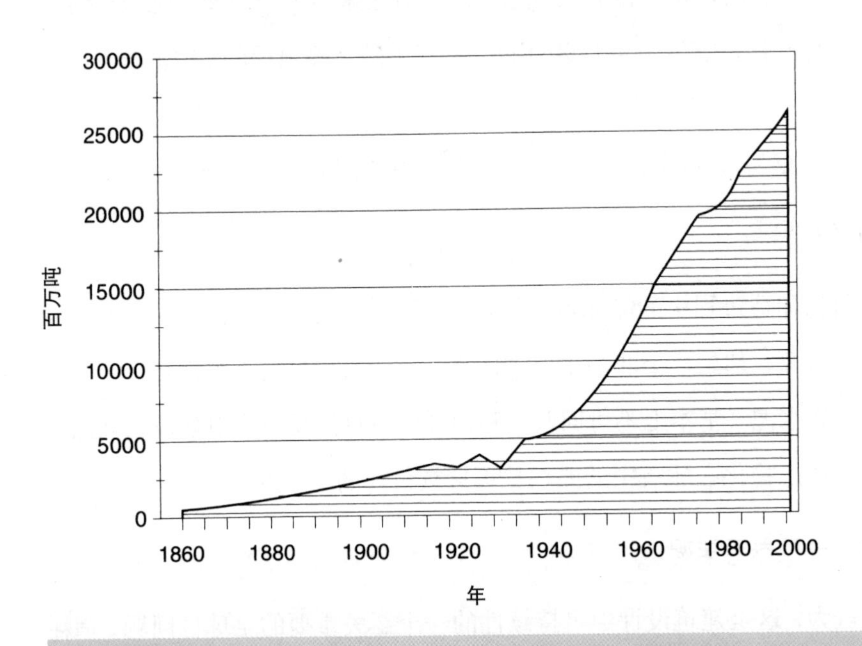


图1.8 矿物燃料燃烧产生的二氧化碳释放量

## 全球变暖

众所周知，大气变化是全球气温变化的主要原因。从1880年到1990年，全球平均气温明显增加了1℃（见图1.9）。尽管没有长期可靠的统计资料，以色列的平均气温在过去15年里就明显地升高了1℃。

气温上升2－4.5℃会造成什么后果现在还很难知道，但实际上，在上一次冰川期最冷的时候，地球平均气温比现在只低5℃，这就说明了环境变化的程度。许多科学家认为气温升高对生活造成的灾难性影响比核战争还要大。研究这些问题是非常紧迫的，因为时间不等人，在未来几十年里就会发生。

## 当前的能源消耗

最近的全球能源消耗统计表说明了三种非常重要的模式：

1. 发达国家与发展中国家的人均能耗极端地不平衡，发展中国家的人口占世界人口的80%，其消耗的能源只占世界能源消耗的30%（见图 1.10）。

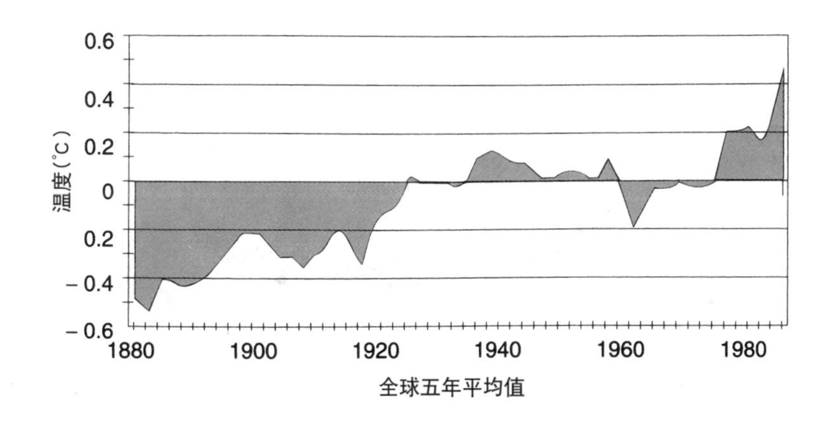


图1.9 全球气温走向势：1880—1980年平均变化值

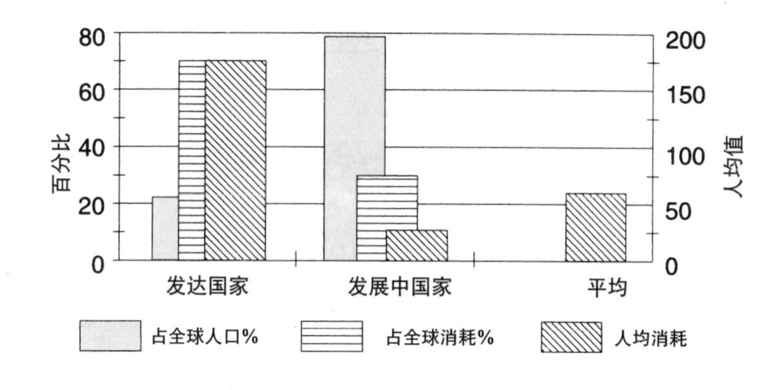


图1.10 1986年全球能耗分配表

2. 发展中国家在发展过程中能源消耗的增长速度加快，如果对能源消耗按人均分配（目前人均值为56GJ），发展中国家的能源消耗将会增加到现在的300%，而发达国家则要平均降低能耗70%。这样能源消耗和二氧化碳的生产才能保持目前的水平（图1.11）。

3. 在全球的总能耗中，45%用于采暖、制冷、照明，还有5%用于建筑业（图1.12）。

建筑物能耗占了最大的部分，也是节能潜力最大、最容易的部分。在新的建筑中采用已有的、经过验证的被动式、生态节能建筑设计，再付出75%－85%的努力，完全有可能降低能耗50%–70%（以发达国家建筑能耗为基准）。翻新改建已有建筑只能完成少量节能。

## 发展、能源与未来

发达国家（人口占全球的22%，而能耗却占世界能耗的70%），

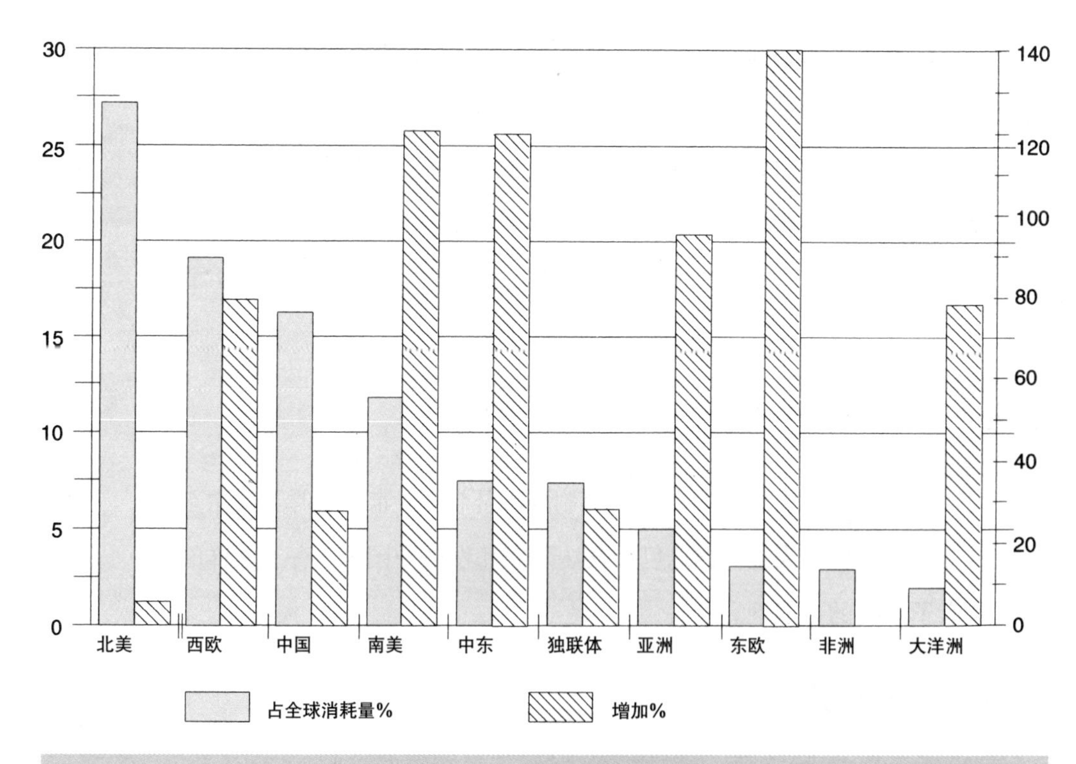


图1.11 1970—1986年全球能耗增加百分比

现在坐在静静的伊甸园里盘算着下一次经济衰退对既得利益的影响，然而真正的发展却在发展中国家。

实际上，世界其他地方的发展也是必要的，是人们向往“美好”未来的结果，也是对平等的追求。

发展中国家发展的动力是巨大的，随之而来的是建设环境的大发展。

当今，世界人口有51亿，其中25亿居住在城市。估计在未来20年内，由于人口的增加，农村人口向城市迁移，在这个数字上还会再增加20亿。其对现有城市环境近乎多一倍的压力多发生在发展中国家，并要求有巨大的资源、资本及人力投入。

从广义的角度研究用于“发展”的整个投资就可发现，约70%用于环境建设——城市建设和基础设施建设。这些都是发展中的基本投资部分。一旦建成，潜在的能源需求成为现实，以后要再减少的可能性就很小。

如果在目前进行的大规模城市环境建设中，不采用“低能耗”的规划与建筑设计思想，继续走发达国家的错误之路，要么全球的能源消耗会急剧增加，环境急剧恶化，要么大批的发展中国家人们仍然生活、工作在恶劣的条件之中，继续“我行我素”，从而导致灾难。

## 变化的必要性及可能性

现在人们已经意识到并明白了无节制地破坏自然、非持续的及反生态的发展是一条毁灭所有人类之路，包括发达国家和发展中国家。有了这样的认识，就有了改变的可能性。

## 可持续性——现实

在里约达成国际共识和欣喜即将到来的“国际新秩序”之余，世界发展的步子放缓，这是多数人可以看到的。然而变化和发展依旧，问题在于，这种改变和发展足够大了吗？相当快了吗？

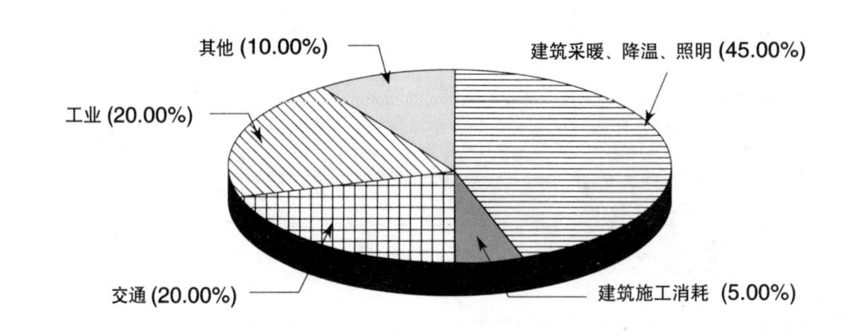


图1.12 全球能源利用（1986）：消耗分配

## 国际机构与非政府组织

全球峰会之后，联合国成立了可持续发展委员会（CDS）督促“21世纪议程”和其他在里约达成协议的实施。在预备会议中，由于非政府组织（NGOs）史无前例的成功参与，可持续发展委员会继续参与非政府组织的工作及会议的顾问工作。

国际太阳能学会（ISES）在里约会议前做了大量工作，对该峰会有重大影响。会后，在迈克·尼克拉斯的领导下，国际太阳能学会与联合国可持续发展委员会的联系非常活跃。

国际建筑师协会考虑到地球峰会的巨大影响，根据里约会议内容，制定了一个工作计划——建筑环境的可持续发展计划或里约发展之路。与联合国及其可持续发展委员会、其他国际机构、非政府组织在发展过程中合作。丹麦建筑师联合会负责此项计划，并得到丹麦政府的资助。

## 1993年6月的国际建筑师协会芝加哥会议

里约的地球峰会上，苏珊·迈克斯曼（当时任美国建筑师学会主席）和来自世界各国的代表及同行认为1993年芝加哥会议的中心议题应该是环境与可持续发展问题。这次会议是最大的一次国际建筑会议，14000名代表报名参加，发表了各自在该领域的看法，这些都体现在了《芝加哥宣言》中，《芝加哥宣言》成为国际建筑业应承担的基本责任。

## 芝加哥宣言

### UIA/AIA世界建筑师大会——为争取可持续未来的相互依赖宣言

1993年6月18—21日芝加哥

**会议认为：**

一个可持续发展的社会为了所有生灵(现在的和未来的)的利益而恢复、保护并改善自然及文化。对一个健康的社会而言，一种多样化及健康的环境具有内在的价值而且是必不可少的。我们今日之社会却在严重地破坏环境，因而是不可持续的。

我们与整个自然环境在生态上是相互依赖的，我们与整个人类在社会、文化、经济上是相互依赖的。这种相互依赖环境下的可持续性，要求所有方面建立伙伴的、平等的以及平衡的关系。

建筑物与建成环境在人类对自然环境及生活质量的影响中起着重要的作用。可持续性的设计应当综合考虑到资源和能源利用率，健康建筑与材料，对生态及社会敏感反应的土地利用，以及一种能起到鼓舞、肯定及培育作用的美学灵敏性。持久性的设计，一方面可以大幅度地减少人类对自然、环境的消极影响，又可以同时改善生活质量及生活水平。

为此，我们承担下列义务：

作为世界性的建筑学及建筑设计的专业成员，我们将以个人名义并通过自己的组织，做到：

- 把环境与社会的可持续性发展列为我们职业实践及责任的核心；
- 发展并不断改进设计实践、工作程序、产品、教学课程、服务及标准，以实施可持续性的设计；
- 教育我们的职业同行、建筑业界、业主、学生以及普通公众，使他们理解可持续性设计的关键性意义及实质性可能；
- 在政府及行业中制订有关的政策、条例及实践方法，以保证可持续性设计将成为正常的实践；
- 把当前现有的以及未来将面临的建筑环境各个要素——都能通过设计、生产、使用及必然的再使用——提高到可持续性设计的标准。

| **奥勒费米·马杰柯杜米** | **苏珊·迈克斯曼** |
| --- | --- |
| 国际建筑师协会主席 | 美国建筑师学会主席 |

## 展望未来

尽管一些政治家和持怀疑态度的人对地球所面临危险的程度及采取行动避免地球发生灾难性后果的情况持怀疑态度，但事实和科学的分析不容置疑。

政府间气候会议（IPCC）使几百名杰出的气候学家坐到了一起（这次会议是由世界气象组织和联合开发计划署主办），会议的代表性成果是科学地认识了地球气候变化，认为：

• 温室效应的物理学基础是正确的；
• 新增的温室效应气体使低层大气温度升高；
• 由于人类活动，温室效应气体正在增加；
• 即使温室效应气体剧减，恢复仍需几百年的时间。

有人认为，某些大气污染物质——尘埃及矿物燃料燃烧产生的硫化物——增加会产生遮盖作用，从而减轻温室效应作用。但是，以污治污是对地球环境负责，让其可持续发展的态度吗？有些污染物会在低层大气层产生烟雾，影响地球人类的生存，该怎么办？这样的情况在20世纪初期北欧的一些工业区局部性地出现过。

全球气候、生态、人类生存的基础正在发生灾难性的变化，情况十分严峻，我们绝不能视而不见。掩耳盗铃，希望问题会自己解决，或者认为这是其他人的事，这都会导致灾难的发生。这一灾难到来的时间不会很远，就在我们的下一代人的身上。

如果我们继续“我行我素”，对未来漠不关心，未来灾难性的变化将是不可避免的。如果我们对问题有了认识，但采取的只是象征性的、有限的或局部的行动，那我们做的还远远不够。只有我们认识到现在已是泰山压顶，只有万众一心，人人出力，真正为实现“可持续发展的未来”而努力，我们才可能成功。

## 印度可持续发展的现实

印度处在大发展的初级阶段，它会给经济、社会、全体人民的生活带来很多深刻的变化。

此时，有意识或无意识地都会有许多或大或小的选择，它会决定整个发展过程的方向，包括：

• 做法和形式；
• 符合印度社会及资源需求，走可持续的、创造新鲜的、新型的、特有的发展之路，形成“国际环境新秩序”。

现在，发展初期最重要的决策已经做出，随着各方面的发展，要改变其发展方向也变得更加困难。非持续发展之路不能走，不能想着“以后富了再纠正它”。真正到了那时，要牺牲的既得利益非常巨大，改变发展方向非常困难，现在的“发达国家”正是这样。

在广义“开发”投资总资本中，大约70%用于建筑环境及城市基础设施的建设，一旦付出了这么多的人力和资金，变化起来就很难，人类的舒适、交通及城市基础设施的管理及运营所需的潜在能源需要也已固定，可持续的水平也决定了以后几十年的发展。

印度人口约占世界人口的16%（现在正在提高），中国占21%，如果再看一下整个亚洲，其人口占世界人口的59%，整个亚洲都处在或快或慢的加速发展期。

如果亚洲人均能耗达到欧洲水平，全球能耗就会增加115%，这对地球环境产生的后果将是无法想像的。

总之，全球环境的未来取决于该地区所发生的一切。有人常说目前的发展中国家应当走不同于（更困难？）发达国家之路，这是不公平的。如果路走错了，受到灾难的打击，那它对发展中国家和发达国家的影响都是一样的，惟一的区别是前者（不公平？）对付这种后果的能力更差一些。对每一个人来说美好未来不应是这样的，当然对大多数发展中国家来说也是不应该的，这就是我们抉择面对的现实。

发展中国家不要指望西方发达国家来给自己解决问题，甚至连解决方案也不要指望。发达国家已是问题缠身，只希望能认真地自扫门前雪，“以旧改新”式的修正只能起小部分作用。只有经过长期缓慢地发展，才真正有可能减少能源消耗。

## 可持续性建筑的实现

如何实现建筑的可持续性？重走西方“传统”设计模式，模仿时髦的形式，采用在其他气候、地域、文化条件下不当的技术当然是不可能的。另外，中央集权式的、僵化的官僚控制，对像印度等地域广大、极具多样性的国家来说，也无助于其实现，真正的解决方案在于：

- 创造多样性及发展地域适应性方案；
- 使用当地可用及适用资源，设计方案与当地气候相适应；
- 设计应符合当地社会习惯、传统和思想；
- 摒弃简单现成的想法和方案，开展新思维；
- 保护不可再生能源——限制其在高能耗基本设施中的使用，不进行高能耗设计；
- 引入节能新技术，发展与气候相适应的思想，通过使用建筑能源／舒适标准，按每平方米（公共及商用建筑）或每单元（住宅建筑）增加的能耗，改革税制；
- 对建筑物功能不可分割的设备及系统，例如住宅中的制冷能源消耗收取能源费。

这些只是创造建筑环境可持续性方法的部分思想、方法和理念，如果我们不去实施它，那就会使它仅仅成为华丽的文辞。这也许太“高不可攀”，但国际建筑师协会走出了第一步，使可持续性成为所有建筑师进行建筑设计的基本要求之一，对孟买的建筑师和对纽约的建筑师来说，要求都是一样的，我们每个人都要为世界的未来负责。

# 建筑形体与围护结构

# Shelter or Form

## 再论建筑设计过程

■ 阿尔温德·克里尚
库纳尔·贾殷，穆昆德·拉杰波伦

### 引言

建筑设计过程是一门复杂的活动，它涉及到不同自然参数及其量值变化之间的相互关系。正如我们所经历过的那样，它是建筑的主要程序，直接影响着建筑师职业的传承和实践。

建筑物是该过程的最终成果，它始于设计师图板上的构思。因此，建筑设计抉择必须符合自然生态的要求。这也是本章的主题。该过程以定量评估产生定性设计决策为基础，从而提出一种逻辑方法。作为一种设计决策模型，本章将描述并给出一种设计工具，它可以在设计过程的最初和最后阶段，帮助人们做出设计决策。

### 历史发展

从历史的观点看，上面提到的设计过程可清晰表述如下：

**阶段Ⅰ**：起始阶段 —乡土建筑／一个摸索和提高的过程→ 1890 年

**阶段Ⅱ**：1890 年 —“罗姆设计”理念（图 2.1）／注重内部空间→ 1930 年

阶段Ⅲ：1930年 —现代建筑运动 / 以建筑为核心→ 1950年

阶段Ⅳ：1950年 —外立面与都市空间之关系（图2.2－图2.5） / 历史传统与功能主义的冲突→ 1980年

阶段Ⅴ：1980年 —构造与技术的整合 / 建筑学与地域主义→

虽然在20世纪，各种观点一直主宰着建筑思潮，但自然环境问题，诸如太阳、风和光等具体的基本能源问题，在建筑设计中已不再是设计考虑的基本问题。因此，毫无疑问，所有的这些过程都单独或共同构成对自然资源的巨大浪费。

图2.5是对设计过程的图表描述。

## 适应气候的科学设计过程

以科学方法论为基础的建筑形式与环境之间的关系，是建筑科学设计过程的原动力。

现行的分析仪器能对建筑网络和综合空间网络进行严格的性能测试和评估。对给定的设计要求和限制条件，可用演算的方式开发出一种设计过程，利用该设计过程可以发现令人满意的设计形式和方法，这种做法是符合逻辑的。显然，基于一个设计假设，通过该设计过程或算法可能产生一套方案，由该方案又可获得理想满意的方案。不过，事情反过来做就行不通了。如果给

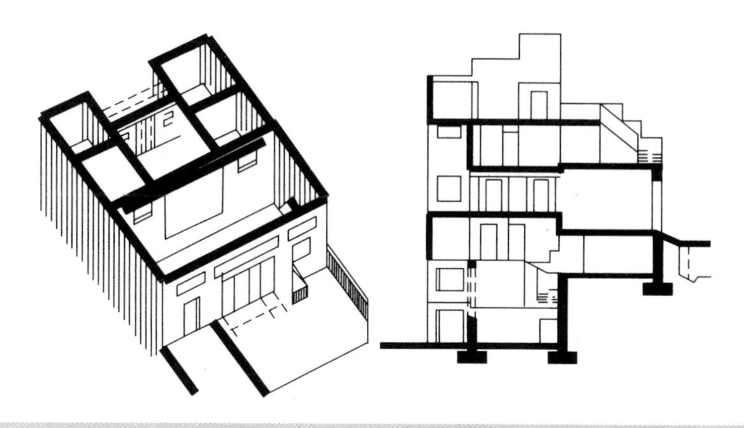

图2.1 巴黎阿道夫·路斯(Adolf Loos)的特里斯坦－塔扎拉（Tristan Tzara）住宅(1926/1927)："罗姆设计"理念

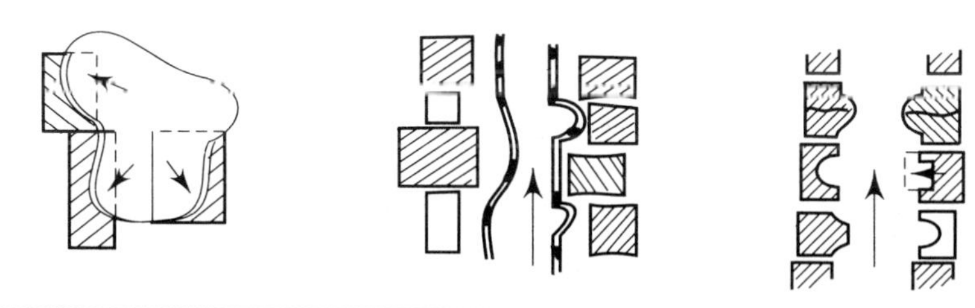

图2.2 路易斯·康(Louis Khan)：安哥拉（Angolan）领事馆设计（1959）：建筑物的正立面是该建筑与城市空间的界面

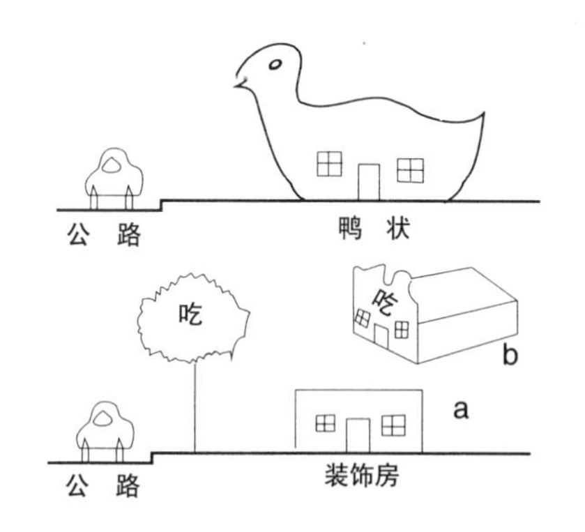


图2.3 罗伯特·文丘里(Robert Venturi)：建筑物的正立面的装饰房

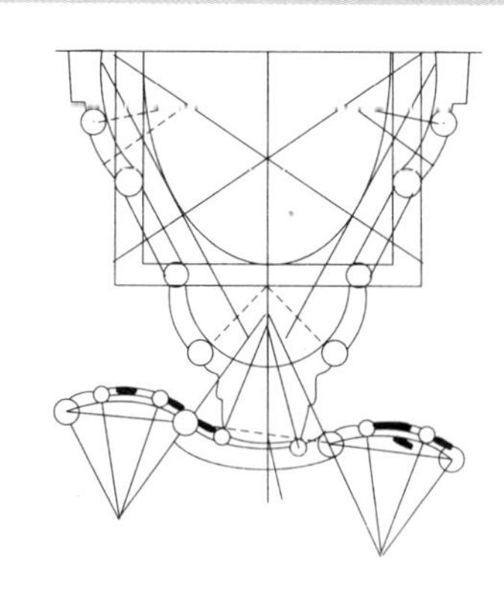

图2.4 弗朗切斯科·博罗米尼(Francesco Borromini)，圣卡利诺(San Carlino)建筑物的正立面就是城市空间的组成部分

某人一个设计项目（设计构想）和一条规则（原型模拟），他可通过推理获得一个惟一的可能性结果（已给出构想的功能特征）。一个人如果不这样做，所需的结果（功能特征），就不会存在推断模式。通过该推断模式，利用一个已给出的规则（计算公式），他就可做出惟一的设计案例（设计方法）。

与气候相适应的设计思想是指调整各种条件参数，使其始终处于或尽可能地接近我们所要求的舒适区，这已在图 2.6 中初步阐明。图中线 A 表明了 24 小时内的外部环境状况，在大多数时间，它处于舒适区之外，但是，借助地形、建筑形式、围护结构、材料及其他控制措施改变其生活条件，使室外环境条件在 24 小时内处于舒适范围之内，这是同环境相适应的设计目标。

然而，与工业制造不同，设计不是线性过程。各种设计参数之间是相互关联和相互影响的。它们通常需要以循环的方式同时进行考虑，因此，任何设计过程必须考虑到其灵活性和可变性。这种方法和设计工具将在后面的章节论述。

在建筑和建筑环境的诸多因素中，与气候相适应的设计原理包括把气候看作设计的一个参数。我们首要的工作是按照逻辑顺序提出各种各样的情况，事实上，我们要从设计中分解出其组成部分，按照从宏观水平到微观细节的顺序，依次逐个进行考虑。

我们考虑的设计顺序如下：

1．地形：地势及斜坡方位；

2．植被类型；

3．水体；

4．街道宽度及方位；

5．室外空间及建筑形式；

6．地表特征；

7．规划形式；

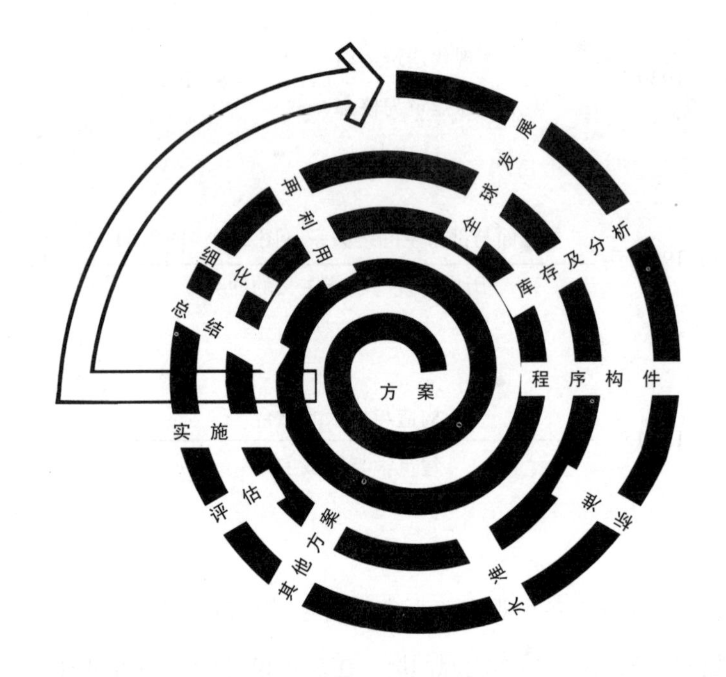


图2.5　设计过程的图表描述

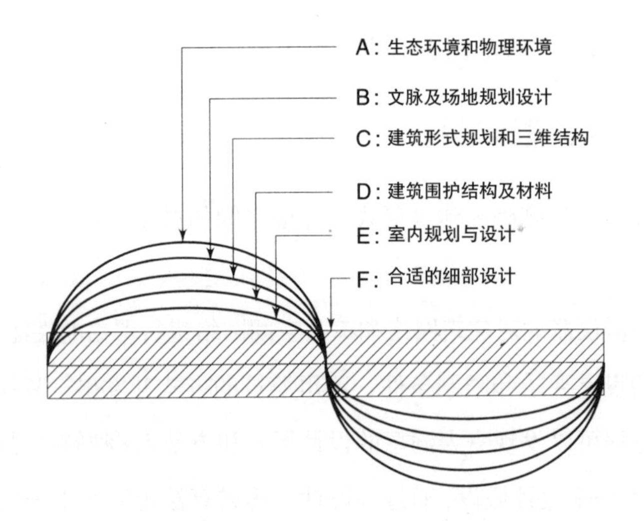


图2.6　理想的气候设计：外部条件的逐次调整使内部条件趋于舒适

8．规划要素；

9．建筑朝向；

10．体形系数(表面积与体积的比率)；

11．屋顶形式；

12．门窗形式与布置；

13．门窗朝向；

14．门窗调节构件；

15．室外色彩与纹理；

16．屋顶材料；

17．墙体；

18．室内布置及分隔；

19．室内材料；

20．室内装修。

在每个层次上对这些调整的定性研究，对初步气候设计而言都是必要的先决条件。随后我们将赋予每个层次气候意义、理论阐述以及对建筑设计的影响。各种层面共同作用提供一种对建筑与小气候相互作用机理的深入理解。

为达到对地形的定性和定量分析，在设计过程中，应分析其表层的能量平衡，并考虑因它产生的结果（图2.7及图2.8）。

**层次 1　　地形**

**主要参数　空气温度、气流**

**其他参数　——**

**气候特点**

一个地方的地形或地貌及其周围环境有可能是平坦的或倾斜的，也可能

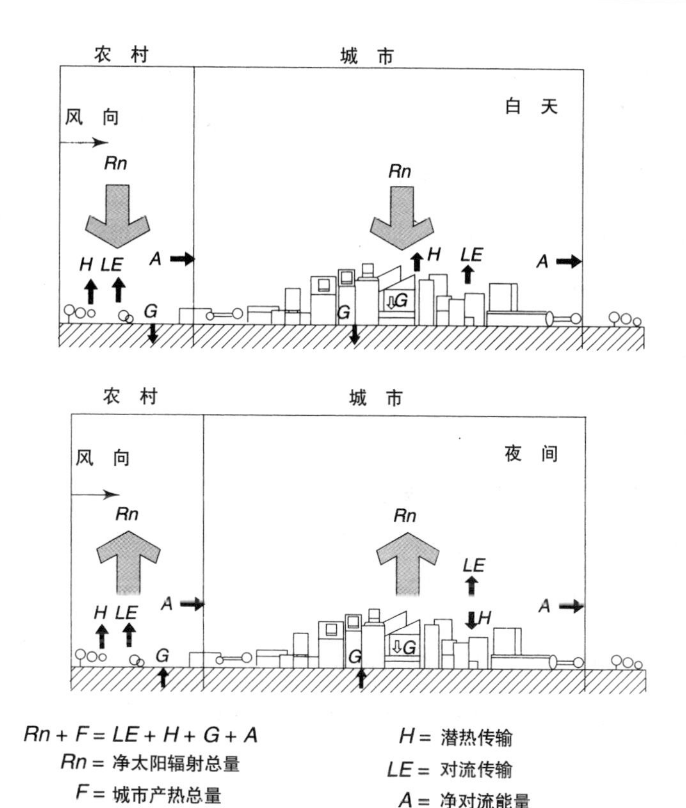


图2.7　城乡建筑表层热平衡的二维图解

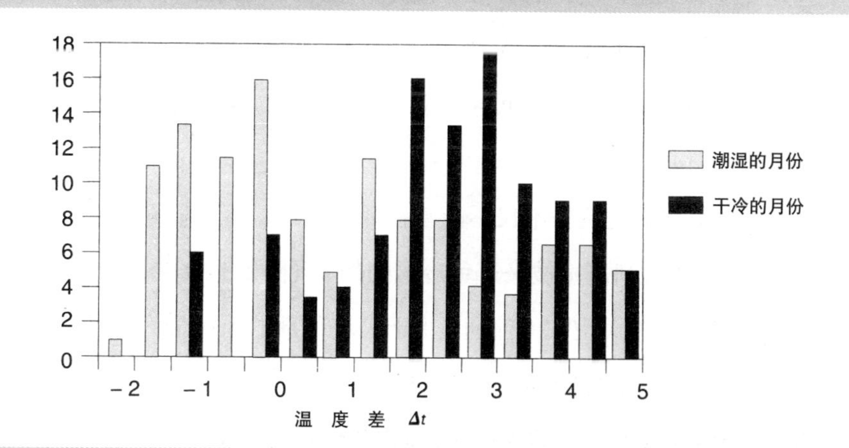


图2.8　城市热岛现象的密度频率分布状态图

是起伏的（如丘陵等）。如果地面是平坦的，那么整个地方会有相似的气候条件。在这种情况下，建筑物的位置不受气候因素的制约。然而，对斜坡或低凹地带，其不同区域会产生不同层次的空气温度和气流，较凉爽的空气易向低凹地带或斜坡聚集。结果，这些区域的空气温度较低，斜坡迎风面空气速度也会增加，空气速度在山脊处最大，在背风处最小（图2.9、图2.10）。

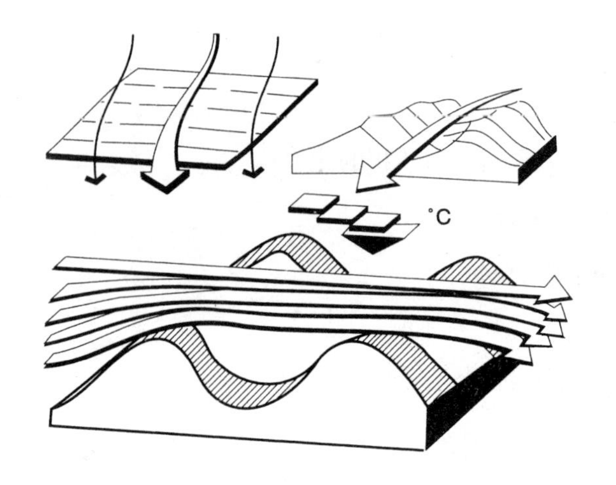


图2.9 地形变化与小气候。风速在平地变化较小，在迎风坡增大，背风坡减小，凹地、峡谷气温较低，如果位置不在气流运动方向上，则很少有空气流动

**理论阐述**

这些现象不难理解：冷空气比热空气密度大，结果冷空气较重，向凹地下沉；热空气较轻，向上升腾。该现象也可以用来解释液体及气体的对流。

另一方面，气流也受压差的影响。气流通常从正压区流向负压区，气流在流动途中如遇到障碍物则会引起气流的聚集，从而在迎风侧形成正压区。同样在背风侧形成负压区，此时气流的速度和方向取决于障碍物的形状及压差的大小。随着气流截面积的减小，空气速度则会增大，反之亦然。

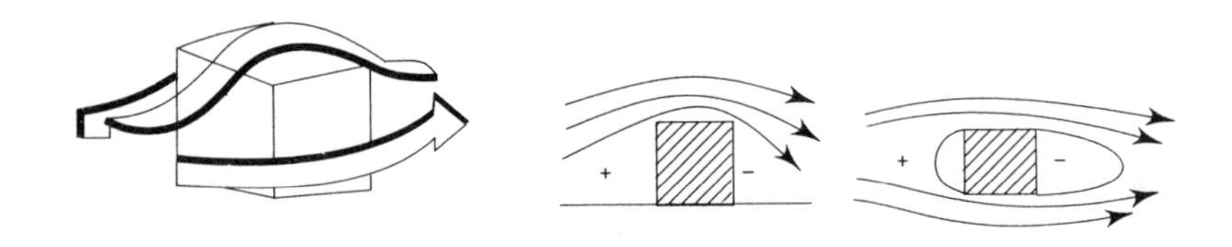

图2.10 障碍物引起风压的变化

**建筑设计**

这些现象对于建筑设计而言很有意义。炎热气候区位于低凹地带的建筑，空气温度相对较低。在斜坡建楼，如果方位合适的话，背风侧是最好的选择。这两种情形会最大限度地减弱暖风。低凹地带聚集的水体同样有助于降低地面温度（图2.11）。

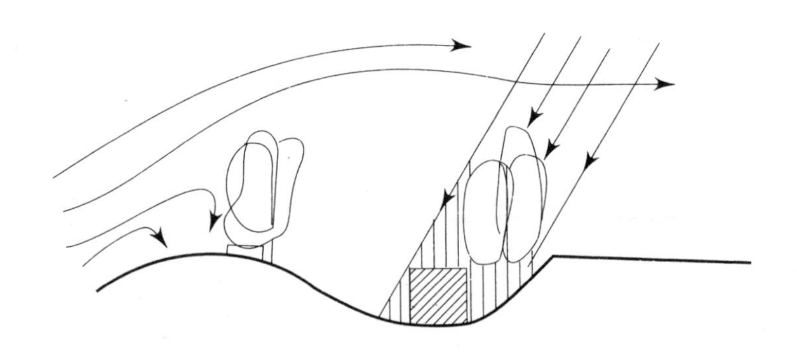

图2.11 炎热气候区地形的最佳选择：选址于低气压和遮阴避风处，可最大限度减少得热，提高舒适度

在寒冷气候区，建筑物不仅不能建在低凹地带，还要避免斜坡上下沉的冷气流。此外，还可利用植被来避免冷风的侵袭（图2.12）。在潮湿气候区我们最关心的问题是加大空气的流通，由于斜坡顶部的风速最大，因此我们将建筑物放在斜坡顶部的迎风面（图2.13）。

不过，即使在寒冷潮湿的气候区，也许我们不得不把楼房建在低凹地带。如果是这样的话，我们可采取其他措施减缓其影响。一项对不同层次的研究表明：可在不同层次上采取各种各样的措施来强化或遏制在较早层次所做决策产生的影响。

### 其他可能的影响

建筑的布局也可能会影响其他参数。必须考虑低凹地带的采光水平，还要考虑在热气候区低凹地带气温相对较低，多半在夜间达到最低温度，在某些情况下，这样的低温会让人极不舒服。

**层次 2　　地形方位**

**主要参数　辐射**

**其他参数　日照**

### 气候特点

当地面平坦时，地形方位意义不大。但在斜坡上建楼，地形方位会产生差异。在（远离赤道）北纬地区，南坡的太阳直射辐射最大，而北坡的最小。在南纬地区，情况正好相反。东西走向的斜坡多半在早晚才会受到太阳直射。

### 建筑设计

在炎热气候区，北部斜坡由于太阳直射最少而更为可取。然而，只有在斜坡足够陡峭，足以遮蔽建筑物时，上述结论才能成立。因此，无需考虑斜坡方位，只需将建筑物布置在气流流动最大的地方（图2.14）。

### 其他可能的影响

干热气候区在冬天通常是阴凉寒冷的。既有需要降温的时期，也有需要采暖的时期。因此，如果把楼房建在非常陡峭的北部斜坡，将楼房建在斜坡以内较为可取。这种做法可使建筑物在冬天较为温暖，在夏天较为凉爽。不

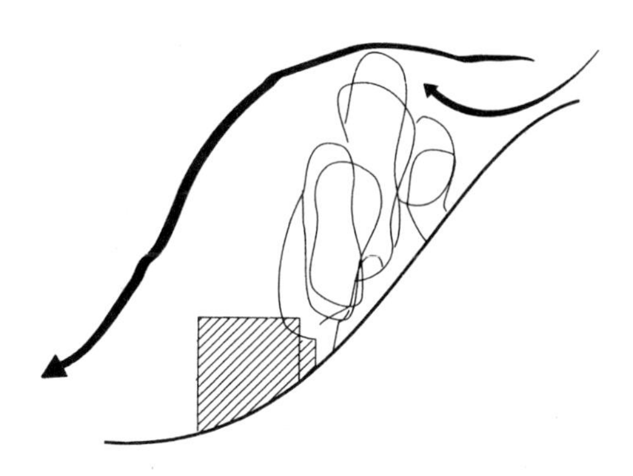

图2.12　防止斜坡处下沉气流的侵袭：茂密的植被可使沿斜坡下沉的阴凉气流（下沉冷风）转向或减弱至最低

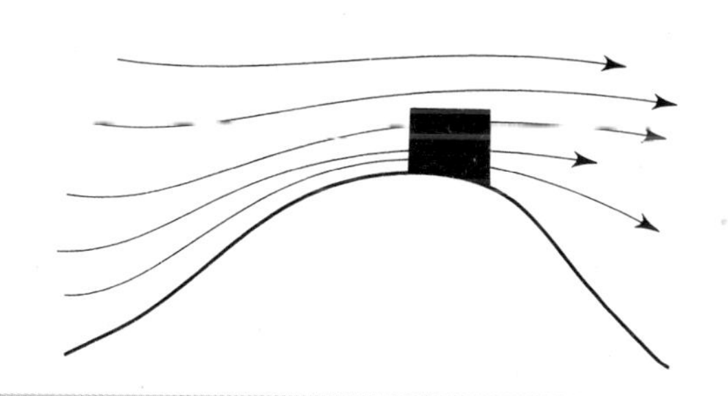

图2.13　山脊上的风速最大

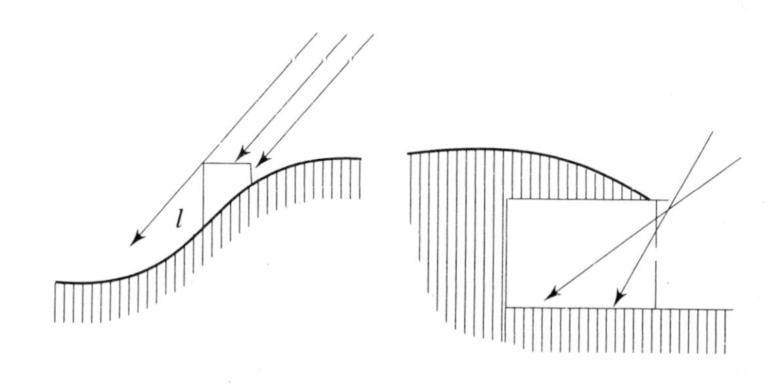


图2.14　炎热气候条件下地形方位与建筑物布局。如果斜坡陡峭或太阳高度角较低，北坡可将得热减至最低，但同样会削弱冬天的日照采光。在某些情况下，南坡有掩土建筑处是最佳选择

过，我们却又会失去享受沐浴阳光的乐趣。我们不但需要考虑可利用的日照总量，也需要考虑楼房所建斜坡的气流类型。从气流和太阳辐射方面考虑的建筑物布局不一定会相同，我们通常从更大的需要出发去进行综合考虑。

**层次 3　　植被类型**

**主要参数　　气流、辐射**

**其他参数　　相对湿度、日照**

### 气候特点

植被，特别是树木，不但能非常有效地遮阳和减少得热，还能产生空气压差,并由此增大或减小风速,改变气流方向,从而导引气流进入或者绕开建筑物。

### 理论阐述

植物、灌木和树木在光合作用的过程中能吸收太阳辐射，从而使周围环境变得凉爽。树木及绿篱同样能影响气流，稠密的植被可有效地阻挡气流通过。另一方面，精心布置的树木和绿篱能引导气流和增加气流速度。通过种植树木和绿篱，给气流留出一条狭窄的“通道”，就可达到这个效果。林木与绿篱面积的减少可增大气流速度，这样则产生较小的压差，并或多或少地改变气流路线。这一点很容易理解，背风处（风影区）是负压区，气流总是向该处流动（图2.15）。就绿篱而言，负压区的气流可向下移动，同样树冠下的气流则向上移动（图 2.16)。对压力变化以及随之产生的气流流动方向的理解，能使我们在建筑设计中获益匪浅。

### 建筑设计

在干热气候区应尽可能减少得热，可用树木遮挡来自东西方向的阳光，同样可以有效地阻挡热风侵袭。在干热地区栽植落叶乔木很有用处，这些乔

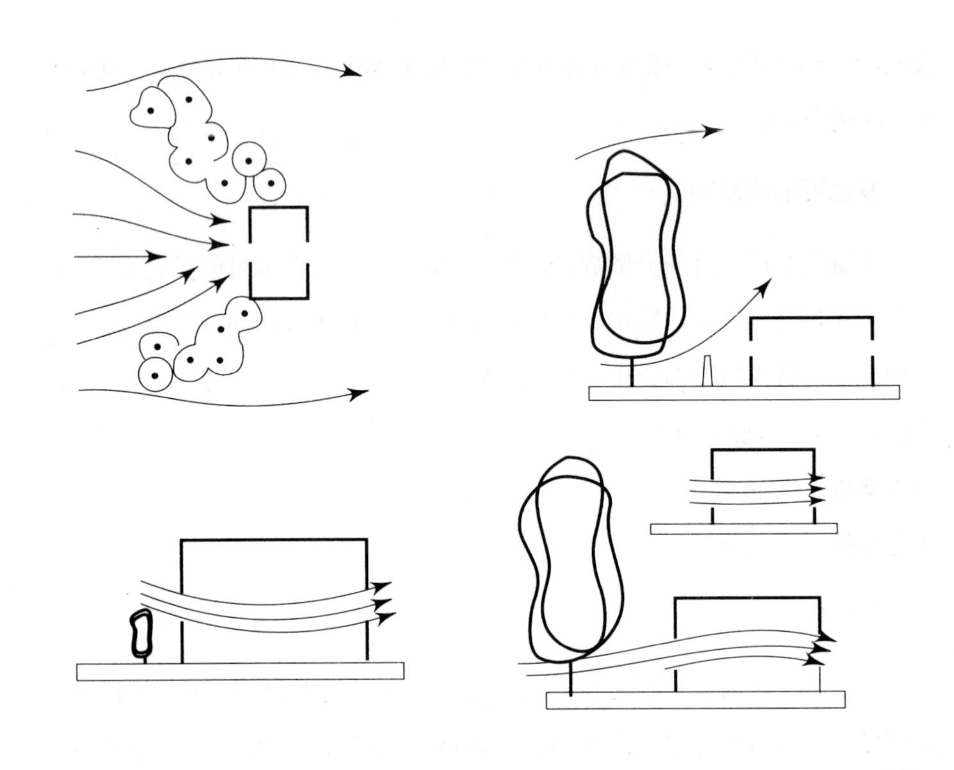

图2.15　植被可增大或减小气流并能导引气流

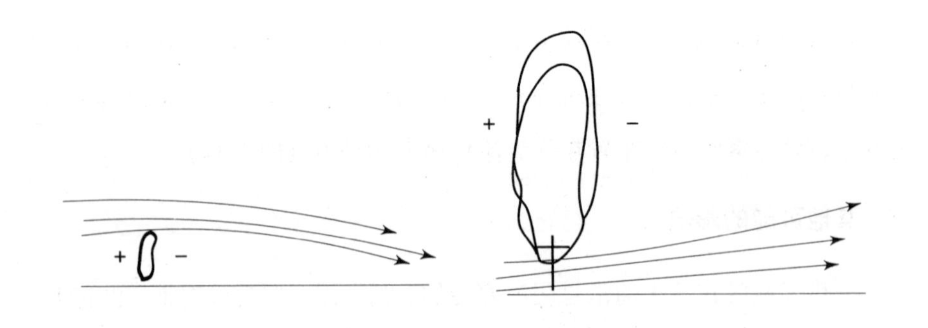


图2.16　植被引起压差变化并改变气流路线

木在夏天可提供舒适的遮阳，冬天叶子脱落，太阳可照射进室内。在寒冷气候区可栽植常绿树木来阻挡寒风，但常绿树木也会吸收太阳辐射，从而降低周围环境的温度。在湿热地区可利用植被来加大气流流动。但如果不细心布置的话，植被不会起到降低气流速度的作用。

**其他可能的影响**

树木和植被也会增加空气的湿度，当在干热及湿热地区栽植林木时，需要考虑这一点。

**层次 4　　水体**

**主要参数　　辐射、空气温度**

**其他参数　　湿度**

**气候特点**

水体能吸收大量的辐射，并通过蒸发降温，因此，白天水体附近区域一般较为凉爽；然而在夜间水体会向周围环境释放较多的热量，这些热量可以用来采暖。

**理论阐述**

上面所述现象是很容易理解的。水不仅比热*大，而且蒸发潜热**也相对较高。换句话说，水在蒸发过程中会吸收大量的热量，而温度每升高或降低1℃，也会吸收或释放大量的热量。因此，当水因空气流动而蒸发时，会使空气温度降低，此即蒸发降温。同时湿度会在蒸发降温过程中增加。

如果空气的相对湿度很高，蒸发就会变慢。水的比热高，是水泥比热的两倍多。这意味着升高相同的温度，等量的水吸收的热量是水泥的2倍多。利用水体既可以减少得热，又可在需要时利用水体吸收的太阳辐射作为非直接热源（图2.17）。

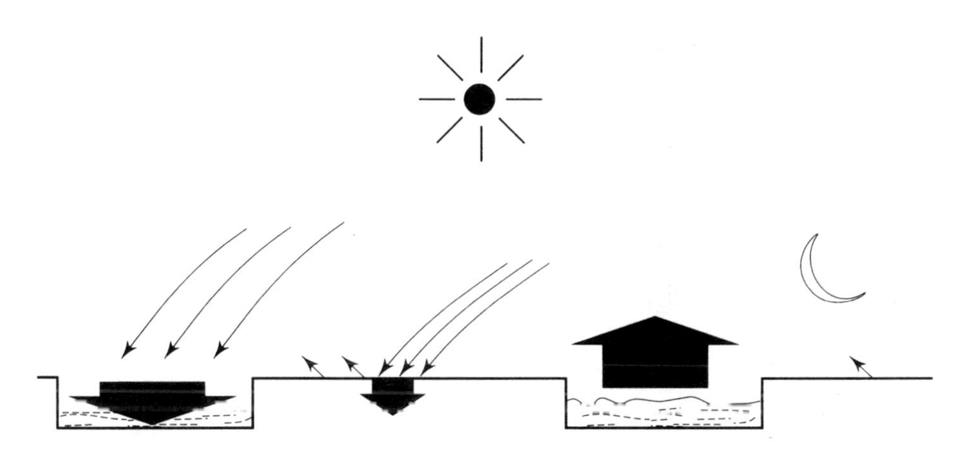

图2.17　水体白天吸收大量的热量，夜晚向外辐射热量

**建筑设计**

在干热气候区，既可以利用水或水体来减少得热，又可利用它蒸发降温。如果利用风和植被，则可以引导凉风进入室内。蓄水屋顶可以减少屋顶的热负荷。在寒冷气候区，只有能够控制其热量得失时，水体才会有益，这也只有当建筑物环绕水体布置时，才会有效果（参见层次9，“规划要素”）。然而，在寒冷地区我们也许会面对一大片水域，那么最好的选择就是远离它。我们同样需要去研究风的类型，利用楼房位置、植被类型或者二者共同去避开冷风。在湿热地区，最好也要避开水域，因为空气湿度的增加抵消了蒸发降温带来的那点好处。

**其他可能的影响**

在干热气候区，需要考虑到冬天的严寒。在不同季节改变风向和植被类型在

* 物质的比热是指单位质量物质温度升高1℃时所吸收的热量。

** 蒸发潜热是指物质从液态向气态变化过程中所吸收的热量。

避开冬季寒风时有用，同时还要考虑空气湿度的增加。这在干热地区不会成为问题，但它恰恰是混合气候区面临的最大挑战。虽然水体在炎热季节能带来好处，但在季风季节或者冬季，就显得不合时宜。在潮湿寒冷季节排干水体则比较理想。

**层次 5　　街道宽度及方位**

**主要参数　　辐射、日照**

**其他参数　　气流**

### 气候特点

街道宽度可决定地面（从广义上说是较低楼层）得到太阳直射的数量。其方位影响地面一天中得到太阳辐射的时间，调整街道宽度和方位可有效地调节太阳辐射。

### 理论阐述

太阳的位置由太阳的高度和方位决定。街宽与楼高之比决定着可遮挡太阳辐射的高度，同样，街道的方位决定着可遮挡太阳辐射的方位。因此，可充分利用它们来减小或加大得热。

街宽与楼高之比也会影响其接受到的日照。

### 建筑设计

在干热气候区，主要考虑减少得热，遮住日光即达到了目标。街道宽度与楼高之比较小能确保狭窄街面不受日晒，从而起到遮挡阳光的作用。南北走向的街道宜狭窄，这样既可挡住早上的阳光又能遮挡傍晚的夕阳；东西走向的街道，由于能让不舒适且高度角较低的阳光在早晨和傍晚照射进来，故应避免。不过，如确实无法避免，其街道宜窄不宜宽。通过考虑太阳的高度与方位，结合建筑物的高度，可以确定街道的准确方位。利用建筑物遮挡住不舒适且高度角较低的太阳照射，将有助于我们确定街道位置（图2.18）。

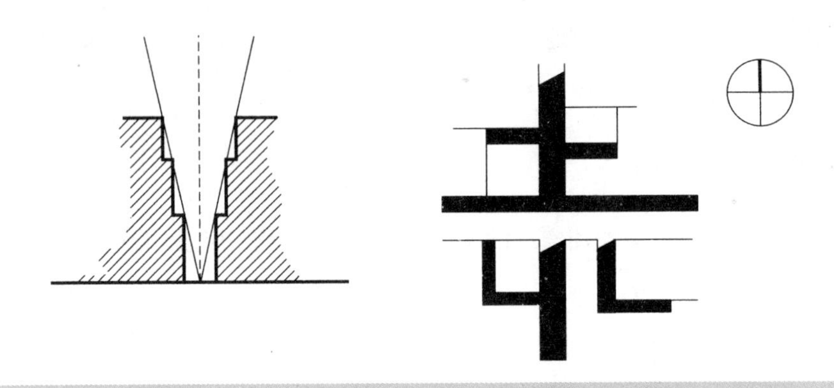

图2.18　炎热气候区街道宽度：狭窄的南北走向街道可最大限度地减小东西方向的太阳辐射

在寒冷气候区，宽阔的街道，特别是东西走向的宽阔街道能使建筑物得到来自南向的阳光照射（图2.19）。然而，该地区的需求不仅是得热，还要存贮所接收的热量，故住宅区应当布置较密。南北走向的街道应当狭窄，建筑物宜低不宜高，这样能最大限度地通过楼顶得热，同时还应最大限度地减少热量损失（参照体形系数部分）。

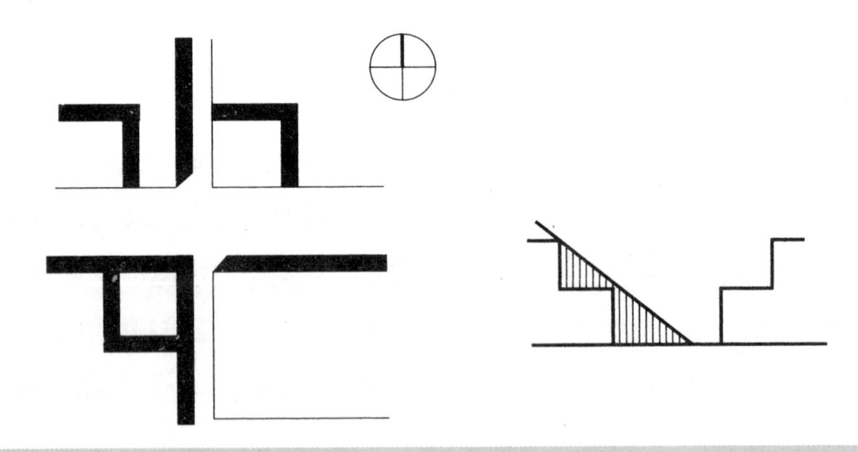

图2.19　寒冷气候区的街道宽度：宽阔的东西走向的街道可最大限度地增加南向的太阳在冬季的照射范围

湿热地区主要考虑气流的影响，因此，街道规划应充分利用自然风的运动(图2.20)。

**其他可能的影响**

在许多情况下，我们不可能过分地依赖街道布局及宽度。我们可将在本层次上的设计考虑适当酌减。除了在其他层次上下功夫之外，在本层次上仍然要采取正确的措施。

**层次6　　室外空间与建筑形式**

**主要参数　　辐射、气流**

**其他参数　　——**

**气候特点**

室外空间应与建筑形式结合起来考虑，它们能使空气流动更为通畅，获得更为有效的得热或降温。缺乏室外空间就会减少热量的得失，因此，室外空间能决定人对炎热、寒冷、潮湿生存条件承受能力的大小。

**理论阐述**

室外空间在任何建筑群体中都是建筑形式的有机组成部分，问题是怎样布置它们和应留出多少空间。毕竟任何建筑群都会改变其周围的小气候，一块空地，特别是较大的空地能使周围环境更多地表现出“自然”的气候。因此，很明显大片开阔地能使空气更为流畅。建筑布局也很重要，可以增大、减小风速或者改变风向。

室外空间在白天得热。如果地面是硬质铺地，建筑物表面颜色很深，那么，大量的太阳辐射会被反射并被周围的建筑物吸收；不过，如果地面较软且是绿色，那么被反射掉的热量就会较少。周围建筑物或树木的遮盖在一定程度上能减

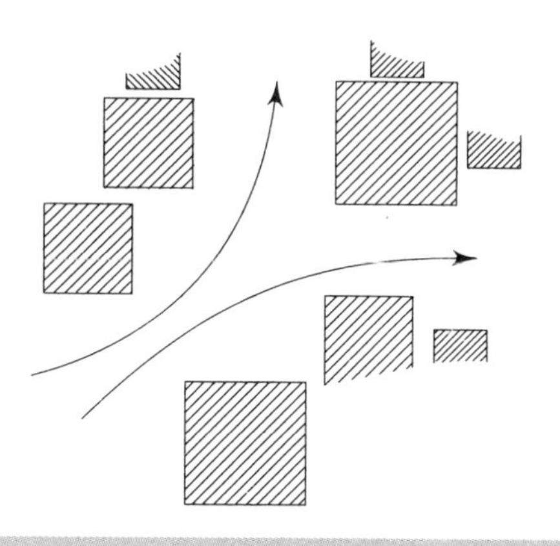

**图2.20**　通过街区建筑的布局来加大气流流动

少得热。夏天由于太阳高度角很大，为了遮阳，建筑物应当很高。另一方面，由于冬天太阳高度角较小，即使很低的建筑也能遮挡很大的面积（图2.21）。

在室外空间较开阔的地方，由于再辐射的缘故，夜间热量的损失也会增

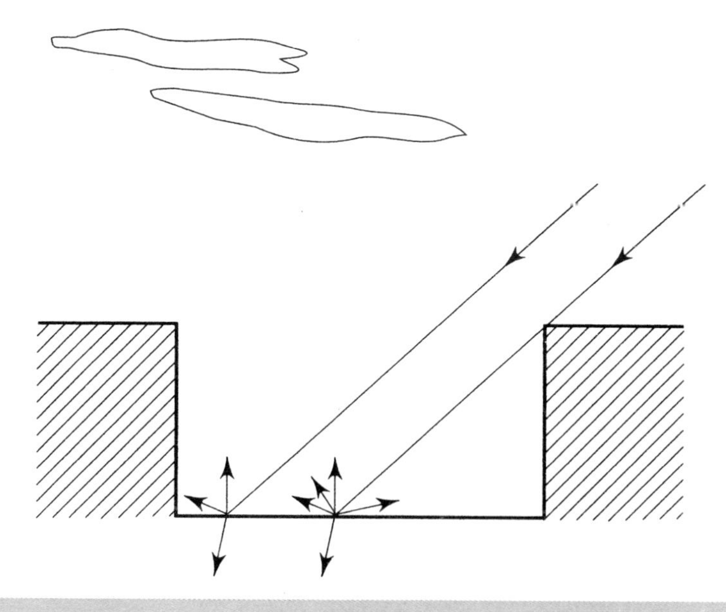

**图2.21**　吸收系数较高的表层及较小的室外空间向周围建筑物辐射的热量较小

加。白天，建筑物从太阳和天空吸收辐射，到了晚上，热量会再辐射给天空。暴露在室外的建筑物表面越大，热量损失就越多。因此，不仅仅是屋顶，墙面也会同样存在热量损失。不过，如果建筑物布置较密，所有的墙互相靠近且暴露在室外表面较小，那么，只有屋顶才损失热量（图2.22）。

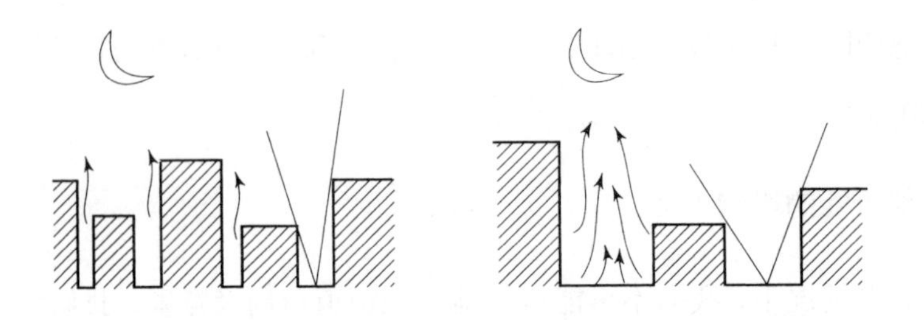

图2.22　墙和地面外露面积越大，热量损失越多

### 建筑设计

在干热气候区，建筑规划较密，室外空间较小或无室外空间，可以把热量损失减少到最低的同时，也减少得热。当建筑物的产热量很低时，密集型布局最大限度地减少得热，因而比较理想，传统的居住区通常是这样规划的。不过，在现代都市里，建筑物本身产热很高，在这种情况下，减少得热变得重要起来。事实上，在都市里产生的大量热量会导致城市热岛现象的出现。因此，必须优化都市开阔空间的大小和范围。如果空间太大，那么得热就会过多；如太小，那夜间散热又不充分（图2.23）。再者，建筑物表面特征也很重要。地面铺装应松软，最好是绿色。建筑物表层反射能力不宜过强。树木或建筑物的遮挡也会减少得热。

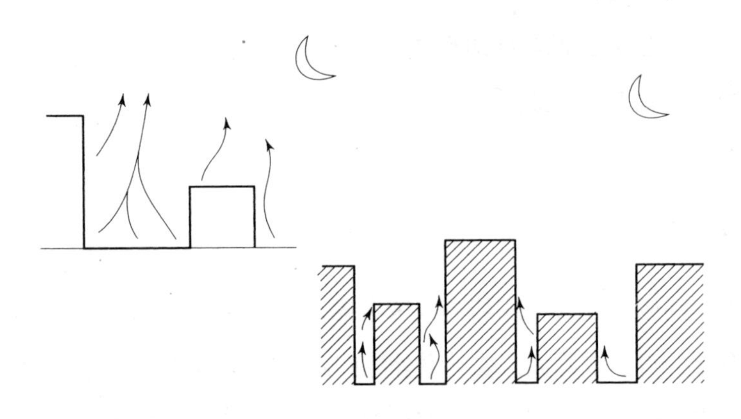

图2.23　现代都市的密集型规划：在炎热地区，产热量大的现代建筑物不宜采用密集型布局，因其散热能力较低

由于干热气候区也有寒冷季节，为了获得冬季日照，应栽植落叶型树木。

在寒冷气候区，室外空间宜小。建筑物表层装修宜硬且有较强吸热能力。密集型布局是最好的选择。应能让南向的太阳光线照进建筑物。如植树的话，宜选用落叶乔木（图2.24）。

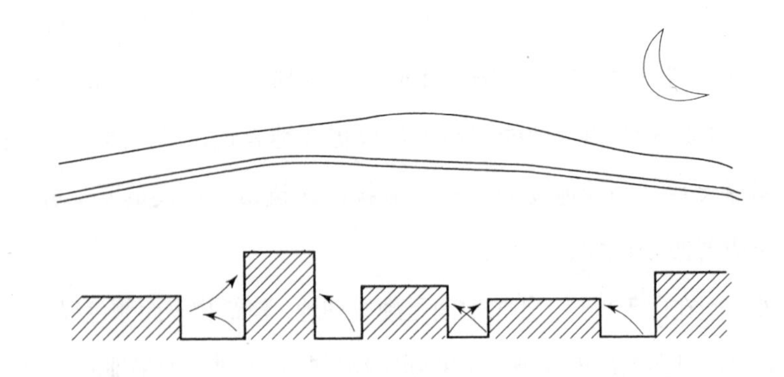

图2.24　寒冷气候区的密集型规划：当密集布局引起得热减少时，散热能力也显著下降

在潮湿气候区建筑之间不应相邻太近。布置街道和室外空间时应考虑通风方式。复杂建筑群体可利用室外空间和烟囱效应以增大空气流动。

### 其他可能的影响

日照水平会受规划形式的影响，密集型建筑布局会限制日照范围，而“空间开阔”的布局能接受更多日光，门窗设计也必然会受到影响。

在某些情况下，我们仅在不同类型的建筑群体内设有一小块室外场地。那么，在这样的室外空间和建筑外形的总体结构中，我们几乎没什么可谈，可在其他层次上采取措施来提供舒适的生存空间。

**层次 7　　地表特征**

**主要参数　辐射**

**其他参数　日照**

### 气候特点

入射的太阳辐射会因地表差异而被吸收、反射或者贮存，并在随后时间里再从地面向外辐射出来。换句话说，既可以在白天减少或增加辐射得热，亦可以在夜间增加得热。

利用气候条件能给我们带来很多好处。

### 理论阐述

材料外表面的颜色和纹理决定其反射性能，颜色越淡，外表越光滑，材料的反射性能越好。颜色越深，表面越粗糙，其反射性能越差。这样的材料可贮存更多热量，并在随后时间里再向外辐射出来。当夜间周围环境温度较低时，再辐射就会发生。植被，即树木、灌木、苗木和草吸收阳光进行光合作用，它们能吸收和消耗太阳辐射。在这种情况下，热辐射既不被反射，也不会再辐射（图 2.25）。

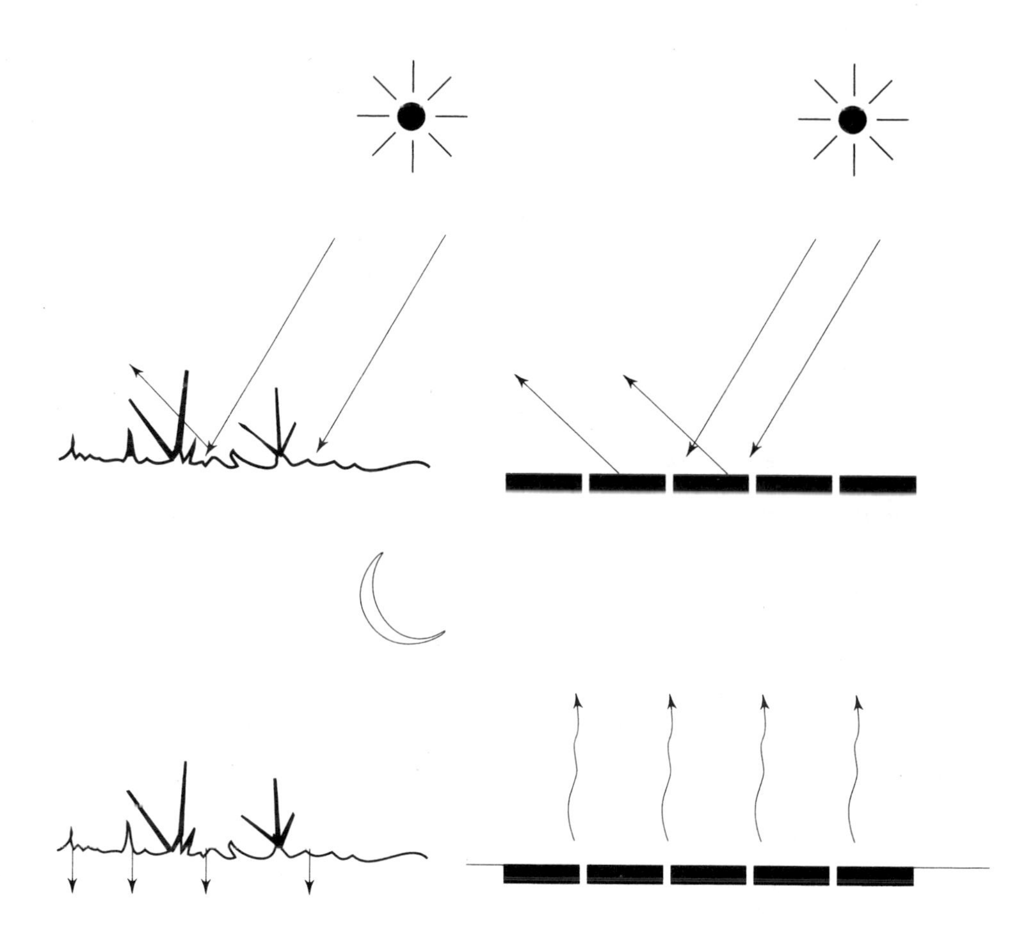

图2.25　不同的地面材料能不同程度地对热量进行反射、贮存和吸收

### 建筑设计

在炎热气候区，地表表面最好为绿色，以便将辐射得热减至最低。在硬表面和铺砌表面难以避免的地方，应当采用粗糙且颜色不深的材料。这能使地表的反射性能不强，吸收性能不高。

在寒冷气候区，可通过反射或贮存热量来最大限度地得热，地面宜采用深色而光滑的材料，这样可增大其吸收或反射性能。

在潮湿条件下，只有当地面可以吸收潮气时地表特征才有必要考虑。

**其他可能的影响**

地面也能反射阳光，特别是在光照充足的气候区，这种情况会产生耀眼而不舒适的眩光，由于这个原因，应最大限度地减少铺砌硬质地面，在必要的地方，路面应当是粗糙的。

**层次 8　　规划形式**

**主要参数　　辐射、气流**

**其他参数　　——**

**气候特点**

建筑物的形式会影响其周围或者穿过它的气流，它可以引导或阻碍自然通风。建筑周长与面积之比是得热和散热的重要指标，因此，它会在通风、得热和散热中起作用。

**理论阐述**

如前所述，气流在运动途中遇到障碍会产生压差，从而产生新的气流类型。空气一般从高压区流向低压区。在了解气流流向之后，可通过利用高压区和低压区来决定规划形式。连接高压区和低压区的建筑物通道会产生有效的自然通风。

就辐射的增加与损失而言，周长是个关键因素。然而，很明显，大型建筑物比小型建筑物周长更长。为了作真实的比较，我们需要考虑周长与面积之比，而不仅仅考虑周长。

周长与面积之比（$P/A$）较大意味着面积小而周长较大；周长与面积之比（$P/A$）较小意味着在相同面积的情况下周长较小。

周长与面积之比越大，在白天辐射得热就越多，夜间热损失也越大。同样，周长与面积之比越小，白天得热就越少，夜间热损失也越小。

所以，在控制热量得失方面，周长与面积之比($P/A$)是一个重要因素(图2.26)。

**建筑设计**

在炎热气候区，周长与面积之比($P/A$)应保持最小，这样辐射得热最少。通常风也是热的，所以加强通风的规划形式并非可取。

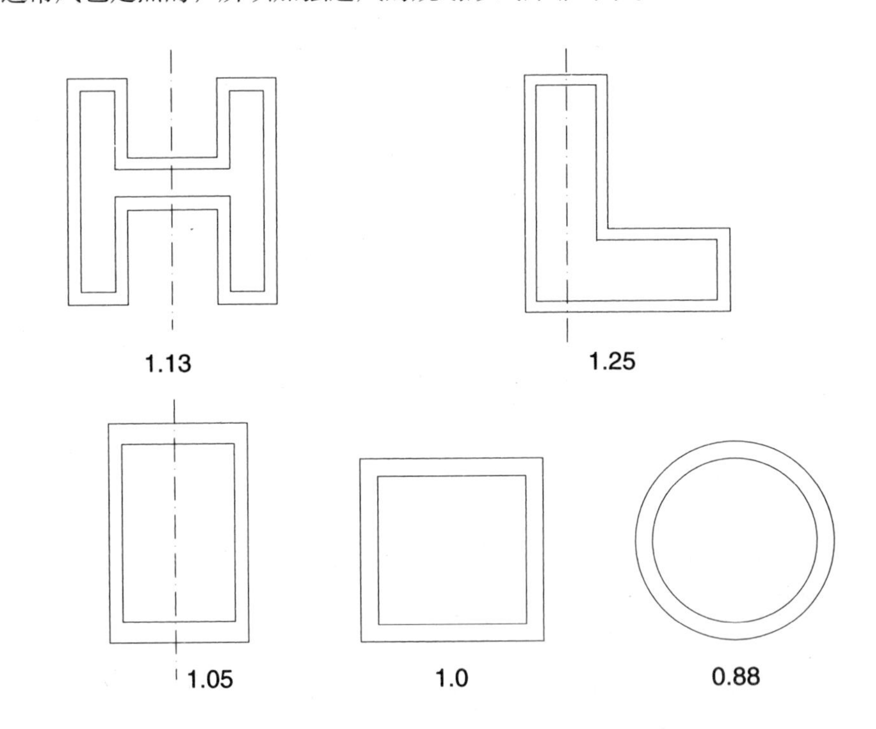


图2.26　不同的规划形式周长与面积之比也不同

在寒冷气候区,周长与面积之比（$P/A$）也应最小，这样可保证最小的热量损失。也可利用日光间等达到得热的目的。

在湿热气候区，最大限度地增大空气流动是规划形式首要关注的问题。在该气候区,尽可能地减小$P/A$也很有用,因为它可以最大限度地减少得热。

**层次 9　　规划要素**

**主要参数　　气流、辐射、空气温度**

**其他参数　　湿度　日照**

### 气候特点

植被、水体、辐射得热和气流的作用在所有的规划现场都可以看到，这些要素可以和建筑及建筑群有机结合起来，取得更好的生态效果。正是在这种意义上，我们认为它们是设计要素。

水体和植被通过蒸发和吸收热量使一个地方降温。水体和温室同样有助于空间采暖。在一定情况下，庭院、通风塔既可引起热量损失，也可加强通风效果。因此，规划要素应当有助于采暖、降温甚至通风。

### 理论阐述

水体：如前所述，水体是有效的蒸发降温方式。水的高比热使其吸收较多的辐射，这同样有助于降温。另一方面，在寒冷气候区，特别在有玻璃环绕的地方，水体可用作贮热材料。

植被：众所周知植被可以吸收辐射，因此可以有效降温（图2.27）。温室则恰恰相反，它可以吸收热量，帮助采暖。

庭院和阳台：特别是和窗户相连的时候，庭院和阳台可以组成有利通风的结构。在湿热条件下，空气流动是很有必要的，有遮阳的庭院会像在炎热气候区有较凉爽的空气一样相当有效。在夜间，凉爽的空气常在院中聚集（图2.28)。

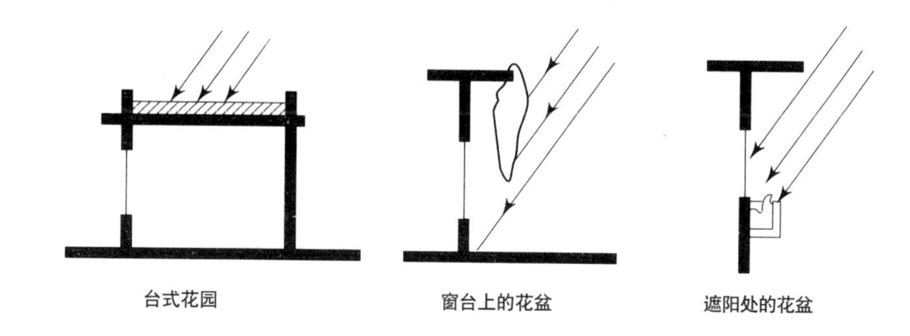


图2.27　建筑结合植被可以最大限度地减少得热

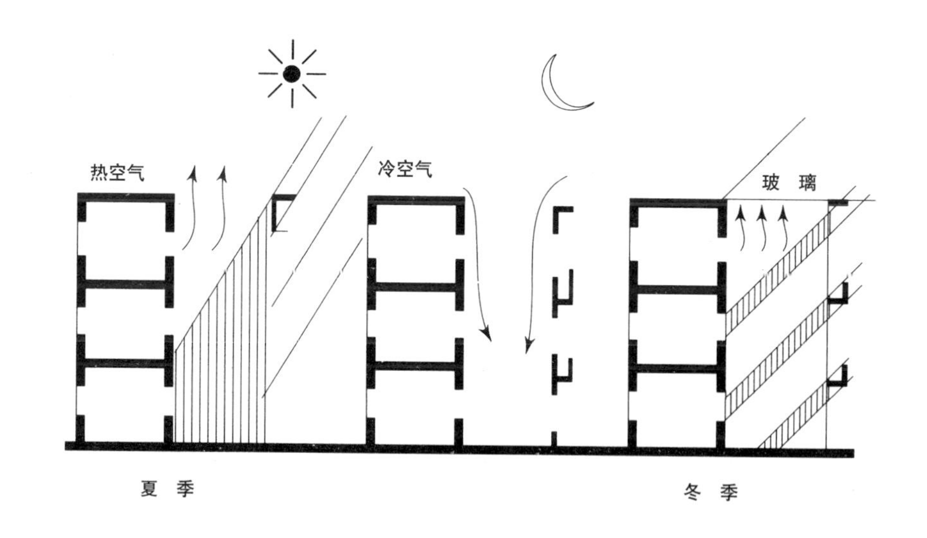


图2.28　庭院走廊：屋顶平面结合可开启的玻璃，在冬天使院子变成一个集热场所

### 建筑设计

在炎热气候区尽可能地把植物和草木结合起来的规划形式会让人很满意。花园、屋顶花园，窗台和遮阳板上的花盆能很好地减少得热。如再把水体结合起来，将会获得更好的效果。

再者，有遮阳的庭院空气温度较低。在较凉爽季节，屋顶花园会让人心旷神怡。不过，必须把水排干或者用玻璃围住。由于有遮阳的庭院在冬天会让人不舒服，气候寒冷的地方应避免，也可在楼房顶层装上可开启的玻璃，因为玻璃能阻止凉气进入并且增加得热。不过，固定的玻璃不太合适，因为夏天会导致室内过热，让人不舒服。

在寒冷气候区，得热是主要目标，温室和玻璃罩是非常有效的集热设施。在集热时不能利用植被，但水体却很有用处(图2.29)。

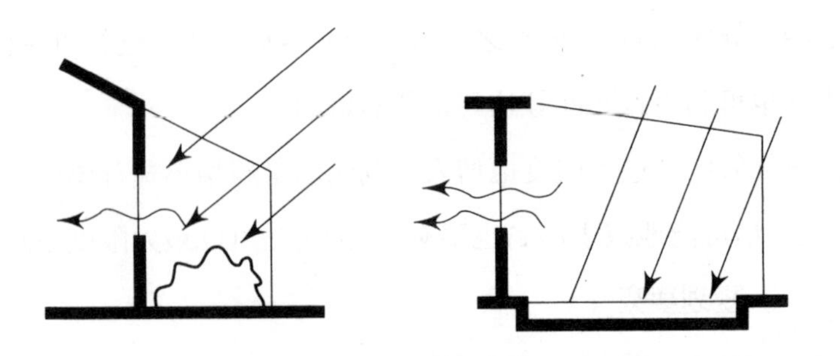

图2.29 集热系统：玻璃集热，所围合的空间能起到温室的作用，也可利用水体，因为水体像一个热物体——白天贮存热，夜晚再辐射出热量

在潮湿气候区，庭院和走廊有助于通风。捕风器，这种非常有趣的东西也许会派上用场，但必须小心使用。只有在有强风（通常是有方向性的）和凉风时，捕风器才真正有效（图2.30）。在沿海地区，傍晚的海风很强，有方向性且凉爽。在干热气候区没多大用处，那里的夏天即便是夜晚，风也是热的。

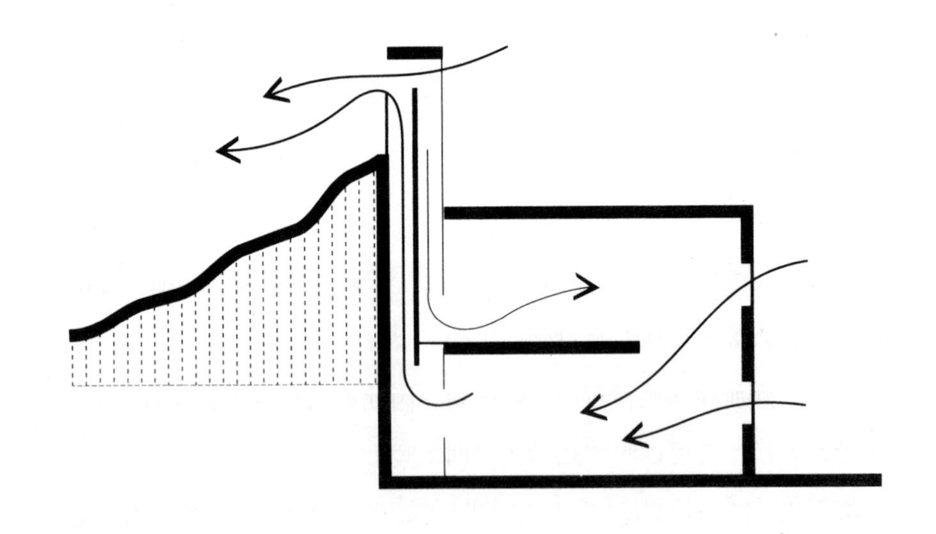

图2.30 捕风器

### 其他含义

如前所述，水体和植被因为湿度较大，在温暖气候区让人感到不舒服。再者，植被和水体会阻断日照，或者造成刺眼的眩光。

**层次 10**　　**建筑朝向**

**主要参数**　　**辐射、气流**

**其他参数**　　——

### 气候特点

建筑的朝向决定其接收阳光辐射量的多少。如果考虑气流类型的话，建筑的朝向能影响自然通风量的大小。

**建筑设计**

在北半球，一般认为北面接收的太阳直射最少，南面接收的太阳辐射最大。不过，这并不全对。例如：在北纬28°，6月22日太阳基本上在北半球。对太阳图的检测显示，只有在离赤道足够远的地方——事实上在北纬32°以北地区的北向才会在夏天接收的太阳辐射较少。

换句话说，南面在冬天会接收较多的太阳辐射。

**层次 11　　体形系数**

**主要参数　　辐射**

**其他参数　　——**

**气候特点**

建筑物表面面积与体积之比（$S/V$）（周长与面积之比$P/A$的三维外推值）——体形系数是决定其热量得失的重要因素。

**理论阐述**

建筑表面面积越大，通过它的热量得失就越多。所以，小的体形系数（$S/V$）意指最小的热量得失（图2.31）。

**建筑设计**

在干热气候区，应尽可能地减小体形系数$S/V$，因为这样可以最大限度地减少得热；在干燥寒冷气候区也应尽可能地减小$S/V$（体形系数）来最大限度地减少热量损失；在湿热气候区应注意创造通风空间，在该地区没必要最大限度地减小$S/V$。再者，建筑材料应当是那些不贮热的（参见第4章，体形系数$S/V$的定量评估和最大限度减小热量传递的理想建筑物尺寸）。

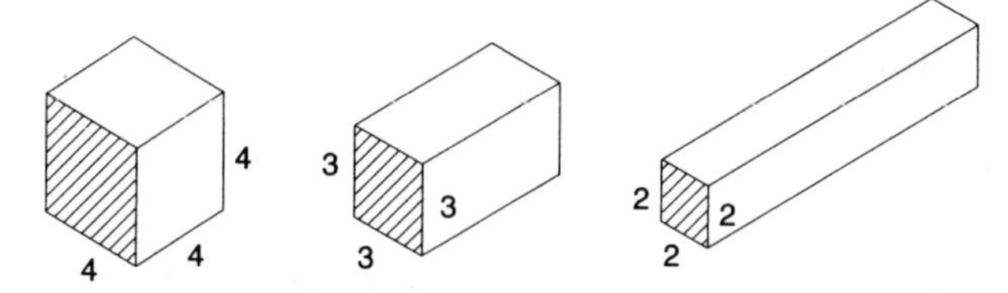


| 固体型 | 表面积（$S$） | 体积（$V$） | 比例（$S/V$） |
|---|---|---|---|
| a | 96 | 64 | 1.5 |
| b | 103.2 | 64 | 1.61 |
| c | 136 | 64 | 2.13 |

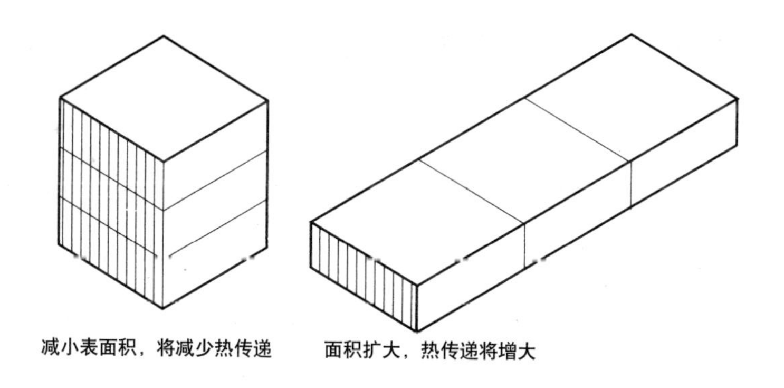


图 2.31　最大限度地减小表面积与体积的比值可最大限度地减弱热量传递（参考文献2）

层次 12　　屋顶形式

主要参数　　气流、日照

其他参数　　辐射

**气候特点**

可利用屋顶作为日光进入建筑物的辐射源（图2.32）。屋顶形式和出挑部分也会影响气流的类型，它们能增大和减小自然通风的范围。

**理论阐述**

通过水平的（无遮挡的）或竖直的（有遮挡的）屋顶光线可获得采光。在炎热气候区，无遮挡的屋顶光线会让人不舒服，因为它加剧了建筑的得热。

通过改变屋顶投影的方向和建筑物的宽度，可以增大或减小迎风侧与背风侧之间的压差，这样可以增大或减小建筑物的自然通风效果。

**建筑设计**

从各种气候条件考虑，屋顶都是可利用的加强室内采光的一种方式。屋顶采光的特性会随着气候条件变化而改变。在炎热气候区，应遮挡屋顶光照，防止得热。在寒冷地区，利用屋顶光照，使它成为热量的补充来源（图2.33）。

炎热地区和寒冷地区一样，目的是最大限度地限制自然通风。为此，建筑物屋顶应尽可能采用平屋顶，与气流同方向建筑物的宽度应尽可能地大。

在湿热地区，很希望有自然通风。在这种情况下，建筑物长边应垂直于气流流动方向。再者，屋檐出挑和屋面斜度应尽可能大，这样可最大限度地增大压差，并产生大的气流（图2.34）。

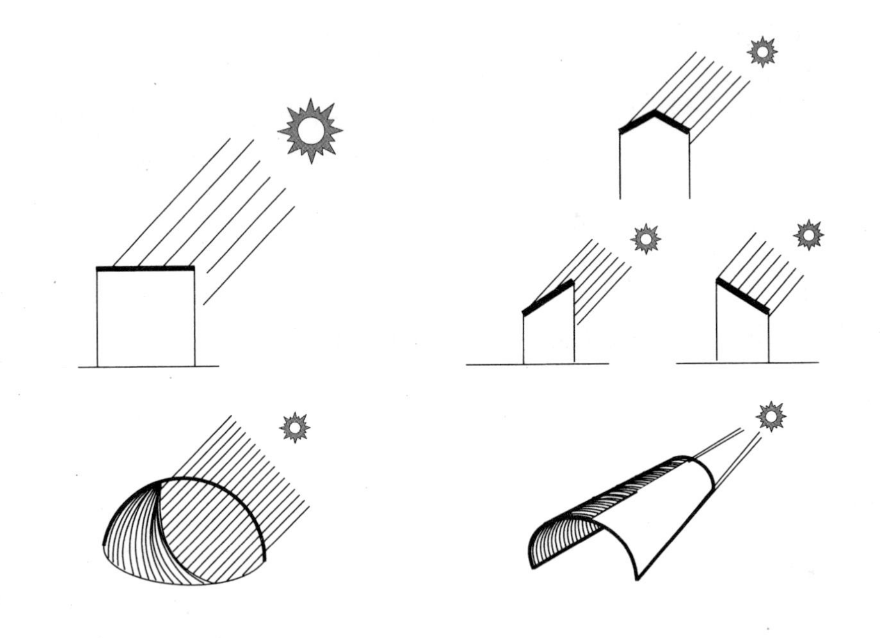

图2.32　不同形式的屋顶和外表面

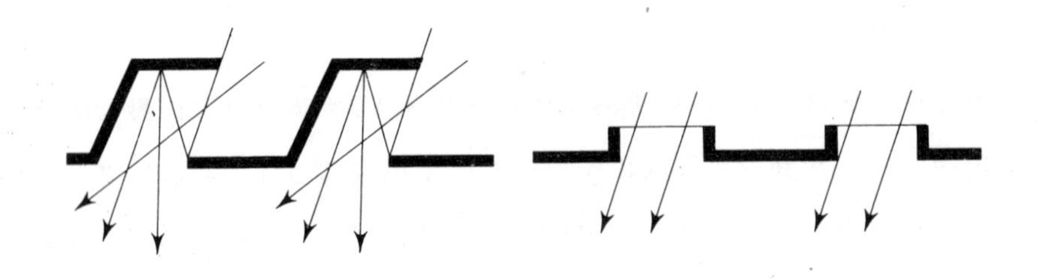

图2.33　屋顶作为光源

层次 13　　门窗形式与布置

主要参数　　辐射、气流、日照

## 其他参数

### 气候特点

门窗布局和构造牵涉到窗户的面积、形状、位置及窗户的相对位置，它会影响室内的气流、日照及眩光等情况；如果没有遮挡，窗户面积仍会影响建筑物的辐射得热。

### 理论阐述

窗户面积的大小会影响气流和日照效果是可以理解的。毕竟，它直接影响可以进入建筑物的光和风的总量。窗户的位置（由窗台和窗楣位置来界定）同样影响通风效果。这是因为温差导致空气上升。因此，较高位置的窗户有助于气流流动。此即众所周知的“烟囱效应”。由于窗户的位置影响室内光线的反射，也影响室内光线的分布，所以同样大小的窗户可以使地面、窗户平面和顶棚的采光情况有所不同（图2.35）。

从理论上讲，窗户可以有各种形状。然而，从我们的目的考虑，我们关注的基本有两种类型：窄长的窗户和宽阔的窗户。第一种以条形窗为代表，第二种以方形窗或圆形窗为代表。它们会因大小不同而影响室内风速，并影响室内光线的分布。

### 建筑设计

在干热气候区，通常采用面积小的窗户，并且要有合适的遮挡。由于位于光照充分的地区，较小的窗户即可获得充分的采光。白天空气很热，可以避免让热空气进入室内；夜间温度较低，可以采用自然通风的方式来降温。如果出于该目的加大窗户尺寸，窗户必须具有有效的遮阳防辐射得热的能力。作为排热出口，高窗或通风口（气窗）会很有效。

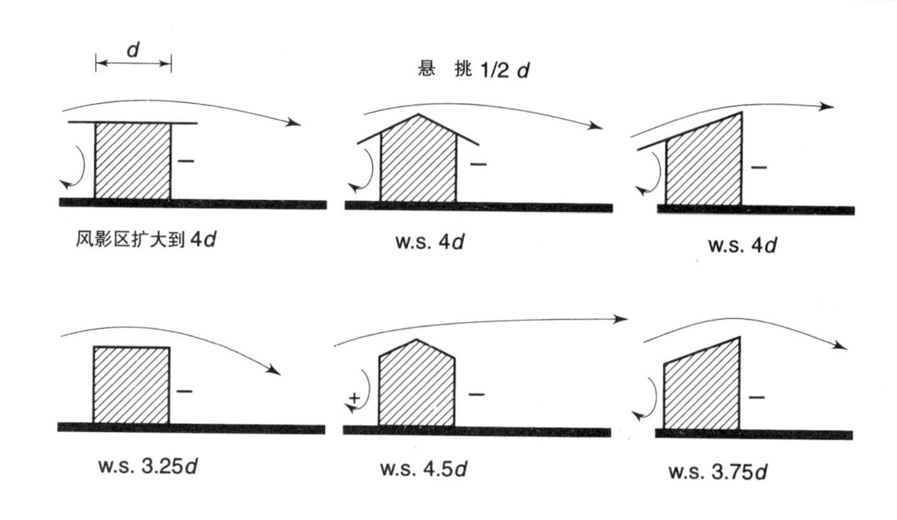


图2.34 屋顶的基本形状及其通风效果

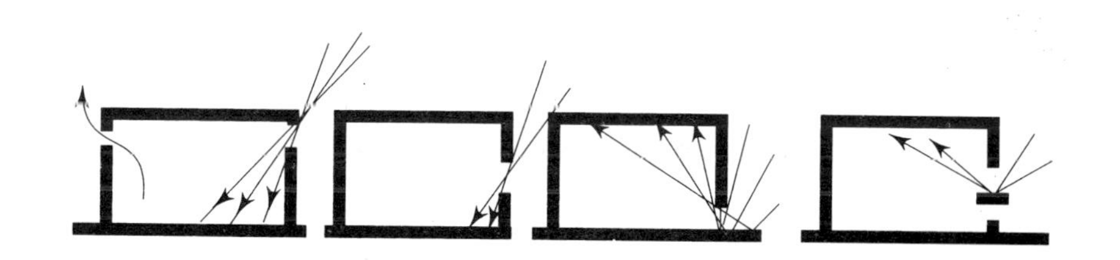

图2.35 窗户位置对采光和通风的影响：高窗起通风的作用，并能在阴天提供最好的采光；低窗不能提供很好的通风条件，但却能使地面反射的光线均匀分布；中窗可提供均匀的通风，但也不能提供均匀的采光；反光板可以提供良好的均匀采光

在湿热地区，窗户面积宜大以便于通风。屋檐出挑宜大，以遮挡散射的太阳辐射。窗户高度应高得使良好的气候分布在人体上方。因此，较低窗台也许更可取。在寒冷地区，窗户宜大且无遮挡，但密封性要好。这样既可以加大得热，又可防止冷风渗透。窗户位置无关紧要。在干热、湿热、寒冷三种情况都可能出现的混合气候区，窗户的遮阳构件甚为关键。该构件必须具有夏天遮阳，冬天增大得热的作用。窗户面积大小应由每个季节的长短来决定，如冬天或潮湿季节长宜选用大窗户（图2.36）。

窗户位置高低会造成室内光照质量的差异。高窗（气窗）可使室内获得最好的直射和散射光线的分布。不过，它们也很可能会引起刺目的眩光，因而应有遮板。低窗能得到地面反射光。从顶棚上反射的光线能提供最均匀的采光。与此相反，中位窗的光照条件不好，地面反射情况也很差。

在决定窗户位置时，可以遵循一些基本的方法来加强空气流动。最好将窗户交错排列而不是成一条直线排列（除非室内的风本身具有一定的角度）。窗户旁不宜安置挡板，防止引起风向的突然改变。同样原因，相邻墙壁上的窗户也不要这样布置。如前所述，如果空气出口比进口大，室内风速就会较大（图2.37）。

如果气流没有方向性，那么整个空间也不可能有通风。在这种情况下，应当进行更加详细的探讨。在某个时间，两个垂直的边可以获得通风。

在每个房间里至少两面墙上开窗是较为可取的。每个房间应有一扇门，该门应在第三面墙上。如果自然风从任何一扇窗户吹进，另一扇窗和门就会起到出风口的作用（且面积较大）。门、窗不应布置成一条直线，室内气流会均匀分布。如果外部空气从两扇窗户中同时进入，那么，大的换气量本身有可能会让室内条件变得舒服。风也许不会从房间的任何一个窗户进入室内，但会从另一个房间的窗户进入房中。在这种情况下，门会起到进风口作用。两个窗户（现在的出风口）导风效果会很好。如果它们的面积之和比门大，那么空气速度就会增加。如果仅有一面外墙（或自由墙），在其上开两个窗户比留一个更好，这样会使空气和窗户成一定角度进入以提高通风能力（图2.38和表2.1）。

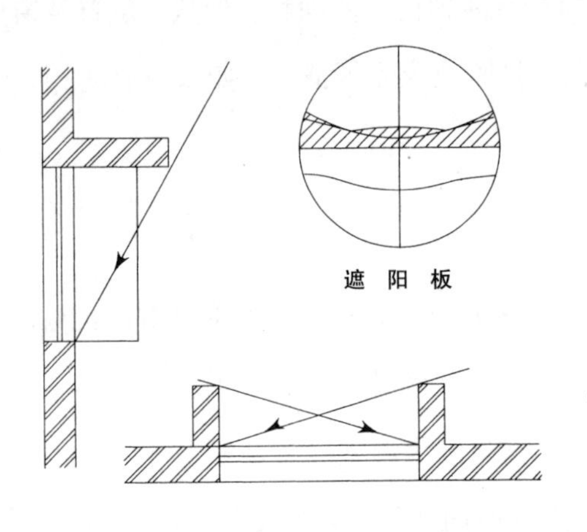


图2.36　炎热气候条件下的窗户遮阳构件

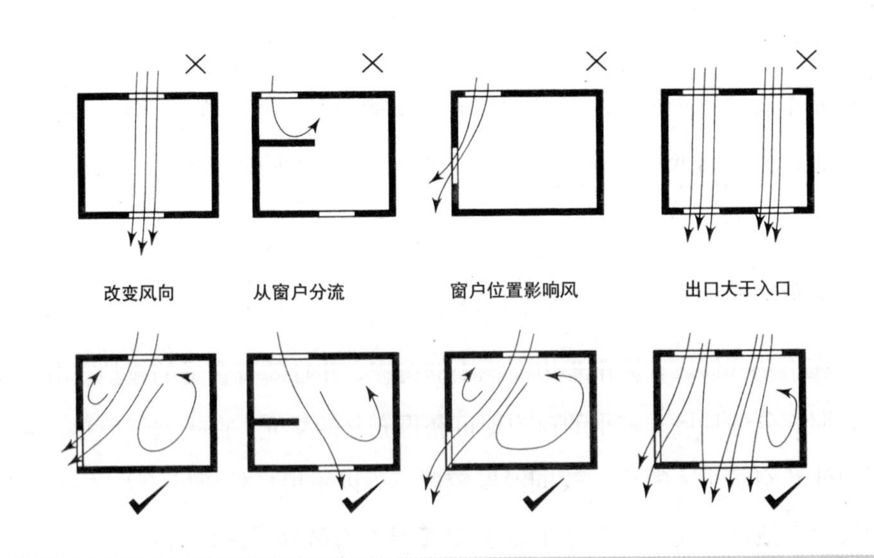


图2.37　窗户布置的实用法则

### 其他含意

在寒冷地区，夜间由窗户散失的热量会很大，窗户面积也会因此而受到限制。像特朗伯保温墙（trombe-wall）和太阳墙这样的得热系统就是解决这个问题的。它们在白天获得得热效果的同时，夜间的热损失也可减小到最低程度。（参见层次 16，“墙体”）

**层次 14　　门窗朝向**

**主要参数　　接收的辐射、气流**

**其他参数　　——**

### 气候特点

门窗朝向可决定从窗户进入室内的太阳辐射总量。考虑了气流分布的门窗朝向能增大或减小自然通风。

### 理论阐述

人们在很早以前就已解决了关于太阳几何学的方位问题。在建筑物内为了获得良好的气流分布，风向和进出风口方向不宜相同，这样会产生较好的气流循环。如果风向与进出风口的方向成一直线，那么气流仅仅是穿过房间，而不会循环。

### 建筑设计

在干热气候区，窗户宜朝北；在寒冷地区，窗户宜朝南。

在潮湿气候区，窗户的朝向最好在与气流方向垂直的45°范围之内，进风口和出风口不宜布置成直线，以便最大限度增加空气流动。

**层次 15　　门窗调节构件**

**主要参数　　辐射、气流和采光**

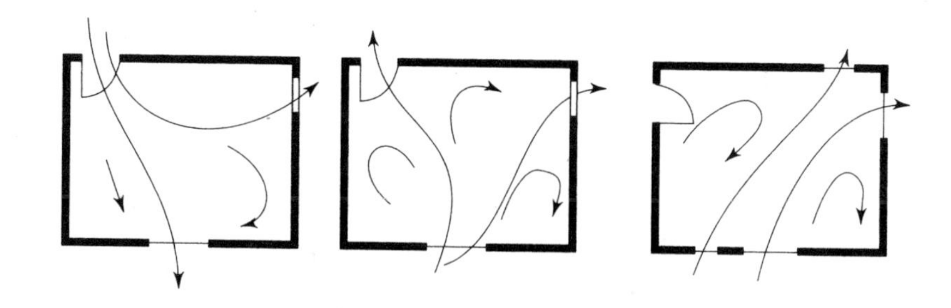

图 2.38　门窗位置的理想案例：通风口（窗户）位于两面外墙，门位于内墙。如果空气从外墙上的任何窗户进入室内，那么该门窗布置不仅能使气流均匀分布，而且出风口面积比进风口大。如果风从其他任何一面墙进入室内，那么门会成为房间的进风口。只要出风口大于进风口，该门窗布置可使空气在室内均匀分布

表 2.1　不同位置的窗户对室内气流的影响（见参考文献 3）

| 方位 / 窗户位置 | 变化 % | |
|---|---|---|
| | 0° 风 | 45° 风 |
| | 0 | 0 |
| | −10 | +40 |
| | −10 | −15 |
| | −15 | 0 |
| | −15 | 0 |
| | 0 | 0 |
| | −10 | −10 |
| | 0 | −60 |
| | −20 | −10 |
| | −20 | −60 |

## 其他参数 ——

### 气候特点

玻璃、遮阳板、反光格板、防虫网及窗户横截面都是很重要的调节构件。它们能吸收和削弱太阳辐射，提高光照水平，防止昆虫袭扰（还能减缓气流速度）并且调节气流速度，因此，它们能够影响和控制室内得热、采光和通风。

### 理论阐述

玻璃是吸收太阳辐射最常用的调节构件。这种被称作“温室效应”的现象在第1章中已阐明。无论你希望还是不希望，它都是室内得热的主要原因。遮阳板，无论是竖直的还是水平的，都能控制辐射得热。在炎热季节，可以测出太阳高度和方位，由此通过调整水平及竖直遮阳板的投射方向，达到遮挡阳光的目的。同样，在寒冷季节它可以让大量阳光进入室内。

反光格板是窗户上的水平投射构件。其位置可在玻璃内侧、外侧或者部分在内侧、部分在外侧。具有较强反射力的上表面可使更多光线照射到房间的后部。它们也可以起到水平遮阳的作用，遮挡竖直方向的太阳照射（图2.39）。

防虫网是用来防虫的构件。不过，它们也能减缓室内的空气速度。这里提到它们不是因为它们的直接影响，而是由于它们的间接影响。

窗户横截面：（如前所述，影响气流速度）增大窗户横截面面积会降低风速，反之亦然。空气速度可以通过调节窗户横截面而加强或减弱。

### 建筑设计

在炎热地区，如使用玻璃窗，则需设置遮阳构件，没必要使用反光格板。如果气候持续高温，应增大窗户的内侧截面面积以减弱气流速度。

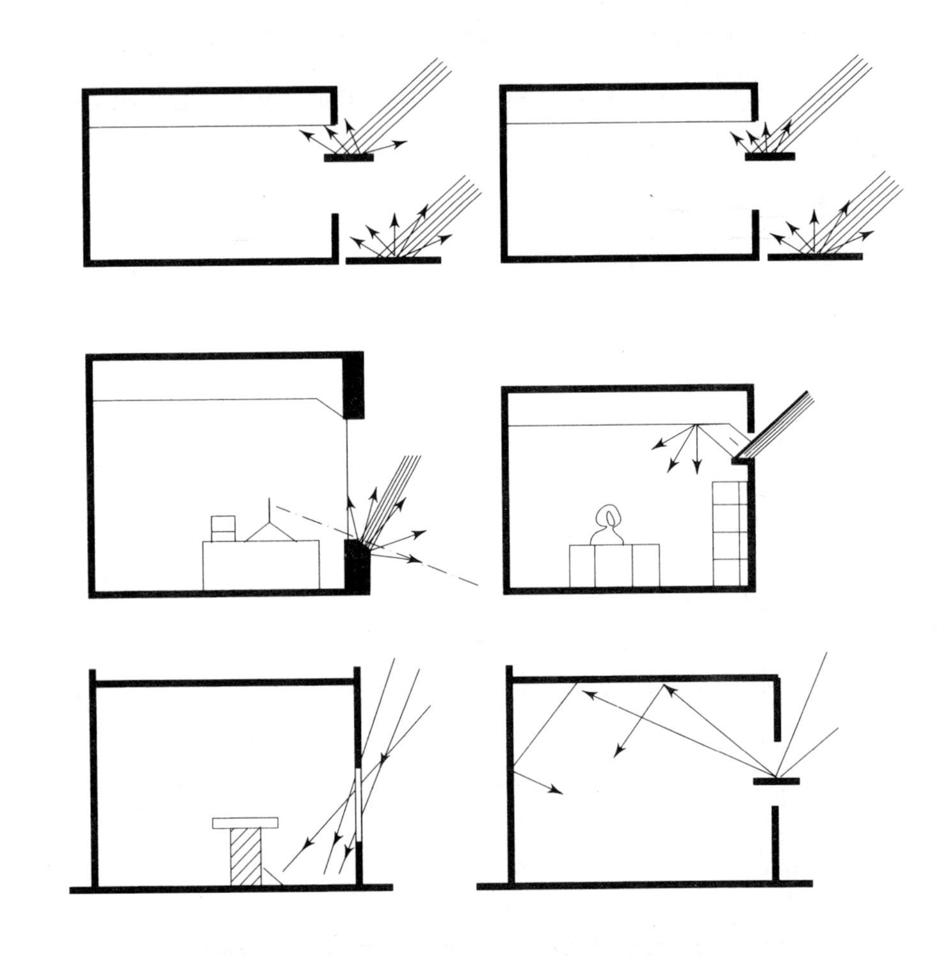

图2.39 反光格板：构造与形式，反光格板能使室内得到均匀的采光（见参考文献4）

在寒冷地区，应选用优质玻璃，窗户遮阳构件没有必要。考虑到太阳高度角较小，如用反光格板会很有效。窗户横截面亦应具备减缓风速的能力。

在湿热气候区，由于太阳辐射向四周大量散射，窗户遮阳构件没有很大意义。因为在该气候条件下昆虫会大量繁殖，防虫网最有必要。该气候区主要问题是——增大室内通风，可以通过调节窗户横截面来解决。

然而，在许多情况下，我们需要处理混合的气候情况。那么，我们就需要设计出遮阳构件在夏天遮阳，但在寒冷时期，能够让光线进入室内。再者，当窗户横截面用作遮阳的同时还要有加强空气流动的作用。如果在窗台上放置花盆或者在玻璃上增加小的遮阳板，就能达到这一效果（图 2.40）。

**层次 16　　墙体**

**主要参数　　辐射**

**其他参数　　——**

**气候特点**

与屋顶的情况相同，墙体材料是研究热量流动时的一个主要因素。就材料而言，适用于屋面的同样也适用于墙体，两者的区别在于屋面比墙体吸收的太阳直接辐射更多。

在较冷气候区，墙体也可用于间接式太阳能采暖。

**理论阐述**

对于墙体而言不仅要考虑材料，还要考虑其他方面的因素。两层墙体之间设约 5cm 厚的空气层可以减小热量传递（图 2.41）。再者，可用温室效应来提高辐射得热。太阳的直接短波辐射可透过像玻璃一样的材料，被反射的长波辐射却无法透过玻璃。其结果，热量辐射进入室内，却没有向外再辐射出去，这就产生了稳定的热量聚积。然而情况并不全是这样。在一天 24 小时

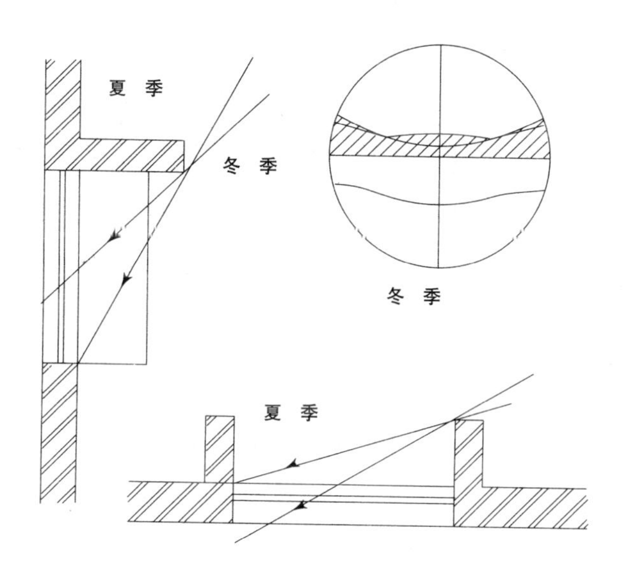


图2.40　气候混合区窗户的遮阳构件

的循环中，辐射得热仅发生在日照期间，在其他时间，尽管不产生辐射热损失，但由于玻璃的 $U$ 值很高，它会产生传导热损失，这种情况特别发生在夜间室外温度较低的寒冷地区。因而，玻璃既可起到增温的作用，在其他时间，它也会带来显著的热量损失。

人们已克服这个难题，所采用的办法也简单易行，特朗伯保温墙（Trombe-wall）就是最好的例子。采用一个5－10cm的空气层把墙体材料和外部玻璃隔开，玻璃吸收热量，加热空气层中的空气。在墙的底部和顶部开通风口使空气可以流动，于是空气层中的热空气进入房间。夜间，墙体又可减少热量损失。

太阳墙（solar wall）是特朗伯保温墙的改进型。除了没有排气孔之外，其他各方面都相似。在这种情况下，墙体白天被加热，并在无日照时向室内辐射出热量。就效果而言，这两种墙体在向室内传热时的时间周期有所不同。由于墙体上不设玻璃窗，所以这两种墙都不能够看到室外，这也就是与水墙或透明墙的区别。

水墙实质上是内部装水的玻璃墙体。如前所述，水的比热高，是水泥的2倍多，升高相同的温度，与混凝土墙等厚的水墙吸收的热量是混凝土墙的2倍。因此，水墙可在较长时间里稳定地再辐射出热量。再者，它也可以使室内获得采光。然而，必须在墙内安装阻流片，以最大限度地减少造成热量损失的对流运动。

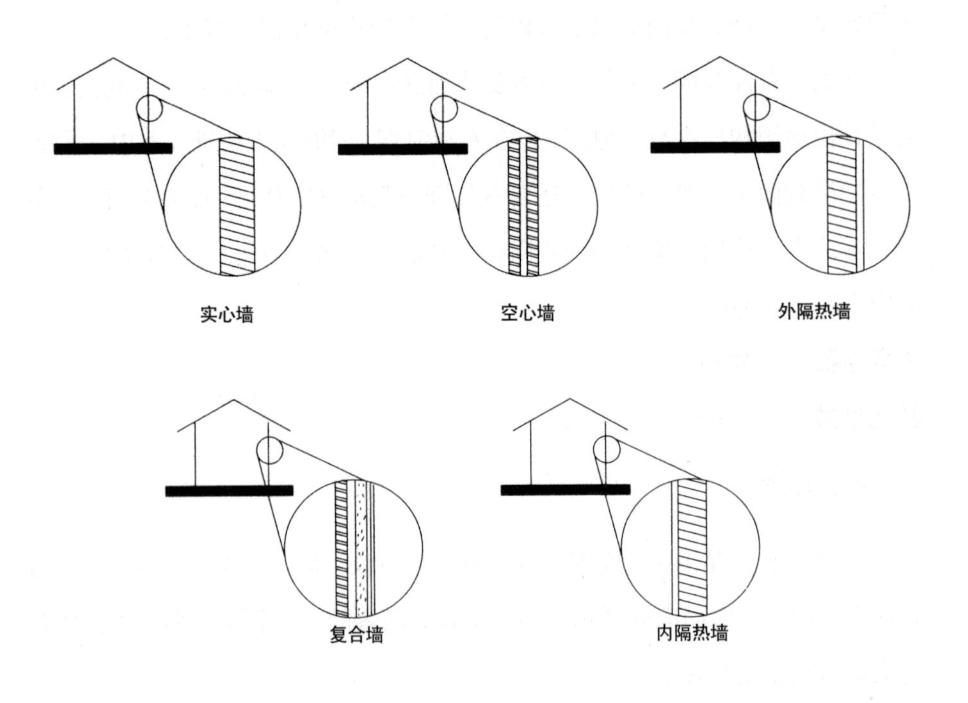


图2.41　墙体的类型

### 建筑设计

在炎热以及寒冷气候区，和屋面材料一样，墙体应选用低 $U$ 值（导热系数小）的材料。在湿热气候区，墙体材料的热容量应较低。

特朗伯保温墙（Trombe-wall）、太阳墙（solar wall）和水墙是寒冷地区有效的得热方式（图2.42）。

**层次 17　　屋顶材料**

**主要参数　　接收的辐射**

**其他参数　　——**

**气候特点**

屋顶材料不仅决定热量传递过程所用的时间，也决定通过屋顶传入或传出的热量总和。

**理论阐述**

每种材料都有其特定的比热。在提到热量交换时，我们总会涉及材料的比热和数量（即质量）。

质量与比热的乘积称为蓄热量（thermal mass）。由于比热是材料的一种属性，蓄热量也取决于材料的质量。蓄热量是材料蓄热能力的指标。通过材料的热流是由材料的热导率（conductance）和材料的热阻决定的。我们需要知道来自天空和散失向天空的热流，为此需要了解围护结构的总热阻。所以，我们不仅需要考虑材料的热阻，还要考虑材料表面空气层的热阻。围护结构的总热阻的倒数称作传热系数(transmittance)或$U$值，该$U$值最为常用。

需要说明以下两点：(1) 当热流通过材料时，一部分热被材料吸收。(2) 热流并非转瞬即逝，其时间长短取决于材料的 $U$ 值和厚度。

因此，对于给定厚度的各种材料，在热量传递之前，会有一定的时间延迟。由于一部分热量被吸收，并不是全部热量都被传递，这把我们引向了材料的另外两个重要特性——时间延迟和衰减系数。时间延迟是指室内外最高温度之间的时间差。衰减系数指两者之间的比值。

因此，比热和传热系数是材料的固有指标。通过研究材料的厚度，我们会了解被吸收和传递的热量的总量以及热量传递所用的时间。

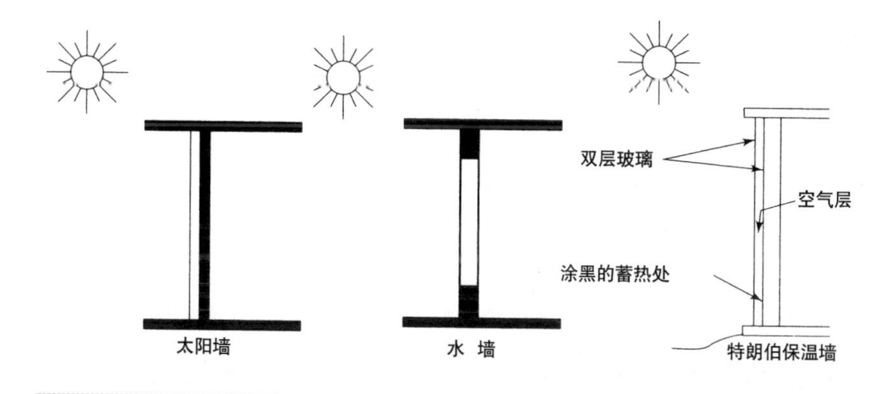


图 2.42　增大辐射得热的墙体系统

**建筑设计**

在炎热和寒冷地区，屋顶的传热系数值应低，这能确保建筑获得最小得热和最小热量损失。使用隔热材料会最大限度地减少贮存在屋顶上的热量。不过，如没有隔热材料，低 $U$ 值的材料一般意味着高的蓄热量。

在湿热地区，由于蓄热不合乎要求，因而屋顶宜选用轻质且具有高 $U$ 值和低蓄热量的材料。

**层次 18　　外表面颜色和纹理**

**主要参数　　辐射**

**其他参数　　——**

**气候特点**

建筑物的表面特性会影响热量的传入。

**理论阐述**

不难理解，外表面颜色会影响建筑物表面的反射率，从而影响对热量的吸收。表面纹理可以有光滑到粗糙的变化。由粗糙材料构成的表层物质（如大粒径集料的粗砂表面）本身可以遮阳，并可增加其再辐射面积。与此相反，平坦的表面能传递更多热量。不过，光滑平坦的表面反射力较强，也能降低得热效果。同样，浅色反射能力较强，而深色吸收能力较强。

**建筑设计**

在炎热地区，建筑表层颜色宜浅，纹理宜粗糙。这样可使其具有更强的反射、遮阳和再辐射能力。如果不能采用粗糙的纹理，则可采用光滑的表面。

在寒冷地区，表面颜色宜深，且平坦而不光滑。这样可保证其最大的吸收能力和最小的遮阳和再辐射能力。

在湿热地区，目的同样是最大程度地减少得热。因此，颜色浅而粗糙的表面较令人满意。

**层次 19　　室内材料**

**主要参数　　得热、吸收和存贮**

**其他参数　　——**

**气候特点**

室内材料，主要指家具设备，可以贮存很多热量，也能影响室内居住条件是否舒适。

**理论阐述**

如前所述，不同材料有不同的比热值。因此，不同类型家具设备的蓄热量也会不同。

**建筑设计**

在炎热地区和湿热地区，为了使家具设备不贮存热量，应尽可能使其轻便。另一方面，在寒冷地区，宜采用重型家具设备。

**层次 20　　室内装修**

**主要参数　　采暖与采光**

**其他参数　　——**

**气候特点**

室内的装修会影响室内的采光水平，它在一些条件下也会影响热量的损失。

**理论阐述**

内表面的反射能力会影响采光水平。再者，当材料的 $U$ 值很低时，对辐射的反射率（或发射率）会影响热量的损失。

### 建筑设计

室内表面的反射率应由所需求的采光条件来决定。

## 设计工具

通过“设计工具”，我们可以把前文提及的信息资料同综合“设计辅助”结合起来。在“设计辅助”的首页，该工具仅为一种颜色，它是一种被编码了的现成计算手册（如示意图2.1）。它可以帮助做出最初的设计策略。不过，它同样与建筑的定量和定性数据有关。因此，它能使设计者更全面更准确地理解所要达到的设计要求。

此项工作的基本思想是希望能把所有的分析和计算用于设计当中。其想法就是要优化设计者的输入数据，并把辅助设计的成果用于明确的设计当中，结果是辅助设计软件包要求设计者不必了解更多的基本气候状况及所处的纬度位置。这些更多特定的数据只有在设计的最后完善阶段（例如：在寒冷气候条件下确定接受阳光的玻璃面积时）才会有要求。

那么，设计工具是如何发挥作用的呢？这些工具展示了不同层次和其中广泛的选择范围。这些选择范围就是颜色代码——表示适合区域的颜色（在每种颜色当中有其自己的明暗度，最深色表示最理想的选择，最浅色表示最不理想的选择），这些颜色代码如下：

- 黄色——炎热气候条件下的选择；
- 蓝色——寒冷气候条件下的选择；
- 绿色——湿热气候条件下的选择；
- 红色——采光选择。

极热极冷季节的气候状况在设计中应予以考虑并尽可能地解决其中的矛盾。

只要选择正确的颜色，就可以做出基本的设计策略。每一层次都给出说明性的定性定量信息的参考数据，这可以说是基本设计思想的提高并将其应用到了设计方案中。当然这只是简化了的情形，每一设计都有自己的内容，需要去认识、去说明。这些工具对于地形的变化进行了分析，但并不是所有的工程都适用。因此，像《圣经 · 十诫》那样，一条真理原则无助于解释各个气候区的气象设计原因。他们也很少会因为“实际”的问题而去遵循。我们所需要的是一个指导性的框架，使每一设计都能找到理想的方案。“设计工具”正是为此而做的。

“设计工具”指明在各种选择中必须对气候加以考虑。因此，它不仅强调某些选择，而且对气候因素及其影响也给以说明。这些选择不但有其主要内容，而且也会出现一些次要的内容。这样，使用者就不可以盲目从事。设计者对每一选择的正确原因及可能的内容应予以理解，这样就不会在设计中直接照搬颜色模式了。

决定选择的气候因素在示意图的左栏中给出了标示，影响选择的可能气候因素在示意图的右栏中予以标示。所以，如果由于设计的限制，而不能采用正确的选择时，设计者可对此给以酌情考虑。按照示意图左栏，可选择优化辐射（或朝向，影响通风）。因此，某些特别的问题在设计中可以不予考虑。同样，如果某选择意味着要减少光照（右栏所示），可依照左栏所示的采光选择进行。这样可使设计者免受“颜色模式”的限制，从而使设计工具成为灵活而有效的辅助。

除混合气候区外，该规则可简便用于其他各种气候区。混合气候区有两到三个令人不适的不同季节。我们需要考虑所有的季节。第一步是考察气候范围。每一季中不舒适时间的长短应进行对比，以获得轻重缓急次序。这样我们就可得知哪一季最不舒适，哪一季最舒适。弄清了最不舒适季节之后，应对其单独考虑，从而形成设计策略。对于其他季节，也可采用同样的方法。必须对每个气候区选择之间的矛盾关键加以注解。应当考虑自然因素（如太阳角度、风的类型等）变化以解决冲突。应当按照轻重缓急的次序防止难以解决的冲突的发生。

有了对基本理论的清晰理解，就可以利用设计工具针对气候情况进行设计。不是要替代其他一些与建筑有关的东西，而是要优化气候设计，记住其他一些与建筑有关的东西。

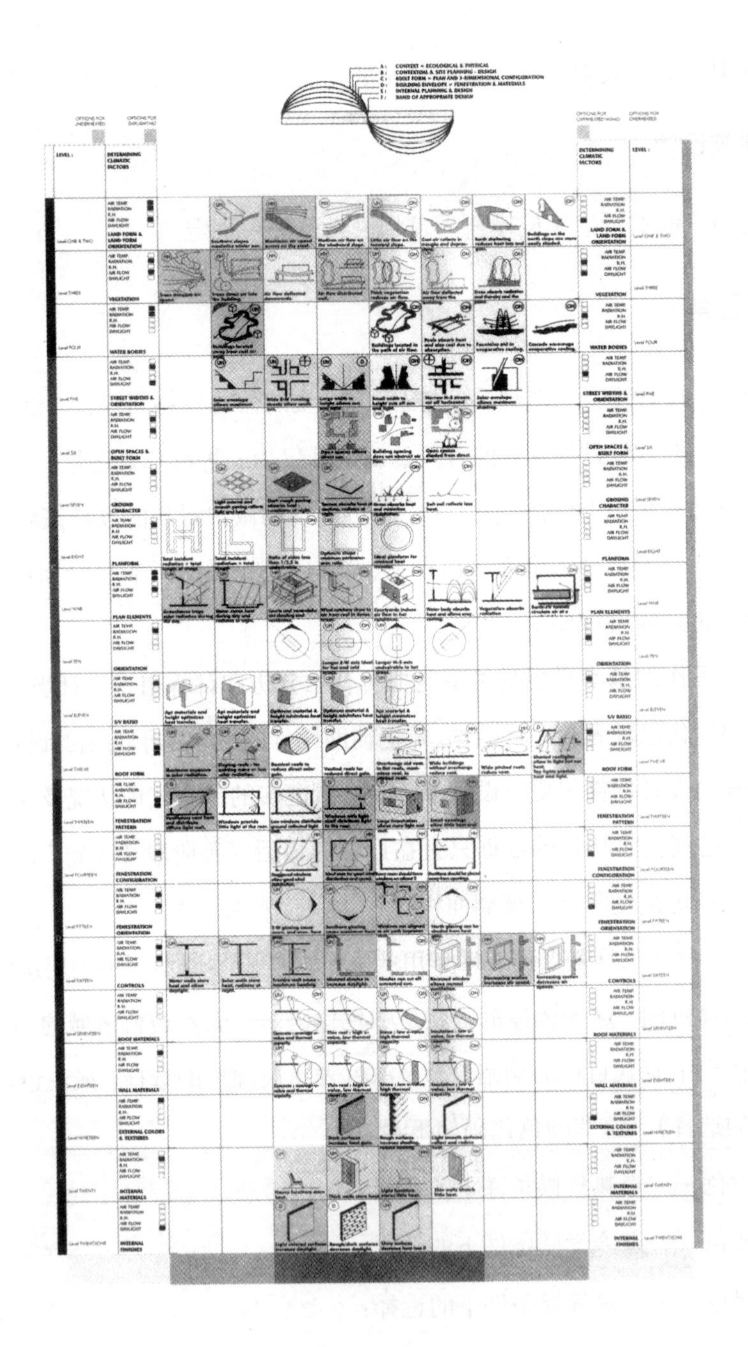


此图是原图的完整图样，后面几页是其详尽说明。

示意图2.1 气候建筑学——综合方法

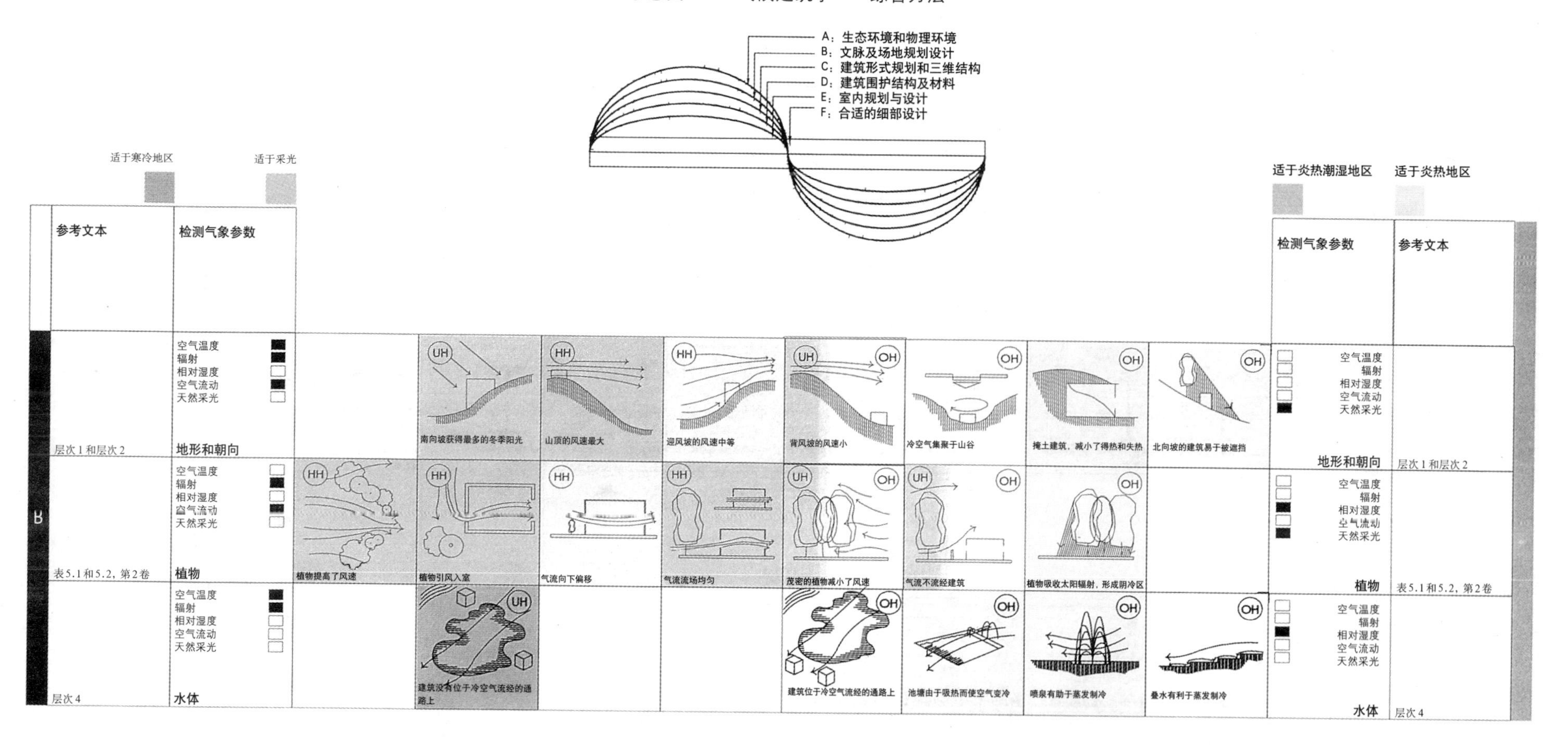

| 出处 | 类别 | 空气温度 / 辐射 / 相对湿度 / 空气流动 / 天然采光 | 1 | 2 | 3 | 4 | 5 | 6 | 7 | 8 | 空气温度 / 辐射 / 相对湿度 / 空气流动 / 天然采光 | 类别 | 出处 |
|---|---|---|---|---|---|---|---|---|---|---|---|---|---|
| 表4.1和4.3，第2卷 | 街道宽度和方位 | □ ■ □ □ ■ | | (UH) 退台获得最多的阳光 | (UH) 宽阔的东西向街道允许南向阳光进入 | (UH) (D) 宽高比大，获得的阳光多 | (OH) 宽高比小就会阻止阳光的进入 | (OH) 南北向街道狭窄，阻止了水平向阳光的进入 | (OH) 向外凸的阶梯形状造成了最大的阴影区 | | □ □ □ ■ □ | 街道宽度和方位 | 表4.1和4.3，第2卷 |
| 表4.1和4.3，第2卷 | 外部空间和建筑形式 | □ ■ □ ■ □ | | | | (UH) 外部空间允许直射阳光进入 | (HH) 建筑空间没有阻挡空气的流动 | (OH) 外部空间中的遮阳 | | | □ □ □ □ □ | 外部空间和建筑形式 | 表4.1和4.3，第2卷 |
| 层次7 | 地表特征 | □ ■ □ □ □ | | (UH) 浅色及光滑的地面铺装反射光热 | (UH) 深色粗糙的地面铺装吸收热量——到晚间再向天空辐射 | (UH) 柏油路面白天吸热，晚上放热 | (OH) 草地吸收热量也很少向外辐射 | (OH) 松软的土地反射热量较小 | | | □ □ □ □ □ | 地表特征 | 层次7 |
| 附录A | 平面形式 | □ ■ □ □ □ | 总入射辐射＝两翼长度之和 | 总入射辐射＝总长 | (UH) (OH) 宽长比小于1/2.5不合适 | (UH) (OH) 理想的形式：使周长／面积的比率最小 | (UH) (OH) 热量传递最小的理想平面形式 | | | | □ □ □ □ □ | 平面形式 | 附录A |
| 附录B | 平面构件 | ■ ■ □ ■ □ | (UH) 温室在白天捕捉太阳辐射 | (UH) 水在白天储存热量，晚间再向外放热 | (HH) 庭院和阳台有助于遮阳和通风 | (HH) 在密集区捕风器从屋顶引风 | (OH) 庭院在炎热条件加强空气流动 | (OH) 水体吸热，从而蒸发制冷 | (OH) 植物吸收太阳辐射 | (OH) 地下坑道使空气以适宜的温度进行循环 | □ □ ■ □ □ | 平面构件 | 附录B |
| 表3.1–3.6，第2卷 | 方位 | □ ■ □ □ □ | | | | (UH) (OH) 在炎热和寒冷地区南向性都是理想的 | (UH) 在炎热地区，东向性应避免 | | | | □ □ □ ■ □ | 方位 | 表3.1–3.6，第2卷 |
| 附录C | 体形系数 | □ ■ □ □ □ | 建筑材料和高度使热量传递最优化 | 建筑材料和高度使热量传递最优化 | (UH) (OH) 理想的材料和高度应使热量传递最少 | (UH) (OH) 理想的材料和高度应使热量传递最少 | areas. (UH) (OH) 建筑材料和高度应使热量传递最少 | | | | □ ■ □ □ □ | 体形系数 | 附录C |
| 层次12 | 屋顶形式 | □ □ □ ■ ■ | (UH) 最大地暴露于太阳辐射之下 | (UH) 坡屋顶：获得较多或较少的太阳辐射 | (OH) 穹顶减少了直射阳光辐射量 | (OH) 拱顶减少了直接辐射 | (HH) 挑檐有助于平屋顶的通风，使坡屋顶的通风达到最大 | (HH) 进深大的不挑檐建筑减弱了通风 | (HH) 进深大的坡屋顶减弱了通风 | (D) 遮阳采光屋顶允许光进入，但阻挡热进入。顶部采光则允许光、热都进入 | □ ■ □ □ □ | 屋顶形式 | 层次12 |

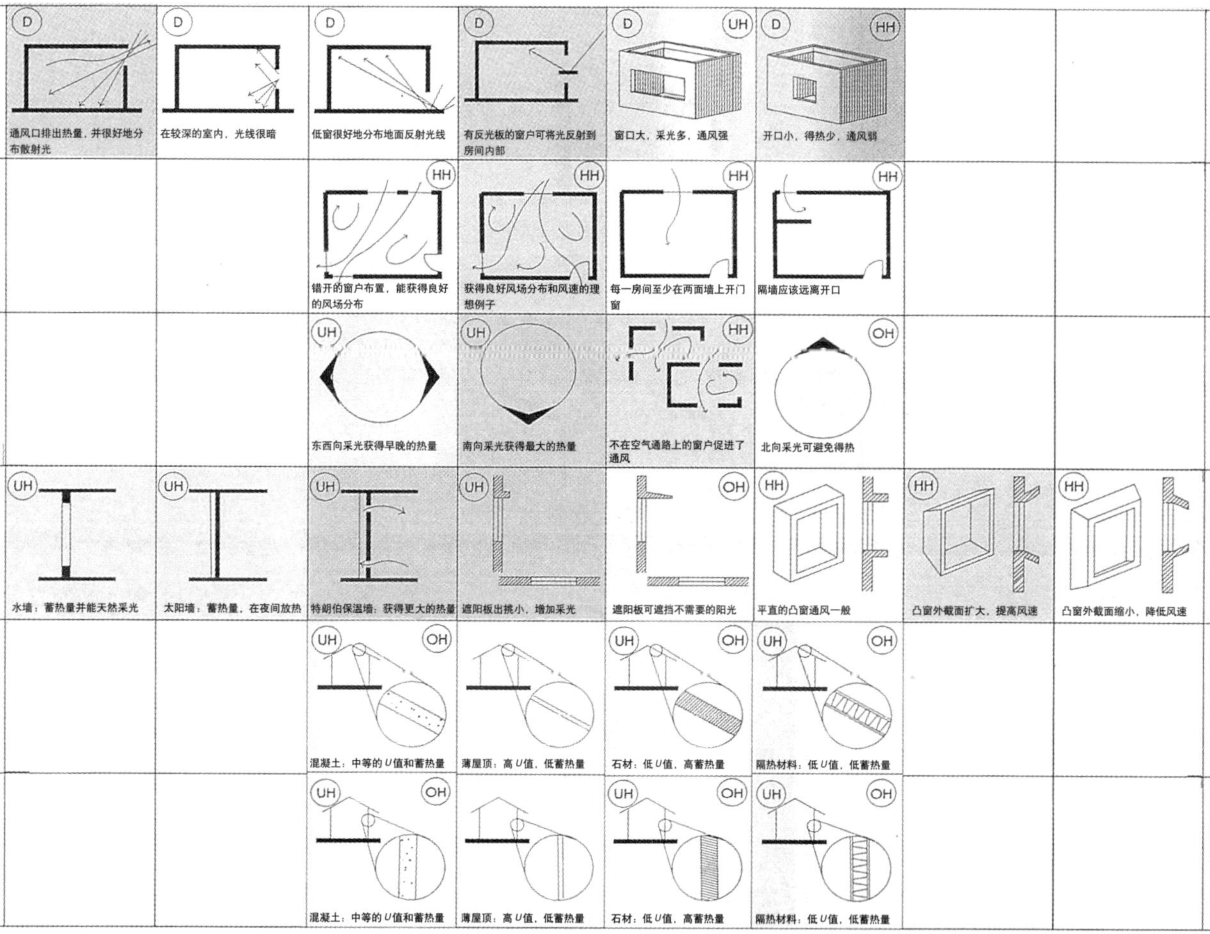

D

| 参考 | 类别 | 影响因素 | 1 | 2 | 3 | 4 | 5 | 6 | 7 | 8 | 影响因素 | 类别 | 参考 |
|---|---|---|---|---|---|---|---|---|---|---|---|---|---|
| 层次13 | 门窗形式 | 空气温度 □<br>辐射 □<br>相对湿度 □<br>空气流动 ■<br>天然采光 ■ | D 通风口排出热量，并很好地分布散射光 | D 在较深的室内，光线很暗 | D 低窗很好地分布地面反射光线 | D 有反光板的窗户可将光反射到房间内部 | D UH 窗口大，采光多，通风强 | D HH 开口小，得热少，通风弱 | | | □ 空气温度<br>□ 辐射<br>□ 相对湿度<br>□ 空气流动<br>□ 天然采光 | 门窗形式 | 层次13 |
| 层次13 | 门窗布置 | 空气温度 □<br>辐射 □<br>相对湿度 □<br>空气流动 ■<br>天然采光 □ | | | HH 错开的窗户布置，能获得良好的风场分布 | HH 获得良好风场分布和风速的理想例子 | HH 每一房间至少在两面墙上开门窗 | HH 隔墙应该远离开口 | | | □ 空气温度<br>□ 辐射<br>□ 相对湿度<br>□ 空气流动<br>■ 天然采光 | 门窗布置 | 层次13 |
| 附录B | 门窗朝向 | 空气温度 □<br>辐射 ■<br>相对湿度 □<br>空气流动 ■<br>天然采光 □ | | | UH 东西向采光获得早晚的热量 | UH 南向采光获得最大的热量 | HH 不在空气通路上的窗户促进了通风 | OH 北向采光可避免得热 | | | □ 空气温度<br>□ 辐射<br>□ 相对湿度<br>□ 空气流动<br>■ 天然采光 | 门窗朝向 | 附录B |
| 表6.5，第2卷 | 控制 | 空气温度 □<br>辐射 ■<br>相对湿度 □<br>空气流动 ■<br>天然采光 □ | UH 水墙：蓄热量并能天然采光 | UH 太阳墙：蓄热量，在夜间放热 | UH 特朗伯保温墙：获得更大的热量 | UH 遮阳板出挑小，增加采光 | OH 遮阳板可遮挡不需要的阳光 | HH 平直的凸窗通风一般 | HH 凸窗外截面扩大，提高风速 | HH 凸窗外截面缩小，降低风速 | □ 空气温度<br>□ 辐射<br>□ 相对湿度<br>□ 空气流动<br>□ 天然采光 | 控制 | 表6.5，第2卷 |
| 表6.5，第2卷 | 屋顶材料 | 空气温度 □<br>辐射 ■<br>相对湿度 □<br>空气流动 □<br>天然采光 □ | | | UH OH 混凝土：中等的$U$值和蓄热量 | 薄屋顶：高$U$值，低蓄热量 | UH OH 石材：低$U$值，高蓄热量 | UH OH 隔热材料：低$U$值，低蓄热量 | | | □ 空气温度<br>□ 辐射<br>□ 相对湿度<br>□ 空气流动<br>□ 天然采光 | 屋顶材料 | 表6.5，第2卷 |
| 附录D | 墙体材料 | 空气温度 □<br>辐射 ■<br>相对湿度 □<br>空气流动 □<br>天然采光 □ | | | UH OH 混凝土：中等的$U$值和蓄热量 | 薄屋顶：高$U$值，低蓄热量 | UH OH 石材：低$U$值，高蓄热量 | UH OH 隔热材料：低$U$值，低蓄热量 | | | □ 空气温度<br>□ 辐射<br>□ 相对湿度<br>□ 空气流动<br>□ 天然采光 | 墙体材料 | 附录D |

| | | | | | | | | | | | | |
|---|---|---|---|---|---|---|---|---|---|---|---|---|
| E | 层次 18 | 空气温度 ■<br>辐射 □<br>相对湿度 □<br>空气流动 □<br>天然采光 □<br>**外表面颜色和纹理** | | | | (UH) 深色表面增加得热 | (OH) 粗糙表面形成阴影，减少了得热 | (OH) 浅色光滑表面反射热量，从而减少了得热 | | | □ 空气温度<br>□ 辐射<br>□ 相对湿度<br>□ 空气流动<br>■ 天然采光<br>**外表面颜色和纹理** | 层次 18 |
| | 层次 19 | 空气温度 □<br>辐射 ■<br>相对湿度 □<br>空气流动 □<br>天然采光 □<br>**室内材料** | | | (UH) 重型家具储存热量 | (UH) 厚墙储热 | (HH) 轻型家具几乎不储存热量 | (HH) 薄墙吸收少量热量 | | | □ 空气温度<br>□ 辐射<br>□ 相对湿度<br>□ 空气流动<br>□ 天然采光<br>**室内材料** | 层次 19 |
| | 表4.3，第2卷 | 空气温度 □<br>辐射 □<br>相对湿度 □<br>空气流动 □<br>天然采光 ■<br>**内表面涂层** | | | (D) 浅色表面增加天然采光 | (D) 深色粗糙表面减少天然采光 | (UH) 如果 $U$ 值小，反光面会降低热损失 | | | | □ 空气温度<br>□ 辐射<br>□ 相对湿度<br>□ 空气流动<br>□ 天然采光<br>**内表面涂层** | 表4.3，第2卷 |

# 附录A　规划形式

**普通平面形式：**

方形，矩形，L形，H形，圆形，八边形，六边形

| | 面积 | 周长 |
|---|---|---|
| 方形 | $x^2$ | $4x$ |
| 矩形 | $ab$ | $2(a+b)$ |
| L形 | $ac+ab-a^2$ | $2(b+c)$ |
| H形 | $2ab+ac$ | $2(a+c)$ |
| 圆形 | $\pi r^2$ | $2\pi r$ |
| 八边形 | $4.828x^2$ | $8x$ |
| 六边形 | $2.598x^2$ | $6x$ |

**总面积** 100m²

| | 边长比 | 周长 | |
|---|---|---|---|
| 方形 | 1.0 | 40 m | |
| 矩形 | 1 : 1.5 | 40.75 m | 1.875 |
| | 1 : 2 | 42.42 m | 6.05 |
| | 1 : 2.5 | 44.31 m | 10.775 |
| | 1 : 3 | 46.24 m | 15.6 |
| | 1 : 4 | 50.00 m | 25.0 |
| | 1 : 5 | 53.64 m | 34.1 |
| L形 | 7 : 4.28 : 3 | 42.56 m | 64 |
| | 6 : 5 : 5.66 | 45.2 m | 13.0 |
| 六边形 | | 37.2 m | – 7% |
| 八边形 | | 36.48 m | – 8.8% |
| 圆形 | | 35.44 m | – 11.4% |

**总面积** 200m²

| | 边长比 | 周长 | |
|---|---|---|---|
| 方形 | | 56.56 m | |
| 矩形 | 1 : 1.5 | 57.75 m | 2104 |
| | 1 : 2 | 60.00 m | 6.082 |
| | 1 : 2.5 | 62.61 m | 10.693 |
| | 1 : 3 | 65.28 m | 15.417 |
| | 1 : 4 | 70.7 m | 25.0 |
| | 1 : 5 | 75.96 m | 34.299 |
| L形 | 7 : 10.79 : 10.79 | 25.8 m | 71.16 |
| | 6 : 13.66 : 13.66 | 39.0 m | 78.64 |
| | 10:5:5 | 6.2 m | 60.06 |
| H形 | 7 : 7.19 : 14.38 | 25.77 m | 71.14 |
| | 6 : 9.1 : 18.2 | 38.967 m | 78.6 |

**总面积** 500m²

| | 边长比 | 周长 | |
|---|---|---|---|
| 方形 | | 89.44 m | |
| 矩形 | 1 : 1.5 | 2.3 m | 91.5 |
| | 1 : 2 | 6.06 m | 94.86 |
| | 1 : 2.5 | 10.67 m | 98.98 |
| | 1 : 3 | 15.385 m | 103.2 |
| | 1 : 4 | 25.0 m | 111.8 |
| | 1 : 5 | 34.168 m | 120.0 |
| L形 | 10 : 25:25 | 56.53 m | 140 |
| | 15 : 16.66 : 16.66 | 41.6 m | 126.66 |
| | 10 : 16.66 : 33.33 | 56.52 m | 140 |
| H形 | 10 : 17.5 : 55 | 34.168 m | 120 |
| | 15 : 9.166 : 15 | 8.05 m | 96.64 |

# 附录B 窗玻璃的透射特性

| 玻璃类型 | 有效的透射部分 | | 无效的部分 |
|---|---|---|---|
| 6mm 厚普通玻璃 | $t = 74$ | 74 | – |
| | $a = 18$ | 9 | 9 |
| | $r = 8$ | – | 8 |
| 合计 | 100 | 83 | 17 |
| 6mm 厚吸热玻璃 | $t = 42$ | 42 | – |
| | $a = 53$ | 26 | 27 |
| | $r = 5$ | – | 5 |
| 合计 | 100 | 68 | 32 |
| 双层：外层为吸热玻璃 | $t - 37$ | 37 | – |
| 内层为普通玻璃 | $a = 55$ | 8 | – |
| 合计 | 100 | 54 | 55 |
| 单层玻璃：陶瓷涂层 | $t = 26$ | 26 | – |
| | $a = 56$ | 15 | – |
| | $r = 18$ | – | 18 |
| 合计 | 100 | 41 | 59 |
| 双层：外层玻璃内侧有 | $t = 25$ | 25 | – |
| 镍涂层 | $a = 52$ | 15 | 39 |
| | $r = 23$ | – | 23 |
| 合计 | 100 | 38 | 62 |
| 双层：外层玻璃内侧有 | $t = 24$ | 24 | – |
| 黄金涂层 | $a = 36$ | 4 | 32 |
| | $r = 40$ | – | 40 |
| 合计 | 100 | 28 | 72 |

入射角度的变化

| 入射角度 | 普通玻璃 | | 反光玻璃 | | 涂层玻璃 | |
|---|---|---|---|---|---|---|
| | **t** | **a** | **t** | **a** | **t** | **a** |
| 0° | 0.74 | 0.18 | 0.42 | 0.53 | 0.20 | 0.75 |
| 20° | 0.73 | 0.19 | 0.41 | 0.54 | 0.19 | 0.76 |
| 40° | 0.72 | 0.20 | 0.38 | 0.56 | 0.17 | 0.78 |
| 60° | 0.65 | 0.21 | 0.32 | 0.58 | 0.13 | 0.78 |
| 80° | 0.32 | 0.20 | 0.14 | 0.45 | 0.05 | 0.55 |

# 附录C 体形系数

对于常用材料和各楼层面积的理想化建筑尺寸的评估。对于每一个案例，假定所有的墙为同一材料，因此，平面形式是给定边、高的方形。

| 墙体材料 | U值(W/m² ℃) |
|---|---|
| (a)12.5mm厚PL + 225mm厚砖 + 12.5mm厚PL | 2.13 |
| (b)12.5mm厚PL + 112.5 mm厚砖 + 50mm厚空气层 + 112.5 mm厚砖 + 12.5mm厚PL | 1.55 |
| (c)12.5mm厚PL + 225mm厚砖 + 25mm厚泡沫聚苯乙烯板 + 12.5mm厚PL | 0.85 |

| 屋顶材料 | U值(W/m² ℃) |
|---|---|
| (a)100mm厚高强水泥混凝土板 + 75mm厚炉渣 + 50mm厚面砖 | 1.76 |
| (b)50mm厚泡沫聚苯乙烯板 + 50mm厚高强水泥混凝土板 + 防水层 | 0.62 |

地面材料 $U$值 = 1.76 W/m² ℃

$x$ =层高

$N$ =层数

$Y$ =总面积

$$r = \frac{2U_{墙体材料}}{U_{屋顶材料} + U_{地面材料}}$$，用于热损失

$$r = \frac{U_{墙体材料}}{U_{地面材料}}$$，用于得热

下面为计算热损失的实例。

**案例1（墙 a，屋顶 b）**

$x$ = 3m　　$x^2 r^2$ = 13.14　　$r^2$ = 1.46

| $N$ | $Y$ | 边长(m) | 高度(m) |
|---|---|---|---|
| 1 | 13.14 | 3.63 | 3 |
| 2 | 105.12 | 10.89 | 6 |
| 3 | 354.78 | 14.52 | 9 |
| 4 | 840.96 | 14.52 | 12 |
| 5 | 1642.50 | 18.15 | 15 |
| 7 | 4507.02 | 25.41 | 21 |
| 10 | 13140 | 36.30 | 30 |
| 15 | 44347.50 | 54.45 | 45 |
| 20 | 155120 | 72.60 | 60 |

建筑的体积 = $Y \cdot x$ = 高 · $t^3 \cdot r^2$

边长的平方 = 高 · $r$

$x$ = 3.5 m　　$x^2r^2$ = 17.89

| $N$ | $Y$(m²) | 边长 (m) | $x$ (m) |
|---|---|---|---|
| 1 | 17.89 | 4.24 | 3.5 |
| 2 | 143.12 | 8.47 | 7.0 |
| 3 | 483.12 | 4.24 | 10.5 |
| 4 | 1144.96 | 16.94 | 14.0 |
| 5 | 2236.25 | 21.18 | 17.5 |
| 7 | 6136.277 | 29.65 | 24.5 |
| 10 | 17890 | 42.35 | 35.0 |
| 15 | 60378.75 | 63.53 | 52.5 |
| 20 | 143120 | 84.70 | 70 |

$x$ = 4.0 m

| $N$ | $Y$(m²) | 边长 (m) | $x$ (m) |
|---|---|---|---|
| 1 | 23.36 | 4.84 | 4.0 |
| 2 | 186.88 | 9.68 | 8 |
| 3 | 630.72 | 14.52 | 12 |
| 4 | 1495.04 | 19.34 | 16 |
| 5 | 2920 | 24.20 | 20 |
| 7 | 8012.48 | 33.88 | 28 |
| 10 | 23360 | 48.40 | 40 |
| 15 | 78840 | 72.60 | 60 |
| 20 | 186880 | 96.80 | 80 |

## 案例 2（墙 b，屋顶 a）

$x=3$ m

| N | Y(m²) | 边长 (m) | x(m) |
|---|---|---|---|
| 1 | 10.71 | 3.27 | 3 |
| 2 | 85.68 | 6.54 | 6 |
| 3 | 289.17 | 9.81 | 9 |
| 4 | 685.44 | 13.08 | 12 |
| 5 | 1338.75 | 16.35 | 15 |
| 7 | 3673.53 | 22.89 | 21 |
| 10 | 10710 | 32.70 | 30 |
| 15 | 36146.25 | 49.05 | 45 |
| 20 | 85680 | 65.40 | 60 |

$x=3.5$ m　　$x^2r^2=14.58$

| N | Y (m²) | 边长 (m) | x(m) |
|---|---|---|---|
| 1 | 14.58 | 3.815 | 3.5 |
| 2 | 116.64 | 7.63 | 7.0 |
| 3 | 393.66 | 11.45 | 10.5 |
| 4 | 933.12 | 15.26 | 14 |
| 5 | 1822.50 | 19.08 | 17.5 |
| 7 | 5000.94 | 26.00 | 24.5 |
| 10 | 14580 | 38.15 | 35 |
| 15 | 49207.50 | 57.23 | 52.5 |
| 20 | 116640 | 76.3 | 70 |

$x=4$ m

| N | Y(m²) | 边长 (m) | x (m) |
|---|---|---|---|
| 1 | 19.04 | 4.36 | 4 |
| 2 | 152.32 | 8.72 | 8 |
| 3 | 514.08 | 13.08 | 12 |
| 4 | 1218.56 | 17.44 | 16 |
| 5 | 2380 | 21.80 | 20 |
| 7 | 6530.72 | 30.52 | 28 |
| 10 | 19040 | 43.60 | 40 |
| 15 | 64260 | 65.40 | 60 |
| 20 | 1523200 | 87.20 | 80 |

## 案例 3（墙 c，屋顶 b）

$x=3$ m　　$r^2=0.51$　　$x^2r^2=4.59$

| N | Y(m²) | 边长 (m) | x (m) |
|---|---|---|---|
| 1 | 4.59 | 2.14 | 3 |
| 2 | 36.72 | 4.28 | 6 |
| 3 | 123.93 | 6.43 | 9 |
| 4 | 293.76 | 8.57 | 12 |
| 5 | 573.75 | 10.71 | 15 |
| 7 | 1574.37 | 14.99 | 21 |
| 10 | 4590 | 21.42 | 30 |
| 15 | 15490 | 32.13 | 45 |
| 20 | 36720 | 42.84 | 60 |

$x=3.5$ m　　M　　$x^2r^2=6.25$

| N | Y(m²) | 边长 (m) | x(m) |
|---|---|---|---|
| 1 | 6.25 | 2.50 | 3.5 |
| 2 | 50 | 5 | 7.0 |
| 3 | 168.75 | 7.5 | 10.5 |
| 4 | 400 | 10 | 14 |
| 5 | 781.25 | 12.5 | 17.5 |
| 7 | 2143.75 | 15 | 24.5 |
| 10 | 6250 | 24.99 | 35 |
| 15 | 21093.75 | 37.49 | 52.5 |
| 20 | 50000 | 49.98 | 70 |

$x=4$ m　　$x^2r^2=8.16$

| N | Y(m²) | 边长 (m) | x(m) |
|---|---|---|---|
| 1 | 8.16 | 2.86 | 4 |
| 2 | 65.28 | 5.71 | 8 |
| 3 | 220.32 | 8.57 | 12 |
| 4 | 522.24 | 11.42 | 16 |
| 5 | 1020 | 14.28 | 20 |
| 7 | 2718.8 | 19.99 | 28 |
| 10 | 8160 | 28.56 | 40 |
| 15 | 27540 | 42.84 | 60 |
| 20 | 65280 | 57.12 | 80 |

# 附录D　各表面的吸收率和发射率

| 表　面 | 对太阳辐射的吸收率 | 10—40℃时的吸收率和发射率 |
|---|---|---|
| 黑色，非金属 | 0.85–0.98 | 0.90–0.98 |
| 红砖、石头、瓦 | 0.65–080 | 0.85–0.95 |
| 黄色或浅黄色砖、石头 | 0.50–0.70 | 0.85–0.95 |
| 米黄色砖、瓦、石膏 | 0.30–0.50 | 0.40–0.60 |
| 窗玻璃 | 可透过辐射 | 0.90–0.95 |
| 亮铝、镀金材料、青铜 | 0.30–0.50 | 0.40–0.60 |
| 亚光黄铜、铝 | | |
| 镀锌钢板 | 0.40–0.65 | 0.20–0.30 |
| 亮光黄铜、紫铜 | 0.30–0.50 | 0.02–0.05 |
| 磨光铝、铬 | 0.10–0.40 | 0.02–0.04 |

## 参考文献 References

1. Fuggie, R.F. and Oke, T.R. (1970): *Infra-red Flux Divergence and the Urban Heat Island*, World Meteorological Organization.
2. Markus, T.A. and Morris, E.N. (1980): *Buildings, Climate and Energy*, Pitman.
3. Bansal, N.K. and Minke, G. (1988): *Climatic Zones and Rural Housing in India*: Jülich.
4. Lam William, M.C. (1986): *Sunlighting as Formgiver for Architecture*, Van Nostrand Reinhold.
5. Givoni B., *Urban Design in Different Climates,* World Meteorological Organization, December 1989.
6. Hawkes D., Owers J., Rickaby P., Steadman P. Energy and Built Form, Butterworths, 1987.
7. Koenisberger O., Ingersoll T.G., Mayhew A., Szokolay Climatic Design: Manual of Tropical Housing and Building Part I, Orient Longman Limited.

# 印度的气候与热舒适

# Climate and Thermal Comfort in India

■ 弗格斯·尼科尔

## 为什么要设立温度标准

当世界上一座座漂亮的建筑拔地而起的时候，还没有“温度标准”这样的概念。在这些建筑里，空气与石料交互作用，到处都让人感到清新愉悦。在灼热的夏季，微风绕拐角而过，凉爽的地下走廊和通风的庭院，加上清新的喷泉让人怡然自乐。冬季，楼内有采光良好的房间供人休息，免受室外的风寒。建造者们积累几个世纪的经验，一代一代地让人们确信，他们的工作是各种建筑里最重要：改善恶劣的外部条件，创造愉快舒适的室内环境。然而，到了20世纪，技术的进步意味着我们只需要轻轻地按一下开关，就能决定此时室温是多少。毕竟，利用一点地下燃料来开动空调会更加容易，那样不用费神考虑利用复杂和昂贵易变的风能和炽热的太阳能。这也就是需要温度标准的原因；如果你来决定建筑物的室温，那么，你必须确切地了解室温应是多少，因此，环境科学家开始解决建筑物内部温度应该是多少，从而产生了“热舒适”这一门科学。

## 热舒适

美国采暖、制冷与空调工程师协会（ASHRAE）曾把热舒适解释为“一种对热环境表示满意的精神状态”。

在一个从冷到热变化的范围内，ASHRAE把热舒适度描述成“中和的”（表3.1），热舒适科学是有关预测各种条件（温度、湿度、空气速度）最适合这种中和的感觉，以及人们对偏离这种中和感觉有怎样的容忍程度。

**表3.1** ASHRAE热舒适度分级指标［另一种通用的类似分级指标是贝德福德（Bedford）分级指标，它与ASHRAE分级指标类似，把中间三类称为“舒适”，其余为“不舒适”。两种分级指标结果相似］

| | |
|---|---|
| 热 | +3 |
| 暖和 | +2 |
| 稍暖 | +1 |
| 中和 | 0 |
| 稍凉 | −1 |
| 凉爽 | −2 |
| 冷 | −3 |

研究热舒适的科学家把人体作为测量热舒适的标准。该标准是在“舒适投票”上标上刻度，“舒适投票”是分级指标上从热到冷的描述，它最能反映一个人对热环境的印象，热舒适分级指标的中点是零。通过一个特殊的实验室——气候室研究人体对热舒适的读数，这样可以最大限度地减少失误，这个被称作气候室的实验室能把温度和湿度控制在一个稳定的指标。所有的主观刺激变量，如期望、与其他人的相互联系、对衣服变化的适应能力和态度等等都被排除在外。环境科学家运用热力学和生理学理论，结合气候实验中所得的结果，推导出一个公式，通过该公式可测算出中和条件。更为可贵的是，他们研究出了预测办法，可预测对任何条件组合而言人体对热舒适的读数——由房格尔（Fanger）研制出的著名的PMV——预测平均投票率，由此取得最适宜的室内条件就很简单，只需使其达到中和的 PMV 即可。

不过，PMV 作为舒适度的预测值还有问题。该问题分三类：PMV 理论基于由身体所产生的热量（新陈代谢产热量），以及该热量在人体表面上是怎样散失的。显然，如果身体不过热或过凉，那么体表上的热量损失应与代谢产热量相同（图 3.1 和图 3.2）。这意味着我们需要知道人体将产生多少代谢热量。由于代谢热会因不同活动和不同个体差异而变化，很难预测楼房内普通居住者的代谢产热会是多少。第二点，人体表面的热损失率关键取决于个人所穿衣物的保暖效果和其服饰特性（例如是松还是紧？），也取决于他的姿势。因此，为了预测一栋楼的PMV值，我们需要确定居住者将穿什么衣物，这也很难测定。第三，居住者凭经验形成自己对环境的期望以及对该期望的反应。因此，人们对环境的反应不能仅凭当前的状况来进行解释。气候室的方法是让一切恒定不变，时间本身被排除——条件变化如何之快以及以何种顺序排列，但人对环境反应的一个关键因素（开窗、开电扇、换衣服或改变位置使空气能在衣内循环）是他们把最近的经历同他们的文化与季节的经验进行比较得出的。

导热取决于人体表面温度与和其直接接触的物体之间的温差。

图 3.2 表明了人体的热平衡，也可用等式来表示。如果得热和失热的因素是：

得热：Met= 新陈代谢（基本的代谢与肌肉代谢）

Cnd= 导热（同温暖物体接触）

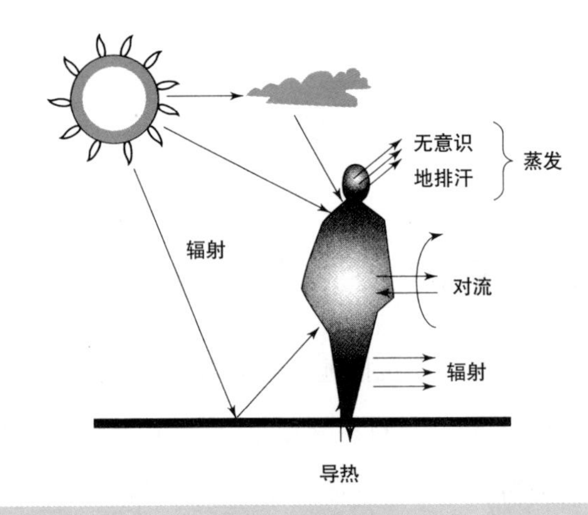


图3.1 身体热交换

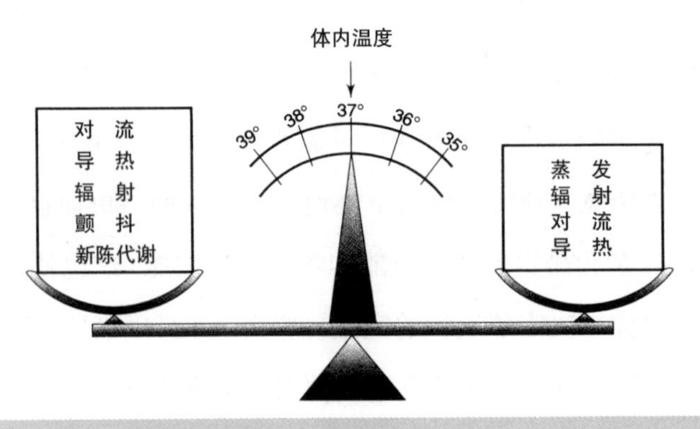


图3.2 身体的热平衡

Cnv= 对流（空气温度比皮肤温度高）

Rad= 辐射（来自太阳、天空和热的物体）

失热：Cnd= 导热（同冷物体接触）

Cnd= 导热（同热物体接触）

Cnv= 对流（空气温度比皮肤温度高）

Rad= 辐射（来自太阳、天空和热的物体）

因此，用气候室测量热舒适度能得出一个数字，即“中性温度”，而对空调工程师所从事的工作而言，该数字有很大的弹性——除稳定的状态条件外，该数字是否可适用于其他的一切情况尚有可疑。况且，该数字是基于对无法评估的衣服和活动的假设为前提的。

## 现场研究方法(Field Study Approach)

研究热舒适度还有另一种办法，且已使用多年，那就是“现场研究”的方法。在该方法中，人仍被看作测量热舒适的标准，但让其在正常环境中继续他们的生活，以同样的方式测量他们的身体状况：温度、湿度和气流。由于参与者（称作研究对象）的行为不受任何干涉——穿自己合适的衣服，住在自己习惯的环境里等等，包括所有的被气候室试验所排除的主观因素，也都可在现场研究方法中进行研究。

由夏尔马（Sharma）和阿里（Ali）研究的热带气候夏季指标（TSI）是一个现场研究的典范。他们发现了试验者对黑球温度（一个6″的涂成黑色的铜球温度）$T_g$，湿球温度（温度计的水银球被湿棉线环绕而测得的温度）$T_w$ 和气流速度 $V$ 的平方根的综合反应，并得出：

$$TSI = 3/4T_g + T_w - \sqrt[2]{V} \tag{3.1}$$

这表明最重要的因素是以黑球温度为代表的温度，黑球温度由空气温

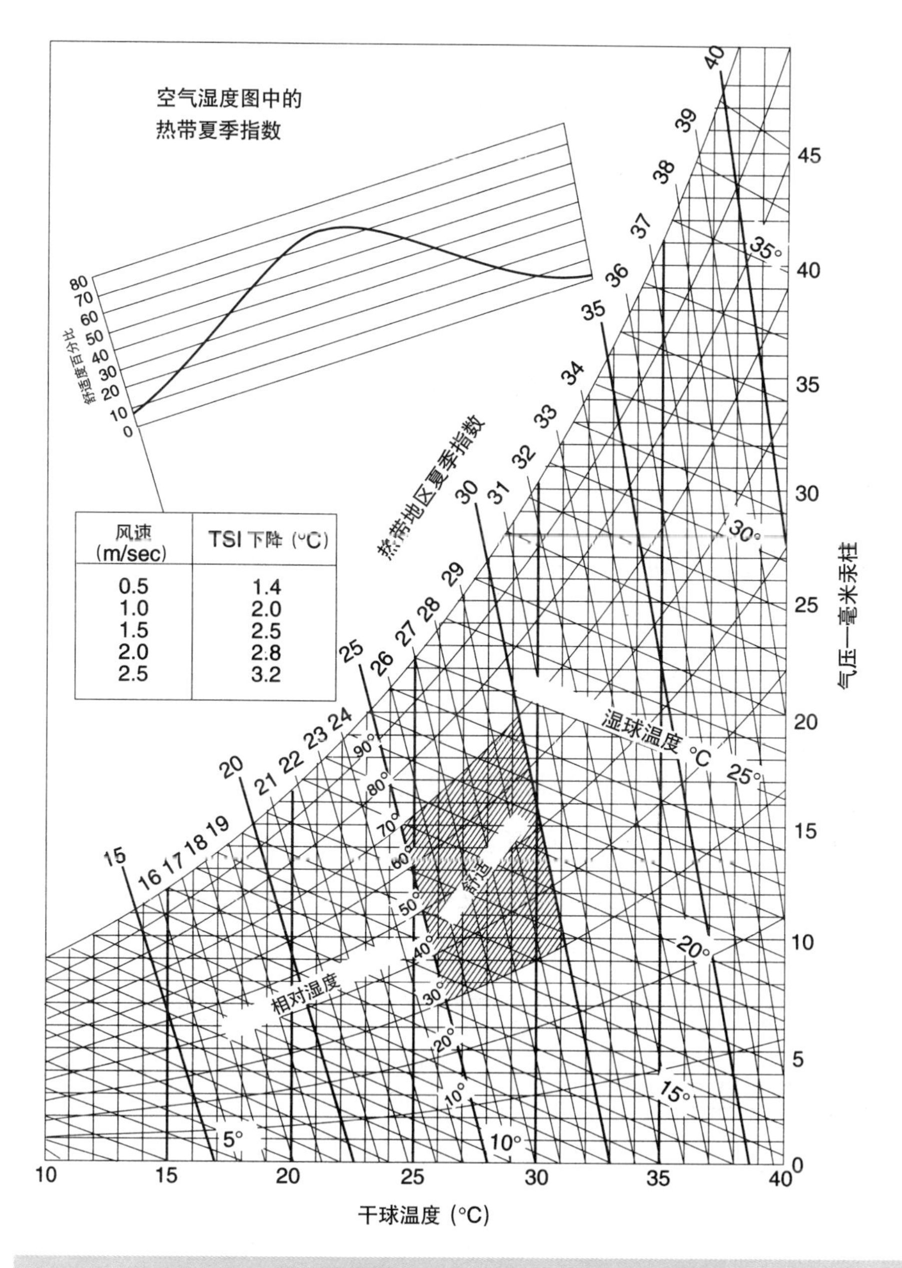


图3.3 空气湿度图表上的热带地区夏季指数（TSI）

度和辐射温度组成。湿度由湿球温度表示，湿度低时它会减少（湿度低时人会感到较凉），而且气流可让人体感到凉爽（风较大时人会感到较为凉爽）；夏尔马（Sharma）和阿里（Ali）发现当TSI为27.5℃（图3.3）时，绝大部分人会感到舒适。不过，这种研究也有局限性：由于不能控制被试验者的状况，也不能限制参试者所适应的温度范围，各种与时间有关的要素会使自然环境与主观舒适度之间的关系变得模糊，而且被试者可以任意更换衣服、姿势和其他一些东西，这一点有时也会使结果很难说明问题。但现场研究有一点确实值得赞扬，尽管气候室的研究没有认可人与人之间的内在差异，现场研究结果告诉我们，不同地方的人在适应其日常生存环境时存在差异。毕竟，如果不去告诫我们有过热或过冷的危险，以便我们采取适当的措施去避免的话，我们为什么会有对该处的热感觉呢？如果感到不舒适，人们通常会这样做：调整自己以适应环境，从而再次求得舒适。通过换衣服、改变姿势等以及打开电扇或制冷装置、开窗换气等方式，人会让自己适应生存环境。

因此，在我们习惯的生活状态下，仅在一两度的范围内，我们确信在很长时间里会感到舒适。跨越时间概念，像穿衣、风俗和建筑这类事情反映了人们寻求舒适的需求，因此，人类的文明反映了一种特定的气候强加于他们的压力。我们用自己的行动可以在短期内适应自己生存环境的压力，但我们的文明却使我们可以长期适应生存环境的压力，这就是热舒适度应用的基础。

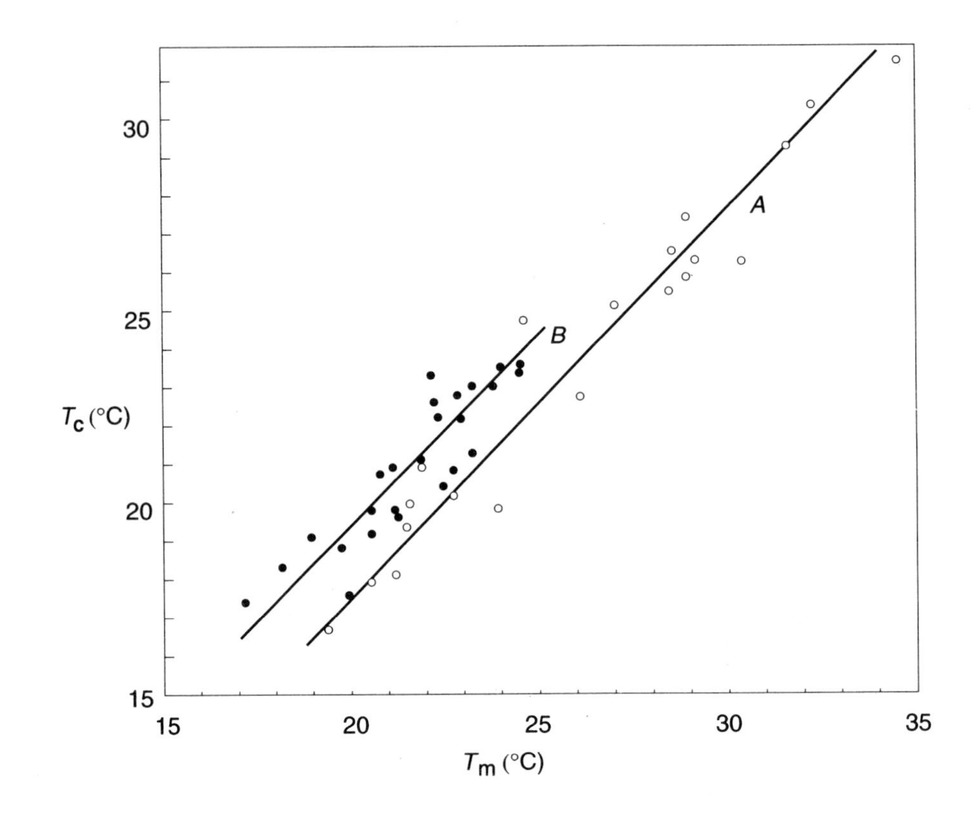


图3.4 自然运行建筑（直线 $A$）与采暖建筑（直线 $B$）中，舒适温度（$T_c$）与室内平均温度（$T_m$）的关系。汉弗莱斯（Humphreys）（参考文献3）曾讨论过直线 $A$ 和直线 $B$ 的置换问题

## 印度的热舒适度

印度是个有多种气候的国家，从北部山区的阴凉气候过渡到恒河平原的混合气候，从炎热的拉贾斯坦邦（Rajasthan）的沙漠气候到东南部的温和湿润型气候，可以发现许多不同的气候地区。每个地区有它自己的文化和建筑

传统，它们反映了自己独特的气候条件。另外，大多数地区每年都有5月、6月的盛夏和1月的寒冬这样的极端气候。因此，退一步讲，在全国范围内说某种单一的温度比较理想是不合逻辑的。

利用热舒适适应型理论的方法是将室内热舒适度与室外主要状态联系起来。这样做最简单的办法是在每个气候区为一年的不同季节制定出热舒适的现场研究。

初看到室内舒适度与室外温度的关系时感到似乎有点奇怪，但如果我们考虑炎热地区大部分建筑物是自然通风这一事实，那么，就不会对室内温度与室外温度的关系感到诧异。现在，如果热舒适度适应型理论正确的话，那我们在遇到接近平均温度时，就可以调整自己，让自己感到舒适。换句话说，在平均室温时我们会感到舒服。因此，和室外温度有关的室内温度同舒适温度有一定关联，它与室内温度关系更近，但与室外温度的关系更起作用。从一栋楼到另一栋楼的室内温度会有变化，但室外温度不变。因此，在不同的气候区，在不同季节，我们为了获得舒适的室内温度时，利用平均室外温度

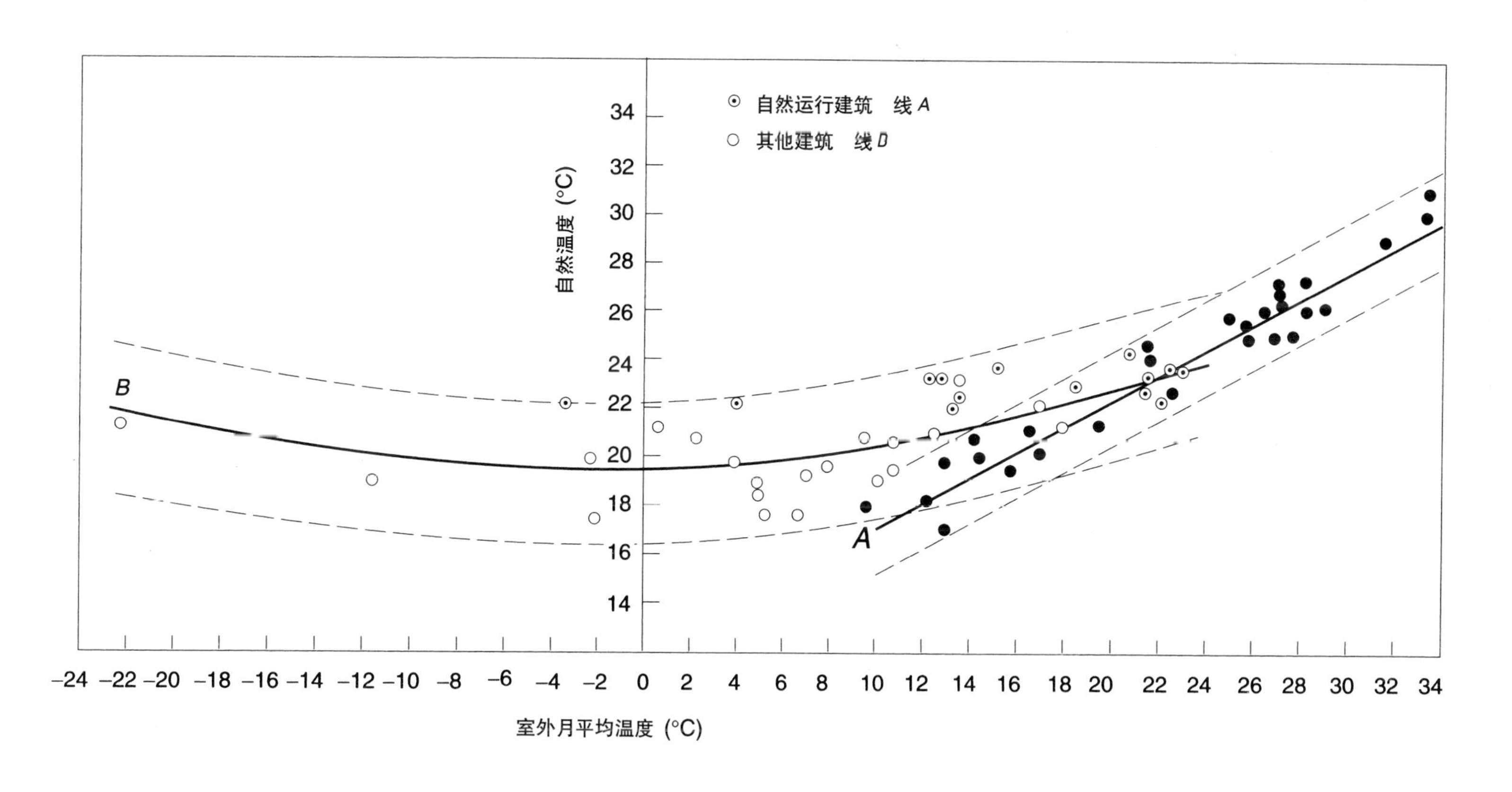


**图3.5** 中和或舒适温度的散布图：直线*A*表示自然运行建筑（黑圈），直线*B*表示有采暖或有空调的建筑（美研究者用空心圈表示，澳大利亚研究者用圈中小点表示，见参考文献3）

是个不错的方法。

汉弗莱斯是第一位指出室外温度与室内舒适温度之间关系强度的人，特别是在既不过热也不过冷的建筑物中(图3.4和图3.5)。他搜集了世界各地的舒适度研究结果，并绘制出气温图，在该图中，他对照所测试月份的室外温度，来核对研究报告的舒适状况。

对于自然运行的建筑(无采暖与空调设备)，两者的关系很明显。汉弗莱斯所发现的舒适温度（$T_c$）和室外温度（$T_o$）的关系是：

$$T_c = 12.1 + 0.53 T_o \tag{3.2}$$

尼科尔(Nicol)在与印度气候相似的次大陆气候研究的最近成果也表明了相似的结果。尽管不知为何他绘制的线的斜度低于汉弗莱斯线（图3.6），总的结果，特别是在夏季月份里非常相似：

$$T_c = 17.0 + 0.38 T_o \tag{3.3}$$

气温除了能让人们更加舒适之外，还有其他的优点，这些优点与能量、建筑有关：

(1)用来给建筑物采暖或制冷的能量与建筑物内外的温差成比例。因此，随着室外温度的升降而增减的室内温度所用的能量较少，而长期不受室外温度影响的室内温度在保持舒适时所用的能量要多。

尼科尔及其同事的统计结果表明，利用可调整的室内温度可以达到在最大能量负荷时节约能量的效果。依照公式(3.3)确定的室内温度，在夏季月份里比ASHRAE所颁布的26℃标准的最高温度在制冷负荷方面节约20%或更多的能量。事实上，许多空调工程师把自己设计的系统定位在可达到22℃的室内温度水平。如以该标准为基础，节能则更多，大于35%。因此，随着室外温度而变化的室内温度可为印度节约大量的能源，不仅为印度在购买超大空调设备方面节约了大量资金，尤其还节约了电能。

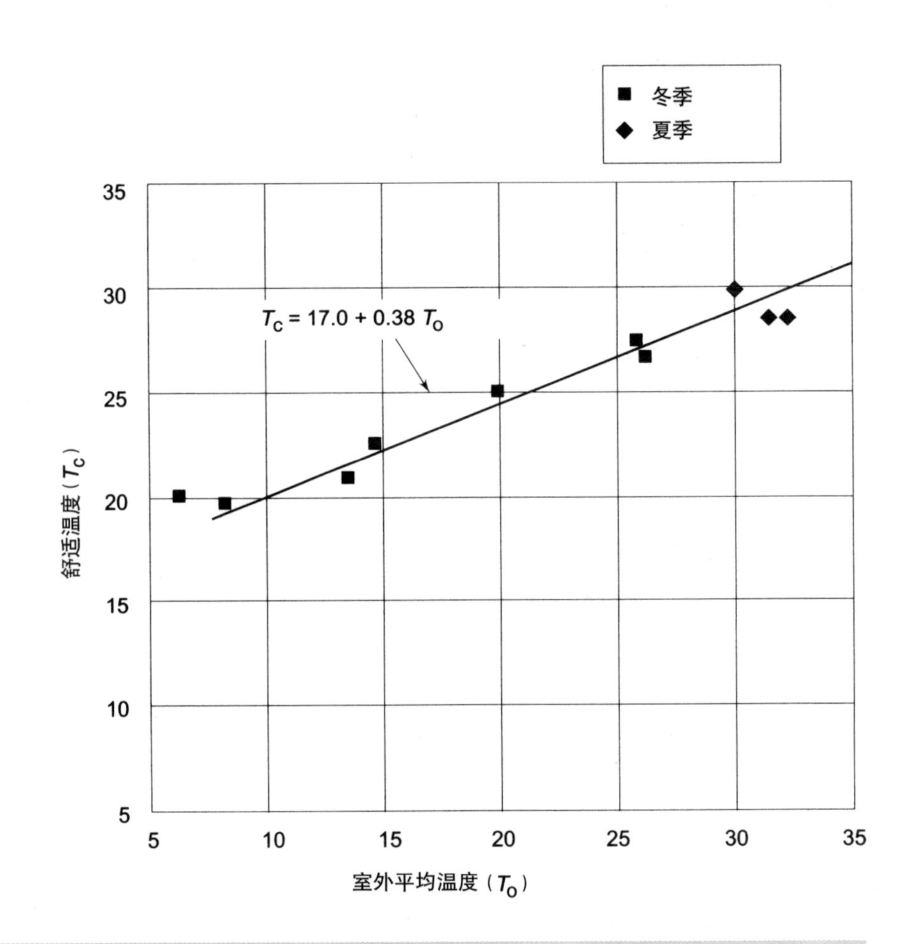


图3.6 舒适温度与室外平均温度：五个城市的冬夏温度值（参考文献4）

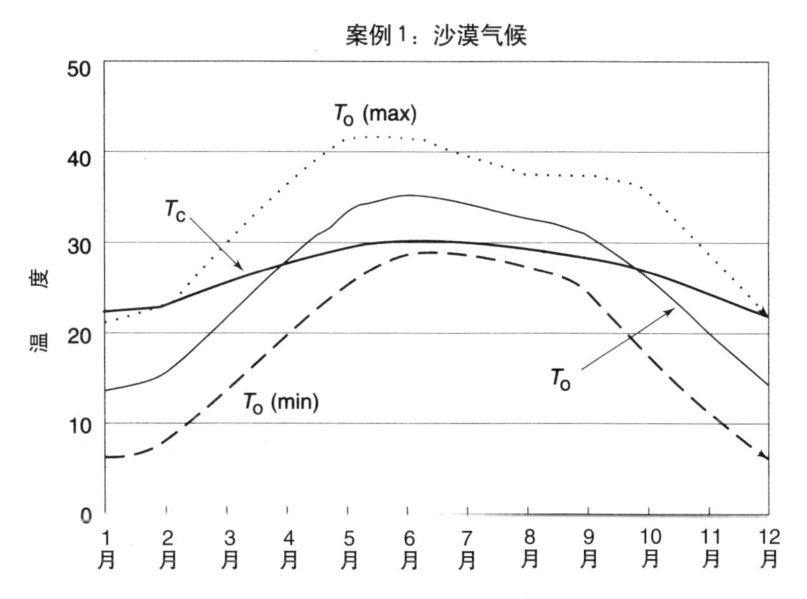


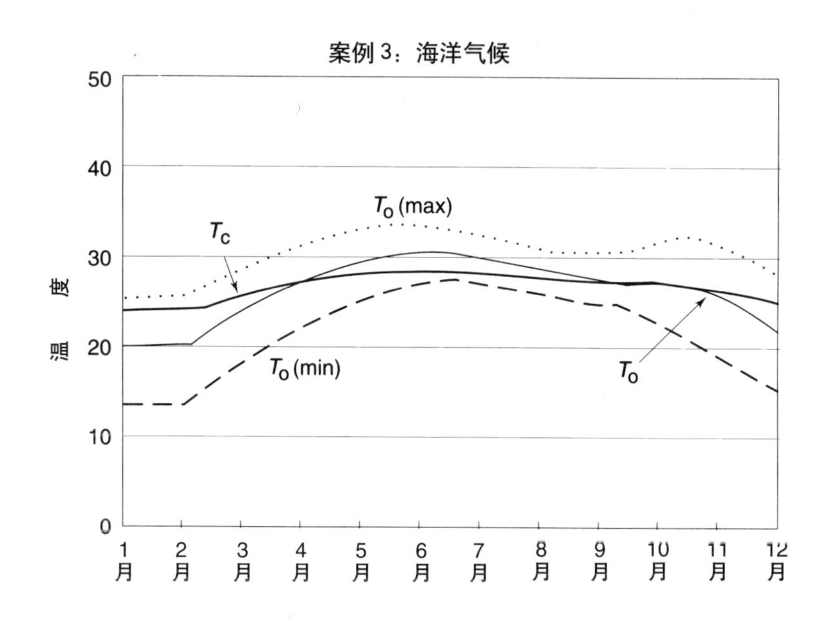


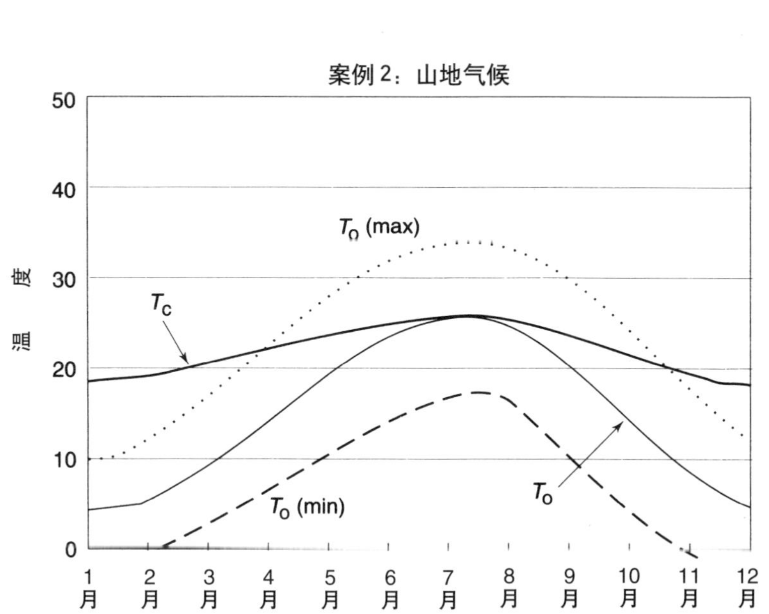


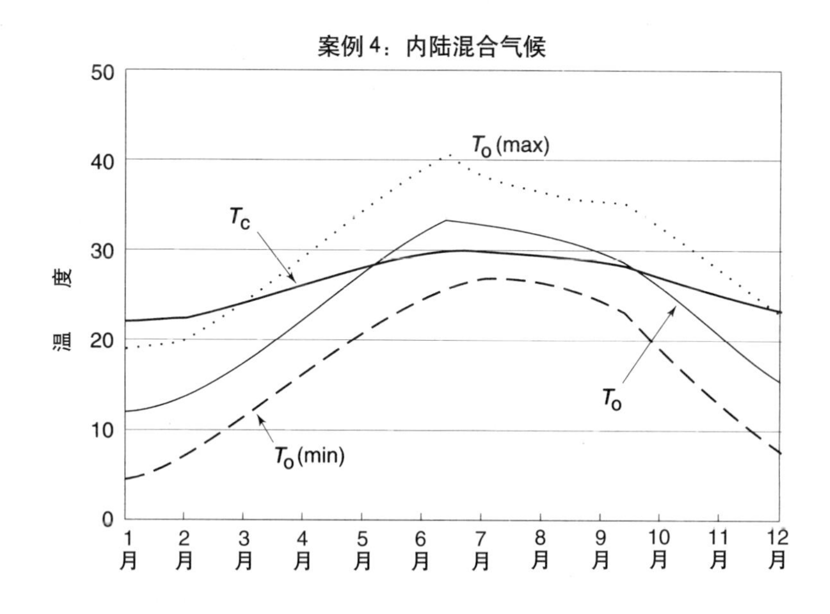


**图3.7** 在不同气候下的每月平均气温案例

(2) 单一温度标准的问题之一是它不能通过一栋没有采暖或制冷的建筑来实现。易变是室外条件的属性，而且正是室外条件才最终决定这样一栋建筑的室内条件。除了有空调设备的建筑，自然通风的建筑也可以达到随室外温度变化而变化的室内温度标准。

问题是要确知怎样才能最有效地达到室内舒适。由汉弗莱斯和尼科尔提出的舒适温度与平均室外温度的关系为决定被动式制冷策略提供了可能性。

图3.7给出一个沙漠气候（案例1）的城镇月平均室外气温和室外月均最高和最低温度。在该图上利用公式（3.3）从平均室外温度中计算出来的室内舒适温度。这四种气温之间的关系相当清楚。该线图可被任何有气象记录的地方复制。

室外气温高，即使最低的每日指标亦稍低于舒适温度。这意味着夏天有必要采用某种形式的制冷设备，在这种干燥的沙漠气候区，蒸发制冷设备很适用。冬天最高气温接近舒适温度，如果控制了通风设备，一般情况下被动式太阳能采暖就足够了，居住者在冬天没有必要机械采暖。

案例2是一个山区城镇的典型代表。那里在夏天除了一天的中午之外，气温相对凉爽，冬天晚上气温也许会降到零下；舒适温度非常接近于平均夏季气温。有高热容量的建筑，舒适温度很容易保证。不过，在冬季，室外平均温度远远低于舒适温度，如果没有充分利用太阳能采暖，有必要采用室内采暖。

案例3是最南部的沿海湿润地区。在这里夏天舒适温度更接近于室外最低温度，因此，夜间的通风不可能是获得舒适的有效途径。在沙漠地区通常会见到蒸发制冷设备，但在湿度大的地方，它的用处并不大。在没有机械制冷设备时要想舒适就有必要利用风扇或进行自然通风。在这种情况下如果空气流速很高，其舒适温度将会高于空气静止时3−4℃，这足以使室内舒适温度接近于室外平均温度。在冬天，温度仍然很高，室内舒适温度在每日温度范围之内，这意味着通常在没有采暖设施时，就可以获得室内舒适温度。

在第4个例子中（案例4），由于是混合型气候，夏季舒适温度高于平均室外气温的最小值，审慎地使用高蓄热的材料和夜间通风，白天配合风扇，应能够在没有机械制冷的情况下获得舒适。这种方法是这一地区许多建筑物的一大特征。在冬季，舒适温度降至室外温度范围之外，如采用合适的热容量，被动式太阳能采暖应足以获得舒适。

## 结论

随着空调技术的不断发展，全世界的建筑标准已经下降。仅仅利用空调就能达到热环境要求，使得建筑的质量下降。任何建筑物都可以安装空调这一事实，阻碍了建筑师的设计工作。像以往的建筑师一样，他们想设计建筑，并非想利用地下燃料去获得适当的中性气温，而是在研究气候的过程中，获得内心深处的愉悦感。

## 参考文献 References


1. Fanger, (1970): *Thermal Comfort*, Danish Technical Press.
2. Sharma and Ali (1986): "Tropical summer index a study of thermal comfort in Indian subjects, *Building and Environment* 21, pp. 11–24.
3. Humphreys, M. (1978): "Outdoor temperatures and comfort in-doors", Building Research and Practice 6.
4. Nicol, F. *et al.* (1994): *A Survey of Thermal Comfort in Pakistan, Toward New Indoor Temperature Standards*, Oxford Brookes University.

# 被动式采暖与降温设计策略

# Passive Heating and Cooling Design Strategies

■ 西莫斯 · 扬纳斯

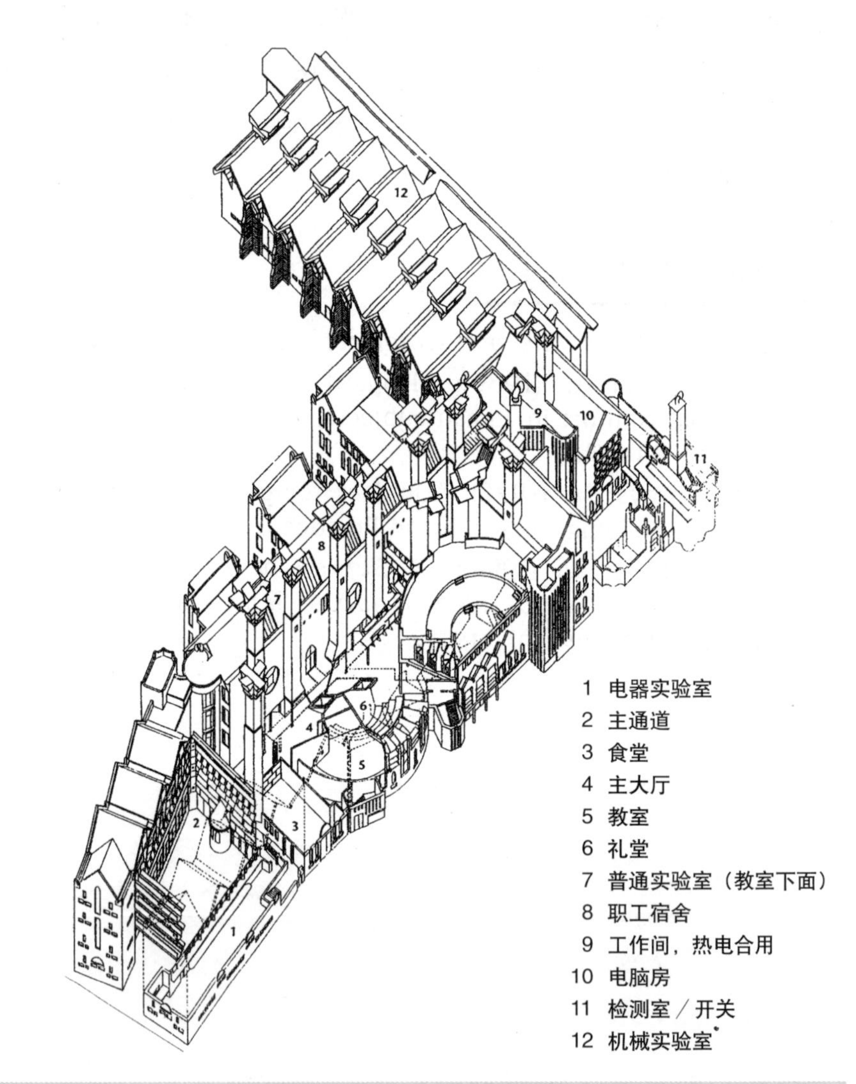


图4.1 得·蒙特福德大学工程学院，莱斯特，英国（设计：肖特·福特事务所），精心的设计使这个大型建筑可以自然通风而无需使用空调（详见第11章）

## 引言

采用常规设备采暖和降温的目的是克服室内外环境的差异，这种差异的大小随以下几个方面的不同而有所变化：

- 建筑物的地理位置、场地的形状及微气候状况
- 室外环境的季节性变化和每一天的变化情况
- 建筑类型、居住方式和居住者所从事的活动情况以及所要求的热舒适标准
- 建筑设计

本章的核心内容是寻求某些方法，使建筑设计能够尽量少用常规的采暖和降温方法（参见图4.1），并且，在不同的气候条件和建筑类型中对这些方法进行评价。

## 季节性设计策略

大部分建筑受到来自居住者新陈代谢活动、人工照明以及其他设备所产生的内部得热的影响和制约，产生热量的多少取决于居住密度和人们所从事的活动，同样，也取决于建筑类型。在办公楼内，热量的主要来源是人工照明和电器设备；在学校的教室里，热量的主要来源是由使用者的新陈代谢活动产生的；而在家庭住宅里，热量的主要来源则是烹调和家用电器。除此以外，太阳辐射是另外一个主要热源，太阳辐射到外表面的情况会因时间、地点以及方位的不同而改变。然而，它对室内的影响主要取决于建筑设计以及室内空间的使用情况。

内部得热、通过窗户和围护结构其他构件作用于室内的太阳辐射作用，将促使室内温度上升并超过室外温度（图4.2a）。在采暖季节的寒冷天气里，若没有常规设备供暖而维持建筑室内热环境不变，室内升温越高，室外温度便可以更低一些。这可以通过图4.2b的供暖平衡温度显示出来。减少热损失率或增加太阳辐射得热都是降低供暖平衡的策略（如图4.2c所示），这样既缩短了采暖季节里的供暖时间又降低了供暖强度，从而减少对常规供暖的需要。当然，这一过程也降低了导致（夏季）室内过热的阈值点，因此要求有防止过多得热的防护设施，这一点可以由图4.2d降温平衡温度显示出来。降温平衡点越低，建筑物为保持舒适环境所需降温时间就越长。

气候生态性设计的基本理念是当室外温度低于舒适温度时，利用太阳得热和内部得热来保持建筑物的室内温度。而当室外温度过高时，也可利用建筑围护结构来蓄热或散热。平衡温度把一年分为三个明显的时段，且这三个时段的持续时间和强度会随着气候的变化、建筑物类型以

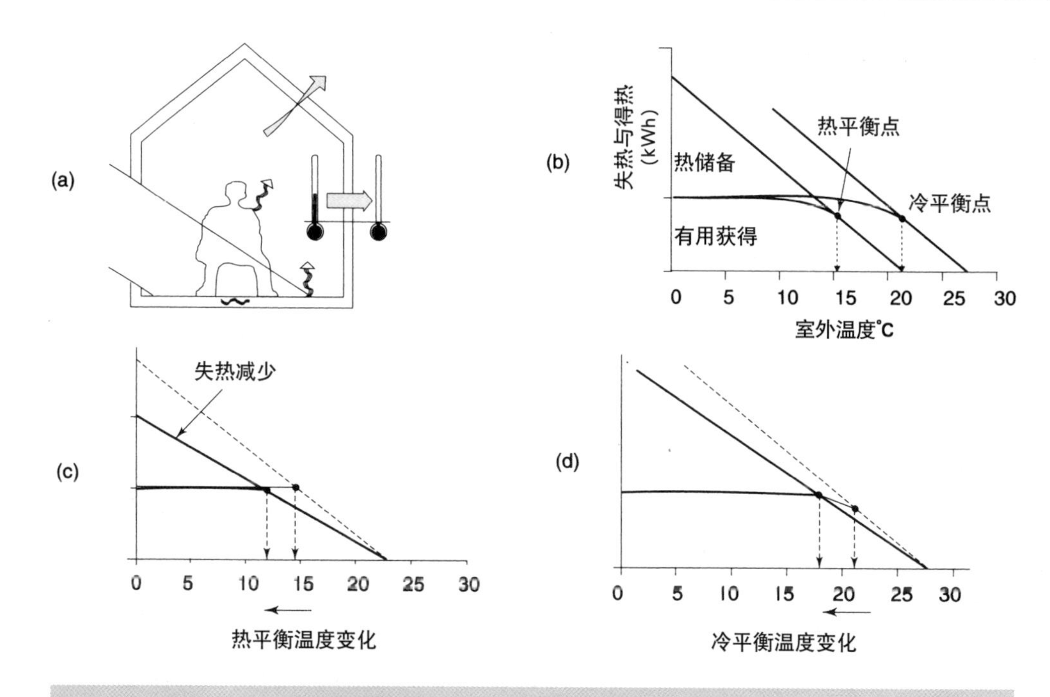


图4.2　热获得与平衡温度

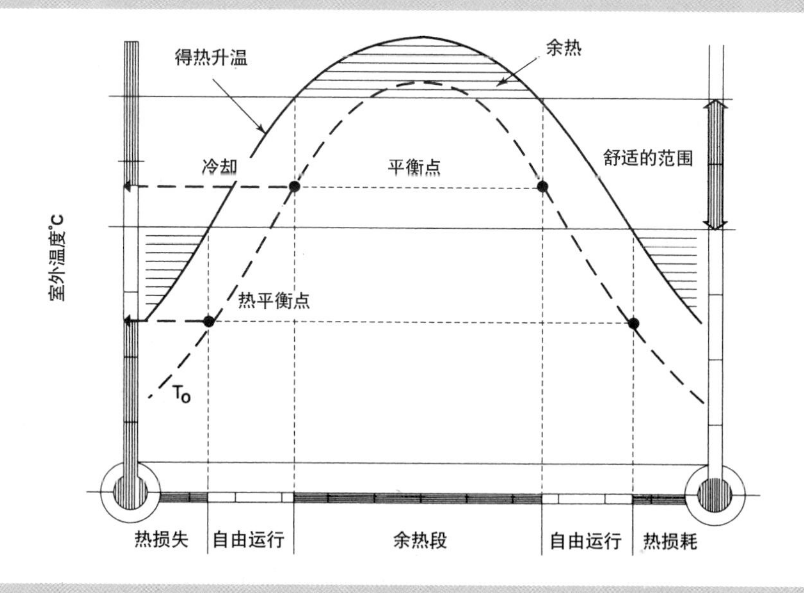


图4.3　温度平衡对一年的划分

及建筑设计而有所不同（图4.3）。

1．过冷时段——在这一时段内，室外温度低于采暖平衡点，并且由太阳辐射和室内得热所输入的热量不足以把室内温度提高到居住者所要求的水准，而此时的平衡温度可以通过提高室内无能耗得热或减少热损失来降低，或可以提供额外的热源，但后者通常是由燃烧不可再生燃料来获得的。热损失的控制和被动式太阳能采暖，正如图4.4所示便成为主要的建筑和结构设计策略——用以缩短和降低寒冷时段的持续时间和强度。在建筑的设计阶段，通过精心地设计其几何尺寸、围护结构的太阳光学特性和热特性就可以保证，除了在最冷时间外都可以无能耗运行。控制热损失和被动式太阳供热是相互依赖的设计策略。太阳辐射透过玻璃（热损失率最大的构件）作用于建筑室内，因此要增加太阳得热也同样会增大热损失，甚至有时会导致不理想的过热。因此，设计的目标应基于两个策略的相互依赖性和时效性，而不是单独扩大某一方面的作用。当人们将室外温度同舒适范围温度*相对比，会知道许多气候区明显存在寒冷时段，这非常重要。也许当人们把建筑居住者的产热特性考虑进去并加以利用的话，将不会再有这样一个阶段了。

2．过热时段——在此时段内，室外温度高于降温平衡点并且在不采取任何控制得热的措施或排出过余热量时，室内温度会变得过高。而在一些建筑内，排出过余热量是通过机械降温来实现的。控制得热、被动式降温、自然排出过余热量都是为了防止建筑室内过热而采取的策略。

3．中性时段——这一时段内，室外温度介于两个平衡点之间，室内温度保持在理想状态而无需额外的供热或者降温，通过以上两种（1和2）设计策略的分析，该时段的设计目标则是要在全年范围内延长冷热适宜时段的时间。

图4.4 生态建筑设计的目标

建筑的供热和降温平衡温度发挥着使室内舒适的作用，而这种作用可由体形设计的简洁与否、建筑物外围护结构的构造以及热特性来加以调整。并且这三者在设计上完全是相互依赖的，它们可以通过调整建筑形式和其他设计参数来控制。其设计目标应是控制热平衡，使在整个使用周期内尽量无能

* 舒适温度范围按各季节的室外气候条件，大体上为干球温度18－30℃；参见“气候与热舒适”（Climate and Thermal Comfort）。

耗运行（即无需常规采暖和降温就可以维持室内舒适）。

## 过冷时段

### 热损失的控制

当室外温度低于室内温度时，热量通过通风换气和建筑围护结构散发出去，热损失率是由该建筑物的几何形状和结构特征以及室内外温差所决定的，热损失越小，温差就越大，即室外的温度就越低或室内的预期温度就越高。

控制热损失可以把永久的和临时的（或者可移动的）方法结合起来：

• 永久的热损失控制方法（紧凑的建筑布局、提高隔热和气密性）对寒冷时段持续时间越长及室内外温差越大的建筑，就越有重大意义。

• 临时的热损失控制方法（可移动的隔热层，可开启的隔墙）适合于昼夜有人居住的建筑或从清晨开始使用的建筑以及那些需要具有可变热损失率的建筑物（参看温暖时段的内容）。

对于隔热很好的建筑，热损失主要是由室外新鲜空气的通风造成的。因此，对下面的选择我们必须予以慎重考虑：

• 当室内新鲜空气充足时，为了尽可能地减少室外空气的不必要渗透，可以选择一种带有通风控制设施的气密性好的建筑构造。

• 由于在寒冷时段的通风而导致供热不足时，可以把向室外流动的室内空气作为一种热回收的手段。

### 被动式太阳能采暖

被动式太阳能采暖是一种吸收太阳辐射热的自然加温作用，它引起的升温，会使热量从被照射物体表面流向其他表面和室内空气，同时也是建筑物内部结构的蓄热过程。而蓄热在昼夜循环时又可用于调整太阳得热的过剩或不足，并且它也成为设计时要考虑的关键一步。

当控制了热损失，增加被动式太阳采暖面积便可使室内外温差增大，许多课本似乎认为这是寒冷时段尽量多地吸收太阳能的方法，然而，旨在当室外温度较低时尽可能多吸收太阳能的方法，在其他时间里则可能导致不必要的过热。这样便又加速了温暖时段的提前到来。另外，在太阳直接辐射到的空间，此时的太阳辐射是不理想的，因为它可能产生热环境或视觉上的不舒适。因此，虽然任何的外部建筑构件都可以和玻璃结合起来为被动式太阳能采暖创造条件，但必须对居住情况、空间的使用情况以及室外条件慎重考虑。

被动式太阳能采暖需要依靠下面一个或更多的条件：

1. 窗户、高侧窗和天窗，这些构件可以使居住空间见到阳光。

2. 外侧安装有玻璃的墙面和屋顶，可以收集和储存太阳能而不必使居住空间暴露于阳光下。

3. 无能耗运行的过渡空间，如温室和玻璃中庭。

#### 窗户

窗户和其他装有玻璃的洞口使大部分入射的太阳辐射进入室内，然而，传统的玻璃材料在寒冷时段会导致大量的热损失或在天气炎热时导致过多得热，通过玻璃的热损失和得热之间的能量平衡是一个重要的指标。在寒冷时段的气候条件下，对窗户而言有利的能量平衡条件是：

• 窗户南向，光线直射，有蓄热储备（图 4.5a）。

• 其热阻等于或大于双层玻璃（图 4.5b）。

• 为了尽量减少热桥效应和冷风渗透，必须慎重考虑接缝处构造和窗框材料（图4.5b）。

• 采用常规设施采暖的地方，热控制设施应该放置于窗的外侧。

利用太阳能采暖的房间不能只增大窗户面积（图4.6），这是因为强光照射下（通过窗户的）太阳辐射得热和热损失之比会变得非常高，从而导致过多的太阳得热，而这些得热并不能达到令室内舒适或者节能的目的。相反，太阳光较弱时，其比率又会很低，此时必须采用常规的采暖设备来供热。因此，窗户的大小便成为要考虑的关键因素，对于较大的窗户，在寒冷和温暖时段（在寒冷和暖和的气候条件下）可能产生与设计目的相反的效果。

对于昼夜有人居住或者从早上就开始使用的建筑，夜间保温显得非常重要。

窗户、高侧窗和天窗成为日光进入的直接途径（图4.7）。

这个特性需要考虑到太阳作为热源时阳光的易变性(特别是多云天气时)和玻璃窗的热不稳定性。在寒冷时段，设计成功与否取决于太阳光进入的方式（慎重选择方向和防止过度遮阳）以及控制热损失，而热损失的控制是由适当的玻璃窗的大小、规格以及可移动的隔热层来控制的。

### 安装有玻璃的墙面

在墙的外侧加一层玻璃，便成了收集太阳辐射的设施，与没有安装玻璃的墙面相比，这种墙面可以减少对流和辐射的热损失，从而使墙面温度较高，也使得玻璃和墙壁之间的间层温度高于室外温度。当间层气温适度地变暖时，间层内的空气会通过墙顶部的风口进入到邻近的房间，可控循环被建立起来，从而通过底部的风口汲取房间内的空气（图4.8）。另外，墙面吸收的那部分

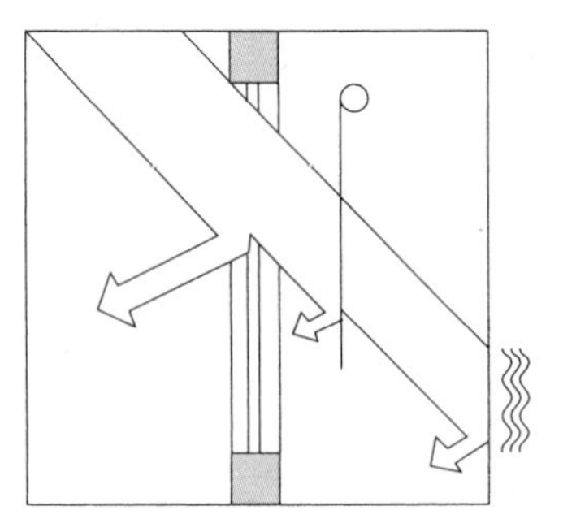

(a) 不利的方向和室内外障碍物使获取太阳的能量减少

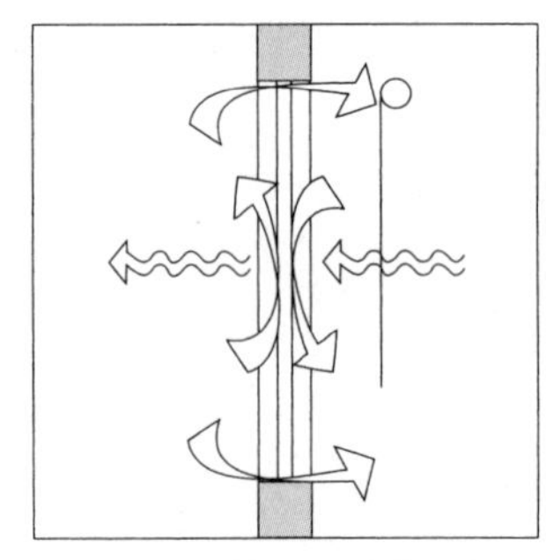

(b) 单层玻璃及粗糙的细部结构加速了失热

图4.5 窗户带来的热获得与热损失

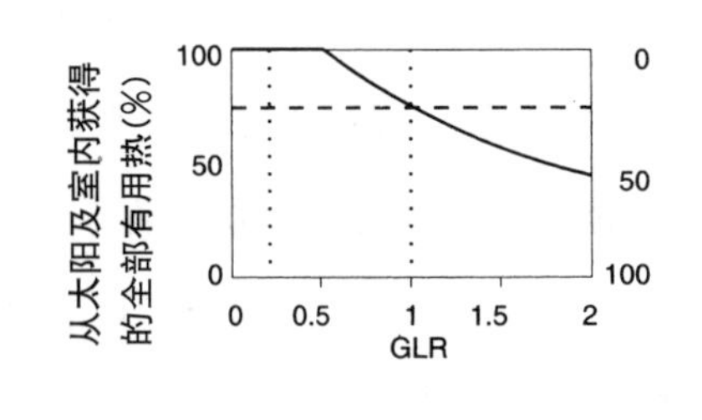


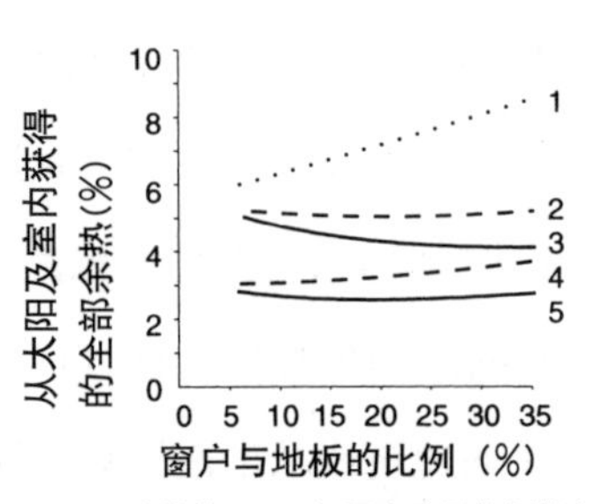


1. 绝热按1990年国家建设条例执行
2. 如上，所有窗户为双层玻璃
3. 如(2)低传导双层玻璃
4. 如(2)所有不透明构件绝热为0.25W.m²K
5. 如(4)低传导双层玻璃

图4.6 (a) 为空间供暖的太阳得热的可利用性与建筑的得失热之比的函数曲线
(b) 增大南向窗面积不一定节能（该图基于对伦敦某附属建筑的详细模拟）

图4.7 高侧窗

太阳辐射通过大质量墙体导热向室内传递。目前人们已经发展了许多安装有玻璃的墙面的变体，从而可以应付不同的建筑和气候条件：

• 特朗伯－米切尔墙，通过风口的自然对流与通过大质量材料墙体导热结合起来（图4.8）

• 重质材料墙体，仅依靠未设隔热层的砖石墙来导热（图4.9和图4.10）。

• TAP墙（The Thermosiphon Air Panel），设有一个金属集热吸收装置，它同墙面离开一段距离，靠自然对流使空气循环，墙体可按照需要设隔热层（图4.11和图4.12）。

• 透明隔热墙（TIM），透明隔热材料被安装在间层中是为了减少热损失（图4.13和图4.14）。

显而易见，这些装置是为了取代常规采暖设备。墙表面温度、间层里的温度必须上升到高于室内舒适温度以上，从而自然对流和导热才可进行，但要实现这一点，就必须进一步减少墙体的热损失。于是就要再使用一层具有低辐射率的涂层玻璃或者通过夜间的（临时）隔热设施来实现。但即便如此，与隔热性能良好的传统墙体相比，一些安装有玻璃墙体的变体，在多云或者非常寒冷的气候条件下对始终需要保持高温环境的建筑而言可能仍然存在不足（例如老年疗养院和老年人公寓）。对于TAP墙和TIM墙，前者可能适用于白天使用的办公楼，后者可能适用于居住建筑。在所有的情况下特别是温暖时段，玻璃的遮阳和通过风口散热都需要进行调控。

### 屋顶空间集热器

屋顶空间集热器是由玻璃窗组成的（图4.15），它代替了南向的部分屋顶，把由玻璃窗传送的太阳能收集并吸收到小阁楼里，在那儿再由一台

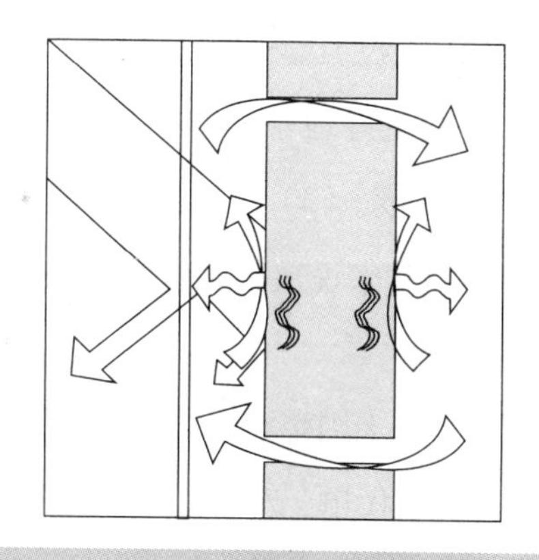

图 4.8 特朗伯墙的供热模式

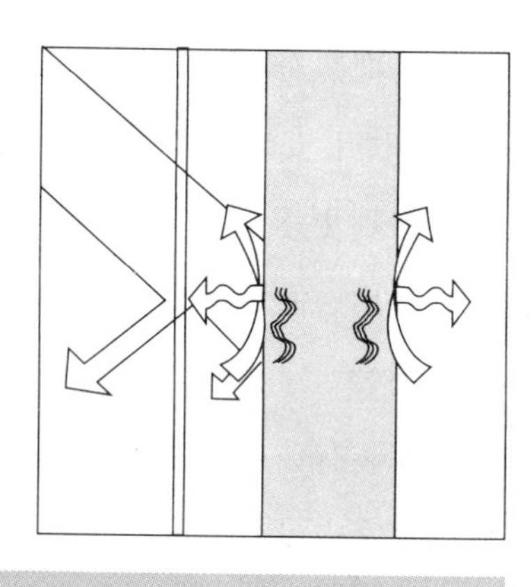

图4.9 重质材料墙体的供热模式

图4.10 英国伯恩维尔的克里斯托弗·泰勒敬老院（设计：D·克拉克事务所）

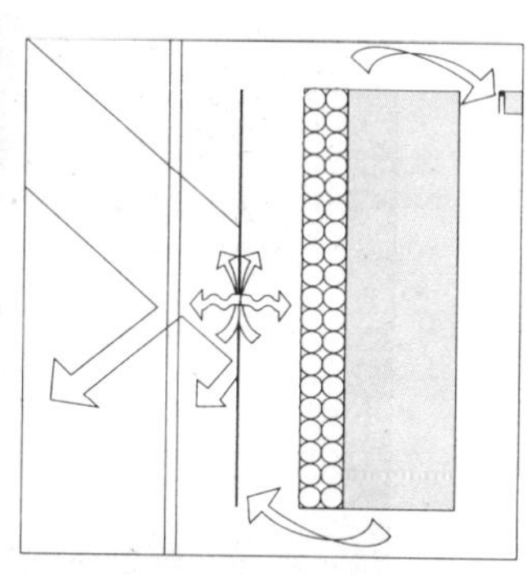

图 4.11 TAP 墙的供热模式

电风扇把热分送到房间里，屋顶集热器的使用并没有影响屋顶的保温隔热，其优于安装有玻璃的墙体之处是：(1) 它能更好地暴露在阳光下，以便收集到更多的能量。(2) 它不影响建筑物的高度。(3) 较低资金投入和维修费用，像TAP墙那样的空间屋顶收集器一般来说更适合于白天使用的办公楼。

安装有玻璃的墙体和屋顶集热器都是用于收集太阳辐射的巧妙装置，并且如果室内没有温度和光照的波动，它们就会失去作用。然而，作为供热系统的替代方式，它们的优点便是可以提供视建筑使用时间内的所需热量而定的充足热量。

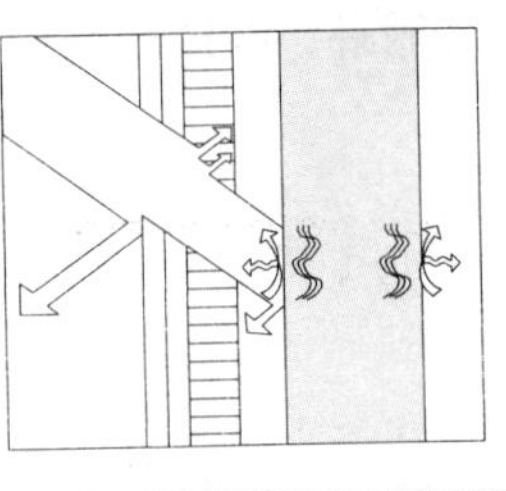

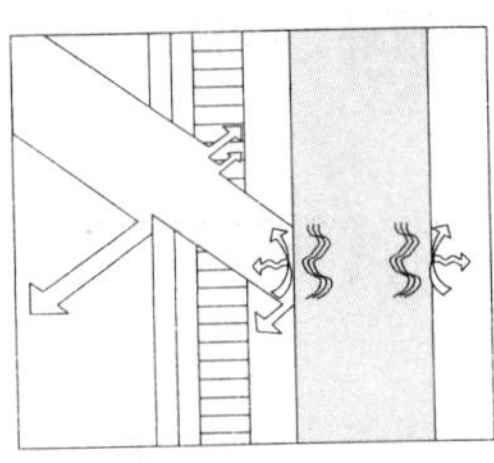

图4.13 TIM墙的供热模式

图4.14 TIM墙在格拉斯哥的托马斯·坎贝尔公寓中的应用（学生公寓）

图4.12 TAP在意大利马罗斯蒂卡住宅建筑中的应用

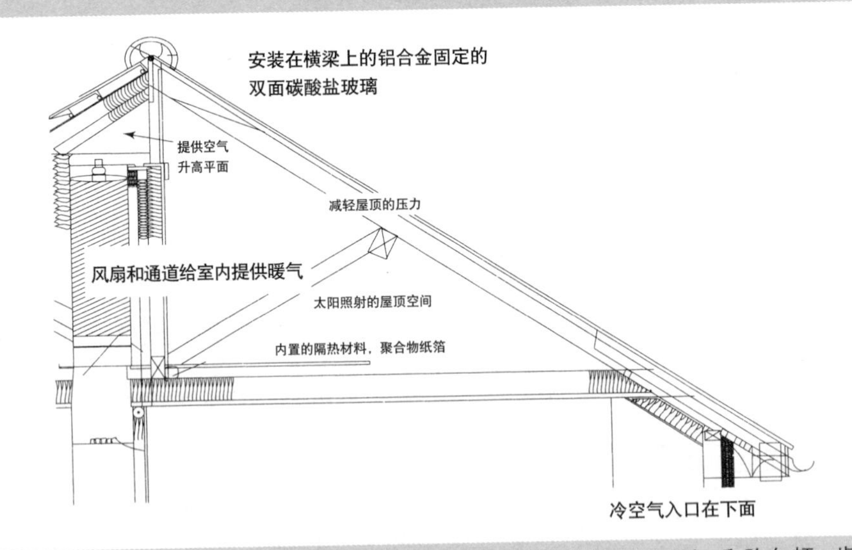


图4.15 应用于伦敦的某建筑的改进型屋顶空间集热器详图（上图），和弥尔顿·肯尼斯新建筑计划的一座房屋（图4.13）

## 过渡空间

这里所指的过渡空间的概念是指将一个建筑的中庭或周边完全封闭的空间，它既不用于永久性居住也不用传统的方法来采暖。

在北欧，一个多世纪以来，温室一直被作为家庭空间的一种延伸形式使用着，这种延伸空间有多种形式和尺度。温室是许多中欧地区建筑的典型特征，同样，在南欧也有着与之相似的传统建筑。它不像装有玻璃的墙面和屋顶，主要采取采暖装置来设计房屋，温室（图4.16）是重要的建筑空间，是相当于寒冷气候条件下廊的空间（参看温暖时段过渡空间部分），如设计得好，温室应该在一年的大多数时间里能够达到并保持适合于居住的温度。除了适于居住和提供一个愉快的空间外，一个好的设计也意味着为主要建筑空间提供有意义的热缓冲作用，而不在夏季把主要建筑空间直接暴露于不理想的热环境中。

### 玻璃中庭

这是开敞式庭院在北方气候条件下的变体（参看温暖时段过渡空间部分）——在世界各地有着悠久历史传统的建筑形式。附加的顶部玻璃可以遮风避雨，并且在一定程度上抵制了热流侵袭（图4.17）。通常，顶部玻璃被安装在建筑物的内部，并且主要限于屋顶。玻璃中庭相对于温室来说不会更多的暴露在室外，这样，它的热缓冲作用可能会更有效，并且环境可以得到更好的控制。

这些围护结构上的大面积玻璃窗能够接受相当多的太阳辐射，这样一来便导致了晴天时温度较高。然而，玻璃窗的热特性相对比较差，这又导致了夜晚温度较低。为了控制这种温度波动，空间结构的蓄热性能是非常重要的。同时，与主体建筑相连接的构造形式、尺寸和材料，就像这个时段的遮阳和

图4.16 伦敦斯比尼花园低能耗住宅的两层温室，设计：PCKC

散热构造一样，是设计时应考虑的重点。

下面有三个不同的阶段，分别说明了一年之内温室和玻璃中庭的环境状况特点（图4.18）。

1. **热缓冲阶段**——温室或中庭的温度高于室外温度，但却低于毗邻的室内空间的温度，这种现象在冬季太阳辐射少的地区是司空见惯的。

2. **日光间阶段**——温室或者中庭的温度高于毗邻的室内空间的温度，但处于舒适的范围内，热量通过打开的门和窗子自然地流到室内，从而代替了主建筑用机械加热的传统采暖方式，达到了节能的目的。

3. **过热阶段**——温室和中庭温度高于舒适标准，并且可能会导致毗邻空间的不舒适，这在设计阶段就应预料到并采取措施尽可能地减少它的发生。玻璃围护结构的有效遮阳和散热能阻止温室或中庭温度远远高于室外，并且蓄热也可使最高温度降低。

只有在温和的冬季气候条件下，与建筑毗邻的大部分为玻璃围合的空间才是理想状态的说法是值得怀疑的。在这样的气候条件下，相当于温室的传统设施为部分覆盖的庭院或者阳台，这应是一个开始，并且在建筑的竖向表面上（非屋顶）季节性使用玻璃是可以考虑的。

## 温暖时段

### 得热控制

太阳辐射和室内外温差产生的得热是可以由选择适当的几何体形、建筑构件的光学特性和热特性来加以控制的，隔热和热容是实现得热控制的两个互补性措施，前者用于降低得热率，后者用于延迟室内温度峰值出现的时间并且提供一个可调解性散热器。

图4.17 汉普郡亚特雷小学安装有玻璃的中庭（设计：汉普郡乡村设计局）

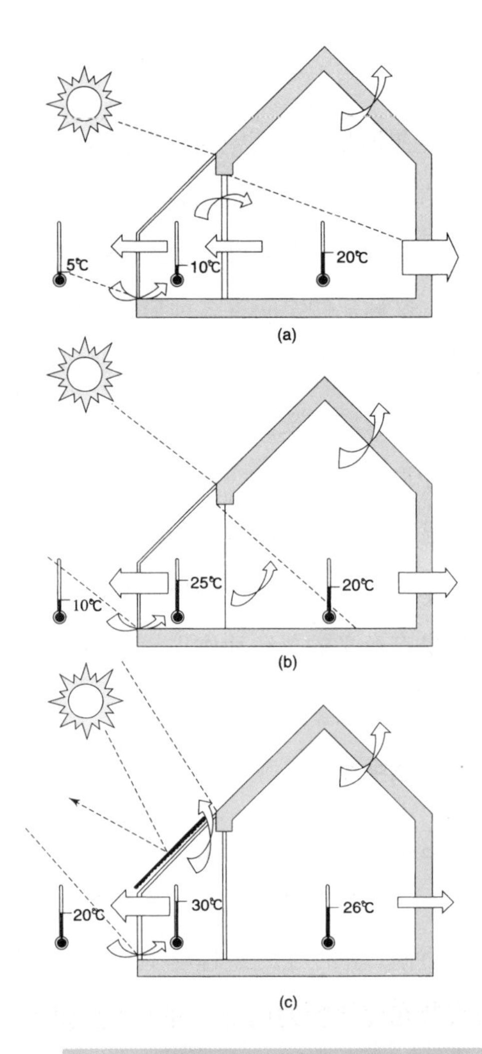


(a) 冬季适用性差，但可以通过热缓冲作用和预热新风而有所改进
(b) 春秋季有较高的适应性，有阳光时毗邻空间可提供采暖
(c) 夏季的适用性依赖于防止过热的措施

图4.18 温室的季节性微气候

设置可调节的或是永久性的日光控制设施，对于所有暴露在外的建筑构件特别是玻璃窗来说是一个重要的设计策略。

消除所有的太阳辐射并不是目的，必须要保证有一定的日照（除了需要临时的光线管制外）。永久性的日光控制设置应该被应用到所有直射太阳辐射可能对空间物体造成损害的、或会扰乱居住者正常活动的空间中。开口朝向避开太阳、洞口的几何形状和大小、设置遮阳设施以及外侧反射设施是达到此目的的一些方法。在寒冷时段，可以得到太阳辐射的房间是合理的。由建筑的降温平衡点所确定的一年中的寒冷时段可以通过适当的调节太阳控制措施来加以调整。

## 被动式降温

被动式降温是用自然的方法来散热，而这取决于两个条件：有效的"散热器"，其温度低于室内温度；促进向"散热器"的传热（图4.19）。环境散热器包括：

- 室外空气（主要通过风口的空气对流传热）
- 水（通过建筑围护结构的内侧或者外侧的蒸发来传热）
- 夜空（通过屋顶或其他邻近的表面进行长波辐射传热）
- 地表（通过建筑围护结构的导热来传热）

### 对流降温的墙和屋顶风口

在许多被使用的建筑里，从适宜时段到温暖时段的转变发生在室外空气温度大约在20－25℃之间，其仍远远低于过热的限度。在这个转变阶段，室外空气仍然是合适的散热器，增加建筑物的通风次数是一个适宜的房间降温方法，这可以通过慎重的选择窗子、风口的位置和大小以及通过良好地组织

图4.19 太阳能吸收控制和被动式降温策略用于匈牙利佩奇山坡的一栋房子（设计：亚诺什·萨斯）

室内空间和室外空间的关系来实现（图4.20）。在一些气候条件下（例如北欧），室外气温在一年内几乎很少上升到这个范围，开窗进行对流通风降温常常是有效的，其主要的制约因素是室外噪声和污染。在炎热的夏季，室外温度很高，从早晨到晚上一直如此，这对于降温而言就有一定困难，白天打开窗户是一种得热的来源，并且这将抵消掉采用热控制措施的作用。然而，在有凉风的地方，凉风便可以利用，在其他策略无效的情况下，可以缓解居住者的不舒适。在这种气候条件下，采用热惰性大的结构在寒冷和温暖时段是与气候相对应的一种策略。砖石和混凝土结构由于建筑结构的热容作用而有相当的蓄热量，可以保持室内温度不产生过大波动，并可起到临时散热器的作用。由于室外温度变化较大，使得蓄热的重要性增加。散热是通过夜晚建筑物暴露在较冷的室外空气中来实现的，这可以通过使建筑物顶部的开口大于它底部的开口来实现。

通过白天室内外热空气的不断流动来满足所需要的新鲜空气的供给，并且通过蓄热可以维持室内温度低于室外温度。通过增加通风导致的夜间降温或许能使室内温度在24小时内低于室外温度。在许多气候条件下，这对于居住者所需要的舒适要求来说已经足够了。很明显，夜间开窗给建筑带来安全隐患，而这些需要在设计阶段就予以考虑。

### 蒸发降温的自然方法和建筑措施

当水蒸气的压力高于周围空气的压力时，水就会蒸发，蒸发所需要的潜热来源于空气，使受影响的空气温度降低同时空气湿度增加。当以这种方法增加了气流中的湿度时，相对湿度就增加了，但是湿球温度保持不变（图4.21）。当空气饱和时蒸发就停止了（即当相对湿度达到100%以及湿球温度计和干球温度计趋于相等时）。因此，空气的干球温度和湿球温度

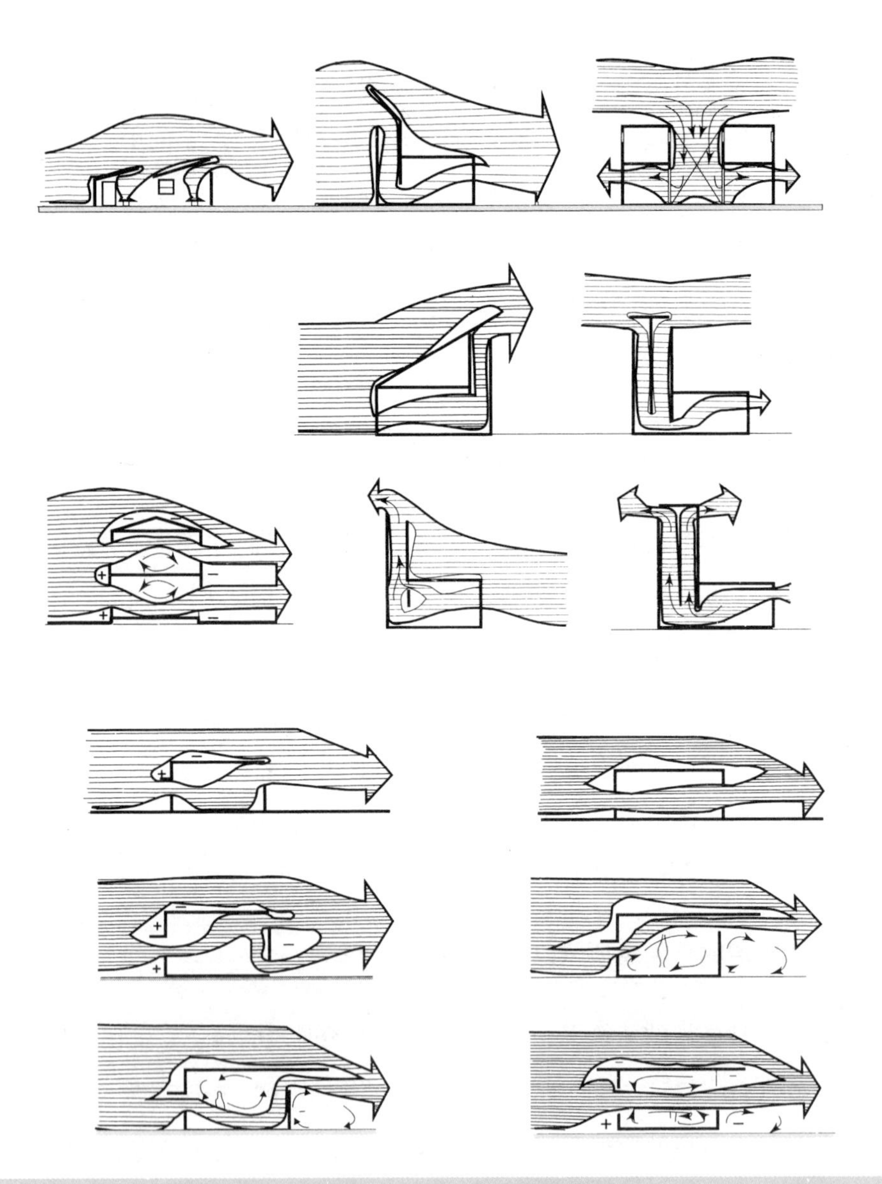


图4.20 空气流动模式图（参考文献2）

（湿球低压）相差愈大，蒸发降温措施的潜力也愈大，并在干热的气候条件下趋于最高。

从古代起，蒸发降温就已经以多种方式来开发利用，不管是室内还是室外，树和植物通过蒸腾作用加速了这个过程。天然水池和人工水池向周围空气提供直接的蒸发降温（图4.22），为了开发这种潜力，带有池塘和喷泉的开敞庭院已经成为主要的建筑措施（图 4.23，同时再参看温暖时段的过渡空间部分的内容）。各种形式的风塔降温作用可以通过气流的蒸发降温来加强（图4.24）。加湿屋顶是另一种传统技术，并且这种技术的进一步开发是通过建造湿和干的屋顶水池而来实现的。

### 屋顶的辐射降温

屋顶的辐射降温，长波辐射是主要的机理，由此被地球表面吸收的太阳能，可以散发出去，从而保持了地球的热平衡。冷媒是天空；最终的降温冷却效果出现在夜间，此时天空向下的辐射较小，特别是某些表面的法线接近天顶时[图 4.25(a)]，8–14 μm 光谱会提供所谓的“大气的远红外窗”。水平面在此时暴露在这部分天空中的位置是最佳的，并且减少了来自其他热表面

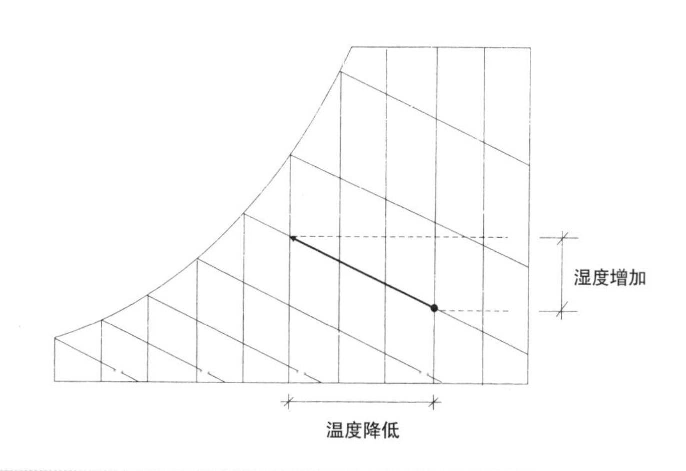


图4.21 空气湿度图显示了在蒸发降温时湿球温度恒定

图4.22 20世纪90年代初流经塞维利亚的瓜达尔基维尔河上的便桥就已开通，照片显示了新的查皮纳桥，步行天桥以帆布顶篷覆盖

图 4.23 西班牙塞维利亚市菲拉多斯的中庭和喷泉，这个壮观的建筑建于15世纪

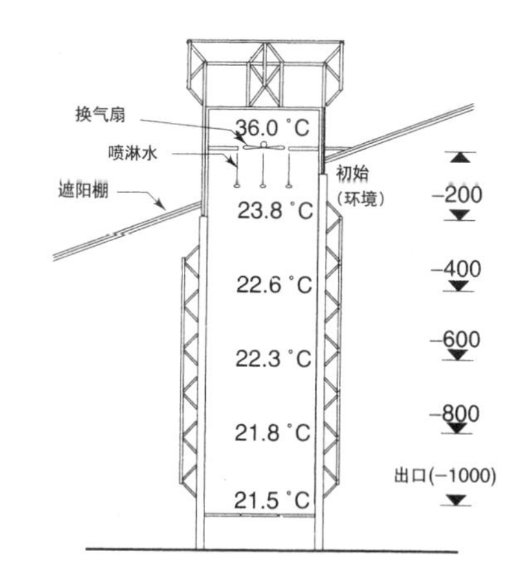


图 4.24 夏季蒸发冷却塔内白天的温度，以色列塞代博凯尔（参考文献 3）

的热辐射得热量。水平的屋顶和建筑物周围的地表面都是可利用来辐射降温的主要构件。天气晴朗时，这些表面的温度远远低于周围空气的温度。然而，辐射降温作用部分被来自空气对流得热所抵消。高湿度也同样是一个抑制因素，因为水蒸气在大气的远红外窗所在的光谱波段内吸收并发射长波辐射[图4.25(b)]。而使用风屏能够减少对流得热，一种很薄的聚乙烯薄膜可用于此处，它对红外线是透明的。

如果一座建筑依靠长波辐射来散热，那么该辐射面需要与室内空气接触，或与作为建筑物临时散热器的蓄热构件接触，这样，大量的可选择的结构变体便有可能被利用。这样的一些变体20世纪60年代在美国已被开发出来并申请了专利。一种大质量的混凝土屋顶可以被用作蓄热和散热器，在混凝土厚板的上部设置可移动隔热构造可阻止白天太阳辐射得热[图4.26(a)、(b)]。水是另外一种蓄热媒质，装有水的塑料袋放置于导热顶棚上；可移动隔热构造在白天也是非常重要的[图4.26(c)、(d)]。其他一些变体是建立在作为散热器的金属屋顶的基础之上的。该散热器置于隔热层之上，且与之留有间层[图4.26(e)、(f)]，电扇使空气在建筑内和间层之间循环，从而通过该散热器冷却降温，如果被涂有位于8-14 μm波段的高发射率涂层，金属的发射能力可以提高，对这个波段外的光也可以有更大的反射率。

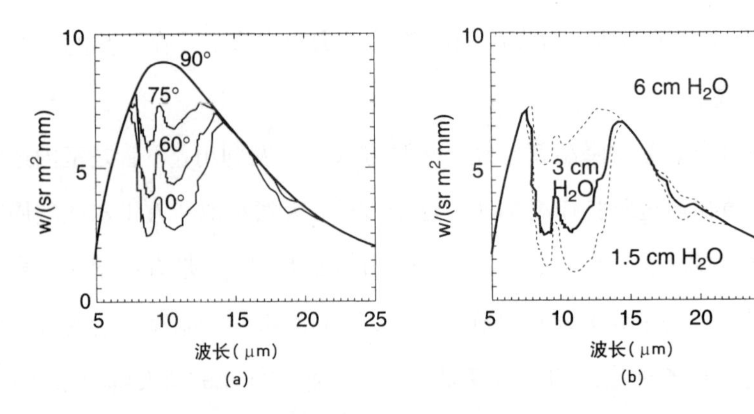


图4.25 (a) 夏季的天空辐射谱是天顶角的函数；(b) 大气远红外窗中，辐射谱是大气中水蒸气含量的函数[资料来源: Clark, E. (1981), in "Passive Cooling," American Solar Energy Society]

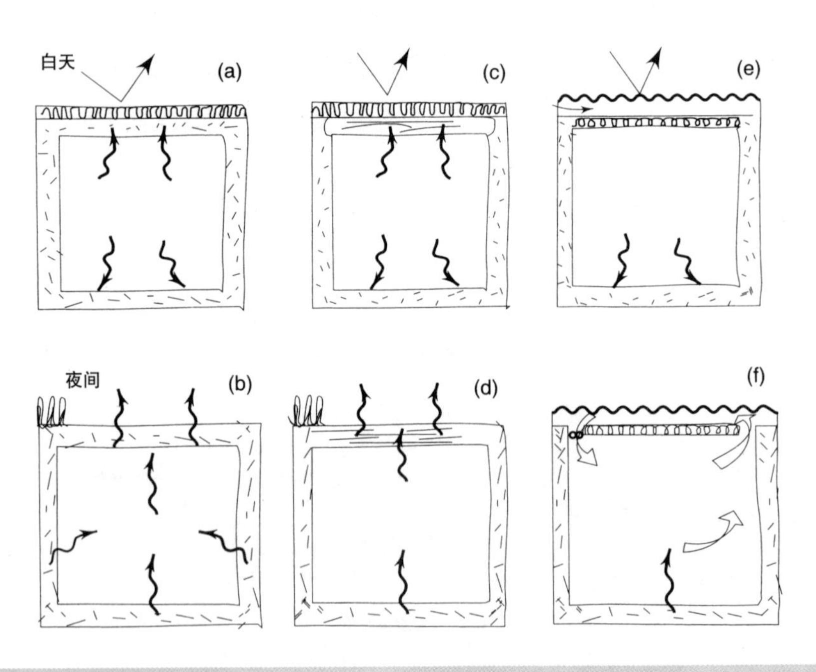


图4.26 利用辐射降温的屋顶构件

### 大地冷却和地下建筑

暴露在太阳辐射下的地面可以达到非常高的温度，该温度可引起对流和辐射换热从而影响附近的空气和周围的其他表面。因此，地面覆盖层的选择和它是否暴露于阳光、风和潮气之中是室内热舒适所要考虑的主要因素（图 4.27）。这些参数也影响地表以下的温度，然而，由于周围大地的蓄热能力使温度波动减小并趋同，大约在1m深处的土壤温度接近于室外的平均温度，而在10－14m深的地下，就趋于恒温，接近室外年平均温度（图4.28）。因此，年平均气温在15－25℃的地区，地下建筑或者建筑大部分围护结构同大地相连接时，就可以常年提供一个稳定的热环境。特别是在炎热干燥的气候条件下，掩土建筑或地下建筑已有很长的历史了（图4.29）。遮阳或其他的处理措施可使地面温度维持在或低于室外温度，如此便可以提供较低的土壤温度，从而保证在接近地面处仍可得到舒适范围的理想温度。很明显，地下建筑不可能仅以热指标作为衡量的尺度。场地的地形、土壤条件和其他的环境因素可能会成为考虑掩土或调整它的原因。除此之外，其他潜在的由于气候条件或者建筑使用功能而导致的有利或不利因素也应在考虑之中。例如，日照、通风和湿度的控制，包括内部得热都需要特别注意。

一种可供选择的开发大地降温潜力的方法是使用地下埋管，它不需要建筑围护结构和大地直接接触，室外空气由适当的遮阳处理和管道墙的接触冷却处理后导入室内（管道墙由于与周围土壤的接触而保持凉爽），并由风扇将室内空气排出。这样，它便具有附加的优点，即它能够提供可控制的通风（它或许可以在寒冷时段继续使用，此时大地温度高于室外气温）。

## 过渡空间

在温暖时段——并且在温暖气候的一年或者一天的任何时间，毗邻建筑的室外空间同室内空间具有同样重要或有时甚至比其室内空间更重要的作用，且它毗邻的（室外空间）应该能够提供控制太阳光和散热的措施。

图4.27 地面反射再次让阳光射入建筑，引起眩光和热过多，而夜间则发射热辐射并加热附近空气，所以给地面遮阳是非常重要的

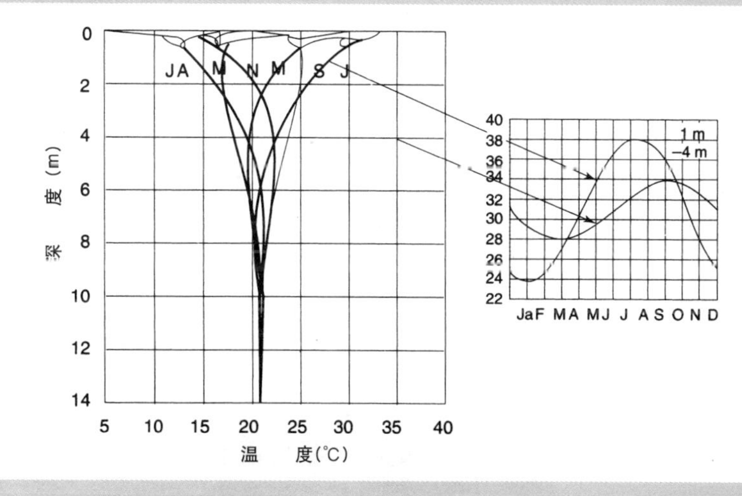


图4.28 不同深度的土壤温度（西班牙塞维利亚），显示了每日和月份间温度波动程度被减小而趋同（资料来源：Potential of Passive Cooling Techniques, 1995 European Atlas, EC PASCOOL Project）

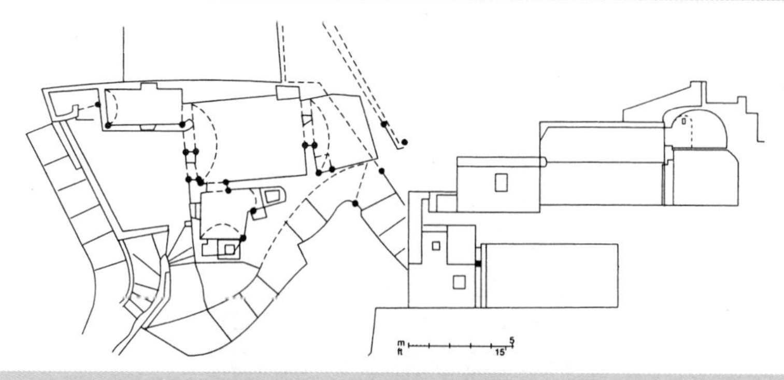

图4.29 希腊桑托林岛的掩土房（参考文献4）（资料来源：Radiford, A. and G. Clark. In Shelter in Greece, Architecture in Greece Press, 1974）

**庭院、天井、廊**

廊指的是有屋顶的走廊、游廊或是建筑物前面开敞的廊子（北印度廊、葡萄牙廊、阳台，图4.30）。庭院是院子或者由房子所围合的场地，或者由墙或建筑物围合的大片有铺装的空间（图4.31）。天井，可能是一个庭院、一块靠近房子的有铺装的场地，或无屋顶的内部庭院。中庭（由一个拉丁词派生的，意思是露天的）指的是中心庭院。

像这样的空间和巧妙设计的例子不胜枚举，前面描述的物理规则已经体现在它们的建筑中了，自然的和人工的材料可以结合起来提供荫蔽以及使地表面和附近空气冷却。

## 小结

被动式采暖和冷却技巧的简述高度概括了气候生态设计的一些主要的建

图4.30 西班牙塞维利亚非拉多斯的房子

图4.31 ATAM中心的两个庭院之一（为残疾人使用的教育设施）（Architects: Pilar Alberich Sotomayor and Semunario de Arquitectura Bioclimatica, Seville）

筑和结构设计策略。气候生态设计的语言是通用的，然而，它的用途和语汇必须适合当地气候和经济的特殊条件以及不同建筑类型和设计要素的环境特性。不可否认，这里所呈现给大家的为一般性总结，低于特殊要求水准，而且细节也需要在实际应用中加以验证。下面的这个目录列出了节选出的最近的一些出版物，它可提供更多更详细的信息。

更深入的了解，请阅读下列参考文献。

## 参考文献 References


1. Yannas, S. (1994): *Solar Energy and Housing Design*, Volume1—*Principles, Objectives, Guidelines*, Volume 2—Examples, Architectural Association Publications, London.
2. Bowen, A *et al* (Eds. 1981): *Passive Cooling*, American Solar Energy Society.
3. PLEA 94 (Fig. 4.29).
4. Radford, A. and Clark, G. (1974): Fig. 4.29.


## 建议阅读 Further Reading


Alvarez, S. *et al.*, Eds, (1991): *Architecture and Urban Space*, Proc. of PLEA 91. International Conference, Kluwer Academic Publishers.

Antinucci, M. *et al.*, (1992): "Passive and hybrid cooling of buildings; state-of-the-art", *International Journal of Solar Energy* **11**, pp. 251–271.

Aranovitch, E. *et al.*, Eds, (1990): Proc. of Workshop on Passive Cooling, EC Joint Research Centre, Ispra for Commission of the European Communities.

Baker, No. (1987): *Passive and Low Energy Building Design for Tropical Island Climates*, Commonwealth Science Council.

Cook, J. (Ed/1989): *Passive Cooling*, The MIT Press.

European Commission/Academy of Athens (1993): "Solar Energy and Buildings", Symposium Proceedings and video tapes of keynote papers.

Givoni, B. (1989): *Urban Design in Different Climates*, World Meteorological Organization, World Climate Programme Applications and Services.

Givoni, B. (1994): *Passive and Low Energy Cooling of Buildings*, Van Nostrand Reinhold.

Goulding, J.r. *et al* (Eds 1922): *Energy in Architecture: The European Passive Solar Handbook*, Batsford for Commission of the European Communities.

De Herde, A. *et al* (1995): "Tertiary Buildings", *Climate-Responsive Archtectural Design Portfolios*, Architecture et Climate, Universite Catholique de Louvain on behalf of the European Commission Solinfor Project.

Kodama, Y.J. Cook and S. Yannas (eds., 1991): "Passive and Low Energy Architecture", Special issue, *Process Architecture*, No. 98, Tokyo.

O'Cofaigh, E. *et al* (1995): "Residential Buildings", *Climate-Responsive Architectural Design Portfolios*, Energy Research Group, University College Dublin on behalf of the European Commission Solinfor Project.

Yannas, S. (1995): "Design of Educational Buildings", Environment & Energy Studies Programme, Architectural Association Graduate School, London on behalf of the European Commission Solinfor Project.

Yannas, S. and E. Maldonado (Eds. 1995): "Designing for Summer Comfort: Heat Gain Control and Passive Cooling in Buildings", Volume 1: *Design Principles and Guidelines*, Volume 2: *Examples*, European Commission PASCOOL Project.

Yannas, S. (Ed. 1993): "Housing Examples", In Module 2 of *Building Science and Environment-Conscious Design*, EC TEMPUS Joint European Project. Environment & Energy Studies Programme, Architectural Association Graduate School, London.

Yannas, S. (1993): "Heat Loss Control and Passive Solar Heating", In Module 1 of *Building Science and Environment-Conscious Design*, EC TEMPUS Joint European Project. Environment & Energy Studies Programme, Architectural Association Graduate School, London.

# 5 住区模式与场地规划

# Settlement Patterns and Site Planning

■ 艾萨克·A·迈尔

## 场地的选择

居住区的形态和构造影响着局地小气候。合理的选址、场地规划和平面布局可以改善局地环境的舒适性，并提高其热舒适标准。

## 气候调节范围

场地选址是最关键的设计环节之一，因为在建设用地内，它以多种方式影响着气候状况。虽然局地环境是由一个地区的大气候形成的（图5.1），但下面的讨论将主要集中于中气候（一个地区和场地的气候状况，其受地形、植被和城郊的自然条件等当地环境的影响）和小气候（场地内的气候状况，常常由于人类的干预而受到影响）[1]。

## 太阳与风

在冬季太阳高度角较低时，向阳坡（北半球南向）可以使建筑和开敞空间暴露在太阳辐射之下。迎风坡与背风坡相比有较大的风速，而且在某些情况下还可能有较高的相对湿度。在低凹地区，像山脉环绕的（凹地）谷地，一

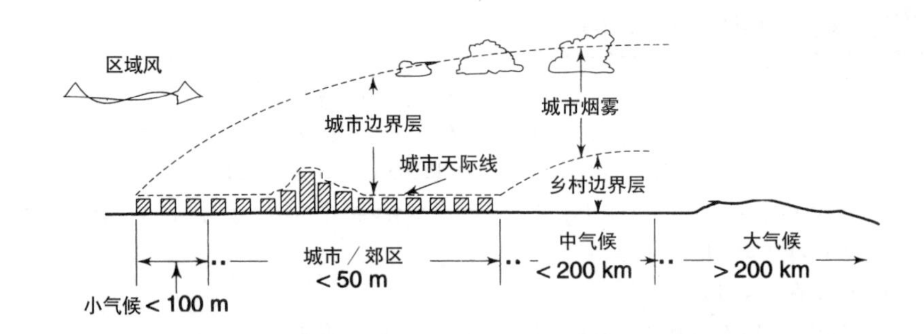


图5.1 剖面图解气候研究范围和城市大气层变化（参考文献9）

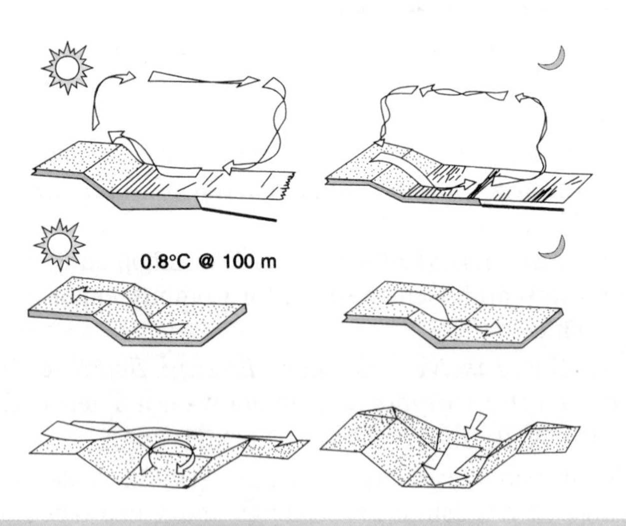


图5.2 地形对气流运动、温度和相对湿度的影响（参考文献3）

般通风较差，可能产生逆温现象，甚至可能形成冷空气的存储库。这种情况反过来也可能影响空气的质量，即不断地吸收来自机动车、工厂和供热系统排放的烟尘和废气，而不能排出去。狭长的山谷可能受到与其轴线平行的强风影响。这些地区有沿山坡的空气运动——白天有上升的微风，夜间则形成下降的风。这是由于接近地面的空气白天被加热而在夜间被冷却而形成的，在这一绝热过程中海拔高度每升高100m，空气温度约下降0.8℃（图5.2）。

## 水体

靠近海洋或其他较大水体的基地，水体会对基地内或其周围环境气候造成影响。白天风由水面吹向陆地，夜间则又吹向水面。风的流动是由接近地面和接近水面的气温不同而造成的，由于来自水面的空气较潮湿，使得空气的相对湿度也受到影响，越接近水面这种现象就愈强烈，但也可以通过能到达远距离的强空气运动而影响到区域气候。这主要受该地区的自然状况的影响，如地形和植被。一般来说水体对局地气候状况的影响随着离水体距离增加而减小，同样也随高度的增加而减小[2]。

## 植被

影响局地气候状况的另一个特别因素是植被。在没有或缺少植被覆盖的贫瘠地区，由于地面的低摩擦阻力可能产生较高的风速，随之也产生了灰尘和沙尘暴。进而，裸露的地面很容易吸收太阳辐射热并向大气辐射热量，从而白天升温很快，夜间降温也很快。这种现象可导致局地气团运动并引起昼夜温度波动加剧。相比之下，有植物覆盖的地区昼夜温差和空气湿度变化不大，也较少有区域风。

除了遮阳和防风外，植被还可通过叶片的蒸腾作用使其周围的空气降温。

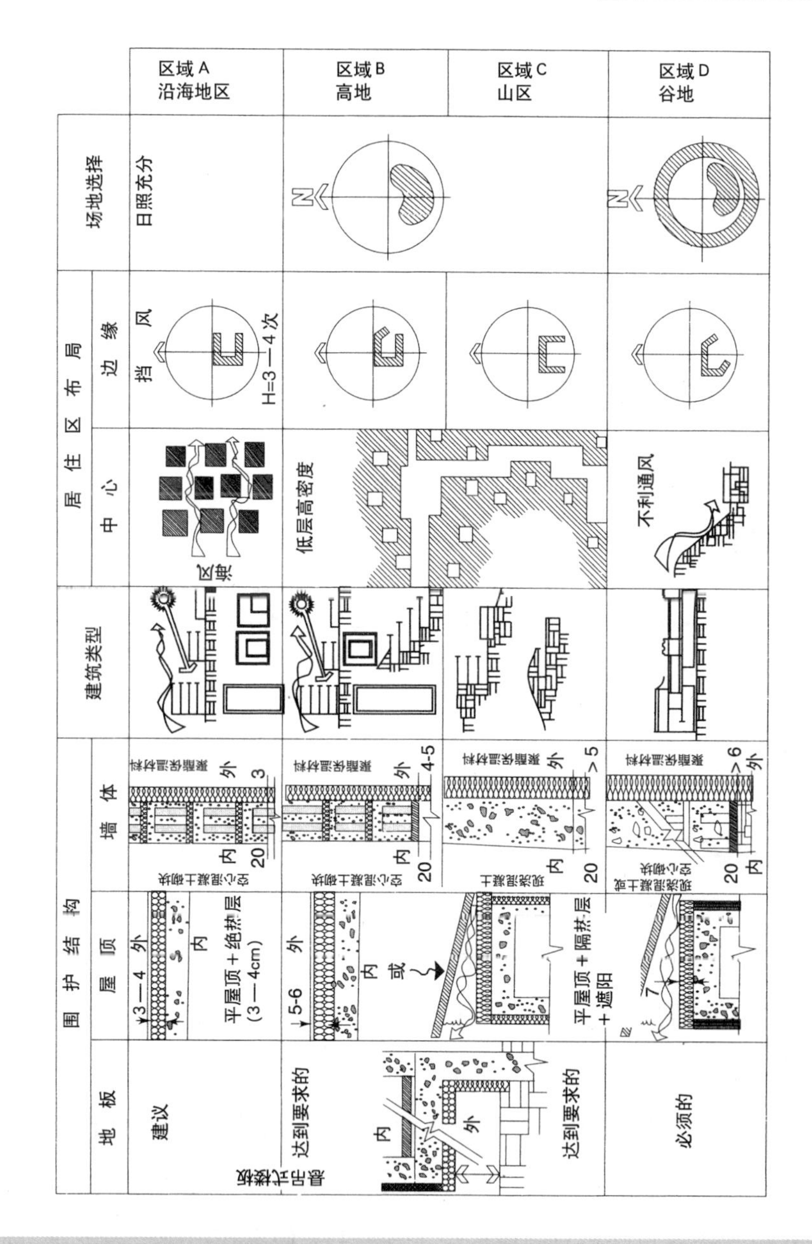


图5.3 内格夫沙漠（以色列）的四个气候区的设计建议（参考文献4）

因此本地的或引进的植被都可以在调节局地气候环境中发挥重要作用[5-7]。

**建议**：如有可能，选择那些冬季阳光充足、又防止夏季有过多太阳辐射的地方，避免选择那些通风差、而且被环绕（包围）的狭谷。可以利用水体来改善局地环境状况。即把建设用地选在水体附近的下风侧（在炎热或干燥的气候条件下）或者上风侧（在潮湿气候条件下），这取决于气候类型。把自然特征，如地势和自然植被与人造环境结合起来，以防止建设用地遭受不理想的风和沙尘暴的袭击并尽可能争取有利的因素（图5.3）。

## 建筑组群

建筑组群的结构布局影响其组群内部及与毗邻的建筑物之间的阳光和风的进入。

### 密度与规模

城镇的建筑密度和规模已到了能影响区域气候的程度，从而产生出一种特殊的城市微气候。这些影响主要体现在：风环境、空气温度、辐射平衡和自然采光，同时也造成城市以雾气和多云天气为主且持续时间长的状况。

一定的密度所产生的影响在很大程度上取决于城市设计的细部，特别是建筑的形状和大小，以及它们的相对位置，这些都可以改变建筑密度对气候的影响。一定的城市密度是以下两个设计特征共同作用的结果：(1) 城市土地的建筑覆盖率；(2) 市区特定截面上的建筑平均高度。建筑平均高度的作用受各建筑的相对高度影响（图5.4），假定在由统一高度建筑构成的市区内，其气候环境可能与有相同平均高度但由高低不同的建筑所构成的区域迥然不同[8]。

$$R_n + F = LE + H + G - A$$

$R_n$ = 净全波辐射
$F$ = 城市总产热量
$H$ = 潜热传热
$LE$ = 潜热对流传热
$G$ = 城市储存的热量
$A$ = 净平流传递能量

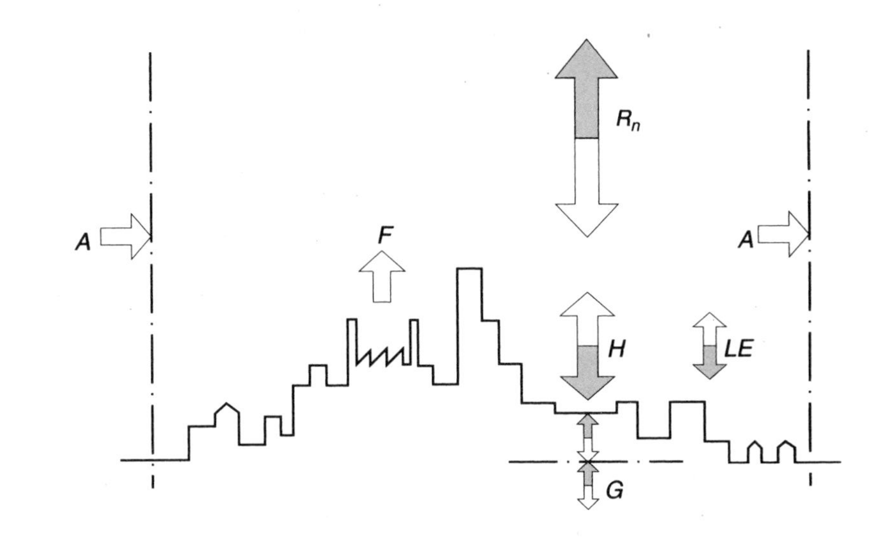


**图5.4** 城市能量平衡，黑箭头表示夜间传热过程（参考文献8）

## 气流运动

垂直于风向的大体量建筑可以改变风向且产生很长的风影区（在此范围内风速低于遇到障碍物前的一半），其长度相当于建筑高度的15倍[3]。这在一定的气候条件下（寒冷水域和炎热的夏季风）可能是理想的，但需要通风时（如湿热的气候条件）就不再理想了。较高的建筑能引起局地气流运动，这些气流可能会产生不利影响，如接近地面的强下沉气流，另外也加大了迎风面上的冷风渗透(图5.5)。

当建筑与盛行风平行时，建筑的通风效果较差，而毗邻的外部空间有可能遭受较高的风速。根据风向确定建筑朝向，使之与盛行风有一定偏角，可以产生相对均匀的气流分布。无论在建筑用地内建筑的相对位置如何，这样都可以创造良好的通风条件[9]。

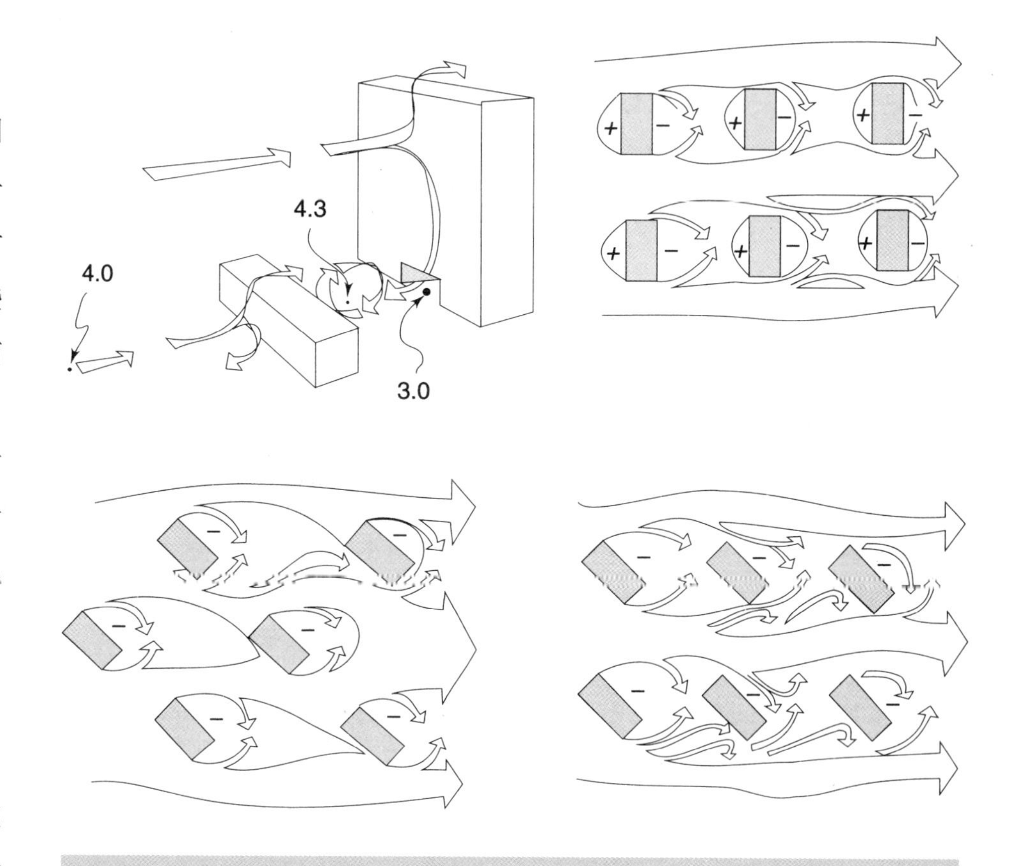


图5.5　建筑物高度与气流的关系及相似高度建筑物之间风压的分布（参考文献2，9）

## 城市热岛

建设用地的大小和建筑密度影响“热岛”现象，即在高密度的市区形成高气温区，在低密度区或乡村形成低气温区。引起这个现象的一个原因是建筑体量（the built mass）对太阳辐射的高吸收率和其蓄热能力（同样建筑内部产热和大气污染也是一个原因）。“热岛”效应随着建筑密度的增加和高层建筑的建设而增强，因为高密度和高层建筑使辐射热损失减到最小程度。另外，“热岛”效应的强度还取决于日照时间以及风的大小和天空状况。白天城市密度较大的区域，其温度高于郊区1–2℃（甚至更高一些），而在晴朗的夜晚，高密度区比郊区可能高出5℃。而在有大风时，城市热岛效应就不很明显了[4,10](图5.6)。

城市热岛现象不一定都是不利因素，这需要与当地的气候环境、土地使

$$dT = P^{1/4}/(4*U)^{1/2}$$

$dT$ = 热岛强度（℃）
$P$ = 人口
$U$ = 区域风速(m/s)

图5.6　热岛强度与城市人口规模之间的关系（公式来自北美城市的统计模型）（参考文献8）

用情况和特定区域从事活动的时间协同考虑。这个结论由在不同的气候区，如干热[11]和湿热[12]地区进行的研究结果所证实。很明显，四周为开敞空间的建设用地白天升温快，夜间降温也快，然而在密度较大的地区，即使建筑高度较低，城市热岛效应也将不同程度地起作用。

## 日照(Solar access)

“日照”可定义为一定时间内某地接受的直接太阳辐射量，日照是“日照权”(solar rights)条款的基础，日照权即建筑群、单体建筑、开敞空间或建筑构件（如窗子和阳光间等）在冬季有尽可能接受阳光直射的权利。对直射阳光的利用主要是为了获得太阳辐射热和天然采光。

日照仅指日光直接照射，它与漫射或反射的日光无关，不过恰当的设计也可以利用漫射光和反射光。大多地方，在冬至日（北半球的12月21日）可保证在9：00和15：00之间有日照，冬至日是一年中白天最短的一天，太阳高度最低，投射的阴影最长。在这几个小时内，地平面将吸收当天可获得能量的80%左右。

计算日照有几种不同的方法，包括图解法（平面和立体的）、解析法和计算机辅助法[13-15]。它们的原理是相同的：确定计算的日期和临界时间，计算出该地的太阳高度角和方位角，最后计算出太阳投射的阴影长度。接下来，确定建筑间的最小间距或建筑体量和开敞空间之间的几何关系。

设计人员正是通过确定建筑中太阳能收集器的位置（在南向的一定高度上、在房顶上、独立式的等等）从而确定了日照权实现的程度。日照受以下几个因素影响：场地的方位及其坡度、植被、已建建筑和周围的地形情况等。

**建议**：建筑群设计应考虑冬季防风和日照量，同时兼顾夏季通风和遮阳。影响建筑规模和密度的设计决策，应该考虑到城市的热岛现象并按理想状况提出控制措施（图5.7）。

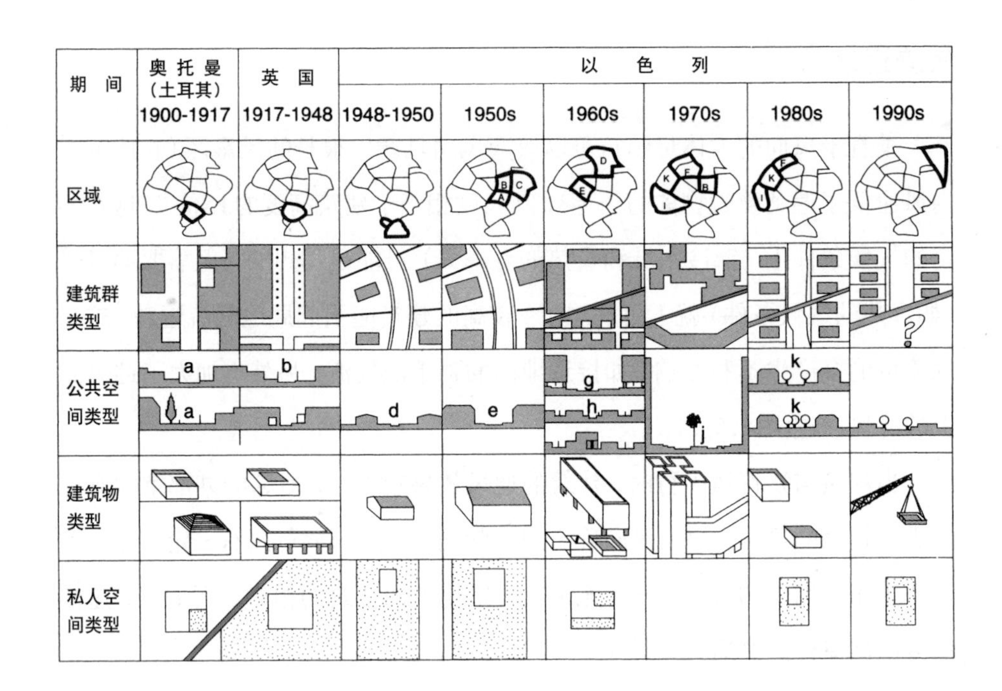


| 场地 | $T_a$ (°C) | $V_a$ (m/s) |
|---|---|---|
| a | 32.7 | 1.3 |
| b | 33.4 | 0.7 |
| c | 33.2 | 1.3 |
| d | 32.5 | 1.1 |
| e | 32.2 | 2.2 |
| f | 32.1 | 0.4 |
| g | 33.0/33.2 | 0.7 |
| h | 33.7 | 1.9 |
| i | 32.5 | 0.5 |
| j | 35.7 | 3.1 |
| k | 33.7/34.1 | 2.3 |

**图5.7** 沙漠城市的建筑群类型及相应的最高气温（T）和风速（V）（参考文献11）

## 建筑类型

选择何种建筑类型常常不只是由经济因素决定的，如土地价格、土地利用情况和基地的费用等。然而，每种建筑类型及其与当地环境状况的相互作用方式，都影响着建筑周围和内部的微气候。

## 独立、半独立式（建筑）

独立、半独立式房屋单位面积有更大的围护结构外露面（即更大的体形系数），这样可以加大建筑与环境间的热交换，但同时也为被动式采暖和降温以及更好地使用附属开敞空间提供了更多的可能性（图5.8）。

## 庭院、天井

在炎热和海洋性气候地区，有庭院和天井的房屋是相当普遍的。建筑完全或部分地围合一块空间，形成完全围合的空间或附属的半围合空间。这样的空间普遍地用于调节微气候。人们相信它们比周围开敞空间有更好的微气候环境，且对围合的建筑体量的微气候有积极作用。在一定的条件下，这也许是对的，但必须允许所有的建筑部位都得到日照，并使内部空间的通风良好。然而，对建筑物及其附属开敞空间的专门设计应该考虑以下各方面因素：如该地的特殊气候条件（图5.9），人们在建筑内的使用时间、设计细部，还有文化、安全和宗教等社会各方面象征意义的延伸[17]。

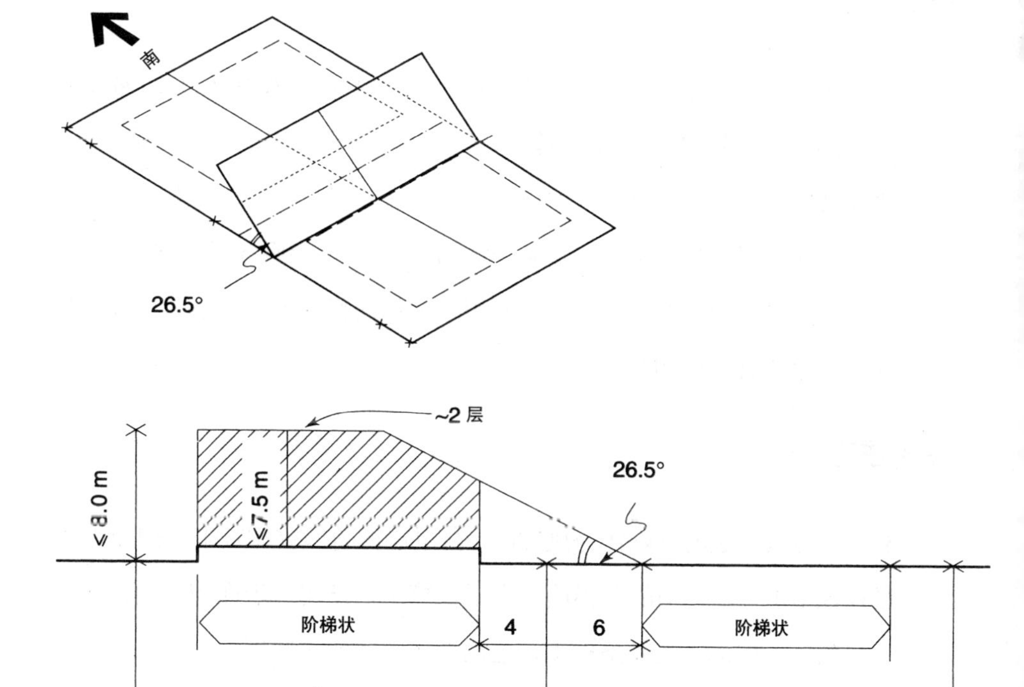


图5.8 通过利用上午和下午的太阳高度角（26.5°，12月21日，北纬30.8°）来实现日照权的保护(参考文献14)

## 交通方式

联排住宅和高层住宅按交通方式可以分为（1）走廊式及（2）楼梯或电梯式。如果设计合理，外廊建筑能够保证得到日照，还可提供良好的穿堂风。内廊建筑常常会有较差的日照和穿堂风，至少部分房间存在该问题。一梯两户的建筑可以享受充足日照和穿堂风。当一部楼梯或电梯服务于两户以上时，虽然每户的体形系数（围护结构外表面积与房间面积之比）变小了，但室内阳光和风的组织会变得困难。

## 联排住宅

3–4层的联排住宅可以作为风屏障，利用这样的低层建筑来保护毗邻地区不受强风影响。单元间的公用墙减少了建筑围护结构外表面积，从而加强了节能。然而，在某些气候条件下，这也带来了一些不利影响，因此，为了获得穿堂风，需要对单元布局进行恰当的设计。

## 高层建筑

在市中心高层建筑非常普遍，那儿的土地允许以较大密度开发，其内部和毗邻空间的微气候具有冲突的特征。可以通过在迎风面和背风面两侧开口来为大部分单元提供良好的通风，然而，中间单元却有较少的围护结构可以得到日照，边缘单元（特别是顶层）可能会有不利的风环境。

高层建筑可以投射较长的阴影，冬季会给邻近的开敞空间带来不好的影响，也给其附近建筑的日照设计带来困难。而且，它们的体量和高度又会带来难以控制的局地气流运动。在地面附近解决局地气流运动问题是有可能的，

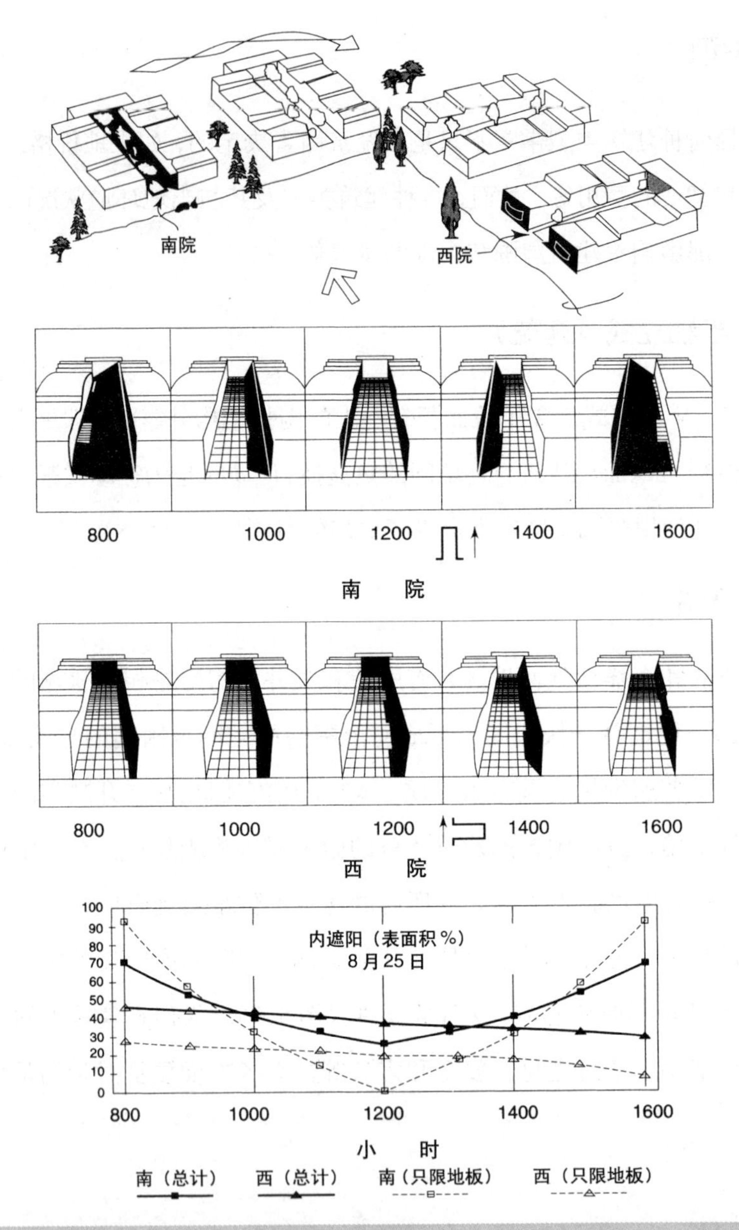


图5.9 不同朝向的两个庭院内部的阴影（8月25日，8：00 – 16：00，内格夫高地）（参考文献16）

方法是在建筑立面上接近地面层的位置设置突出的平板，这样可以使气流的运动改变方向并加以控制。

靠近高层建筑的地面风速可能要比低层建筑附近的风速高300%。在特殊情况下，这种现象可能是不理想的，但是在通风状况差的高密度城区和空气污染严重的地区却有积极作用[3,8]。

**建议**：在建筑群设计中须有机组合不同的建筑类型，这是为了保证日照和防风。联排的建筑可被用作风屏障，而高层建筑却可以促进密集开发地区开敞空间的通风。低层建筑应恰当地设计和选址，以便能充分利用与开敞空间相结合的优势，但应注意避免与室外环境之间过度的热交换。

## 露天空间

人造的露天空间常常被认为比周围有更好的热环境，还被看作是毗邻建筑的微气候调节器。然而近期的大量研究表明，这些空间并不能很好地调节微气候，甚至对毗邻建筑有不利影响。这主要是由于露天空间不合理的设计和不当的细部造成的（图 5.10和图5.11）。

各类研究表明，在特定条件下，天井或庭院可能是不利因素而非有利因素。由于缺少遮阳或通风，围合的露天空间将成为集热器[8,16,18,19]。在这种情况下，围合的露天空间的气温将比开敞的露天空间的气温最高高出 7℃。由于半围合露天空间的朝向和比例的原因，将其暴露于不利的风或不良的阴影中，可能会使其比周围环境更冷。附属露天空间中的空气分层可能是受太阳辐射和风的影响所致，这种现象也可能在很大程度上影响了附属露天空间增强围合建筑中的通风能力[16,19]。

露天空间的比例和相对于太阳的方向决定了日照的多少，因此也决定了

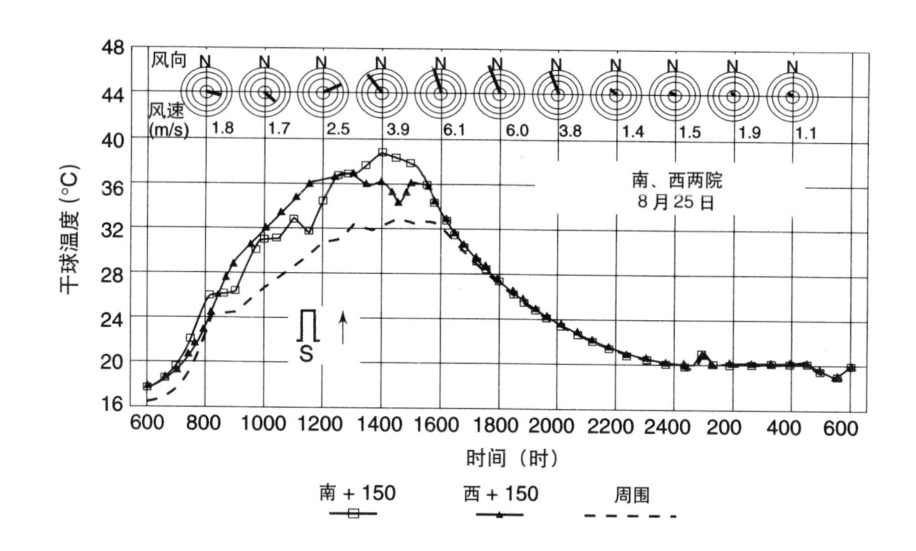


图5.10 夏季典型日不同朝向庭院的气温比较（参考文献16）

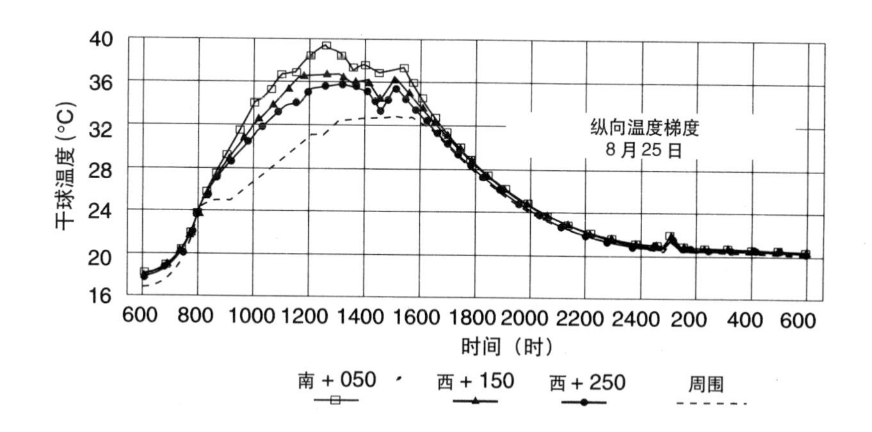


图5.11 夏季典型日西向庭院的空气温度竖向分布图（参考文献16）

在冬季它利用太阳辐射（高角度较低）的潜力，以及在夏季是否出现过度日照的不利情况。该比例同样也决定了露天空间与天空可以互相看到的程度，从而决定了其夜间辐射降温冷却的潜力。与风向的关系决定了它的通风能力。建筑材料决定了其蓄热能力和采光状况，常常出现的眩光是由所围合表面的明度较高而导致的(图 5.12)。

**建议**：露天空间和建筑边界的比例应该能保证冬季日照和夏季通风。街道和广场须有阴凉区域（柱廊，拱廊等），可以遮阳避雨。在炎热的气候条件下，结合活动遮阳；而在寒冷的气候条件下，增设玻璃墙或玻璃屋面使庭院成为温室，这些是至关重要的。植被可以起到遮阳和促进蒸发降温的作用。在干热气候条件下，通过喷泉、池塘和潮湿表面的蒸发降温也有积极作用（如果这些设施的尺度合适的话）。此时，为防止围合空间的空气过潮，组织良好的通风非常重要。饰面材料要防止眩光和蒙尘。

$$T_{op} = 2/3\ T_a + 1/3\ \mathrm{MRT}$$

$T_{op}$ = 有效温度 (°C)

$T_a$ = 气温（干球)(°C)

$MRT$ = 平均辐射温度 (°C)

$$\mathrm{MRT} = 0.24 \times (T_g - T_a) \times \sqrt{(V_a + T_g)}$$

$T_g$ = 黑球温度 (°C)

$V_f$ = 风速 (m/s)

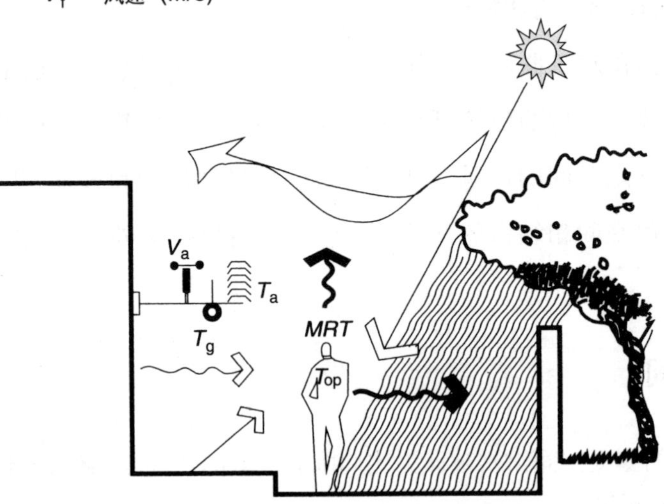


**图 5.12** 通过有效温度的概念，体现了遮阳的重要意义。公式考虑了影响有效温度的环境因素（参考文献 3）

## 关于生态气候的设计策略、实践和建议

下表是一个设计检验表的范例，可以参照使用。它简明地列出了与气候原则和概念相关的基本设计元素和参数，并且体现了这两方面的关系。其关系以设计策略、实际应用以及设计内容／原理相对照的形式体现出来。该表格绝不是一个全面而准确无误的框架，读者应该以一种批判的眼光去思考它、扩展它、修正并调整它，以适应不同工程和气候区的特殊需要。不过，须知它和其他类似的工具也许会被证明是有助于记忆的方法，尤其适用于那些在生物气候学及节能等领域缺乏经验的人。

| 原则 | | 形状 | 遮阳 | 日照 | 防风 | 通风 | 蓄热量 | 隔热 | 颜色 | 质地 |
|---|---|---|---|---|---|---|---|---|---|---|
| 组成 | | 场地选址：冬季有阳光／夏季有微风，避免夏季日晒／不利的风，良好排水和通风 | | | | | | | | |
| 1. 城市组成要素 | 建筑群 | 优化比例与朝向，合理利用阳光和风以取得理想效果 | 为露天空间提供遮蔽；最好是可动的／轻质的 | 保证建筑和露天空间得到日照 | 减小冷风影响 | 增强冷却降温效果 | | | 基于以下考虑，选择最佳的饰面和装饰材料 | |
| | 街道 | | 利用建筑边界和植被 | 冬季步行区有日照 | 自防风：避免街道与风向平行 | 对热舒适／减小污染至关重要 | | | 反照率与吸热率 | 眩光与蒙尘 |
| | 广场 | | 建筑边界（比例）植被和独立式构筑物 | 特别是座位区和操场 | 建筑边界／露天空间的比例尺度 | 夏季，在大体量边界处设有开口很重要 | | | | |
| | 柱廊、连廊 | | 结合街道和周围的露天空间 | 冬季阳光进入的方向 | 同街道 | | | | | |
| | 停车场 | | 必须 | 避免 | 理想的 | 对防止有毒气体聚集极端重要 | | | | |
| | 绿地 | | 建筑群得到日照／恰当布置高树（有较长阴影）的隔离带 | | 作为风屏障 | | | | 低反照率；丰富环境的单调色彩 | |
| | 植被 | | 落叶与常青树 | | | | | | | |
| 2. 建筑类型 | 独立式 | 布局紧凑，减少热损失 | | 易满足 | 成问题 | 易满足 | | 取决于外围护结构面积 | | |
| | 半独立式 | 较大的外表面 | | | | | | | | |

续表

| 原　则 | | 形　状 | 遮　阳 | 日　照 | 防　风 | 通　风 | 热质量 | 隔　热 | 颜　色 | 质　地 |
|---|---|---|---|---|---|---|---|---|---|---|
| 2. 建筑类型 | 联排住宅 | 围护结构保证较好的日照和通风 | | | 用作风屏障 | | | | | |
| | 多层建筑 | | 投射很长的阴影 | 相邻的露天空间受害 | 在较高层尤为困难／基层至关重要 | 对舒适而言风速可能过大 | | | | |
| | 带天井和中庭的建筑 | 较大的体形系数——需认真对待 | 对天井所必不可少的：变化! | 所有空间都可满足 | | 若设计合理，可提高通风效果 | | | | |
| 3. 建筑组成要素 | 屋顶 | | 可能是不透明围护结构中最薄弱的部分，但如果设计得好就可以作为太阳能收集器或辐射冷却系统；如果屋顶较厚重，它的热惰性就较大，夏季尤为突出 | | | | | | | |
| | | 平顶 | 防止过热：双层屋顶 | | 防止热损失 | 防止过热：双层屋顶 | 热惰性 | 至关重要 | 最好是高反射率材料 | 优化排水防止积灰 |
| | | 坡顶 | 可以当作同样的平屋顶来考虑 | 结合天窗和其他太阳能设施 | 由于可得到最大日照，减少了热损失 | | | 减少，热交换 | 较小的吸收率；最好是浅色 | 有良好的排水 |
| | | 穹顶 | | | | 可以排出上部的热空气 | | | | |
| | 墙体 | | 不是隔热所必需的 | | 防止降温 | | 提高热惰性／用以蓄热 | 减少热交换 | 防止眩光 | 防止积灰／积尘 |
| | 地面 | | | 用作蓄热 | 减少下面空间空气的热交换 | | 蓄热所必需 | （除与地面的连接外）防止热桥现象 | 有直射光的地方用深色，需要得到散射光的用浅色 | 防止眩光 |
| | 窗 | | 通过可调及固定遮阳设施防止过热 | 用作被动式采暖和天然采光 | 减少冷风渗透和传热 | 根据风向确定开窗位置 | | 采用隔热百叶／反射，吸热，双层／三层玻璃 | 避免深色吸热 | |
| | 阳光间／阳台 | 优化比例与朝向 | 水平面，竖向的东／西面朝阳 | | | 利用温差 | 优化一体式／独立式 | 夏季白天／冬季夜间很关键 | | |

续表

| 原则 | | 形状 | 遮阳 | 日照 | 防风 | 通风 | 热质量 | 隔热 | 颜色 | 质地 |
|---|---|---|---|---|---|---|---|---|---|---|
| 3. 建筑组成要素 | 太阳能风塔 | | | 增强通风 | | 加强被动式降温 | | | 利用深色加强拔风效果 | |
| | 捕风器 | | | | | 对流／蒸发冷却 | | | | |
| | 天井／庭院 | 优化比例与朝向 | 防止集热 | 改善冬季使用状况／调节室内微气候 | 防止降温 | 改善降温冷却效果／调节室内微气候 | 根据使用状况和使用时间加以优化 | 毗邻建筑空间的保温／若天井用作阳光间可提供动态保温 | 防止眩光，减少反射 | 防止眩光和积灰 |
| | 植被 | | 最好选择常青或落叶树，仅在夏季遮阳 | 落叶树和高树相配合以保证日照 | 选用枝叶茂密的树木 | 加强蒸发冷却／滤尘 | | | 低反射率；丰富环境的单调色彩 | |

## 参考文献 References


1. Goulding, J.R., Owen Lewis J., and Steemers T.C., (eds) (1992): *Energy Conscious Design—A Prime for Architects*, Commission of the European Communities, Scientific and Technical Communication Unit, Directorate General Telecommunication, Information and Innovation, Brussels, pp. 13–46.
2. Oke, T.R. (1978): *Boundary Layer Climates*, Methuen, London.
3. Meir I.A., Etzion Y., Faiman D., (1993): "Energy Aspects of Design in Arid Zones", Final Draft, Desert Architecture Unit & Applied Solar Calculations Unit, J. Balustein Institute for Desert Research, Ben-Gurion University of the Negev, Sede Boquer Campus, pp. 69-70.
4. Meir, I.A. (1989): "Climatic sub-regions and design contextualism", *Building and Environment* 24, pp. 245–251.
5. McPherson, E.G., Simpson J.R., and Livingston M., (1989): "Effects of three landscape treatments on residential energy and water us in Tucson, Arizona, *Energy and Buildings* 13, pp. 127–138.
6. Holm, D. (1989): "Thermal improvement by means of leaf cover on external walls—a simulation model", *Energy and Buildings*, 14, pp. 19–30.
7. Canton, M.A., Cortegoso J.L., de Rosa C., (1994): "Solar permeability of urban trees in the cities of western Argentina, *Energy and Buildings*, 20, pp. 219–239.
8. Givoni, B. (1989): *Urban Design in Different Climates*, WMO/TD-No. 346, World Meteorological Organization, Geneva.
9. Bowen, A. (1981): "Classification of air motion systems and patterns", In: A. Bowen, E. Clark, and K. Labs (eds), *Passive Cooling*, Proceedings of the International Passive and Hybrid Cooling Conference, ISES—American Section, Delaware, Newark, pp. 743–763.
10. Oke, T.R. (1981): "Canyon geometry and the nocturnal urban heat island: Comparison of scale model and field observations", *Journal of climatology*, pp. 237–254.
11. Meir, I.A. (1992): "Urban space evolution in the desert—The case of BeerSheva", *Building and Environment* 27, pp. 1–11.
12. Ahmed, S.K. (1994): "A comparative analysis of the outdoor thermal environment of the urban vernacular and the contemporary development: case studies in Dhaka", In: Y. Etzion, E. Erell, I.A. Meir, and D. Pearlumutter (eds), *Architecture of the Extremes,* Proceedings of the 11th International PLEA Conference, Desert Architecture Unit, J. Blaustein Institute for Desert Research, Ben-Gurion University of the Negev, Sede Boqer Campus, pp. 341–348.
13. Etzion, Y. (1988): "A general expression of solar rights determination", *Architectural Science Review,* 12, pp. 149–154.
14. Etzion, Y. (1990): A desert solar neighbourhood in Sde-Boqer, Israel", *Architectural Science Review,* 33, pp. 105–111.
15. Krishan, A and A. Krishan, (1994): "Solar envelopes: An optimum built-form in response to daily and annual solar movement for maximum energy gain in northern climates", In: Y. Etzion, E. Erell, I.A. Meir, D. Pearlmutter (eds), *Architecture of the Extremes*, Proceedings of the 11th International PLEA Conference, Desert Architecture Unit, J. Blaustein Institute for Desert Research, Ben-Gurion University of the Negev, Sede Boqer Campus, pp. 243–252.
16. Meir, I.A., and Pearlmutter D., (1995): "On the microclimatic behaviour of two semi-enclosed attached courtyards in a hot-dry region", *Building and Environment.*
17. Roaf, S. (1990): "The traditional technology trap: Stereotypes of Middle Eastern traditional building types and technologies", *Trialog*, 25, pp. 2–33.
18. Etzion, Y. (1990): "The thermal behaviour of non-shaded closed courtyards in hot-dry zones", *Architectural Science Review,* 33, pp. 79–83.
19. Meir, I.A., and Pearlmutter D., (1992): "*Attached courtyards—Asset or debit*"?, In: *Energy and Building in Mediterranean Area*, Proceedings of the Third International Conference, Lab. of Building Physics and Construction, Aristotle University of Thessaloniki, Thessaloniki, pp. 245–252.

# 建筑围护结构

# The Building Envelope

■ 史蒂文·V·索科洛伊

由于建筑围护结构可以通过反射、热阻和热容的绝热来控制热流，所以本章要讨论的便是建筑围护结构的作用或任务。通风热流和其他热流是密不可分的，本章将以定量的方法来预测在稳态和非稳态条件下，围护结构所呈现的热工状况并提供一些实例和一些基本数据的列表，最后根据不同气候条件的要求，对围护结构设计方法加以讨论。

## 引言

人类的深层体温只有在35–40℃左右（体表温度在31–34℃）才可以生存，但是人们在气温高达50℃或者低于－50℃的地方也可以生存。只有在三种可行的调节/保护机制下人们的生存才成为可能：身体自身的热调节、衣物以及掩体（建筑物）。

## 人体

人体的散热率必须和新陈代谢产热率相同，但散热率来得较慢，由于这个原因，环境温度应稍低于皮肤表层的温度。人体有多种调节方式来保护深层体温，如果周围环境太冷，血管收缩会减少从深层组织到皮肤表层的传热。因此皮肤表层温度降低，散热率减少。更进一步的调节方法就是打冷颤：这是一种无意识的提高新陈代谢产热量的行为。相反，如果周围环境太热，散热就会受到限制，于是，血管扩张，加快热量向体表的传递，提高皮肤的表层温度，从而提高散热率，如果这样仍然不能达到平衡，那么，排汗将发挥蒸发冷却的作用[1]。

## 衣着

第二层级的保护是通过衣物来实现的，由于衣物提供了一个绝热层，从而减少了散热，衣服的热阻在0－3.5 clo之间变化（1clo相当于三件一套的西装及棉质内衣），最重且实用的北极御寒衣达到3.5 clo，这些衣物极大地拓宽我们生存的温度范围[2]。

## 掩体

第三层级的保护是掩体，即建筑物外围护结构：通过材料层包围一定空间体积，从而形成室内和室外空间。这种起界定作用的外围护结构在某种程度上将会调节室内环境：它是一种被动的控制系统。

另一种控制是通过消耗能量的主动系统来提供的：采暖或降温。我建议有责任心的设计者应尽可能地使用被动控制方法，只有在被动控制不能满足要求时，方采用主动控制方法。理由有三：

1. 经济方面：没有运行成本；

2. 生态／道德方面：能量和资源的消耗最少，产生的废弃物最少；

3. 美学方面：与气候相适应的被动式建筑将与环境更加和谐，更有特色，更具多样性。

## 气候

在地球上，几乎没有这样的气候能使赤裸（不需穿衣）的人可以生存并保持舒适。甚至在最暖和的热带地区，夜间也较凉，因此，毛毯或其他的保暖物还是有必要的。人们需要随着温度的变化选择衣物，以保持人体在舒适的范围内。

据参考文献 [3,4]，热中值温度（$T_n$）——舒适区温度的统计中值——是主导气候条件的函数，并且与每月的平均气温（$T_m$）有关：

$$T_n = 17.6 + 0.31\ T_m$$

舒适温度区的宽度可取为4K（从 $T_n$－2℃到 $T_n$+2℃），那么，在图表上，这一温度区与当地的气候有关。图6.1给出的是凯恩斯（澳大利亚的昆士兰州北部）的舒适温度区，图6.2是一个基于心理图表[5, 6]的类似的图。从人们对热舒适感觉来看，可分为以下四种气候类型：

1. 寒冷：这种气候地带最主要的问题在于热量不足。即：缺少热量，一年的大部分时间散热严重。

2. 温和：在这个地带热量不足和过热之间存在着一个季节性的变化。

3. 干热：这个地带的主要问题是过热，但空气是干燥的，所以身体的蒸发散热功能并未受到限制；同时该地（昼夜）温差很大。

4. 湿热：在这个地区，过热并不像干热地带那么严重，但是高湿度加剧了过热；每日温度的变化很小。

设计者应该把气候（给定的条件）与舒适区（理想的条件）加以比较分

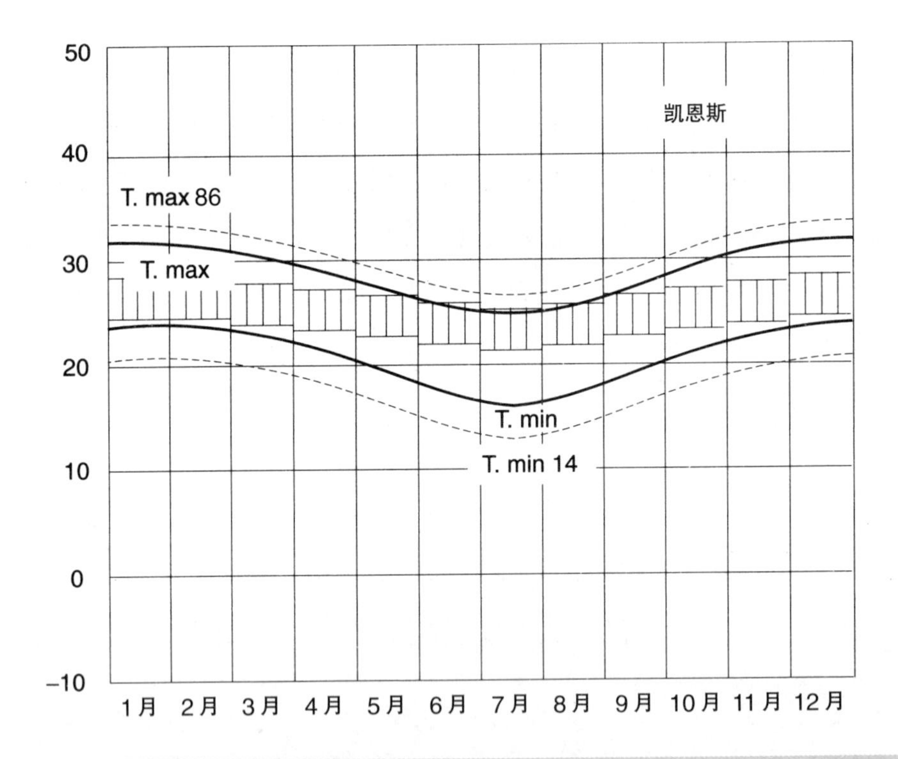


**图6.1** 凯恩斯的热舒适区和月温度曲线显示：1–3月及10–12月过热，而5月–9热量不足，最上端的曲线表示一个月中处于86区间内的日最高温度；（最下端的曲线表示一个月中处于14区间内的日最低温度，即每周只有一天的温度低于此值）

析以便确定控制目标，选择合适的围护结构。

## 建筑外围护结构

在极端气候条件下（如南极洲），室内和室外需要完全隔离开，将围护结构做成一个完全的屏障——具备高气密性和超级绝热的能力——也许是合适的，被围合的空间则由主动设备来控制。然而，日常的大多数情况下，外围护结构是一个过滤器（并不仅仅是一个屏障），一个有选择性的过滤器，它除了接受有利的影响（如天然采光或者冬天的阳光），还要排除不利的影响。

外围护结构通常是由透明的构件（窗户）和不透光的构件（固体材料）组成，像墙、屋顶和地板。窗户在第4章已讨论过，这一章只讨论不透光的构件。

为了达到控制热流进出外围护结构的目的，外围护结构的绝热特性是非常重要的。

英文中“insulate”这个词最初的意思是：把陆地变成岛屿。这里，外围护结构是隔绝外部环境对室内的影响，使其成为外部气候环境中的一个（热）岛。insulate的另一个意思是“通过加入绝缘体来阻挡电、热或者声音的传递”。在更广泛的意义上使用这个术语，绝热可分为三种：

- 反射；
- 热阻尼；
- 热容。

前两种绝热有瞬时的效应，但第三种绝热是时间的函数，它可以暂时性地控制热流[7]。

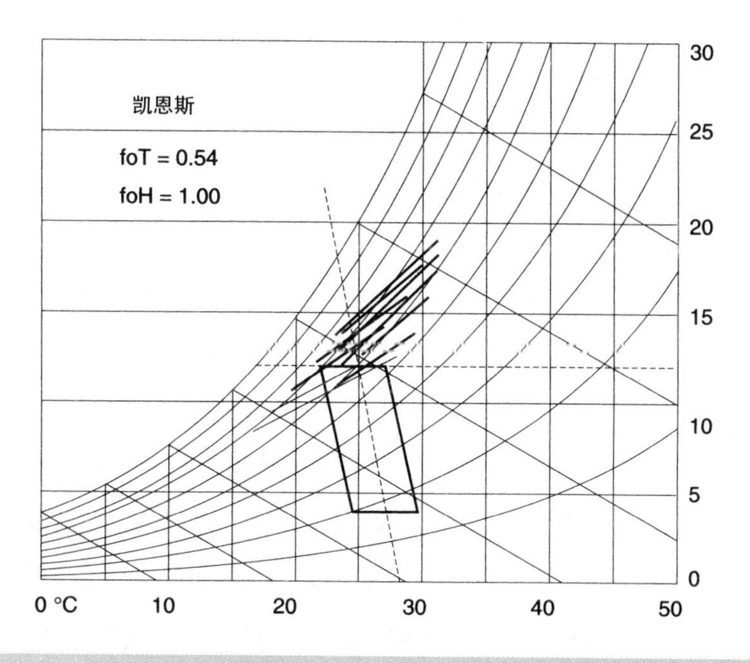


图6.2 凯恩斯舒适区与气候参数图。12个月的直线介于平均最低温度（早晨的湿度）和平均最高温度（下午的湿度）之间

## 反射绝热

在主要由辐射产生热传递时，可以采用这种隔热方式。有间层的墙和阁楼就是这种例子。在阁楼里，热量由屋顶底面传到顶棚的顶部，其主要是由辐射产生的（向下的对流并不产生很大作用），辐射量的大小是由发射构件和接收构件的表层材料特性决定的，抛光的金属表面有很低的吸收率和再发射率。

对给定的辐射波长：发射率＝吸收率

不透光表面的反射率总是：1－吸收率

常用的反射绝热材料为铝箔，由于单独使用纯铝易破碎，所以经常和防潮隔声纸或石膏板合成使用。为了达到最理想的效果，发射表面和吸收表面都应敷设反射面层（低发射率），如果只有一个反射面层，敷设在发射面还是吸收面将没有什么区别。然而，在阁楼内，如果顶棚的顶部是高反射的，则很快就会有一层灰尘将其覆盖住，于是将彻底破坏反射效果（灰尘吸收辐射热，然后将热量传给铝箔），所以，最好在屋顶底面朝下使用铝箔面层。

表6.1显示了间层的热阻由于表面间的低发射率（反射）面层而得以改进[9, 10]。在任何情况下，光亮的表面应朝向空气层。材料的接触使导热成为可能，这样就降低了反射隔热效果。所谓的双面防潮隔声纸（两面都镀有铝箔）可以任意地挂在有间层的墙内，它不仅有反射能力，而且有较低的发射率。

## 热阻尼绝热

导热系数是材料的一种特性，表6.2列出了一些典型材料的导热系数，就普通材料而言，空气的导热性最差，换言之，只要保持静止，它就是最好的绝热材料。如果发生对流，将会影响绝热效果，所以，最好的绝热材料是那些可以使少量空气封存于小气泡中的材料。发泡和多孔材料由于有

**表6.1** 间层热阻（$m^2 \cdot K/W$）

| | 热流方向 | 正常 | 一侧低发射率表面 | 两侧低发射率表面 |
|---|---|---|---|---|
| 5 mm | 任意方向 | 0.10 | 0.18 | 0.25 |
| >25 mm | 水平 | 0.18 | 0.28 | 0.35 |
| | 向上 | 0.17 | 0.28 | 0.35 |
| | 向下 | 0.22 | 0.58 | 1.06 |
| 多层铝箔隔热 | 水平 | – | – | 0.62 |
| | 向上 | – | – | 0.62 |
| | 向下 | – | – | 1.76 |

**表6.2** 部分材料的热特性

| | 导热系数（W/m·K） | 密度（$kg/m^3$） | 比热（J/kg·K） |
|---|---|---|---|
| 铝 | 236 | 2700 | 877 |
| 铁 | 47 | 7800 | 480 |
| 大理石 | 2 | 2500 | 900 |
| 混凝土（密实） | 1.4 | 2100 | 840 |
| 砖（一般） | 0.8 | 1700 | 800 |
| 水（4–15°C） | 0.6 | 1000 | 4176 |
| 石膏板 | 0.16 | 950 | 840 |
| 木材（软木） | 0.13 | 610 | 1420 |
| 草纸板 | 0.093 | 350 | 1450 |
| 玻璃纤维 | 0.040 | 12 | 840 |
| 聚苯乙烯泡沫塑料 | 0.035 | 25 | 1400 |
| 聚氨酯 | 0.028 | 30 | 1400 |
| 空气（干燥，静止） | 0.026 | 1 | 1005 |

封闭的胞体结构，因此它们是最好的绝热材料。不过一些纤维材料同样也很好。有时，这些材料被称为“松散绝热材料”。一般来说，材料的导热系数小于0.1W/m.K被认为是隔热材料。

绝热层的热阻$R$是其厚度（$b$，单位为m）与材料的导热系数（$k$）之比：

$$R = b/k \quad [\text{量纲}: \text{m}/(\text{W/m}\cdot\text{K}) = \text{m}^2\cdot\text{K/W}]$$

多层建筑材料总热阻是每一层的热阻与内外表面换热阻（$R_{so}$和$R_{si}$）的总和，如果有空气层，还得加上它的热阻$R_{cav}$。内外表面的换热阻如表6.3所示，空气间层的热阻见表6.1（参见参考文献11）：

$$R_{tot} = R_{so} + R_1 + R_2 + R_{cav} + \ldots + R_n + R_{si}$$

（空气－空气）总热阻的倒数就是经常用到的传热系数$U$值：

$$U = 1/R_{tot} \quad \text{W/m}^2\cdot\text{K}$$

表6.4所示的是部分外围护结构构件的$U$值。

**表6.3** 表面热阻（$\text{m}^2\cdot\text{K/W}$）

| | | 热流方向 | 一般表面 | 低发射率表面 |
|---|---|---|---|---|
| 内部 | 墙 | 水平 | 0.12 | 0.30 |
| | 顶棚、地板 | 向上 | 0.10 | 0.22 |
| | | 向下 | 0.14 | 0.55 |
| 外部 | 墙 | 有保温 | 0.08 | 0.11 |
| | | 正常 | 0.06 | 0.07 |
| | | 裸露 | 0.03 | 0.03 |
| | 屋顶 | 有保温 | 0.07 | 0.09 |
| | | 正常 | 0.04 | 0.05 |
| | | 裸露 | 0.02 | 0.02 |

**表6.4** 部分建筑构件的热特性

| | | 传热系数 $U$[①] ($\text{W/m}^2\cdot\text{K}$) | 材料层表面的蓄热系数 $Y$[②] ($\text{W/m}^2\cdot\text{K}$) | 延迟时间 $tlg$[③] (h) | 衰减系数 $dcr$[④] – |
|---|---|---|---|---|---|
| 地板 | | | | | |
| 实铺混凝土板地板 | 3m×4 m | 1.47 | 6.0 | – | 0 |
| | 7.5m×15 m | 0.62 | 6.0 | – | 0 |
| | 15m×30 m | 0.36 | 6.0 | – | 0 |
| 架空木地板 | 3m×4 m | 1.05 | 2.0 | 0.7 | 0.99 |
| | 7.5m×15 m | 0.61 | 2.0 | 0.8 | 0.98 |
| 墙 | | | | | |
| 砖饰面，石膏板 | | 1.72 | 2.2 | 3.5 | 0.77 |
| 砖，空气层，270mm | | 1.47 | 4.4 | 7.7 | 0.44 |
| 空心混凝土砌块，200mm | | 2.42 | 4.1 | 3.0 | 0.83 |
| 龙骨，纤维板，石膏板2.70cm厚 | | 2.2 | 0.3 | 1 | |
| 龙骨，护墙板，石膏板 | | 1.68 | 1.8 | 0.8 | 0.99 |
| 屋顶 | | | | | |
| 波形纤维水泥板 | | 4.90 | 4.9 | 0 | 1 |
| 同上＋石膏板顶棚 | | 2.58 | 2.6 | 0.3 | 1 |
| 同上＋50mm聚苯乙烯板 | | 0.55 | 1.0 | 0.7 | 0.99 |
| 瓦，闪光板，石膏板 | | 2.59 | 2.6 | 0.5 | 1 |
| 150mm混凝土板，沥青油毡，点粘法 | | 1.80 | 4.5 | 8 | 0.33 |
| 窗 | | | | | |
| 金属框 | 单玻 | 6.00 | 6.0 | 0 | 1 |
| | 双玻 | 3.60 | 3.6 | 0 | 1 |
| 木框 | 单玻 | 5.00 | 5.0 | 0 | 1 |
| | 双玻 | 2.90 | 2.9 | 0 | 1 |

注：① $U$值——绝热材料等阻挡热量通过墙壁、屋顶等的阻力计量单位；
② $Y$——材料层表面的蓄热系数，是指有限厚度的材料层受到热作用时对谐波热反应的敏感程度；
③ $tlg$——外部温度最大值出现的时刻与内表面温度最高值出现时刻的差值；
④ $dcr$——室外介质温度谐波的振幅与平壁内表面温度谐波的振幅之比值。

## 蓄热绝热

如果室内外温度是稳定的，就不会有蓄热作用。在这种情况下只有稳态热流量 $Q$ 通过构件，其大小取决于传热面积 $A$、传热系数 $U$ 和温差 $dT$（参见例1）。然而，如果温度发生变动，哪怕仅一侧变动，材料的蓄热量*将会产生非常大的作用。在温度变动随机变化的情况下对热流量进行分析是很困难的。但就建筑而言，我们可以考虑为一种周期性热流，每24小时的温度变化几乎是重复的。图6.3所示的是蓄热量为0的墙体24小时的热流量变化图（曲线1）和有较大蓄热量的墙体的热流量变化图（曲线2）。

这两条曲线有两方面不同：

1．和曲线1相比，曲线2的峰值在时间上向后推移了几个小时，这就是所说的延迟时间（$tlg$）效应。

2．和曲线1相比，曲线2的振幅（与日平均温度的偏移或涨落）减小了，衡量振幅减小程度的参量是衰减系数（$dcr$），就是常说的“振幅衰减”。

用前述稳态的方法，可以很容易计算出穿过零蓄热量墙体的热流量，这样可以确定出曲线1；对于某一建筑，如果知道延迟时间和衰减系数，就可以从曲线1推出曲线2，也就是说通过所给定的构件条件，就可以画出真实的热流量图。

---

* 蓄热量是材料的比热、密度以及它的体积三者的乘积。例如，1m²，220mm厚的砖墙，
体积 = $0.22\ m^3$；
密度 = $1700\ kg/m^3$；
比热 = $800\ J/kg\ K$；
那么，蓄热量 = $0.22 \times 1700 \times 800 = 299.2\ kJ/K$

**例1**：　在正常情况下，下面墙体结构的 $U$ 值是多少呢？

—外侧为110mm的砖；

—空气层（最少25mm）；

—12mm石膏板，贴铝箔；

**数据**

导热系数（由表6.2可见）　砖 $k = 0.8\ W/m\cdot K$
　　　　　　　　　　　　石膏板 $k = 0.16$
空气层热阻（表6.1）　$R_{cav} = 0.28\ m^2\cdot K/W$
表面换热阻（表6.3）　外部 $R_{so} = 0.06$
　　　　　　　　　　　内部 $R_{si} = 0.12$

**计算**

$R_{tot} = R_{so}$　　$= 0.06\ m^2\cdot K/W$
砖 0.110/0.8　　$= 0.138$
空气层　　$= 0.28$
石膏板 0.012/0.16　　$= 0.075$
$R_{si}$　　$= 0.12$
　　　　$0.583\ m^2\cdot K/W$

$$U = 1/R = 1/0.583 = 1.715\ W/m^2\cdot K$$

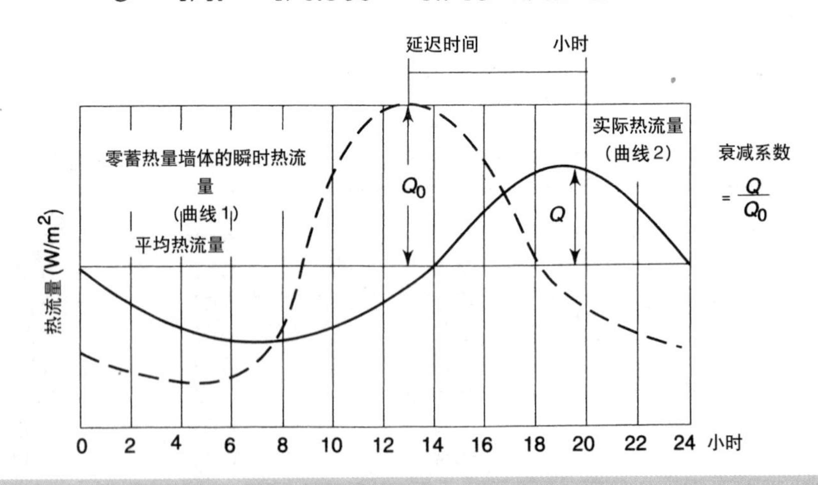


图6.3　时间延迟和衰减系数

## 稳态的热工性能

热流进出围合空间（不包括太阳辐射）主要有两个途径：

- 通过外围护结构导热
- 通过通风换热

以上两种情况皆有相同的温差$dT$，通常$dT=T_o-T_i$，它在得热时是一个正值，在失热时是一个负值。相应的外围护结构特性是：

外围护结构的导热热流强度是围护结构各构件$U$值与其面积乘积的总和：

$$q_c=\sum_{\text{外围护结构构件}}(A\times U)$$

$$[\text{量纲}: m^2\cdot W/m^2\cdot K = W/K]$$

通风换热的热流强度为空气的体热容与通风换气率（$vr$）的乘积：

$$q_v = 1200 \times vr\ [\text{量纲}: J/m^3\cdot K\times m^3/s = W/K]$$

但是，$vr = N \times V/3600$

在此，$N$ = 每小时换气次数；

$V$ = 空间的体积；

3600 = 1小时的秒数。

所以

$$q_v = 1200 \times N \times V/3600 = 0.33 \times N \times V$$

引入参数$q$，$q = q_c + q_v$，散热（得热）量可以写为：

$$Q = q\times dT = q \times (T_o - T_i)$$

例2说明了推荐的采用列表计算的方法。

**例2** 以一个非常简单的建筑为例，房间4m × 3m × 2.5m（长×宽×高）。设有一扇铝框玻璃窗/门，2.1m × 1.9m（长×高）。墙的数据如例1所示，地面采用实铺混凝土板，槽形金属屋顶，内设石膏板顶棚。

表6.4中有相关的$U$值，并用表格列出以下数据，假设包括冷风渗透在内，通风次数为每小时3次。

| 序号 | 方向 | 构件 | 尺寸 | | 面积 | $U$值 | $A\times U$ |
|---|---|---|---|---|---|---|---|
| 1 | – | 地板 | 4 m | 3 m | 12 $m^2$ | 1.47 | 17.6 |
| 2 | 180 | 墙 | 4 | 2.5 | 6 | 1.72 | 10.3 |
| 3 | 180 | 窗 | 2.1 | 1.9 | 4 | 6.00 | 24.0 |
| 4 | 270 | 墙 | 3 | 2.5 | 7.5 | 1.72 | 12.9 |
| 5 | 360 | 墙 | 4 | 2.5 | 10 | 1.72 | 17.2 |
| 6 | 90 | 墙 | 3 | 2.5 | 7.5 | 1.72 | 12.9 |
| 7 | – | 屋顶 | 4 | 3 | 12 | 2.54 | 30.5 |

$$q_c = 125.4\ W/K$$

$$Vol = 30\ m^3 \times 0.33 \times 3 = q_v = 30$$

$$q = 155.4\ W/K$$

如果（在1月份）$T_o = 2°C$，$T_i = 20°C$，那么热损失量将是：

$$Q = q \times dT = 155.4 \times (2 - 20) = -2797\ W$$

## 太阳辐射得热

任何一种得热，如来自人体、灯光等的内部得热（$Q_i$）和太阳辐射得热（$Q_s$）都会减少热损失。不透光构件和透光构件对于太阳辐射的处理是不同的。首先，应计算出围护结构每一表面的随时间变化着的辐射照度（$G$），或者计算出每天的平均热流——24小时的平均幅照度（$G_{av}$），即每日的总辐射照度除以24小时。

注意辐射照度（$G$）是瞬时的功率密度（$W/m^2$），而辐射总能量是$G$在给定时间内的积分值（单位为$W \cdot h/m^2$或$MJ/m^2$）。

对于透光构件而言，太阳辐射得热量为无量纲的太阳辐射得热系数（$sgf$）乘以透明构件的面积以及幅射照度：

$$Q_s = A \times G \times sgf \text{ [量纲: } m^2 \times W/m^2 = W]$$

对不透光构件而言，热流密度为$A \times U$的积乘以辐射照度的等价温度增量(太阳及热引起的温度改变量$dTe$)，注意$dTe$的量纲是K氏温度增量，而不是摄氏温度的增量，并且，温度的增量是由下面的关系决定着的：

$$dTe = [(G \times abs) - E] \times R_{so}$$

式中：$abs$ = 表面的吸收系数；

$E$ = 辐射力。

对于竖向表面，$E$可以忽略不计，因为在相同的温度下，竖向表面被其他表面抵消，但屋顶必须考虑。$E$值在晴空时为$90W/m^2$，在阴云密布的天气时为$20W/m^2$。

$$Q_s = A \times U \times dTe \text{ [量纲 : } m^2 \times W/m^2 \cdot K \times K = W]$$

例3也是表格计算方法，它包括太阳辐射得热，这个例子中用的是24小时平均值的方法。

**例3**：接例2，继续用表格计算方法，假设有一个多云的天空：$E=70W/m^2$，并且内部平均得热为100W。

| | $sgf$ | $R_{so}$ | $abs$ | $G_{av}$ | $Q_s$ | |
|---|---|---|---|---|---|---|
| 1 | – | – | – | – | 0 | |
| 2 | – | 0.06 | 0.6 | 151 | 56 | # |
| 3 | 0.76 | – | – | 151 | 456 | * |
| 4 | – | 0.06 | 0.6 | 69 | 32 | # |
| 5 | – | 0.06 | 0.6 | 32 | 20 | # |
| 6 | – | 0.06 | 0.6 | 69 | 32 | # |
| 7 | – | 0.04 | 0.5 | 113 | –30 | + |

如果我们假设

$$Q_s = 569 \text{ W}$$
$$Q_i = 100$$
$$Q_{s+i} = 669 \text{ W}$$

热的净损失量为 $Q_{net} = -2797 + 669 = 2128$ W

应注意：* 来自 $Q_s = A \times G \times sgf$；

\# 来自 $Q_s = A \times U \times G \times abs \times R_{so}$；

\+ 来自 $Q_s = A \times U \times (G \times abs - E) \times R_{so}$；

## 非稳态的热工状况（动态）

在周期性热流条件下，计算一个建筑物的动态热作用最简单的方法是吸热法，基本原理是在没有太阳得热和内部得热的情况下，24小时的室内平均温度等于室外平均温度。假设太阳得热和室内得热将导致室内温度升高，足以产生向外的热流，这种热流是通过导热和通风换气进行的。其热平衡条件是：

$$Q_{s+i} + [(q_c + q_v) \times (T_{o.av} - T_{i.av})] = 0$$

从上式可推出未知量 $T_{i.av}$ 的表达式为：

$$T_{i.av} = T_{o.av} + [Q_{s+i}/(q_c + q_v)]$$

接下来的一步是确定在某一时刻 $t$ 相对于每日平均热流量的波动量（相对于每日平均热流的偏差）：$sQ_t$

这至少包含6个组成部分（关于太阳能部分的第4项和第5项必须针对各面分别评价，关于每个不同建筑构件的第3项也要分别对待）：

**时刻 $t$ 的热流波动计算**

| $sQ_t$ | 建筑参数 | | 环境参数 |
|---|---|---|---|
| 1. 通风得热 | $0.33 \times N \times V$ | * | $(T_{o.t} - T_{o.av})$ |
| 2. 玻璃导热 | $A \times U$ | * | $(T_{o.t} - T_{o.av})$ |
| 3. 不透明构件导热 | $A \times U \times dcr$ | * | $[T_{o(t-tlg)} - T_{o.av}]$ |
| 4. 玻璃的太阳能得热 | $A \times asg$ | * | $(G_t - G_{av})$ |
| 5. 不透明构件太阳能得热 | $A \times U \times dcr \times abs \times R_{so}$ | * | $[G_{(t-tlg)} - G_{av}]$ |
| 6. 内部得热 | $Q_{i.t} - Q_{i.av}$ | | |

表中：$dcr$ = 衰减系数；

$tlg$ = 延迟时间；

$asg$ = 折合的太阳辐射得热系数；

$(t-tlg)$ = 相对时刻 $t$ 的延迟时数。

**例4**：周期性热流计算：为了确定在炎热夏天下午15：00时的温度，可以继续参照例2的图表计算方法，重复使用例3的图表，这是6月份的情况并且增加了5项内容。

| | $sgf$ | $R_{so}$ | $abs$ | $G_{av}$ | $Q_s$ | $asg$ | $tlg$ | $dcr$ | $Y$ | $A \times Y$ |
|---|---|---|---|---|---|---|---|---|---|---|
| 1 | – | – | – | – | 0 | – | – | 0 | 5.60 | 67 |
| 2 | – | 0.06 | 0.6 | 114 | 42 | – | 3.5 | 0.76 | 1.93 | 12 |
| 3 | 0.76 | – | – | 114 | 344 | 0.64 | 0 | 1 | 6.00 | 24 |
| 4 | – | 0.06 | 0.6 | 181 | 84 | – | 3.5 | 0.76 | 1.93 | 19 |
| 5 | – | 0.06 | 0.6 | 114 | 71 | – | 3.5 | 0.76 | 1.93 | 15 |
| 6 | – | 0.06 | 0.6 | 181 | 84 | – | 3.5 | 0.76 | 1.93 | 15 |
| 7 | – | 0.04 | 0.4 | 343 | 167 | – | 0.2 | 1 | 2.74 | 33 |

$Q_s = 793$　　　　$q_a = 184$

$Q_i = 100$

$Q_{s+i} = 893$

对于墙 $(t - tlg)$ 的时间：　15 − 3.5 = 11.5 h

对屋顶 $(t - tlg)$ 的时间：　15 − 0.2 = 14.8 h

**数据**

| | 平均： | 15点 | 11.5点 | 14.8点 |
|---|---|---|---|---|
| 温度： | 24.5 | 32.8 | 30.5 | 32.9 |
| $G$：180 | 114 | 178 | 344 | |
| 270 | 181 | | 208 | |
| 360 | 114 | | 208 | |
| 90 | 181 | | 304 | |
| 水平： | 343 | | | 750 |

$T_{i.av} = 24.5 + [893/(125 + 30)] = 30.2°C$

$sQ_{15}$

| | | | |
|---|---|---|---|
| 通风得热 | | 30×(32.8−24.5) | = 249 |
| 玻璃导热 | | 24×(32.8−24.5) | = 199 |
| 墙体导热 | | 53.3×0.76×(30.5−24.5) | = 243 |
| 屋顶导热 | | 30.5×1×(32.9−24.5) | = 256 |
| 玻璃的太阳能得热 | | 4×0.64×(178−114) | = 164 |
| 墙体的太阳能得热 | 180 | 10.3×0.76×0.6×0.06×(344−114) | = 65 |
| | 270 | 12.9×0.76×0.6×0.06×(208−181) | = 10 |
| | 360 | 17.2×0.76×0.6×0.06×(208−114) | = 44 |
| | 90 | 12.8×0.76×0.6×0.06×(304−181) | = 43 |
| 屋顶的太阳能得热 | | 30.5×0.4×0.09×(750−343) | = 199 |
| | | | 1472 |

$$T_{i.15} = 30.2 + [1472/(184 + 30)] = 37.1°C$$

由于热量通过通风散热或蓄存于建筑结构构件中(也可以散热),热流的波动将会有效地改变室内的温度。衡量内表面吸热或放热能力的参数是内表面蓄热系数 $Y$,单位为W/(m²·K)。总的吸热量 $q_a$ 是各内表面面积与相应蓄热系数乘积的和。

$$q_{\mathrm{a}} = \sum (A \times Y)$$

在时刻 $t$ 的平衡要求是总的得热波动值加上通风与吸热热流之和必须为零[12, 13]:

$$sQ_{\mathrm{t}} + [(q_{\mathrm{a}} + q_{\mathrm{v}}) \times (T_{i.\mathrm{av}} - T_{i.\mathrm{t}})] = 0$$

从上式中可推出未知量 $T_{i.t}$ 的表达式为:

$$T_{i.\mathrm{t}} = T_{i.\mathrm{av}} + [sQ_{\mathrm{t}}/(q_{\mathrm{a}} + q_{\mathrm{v}})]$$

## 气候设计

控制建筑物室内热环境的主要措施为:

- 建筑物体形(体量)
- 开窗(面积大小、位置和朝向)
- 太阳能控制(遮阳和表面抛光)
- 建筑构造(绝热和蓄热)
- 通风

富有经验的设计师会利用这些措施来适应当地的气候。

## 寒冷气候

良好的气密性和保温,可以减少热损失。开有大面积的面向赤道方向的窗子可以增加太阳辐射热的引入。这种太阳辐射热即使在冬天也可能会引起室内过热,除非室内有足够的蓄热体。蓄热体应置于高热阻的保温层内侧。贮存热量有两种用途:一是在白天限制温度的升高,二是在夜间放出热量加以利用(图 6.4)。

**表6.5 窗户的太阳辐射得热系数**

| | 瞬时的 | 可替代的*(asg)* | |
|---|---|---|---|
| | *sgf* | 轻质 | 厚重 |
| **单玻** | | | |
| 6mm 清玻璃 | 0.76 | 0.64 | 0.47 |
| 表面着色玻璃 | 0.60 | 0.53 | 0.41 |
| 有色玻璃 | 0.52 | 0.47 | 0.38 |
| 清玻璃,反射膜 | 0.32 | 0.29 | 0.23 |
| 强反射玻璃 | 0.18 | 0.17 | 0.15 |
| **双玻** | | | |
| 清玻璃+清玻璃,6mm | 0.64 | 0.56 | 0.42 |
| 表面着色玻璃+清玻璃,6mm | 0.48 | 0.43 | 0.34 |
| 有色玻璃+清玻璃,6mm | 0.40 | 0.37 | 0.30 |
| 反射膜玻璃+清玻璃,6mm | 0.28 | 0.25 | 0.21 |
| 强反射玻璃,密闭型 | 0.15 | 0.14 | 0.11 |
| **外遮阳** | | | |
| 单层清玻璃,浅色水平遮阳 | 0.16 | 0.11 | 0.09 |
| 单层清玻璃,浅色垂直遮阳 | 0.18 | 0.13 | 0.10 |
| 单层清玻璃,荷兰百叶 | 0.13 | 0.10 | 0.08 |
| 双层清玻璃,浅色水平遮阳 | 0.13 | 0.09 | 0.07 |
| 双层清玻璃,滚动百叶 | 0.10 | 0.09 | 0.07 |

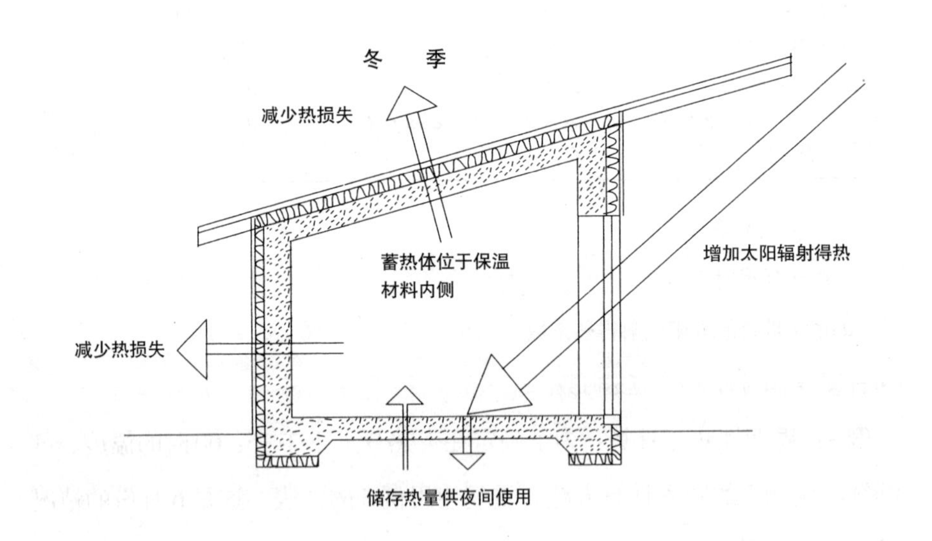


**图6.4** 寒冷地区的(被动式太阳能利用)设计原则

图6.5说明：把蓄热体置于保温层内侧，U值不会改变，但会引起下述变化：

1．由于内部热流而增大延迟时间。

2．减小了衰减系数，从而减小了热流的波动。

3．通过增加内表面的吸热量来提高蓄热的平衡作用。

遮阳构件可以控制进入室内的太阳辐射热，在面向赤道的窗子上方设置固定的水平遮阳可以进行自动的季节性的调节（图6.6），但可调节的遮阳设施也可被采用。

## 干热气候

日温差较大是这一气候类型的特点。因此，蓄热体——热容隔热的作用就显得非常重要。在澳大利亚中部，在很厚重的石墙建筑物内，当外部日温差超过25K时，内部的日温差经测量不超过5K。在这样的建筑内，室内、室外平均气温本应差不多，若想使室内平均温度高于或低于室外平均温度，则取决于设计意图。如果平均气温太低，可以引入一些太阳辐射热。如果平均气温太高，可以通过夜间通风排出一部分贮存的热量，而且，白天关闭窗户可以使建筑物得热减少（图6.7）。

在凉爽和干热气候条件下，上述方法也许可以保证舒适的室内环境。不管怎么样，采用这些方法都可以减少冷负荷或热负荷。换句话说，无论建筑是无能耗运行（仅靠被动式控制）还是主动式采暖或降温，这些技术都是非常有用的。

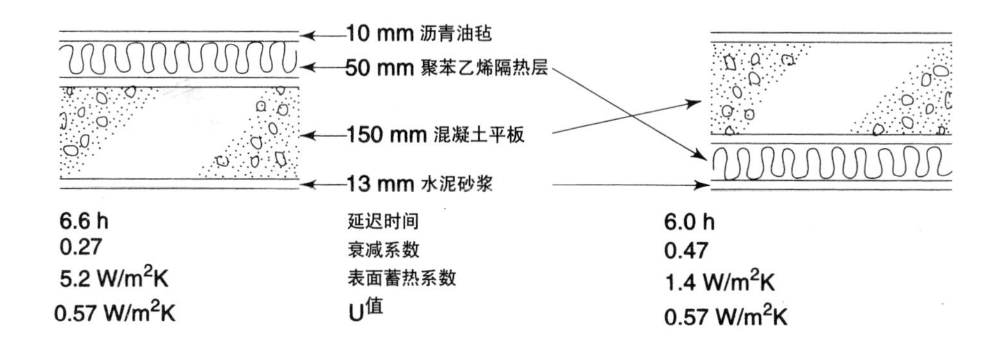


图6.5 外保温的优点

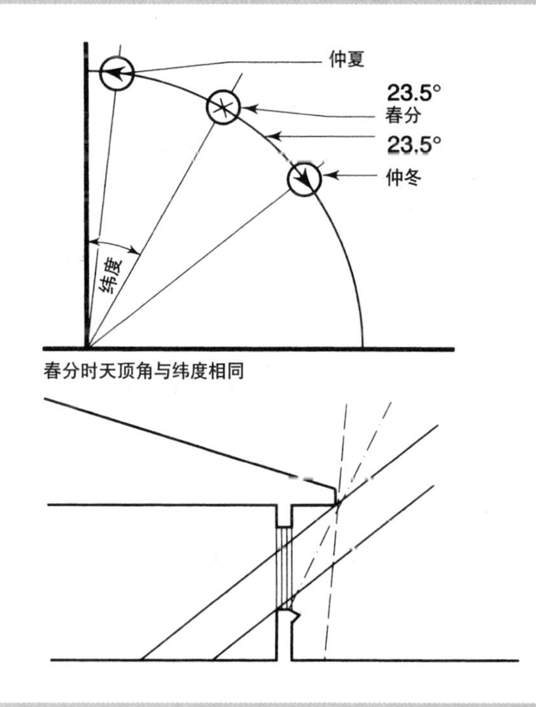


图6.6 面向赤道方向的窗口，太阳高度角的变化可以使遮阳进行自动的季节性调节

## 湿热气候

对于设计师来说，这种气候条件是最难处理的。传统的经验是建造轻质的房屋，以支柱架空，形成充足通风（图6.8）。这种房屋的内部并不比外面凉快，可能比外面更热，太阳辐射使屋顶以及东西墙表面的温度升高，从而引起热流流向内部。因此，这些材料必须具有良好的反射隔热或热阻隔热功能，这些房屋不适用于主动式降温和空调降温。一般而言，这些房子不能完全封闭（例如，装有百叶窗），通常会有大量得热。这些房子的设计需要采用被动式控制，或采用主动式控制（后者要求有很好的隔热性能的房间）

近来，我们发现以上几种方法存在一些缺陷：

1．在建筑密度大的城区，抬高房屋于支柱之上并不能增加空气的流动性，原因在于邻近的房屋同样也需要提升。

2．穿堂风有两种不同的功能，通过对流更新空气来降温和作用于体表的适宜风速来排除热量并在心理上产生一定降温感觉；只有外面比里面凉快时，前者才能发挥作用；在没有通风的情况下，后者则是通过简易的低能耗吊扇来实现的。

3．在一年中只有少数时候干燥而大多数时候潮湿、日温差超过10K的气候条件下，实铺地板和厚重构造的热工性能会更好一些。

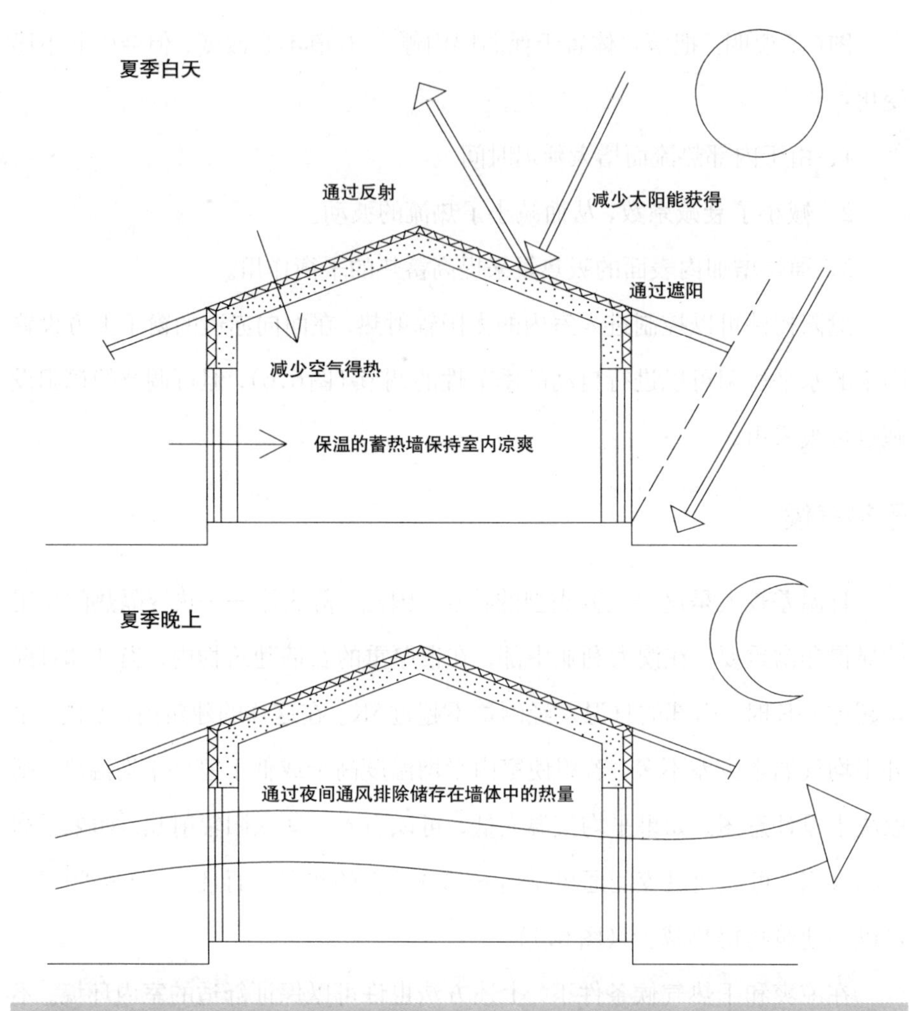


图6.7　蓄热效应配合夜间通风，对所有暖热气候都有益处，特别是对于干热地区

如果内部得热被限制，并且太阳辐射得热几乎被排除，那么对已经适应了这种气候的人来说，过热已不是大问题了。1.5m／s的适宜风速使人在温度达到35℃时也可接受，湿热气候条件下的温度也很少超过这个值。在澳大利亚北部最恶劣的气候条件下，每日温度变化范围超过8K，在这种条件下，建筑通过采用实铺地面，外侧隔热的蓄热墙和良好隔热的屋顶来获得最佳的热工性能。

图6.8 在湿热气候条件下，传统的轻质房屋被抬高，坐落于支柱之上，并有良好的屋顶隔热

## 参考文献 References


1. Koenigsberger, O.H. *et al.* (1973): *Manual of Tropical Housing, Part 1: Climatic Design,* Longman, London.
2. Szokolay, S.V. (1985): "Thermal comfort and passive design", in: K. Boer and J. Duffie (eds), *Advances in Solar Energy,* vol. 2, American Solar Energy Society & Plenum Press, New York, pp.
3. Humphries, M.A. (1987): "Outdoor temperatures and comfort indoors", *Building Research and Practice* 6, pp. 92–105.
4. Auliciems, A. (1982): "Psycho-physiological criteria for global thermal zones of building design", *International Journal of Biometeorology* 26 (supplement).
5. Szokolay, S.V. (1986): "Climate analysis based on the psychrometric chart", *International Journal of Ambient Energy* 7, pp. 171–182.
6. Szokolay, S.V. (1991): "Heating and cooling of buildings, in: H.J. Cowan (ed), *Handbook of Architectural Technology*, Van Nostrand Reinhold, New York.
7. Szokolay, S.V. (1980): *Environmental Science Handbook for Architects and Builders*, Construction Press, Lancaster.
8. Hassall, D.N.H. (1977): *Reflective Insulation and the Control of Thermal Environments*, St. Regis-ACI, Sydney.
9. ASHRAE (1985): *Handbook, Fundamentals,* American Society of Heating, Refrigeration and Air Conditioning Engineers, Atlanta.
10. CIBS (1980): *Guide A3—Thermal properties of building structures*, Chartered Institution of Building Services, London.
11. Szokolay, S.V. (1987): *Thermal Design of Buildings*, RAIA Educ. Div, Canberra.
12. Loudon, A.G. (1968): *Summertime Temperatures in Buildings*, BRS current paper 47/68, Building Research Station, Garston.
13. Petherbridge, P. (1974): *Limiting the Temperatures in Naturally Ventilated Buildings in Warm Climates*, BRE current paper 7/74, Building Research Establishment, Garston.

# 门窗与采光

# Openings and Daylighting

## 7.1 炎热气候中的门窗——通风、采光与遮阳

■ 亚伊尔·埃特农

玻璃门窗是建筑外围护结构中绝热性能最差的构件。门窗对建筑物的利弊影响，取决于门窗的构造设计以及在开启和关闭状态下的性能。在建筑物的南立面上设计多个门窗，而在北面只布置少量门窗是完全必要的。不在东西两侧外墙上设置门窗是明智之举。通过门窗的热量如果以传导和对流方式通常具有不利影响应受到限制，而辐射方式则是可以利用的，如在冬季可以利用太阳辐射采暖。

门窗是建筑外围护结构中保温最薄弱的环节：通过门窗，以导热、对流和辐射形式在室内外之间传递的热量，要比建筑物其他实体围护结构快得多（即使实体围护结构没有进行专门的保温设计）。如果设计得不好，门窗会成为建筑围护结构中一个严重的缺陷；相反，如果设计恰当，门窗会带来诸多好处。表7.1是玻璃门窗的热性能指标。

**表7.1** 门窗的平均热阻（以色列国家标准）

| 门 窗 种 类 | 平均热阻 $R$ [$m^2 \cdot ℃/W$] |
|---|---|
| 2mm 玻璃木窗 | 0.19 |
| 双层玻璃木窗 | 0.3 |
| 2mm 玻璃铝合金窗 | 0.17 |
| 双层玻璃铝合金窗 | 0.28 |
| 木质外门，2mm 单层玻璃 | 0.2 |
| 木质外门，双层玻璃 | 0.33 |

作为保温隔热的薄弱环节，门窗可能会造成：

1．冬天——由于导热（通过窗户材料），对流（通过墙和窗户之间的缝隙）和辐射（通过玻璃），热量从室内流向室外，造成热量损失，使建筑物内部温度降低，增加采暖投资。

2．夏天——热量由室外向室内传递（和冬天方式一样，但方向相反），建筑物内部温度升高，需增加制冷费用。

通过门窗可能获得的好处有：

1．冬天——通过合理的设计，有可能获得有利的热平衡（根据气候状况），换言之，在这种状况下，通过窗户失去的热量要小于通过窗户获得的太阳辐射热量，尤其是南向的窗户。

2．夏天——晚上通过窗户进行自然通风，使建筑降温。

建筑物的门窗有以下功能：

- 采光
- 引入新鲜空气
- 通风
- 与外界的视觉接触
- 出、入口（入口大门以及到院中的门）
- 太阳能得热

下面，我们只讨论影响建筑物能量平衡的问题：采光、空气渗透和通风。以下就是对这些功能的简要分析。

**表7.2** 内部空间形态系数，*F*

| 窗户类型 | 内部设计 | 系数 |
|---|---|---|
| 标准 | “开放式”布局 | 1 |
| 窗户小，密封不好<br>（窗墙面积比20%-40%） | 房间环绕大厅排列 | 1 |
| | 建筑分成多个部分<br>各空间之间缺少联系 | 0.8 |
| 窗户很大，密封不好<br>（窗墙面积比大于50%） | 房间环绕大厅排列 | 0.8 |
| | 建筑分成多个部分<br>各空间之间缺少联系 | 0.65 |
| 窗户很大，密封不好<br>（窗墙面积比大于50%） | 房间环绕门厅排列 | 0.65 |
| | 建筑分成多个部分<br>各空间之间缺少联系 | 0.4 |

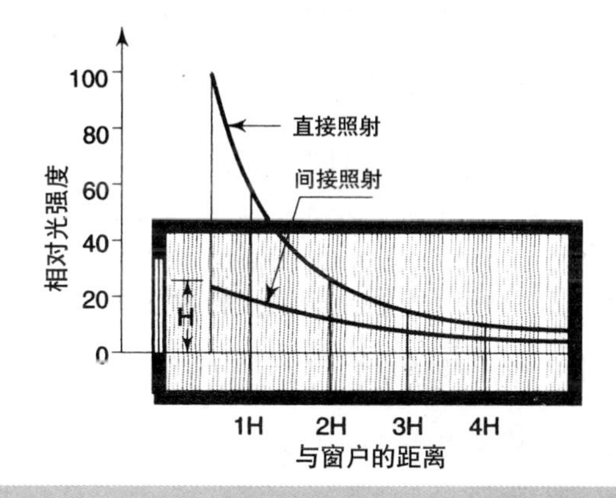


**图7.1** 室内直接照明与间接照明的比例

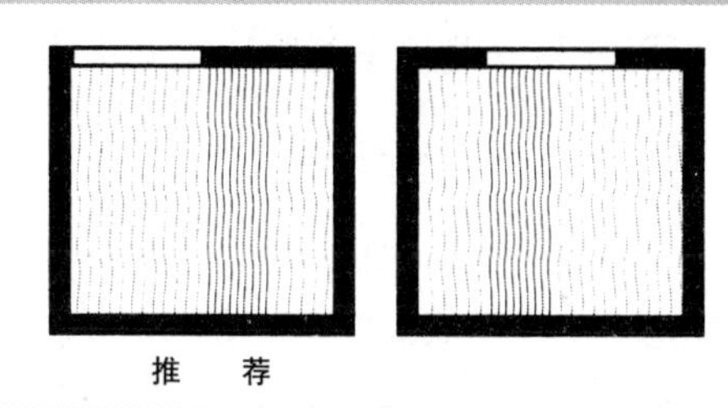


**图7.2** 窗户位置接近内墙，可获得较好的光线分布

## 采光

物理学上的可见光是指波长范围在0.4–0.7 μm之间的辐射能，这部分辐射能进入建筑，不仅提供了天然采光，还能加热室内空间。研究表明当窗户的面积大于地面面积的1/8或1/10时并不能增加平均发光强度*，一间平均反射系数为0.4的房子，将其窗地比从1/6提高到1/3，平均发光强度仅仅增加60%。

光线进入房间是太阳直接或间接（反射、散射）照射的结果，在一个普通房间中，靠近窗口的光线最强，此处主要是直射光。越往里光线就越弱，室内深处的光线大多数是房间内表面自身反射太阳光的结果（图7.1）。

**平面中的窗户位置** 如果窗户接近内墙，由于墙面的反射作用，光线的利用率及均匀度均可得到改善，除此之外还可以改善由于室内外光线之间过大的亮度对比而引起的眩光问题（图7.2）。若窗户间有柱子，则会降低光线的均匀性。

房间中位置较高的窗户虽然会降低工作面上的照度，但是却会增加采光的均匀性，这是由于窗户的反射作用，在这种情况下，室内深处的光强度和平均光强度将相同，甚至更高（图7.3）。

在远离窗户的地方增加光源，可以获得较高的采光均匀性。这种光源既可以是人工照明，也可以是另一侧墙上的窗户或是天窗（图7.4）。

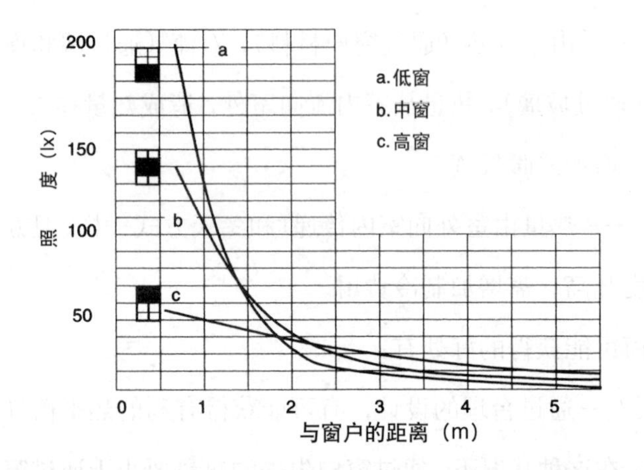


图7.3 窗户与顶棚越接近，房间的平均光强度越高，采光均匀性越好

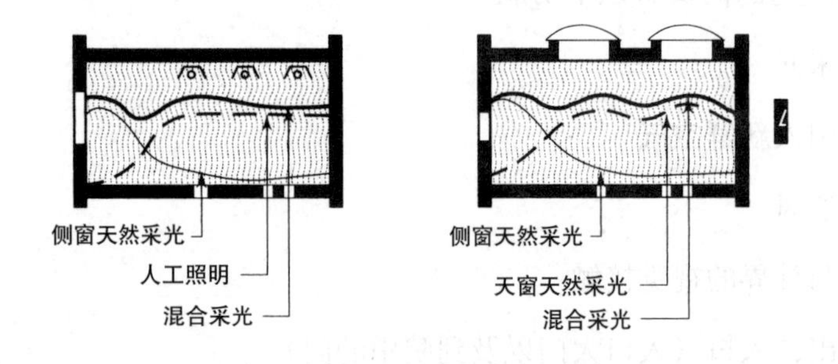


图7.4 天然采光与人工照明的结合

---

* 房间平均发光强度是指室内距地面1m处的平均发光强度。

## 空气渗透

空气渗透是指空气通过门窗向建筑室内的自由渗透，特别是通过门窗框和墙体之间的缝隙以及窗户各部分之间的缝隙。空气渗透是建筑能量平衡中的一个重要因素，特别是对于保温隔热良好的建筑而言。在这种建筑中，对比于保温隔热差的建筑物，空气流动引起的能量流动显得更为重要。

透过门窗缝隙的空气渗入量取决于下列各因素：

- $F$：建筑内部空间形态系数（见表7.2）；
- $C$：窗户类型系数（见表7.3）；
- $P$：窗户两侧的气压差，[Pa][1]（见表7.4）。

透过窗户1m缝隙长度的空气渗透量可以通过下列经验公式计算：

$$V = \frac{1}{1000} \times F \times C \times P^{0.63}\ [m^3/m \cdot s]$$

**表7.3** 窗户类型系数，$C$

| 窗户类型 | 系数 |
|---|---|
| 密封好的窗户，悬窗或平开窗 | 0.05 |
| 密封好的窗户，竖向或横向的推拉窗 | 0.13 |
| 非密封窗，任一上述类型 | 0.25 |

**表7.4** 建筑物两侧的气压差，$P$*

| 建筑高度 (m) | 开阔地域风速 (9 m/s) | 低层建筑风速 (5.5 m/s) | 市中心风速 (3 m/s) |
|---|---|---|---|
| 10 | 58 | 21 | 6 |
| 20 | 70 | 31 | 11 |
| 30 | 78 | 38 | 15 |

* 此表描述了建筑物两侧的气压差。在实际应用中，通过采用取中值法，此表也适用于窗户两侧的气压差。

气压的单位是Pa：1Pa=(1/9.8) g/cm²。详见参考文献1。

**例**：在低层建筑区，有一幢2层公寓，底层架空，10m高，窗墙比为30%，窗为非密封窗。每套分成许多小间，有相通的门联系。求平均空气渗透率是多少？

据表7.2，$F$=0.8；据表7.3，$C$=0.25；据表7.4，$P$=21

空气渗透率

$$V = \frac{1}{1000} \times 0.8 \times 0.25 \times \left(\frac{21}{2}\right)^{0.63} = 8.8 \times 10^{-4}\ m^3/s \cdot m$$

换言之，通过1m周长的窗户，每秒会有$8.8 \times 10^{-4} m^3$的空气渗入。

### 通风（机械通风或自然通风）

自然或机械通风对于下列情形是必要的：

- 给建筑物补充新鲜空气；
- 通过空气流动，提高建筑物中人体汗液的蒸发速度；
- 通过用室外温度相对较低的空气替换室内温度较高的空气，使建筑物降温。

特别要指出的是，在沙漠地区（温度高、相对湿度低），夜间通风主要是用于后两个目的，因为此时建筑物周围的温度要比室内温度低得多。

方法有两种：

1. 当建筑物室内、外温度不同时，就形成了空气密度差（烟囱效应）。较高的室内温度使室内空气的密度减小，形成上升气流。如果上部有一个开口，热空气就会通过它排到室外，同时来自较低开口的凉爽空气就会补充进来。空气流通的效率取决于建筑内外的温差、开口的大小（进风口和出风口）以及进、出风口之间的高差。

当建筑物室内的空气温度高于室外时，可以通过下面的公式计算出因密度差引起的通风效率：

$$W_1 = 4.43 \times C \times A \times \sqrt{\frac{H(T_{in} - T_{ex})}{273 - T_{in}}} \ (m^3/s)$$

式中：$W_1$ = 气流流量（$m^3/s$）；

$C$ = 开口的有效系数（常取：0.5–0.65）；

$H$ = 气流出口和入口的高度差（m）；

$A$ = 最小开口（进风口或出风口）的面积（$m^2$）；

$T_{in}$ = 室内气温（℃）；

$T_{ex}$ = 室外气温（℃）。

上列计算式只有当进风口和出风口大小一样时才能适用，当出入口大小不同时，通风效率应根据图 7.5 中的曲线而相应增大。

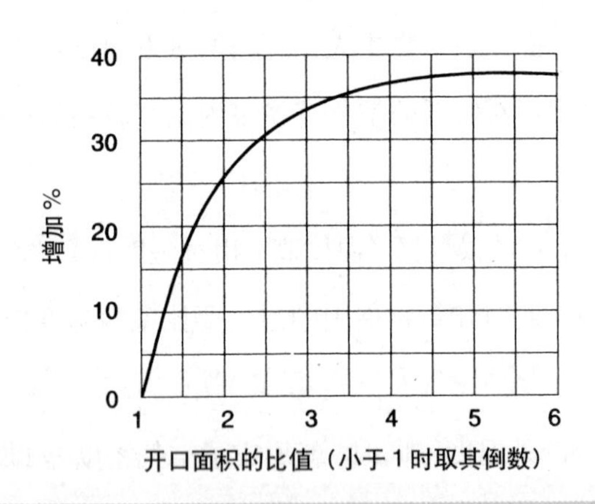


图7.5　增大进风口或出风口的面积，会加快建筑物内的空气流动

**例**：某房间，进深3m，开有2个窗户，每个窗的面积为 1.5$m^2$，窗户中心线之间的高差为3m，室内温度为28℃，室外温度为18℃（夜间）。

通风效应：

热压通风量：

$$W_1 = 4.43 \times 0.6 \times 1.5 \times \sqrt{\frac{28 - 18}{273 + 18}} = 1.28\ m^3/s = 4608\ m^3/h$$

图 7.5 中的房间（192$m^3$）由于空气的密度差可产生 24 种自然的气流变化。

通过增大其中一个窗户的面积或者提高两个窗户的高度差，有可能增强“烟囱”效应，例如，将两个开口中心高度差增加至4m，并将较小开口的面积增大至2.25$m^2$，将获得以下结果：

$$W_2 = 1.17 \times W_1 = 1.73\ m^3/s = 6228\ m^3/h$$

（公式中的1.17由图7.5得出）

2．当外界有风力作用于墙体时，可以促进通风。

计算通风效率的近似公式如下：

$W_2 = C \times A \times V$ (m³/s)

式中：$W_2$ = 气流流量（m³/s）；

$A$ = 最小开口（进风口或出风口）的面积（m²）；

$V$ = 室外风速（m/s）；

$C$ = 开口的有效系数（当风向垂直进风口时取0.5—0.65，当风向不垂直进风口时取0.25—0.35）。

如果进、出风口的面积不同，那么用最小的开口面积来计算，并且结果应根据图7.5中的曲线作相应的增加。

**例**：一间3m × 3m的房间，高 2.5m，2个各1.5m²的窗子位于两平行侧墙上，外部空气速度为5m/s。

通风效率：$W_2 = 0.6 \times 1.5 \times 5 = 4.5$ m³/s = 16200 m³/h

房间每小时的换气次数：$N = 16200/(3 \times 3 \times 2.5) = 720$

将其中一个窗户的面积增大至2.25m²将会使换气量增加17%。

**混合通风**：自然通风通常是烟囱效应和外部风力共同作用的结果，但作用的效果并不是线性的——即总的通风效果并不是两者的简单相加。计算两种通风因素综合影响下的通风量的近似式为：

$$W = \sqrt{W_1^2 + W_2^2} \ (\mathrm{m^3/s})$$

式中：$W$ = 综合通风效率（m³/s）；

$W_1$ = 由于烟囱效应引起的通风效率（m³/s）；

$W_2$ = 由于外部风力作用引起的通风效率（m³/s）。

## 确定通风口位置

恰当的通风口位置对于获得有效的自然通风非常重要。通过在墙上留通风口，或者不在气流通过处竖墙立柱的方法，可以确保气流的畅通。

从风洞的观察记录[2]可见（参见图7.6）：改变出风口的位置并不能改变建筑室内气流的速度或流场，相反，改变进风口的位置对于气流速度和流场

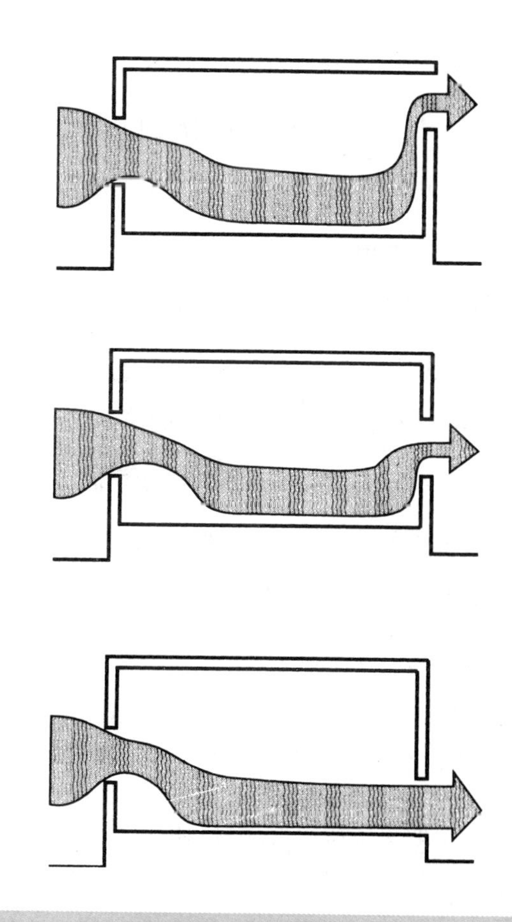

**图7.6** 出风口位置的改变不影响建筑室内气流的流场分布

有重要影响。将进风口贴近顶棚或地面将相应地改变气流方向。在沙漠地区，让气流流经建筑使用者的头部区域是令人舒适的，因此，应使窗户位于1和2之间的高度（图7.7）。

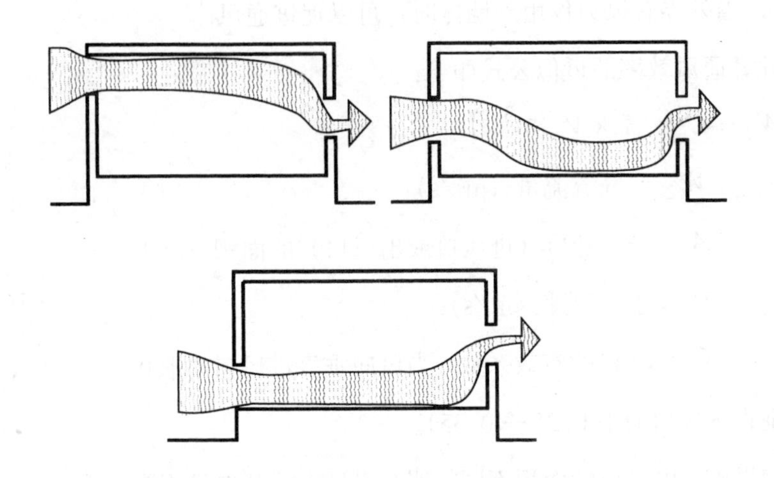

图7.7 进风口位置的改变影响室内气流的流场分布

可以通过室外固定在墙体上的构件或窗户上的百叶来控制气流的强度和流场分布。

• 屋檐或窗户周边的挑板会增强窗户正面的气压而减小两侧的气压，从而使流经窗口的风速增大（图7.8）。

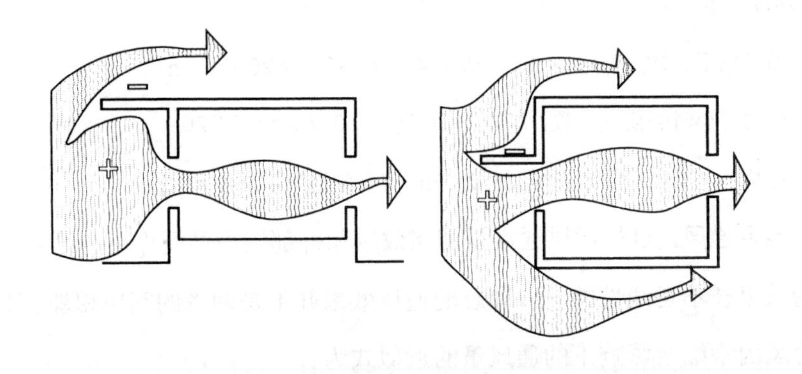

图7.8 挑檐或遮阳板提高了流经窗户的风速

• 窗户上沿的遮阳板，若整块与墙体相接，不留空隙，将会对进入房间的气流产生不利的影响，其原因在于它会使气流向上流动，流过高于头顶的区域。而若遮阳板与墙体间有一段空隙的话，就不会出现这种现象。这时室内的空气流动和没有遮阳板的情况相似（图7.9）。

• 窗扇能改变经过窗户的空气流向。中悬窗依其开启角度的不同能使气流向上或向下流动（图7.10）。

**建议**：建筑物进、出风口之间如果没有明显的障碍物（如墙、室内隔板），建筑中就会有持续的气流经过。建议将进风口位于地面上方1–2m处，这样就可以确保气流经过使用者头部区域。为了增大进风口处的气流速度，可在窗户上部和两侧分别加水平和垂直的遮阳板。气流的方向可以通过对中悬窗、竖转窗及平开窗窗扇角度的改变来调节。

## 玻璃材料

窗户的热工性能主要取决于所用玻璃材料的性质。不同的玻璃材料可以根据下列标准进行分类：

• 透明度（完全透明，对不同波长的辐射选择性透过）

• 材料（玻璃，聚碳酸盐玻璃，纤维玻璃，丙烯酸纤维玻璃等）

• 横断面（单层，有空气间层的双层等）

每一种玻璃材料的性能都是由以下三个参数决定的：

• 反射性（反射系数 $R$）

• 透射性（透射系数 $T$）

• 吸收性（吸收系数 $A$）

每种玻璃的性能是由这三个系数的比值不同决定的，但是，下列公式是通用的：

$$R + T + A = 1$$

在专业文献中，这三个系数被定义为当光线垂直入射到玻璃表面时，反射、透射、吸收的能量与总入射量的比率。随着入射角的变化，三个比率的大小也会改变。入射角为60°时，反射系数接近1，也就是说玻璃上的大部分辐射会被迅速地反射（如同一面镜子）。玻璃所吸收的辐射会使其自身温度升高，因此，如果玻璃表面升温，它就会像散热器一样向周围的空间散热。透射系数指的是玻璃通过辐射将热量从一侧传向另一侧所透过能量的多少。

要让一种玻璃能够适用于所有的场合，这是很难做到的，因为很多时候要由和能量无关的因素来决定（视野需要、设计需要等），并且每一种玻璃都有优缺点。另外要注意的是不同材料因其放置角度的不同（垂直、水平、倾斜）发挥的作用也不同，因为光线入射角改变，玻璃性能也会发生变化。

## 玻璃材料的类型

不同类型的玻璃及其性能列于表7.5[3, 4]中。

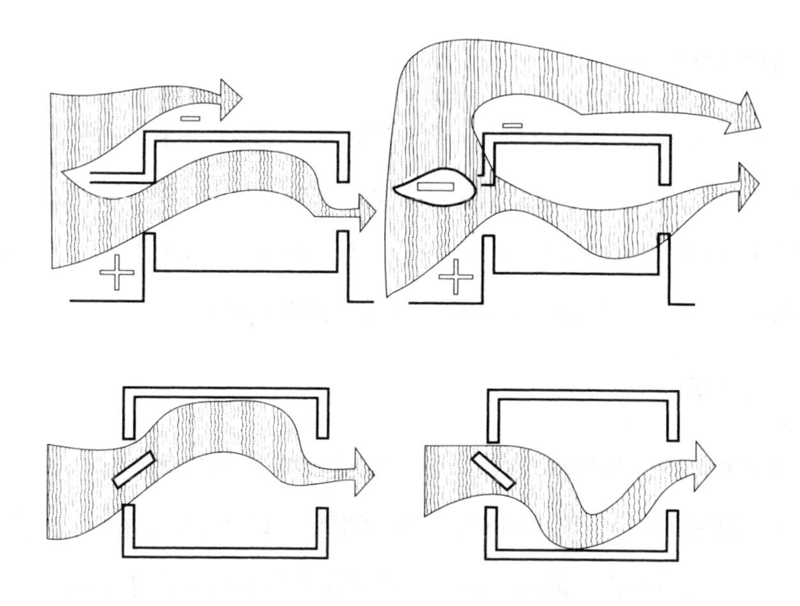


图7.9　窗户构造形式对通过窗户的气流有很大的影响

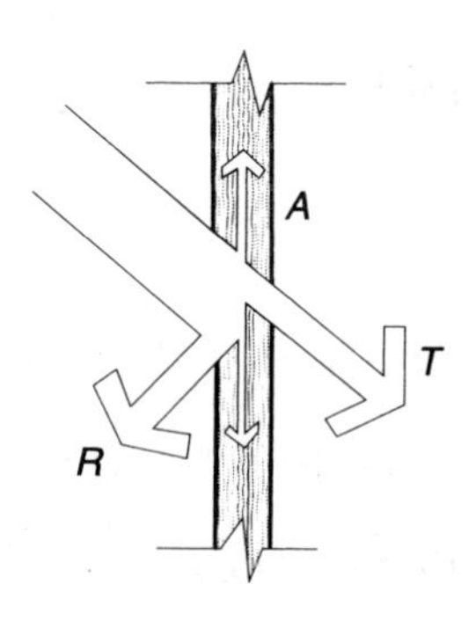


图7.10　照在玻璃上的太阳光被反射、吸收、透射（三者之间的比例与玻璃类型和入射角度有关）

**普通透明玻璃**

是一种最常见的窗户材料。厚度通常为 3–5mm，能透过较多的可见光（88%–90%），也就是说可以透过大量的太阳辐射热（77%–86%），因此，南向窗户和温室通常采用这种玻璃。要注意的是这种玻璃的热阻较低（$R$=0.18W/cm²），是建筑外围护结构传热的薄弱环节。

**双层玻璃**

由带间层的两片玻璃组成，间层中充的是空气或其他气体，有的是真空的（参见图7.11）。玻璃和间层的厚度都是可以变化的。在一定范围内，这些变化会对透过窗户的辐射热的多少以及其传热性能产生影响（当间层厚度超过2.5cm，继续增加其厚度，间层作用不会有太大的变化）。这种构造的主要优点是能减少由一侧向另一侧的导热和辐射传热。虽然双层玻璃价格比单层玻璃高，但有较好的节能效果。三层玻璃更贵，其导热系数比双层玻璃低20%，但节省的能量相对于其高昂的造价来说则小得多。例如：通过沙漠建筑研究协会的计算，在以色列的气候条件下，如果采用双层玻璃窗，其经济效益是值得怀疑的。

**吸光玻璃**

这类玻璃能使大量光线进入室内（约80%，依厚度而定），但是对于不同波长的太阳辐射则透过的较少(48%–65%)。这种类型的工业成品通常由双层玻璃构成，玻璃之间有一层吸光材料或者在某一片玻璃上加一涂层，间层材料或涂层能吸收不同波长的辐射（从紫外线到红外线）并且有效性不同。吸光玻璃能有效地防止褪色，减少辐射量，使进入室内的光线变得柔和。但是，这种玻璃也可以吸收辐射并使自身温度升高，这部分热量会通过与室内空气的对流传递到室内（图7.13）。

**茶色玻璃**

这类玻璃可以减少进入室内的光线和辐射，但是玻璃本身会吸收大量的辐射热致使表面温度升高，这样玻璃本身就成为一个热源不断地向室内散热。茶色玻璃对于那些既想有适量光线进入又想拥有较大窗户的建筑物来说是一个不错的选择。

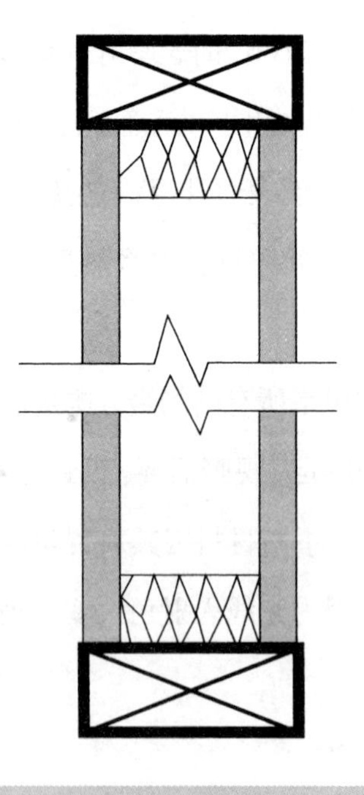

图7.11 双层玻璃

**反射玻璃（镜面玻璃）**

这类玻璃能明显减少从反光面到非反光面的渗透辐射量（占辐射总量的11%−37%），可以用在既要保持和外界的视野接触，又要阻止辐射进入的建筑物中（例如，在建筑物西边有一处风景，普通的西向窗户则是不适合的）。值得注意的是，这类玻璃较强的反射光会对邻近的建筑物和居民产生不利的影响。反射光能使周围的物体（邻近建筑的墙面，铺砌的道路）升温，并产生眩光。反射玻璃如果面向马路，会对交通安全造成威胁（图7.12）。

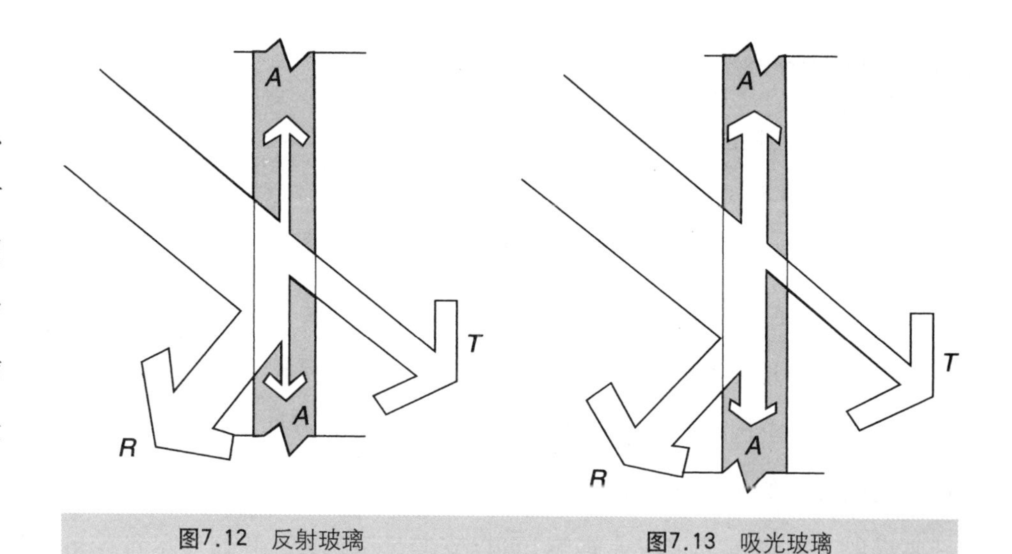


图7.12 反射玻璃　　图7.13 吸光玻璃

**聚碳酸酯玻璃**

这种材料能使85%的光线进入室内，没有普通玻璃升温快，但能经受机械冲击，有韧性，可以做成曲面，有透明的、茶色和白色三种（图7.14）。

**有空气层的双层聚碳酸酯玻璃**

这种产品的种类很多。碳酸酯玻璃的压制薄片中间有一夹层。这种产品虽不如单层玻璃那样易透光，但是空气层增加了玻璃的热阻。在另外一种结构中，一侧玻璃的内表面呈锯齿状，光线在其内部不断反射，这样玻璃就具有了选择反射或透过太阳辐射的能力，当然还要依太阳辐射的入射角度而定。

**波纹纤维玻璃**

这种玻璃有多种颜色和厚度。它使人无法与外界进行视觉接触，并且表面易老化，有透明、茶色和白色三种。

图7.14 各种各样的双层聚碳酸酯玻璃

### 丙烯酸纤维玻璃

这种玻璃的性能与其他塑性材料相似，也有透明、茶色和白色三种。在大多数情形下，它没有普通玻璃那么易碎，但是由于紫外线的缘故比普通玻璃老化快。在沙漠地区，由于风沙的影响老化更快。

**建议：**在建筑中是否采用双层玻璃应根据气候和经济条件来决定——并不是所有的地方都适合用双层玻璃。如果没有必要和外界进行视觉接触的话，那么应选用聚碳酸酯玻璃，因为它比其他塑性材料耐用，而且隔热性能好；如果要避免东、西、北向开窗所带来的不必要的辐射热，只要反射光对周围环境没有影响，可以安装反射玻璃；我们应尽量少用茶色玻璃，即使用也应该把它们限制在不会因为老化而影响美观的高窗上。

### 窗户的遮阳

尽管我们多次强调窗户遮阳的作用，但它只能减少一部分太阳辐射热对室内环境的影响，它能改变玻璃上漫射和反射光线的数量，这两种是夏天辐射热的主要形式。只有在玻璃外面装一层“罩子”（如百叶窗或窗帘）才能阻止热量进入室内。遮阳构件的设计可以采用图表法或分析法。

热辐射投射到玻璃上，分为三种：

- 玻璃的反射光：对室内空间无增热效果；
- 玻璃吸收的热：使玻璃自身升温，并通过对流和长波辐射的形式向室外和室内散热；
- 透射光：透过玻璃进入室内，使内表面温度升高。

三种能量的比例由太阳光的入射角和玻璃的材料决定。对于大多数玻

表7.5 玻璃材料的性能（数据来自参考文献3）

| | 玻璃厚度(mm) | 光线透射量(%) | 热辐射总量(%) |
|---|---|---|---|
| 玻璃 | | | |
| 单层，透明 | 3 | 90 | 86 |
| | 5 | 88 | 77 |
| 双层，透明 | 3 | 82 | 71 |
| | 5 | 78 | 60 |
| 吸光 | 3 | 84 | 65 |
| | 5 | 76 | 48 |
| 茶色 | 3 | 62 | 63 |
| | 5 | 42 | 44 |
| 反射(镜面) | – | 8–34 | 11–37 |
| 聚碳酸酯玻璃 | | | |
| 单面 | 3 | 86 | 89 |
| | 5 | 82 | 86 |
| 双层 | – | 73–80 | 21–60 |
| 波纹纤维玻璃 | | | |
| 全透明 | | 93 | 82 |
| 半透明 | | 87 | 81 |
| 无色 | | 32–66 | 21–60 |
| 丙烯酸纤维玻璃 | | | |
| 透明 | | 83 | 83 |
| 无色 | | 20–70 | 19–67 |

璃来说，如果入射角大于45°，透射的热量会非常少；如果大于60°，大部分热量就被反射掉了。透明和半透明材料的差异就在于透过辐射热的比例不同。

虽然窗户遮阳的效果是有限的，同时还依赖于遮阳构件的形式以及它和玻璃的相对位置，但是窗户外面有遮阳装置，到达玻璃的辐射热（特别是直接辐射）就大大减少，因而对室内温度的影响也变小，当太阳照射到遮阳构件上，其中一部分光线会被反射掉，另一部分被反射到玻璃上（依遮阳构件的几何形状而定），余下部分由遮阳设施自身吸收，温度升高。因此，遮阳设施本身也以对流和辐射的形式向外散发出一部分热量，所以遮阳构件最好选用不反光、蓄热量小的材料来做。

窗户内部的遮阳设施（软百叶窗或窗帘）效果更差。因为热辐射可以直接到达玻璃表面，并透过玻璃进入室内，还会使遮阳构件升温，并以长波辐射和对流的形式向室内散热。遮阳构件发出的热属长波辐射，它和来自室内的其他长波辐射一样难以透过玻璃到达室外。如果内部遮阳构件不是白色，情况会更糟。所以我们不能依靠窗户内部的遮阳设施来降低热辐射的影响。

遮阳设施的功能要求随着地区和气候的不同而不同。除了不同地区太阳的高度角和方位角以及辐射强度不同外，还要注意的是天空中太阳的运行轨迹和辐射强度并不是和年气温变化相对应的：在北半球，太阳辐射强度最大是在日照时间最长的7月21日这天，最小是在12月21日。由于地球自身具有蓄热能力，最高气温出现在7月和8月，最低气温在1月和2月，因此对称、固定的遮阳装置并不总是有效的，应采用活动遮阳设施，或者用制热制冷设备来弥补遮阳的不足（图7.15）。

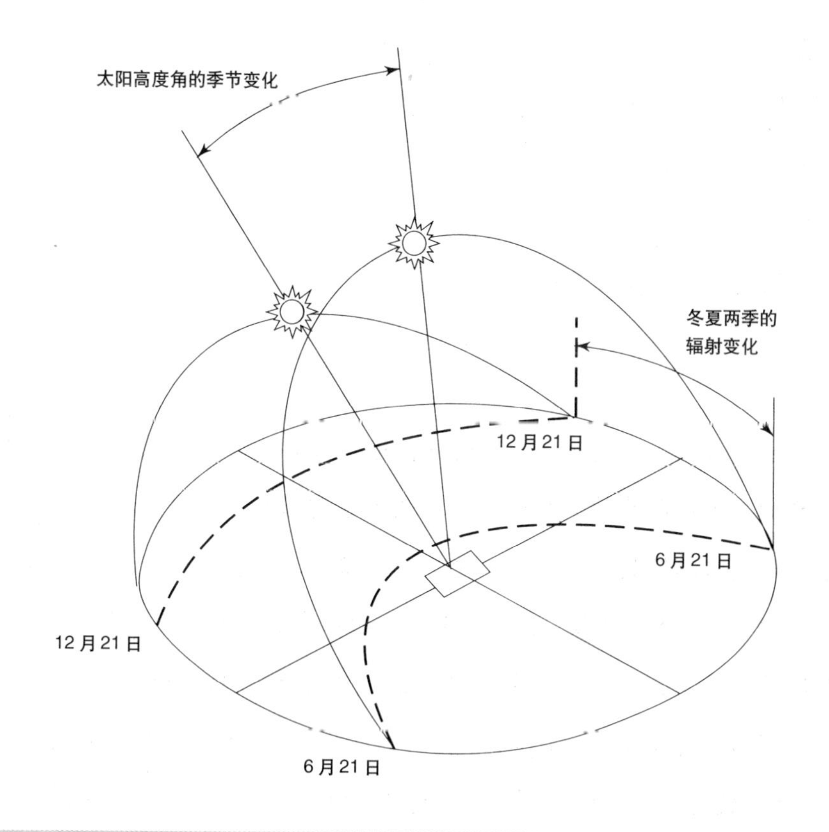


图7.15　太阳一年的运动

总之，遮阳设施并不能完全阻止热量通过窗户进入室内。在干旱植被少的地区，夏天到达玻璃的太阳辐射中只有极少部分是直射光（在以色列6月份建筑南向墙面上的辐射量只占总辐射量的16%）。在冬天，直射光的比例较高（总体上南向墙面的辐射量在冬天较高）。在夏天，惟一能阻止光线由窗户进入室内的方法就是用卷帘、活动百叶窗、外遮帘或完全隔离辐射的窗板将窗户遮挡起来，使玻璃免受光线的直接照射（图7.16）。

近年来出现了含有隔热材料（通常是聚氨酯）的百叶窗。假定气流不能穿过百叶窗或窗框间的空隙进入室内，这种百叶窗可以完全阻止光线照到玻璃上，并且会明显减少对流传热。遮阳装置的性能见表7.6，其几何形状可以用图表法或数值分析法（通常用计算机处理）求得。几个世纪以来一直采用的是图表法。随着计算机的应用，设计公司已开发出许多计算公式，结果可以用图表或数字表示出来。

## 图表法

此法是将太阳的轨迹和窗户的几何形状投影到一个平面上，通过两投影的叠加求得遮阳构件的几何尺寸。图表法的基本问题是：不论窗户的大与小，均要将其视为一个质点，要么完全遮住，要么完全暴露，中间情景则难以表示，也不可求解（例如，某一图表法会表示有光时遮阳板遮住5%的窗户的情形，只有窗户完全被遮才是图表法所示的遮阳）。

遮阳构件的设计分两个步骤，就是分别找出水平和垂直构件的尺寸，最后再对结果进行合并给出设计方案。两构件位置及大小之间的相互关系与窗户有关，并根据建筑物的地理位置、窗户的大小和方向以及需遮阳的时间来

**表7.6　遮阳装置的性能**

| | 透光（%） | 反光（%） | 吸光（%） | 遮阳系数* |
|---|---|---|---|---|
| 软百叶窗 | | | | |
| 亮色水平式 | 5 | 55 | 40 | 0.55 |
| 暗色水平式 | 5 | 35 | 60 | 0.64 |
| 白色竖直式 | 0 | 77 | 23 | 0.29 |
| 卷帘 | | | | |
| 白色，半透明 | 25 | 60 | 15 | 0.39 |
| 白色，透明 | 0 | 80 | 20 | 0.25 |
| 深色，透明 | 0 | 12 | 88 | 0.59 |

* 该遮阳系数是对3mm厚的无色玻璃的测定值，这种玻璃可传递87%的辐射，此表来自参考文献3。

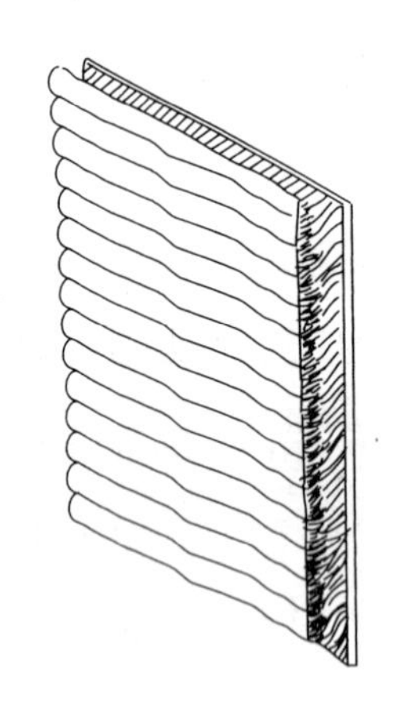

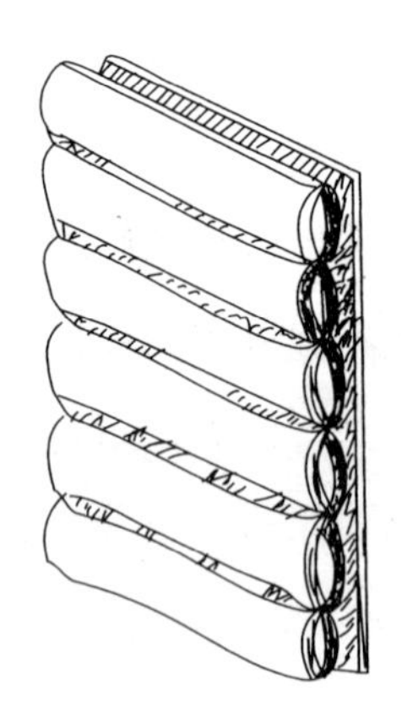

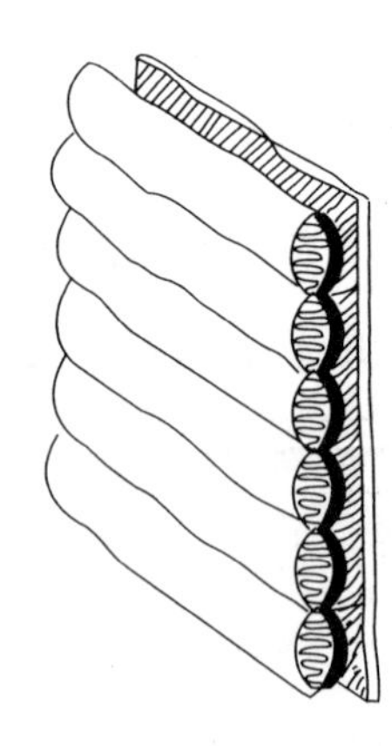

**图7.16**　外部遮阳（自左至右）：软百叶，非隔热，隔热

确定。计算窗口遮阳的图表法有两种。

### 太阳轨迹的水平投影法

这是大多数设计师常用的方法。将建筑物所在纬度处的太阳运行轨道投影在水平面上得出该纬度的太阳轨迹图。图7.19为以色列塞代博凯尔所在的北纬30.8° 处的太阳轨迹图，在此图中，

- 放射线表示太阳方位角；
- 同心圆表示太阳高度角；
- 椭圆线表示全年中的12个月和一天的12个小时。

**例**：图7.17中的点$A$表示北纬30.8°处2月21日上午9：00时的太阳位置：高度角30°；方位角南偏东53°。图7.20是一个普通的窗户图表，根据给出的窗户的几何参数就可以得到它的水平投影图。

- 椭圆线表示窗户的垂直成影角；
- 放射线表示窗户的水平成影角。

图7.17 给出了如何将数据整合起来设计遮阳构件。

1. 窗户参数(图7.17a)

- 窗户的垂直成影角（$\alpha$）：通过测量与窗户平面成直角的垂直面的度数；
- 窗户的水平成影角($\beta$)：通过测量窗户一侧墙外缘与另一侧墙内缘的连线与窗户法线所成的交角来获得；
- 窗户法线的方位角（$\gamma$）。

2. 窗户图表(图7.17b)

- 在这个图表中，给出了用于遮阳设施设计时所需的窗户数据。

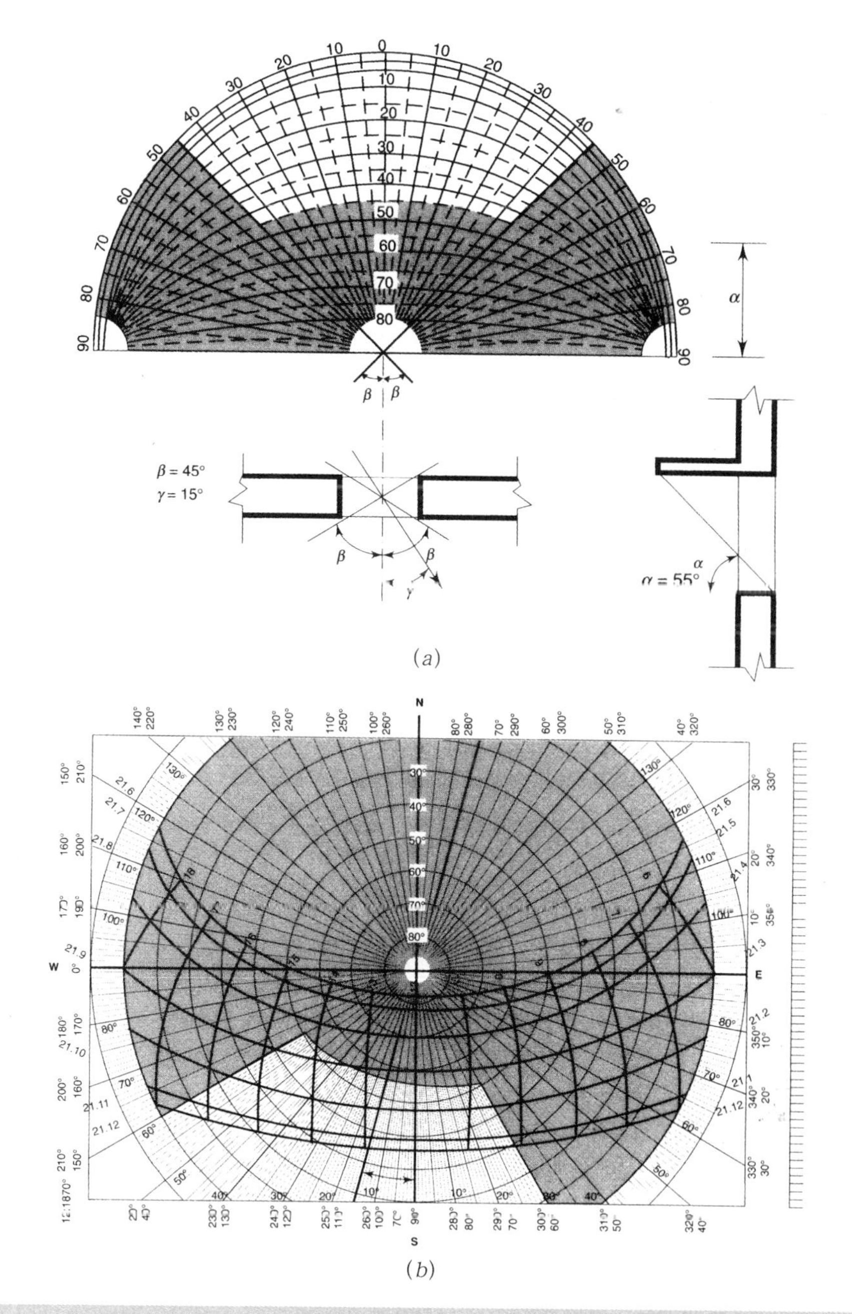

**图7.17** 水平投影法遮阳设计举例

3．太阳轨迹图与窗户图表的重合

• 太阳图表的半径与窗户图表必须一致。

为了设计遮阳，先将窗口的参数绘制到一张窗户图表上，然后把这张窗户图表叠到太阳图表上，使窗户图表上的轴线可以根据窗户的方位角（$\gamma$）不同沿太阳图表上的南北轴线旋转，当时间到达窗户图表上的$\alpha$（椭圆线）和$\beta$（放射线）之间时，太阳就会照射到窗口上。

### 太阳光垂直投影图

用这种方法将窗口参数表格和太阳图表投影到一个垂直平面内，除此之外，其他都和求窗口遮阳时是一样的。

图7.21为垂直太阳图：

• 太阳方位角是从南向东、西测量的，其角度标在$X$轴上。

• 太阳纬度标在$Y$轴上。

• 曲线代表月份和小时。

**例**：图7.18中表示的是3月21日上午10点，太阳在北纬30.8°，经度48°，方位角50°，从南向东处的情形。

图7.22呈一个普通窗户图表，窗户角度的测量和前一种方法相似：

• 椭圆线表示窗户投影图的高度角。

• 垂直线代表窗户的宽度角。

图7.18所示的是综合数据，窗户的尺寸按窗户的方位角（$\gamma$）标示在日照图上，太阳照射玻璃的时间由位于两条直线间角度（$\beta$）和椭圆曲线（$\alpha$）之间的点来确定的。

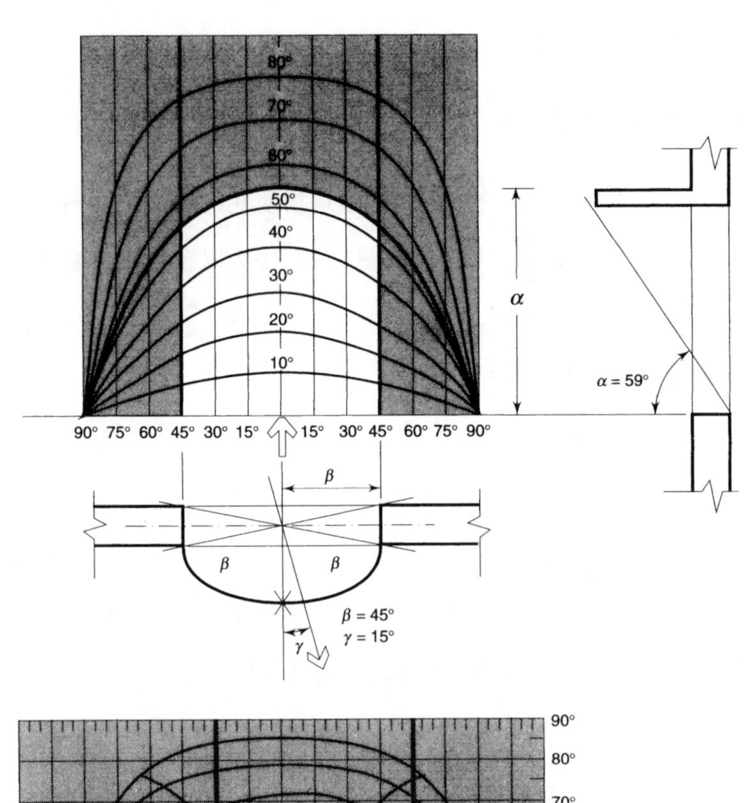


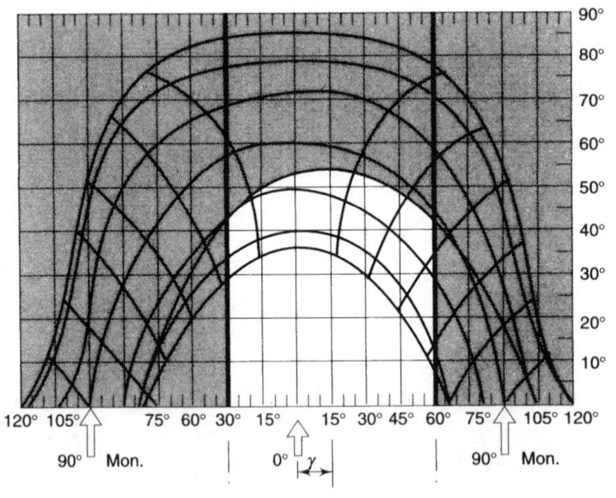


图7.18　垂直投影法遮阳设计举例

## 分析法

另外还可用分析法来计算和设计遮阳设施。随着计算机在设计中的广泛运用和个人电脑所需软件的快速普及，可能会有越来越多的人采用该方法。其方法之一[5]是，窗户被任意分成若干个坐标，然后计算坐标杆的长度，所以无论在哪一个坐标点，坐标杆投射的阴影都会触及窗边，这一方法需要很多计算。

所有矩形窗户遮阳构件的外部形状是相同的，在每一遮阳要素中只有一点能确定其尺寸，基于对此的理解，就有了一个更简单的方法[6]。这种方法足以计算该点的坐标，从而了解遮阳构件的大小。

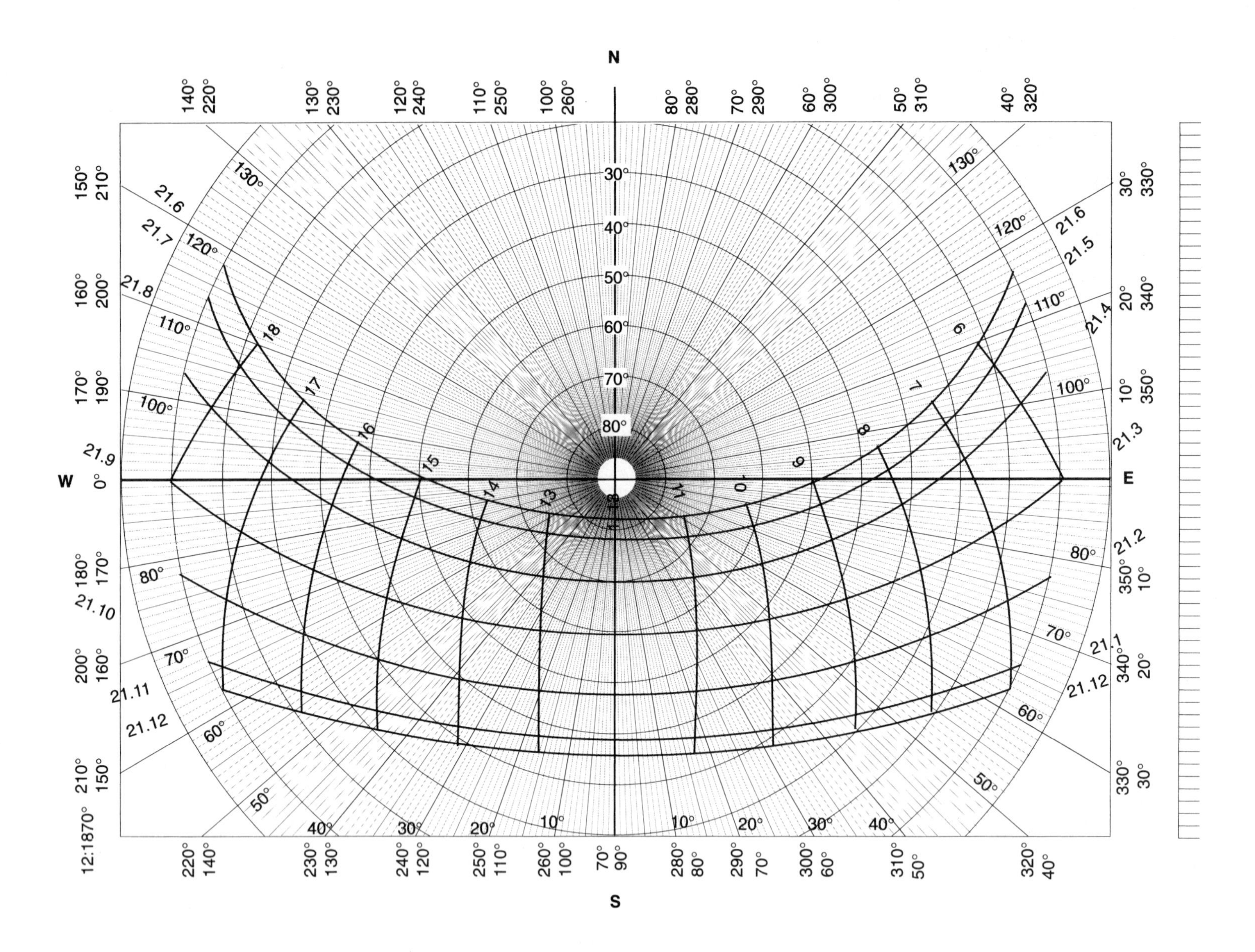

图7.19 北纬30.8° 太阳轨迹的水平投影图

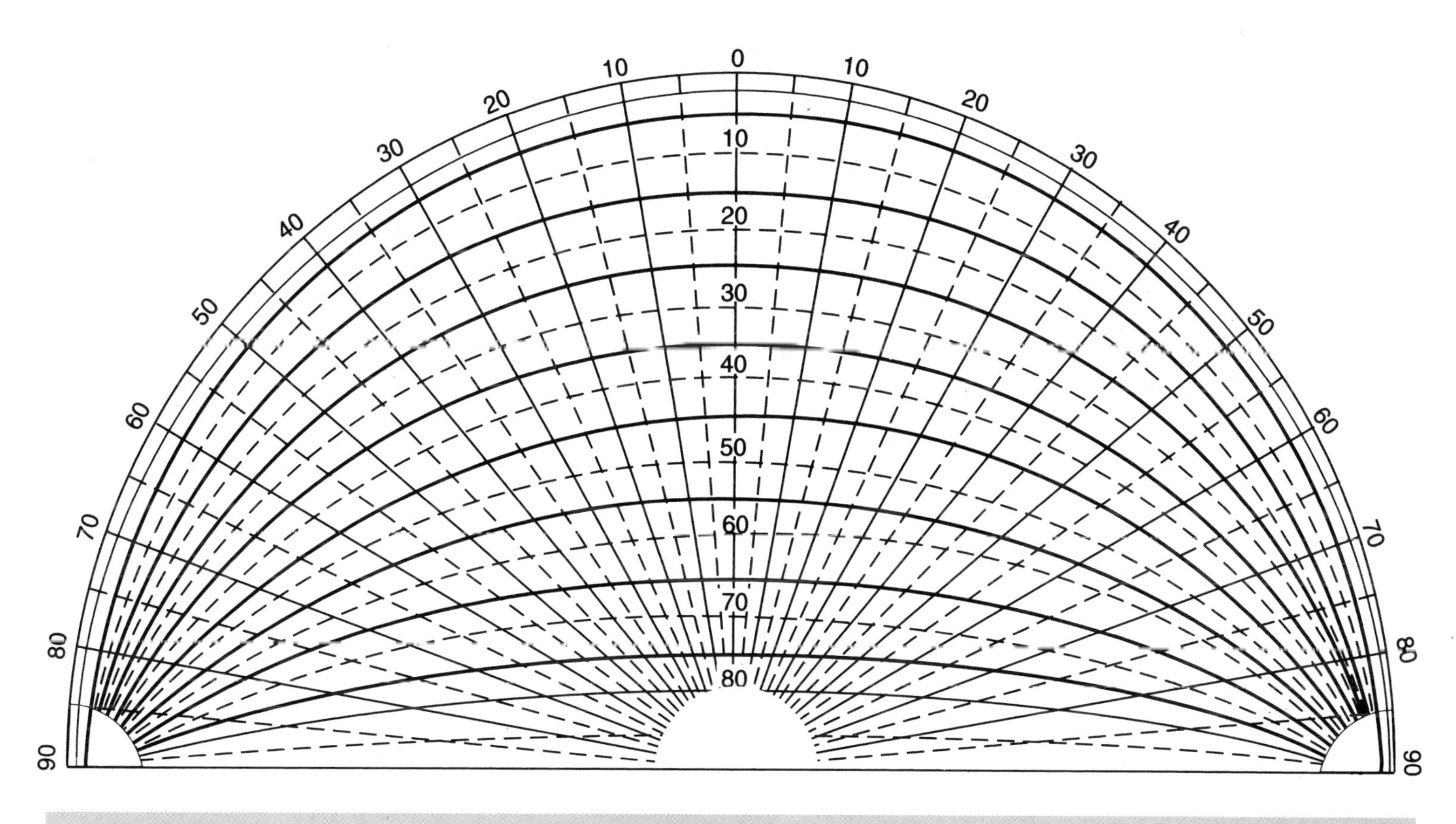


图7.20 普通窗户图——水平投影

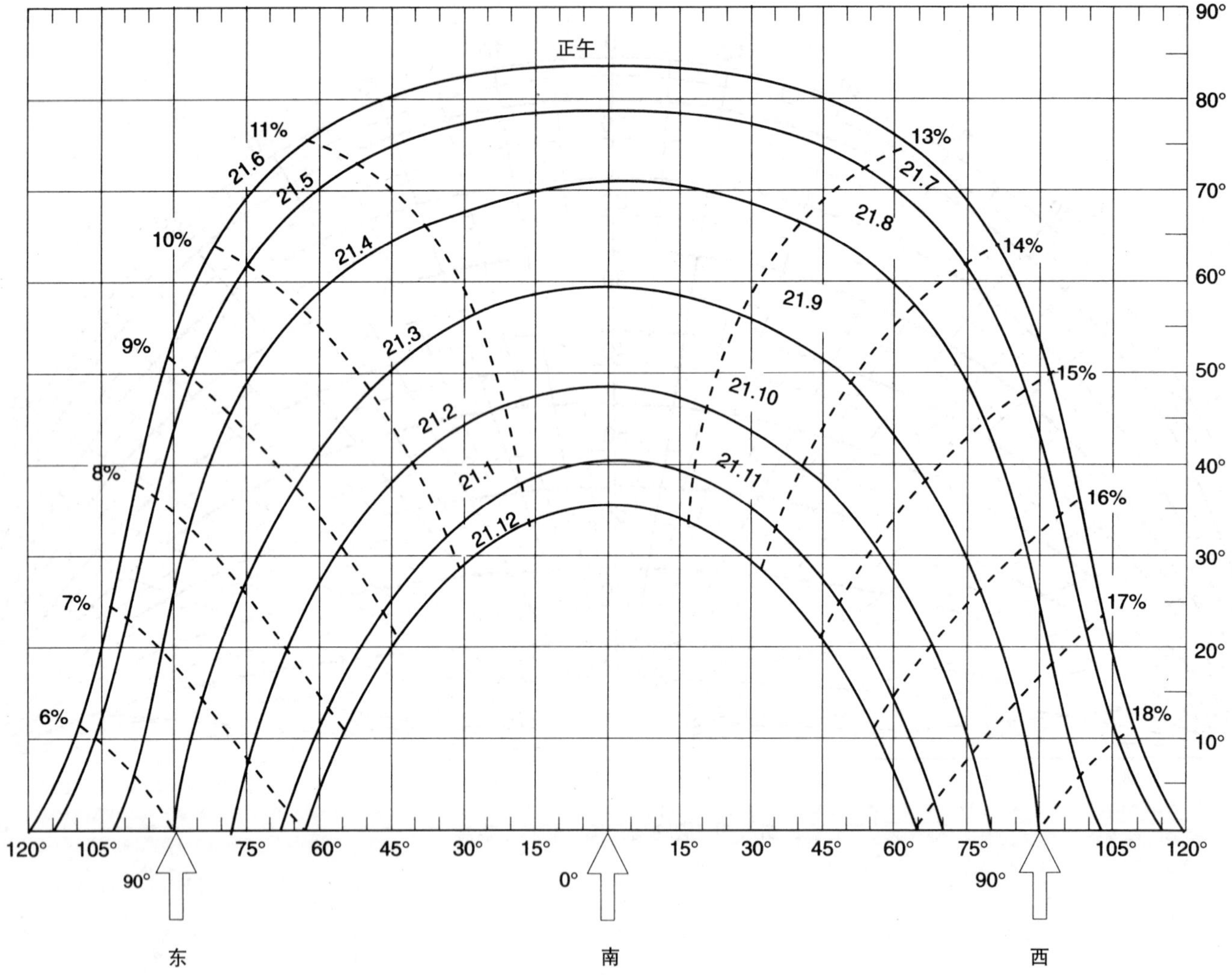

**图7.21** 北纬30.8°太阳轨迹的垂直投影图

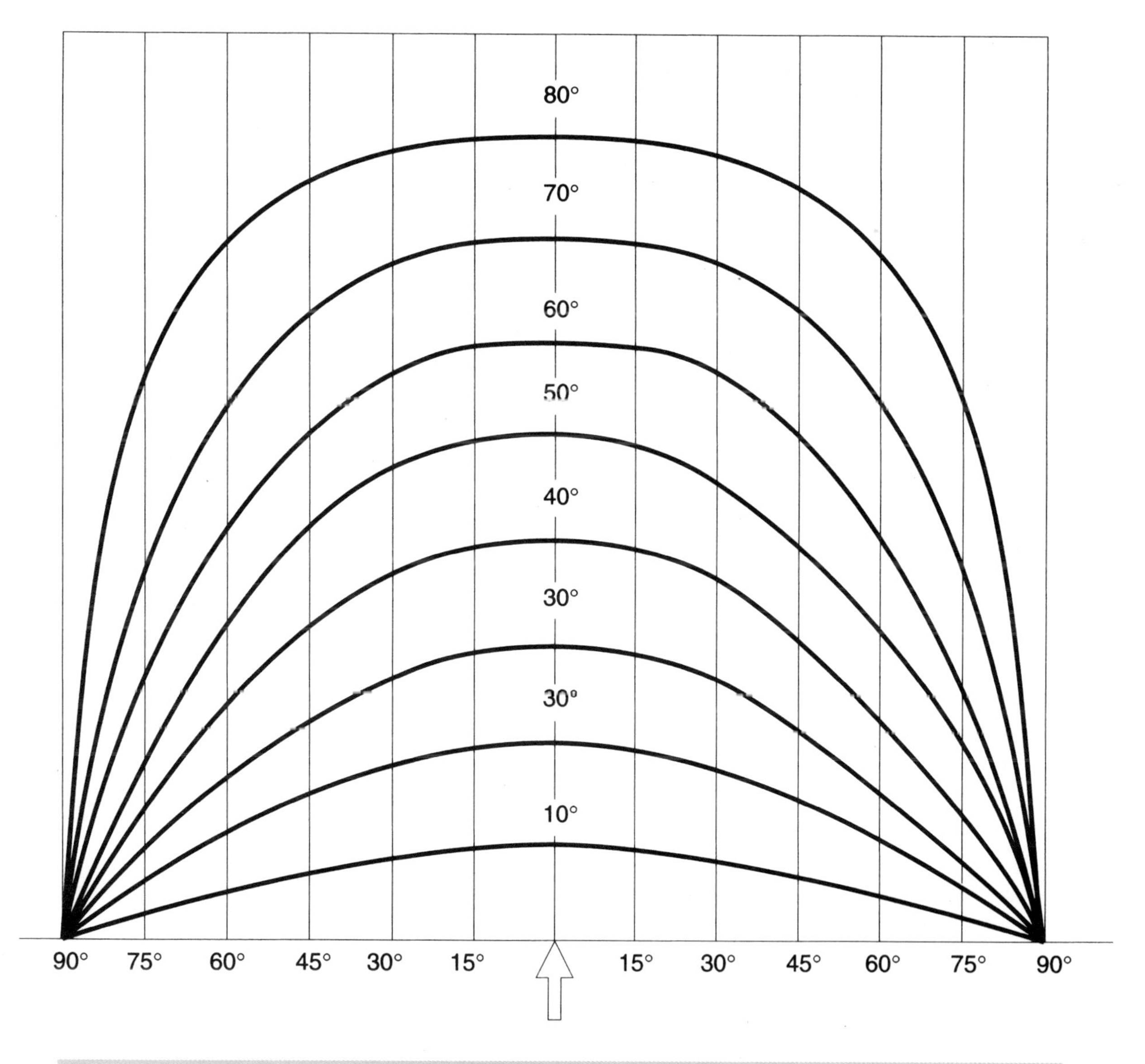


图7.22 普通窗户图——垂直投影

## 参考文献 References

1. Adler, D. and Tutt, P. (1969): *VNR Metric Handbook of Architectural Standards*, Van Nostrand Reinholds Company, New York.
2. Olgay, V. (1973): *Design With Climate*, Princeton University Press, Princeton, New Jersey.
3. Watson, D. and Labs, K. (1983): *Climatic Design—Energy Efficient Building Principles and Practices*, McGraw-Hill Book Company, New York, p. 188.
4. Mazria, E. (1979): *The Passive Solar Energy Book*, Rodale Press, Emmaus, Pennsylvania, pp. 360–363.
5. Shaviv, E. (1975): A Method for the design of fixed external sunshades, *Building International* 8.
6. Etzion, Y. (1986): Design of shading devices using a one point method, *Energy and Buildings* 8, pp. 287–290.

# 7.2 采光与遮阳

■尼克 · 贝克

## 引言

几个世纪以来，采光设计已成为建筑设计中的基本问题。的确，无论从外部或内部看窗户都是最重要的，也是最具视觉效果的一个因素。直到最近几十年，随着廉价材料的开发和高效照明的发展（如今一个流明的人工照明比上个世纪要便宜500倍），有人认为人工照明已经可以替代自然采光了，由此引发了地下建筑的设计。建筑物能够抛开周围自然环境的影响，采用人工照明和通风。从环境的角度来看，这种高能源投入的策略和被动式设计相背离，越来越受到人们的质疑。

理论上，白天建筑物中最有效的照明方式应是自然采光，有两方面的原因。一是“发光效率”，比如太阳光中的可见光成分高（其热效应是1W/100lm，相当于人工照明的1/2–1/10，天然光热增量小，这一点却往往被忽视了，我们下面还会谈到）。

其次，天然光是免费的。人工照明耗电，因此大型建筑经常是耗能大户。天然光的另外一个好处是它使室内和室外的视觉效果一致，很多事例表明这对视觉健康尤为重要，尤其是在大型的公共建筑中。

然而，天然采光有三个明显的不足。首先，在大多数建筑中，晚上必须采用人工照明，因此，即使使用天然采光，照明系统还是必不可少的。其次是光源问题，在较大区域内，天空亮度不一；如果窗户的设计能保证在阴天为室内提供充足的光线，那么天气晴朗时，光线就会过多，偶尔还会有直射光的进入。再次，如果从房间的一侧采光，要满足房间最暗部分的照度要求，靠近窗户的部位光线就太强了。

如不采用恰当的遮阳装置，后两点通常会造成照度过高和多余的热负荷。采光和遮阳的矛盾成为问题的核心。很多建筑物上安装了笨重的遮阳设施，结果使得室内光线较暗而不得不开灯！

良好的采光设计必须把这些问题综合起来考虑，特别是在炎热地区，如印度北部。遮阳设施应看作采光系统的一部分，这一系统能调节进入室内光线的比例和分布，使室内既能看到天空又没有直射光。

## 采光系数

采光系数（DF）是用来描述一座建筑物采光量的参数，指建筑室内天然光照度与室外照度的比值。通常一座建筑的采光系数是由其几何尺寸决定的。如果不在建筑物上安装活动设施使采光系数可以随天空的亮度而变化，那么室内照度变化就会很大。也就是说，如果室外照度较大时，室内光线充足，那么室外照度小时，室内则采光不足，反之亦然。

在温和气候区，酷热的状况很少出现，所以过多的光线并不总是不利的。因此，问题的关键是应给建筑规定一个适当的最小光照度。采光系数标准值，根据建筑形式的不同，一般在0.05至0.5之间。在热带气候中，天空亮度较高，过分明亮也不好。因此，采光系数要稍微低一些，这一点随后说明。

在热带气候中，直射光是漫射光的5至10倍，因此控制直射光的影响使问题变得更为复杂。解决该问题的方法在本章的遮阳设施一节中加以讨论(参见第139页)。

## 采光分析

进入室内的光线由三部分构成（图7.23）：

1. 太阳直射光；

2. 天空散射光；

3. 太阳光照到地面和其他建筑物表面形成的反射光。

天气炎热时应尽量避免直射光。可以通过建筑物的几何形状，安装固定遮阳设施或活动遮阳板来解决。

室内自然光线多为天空散射光和地表反射光。天空散射光在晴天和全云天时变化较大。地表反射光如果入射角过低很容易引起眩光，但在热带和亚热带气候区这个问题是很好解决的。通常采光设计中不考虑直射光线的影响。

照射在建筑物室内某点上的光线可分为三种（图7.24）：

- 天空散射光（SC）；
- 外部反射光（ERC）；
- 室内反射光（IRC）。

下面介绍几种计算这些分量的方法。首先，我们必须做一些定性的分析。

影响采光的天空状况由于气候的差异而不同。温带地区云天较多，采光设计应据此进行。炎热干旱地区天气多晴朗，天空亮度不高，地面反光却很强。温暖潮湿气候区虽然多云天气较多但亮度高，印度北部旱季和雨季气候不同，旱季天气炎热干燥，雨季温和湿润。

成功的采光设计并不仅仅取决于采光的数量，还有视觉是否舒适的问题。在炎热气候区，居民常受到热应力的影响，心理上常常将眩光和不舒

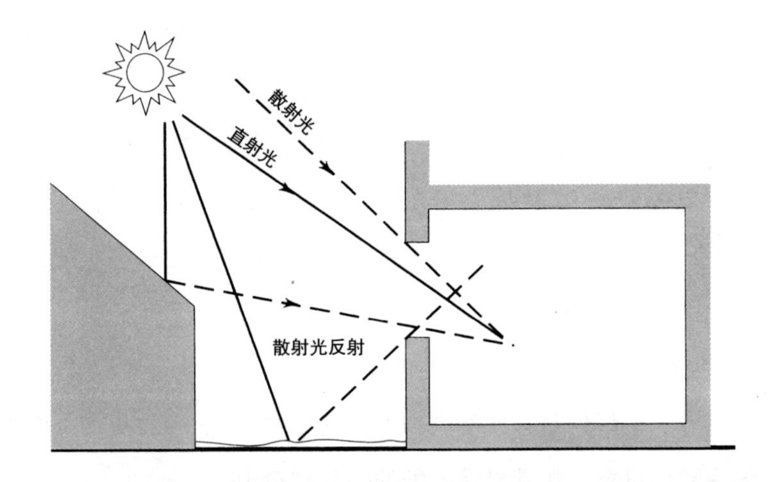

图7.23 进入室内光线的组成

适热感觉联系起来。因此，控制眩光显得更为重要。以下三条摘自柯尼希斯贝格尔等人的设计原理[1]：

1. 最好将天空及地面与水平视线的夹角控制在一定范围——即在水平视线上下各15°左右范围之内；

2. 尽量避免视线接触到明亮的地面和遮阳设施的向阳面；

3. 最好采用从地面和百叶窗反射到颜色明亮的顶棚上的光线。

图7.25是根据柯尼希斯贝格尔等人的原理设计的装置。既能满足上述要求又不影响通风。这个装置很精细，又能阻挡建筑物外部景色的干扰。一个简易的遮阳板，如果方向正确，也会起到相同的作用。

住宅的进深通常不大，这就使问题简化了一些，因为房间内采光系数的变化相对要小一些。若房子进深超过5m（通常标准层从地面到顶棚的高度为2.5m），从一侧采光（若进深超过10m，就双侧采光）就很难使窗户周围不产生眩光而室内最暗的地方又有足够的光线。

设计师们尝试用多种方法来解决这一问题。显然，在单层建筑中，有一个办法就是屋顶采光，而在热带地区，则要精心设计遮阳设施来防止直射光的进入。

在多层建筑中，可在侧面开设洞口替代屋顶采光。室内周边的光线分别由各侧的窗口来提供，房间中间区域则由两侧窗口共同供给。这些洞口可以用伸入屋内的反光板隔开，如图7.26所示。我们可以把它看作一个带遮阳板的窗户照亮房间周边区域，而另一扇窗户利用二次反射光为较暗的地方提供照明。值得注意的是早期的例子（图7.25）实现了这种功能，但却是将反光板放在窗户外的。

## 确定采光系数

在温带，采光系数的确定对天然采光建筑的节能十分重要。有两个原因，

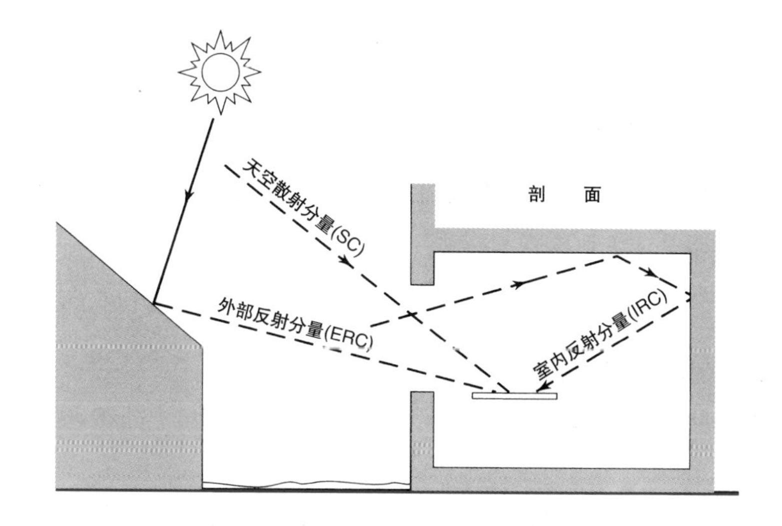


图7.24　到达室内工作面的散射光

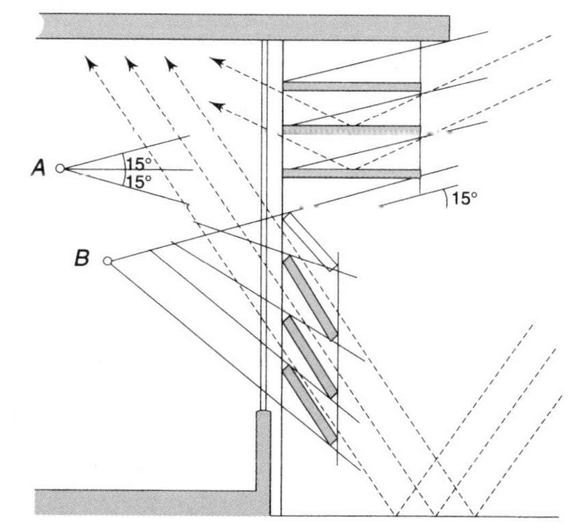


图7.25　一种特殊的百叶系统（参考文献1）

首先，玻璃保温差，需消耗大量的能源来取暖。因此，用最小的玻璃面积来获得充足的光照是设计的主要目标。其次，冬天日照时间短，白天也需人工照明，从天然采光转换为人工照明的这个时间对确定采光系数和所需的照度是有价值的。

在热带地区，情况稍好一些。在非空调房间里，门窗不会使耗能增加，却影响舒适程度。前面我们已经提到由于大量的漫射光和直射光引起的热效应和眩光，常常会使人体感到不适。

第二个不同是白天比较长，天空亮度非常高，明亮程度比高纬度地区更均匀。伊文斯 (Evans) [2] 认为在纬度为10° −20° 的多云天气中天空亮度设计值应取 10000 lx，是温带地区的 2 倍，这一数值也适用于纬度 30° 的亚热带地区。

伊文斯对住宅的采光系数作了详细的介绍，部分列于表 7.7 中。对公共建筑来说，缺少建议值，我们参照英国气候的数据，取其设计值为 5000 1x，和 10000 1x 相比下降了一半。

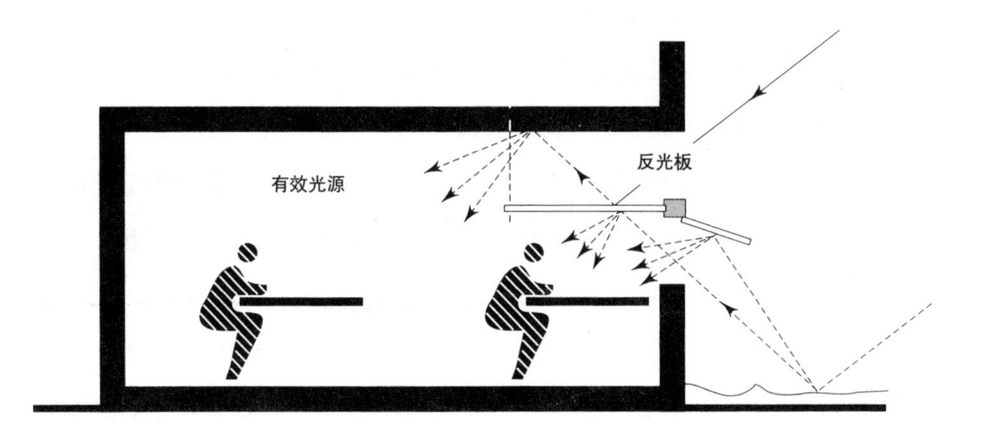


图7.26 反光板的使用

表7.7　采光系数建议值

| 建筑／功能 | 平均采光系数 *DF* | 最小采光系数 *DF* |
|---|---|---|
| 住宅 | | |
| 厨房，整体 | | 1.0 |
| 厨房，操作台 | | 1.5 |
| 起居室，整体 | | 0.5 |
| 起居室，写字台 | | 1.5 |
| 卧室，整体 | | 0.25 |
| 卧室，梳妆台 | | 1.0 |
| 透气孔 | | 0.2 |
| 大厅，接待处 | 1.0 | 0.3 |
| 办公室 | 2.5 | 1.0 |
| 校礼堂 | 0.6 | 0.2 |
| 教室 | 2.5 | 1.0 |

注：最小采光系数适用于室内80%的地方，而20%的区域其系数要小于此值。

## 采光系数的计算方法

我们已经讲过，一座建筑的采光性能通常由其采光系数来决定，主要受建筑物窗户的形状和大小、地面反射能力、室内反射能力以及遮阳设施性能等诸多因素的影响。

特别是在亚热带地区，最理想的方法就是天空亮度设计值，因为它综合了直射光和漫射光的影响。遗憾的是，没有一种简单的可以计算晴朗天空采光系数的方法。但是我们可以用“均匀亮度”的办法来表达半阴半晴的天气状况下的采光系数。它假设从天空到地平面亮度一致，而半阴半晴的天空靠近地平面是明亮的，因为包含了地面的反射光。这不同于温带地区的计算办法，在那里，靠近地平面处天空的亮度只有上层的1/3，这一方法是由英国建筑研究中心提出的，并采用“光照量角器”分别计算天空反射光和外界反射光的多少。随后用列线图表来确定室内反射分量。

均匀亮度量角器用来确定下列窗户的尺寸和形状：

- 垂直玻璃窗；
- 水平玻璃窗；
- 和水平面成30°角的玻璃窗；
- 和水平面成60°角的玻璃窗；
- 未装玻璃的垂直窗洞。

朗莫尔(Longmore)[3]曾对它们的作用做过详细的描述，下面仅给出了简要的提纲，相关的数据也给出以供参考。

**天空散射光（*SC*）**

确定这个分量的步骤要参照图7.27来说。该图以一个只有一扇窗户采光的4m × 4m房间为例。

1. 在房间的剖面图上画出工作面，并在其上确定一点 *O*；
2. 将窗户上下边分别与 *O* 点相连，形成 *PO* 和 *RO* 线；
3. 将量角器按比例*A*最大化设置，基线和工作面重合，中心位于点*O*上；
4. 记下*PO*线和*RO*线与量角器周边相交点的读数；两值之差记为*SC*；
5. 读出 *PO* 和 *RO* 线的纬度值，取其平均值；
6. 在房间的平面图上标出 *O* 点；
7. 将 *O* 点与窗户两边相连，得到 *MO* 和 *NO*；
8. 将量角器以比例 *B* 中心放在点 *O* 上，半圆对着窗户，基线与窗户平行；
9. 在量角器的0°，30°，60°，90° 上分别标出四个同心半圆，根据步骤5中所得纬度值从中选出一个，必要时可插入一假想的半圆。如果参考点离窗户比较远，该值通常定在30°以下，影响不是很大；

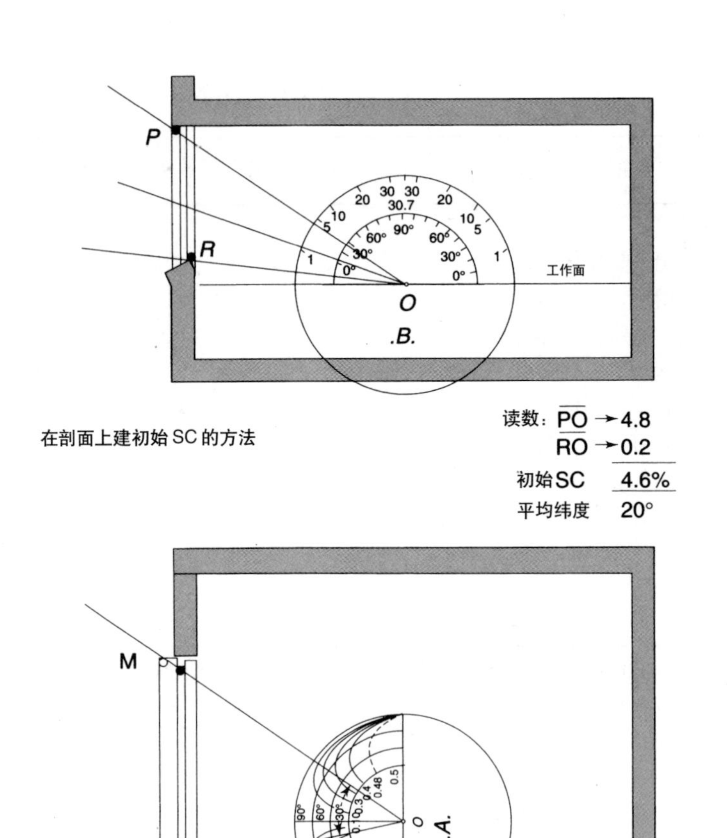


$SC = 4.6 \times 0.5 = 2.3\%$

图7.27 使用光测量器对天空散射光分量进行估算

10．读出线段$MO$和$NO$与内半圆相交处的短弧线上的数值，并记录下来；

11．如果两交点位于中心线的两侧，把所得的值相加；如在同一侧，算出其差值。此值为修正值；

12．用初始的$SC$值（步骤4）乘以修正值，即为天空散射光分量。

如窗外无阻挡物，外部反射光（$ERC$）就不存在。如$RO$线以上有物体，该物体的反射光则可以到达该参照点。这对采光来说非常重要，尤其是在拥挤的城市环境中。其重要性的大小用$ERC$来表示，其值可按下列步骤求得：

- 找出相应的$SC$值。如天空无阻挡物，可按前述步骤获得；
- 再乘以障碍物表面的反射系数的0.5倍，如果该值不知道，则取0.1。

## 室内反射光（*IRC*）

大部分到达室内该点的光线是经过墙面、顶棚和其他表面反射的，这也是柯尼希斯贝格尔原理三的要点。它在采光中的作用大小用$IRC$值来表示。通常认为整个房间的$IRC$值相等，故问题的关键就在于找出平均$IRC$值的大小，最简单的方法就是用图7.28的列线图表来计算，其步骤如下：

1．测出窗户的面积和室内总面积（包括地面、墙面、顶棚和窗户），计算出窗户面积与室内总面积的比值，将此值标在列线图表的刻度$A$上；

2．计算出所有墙面面积与室内总面积的比例，将此值写在列线图表旁边表格的第一栏中；

3．将墙面反射值写在表格最上一格，找出表格交叉点的读数，或者计算出单位面积平均反射系数（假定玻璃的反射系数20%）；

4．在刻度$B$处标出平均反射系数，用直尺将步骤1中计算出的值与此值相连；

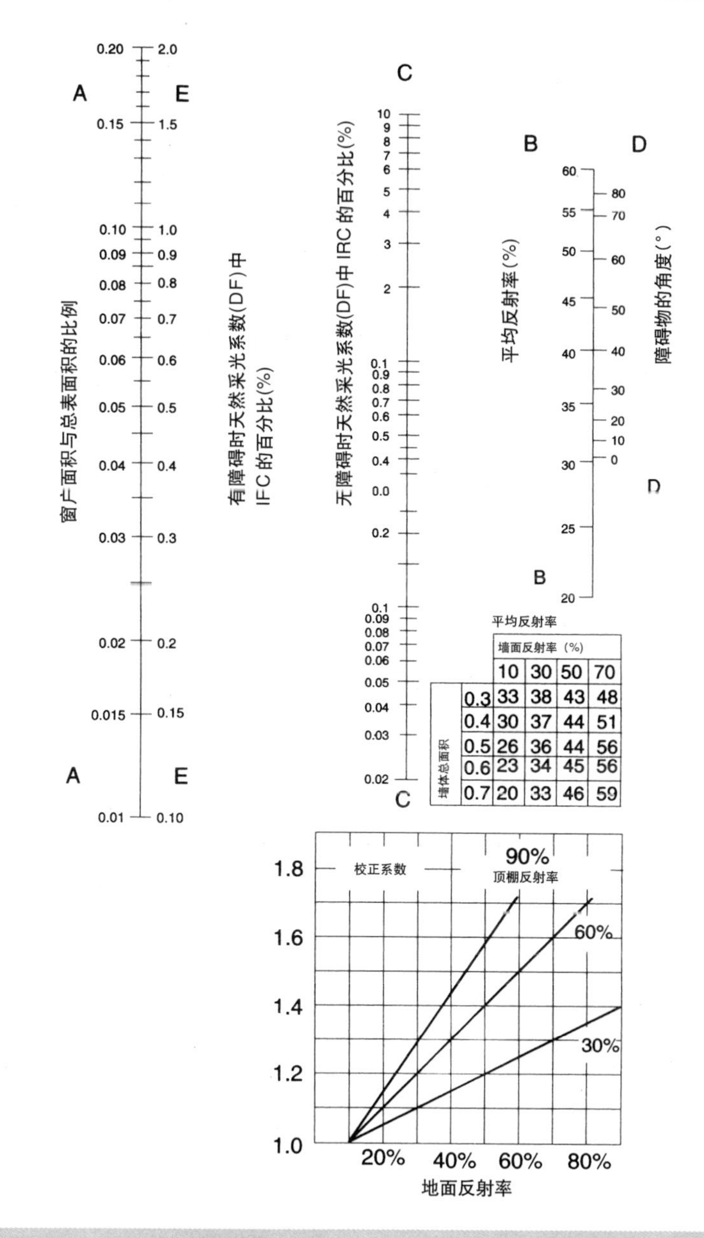


**图7.28** 地面反射系数为0.1的平均内部反射及其他地面反射校正系数

5．交点处为刻度 $C$，这样就可以读出没有室外障碍情况下的平均 $IRC$ 值；

6．如有外界遮挡物，在窗户中心处测出其与地平面的角度，标于刻度 $D$ 处；

7．用直尺将刻度 $D$ 与刻度 $C$ 相连，找出平均的 $IRC$ 值，标在刻度 $E$ 上。

图表中 $IRC$ 值是假定地面反射系数为0.1的情形下计算的。如地面反射强，那么 $IRC$ 值就增大，但是由于地面反射光先到达顶棚，所以增量的大小还与顶棚的反射系数有关。修正图用来估计一个修正参数，乘以列线图中得到的 $IRC$ 值。

由于室内装饰材料会老化，在 $IRC$ 值中也要考虑维护系数，要么取平均值0.75 或者取下表中的值。

| 墙面状况 | 材料状况 | 维护系数 |
| --- | --- | --- |
| 干净 | 干净 | 0.9 |
| 脏 | 干净 | 0.8 |
| 干净 | 脏 | 0.7 |
| 脏 | 脏 | 0.6 |

室内反射光强度大小不一，通常窗户附近最强，离窗户最远的地方最弱，列线图给出的是平均值。

有必要计算最小的 $DF$ 值来和目标 $DF$ 值比较，这里要用到最小的 $IRC$ 值，可以用其平均值乘以转换系数来计算。

| 平均反射系数 | 转换系数 |
| --- | --- |
| 0.3 | 0.54 |
| 0.4 | 0.67 |
| 0.5 | 0.78 |
| 0.6 | 0.85 |

$SC$ 值、$ERC$ 值和 $IRC$ 值之和就是 $DF$ 值，但有必要时再乘以窗户的三个修正系数，分别为玻璃系数（$GF$）、窗框系数（$FF$）和玻璃上灰尘系数（$D$）。

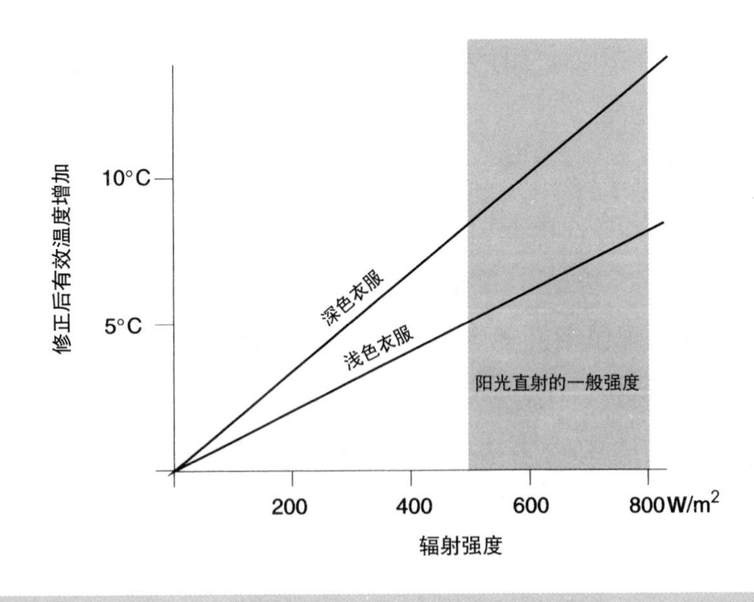


图7.29 直接辐射（从一侧）对人体的影响

1. 玻璃系数（GF）：如果不是普通透明玻璃，各种玻璃的系数分别为下列值：

| | |
|---|---|
| 平面玻璃 | 0.95 |
| 图案玻璃 | 0.90–0.95 |
| 吸热玻璃 | 0.50–0.75 |
| 透明纤维玻璃或丙烯酸玻璃 | 0.65–0.90 |

2. 窗框系数（FF）

这一比率为净玻璃面积与整个窗户面积之比，通常取平均值0.75。

3. 玻璃上的灰尘系数（D）

取决于玻璃的位置和清洁的次数，水平或倾斜的玻璃面比垂直的更容易吸灰，因此要用下列系数加以修正：

| 地　点 | 垂　直 | 倾　斜 | 水　平 |
|---|---|---|---|
| 清洁区 | 0.9 | 0.8 | 0.7 |
| 工业区 | 0.7 | 0.6 | 0.5 |
| 非常脏的地区 | 0.6 | 0.5 | 0.4 |

遮阳设施遮挡了一部分天空视线的同时也减少了天空反射分量。就一个简单的遮篷来讲，在最初用量角器测量时就考虑在内了（图7.30），然而，如果是复合式百叶窗或是半透明玻璃窗，就不容易计算了。

现在我们简要的讨论一下遮阳设施的设计，主要说一下防止直射光的功能以及对采光的影响。

## 遮阳设施

如果平均气温在舒适区以内或高于该区域，那么任何太阳辐射都有可能引起不适，遮阳设计应尽力减少这种情况。但在气候变冷时，又需要有直射阳光进入室内，增加室内的热效应。因此，遮阳设施应选用活动式或可根据需要改变其形状和大小。

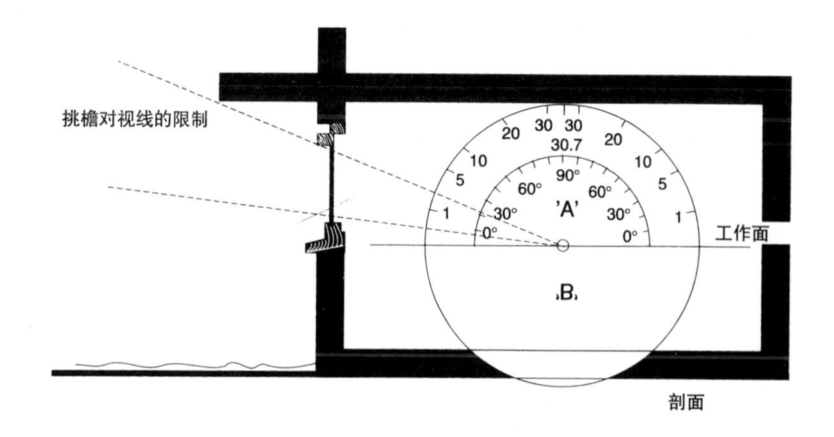


图7.30　有挑檐时量角器的使用

太阳光进入室内会产生两种热效应：

(i) 建筑表面吸收太阳辐射使空气温度和平均辐射温度上升；(ii) 太阳直接照到人体也会使平均辐射温度上升(图7.31)。第三个影响严格来讲和热量无关，它主要是由高强度的直射光和漫射光造成的眩光，妨碍了居住者的视觉行为。遮阳设施应避免上述三种不利因素的影响，同时也受制于许多其他因素（图7.32)。

- 在非空调建筑中，气温较低时保持室内空气流通是很重要的；
- 有必要引进一定量的漫射光；
- 在大多数情况下，要求能看到窗外的景色。

为了更好地起到遮阳的效果，可以用一种或几种构件来达到目的。遮阳设施分为三种（图7.32)。

1．活动式不透明构件如窗帘、百叶窗可以有效地减少太阳辐射，但也妨碍了空气的流动，缩小了视觉范围；

2．百叶窗，可以是活动的、可调的或固定的——它们在一定程度上影响了视觉和空气的流通，但却具有防护功能；

3．固定遮篷，如挑檐或阳台，可使墙面和窗户免受风雨的侵袭，也不影响空气流通和视觉效果。

实际上遮阳设施的种类很多，以上只列出其中的几种。

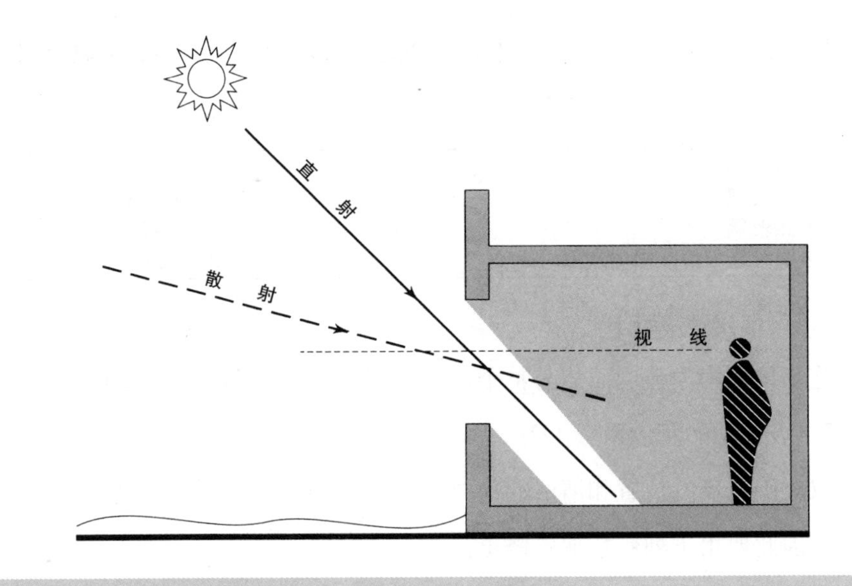


图7.31 遮阳参数

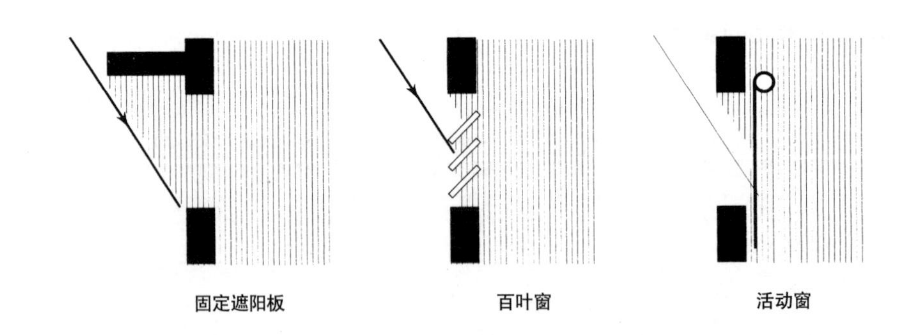


图7.32 遮阳形式的分类

## 活动式百叶窗或窗帘

在非空调建筑中它们的作用受到极大的限制，因为它们会严重地妨碍空气流通。在有空调的建筑中，当室外温度高于室内温度，由于窗户装有玻璃，不存在空气流通的问题，这时不透明（或半透明）百叶窗可以起到降温、减少直射光和避免眩光的作用。

百叶窗材料的反光能力愈强，如颜色愈亮它就能反射掉愈多的太阳辐射热。许多浅色百叶窗也能传递相当一部分热量（大约15%）。因为当百叶窗被暴晒后，它的颜色很亮，也就成了一个次要的光线来源，因此许多设计师将百叶窗设计成深色的，这是错误的，因为黑色吸热的热量比反射掉的热量多得多，结果还会使室温升高。

在百叶窗一侧贴铝箔效果会更好一些，它们一点也不透光，但从室内看颜色还很亮，尤其有室内照明时。

## 几何遮阳设施——挑檐和百叶窗

这两种构件都能遮挡来自天空的太阳直射光（或者容易引起眩光的那部分光线）。原则上，要使人既能看到低角度的物体，又不妨碍空气流通。热带地区传统的遮阳方法是采用固定遮阳板，其方向都是经过仔细考虑的。这种遮阳构件和挑板几何形状设计的具体步骤见本章第一节。

## 遮阳作用对采光的影响

很明显，遮阳设施在减少不必要热量获得的同时，也会影响有用光线的进入。为此我们应如何评价并优化我们的设计呢？第一步要确定遮阳是否恰好和有限的采光条件相符合。也就是说如果辐射能量超过采光所需能量的10倍就需用遮阳设施，而如果光线仅能提供室内照明所需，那么就不必用遮阳设施来控制辐射热。如果遮阳设施是活动式的，问题就很好解决，倘若安装合理就能为室内引入足够的光线。在大多数情形下，活动的百叶窗能使光线的传递量在一个较大范围内变动，我们把这类活动式遮阳设施称为A1型。

现在来我们对照一下A1型窗户和固定格栅的不同。如果固定格栅能够减少60%直射光的话，那它也减少了60%有用的漫射光。因此，如果不安装遮阳设施将窗户面积缩小60%，则更好一些，但是依然不能解决采光的问题，而且室内人工照明灯需早开，这就增加了能量消耗。我们称这一类为B型。

许多建筑设计师不喜欢在他们的建筑内安装活动设施，因为这些设施都需正确使用和维护。而人们却不希望用额外的设施和开支来做这件事。有没有可能设计一个具有A1型优点的固定遮阳设施，使其在临界时间（人工照明开启时）和临界位置（房间深处）的日光照明都不会减少？

考虑一下图7.26中光栅的作用。较低窗户用简单的挑檐就可以挡住直射光。减少这个区域（靠近窗户）的日光照射不会有很大影响，因为它比室内深处有更多的光线。同时即使在只有散射光存在的条件下，挑檐也并未减少房间深处光线的引入，这是因为太阳直射光增加了光栅和顶棚之间的内部反射光线，我们把这种设施称作A2型。一个简单的挑檐也能起到和光栅几乎相同的作用，因为房间内部的照明主要是靠地面和顶棚的反射来获得的，此时地面起到光栅的作用。

总之，A1型（活动型）和A2型（固定型）对采光并没有不利影响，前者能调整或移动获得理想的光传递效果，后者能对光线进行再分配。换句话说，B型固定遮阳设施减少太阳辐射热的同时，也减少了采光量，也就相当于减少了窗户面积，因此不予提倡。这种类型的遮阳设施包括固定格栅、屏风和反射玻璃等。

最好的方法是将A1型和A2型综合使用，包括反光百叶、波纹玻璃窗和立体玻璃等，它们能加强光线的穿透能力，用直射光来采光时更是如此，我们称它们为A2+型。

## 遮阳装置效果计算

此处我们引入一个漫射光传播系数（*DTF*）概念。简单说来，它是指透过遮阳窗口的漫射光与透过未遮阳窗口的漫射光的比例，也适用于计算未装遮阳窗户的采光系数。

图 7.33中的木板条窗户横向有遮挡，它的漫射光传播系数可以简单的用未被遮挡部分漫射光线的比率来确定。

对于水平式百叶窗来讲，它的叶片和水平面形成的角度影响了从地面到天空的视觉范围和有效光线入口的大小（图7.34）。针对不同的地面反射能

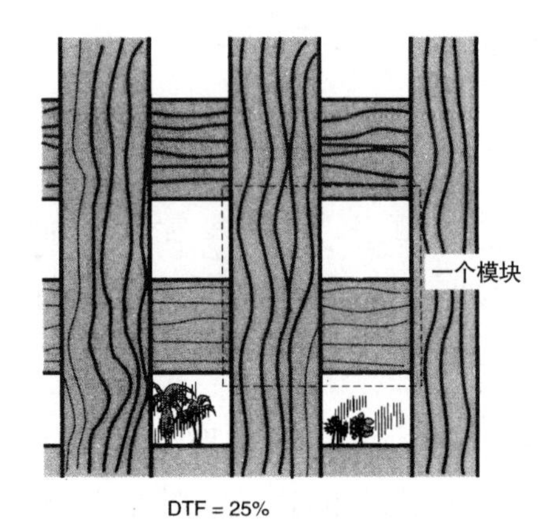


图7.33　多层木条窗的散射系数（*DTF*）为25%

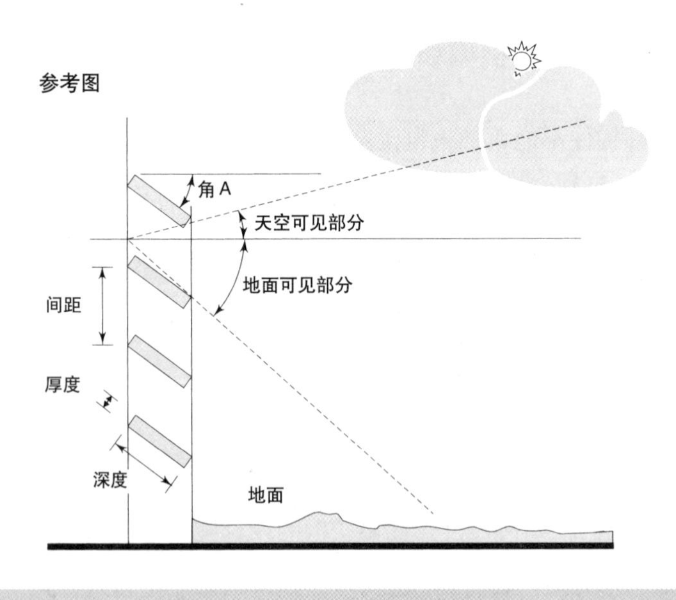


图7.34　利用百叶减少漫射光

力、百叶窗的角度以及百叶深度与间距之比，我们计算出各自的*DTF*值，并将其值列于表7.8中。这些值适用于相互反射不强的深色百叶窗。

垂直百叶窗不管角度如何，看到的天空和地面的比率保持不变，但水平方向的天空和地面的视野范围会减小，因此，地面反射系数对表7.9中的数值并没有什么影响。

要注意的一点是当百叶的深度与间距之比大于1时，百叶角度的变化会使*DTF*逐渐减小为零。这表明可以通过控制直射光线来避免采光过度，如活动式遮阳装置，既可以遮挡直接光线也可以控制漫射光线。

反光能力超过10%的百叶窗内侧会因为大量漫射光的缘故而变得十分明亮。因此，应该选择深色材料以减少可能的眩光。事实上“理想”百叶窗（图7.25）的性能主要取决于其表面的反光能力。因此，如果上述*DTF*的计算值用于非深色百叶窗就显得太小了。

我们经过简单的数学计算得出了一组内部反光修正值，这一数值表明了百叶之间相互反射的漫射光的多少。如果没有百叶窗，这一数值本身就是漫射光传播系数。如*DTF*等于1，就无需用修正值。

表7.10中给出了各种不同形状和不同反射能力的百叶窗“相互反射漫射光系数”（*DIF*）。选择一个数值后（如有必要，可以修改），*DTF*的修正值可由下式计算：

$$DTF\text{（修正值）}=[DTF+(1-DTF)\times DIF]\times t/(t+h)$$

**表7.8** 深色水平百叶窗的漫射光传播系数(*DTF*)

| 地面反射系数 | 水平百叶窗的角度 | | | | | | | | | | 间距／深度比 |
|---|---|---|---|---|---|---|---|---|---|---|---|
| | 0° | 10° | 20° | 30° | 40° | 50° | 60° | 70° | 80° | 90° | |
| 1 | 0.15 | 0.08 | 0.04 | 0.02 | 0.02 | 0.02 | 0.02 | 0.01 | 0.01 | 0.00 | 0.5 |
| | 0.28 | 0.21 | 0.16 | 0.12 | 0.09 | 0.06 | 0.05 | 0.03 | 0.02 | 0.00 | 1.0 |
| | 0.38 | 0.32 | 0.27 | 0.24 | 0.21 | 0.19 | 0.18 | 0.18 | 0.21 | 0.30 | 1.5 |
| | 0.45 | 0.40 | 0.36 | 0.33 | 0.31 | 0.30 | 0.31 | 0.33 | 0.38 | 0.50 | 2.0 |
| 3 | 0.15 | 0.11 | 0.08 | 0.06 | 0.06 | 0.05 | 0.04 | 0.03 | 0.01 | 0.00 | 0.5 |
| | 0.28 | 0.24 | 0.20 | 0.17 | 0.14 | 0.12 | 0.10 | 0.08 | 0.06 | 0.00 | 1.0 |
| | 0.38 | 0.34 | 0.31 | 0.28 | 0.26 | 0.25 | 0.24 | 0.24 | 0.25 | 0.30 | 1.5 |
| | 0. 45 | 0.42 | 0.39 | 0.37 | 0.36 | 0.35 | 0.36 | 0.37 | 0.41 | 0.50 | 2.0 |
| 5 | 0.15 | 0.12 | 0.10 | 0.09 | 0.08 | 0.07 | 0.06 | 0.04 | 0.02 | 0.00 | 0.5 |
| | 0.28 | 0.25 | 0.23 | 0.21 | 0.19 | 0.17 | 0.14 | 0.12 | 0.08 | 0.00 | 1.0 |
| | 0.38 | 0.35 | 0.33 | 0.32 | 0.30 | 0.29 | 0.28 | 0.28 | 0.28 | 0.30 | 1.5 |
| | 0.45 | 0.43 | 0.41 | 0.40 | 0.39 | 0.39 | 0.39 | 0.41 | 0.44 | 0.50 | 2.0 |
| 7 | 0.15 | 0.14 | 0.12 | 0.11 | 0.10 | 0.09 | 0.07 | 0.05 | 0.03 | 0.00 | 0.5 |
| | 0.28 | 0.26 | 0.25 | 0.23 | 0.22 | 0.20 | 0.18 | 0.14 | 0.10 | 0.00 | 1.0 |
| | 0.38 | 0.36 | 0.35 | 0.34 | 0.33 | 0.32 | 0.31 | 0.31 | 0.32 | 0.30 | 1.5 |
| | 0.45 | 0.44 | 0.43 | 0.42 | 0.42 | 0.42 | 0.42 | 0.43 | 0.46 | 0.50 | 2.0 |
| 9 | 0.15 | 0.15 | 0.14 | 0.13 | 0.12 | 0.10 | 0.08 | 0.06 | 0.03 | 0.00 | 0.5 |
| | 0.28 | 0.27 | 0.27 | 0.26 | 0.24 | 0.22 | 0.20 | 0.17 | 0.11 | 0.00 | 1.0 |
| | 0.38 | 0.37 | 0.37 | 0.36 | 0.35 | 0.35 | 0.34 | 0.33 | 0.32 | 0.30 | 1.5 |
| | 0.45 | 0.45 | 0.44 | 0.44 | 0.44 | 0.44 | 0.45 | 0.45 | 0.47 | 0.50 | 2.0 |

**表7.9** 深色垂直百叶窗的漫射光传播系数（*DTF*）
（百叶窗厚度比：0.25）

| 间距／深度比 | 偏离正常角度值 | | | | | | | | | |
|---|---|---|---|---|---|---|---|---|---|---|
| | 0° | 10° | 20° | 30° | 40° | 50° | 60° | 70° | 80° | 90° |
| 0.5 | 0.15 | 0.16 | 0.15 | 0.14 | 0.13 | 0.11 | 0.09 | 0.06 | 0.03 | 0.00 |
| 1.0 | 0.28 | 0.28 | 0.28 | 0.27 | 0.25 | 0.23 | 0.21 | 0.18 | 0.11 | 0.00 |
| 1.5 | 0.38 | 0.38 | 0.38 | 0.37 | 0.36 | 0.37 | 0.36 | 0.34 | 0.32 | 0.30 |
| 2.0 | 0.45 | 0.46 | 0.44 | 0.45 | 0.45 | 0.45 | 0.46 | 0.46 | 0.47 | 0.50 |

最后一项 $t/(t+h)$ 考虑了较厚的百叶窗内边缘没有内反射光的情况。

## 计算步骤

如果你对百叶窗和光传播系数不大清楚，我们列出了进行采光设计的步骤：

1. 参考建议值确定目标 *DF*（采光系数）值；
2. 根据建筑物的朝向确定窗户的方位；
3. 如必要选择恰当的遮阳装置，如该装置是可调型的，在满足遮阳的同时应尽量减少直射光，也就是使 *DTF* 的值最大；对 *DTF* 的修正值有个大概的估计；
4. 计算窗户的面积，并且用量角器、室内反射光列线图表和 *DTF* 值计算出采光系数（*DF*）并和目标值对照；
5. 调整窗户的大小满足目标要求；
6. 结合太阳辐射角度检查遮阳装置是否很好地遮挡了直射光，如必要可作调整；
7. 对其性能标准进行核查，如必要可做调整；
8. 根据更准确的 *DTF* 值计算采光系数，并和目标值对照，对窗户大小作调整。

该过程可用图7.35的流程图来表示。

## 采光系数的分布

很明显，我们用量角器或者根据日常的经验都可知道，房间的采光系数并不一致。在那些只依靠两侧窗户采光的房子里，如果把参照点从窗户周围移开，室内的采光系数值会明显的减少。那么我们如何来确定一个房间的采光系数呢？如果我们简单的指定一个绝对的最小值，不会有太大的作用，因为这些值仅出现在某些局部（如角落和柱子后），因而，是不适用的。相反用超过80%的采光系数，就很有用了，也就是说我们定义一个“名义上的”最小值，仅允许有20%地面的采光系数低于该值。这意味着计算采光系数需要布多个点，并且比较费时。对于两侧对称采光的房间，我们建议在离有窗户

**表7.10 相互反射漫射光系数（*DIF*）**

| 百叶窗 | 百叶窗偏离水平角度值 | | | | | | | | | | 间距／ |
|---|---|---|---|---|---|---|---|---|---|---|---|
| 反射系数 | *0°* | *10°* | *20°* | *30°* | *40°* | *50°* | *60°* | *70°* | *80°* | *90°* | 深度比 |
| 1 | 0.32 | 0.31 | 0.29 | 0.26 | 0.22 | 0.17 | 0.10 | 0.03 | 0.00 | 0.00 | 0.5 |
| | 0.10 | 0.10 | 0.09 | 0.07 | 0.05 | 0.03 | 0.01 | 0.00 | 0.00 | 0.00 | 1.0 |
| | 0.03 | 0.03 | 0.03 | 0.02 | 0.01 | 0.00 | 0.00 | 0.00 | 0.00 | 0.00 | 1.5 |
| | 0.01 | 0.01 | 0.01 | 0.00 | 0.00 | 0.00 | 0.00 | 0.00 | 0.00 | 0.00 | 2.0 |
| 3 | 0.55 | 0.54 | 0.53 | 0.50 | 0.46 | 0.39 | 0.30 | 0.17 | 0.03 | 0.00 | 0.5 |
| | 0.30 | 0.29 | 0.28 | 0.25 | 0.21 | 0.15 | 0.09 | 0.03 | 0.00 | 0.00 | 1.0 |
| | 0.16 | 0.16 | 0.15 | 0.12 | 0.09 | 0.06 | 0.03 | 0.01 | 0.00 | 0.00 | 1.5 |
| | 0.09 | 0.09 | 0.08 | 0.06 | 0.04 | 0.02 | 0.01 | 0.00 | 0.00 | 0.00 | 2.0 |
| 5 | 0.71 | 0.70 | 0.69 | 0.67 | 0.64 | 0.58 | 0.50 | 0.36 | 0.14 | 0.00 | 0.5 |
| | 0.50 | 0.49 | 0.48 | 0.45 | 0.40 | 0.34 | 0.25 | 0.13 | 0.02 | 0.00 | 1.0 |
| | 0.35 | 0.35 | 0.33 | 0.30 | 0.26 | 0.20 | 0.13 | 0.05 | 0.00 | 0.00 | 1.5 |
| | 0.25 | 0.24 | 0.23 | 0.20 | 0.16 | 0.12 | 0.06 | 0.02 | 0.00 | 0.00 | 2.0 |
| 7 | 0.84 | 0.83 | 0.83 | 0.81 | 0.79 | 0.76 | 0.70 | 0.59 | 0.36 | 0.00 | 0.5 |
| | 0.70 | 0.70 | 0.68 | 0.66 | 0.63 | 0.57 | 049 | 0.35 | 0.13 | 0.00 | 1.0 |
| | 0.59 | 0.58 | 0.57 | 0.54 | 0.50 | 044 | 0.34 | 0.21 | 0.05 | 0.00 | 1.5 |
| | 0.49 | 0.48 | 0.47 | 0.44 | 0.39 | 0.33 | 0.24 | 0.12 | 0.02 | 0.00 | 2.0 |
| 9 | 0.95 | 0.95 | 0.95 | 0.94 | 0.93 | 0.92 | 0.90 | 0.86 | 0.74 | 0.00 | 0.5 |
| | 0.90 | 0.90 | 0.89 | 0.87 | 0.89 | 0.84 | 0.81 | 0.73 | 0.55 | 0.00 | 1.0 |
| | 0.85 | 0.85 | 0.85 | 0.83 | 0.81 | 0.78 | 0.73 | 0.63 | 0.40 | 0.00 | 1.5 |
| | 0.81 | 0.81 | 0.80 | 0.78 | 0.76 | 0.72 | 0.66 | 0.54 | 0.30 | 0.00 | 2.0 |

的墙面2/5的地方选择参考点，单侧采光取4/5（图7.36）。这样得出的数值约相当于标准值的80%，不再需要计算多个点。

对于复杂的房间形状或有屋顶采光的房间来讲，选择一个有代表性的参考点是不太容易的。如果正在研究光线分配状况，那么在图纸上设定坐标并计算出每个坐标的采光系数也是值得的，同时可以绘出轮廓图，如果遮阳恰当就能得到很好的采光设计图解（图7.37）。

同时要注意的是，光栅只能改善单侧采光房间光线的均匀性，使窗户附近的光线减弱，又不影响房间深处的亮度。

## 物理模型研究

采光的作用原理不受建筑物规模大小的影响，也就是说，一栋建筑模型的采光原理和一栋真实的建筑物是一样的。

在实际工程中采光是至关重要的，但由于形状复杂，使得用直射光量角器对建筑进行测量和分析很难或不可能，因此经常需要建立一个模型图由实验测出*DF*值。*DF*值可以用一个光度计在室外自然光条件下和模型内测量并进行计算。使用模型还有一个好处就是能了解光通量，而且还能知道室内光照图。如有可能用一个带广角镜的摄影机将其内部光照状况拍成彩色图片，可以给设计师、客户提供图片信息，这一点其他分析方法都做不到。如果没有摄影设备，可以将模型置于室外，向他们展示在自然光照条件下采光和遮阳的情况。通常模型与建筑的比例与1∶20或1∶50，由建筑物体量或光电池尺寸来定，或者仅用建筑中具有代表性的一部分来说明问题，如一间教室或办公室。内部装饰材料的颜色并不一定正确，但必须要有正确的反射系数。建筑系学生一向青睐的白色模型已经不适用了。

另外一个好处是，复杂而又难以用前述方法分析的遮阳装置也可以用

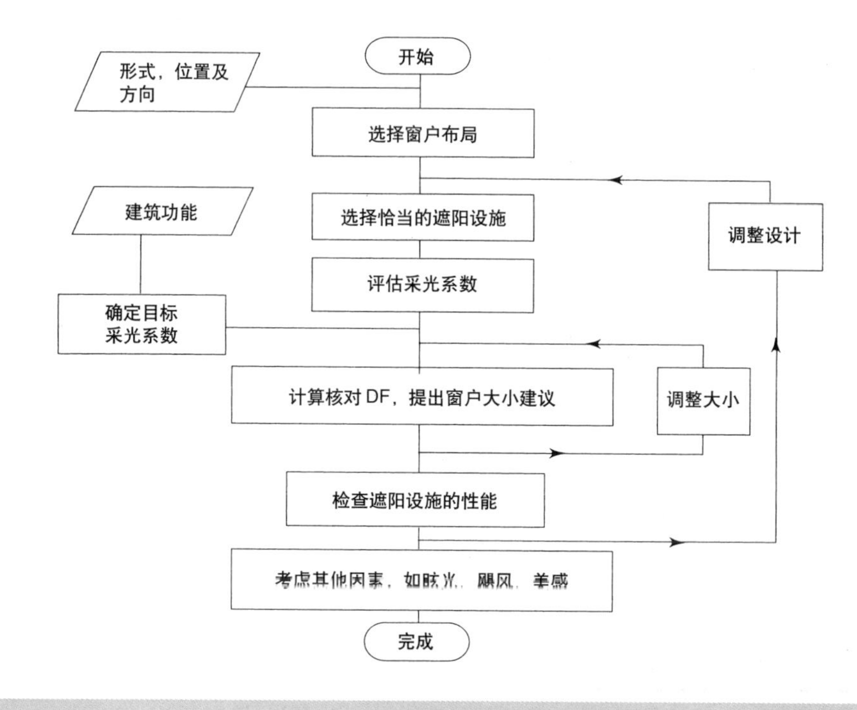


图7.35　采光遮阳设计流程图

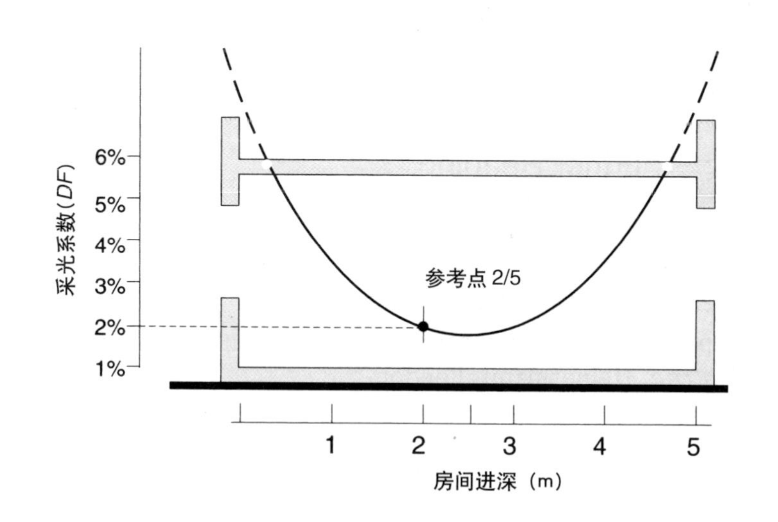


图7.36　两侧采光建筑采光系数分布

模型来评价它们的采光效果。模型可以在自然天空或人工天穹下试验。人工天穹是一间有发光顶棚的房子，其光线分布与热带“均匀性天空”是一样的。然而很少人有这样的设备，他们只能用自然采光的方法。这有两个局限性：第一是像风和雨这样的实际问题；其次，真实天空中的明亮程度不断变化，使得光度测量有一定困难。而另一方面，在室外进行模型测试可以真实地了解半阴半晴时的复杂情形，这在人工照明状况下是难以办到的。实际测量很简单，首先测出未受遮挡水平面的亮度，然后将光电池放入模型内的参照点上，测出内部的亮度，二者之比便为基本的*DF*值。如果在窗户上装玻璃或窗帘，那么，*DF*的实验值就必须减去玻璃或窗帘的传导系数。

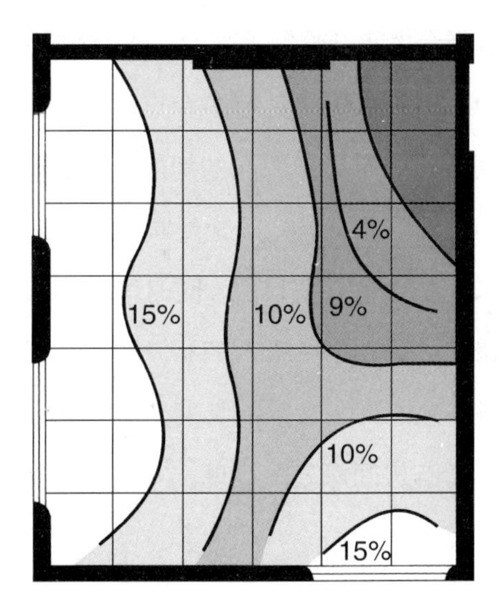


图7.37 室内采光系数轮廓图

## 参考文献 References

1. Koenigsberger, O.H. *et al.* (1973): *Manual of Tropical Housing and Building Design*, Longman, London.
2. Evans, M. (1980): *Housing, Climate and Comfort*, Architectural Press, London.
3. Longmore, J. (1968): *BRS Daylight Protractors*, HMSO.

## 建议阅读 Further Reading

1. Baker, N Fanchiotti, A. and Steemers, K. (1993): *Daylighting in Architecture—A European Reference Book*, James and James Science Publishers Ltd., London.
2. Hopkinson, R.G., Petherbridge, P, and Longmore, J. (1996): *Daylighting*, Heinermann, London.

# 印度建筑的自然通风
# Natural Ventilation of Buildings in India

■ 苏珊·克莱尔·露芙

## 自然通风

本章讨论在建筑设计中如何选用更好的技术以满足自然通风需求、自然通风的作用和类型、通过建筑设计优化通风策略以及建筑师对气候的综合考虑。

## 建筑对自然通风的要求

20多年来，在欧洲建造大型空调建筑的趋势日益扩大（图8.1）。在英国，即使在夏天也很少有降温的需求，空调只有在设计得很糟糕的建筑中才使用。现在建筑师和业主都意识到，安装了不必要的空调系统的代价使他们难以承受，因为：

- 昂贵的空调系统安装费；
- 昂贵的空调系统运行费（图8.2）；
- 由于使用空调而增加 $CO_2$ 排放量；
- 破坏臭氧层的氟氯烃（CFCs）排放量的增加（图8.3）。

因此，不管从实用、经济的角度，还是从环境的角度来看，在英国使用空调都非明智之举。所以，人们重新回过头来研究采用自然通风的建筑技术。在印度，建造更好的被动式冷却降温系统及建筑的做法更是受到鼓励，

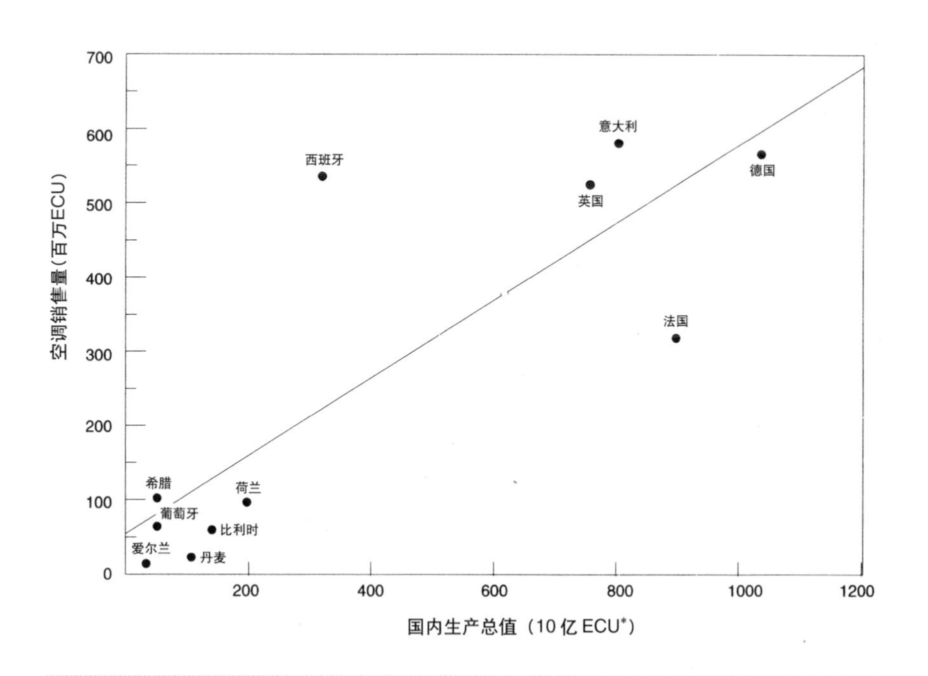


**图8.1** 1990年欧洲空调销售量和国内生产总值（GDP）及此后销售量的大幅度增加
*ECU：埃居（欧洲货币单位）——译者注

因为在仲夏的午后是空调使用的高峰期，会出现灯火管制或部分地区暂停供电的情况。这段时间对于许多现代建筑来说，即使没有危险也会使居住者难以忍受。

## 自然通风的原理

首先，我们必须明白自然通风的目的是什么，然后再对建筑物和其中的通风路径（air paths）进行设计以达到这个目的。如果想要设计一种系统，使建筑物在墙体内部不蓄热的情况下也能获得夜间降温，是不现实的；而如果想设计一座有大面积开口的建筑，使其在高温条件下，通过增大对流来降温，这种想法也是不明智的，因为高温气流掠过皮肤会使人有不适的热感觉。因此，了解每一类建筑的具体要求是必要的：

- 使用通风系统的理由；
- 居住者对于热舒适的要求；
- 建筑结构的热特性；
- 建筑形式与开口的影响；
- 局地气候和区域性气候的限制。

如果在设计阶段不能将这些方面都考虑进去，那么，一座建筑物就达不到良好自然通风的目的，除非当地的设计者们基于当地的建筑传统，凭感性认识提出一些复杂而成功的解决方法。

选择自然通风要有系统的建筑观念，把建筑看成是有生命的、能呼吸的结构，与气候和谐共处，与建筑使用者的要求相适应，既舒适又能遮风挡雨。以下采用的舒适标准只适用于印度人，而不是欧洲人，特别不适合美国人——他们所使用的英国标准，倾向于在冬天给建筑过度采暖，夏天则过度降温。

## 通风的作用

通风有三大主要作用：(i) 提供新鲜空气；(ii) 生理降温；(iii) 释放建筑结构中蓄存的热量（我们将集中讲解夜晚的降温问题）。

## 提供新鲜空气

在建筑物中需要新鲜空气：

- 提供充足的氧气；
- 冲淡气味，特别是人体和食物的气味；
- 稀释居民和燃烧物产生的二氧化碳，使其达到可以接受的浓度。

人们对氧气的需求远远小于对新陈代谢产生的二氧化碳进行稀释的要求。反过来，后者又小于用来冲淡人体产生的气味所需空气的要求，更小于用来冲淡烟味和其他污染物以达到可接受水平的通风要求，如图8.4所示。

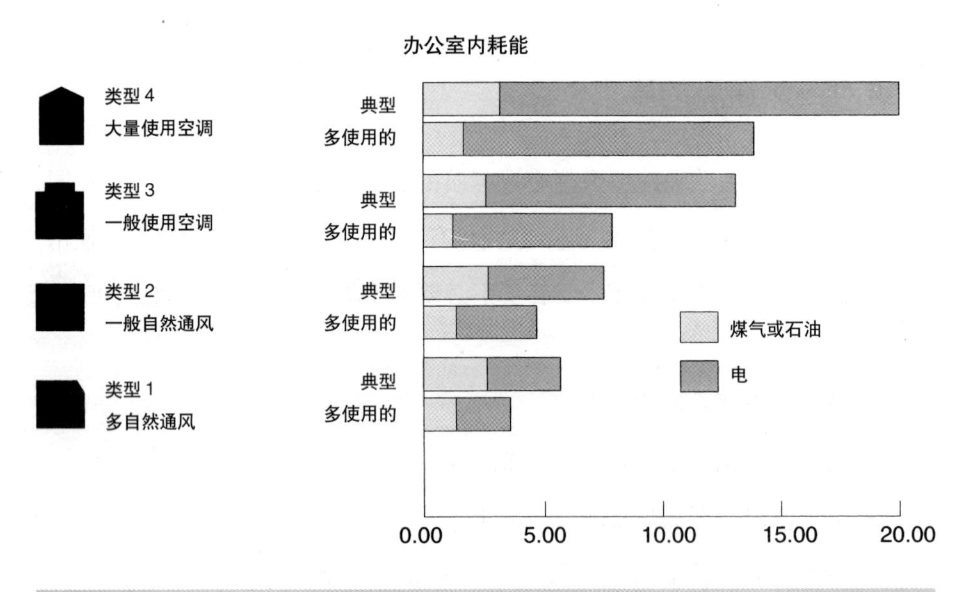


图8.2 英国办公室中使用空调和采取自然通风所消耗的能量的差异

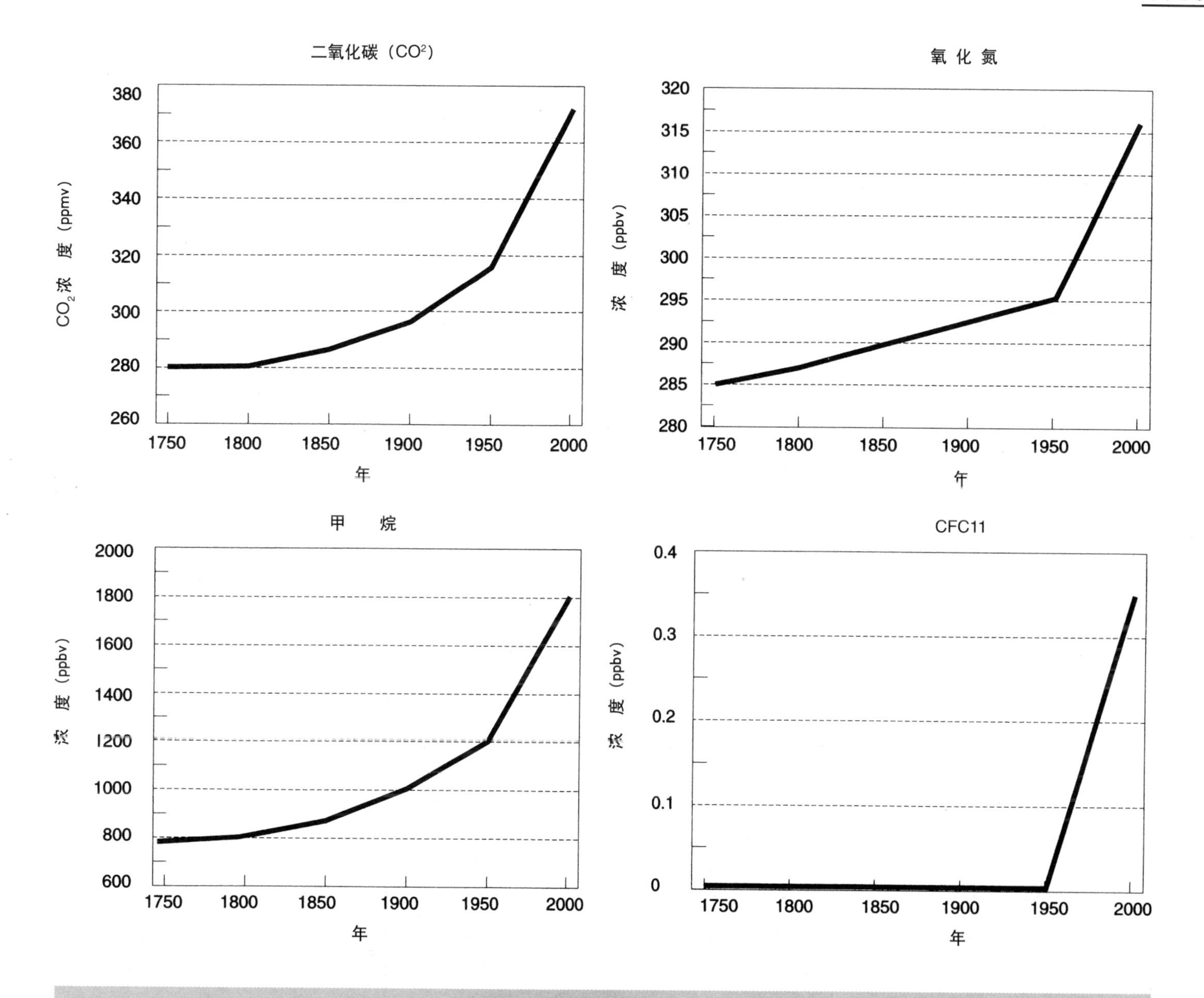


图8.3 破坏臭氧层的氟氯烃气体排放量的增加，其急剧上升的趋势同建筑中空调设备的增加有关

## 生理降温

在第4章中介绍了一种使建筑物和居住者进行被动式降温的简单方法。标有室内舒适温度的年温度图显示了在某些气候带，居住者每年的采暖和降温的需求情况。年舒适温度线和实际气候条件下的月平均温度线有所不同（自然通风这部分几乎涉及所有设计良好、被动式的、高蓄热体建筑物的性能）。如图8.5所示，对于沙漠气候来说，需要对居住者降温4—5℃才能达到舒适的温度，当然在受到热辐射时必须进一步降温。这个数字还考虑了人体对采暖和降温的不同生理极限反应。这里假设适当的姿势、活动量和衣着会对轻微的热不舒适有所补偿。另外，这一章所讲内容仅适用于被动式措施设计良好的建筑，而不适用于太阳得热高的轻质建筑物，因为轻型结构建筑物在较热甚至是温暖的气候中不能达到较好的自然通风。在图8.5的下部从0—18℃之间可能需要采暖，通过被动式太阳得热或其他主动措施就可达到。从18—25℃之间没有采暖或降温的要求，通过姿势和衣着的调节就完全可以了。18℃被选为办公人员的舒适温度临界值，但是对于住宅来说，这个数据可以相对低一点，因为在住宅里人们经常愿意接受低一点的温度。

在25℃至35℃之间，对流降温成为主要的途径，这时人体会像图8.6和图8.7所示那样进行自我调节。35℃接近皮肤平均温度的上限，因此当空气温度高于皮肤温度时，热量将从较热的空气传到较冷的皮肤上，这时蒸发冷却降温是人体最主要的散热方式。对于已经适应了炎热气候的人群来说，38℃甚至更高的温度都能使他们感到舒适（图8.8），但是，37℃可能是更现实的舒适温度的上限。

从这些简单的图表里，我们不仅能看到不同气候区存在着降温和采暖的不足，而且还能看到利用通风和蒸发降温的潜力。这表明我们需要使用不同类型的通风系统。

## 建筑物的夜间降温

夜间降温就是在夜间通过自然途径使热量从建筑物中释放出去，以减轻白天的冷负荷。要使白天储存在建筑中的热量夜间散发出去，自然通风是非常有用的。吉沃尼（Givoni）对夜间对流降温有一些初步的经验，那就是假设围护结构传入的热量适中（室内环境也确保这一点）并且热容量很高，则室内的最高温度将低于室外白天最高温度的一半。也就是说，一座好的建筑物，它的室内最高温度可以等于它的室外平均温度，如尼科尔（Nicol）图表所示（图3.7）。这样，我们就有了一个简单直观的工具，可以估计用于夜间对流降温的冷量，确定居住者通过其他方式进行额外降温所需的冷量。对于重质结构，白天温度波动大的地区比温度波动小的地区，储存热量或冷量的潜力更大。

如果我们把这些数据用于沙漠气候区，就可以看到质量大的结构夜间降

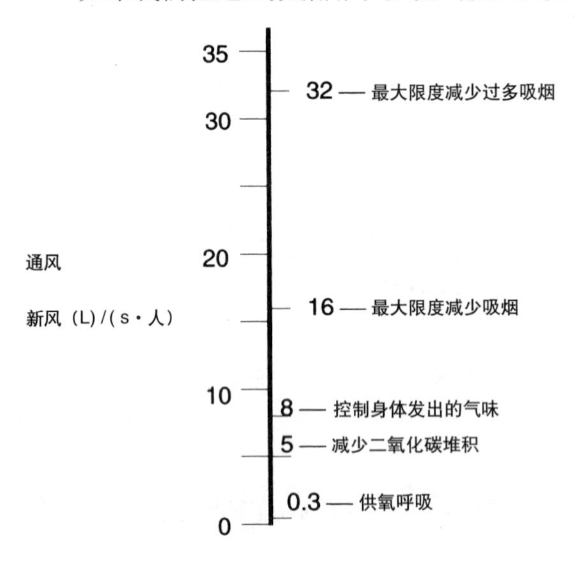


图8.4 办公室一个伏案工作者对新鲜空气的需求量（数据来自英国）

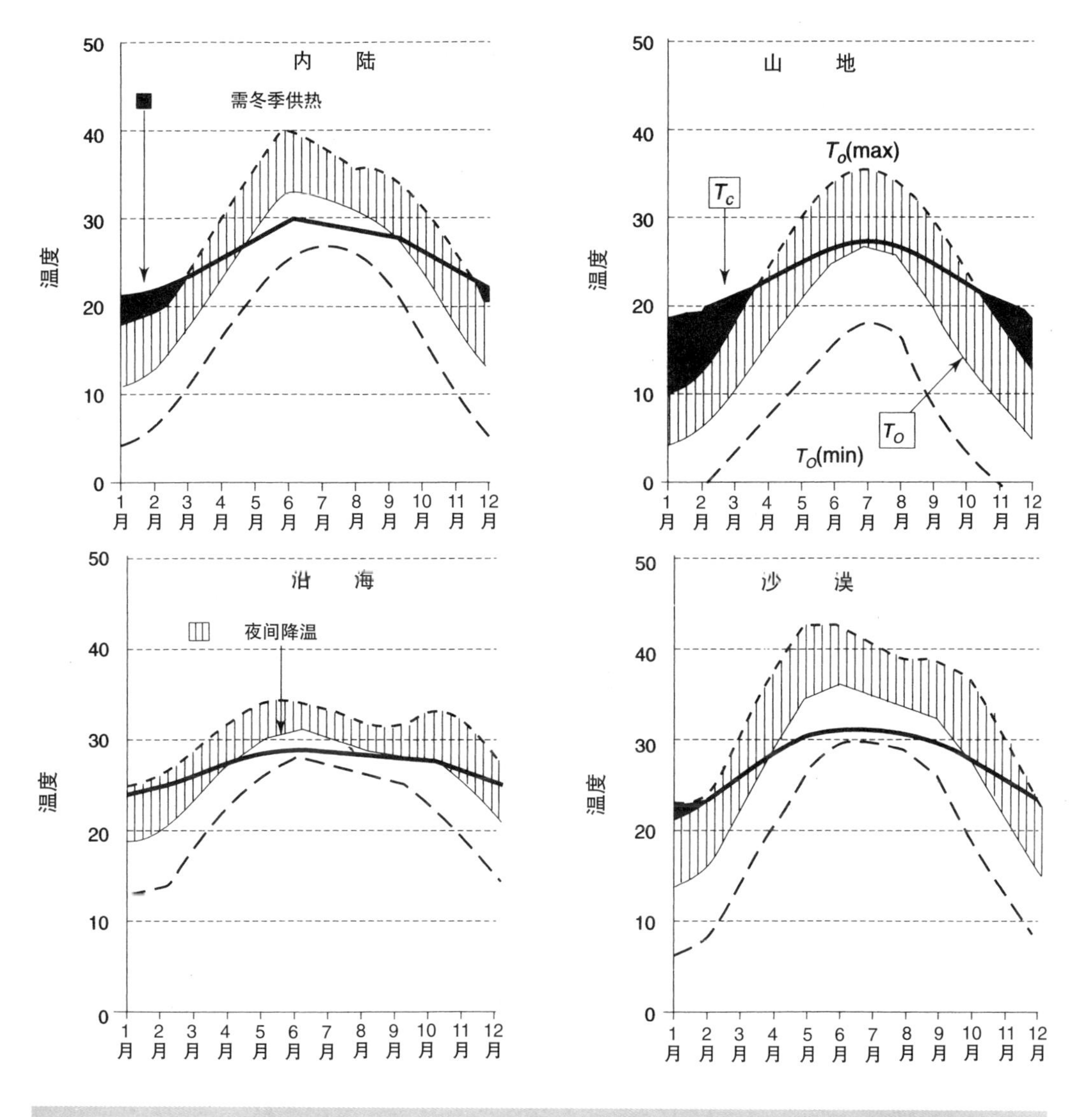


图8.5 建筑夏季夜间降温的潜力及冬季采暖的需求量（由图3.7复制而来）

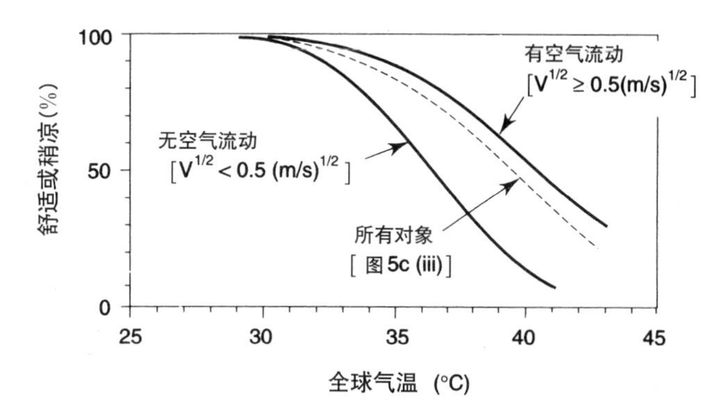


图8.6 空气流动对舒适温度的影响

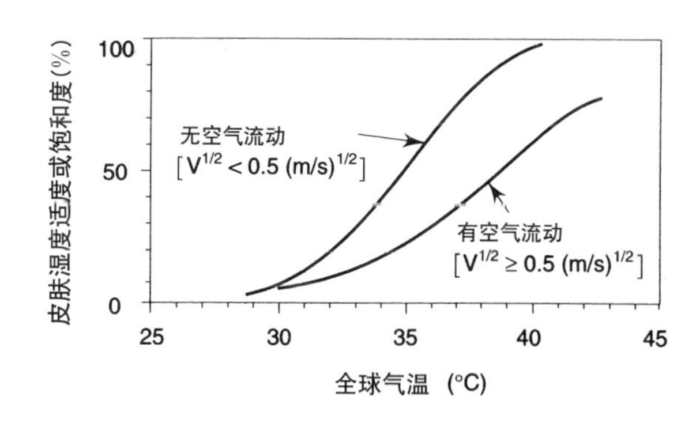


图8.7 空气流动对皮肤湿度适度或饱和时舒适温度的影响

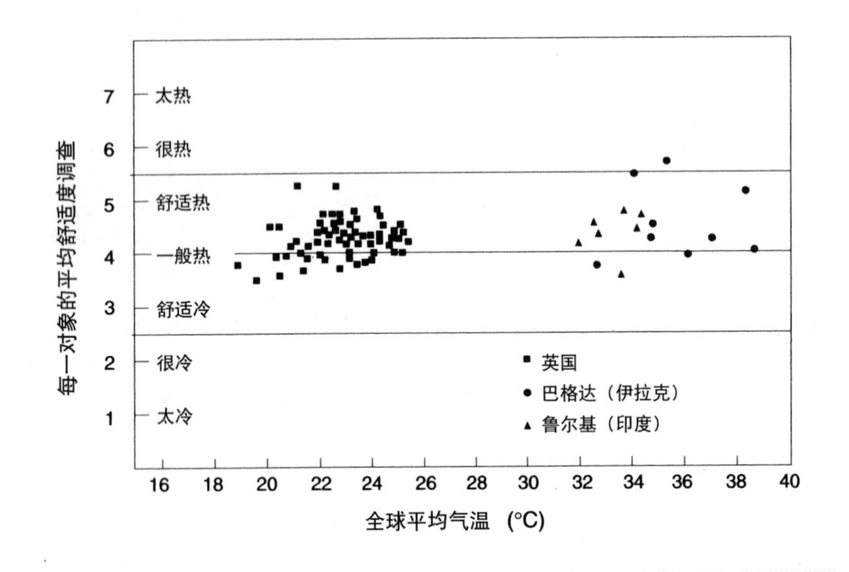


**图 8.8** 汉弗莱斯（Humphreys）图：不同国家个人对平均全球温度的平均舒适投票率

温，将使室内温度降低7℃左右，即使这样，建筑室内温度仍然比舒适温度高出5℃左右（图8.9）：这个温度差仍在对流降温调节的范围内，因此居住者可以通过良好的穿堂风和顶棚的风扇来降温。当这种降温不足发生在平均温度高于35℃时，就必须使用蒸发降温，采用自然的方法［喷泉、冷却塔、地耦合（earth coupling）、屋顶水池、喷雾、植被等］，或采用沙漠冷却器或空调系统等。

• 在炎热气候区已经适应当地气候的人群通常对于暖和舒适性及中度舒适性表示满意。

如果我们将同样的情况用于沿海地区，就会发现蓄热体只能提供比其他气候区少3℃左右的结构降温。在这样的温度条件下，通常利用良好的穿堂风来满足降温的要求。在湿度高的地区，人体很难通过蒸发来散热，因此在炎热期间或有热辐射时，这种气候是很难忍受的。这里要特别注意

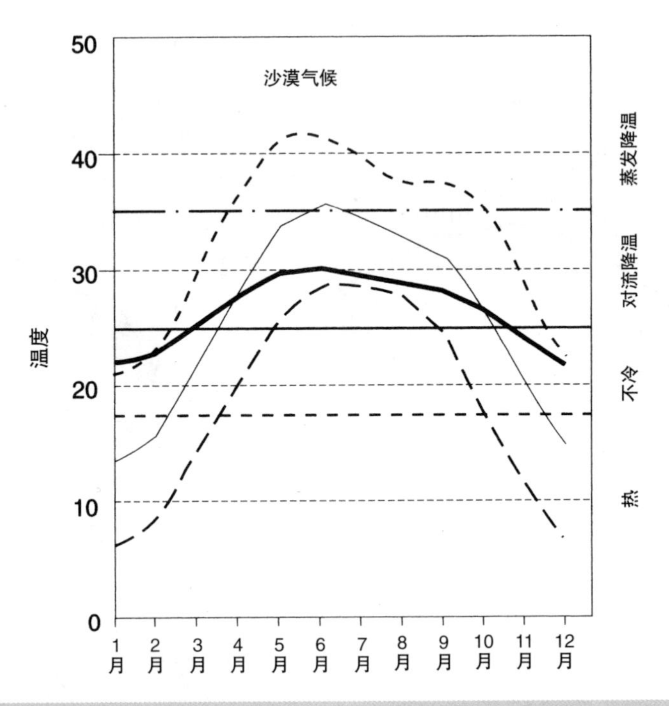


**图 8.9** 尼科尔（Nicol）的沙漠气候图（图3.7），显示人体对采暖和降温的生理取向，例如适应气候的印度人对冷热的选择

的是屋顶要进行好的隔热处理，使它不会把太阳辐射的多余热量传入室内。

顺便提一下，英国的研究表明，把建筑物的蓄热体暴露出来是很重要的，它可以优化蓄热体和空气间的换热率。如果建筑中的蓄热体不能和流动的空气接触，那它就发挥不了作用。在任何气候区都可以采取类似的做法，以确认人们对对流或是蒸发降温的需求，或是夏季利用建筑中的蓄热体进行夜间降温的需求。

## 轻质还是重质结构？

图8.10显示轻质建筑比重质建筑更接近室外的温度变化。这一点对于建筑中通风功能的选择是非常重要的。

在7月份户外平均最高温度远远超过34℃的地区，建筑结构中就应该采用蓄热体，对建筑进行夜间降温。而对于7月份户外平均最高气温低于34℃的地区，轻质建筑只要满足以下三个条件：(i) 建筑物要有很好的隔热屋顶；(ii) 在夏天最热的三个月（6月中旬至9月中旬），没有直接通过窗户的太阳得热；(iii)建筑中的通风路径是有效的，则居住者就可以只在白天进行通风。

在设计拙劣的现代建筑物中，墙和屋顶很薄而且几乎没有任何遮阳措施，自然通风只有在7月份平均最高气温小于或等于28℃时才有效。如果建筑物有特别大的窗户，那么就会有大量的太阳辐射得热，室内过热就不可避免，特别是在建筑物的向阳面。

## 通风类型

自然通风的驱动力是风和温度。建筑物室内外风速和温度的不同引起内

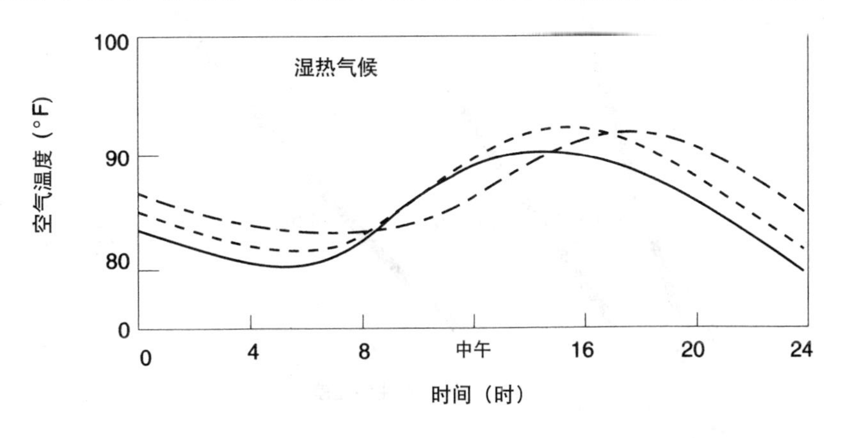


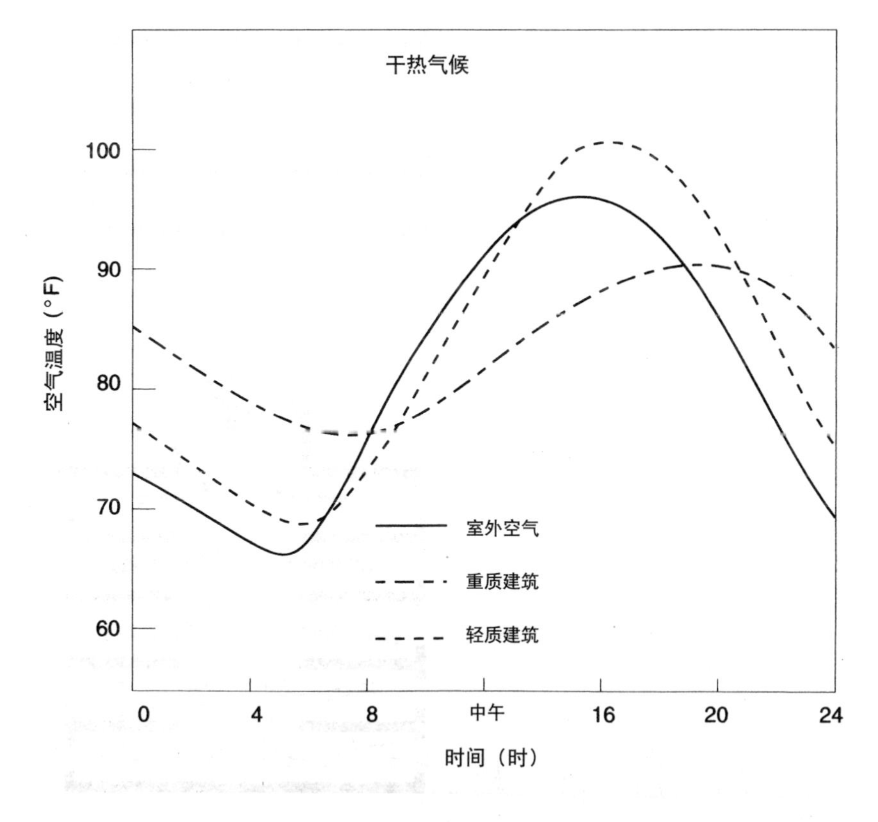


图8.10 轻质与重质结构建筑物的热性能比较

外之间的风压差和热压差，由此产生室内自然通风。

作用在建筑物上风压的大小取决于风向、风速和建筑物的形状。室内外温度的不同会引起空气密度的差异，从而产生不同的压力（图8.11）。穿过洞口的气流速度与压力差并不成线性比例关系，因此，对任何一个洞口来说，由风压产生的气流和由热压产生的气流是不能直接相加的。空气穿过建筑时所产生的压力（风压或热压）常常会被各个不同洞口的气流阻力所平衡。

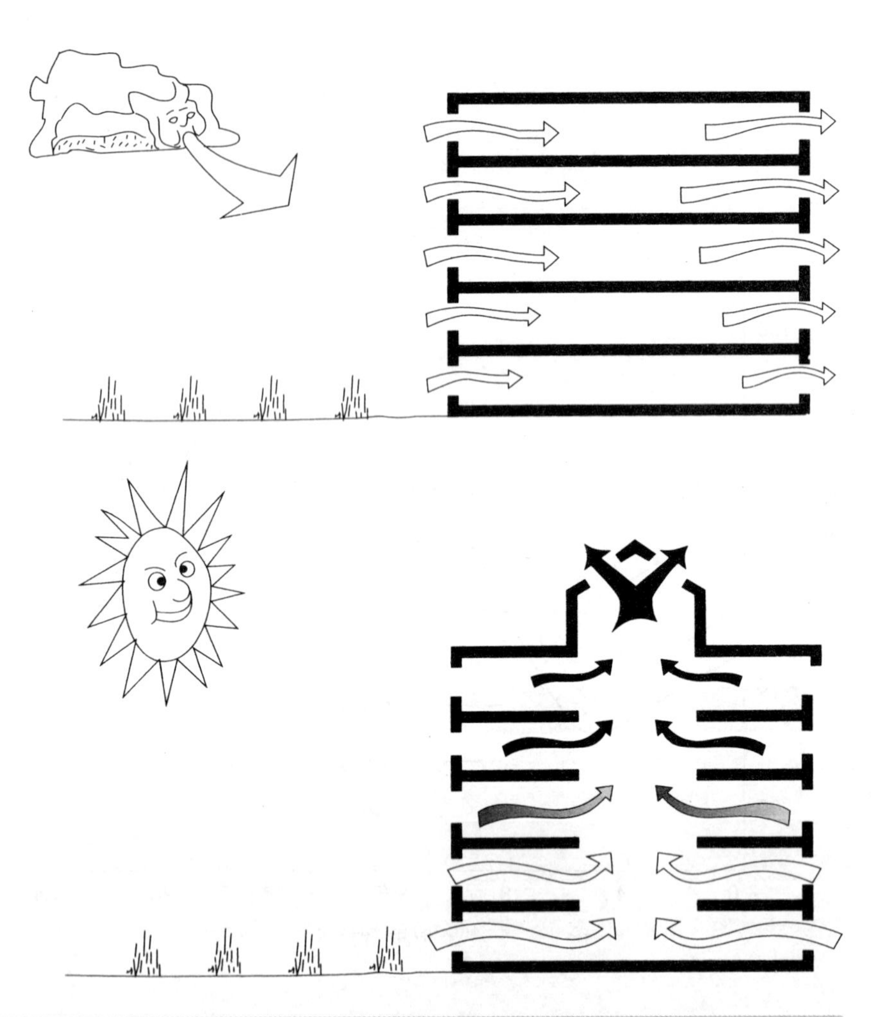

图8.11 风压通风和热压通风

## 风效应

作用在建筑物的总压力大致上等于风速的压力。图8.12显示了10m高处风速为4m/s的季风（meteorological wind）对于不同高度建筑的平均值：如果建筑是孤立的，风速保持不变为4m/s；而在郊区和市中心，实际风速会下降，10m高处的局地风速将会分别下降到2.4m/s和1.3m/s，压力也会相应地减小。

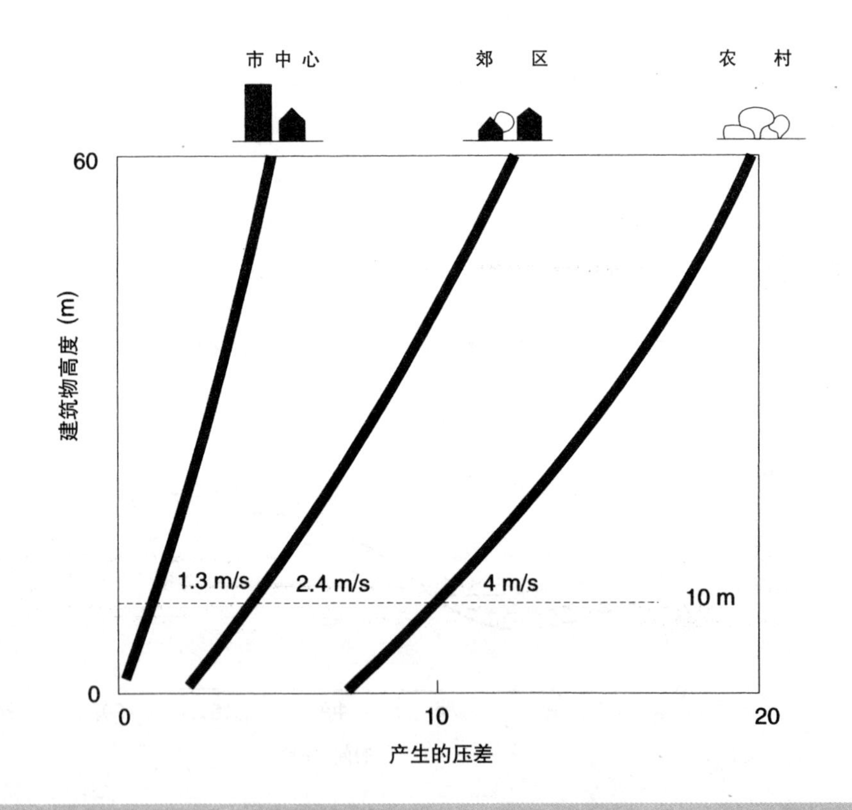


图8.12 风压产生4m/s的风速，局地风的影响会导致压力大幅度波动

## 温度效应

这也被称作“烟囱通风”和“热压通风”。热空气上升产生热压，从而产生垂直的压力梯度。这种效应取决于暖空气柱和周围空气的温度差及暖空气柱的高度。室内外温度每相差1℃，将会在建筑高度方向上产生大约0.04Pa/m的压力差。图8.13展示了当烟囱内温度低于室外温度时，可以利用它的反烟囱效应。

热压可以用下列等式计算：

$$P_s = 0.042 \times h \times T$$

式中：$P_s$ = 热压，$N/m^2$；

$h$ = 烟囱高度，m；

$T$ = 温度差，°C 。

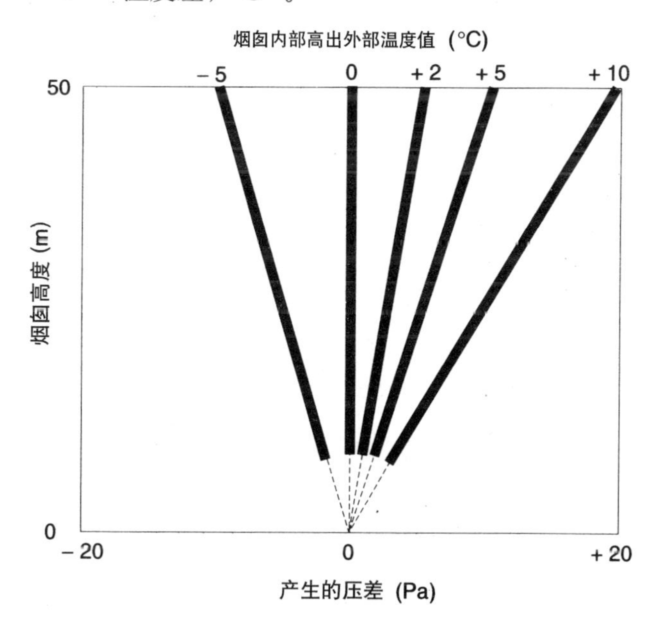


图8.13 室内热压分布

## 通风和建筑物

建筑物自然通风有四种主要途径：

- 单侧通风；
- 穿堂风；
- 烟囱效应；
- 反烟囱效应。

## 单侧通风

当大的通风口如门、窗等仅位于一面外墙上时就产生了单侧通风。空气

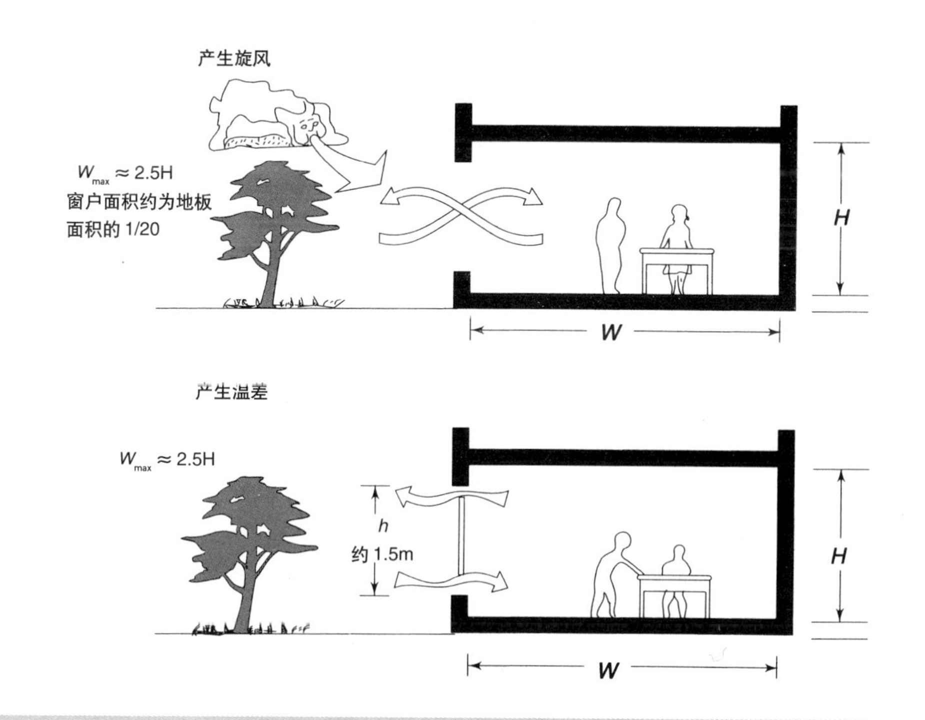


图8.14 单侧通风

的交换是通过风的湍流、外部的洞口和局地外部气流的相互作用及局地烟囱效应来完成的，如图8.14所示。

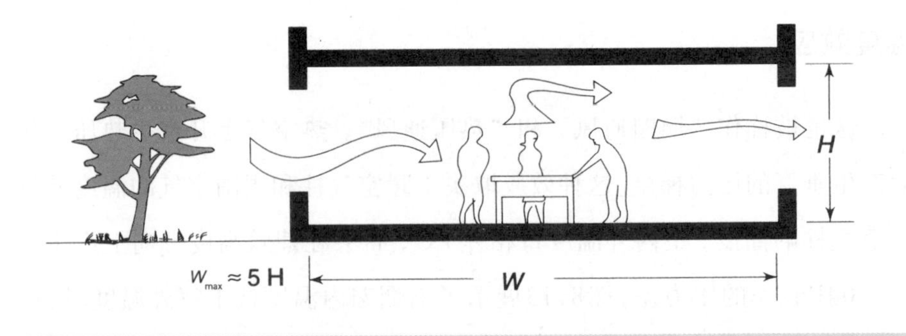


图8.15　穿堂风

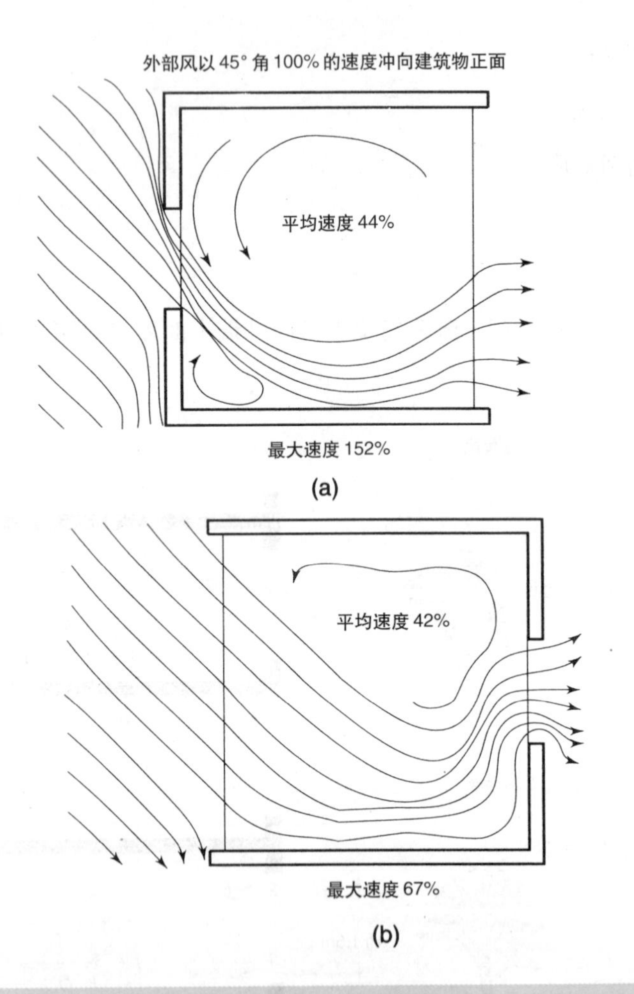


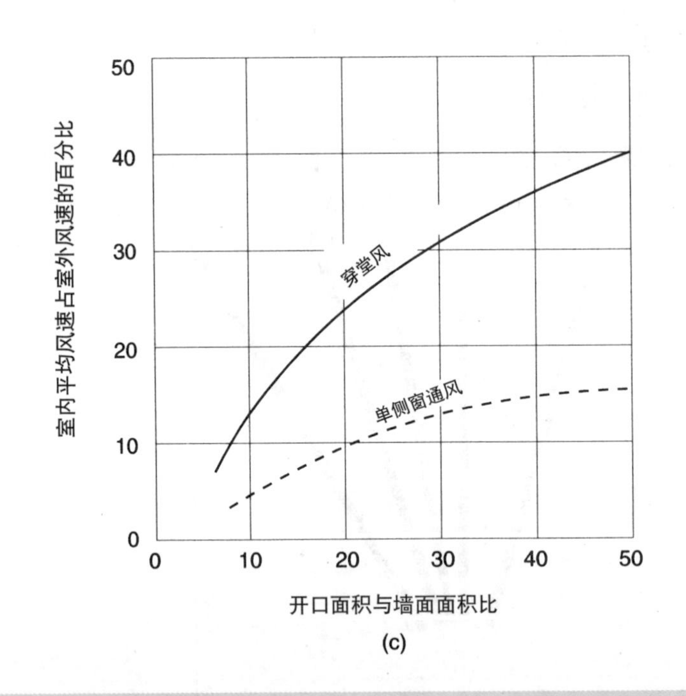


图8.16　入口和出口大小对室内风速及气流分布的影响：(a) 入口小、出口大时，室内最高风速值较大，但是气流分布不均匀，房间大部分面积风速较小；(b) 入口大、出口小时室内最高风速值较小，但室内气流分布较好，只有小面积风速较低；(c) 这个图假定房间平面接近方形，且风向正对建筑。当窗墙面积比超过40%时，再增加窗面积，室内风速不会有很大的提高

## 穿堂风

当外墙上的气流入口和气流出口之间有一个室内气流通道时就产生了穿堂风。气流的特点是由风和温度差的综合作用决定的。图8.15显示了它的一般原理，图8.16强调了入口和出口大小的重要性及穿堂风对于提高风速的重要作用。

穿堂风取决于建筑相对面的窗户（或其他开口）是否充分打开，这需要居住者的合作。大进深空间（deep space）的通风效果受内部隔断和障碍物的影响，这些隔断和障碍物会妨碍建筑通风系统的运作。

内庭院可以作为通风空气的一个来源。在一年和一天最热的时间段，如夏天的午后，小庭院内部的空气几乎不动，这对于单侧通风来说是一个弱的微风源（图8.17）。在一些炎热地区，传统上是在庭院之间建造走廊，穿堂风从庭院抽取空气，穿过周围房间，通过偏门流进走廊。

## 烟囱效应与反烟囱效应

中东地区的捕风器也许是世界上最复杂的被动降温系统。该系统演示了如何利用烟囱和反烟囱效应，使塔内和建筑物内的空气上下流动。例如，在一个无风、炎热的夏天午后，风塔内很热，烟囱效应使房间的热空气被抽到塔顶部，而来自庭院的凉空气代替了原来的热空气。在夏天无风的早晨，夜间冷却了的塔将从室外吸入较热的空气，这种逆向烟囱效应能使室内获得舒适的空气流动。当塔不断升温，烟囱的作用又颠倒回来，凉爽的庭院空气又被利用起来。因此在较炎热的地区，一天的大部分时间里，这个巧妙的系统就不断向房间输入新鲜空气。塔越高，顶部和底部之间的温度和压力差越大，塔顶通风口四周的空气速度就越大，这就增大了塔内空气流动的速度。在伊朗的亚兹德（Bagh-e-Dolatabad in Yazd，Iran）地区有世界上最高的捕风器，高出地面32m，从塔底流出的风一般为7m/s。

通常在夏天的下午突然起风时，风塔内空气上升或下降的方向取决于盛行风的方向和塔上通风口的朝向。凭经验设计的风塔如图 8.18 所示。风塔设计最基本的原则正用于温和地区的建筑中，而且在很多不同气候带中都有发展潜力，但是必须完全领会这个地区的热舒适要求和气候情况才能得到有

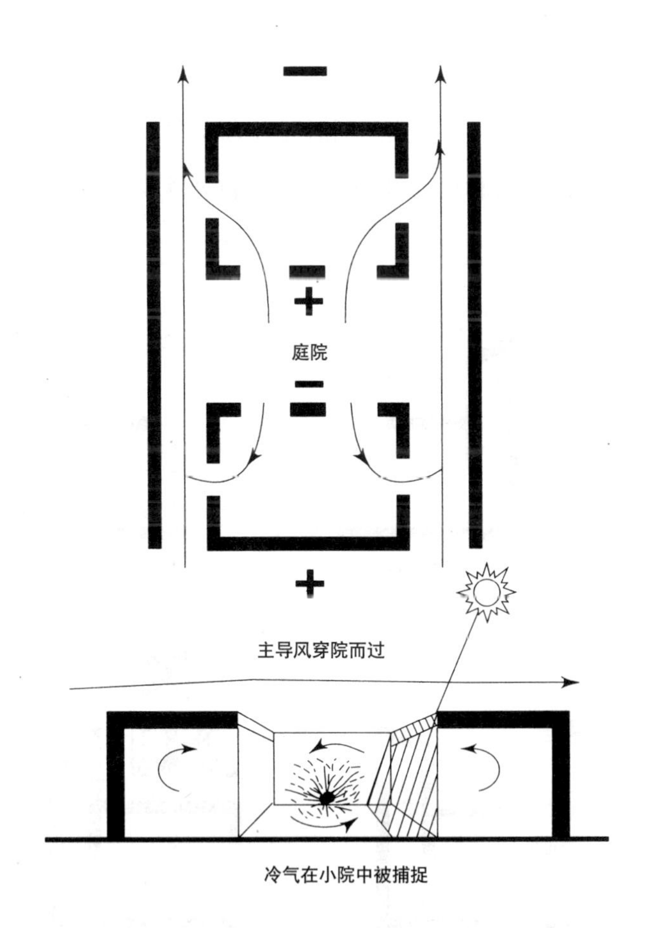


图8.17 庭院内及周围的空气流动

效的利用。

在西方，不少人都试验使用太阳能烟囱，即风塔内面向太阳的墙是透明的，让阳光透射到塔井内，加热对面的重质墙（图8.19）。塔内热量的积聚会增强塔内的烟囱效应，使空气上升得更快。值得注意的是，在使用太阳能烟囱时，不要使透射入底层房间的太阳光线过多，因为风塔两个最大的设计特点是：

• 在高密度居住区，风塔应位于屋顶上风速最大的地方（不要将捕风器建在另一座建筑的风影中）；

• 它在排走多余的太阳得热的同时允许有穿堂风。

反烟囱效应冷却塔利用最好的例子是以色列沙漠建筑研究所。在这里，向位于建筑物中心的塔内喷水，使空气降温，产生向下的拉动力，从而使塔内温度从上至下降温达16℃。冷却塔将冷空气导入底部建筑空间中，同时热空气从建筑物与塔毗连的墙顶部散发出去（图8.20）。

## 结构散热

单侧通风的一个缺点是它不能使建筑物的热量均匀散发，而倾向于在向阳面储存热量。图8.21解释了穿堂风使热量在建筑物内分布更加均匀的原理。

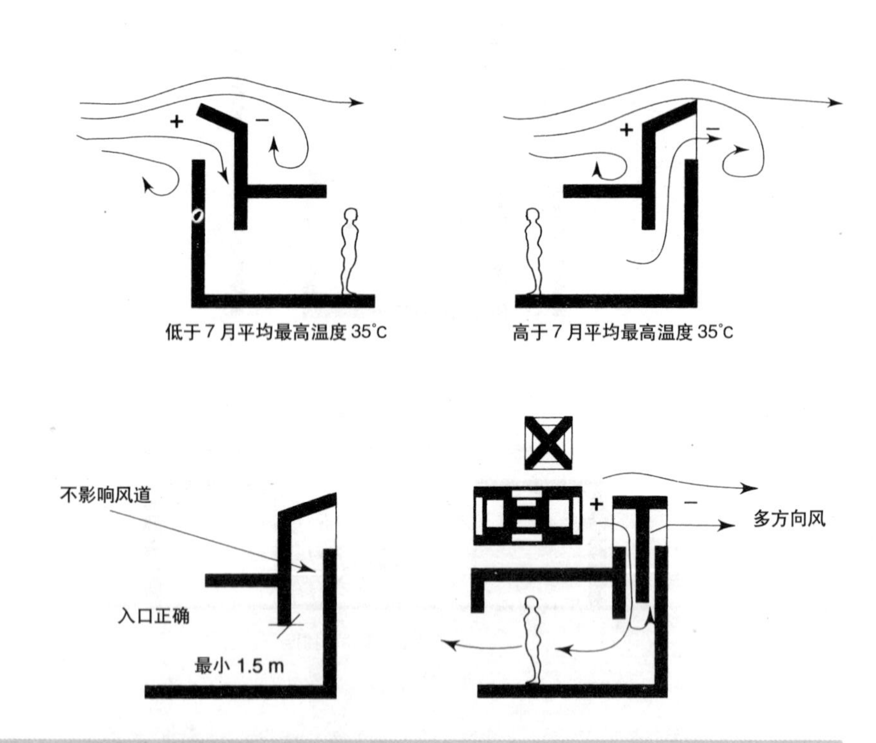


图8.18 捕风器方向的选择规律（7月份最高平均温度超过39°C时，捕风器只能达到微量通风，起不到降温作用）

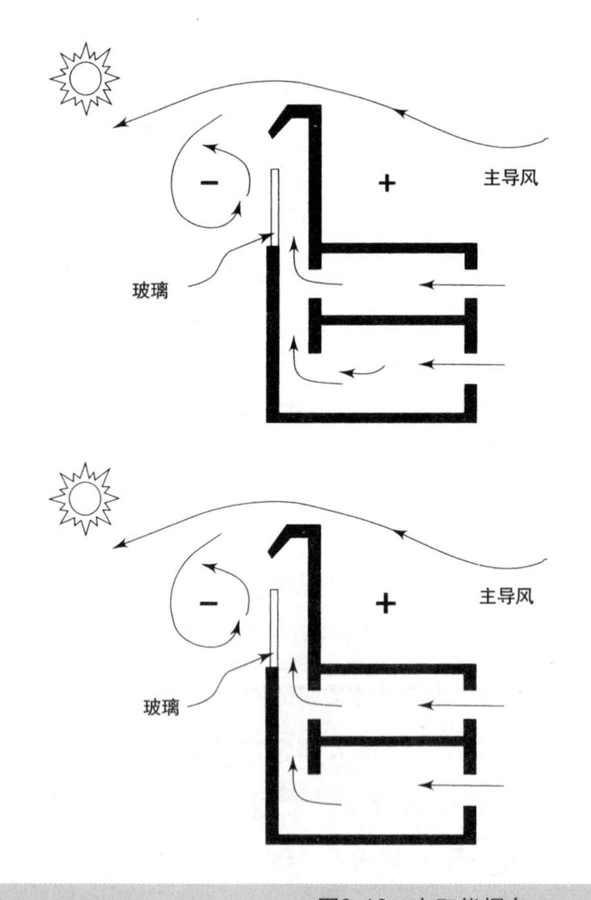


图8.19 太阳能烟囱

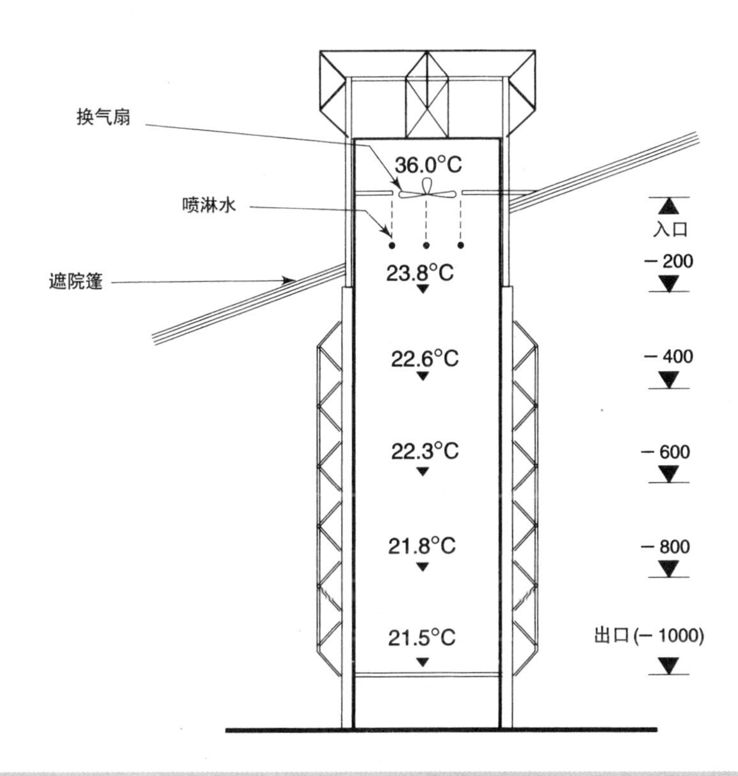


图8.20 以色列沙漠建筑研究中心的蒸发冷却塔剖面图，展示了夏天塔内温度分布状况

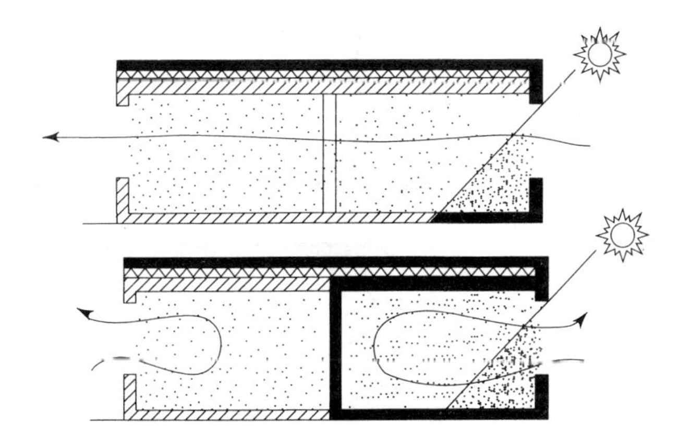

图8.21 单侧通风和有穿堂风的建筑对积蓄的太阳得热在分布上的潜在差异

穿堂风能避免建筑背风面房间遇到的问题（进行测试过程中所发现），通常建筑物背风面（下风面）的房间比迎风面的房间舒适性要差一些，因为风的屏蔽效应会使背风面的房间空气流动大大减少。

顶棚热池是一个真正的难题。它主要由两大热源造成（图8.22）：

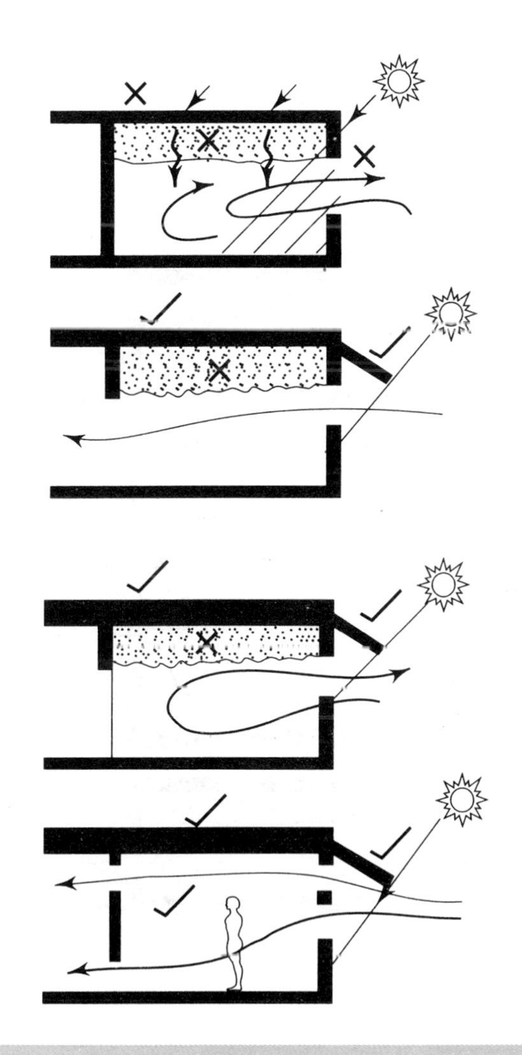

图8.22 顶棚热池问题

• 来自窗户、墙或屋顶的直接太阳得热（当然，通过良好的遮阳及对墙和屋顶进行良好的隔热，这个问题可以减到最小）；

• 来自人、操作过程和机器的室内得热量。

热池的热量如果不排走，就会使建筑的结构温度大幅度地上升。减少这种热量积聚的途径就是通过高位通风孔将热量从顶棚排走。否则，热池会一直笼罩在顶棚下面，而不受建筑下部的单侧通风和穿堂风的影响，室内顶棚的热量就会越积越多。

## 通风口的设计

设计窗户时，房间的简单气流示意图是非常有用的（图8.23）。窗户的设计越来越没有艺术性，但这也许是建筑复兴的一个见证。为一座建筑选择合适的窗户时，最好去看看这一地区传统的窗户设计，可以为新的设计提供线索。

如果玻璃表面开口较少，肯定对窗结构工业有利，但重要的一点是，在

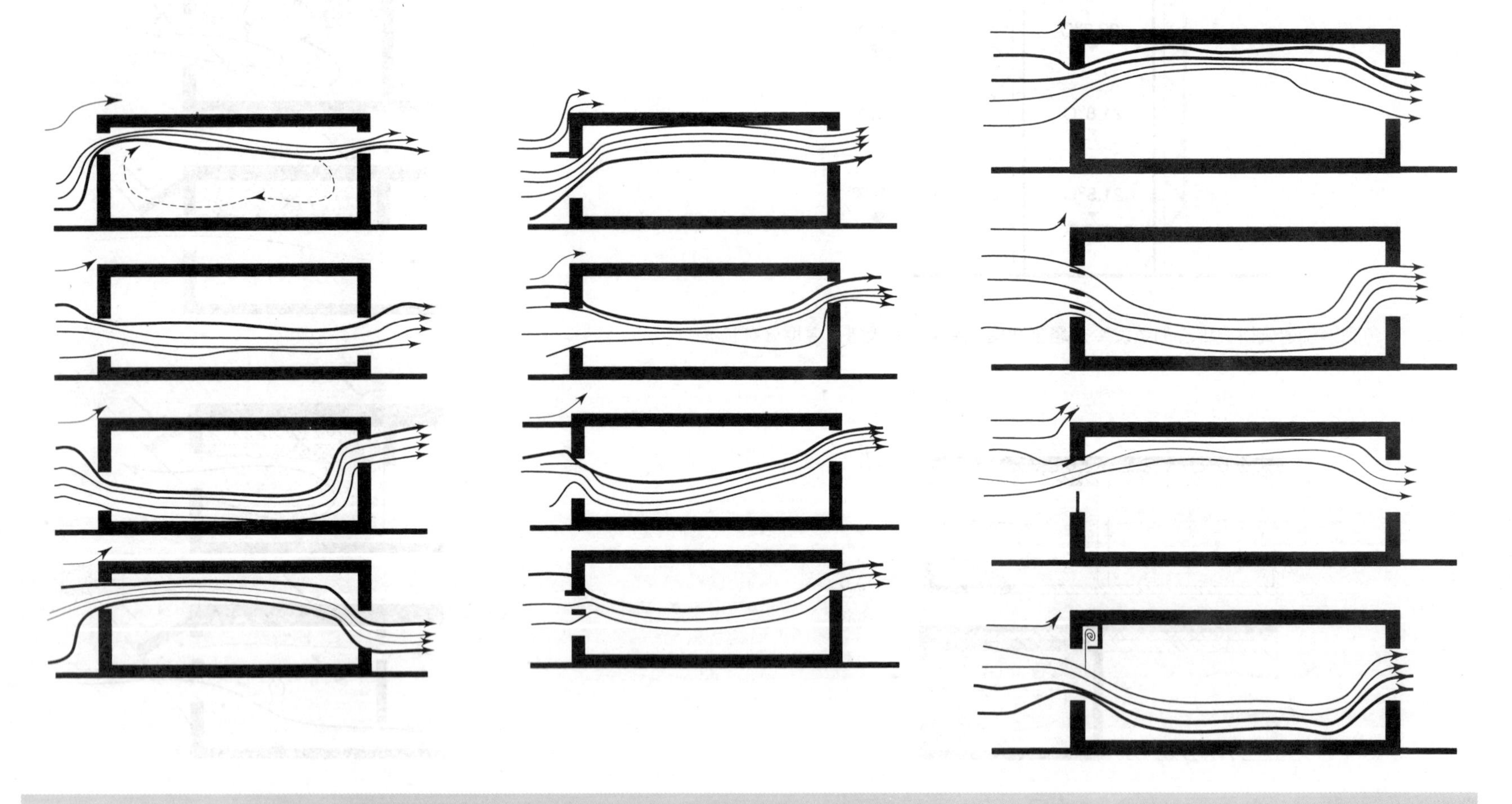

图8.23　不同类型的窗户开口和遮阳对通风的影响（参考文献3）：每一个图都应该考虑到居住者的舒适性

控制气流穿过一个空间时要提供尽可能多的灵活性，特别要确保房间的使用者能把热空气从房间顶部释放出去，而又能把新鲜空气从底部引进来，这样就会因该空间内热量的分层作用给室内空气流动提供动力。图8.24显示了几种窗户的设计。一座建筑一定不能只有固定的窗户，在容易停电的地区，会导致这些建筑无人使用。另外要考虑的是室内风影区的范围，在风影区中空气很少流动，如图8.25所示，这些死角可能是这个房间潜在的不舒适区域。想一想，怎样才能改进这个房间的气流状况。

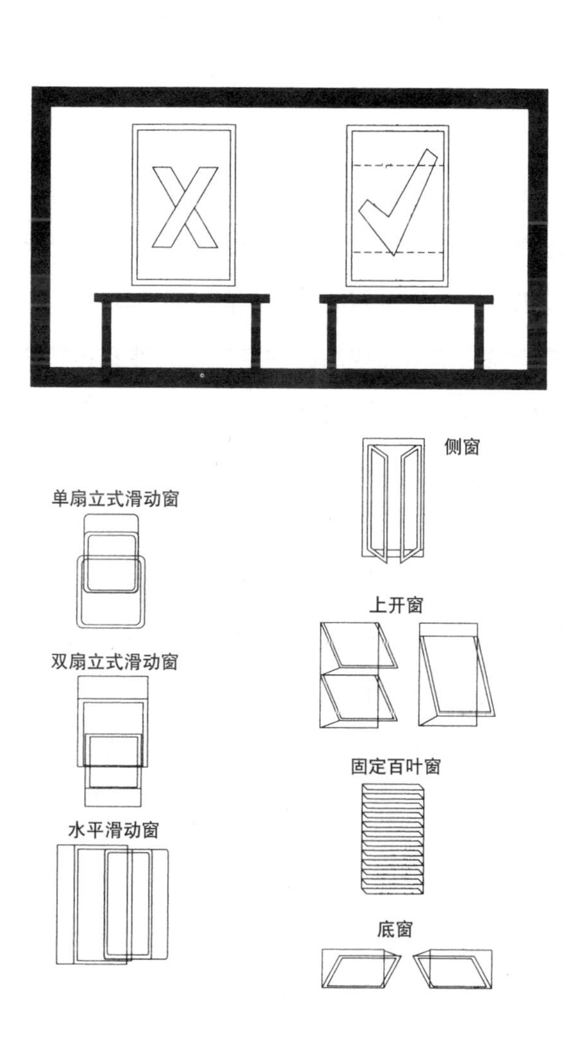


图8.24 窗户的类型

## 建筑形式和朝向

这里要再次考虑风影的作用。重要的是获得该地有关风的气象数据，并亲自到基地去了解一下风对该建筑物实际作用能有多大。在许多高密度城市中，邻近社区发展产生的风影作用，几乎可以把到达该建筑的所有风都挡住。这就是为何要用捕风器捕捉屋顶上空的快速气流，并把它引导到底下建筑中的缘由。如果高塔背对风向，将利用塔背风面的负压把空气从建筑物中抽上

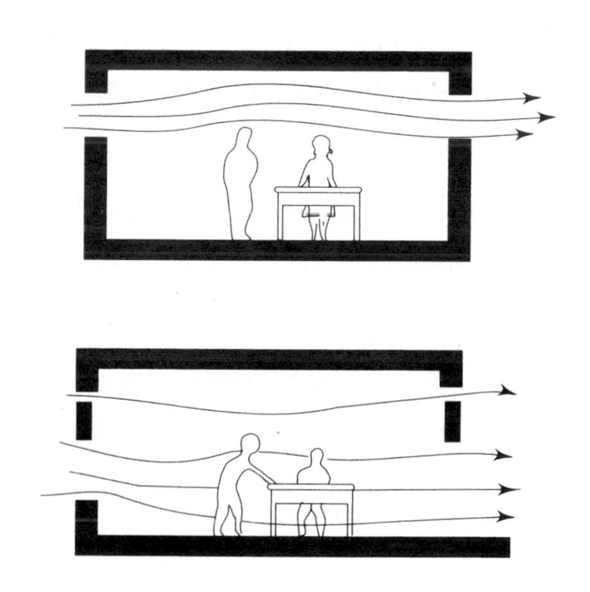

图8.25 房间使用者的考虑
（你只想排除房间多余的热量还是想让空气流过坐着或站着人的身体？）

去。图8.26简单地解释了风影的原理，它决定了设计一座建筑物时是否需要附建一座风塔。

穿堂风可以通过以下方法得到加强：合理的种植、在建筑物侧墙上开出风口、使用挡风墙（图8.27）。进风口的形式和位置决定着房间内气流的模式，而出风口位置的重要性则居于第二位。

## 空气的自然调节

调整气流的一个美妙想法就是让空气自然地进入一个空间。可以采用以下的做法：

- 利用水塘水池、沟渠和喷泉中的水；
- 在建筑物内部和四周种树；
- 利用地冷。

从地表每下降1m，土壤的温度就会下降1℃左右。因此，如果不能在建筑物中修建深的地下室，还可以使空气在穿过地下的黏土管中得到降温。直径为300–600mm，埋深3–10m的黏土管形成一个环路，汲取来自外部或内部花园的空气（或使用已经调节过的空气）使它穿过深埋的水井，甚或只是穿过地表。这些措施将确保来自环路的空气至少比周围的空气低5℃，如图8.28所示。

在环路的出气口处安装一个小功率光电风扇可能会有用，这样即使在一年中最热的时间段，这个系统也不会因停电而发生故障。一定要将地耦合环路的出气口设在有良好穿堂风经过的地方，确保在没有电扇的情况下，利用出气口开口处的狭管效应也能将空气送入房间。地耦合环路、穿堂风、光电风扇及烟囱和反烟囱系统相结合是很有使用潜力的。要注意的是，利用光电池驱动空调机的做法，代价是极其昂贵的，但是，在这个系统中把光电池和小功率光电风扇结合起来使用却是很明智的。

## 结论

极富想像力的设计可以使建筑几乎不用任何机械制冷设备——甚至在最炎热的气候区。毕竟在印度的建筑设计中，这样做已有一千年的历史了。在设计领域，我们仍有很多地方需要向我们的祖先学习。

成功的自然通风系统不需要高昂的空调安装费和运行费，为居住者节约大笔开支。它还可以减少“建筑综合症”发生的可能性，避免在灯火管制和暂停供电时出现危险的高温。如果设计得好，不仅能缓和热不舒适，而且能创造热舒适。但是，自然通风系统只是好的设计中的一部分，单靠它很难达到舒适的目的。必须把它看作是建造被动式、低能耗建筑物的整体方案中的一部分，加上其他的手段如隔热墙、隔热屋顶、有关室外气候和热舒适的知识、室内有大量蓄热体、良好的遮阳和合适的朝向等才能达到目的。不过要在印度发展低能耗的、与环境和谐共处的可持续建筑，自然通风的贡献还是很大的。

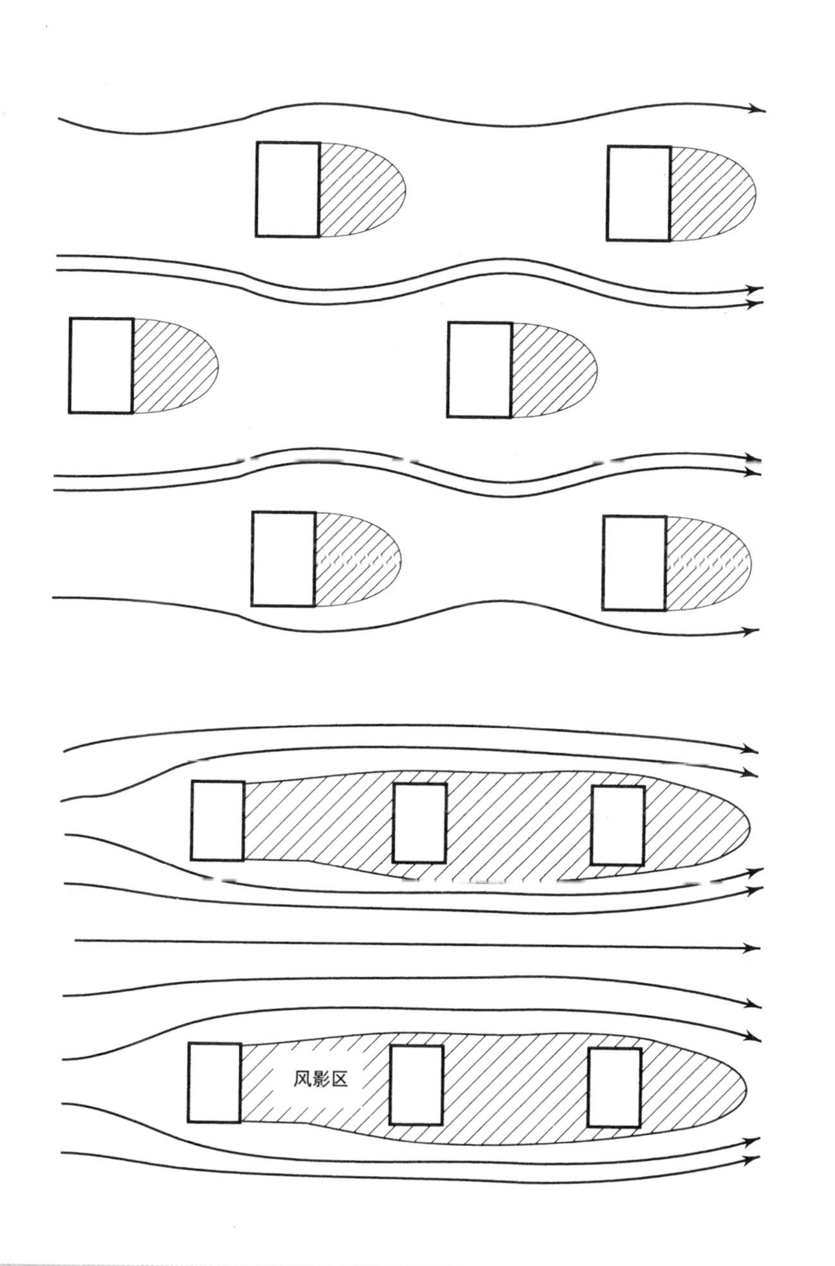


**图8.26** 建筑物周围的气流和风影区（用斜线网格标出）

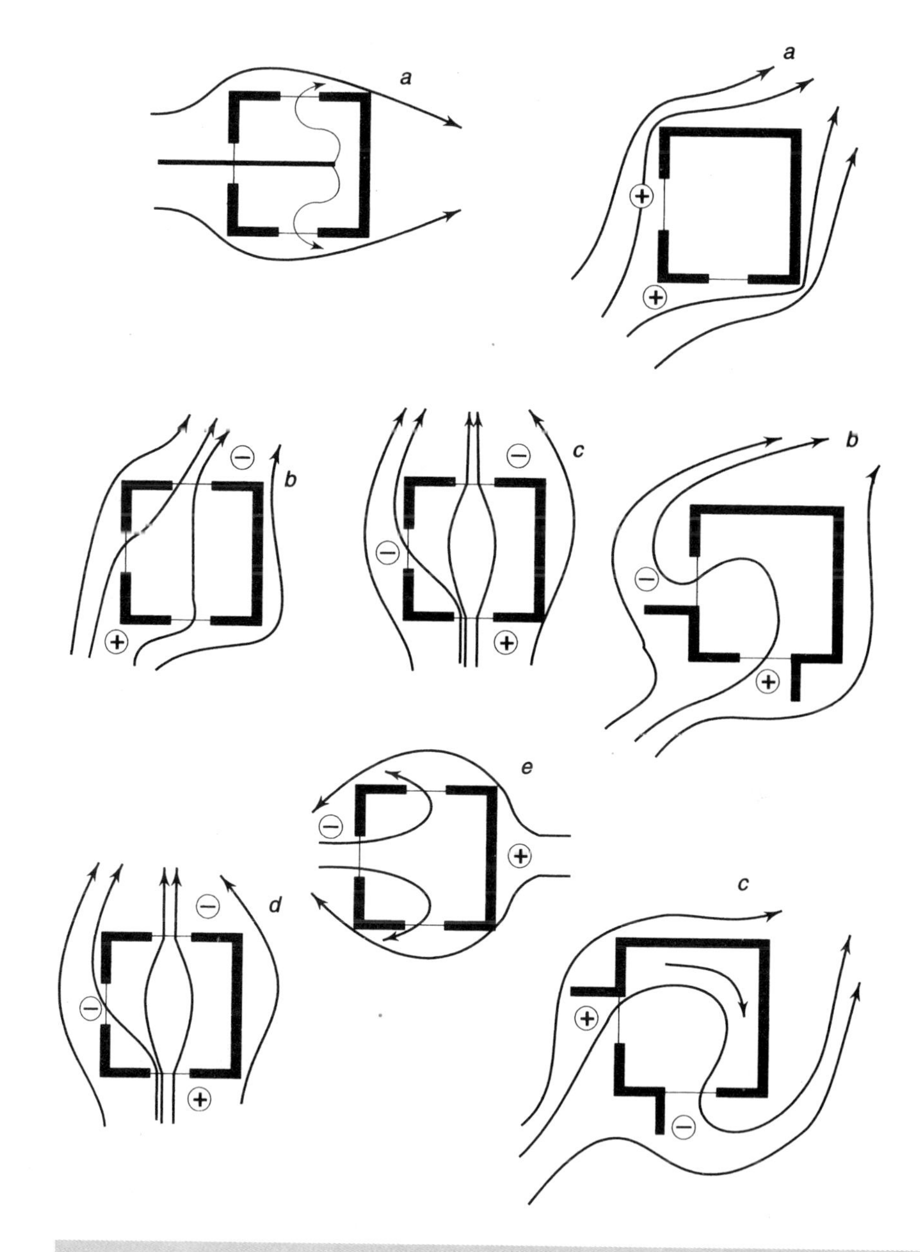


**图8.27** 房间、挡风墙、植被和通风口对气流方向的影响

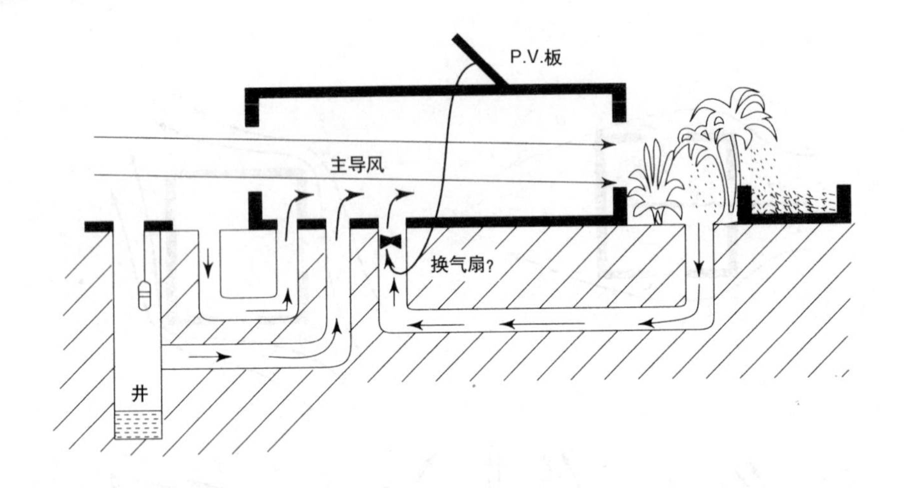


图8.28 地耦合、自然空调和光电（PV）风扇等自然通风手段的综合利用

## 参考文献 References

1. Evans, M. (1980): *Housing, Climate and Comfort*, The Architectural Press, London.
2. Kukreja, C.P. (1978): *Tropical Architecture*, Tata McGraw-Hill, New Delhi.
3. Santamoris *et al.* (1995): *Passive Cooling of Buildings*, James and James.
4. Givoni, B. (1982): *Man, Climate and Architecture*, Applied Science Publishers, London.
5. Szokolay, Steven Vajk (1980): *Environmental Science Handbook: For Architects and Builders*. Lancaster (etc.): Construction Press.
6. Brown, G.Z. (1985): *Sun, Wind and Light Architecture Design Strategies*, New York, Chichester, Wiley.

## 建议阅读 Further Reading

Any book or article by Steven Szokolay, Martin Evans, Baruch Givoni, Victor Olgay, Michael Humphreys, Fergus Nicol, Susan Roaf, Mary Hancock, etc.

# 适应气候的低能耗建筑中的适宜性技术

# Appropriate Technology for a Climatically Responsive Low Energy Architecture

■ 沃尔夫冈 · 维尔科姆

低能耗生态实用技术可以分为不同的层次：

**低造价建筑物的基本建造技术**

不管怎么说，应能提供良好的性能以满足人们对室内外舒适度的最简单要求。例如，可通过建筑物的朝向、建筑构件（如屋顶、窗户等）的形状、建筑材料的选择及建筑物与地形、植被和居住区的整体设计来达到目的。对于这些基本方法，一般的指导方针是：在温暖湿润的气候下采用穿堂风和轻质建筑材料，而在干热的气候带则应使用重质建筑材料以平衡昼夜的温差。

**被动式太阳能方法**

就是通过各种附加手段利用太阳能以适应自然气候，而不用机械装置的辅助。这种被动式方法可以运用在建筑构件中，如：温室、特朗伯墙、太阳能烟囱或地下通道等，既可用于采暖也可用于降温。使用的一般设计工具有：如何及在什么地方（比如说在何种气候带）用或不用这种被动式太阳能构件。单坡温室在一种气候带也许非常舒适，但在另一种气候带或季节也许会把毗

暖湿环境

连的建筑物变成火炉。这种方法的使用往往略高于最基本的低造价水平。

**主动式太阳能方法**

是作为更进一步的附加策略来考虑的，特别是当建筑物的设计满足了生态气候学所要求的适应自然条件的基本原则，并且已充分开发利用了当地的被动式太阳能构件。我们来核实一下其利用的可能性，如利用太阳能收集器提供热水甚至采暖，以太阳能为动力的制冷设备，或用真正高科技方法即用光电太阳能电池板进行发电等。太阳能收集器适用于中等经济水平的国家，而利用太阳能发电也许在不久的将来是非常适用的，如在热带地区城市的高层办公楼，因为需要用能量进行降温的时候也是太阳辐射提供能量最多的时候，而通过半导体太阳能电池材料能将太阳能转化为电能。另一个最佳的方法是把太阳能电池板和窗户的遮阳设施进行整体设计，这时构件的下侧面是最有效的遮阳板，而它的上侧面则是最有效的太阳能收集器。

通过这些例子我们可以看到，不同层次的技术适用于不同层次的建筑任务或项目。本章下面的内容就试图给设计人员提供一些有用的原则和例子，以使他们个体项目的设计更合理。

## 基本的气候因素和建筑要求

大气环境受一系列单个因素的影响，其结果是世界各个地区都有自己典型的气候。这些气候因素会直接影响人的健康、舒适及建筑物的稳定性和耐久性，而建筑是以保护人类，有时也有以保护仪器和财产免受恶劣天气的影响为目的的，因此气候因素的影响显得尤为重要。最基本的气候因素包括以下几个：

- 太阳直射和散射；
- 空气的温度及其波动；
- 一定温度下空气的相对湿度；
- 气流及其运动；

干热环境

适宜环境

图9.1　适宜的乡土建筑

• 降雨及其时间、数量。

自从人类为保护自己而建造房屋开始，就可以通过建筑理念和形式来改变气候条件的影响（图9.1）。只要技术设备仍然不能为房间提供完全独立于室外气候的环境，那么利用气候的积极影响并缓和其负面影响，创造人体可以忍受的室内环境就是惟一的可行办法。正是这个原因，每个气候带的传统建筑，都为研究合理的建筑和结构设施，有选择地利用外界气候因素来调节室内气候，提供了取之不竭的源泉。

在很多情况下，现代建筑都要求有采暖、降温、空气循环或空气加湿的技术设施，从而使其有效地起到气候防护的作用。但是，这类设施及其运行所需的能量都取决于建筑的基本理念和设计。

如果这种理念和设计（图9.2）把所有的气候因素都考虑进去，有意识地利用某个气候因素（如理想的空气循环），调节其他因素（如太阳辐射使建筑局部受热）的影响，就能大大减少建筑设备的投资和运行费用。在这里适应气候的建筑指的是“一个能适应的和有选择的有机体，而不仅仅是一个隔离壳（Raymond Ayoub）”。在这种意义上，适应气候的建筑物同时也是具有能量意识的建筑物。

## 总的指导方针

对于地球上任何一个气候带的生态建筑设计来说，考虑太阳的运行轨迹（确定想要的或不想要的辐射），考虑主导风向和局部调整因素，如地形、植被、建筑等的影响是至关重要的。另外，在设计工作开始之前，还必须分析当地的空气相对湿度、降雨和季节变化等所有因素。然后我们才能对某一特定气候区的一般指导方针进行适当调整，以适应我们项目所在地的特殊条件。

## 暖湿地区的要求

温暖、湿润的热带地区的基本设计策略可以归纳如下：

减少辐射得热和利用空气流动在释放建筑构件的热量和帮助人体蒸发

图9.2　设计元素：太阳和遮阳，风和水

降温（实现温度平衡）方面是两个最重要的因素。因此，通过选择建筑形式和它在邻近建筑物中的位置、自然坡度或植被，使其尽可能减小直接暴露在太阳辐射下的外表面面积（特别是屋顶和东西墙）。另外，要避免将开口设在最直接暴露的墙面上（特别是西向卧室的窗户），或者要仔细设计开口的遮阳设施。所有的开口及紧临建筑的外部空间都应有遮阳设施。还应优先考虑建筑及开口的朝向，以便使房间和通风屋顶都有很好的穿堂风（图9.3）。

因为缺少夜间低温，没办法利用蓄热体加热和冷却之间的时间延迟（而在干热气候带却能做到），所以应尽量减少建筑材料蓄存的热量。因此，在建筑物外部，我们应倾向于使用轻质的、辐射吸收低的材料。这些地区的传统建造技术经常使用有机材料做薄墙，有时使用织物或通风效果良好的席垫。为满足当今一般社会的要求（如安全与防火），很多情况下使用了厚实材料。然而应尽量少用蓄热材料，例如可以用空心砖或砌块砌成相对较薄的墙，或在墙上留有足够比例的可控开口。

隔热材料也会有负面效应，当由于某种原因室内温度高于室外温度时（如由于连续数小时房间内有高密度人群），建筑物的隔热材料会阻碍热量尽快的散发。而当有穿堂风时，墙上的开口使得室内温度非常接近室外阴凉处的温度，这时隔热材料常常是无效的。所以，应仔细检查隔热材料使其发挥应有的作用。当然，这种效果通常很有限，例如对于外露的屋顶构件来说便是如此。应该指出的是，在温暖湿润的气候区，主要解决的问题不是高的空气温度（比干热地区温度要低），而是高温与高湿的混合作用产生的问题。

在绝大多数温暖湿润地区，常会有大量的季节性降雨，这就需要认真设计建筑及其周围的排水问题。因此，传统的建筑模式中常采用有着宽大挑檐的斜坡屋顶。

## 干热地区的要求

干热地区的基本设计策略可以归纳如下：

减少太阳辐射得热比在暖湿地区更加重要。所以，这里提到的一切措施

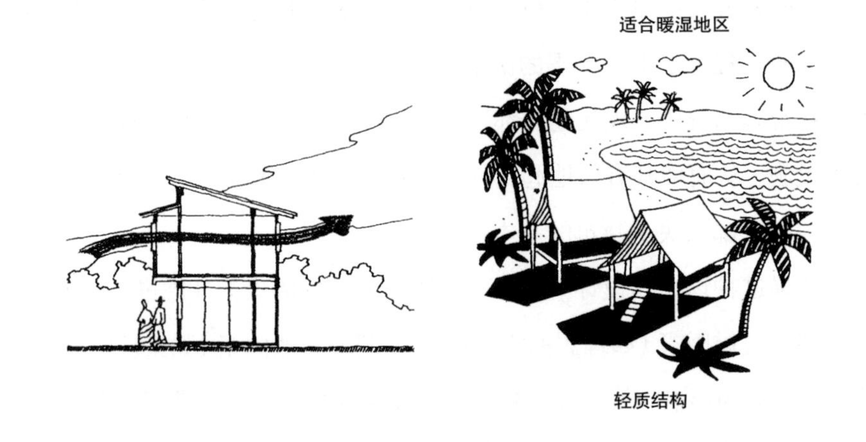


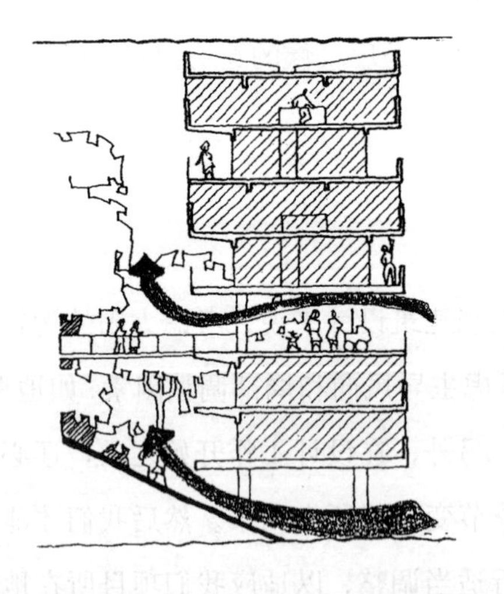

图9.3 通风：一项基本的设计要求

（室外空间，建筑物及其开口的遮阳）都必须作为优先于其他任何措施（甚至优先于有关穿堂风的措施）的基本规则来遵循。外墙开口应该小而且不要暴露在太阳下，还应利用邻近建筑的相互遮阳。应控制狭窄的街道和胡同的尺度并选择合适的朝向，使其暴露于太阳下的时间最短（图9.4）。

干旱（又干又热）和半干旱（季节性干热）地区的传统建筑模式是庭院建筑。庭院建筑绝大部分开口都面向尺度适宜的内部开敞庭院。庭院内有日照，可以用绿化或布块加以遮阳，不仅可以遮阳，还可以增加私密性——连同狭窄的胡同一起——免受风沙和沙尘暴的侵袭。

与暖湿地区相反，干热地区的昼夜温差很大，这样建筑材料中蓄存的热量是很有用的。当厚实的建筑白天逐渐从室外吸收热量（通过高温的空气，甚至更多地通过不能完全避免的直接辐射），由于蓄热体的时间延迟热量会缓慢地传入室内。在凉爽的夜间，这些大大衰减的热量才能到达室内。同时，热流会从室内向室外倒流，墙面和屋顶的热会再辐射回晴朗凉爽的天空和四周的环境，因此到第二天，蓄热器（即建筑物自身）已清“空”，又有很大的容量慢慢吸收太阳得热，如此往复。

干热地区建筑的通风同暖湿地区相比，作用方式是不一样的。当室外气温高于人体温度时，通过大开口的穿堂风是不起作用的——相反，还是一种负担。在这种情况下，白天的通风必须在建筑较高部位设置出风口散发热量，如果可行的话，还必须在建筑物较低部位设置进风口，使来自遮阳良好的庭院、地下室或地道的冷空气进来。这样，通风就以垂直热压作用产生的气流为基础，和湿润地区以水平风压作用下的穿堂风相反。

在有固定方向（有时是两个方向）盛行风的城镇，人们已经发明了传统的特殊通风装置——塔状捕风器（如著名的“malkaf”或“badgir”），耸立在城镇密集的建筑群中，把风导入建筑内（当风的温度适宜时）（参见第8章）。为了尽可能优化通风装置的作用，还可以用半渗漏的水罐来给流入室内的空气加湿。墙面开口和地道进气口处类似的空气加湿系统已接受过测试。这样的系统可以用于“被动降温”，因为水的蒸发可以给空气降温。这种装置的范例就是所谓的“沙漠降温器”，是一种双层电线网中夹有湿炭的墙体制冷器。

小巧紧凑

图9.4　干热地区的建筑朝向

在有些干旱和半干旱地区，一个特殊要求就是在寒冷的季节要有一定的采暖，因此要设置直接暴露在阳光下可以控制的墙和开口。这就需要精心地选择与当地太阳的运行轨迹相适应的遮阳装置，使其在炎热季节能遮阳，在寒冷季节能被动地利用太阳能（图9.5）。如果单靠建筑的几何形状和太阳的运行轨迹不能解决问题，那就要采用可移动的遮阳装置。

我们必须注意，很多气候带都要求对这些基本的原则进行调整，因为当地的气候是有变化的，如像季风那样的季节性影响、位于山地或附近有大的水体等。因此，我们常常需要仔细分析当地的气候类型和建筑模式。

## 被动式太阳能措施

上述的基本策略可以用于任何类型（甚至是造价非常低）的项目，而下面所讲的被动式太阳能利用的策略却常常需要一些额外投资。然而，某一些策略（最简单的）与完全不考虑这种策略的项目相比并不会多花钱。例如，在寒冷季节用设计良好的向阳窗户来给相邻的房间进行太阳能供暖即是如此。

被动式太阳能构件可以分为两组或者说有两个目的：被动式采暖构件和被动式降温构件。其中有些可以达到双重目的（例如太阳能烟囱）。为了达到采暖目的，人们可以用温室（作为建筑整体的一部分或作为单坡“冬季花园”）、向阳的玻璃开口（窗户或玻璃顶）、透明隔热材料（一种新开发的高科技），通常还有特朗伯墙（图9.6）。

特朗伯墙系统——向阳的玻璃表面，后面是黑色的厚实的蓄热墙——在一定程度上已经适应了温暖季节的降温要求。当用作被动式采暖系统时，玻璃的底部和顶部的对外开口是关闭的，玻璃与厚实墙体之间的夹层空间被加热，热量直接经过墙上部的开口进入房间。同时，墙底部接近地面的洞口将利用玻璃后面被加热空间的烟囱效应把房间的冷空气抽出去。另外，厚实墙体将以热辐射的形式把吸收来的热量传入室内。

在温暖的季节用同样的构件还能帮助邻近的房间通风。为实现这个目的，首先需要在夹层空间内设置遮阳及反射装置，使黑色厚实墙体不会由于直接太阳辐射而升温。还有，玻璃上部的对外开口和墙下部的对内开口都应打开。

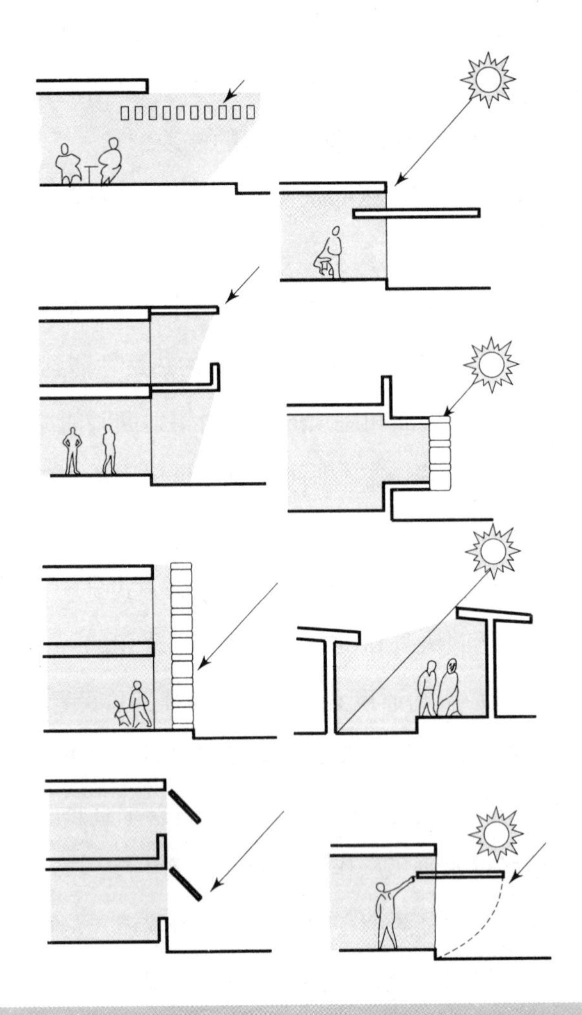

图9.5 遮阳装置：一项基本的设计要求

另外，如果房间的开口在较凉爽的一侧，不是朝向太阳的一侧，那么烟囱效应将把房间的空气抽出去，使另一边较凉爽的空气进入室内。

太阳能烟囱系统的运行方式非常相似，只是它没有大的玻璃表面，只有一个或几个烟囱形状的建筑构件，能抽出邻近房间的暖空气。太阳能烟囱的主要目的就是这个，但也可结合其他功能使用，如利用烟囱输出暖空气。这些功能可以用在农产品的太阳能干燥、木材的太阳能风干或其他商业用途中。

地道系统是另一个用来给室内送冷风的适宜构件，把它同上述（特朗伯墙、太阳能烟囱或简单的建筑构件如楼梯和狭窄的内庭院等）烟囱效应结合起来使用是非常有效的，“烟囱”是暖空气的出口，而地道是冷空气的入口。在干旱地区，后者甚至能加湿进来的冷空气，由蒸发增强制冷效果；在湿润气候区，精心设计的地道必须避免空气中的水蒸气在其内冷凝而积水，因此要有可以控制的排水设备。

在被动式采暖系统中，地道可以用作新鲜空气的输入口，这样导入的空气温度要比直接从室外进来的空气温度稍高一点。还可以与太阳能集气箱相结合，进一步加热空气。通常对于像双层墙和双层地板（即所谓的火炕式供暖系统）这样阻碍气流的采暖构件来说，集气箱是一个合适的系统。在这个系统中，被加热的空气把热量传递给地板或墙等蓄热体，然后由蓄热体再辐射到室内。对于这种没有其他通风装置提供辅助能量的系统，设计操作都要非常小心（被称作主动式和被动式混合的系统）。

被动式太阳能采暖系统的基本观点已经很古老了，即把建筑物自身用作太阳能的收集器和蓄热器。收集器的功能可以由以下的构件来完成：暴露在太阳下的窗户（这是简单且有效的方法，通常很少甚至不增加额外投资），暴露在太阳下的独立式或毗连式阳光间（额外投资的范围有大有小），上面提到的特朗伯墙（额外投资范围小到中等），甚至由透明绝热材料做成的暴露于太阳下的建筑构件（迄今为止主要是在两层玻璃间夹聚丙烯材料，这是一种高投资的解决办法）。

在热带或亚热带国家采用这种系统的实例中，最重要的是在炎热的季节用固定的或活动的遮阳装置，避免室内形成难以忍受的高温，甚至像在中欧

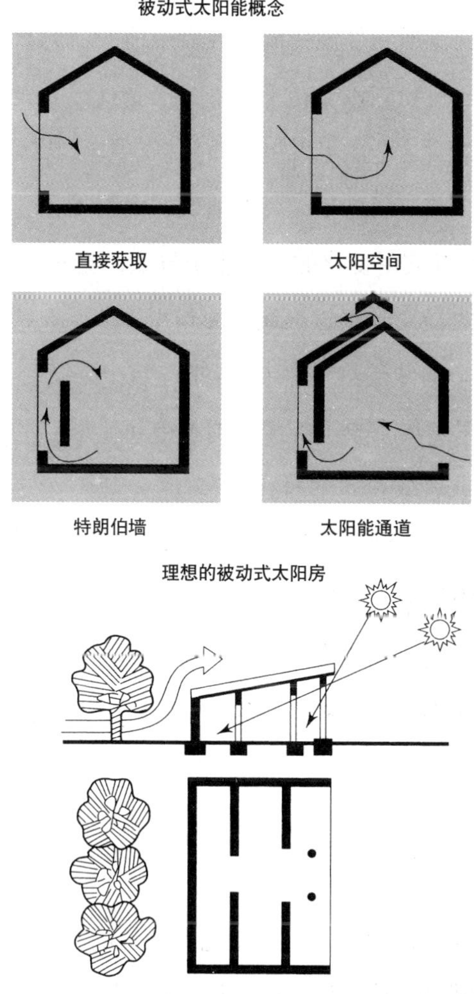


图9.6　被动式太阳能采暖

这样的温带地区，即使设计了温室、特朗伯墙或透明的绝热构件，夏天过热也是一个严重的问题，需要加以解决。另外，对于这样的综合建筑设计任务最重要的基本工具就是太阳的运行轨迹图。

一个完整的被动式太阳能系统要把收集构件和贮存构件结合起来。在特朗伯墙中贮存构件紧邻收集器设置，黑色重质墙体既是吸收器又是贮存器。在另一些情况下，室内的重质构件像砖墙或混凝土地面就起蓄热作用。作为一个优化的建筑形体，建筑物应该能在采暖季节接受直接的太阳辐射，在炎热的季节遮挡太阳。要达到这一点可以用屋面挑檐、阳台或其他遮阳构件来遮挡夏天高度角大的太阳光，引进冬天高度角低的太阳光。还可以用活动的遮阳装置，在冬天完全移开或用变化的角度来引导太阳光进入房间或反射太阳光。贮存构件的蓄热也能对夏天过热起缓冲作用。

被动式系统的另一个构件是热缓冲带，或把建筑中采暖要求比较低的房间布置在非向阳面，把采暖要求较高的房间围在中间（往往要安排其他的热源如炉子、壁炉等等）或者放在向阳面。

在适宜性技术方面，那些没有额外投资（如精心设计建筑及其房间及开口的朝向）的被动式太阳能措施对任何一个建筑项目来说都是最成功的，包括低造价房屋计划。对于商业建筑来说，特别是有代表性的办公大楼，高投资的解决方法也许比较适合——从特朗伯墙、太阳能烟囱到温室，甚至透明绝热板。

## 主动式太阳能系统

由于主动式太阳能系统总是要求对建筑进行额外的投资，因此在适宜技术的主题下就不做详细描述，只是作一些概括介绍。然而在不久的将来其中一些，由于其效益增值显著，为某种目的而使用也是非常适合的。这些不仅

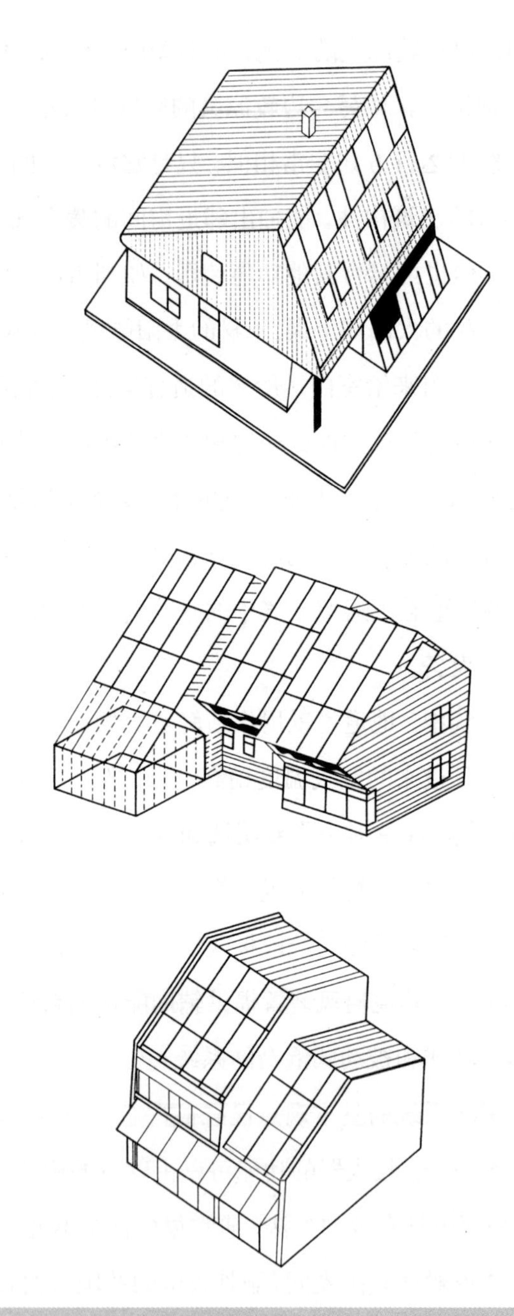

图 9.7 主动式太阳房

包括在宾馆、度假村、医院等使用的相对简单的热水收集系统，还有在代表性的高层办公建筑用的高科技光致发电的系统（图9.7）。

收集器系统已在被动系统中讨论有关热空气流动问题时提到过。在主动系统中，建筑物本身（作为一个被动系统）或特朗伯墙，或太阳能烟囱（作为被动系统或用额外的能量通过通风设备传热的混合系统）不是作为一个收集器来使用的，相反，收集器是一个特殊的技术装置。它通常利用玻璃板（用作温室效应）后面暴露于太阳下的吸收面来收集太阳能。这种吸收器直接与传热装置相连接（例如，当传媒是水时用管子，当传媒是空气时用通道）。

热传递可以利用重力的作用来完成，系统中的热空气或热水会上升到达储热水箱的位置或其他使用的地方。这里，重力系统或热虹吸管系统必须放在收集器的上面。在其他情况下，热传递必须用泵（水）或通风设备（空气）来完成。

众所周知的收集器系统是用来给家庭提供热水或其他类似的目的（清洁卫生、炊事、洗衣、淋浴）。这种系统相对简单、廉价，并且在低预算方案中也便于自己安装。

用于采暖的收集器系统常常更为复杂一点，并要有特殊的工艺和设计要求。最复杂的系统是太阳能制冷器，它用收集器的高温来带动制冷煤的蒸发和冷凝以达到室内制冷的目的。

以炊事为目的的收集器系统是一个聚光器，在此系统中凹透镜捕捉太阳辐射，集中或聚集到做饭锅所放的地方。这样的装置可以节省柴火，有重要的生态优势，其缺点是当太阳下山以后，它就不起作用了，而此时正是热带国家的很多家庭准备做饭的时间。

另一种类型的太阳能炉灶是印度人发明的贮热炉箱。箱子里边装有石头

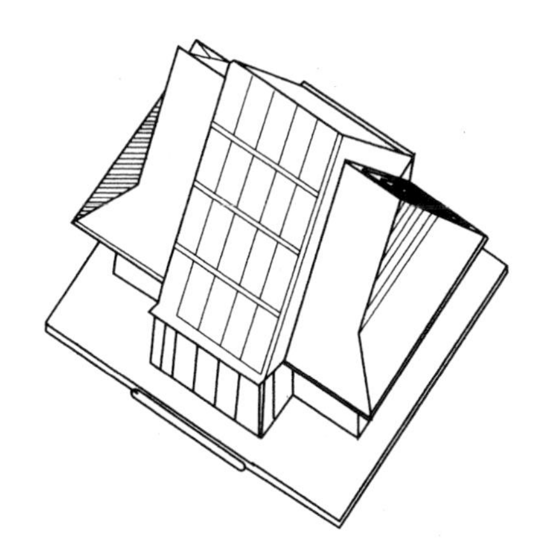

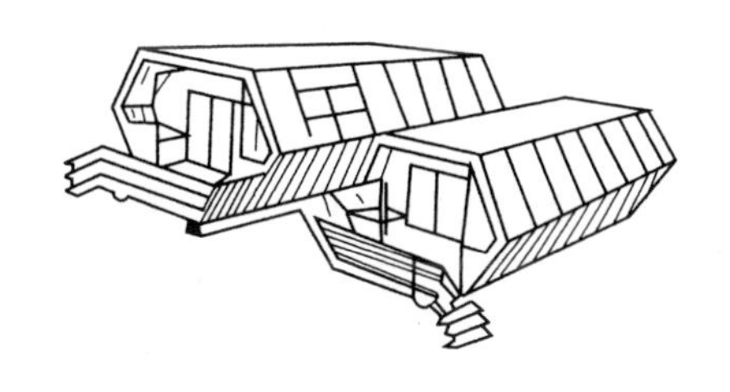

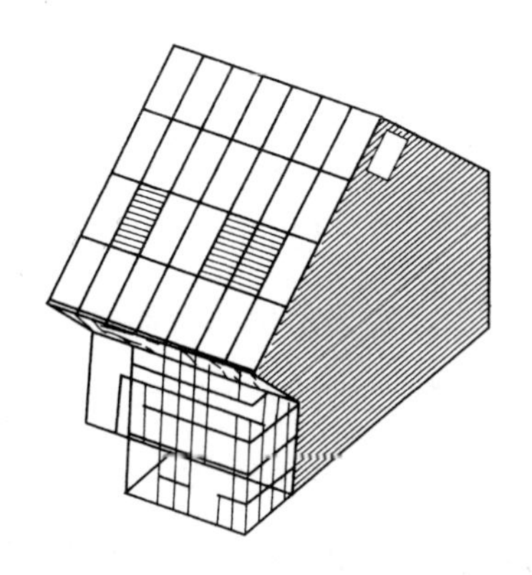

**图9.7（续）** 主动式太阳房

和漆成黑色的金属盖，上面留有锅孔。箱子用可移动的玻璃罩封起来，玻璃罩下面是黑色金属吸收器和另一个镜面金属罩。白天，箱子放在太阳下，上盖打开让太阳照到玻璃和底下的吸收器上，额外的辐射被角度合适的镜面金属罩反射回来。热量通过黑色金属下边的石头充分聚集起来（通过玻璃的优化作用），在下午或晚上把玻璃盖打开，把锅放到金属盖的锅孔上，这样直到太阳下山后数小时还能做饭。

这种最基本的乡村技术水平的主动式太阳能装置，离光伏太阳能系统发电的高科技应用还有相当大的技术差距。对于太阳能电池来说，只要它的表面被太阳照到就能发电。每个太阳能电池都是用两个分开的半导体材料层（通常是硅）做成的。当阳光照到两层中间的接合部位时，电池就会产生直流电（*DC*），这就叫做光伏效应。太阳能转换为电能的效率取决于电池的材料（图9.8）。

以硅为基础材料的太阳能电池有不同的种类。硅被广泛地用来生产电子原件，像集成电路块等。硅是从沙子中提取的。其他的材料像铜、铟、硒化物、镓－砷化物和镉－碲化物都在开发中。有三种类型的硅材料用来装配太阳能电池：单晶硅（通常是黑色）、多晶硅（蓝色）和无固定形状的硅（褐色）。它们之间的差异不在本章解释范围之内。

选择输电网联结系统是一个重要的决定，当电没有完全用完时，可以输入到现有的输电网中，也可以通过独立的系统将电存入蓄电池中。后者适用于没有现成输电网的情况下，因为蓄电池较昂贵而且要经常更换。

虽然到目前为止，大多数光伏试验项目都用于动力泵站或灌溉系统，但是像前面提到过的，将来由于光伏系统的效益增值显著，还可能出现新的用途（如用于城市中的高层建筑）（图9.9）。正在开发的复杂系统已经把日照系统和全息光学构件结合起来了，把直射辐射传导给太阳能电池用于发电，把

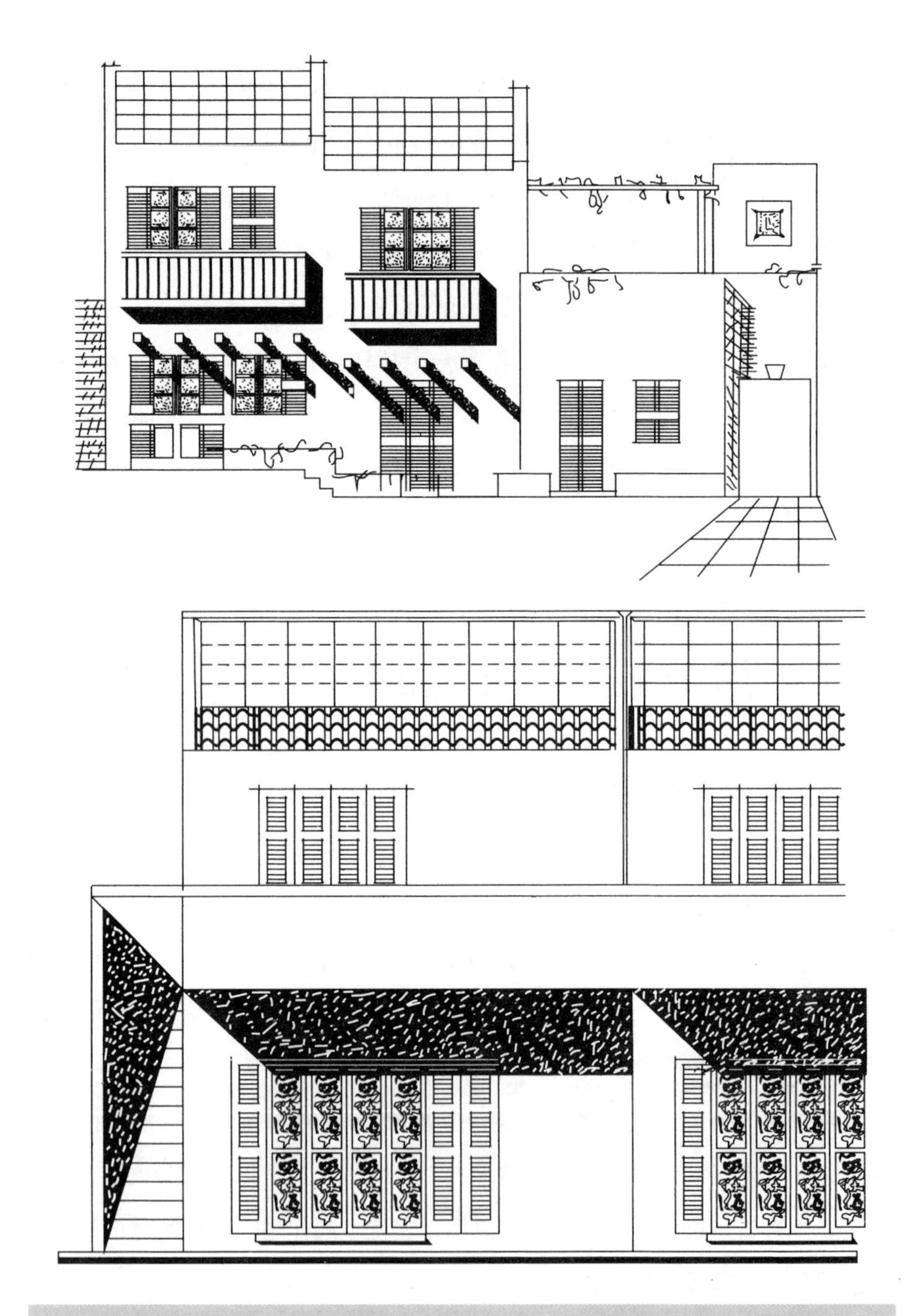

图9.8 光伏太阳能电池和屋顶连为一体的遮阳装置

热传导较低的散射辐射传入室内用于日间照明。

## 结语

适应气候的低能耗建筑适宜技术必须从建筑自身以及建筑的规模和投资等有关的各个层面来考虑。当然，作为建筑师，从所从事的每个层面去减少不可再生能源的消耗是我们的职责。我们不能坐等更复杂的技术解决方法，不能期待更多具有生态意识的客户或官方投资。现实生活中已经有很多策略和解决方法——它们中的一些已经由我们的祖先在几百年前，或者至少几十年前就发现了。他们在利用技术和自然基础知识方面有时似乎比我们融入了更多的智慧。因此，现在该由我们来做了，让我们开始吧。

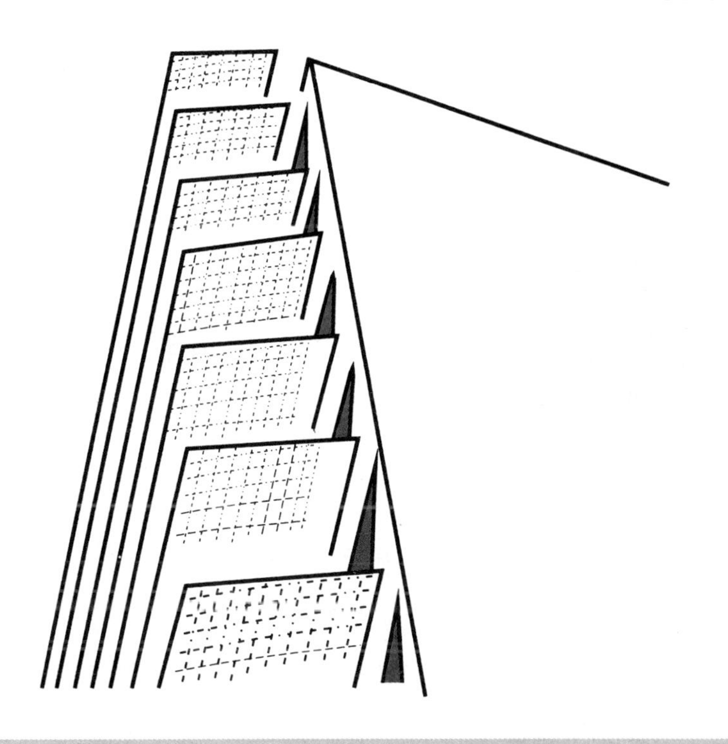

**图9.9** 应用于高层建筑上的光伏系统

# 设计工具

# Design Tools

## 10.1 建筑软件包：太阳能／气候设计软件包

■ 史蒂文·V·索科洛伊

建筑软件包是有关建筑热性能和太阳能采暖系统设计的一整套程序。它包括7个用户程序由3个数据库程序支持。这7个用户程序是：

气候（CLAMATE）：（设计前）初始的气候分析程序，以马奥尼（Mahoney）表格为基础。

气候分析（CLIMANAL）：一个更为详细的气候分析程序，以干湿度图表为基础。用它来绘制舒适区、月气候线和选择潜在调控区（CPZs），也可以用它来绘制月温度图表。

时间延迟（TIMELAG）：计算多层墙和屋顶的动态热特性（时间延迟和衰减倍数），该程序要给出多层墙和屋顶各层的结构。

太阳计算（SUNCALC）：是一个用来计算不同时间太阳方位和阴影角度及各表面辐照度（irradiation）的程序。

太阳能运行系统（ACTSYS）：这是一个用来评价各种太阳能采暖系统性能的程序，也被称为“太阳能指数”，以“f—图表”为基础。

热量平衡（QBALANCE）：用来计算建筑物内的热流、所要求的热容量、平衡点温度和月采暖要求，基于稳态模式并使用可变基数和度小时数方法（TRANSITO.TXT文档用来贮存最近一次计算的分布情况，有助于下一次运行）。

协调（HARMON）：用来评价建筑物的热反应、每小时的热流和温度情况，以谐波分析方法为基础：BRE‘批准程序’（TEMPORY.TXT文档用来存储最近一次计算的分布情况，如位置、工作名、输出设备、地面反射系数等等）。

这个程序将产生三种文档：

*.BLD 建筑数据文档（QBALANCE和HARMON）；

*.PAT 分区（室内构件）文档（HARMON）；

*.JOB 太阳能系统的作业文档（ACTSYS）。

三个数据库程序是：

- 气象数据（CLIMDATA）；
- 材料数据（MATDATA）；
- 构件数据（ELEMDATA）。

### 气象数据库

用该程序来创建、管理和打印气候数据文档。每一次都会创建一个新文档，并以“. CLI”为后缀。这个文档（图10.1）包括下列月平均值：

1. $T_{max}$= 平均最高温度（℃）；

2. $sd_{Max}$= 最高标准偏差；

3. $T_{min}$= 平均最低温度（℃）；

4. $sd_{min}$= 最低标准偏差；

5. $T_{sd}$= 日平均温度的标准偏差；

6. $RH_{am}$= 清晨的相对湿度（%）；

7. $RH_{pm}$= 下午的相对湿度（%）；

8. *Rain*= 月总降雨量（mm）；

9. $I_{tot}$= 水平面的太阳辐射（Wh/m$^2$ · 天）。

创建一个新的“. CLI”文档可以有很多数据来源；惟一的问题可能是温度的标准偏差；2、4和5项可能需要对原始数据进行处理。这些值缺少任何一个都会影响度日数的计算和气候分析（CLIMANAL）模块中绘制的温度曲线。

创建的文档可能会不完整，遗漏的数据也许会在后面的步骤中增加进来。在各种应用程序中不是所有的数据都用到的，例如，气候程序（CLIMATE）中不需要温度的标准偏差和辐照度数据，但是它却是惟 需要降雨量数据的程序。

## 材料数据库

材料数据程序用于创建或编辑材料数据文档，这个文档包含一系列建筑材料相关的热特性：

- 传热系数（W / m · K）；
- 密度（kg/m$^3$）；
- 比热（J/kg · K）。

在所提供的文档中，包含有75种材料的热特性。用这个程序对数据文档进行编辑，增加新的项目或改变现存项目列表的值。绝大多数数据来自于《建筑设备工程师特许委员会手册》（CIBSE）[1]。

用这个程序能查询文档，可以将某些项目或项目组直接在屏幕上列出或打印出来（图10.1）。

各种材料被分成8组：

1. 砖和砌块；
2. 混凝土和石材；
3. 薄板材料；
4. 木材和木制品；
5. 外贴饰面；
6. 绝热材料；
7. 金属；
8. 混合物。

## 构件数据库

用这个程序创建和编辑构件数据文档，文档包含450种建筑围护构件的热特性，可以在文档中增加新的项目，也可以改变已有的数值。使用者只要输入构件每层的材料编码和厚度，程序就会从构件数据文档中调出该材料的特性，并计算它的热特性。该文档或其中的一部分可以编辑，也可以打印（图10.1）。该文档用于热量平衡（QBALANCE）和协调（HARMON）程序。

文档中记录有一系列1–500的数和一个三位编码。构件分为5组（第一位数），每组又有10个小组（第二位数），每小组包含10个记录（第三位数）。这5组是：

1. 窗户；
2. 墙；

堪培拉的气候参数

南纬35.3°

| | 1月 | 2月 | 3月 | 4月 | 5月 | 6月 | 7月 | 8月 | 9月 | 10月 | 11月 | 12月 | |
|---|---|---|---|---|---|---|---|---|---|---|---|---|---|
| 平均最高温度 | 27.8 | 27.0 | 24.3 | 20.0 | 15.0 | 12.4 | 11.1 | 12.6 | 15.8 | 19.6 | 22.9 | 25.4 | ℃ |
| 最大标准偏差 | 5.1 | 4.5 | 3.7 | 3.6 | 3.1 | 2.3 | 2.1 | 2.4 | 3.4 | 4.1 | 4.9 | 4.9 | K |
| 平均最低温度 | 12.7 | 12.7 | 10.3 | 6.4 | 2.1 | 0.2 | −0.5 | 1.0 | 2.6 | 5.9 | 8.1 | 10.9 | ℃ |
| 最小标准偏差 | 3.3 | 3.2 | 3.6 | 4.4 | 4.4 | 4.6 | 4.2 | 3.9 | 3.8 | 3.9 | 3.9 | 3.5 | K |
| 日均温度标准偏差 | 3.6 | 3.3 | 3.1 | 3.3 | 3.1 | 3.0 | 2.7 | 2.7 | 3.0 | 3.4 | 3.7 | 3.5 | K |
| 相对湿度（上午） | 57 | 64 | 68 | 75 | 81 | 86 | 84 | 79 | 72 | 66 | 58 | 55 | % |
| 相对湿度（下午） | 36 | 38 | 40 | 44 | 52 | 58 | 58 | 53 | 48 | 47 | 40 | 37 | % |
| 月总降雨量 | 60 | 58 | 53 | 48 | 51 | 39 | 39 | 47 | 47 | 70 | 64 | 57 | mm |
| 水平面上的太阳辐射强度 | 7667 | 6750 | 5389 | 3861 | 2778 | 2472 | 2389 | 3194 | 4528 | 5778 | 6972 | 7417 | Wh/m$^2$ |

| 代号 | 材料 | 传热系数 W/m·K | 密度 kg/m$^3$ | 比热 J/kg·K |
|---|---|---|---|---|
| 6. | 绝热材料 | | | |
| 61 | 软木板 | 0.040 | 150 | 1800 |
| 62 | 泡沫聚苯乙烯(EPS) | 0.035 | 25 | 1400 |
| 63 | 玻璃纤维填充剂 | 0.040 | 12 | 840 |
| 64 | 玻璃纤维板 | 0.035 | 25 | 880 |
| 65 | 矿物纤维板 | 0.035 | 30 | 1000 |
| 66 | 酚醛泡沫 | 0.040 | 30 | 1400 |
| 67 | 聚氨酯板 | 0.025 | 30 | 1400 |
| 68 | 脲醛泡沫 | 0.040 | 10 | 1400 |
| 69 | 珍珠岩（膨松） | 0.070 | 100 | 1000 |
| 60 | 纤维素（膨松） | 0.039 | 42 | 1000 |

| 代号 | 名称 | 传热系数(*U*值) W/m$^2$K | 蓄热系数 W/m$^2$K | 延迟时间(h) | 衰减系数 – | 吸收系数 – |
|---|---|---|---|---|---|---|
| 360 | 30℃，瓦，填料 + 顶层 + 10 石膏板 | 2.48 | 2.62 | 0.39 | 1.00 | 0.60 |
| 361 | 30℃，瓦，填料 + 顶层 + 25 EPS + 10 石膏板 | 0.90 | 1.05 | 0.53 | 1.00 | 0.60 |
| 362 | 30℃，瓦，填料 + 顶层 + 50 EPS + 10 石膏板 | 0.55 | 0.80 | 0.66 | 1.00 | 0.60 |
| 363 | 30℃，瓦，填料 + 顶层 + 100 EPS + 10 石膏板 | 0.31 | 0.71 | 1.08 | 1.00 | 0.60 |
| 364 | 30℃，瓦，填料 + 顶层 + 铝箔+ 10 石膏板 | 2.07 | 2.18 | 0.41 | 1.00 | 0.60 |
| 365 | 20℃，瓦，填料 + 顶层 + 10 石膏板 | 2.46 | 2.60 | 0.38 | 1.00 | 0.60 |
| 366 | 20℃，瓦，填料 + 顶层 + 25 EPS + 10 石膏板 | 0.89 | 1.05 | 0.52 | 1.00 | 0.60 |
| 367 | 20℃，瓦，填料 + 顶层 + 50 EPS + 10 石膏板 | 0.54 | 0.80 | 0.66 | 1.00 | 0.60 |
| 368 | 20℃，瓦，填料 + 顶层 + 100 EPS + 10 石膏板 | 0.31 | 0.71 | 1.08 | 1.00 | 0.60 |
| 369 | 20℃，瓦，填料 + 顶层 + 10 铝箔灰浆板 | 2.05 | 2.17 | 0.41 | 1.00 | 0.60 |

**图10.1** 气候数据、材料数据和构件数据的抽样打印

3．屋顶；

4．地面；

5．室内构件。

## 时间延迟（Timelag）

这个模块是前面提到的某些程序的扩展，它能给出多层墙和屋顶动态热特性的详细计算结果（图10.2）。必须输入每层的厚度和材料编码；为了编制文档，还可以输入每层的简短描述。

## 气候（Climate）

这个程序用于在设计前执行马奥尼（mahoney）图表气候分析（图10.2）。对于热气候区，这个程序是必要的[2]；但对于寒冷气候区来说，它的分析结果是不可靠的。必要的数据记录在.CLI文档中。如果没有适合该地区的现存文档，可以用气候数据程序（CLIMDATA program）创建一个新的文档。这种数据文档可以是不完整的，但是必须要有以下数据：

- $T_{max}$= 平均最高气温（℃）；
- $T_{min}$ - 平均最低气温（℃）；
- $RH_{am}$= 上午相对湿度（%）；
- $RH_{pm}$= 下午相对湿度（%）；
- *Rain*= 月总降雨量（mm）。

## 气候分析（Climanal）

这个程序提供两种选择。第一种选择可以绘制所选场地的年温度图，还可以绘制最高气温的第86个百分位（一周可能会有一天超过这个数字）和最低气温的第14个百分位（一周可能会有一天低于这个数字）。它表明在72%的时间里温度有可能处在这两条虚线之间（图10.2）。

第二个选择是气候分析。这个任务是执行设计前气候分析和帮助使用者选择最有效的被动式控制策略。这个程序使用的是索科洛伊（Szokolay）提出的“潜在调控区域”（CPZ）的方法[3]。它的基础是干湿度图表。这里绘制的舒适区（分别计算所给定的气候区1月份和7月份的情况）指出了可接受的室内条件范围，浅色虚线表示冬天的最低限和夏天的最高限（图10.3）。

由下列构造层次组成的绝热空心墙的热特征：

| 构造层次 | 热阻 $m^2·K/W$ | 厚度 mm | 传热系数 W/m·K | 密度 $kg/m^3$ | 比热 J/kg·K |
|---|---|---|---|---|---|
| 内表面 | 0.12 | | | | |
| 1 粉刷 | | 12 | 0.500 | 1300 | 1000 |
| 2 内侧砖 | | 110 | 0.620 | 1500 | 800 |
| 3 聚氨板 | | 38 | 0.025 | 30 | 1400 |
| 4 空气间层 | 0.18 | | | | |
| 5 外侧砖 | | 110 | 0.840 | 1700 | 800 |
| 外表面 | 0.06 | | | | |
| 结果 | $U$值 = 0.45 $W/m^2·K$<br>延迟时间 = 9.26 h<br>衰减系数 = 0.32<br>$Y$值 = 4.60 $W/m^2·K$ | | | | |

| 建　议 | |
|---|---|
| 布局 | 小院 |
| 空间 | 紧凑 |
| 通风 | 不需要穿堂风 |
| 开口尺寸 | 很小：墙表面10%–20% |
| 开口位置 | *N/A* |
| 遮阳 | 固定遮阳 |
| 墙和地板 | 重型结构，延迟时间8h以上 |
| 屋顶结构 | 重型结构，延迟时间8h以上 |
| 外部特征 | 建议在室外设置睡眠区 |

**图10.2　时间延迟和气候的抽样打印**

气候由代表12个月的12条线描绘出来，每条线都位于两点之间：即清晨相对湿度下的平均最低气温与下午相对湿度下的平均最高气温。然后，计算出气候线的长度：总数、冬季限以下的部分（*LuT*，低于冬季限温度部分的长度）、夏季限以上部分（*LoT*，高于夏季限温度部分的长度）和湿度限以上部分（*LoH*，湿度限以上部分的长度）。计算出三者的比率：

$fuT$= 温度限以下的指数 =$LuT$/ 总长度

$foT$= 温度限以上的指数 =$LoT$/ 总长度

$foH$= 湿度限以上的指数 =$LoH$/ 总长度

对于被动式控制技术来说，CPZ区指的是在这个室外条件范围内，能够用技术来保证室内舒适。使用者的目的是找到一个CPZ，使它能够覆盖所有或绝大多数气候线。

在正常情况下干湿度图表绘制的是大概的轮廓线，但是也可以提供完整的图表（F）。它可以指定舒适区域（C），绘制气候线（P）和检测潜在调控区域（Z）。如果要进行全面的分析，C、P、Z应该依次进行。当舒适区已经绘制好以后，使用者可以在四组CPZ中选择一个；然后，所选的CPZ会和前面的图表一起显示出来。当图表屏幕清理后，就可选择检测另一个CPZ。

被动式太阳能采暖CPZ：使用系数为0.5和0.7时显示出两条限制曲线，都是根据最冷月北向垂直表面的辐射计算得来的（图10.4）。

质量效应CPZ：表现在舒适区域的双侧，但夜间通风的质量效应只和过热的一侧有关（图10.4）。

空气流动CPZ：显示了1m/s 和 1.5m/s的空气速度下的情况（图10.5）。

蒸发降温CPZ显示直接和间接系统的情况（图10.5）。

## 太阳计算（Suncalc）

有两种选择，第一种是太阳方位（高度角和方位角）（图10.6）、遮阳角度（水平，HSA和垂直，VSA）的计算。惟一要输入的是地理纬度。可以对

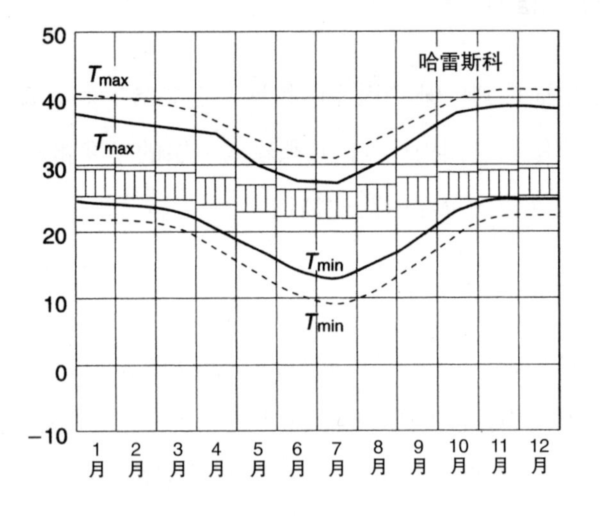


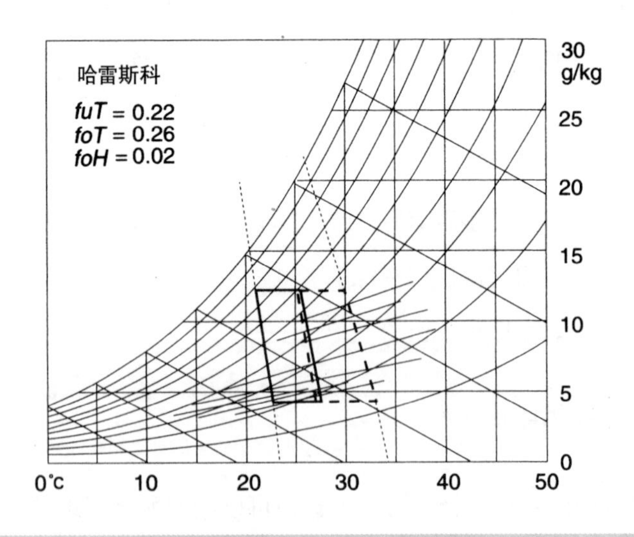


图10.3 典型的气候分析打印图

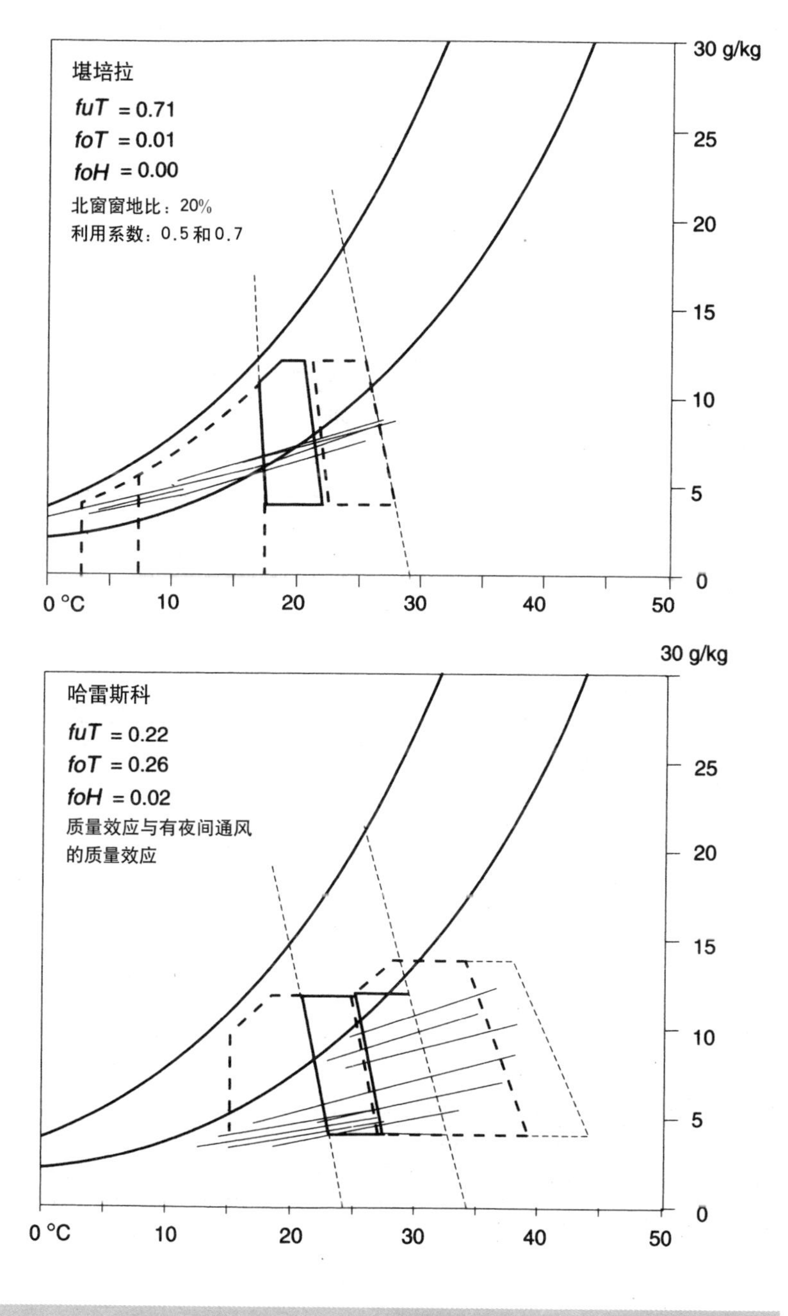


图10.4　CPZ：太阳能采暖和质量效应

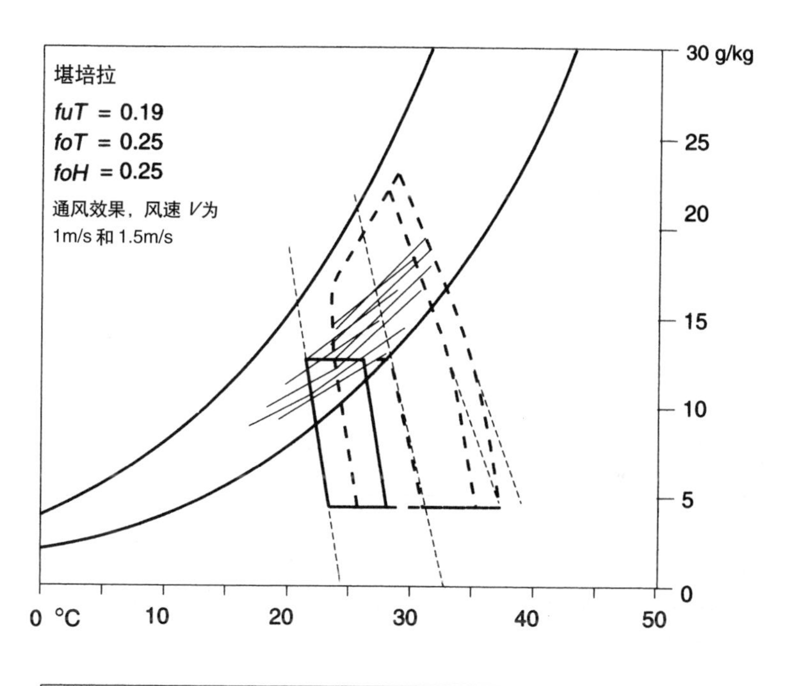


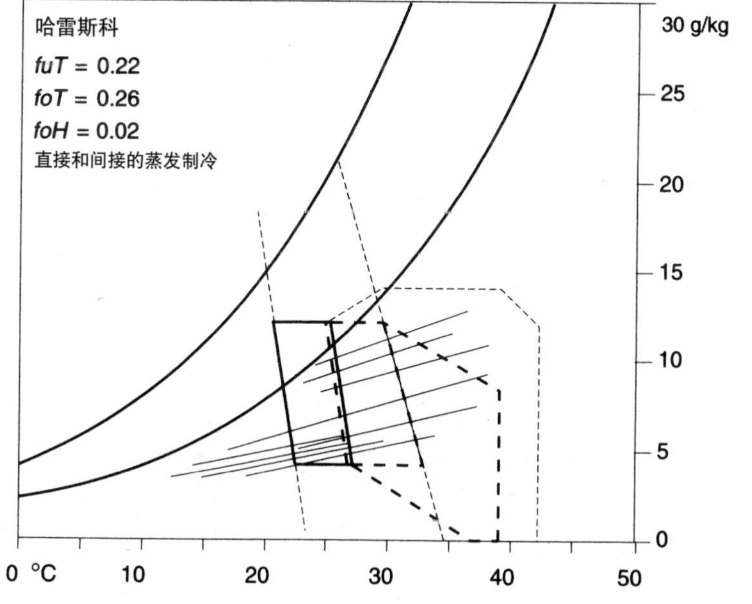


图10.5　CPZ：空气流动和蒸发降温

太阳位置（南纬27.5°，3月21日）
当地标准时间
根据标准时间等式得出
打到垂直墙上的阴影跟正立面成30°角

| 日出时间 = 5.9 | | | | | | | 日落时间 = 17.9 | | | | | | | | | |
|---|---|---|---|---|---|---|---|---|---|---|---|---|---|---|---|---|---|
| | 4 | 5 | 6 | 7 | 8 | 9 | 10 | 11 | 12 | 13 | 14 | 15 | 16 | 17 | 18 | 19 | 20 |
| 太阳高度角: | – | – | 1 | 14 | 27 | 40 | 51 | 60 | 63 | 59 | 50 | 38 | 25 | 12 | – | – | – |
| 太阳方位角: | – | – | 90 | 83 | 75 | 64 | 50 | 28 | 358 | 328 | 307 | 294 | 284 | 276 | – | – | – |
| BSA: | – | – | 60 | 53 | 45 | 34 | 20 | -2 | -32 | -62 | -83 | – | – | – | – | – | – |
| VSA: | – | – | 2 | 23 | 36 | 45 | 53 | 60 | 66 | 74 | 84 | – | – | – | – | – | – |

水平和垂直面上的全辐射，Wh/a²
（南纬27.5°，3月15日）
当地标准时间
根据标准时间等式得出
日出时间 = 5.9　　日落时间 = 18.0

| | 4 | 5 | 6 | 7 | 8 | 9 | 10 | 11 | 12 | 13 | 14 | 15 | 16 | 17 | 18 | 19 | 20 | 合计 |
|---|---|---|---|---|---|---|---|---|---|---|---|---|---|---|---|---|---|---|
| 水平 | – | – | 13 | 133 | 273 | 414 | 536 | 627 | 665 | 623 | 527 | 403 | 261 | 122 | 5 | – | – | 4600 |
| 30°= | – | – | 6 | 176 | 270 | 344 | 385 | 393 | 358 | 280 | 186 | 132 | 91 | 47 | 2 | – | – | 2670 |
| 120°= | – | – | 6 | 230 | 283 | 294 | 262 | 193 | 196 | 187 | 165 | 132 | 91 | 47 | 2 | – | – | 2088 |
| 210°= | – | – | 6 | 50 | 95 | 136 | 167 | 189 | 196 | 187 | 165 | 170 | 169 | 139 | 2 | – | – | 1670 |
| 300°= | – | – | 6 | 50 | 95 | 135 | 167 | 189 | 295 | 373 | 404 | 393 | 334 | 240 | 2 | – | – | 2683 |

不同角度的日平均全辐射，Wh/a²
全部为瓦屋面（任何角度）
布里斯班：南纬1575.6°

| 倾斜角度 | 1月 | 2月 | 3月 | 4月 | 5月 | 6月 | 7月 | 8月 | 9月 | 10月 | 11月 | 12月 | 总量 kWh/m² |
|---|---|---|---|---|---|---|---|---|---|---|---|---|---|
| 20° | 6272 | 6057 | 5748 | 4709 | 4020 | 3995 | 3986 | 5024 | 5796 | 5703 | 5789 | 6137 | 1923 |
| 25° | 6084 | 5951 | 5738 | 4788 | 4151 | 4168 | 4143 | 5161 | 5845 | 5643 | 5644 | 5971 | 1924 |
| 30° | 5869 | 5814 | 5697 | 4840 | 4258 | 4317 | 4276 | 5269 | 5861 | 5553 | 5473 | 5743 | 1914 |
| 35° | 5627 | 5648 | 5625 | 4865 | 4340 | 4439 | 4384 | 5345 | 5843 | 5345 | 5277 | 5491 | 1894 |

图10.6　SUNCALC计算结果实例

Test. Y. 工作名称

输入你的工作名称（最多8个字符）test-y
当前条件如下：

| | | |
|---|---|---|
| 1. 工作名称 | : | testY |
| 2. 地点 | : | 布里斯班 |
| 3. 收集器方位 | : | 360° |
| 4. 倾斜角度 | : | 30° |
| 5. 面积 | : | 5.0 $a^2$ |
| 6. 玻璃 | : | 单层 |
| 7. 前面反射 | : | 0.20 |
| 8. 系统类型 | : | 1-DHW only |
| 9. 日H/W 消费 | : | 150升 |
| 10. 恒温器设置温度 | : | 55°C |
| 11. 比热损失 | : | – |
| 12. 平衡点温度 | : | – |
| 13. 文件的标准温度 | : | – |
| 14. 温度数据库 | : | 1: T. inlet |
| 15. 常数 a | : | 0.72 |
| 16. 常数 b | : | 5.12 |
| 17. 热交换效率 c1 | : | 1.00 |
| 18. 储存／收集比 c3 | : | 1.00 |

输入要改变的项目号，如果没有则输入0
f-图表法计算出的太阳特性
（布里斯班，工作名称：test-Y
家用热水系统）

纬度 = 南纬27.5°
日H/W 消费 = 150升
储存容积 = 250升
收集面积 = 5.00 $a^2$
－倾斜角度 = 30°
－方位 = 360°
－常数 = : a = 0.72 b = 5.12

| 月份 | 1 | 2 | 3 | 4 | 5 | 6 | 7 | 8 | 9 | 10 | 11 | 12 | 合计 |
|---|---|---|---|---|---|---|---|---|---|---|---|---|---|
| 地区温度 | 25.0 | 24.9 | 23.7 | 21.8 | 18.5 | 16.3 | 15.1 | 16.5 | 18.7 | 21.2 | 23.0 | 24.2 | |
| 辐射强度 (Wh/$a^2$) | 5905 | 5815 | 5693 | 4866 | 4318 | 4401 | 4351 | 5316 | 5869 | 5548 | 5492 | 5793 | |
| 日均负荷 H/W (kWh) | 5.2 | 5.2 | 5.4 | 5.8 | 6.4 | 6.7 | 7.0 | 6.7 | 6.3 | 5.9 | 5.6 | 5.4 | 2179 |
| 日均太阳能受益 | 5.2 | 5.2 | 5.4 | 5.2 | 5.3 | 5.6 | 5.7 | 6.3 | 6.3 | 5.9 | 5.6 | 5.4 | 2039 |
| 太阳能所占比例 | 1.00 | 1.00 | 1.00 | 0.90 | 0.83 | 0.83 | 0.82 | 0.93 | 1.00 | 1.00 | 1.00 | 1.00 | 0.94 |

**图10.7** 太阳能运行系统的抽样打印图

当地的时间进行调整或选择等同的时间。如果选择前者，那么必须输入当地的经度和所参照的时间区域的经度。

应遵循下列约定：

- 方位角：0–360° （东 =90°，南 =180°，西 =270°）；
- 纬度：北—正，南—负；
- 经度：东—正，西—负。

可以选择计算一堵墙的水平或垂直遮阳角度，这种情况下必须输入该墙的方位。打印结果表示在任一指定时间，墙面的任一个特定点被垂直或水平遮阳遮住的情况。在打印图上标有星号（*）的地方意味着太阳位于所计算面的后面。

第二种选择各不同表面和不同时间的太阳辐射的计算（图10.6）。

## 太阳能运行系统（Actsys）

用这个程序预测主动式太阳能采暖系统的性能。它通过“f－图表”的方法来计算月和年太阳能指数、系统总负荷和太阳能的贡献。要计算四类系统（图10.7）：

1. 室内太阳能热水系统；
2. 以流体系统为基础的房间采暖；
3. 空气系统的房间采暖；
4. 房间采暖和室内热水系统的结合。

假定收集器的效率是线形的，形式为：

$$a - b \times dT/G$$

两个常量 $a$ 和 $b$ 必须由实测得出。

对于流体系统，$dT$：

$(T_{入口} - T_{室外})$ 或 $(T_{平均流体} - T_{室外})$

对于空气系统，$dT$：

$(T_{入口} - T_{室外})$ 或 $(T_{出口} - T_{室外})$

应该对测试报告进行核对，所用的基础数据 $dT$ 必须具体指定。

温度和水平辐照度数据可以从“.CLI”文档中读取。系统数据输入可以通过提示符得到帮助，绝大多数的输入数据被保存在“.JOB”文档中以便将来调用和编辑。这对于重复运行或参数的研究是很有用的：计算参数变化的影响或优化系统布局。

对于房间采暖系统来说，必须提前计算建筑物的特定传热q(w/k)。必须输入传导系数和平衡点温度（这些可从QBALANCE程序中获得），由ACTSYS用可变基数、度时方法计算出每月的采暖负荷。

如果一个现存文档被调用，它就可以显示出来并进行编辑。

## 热量平衡（Qbalance）

QBALANCE和HARMON程序享用相同的建筑文档。当一座建筑的方位、尺度和建筑构件编码等输入后，就可以以工作名加“.BLD”后缀的形式保存下来。这个文档可以被调用、编辑和供将来计算使用。

要输入一个新的建筑物时，首先必须从围护构件代码（最多30）开始。建议从地面开始输入，并把屋顶留作最后输入的构件。斜屋顶是以它们的水平投影（即假设它们是平顶）来计算尺寸的：构件数据考虑到表面积增加的影响。

当遇到提示时，每个构件的方位必须用标准的表面方位角（1°–360°）来描述。对于水平表面（地面或屋顶），方位应定为－1。长度和宽度（或垂直表面的高）必须用米（m）来表示。接下来，输入一组数字来表示表面的类型：1= 窗，2= 墙，3 = 屋顶，4= 地面。这是三位编码数字的第一位。

根据这个编码，程序将读取适宜的记录：传热系数、衰减系数、时间延迟、蓄热系数、外表面热阻和吸热系数。最后一个是缺省值，如需要可以改变。对于窗户可以读取太阳得热系数和交替的太阳得热系数。QBALANCE程序没有应用并显示其动力学特性，但是，那些信息贮存在“.BLD”文档中。

通过对下面三个问题的进一步回答将完成对建筑物的描述：建筑物的体积（立方米，$m^3$），这需要提前计算；通风率（以每小时换气次数表示），包括渗透和人为通风；24小时室内平均得热率（来自人群、灯具、器具），以瓦（W）表示。

当QBALANCE程序启动时，屏幕上就会出现 “当前分布”的简短介绍。这是从文档TRANSITO.TXT的最后一次运行中保存下来的。在新一轮运算中任何一个或所有的五个项目都可以更换。

程序将会计算出每个构件的面积和$A.U$值，这些数据的总和（围护结构的传热，$q_c$）会在图表底部列出来。对流传热（$q_v$）用 $Vol \times N \times 0.33$表示，把$q_v$和$q_c$相加，得到这个建筑物的特定传热（$q$，W/K）。

对于分布表中的月分布情况，该程序将从“.CLI”文档中读取水平辐照度，计算每个表面24小时平均辐射照度，然后计算每个构件的平均太阳能得热率，在图表下方得出总数（图10.8）。室内得热率相加，得到$Q_{s+i}$（W）。

确定一个中性温度（它是室外温度的函数），并将其作为室内的设计温度的过程中，存在着人控功能。接着获得一个平衡点温度，并作为下面开尔文小时计算的基础温度，计算要求的采暖容量和月采暖能量。

数字是以表格的形式输出的，它和经常使用的手工表格非常接近，以期这种熟悉的形式更容易理解。

图表输出可以在屏幕上显示出来，用室外温度函数表示热损失率，加上得热率就可求得平衡点温度。在图表屏幕下会出现一条概括线。如果对提示输入的回答是“*M*”（修改），屏幕上就会显示文件，可以改变其中一项或多项，新一轮运算就开始了。新的图表输出用实线表示，以前的结果则用虚线（点线）。累计表上增加了一条新线。一次运行可以检测10多个变量。

如果采用的是以一年为周期的运算，程序将对每个月进行重复计算，打印的图表有12条线，显示舒适（设计）温度、总得热量、平衡点温度、度时和每月采暖需求。度时和采暖需求的年总数都在图表的下角显示（图 10.8）。

当月或年运算完成时，将会出现这样的信息：是否将连续供暖的需求修改为间歇供暖需求。如果是，就要求回答一系列有关居住情况、建筑和植被特性等的问题，之后，就会显示出更准确的数值。

## 协调（Harmon）

最初显示的“当前分布”列表是保存在TEMPORY.TXT文档中的上一次运行结果。任何一项或所有项都可以改变，当输入“0”（零）时，就意味着没有变化，如果建筑（工作）文档存在，它将被调用并显示出来；如果是一座新建筑物，它就需要按QBALANCE同样的方法进行描述。由QBALANCE创建的任何后缀为“.BLD”的文档，都可以为HARMON所用。所显示的文档可以编辑，也可以用于进一步计算。

输出（图10.9）可以直接连接到打印机上和屏幕上，可以在“分布”列表中进行选择。室内构件（隔墙等）也可以输入。这不会影响围护结构的热流情况，但要考虑它们的蓄热系数。数据将保存在两个文档中：(1) 围护构件数据保存在“.BLD”文档里，(2) 室内构件数据保存在“.PAT”文档里。

根据环境、湿度情况和空气温度计算室内温度。计算完成后，数据将以图表的形式（像空白表格程序）输出。随后是结果，包括每小时室内外温度。

输出的第二类图表上线条和上面的构件图表相同（被排序的），但是它代表的是每小时经过每个构件的热流值。这个图表的最后一条线表示每小时的通风热流，其后是每小时经过所有构件的热流总数。这是一个重要的判断建筑物围护构件薄弱点的工具。

回答遮阳提示时，只需输入“s”即可，然后输入窗户的线条数和遮阳系数，这必须是白天的平均数值。这个值不仅对每个方位，而且对每个月来说都是不同的。因此，在建筑文档中没有保存这个值。遮阳的效果也可以用假设的适宜的太阳得热系数代替（构件表格中的10和13项）。

通风率和室内得热率两者都是可变的，也就是说每小时的值都是不同的。

更进一步的选择是获取室内温度，由室外温度的第14和第86位百分数获取（这些数据分别和每个星期超过6天或1天的值相对应）。如果“输出形式”（分布表格中第7项）位于“第14−86区域”，那么这个输出结果将包含三条温度线。

以年为单位的运算可以通过将分布表中“月”这一项（项目4）设为零获得。这样将在打印机或屏幕上得出每月的日平均值。可以输出这些按月计算的结果。当这一运算程序结束时，一个概括表将显示每月采暖需求和对室内环境的分析结果（如果该建筑物没有采暖或降温）：显示度时数低于（过冷）和高于（过热）舒适极限的情况。

在输出的结果后面是一系列有多种选择的问题（上面提到过）。其中之一是一个输出图表：它表示每小时的室内外温度。这个图表下面是一条概括线，然后选择回到构件表。选择回到构件表后，可以对表格进行编辑，各种尺寸和构件都可以改变，程序重新运行。在这种情况下，图表将用实线表示新的温度图，用虚线表示以前的情况（图10.9）。在概括表中将增加一条新线。

这个图可以用矩阵打印机、油墨打印机或喷墨打印机打印出来。

工作名：住宅　　地点：堪培拉　　月份：7月

| | No<br>1 | ORI<br>2 | Len<br>3 | W/H<br>4 | A<br>5 | grp.<br>6 | code<br>7 | U<br>8 | A.U<br>9 | sgf<br>10 | Rso<br>11 | abs<br>12 | Gav.<br>18 | Qs<br>19 |
|---|---|---|---|---|---|---|---|---|---|---|---|---|---|---|
| 1: | 10 | −1 | 8.00 | 5.00 | 40.00 | 4 | 21 | 0.99 | 19.6 | – | – | – | 0 | 0 |
| 2: | 20 | 360 | 8.00 | 2.40 | 12.90 | 2 | 80 | 5.23 | 67.5 | – | 0.06 | 0.50 | 138 | 279 |
| 3: | 21 | 360 | 3.00 | 2.10 | 6.30 | 1 | 30 | 6.00 | 37.8 | 0.76 | – | – | 138 | 660 |
| 4: | 30 | 90 | 5.00 | 2.40 | 12.00 | 2 | 80 | 5.23 | 62.8 | – | 0.06 | 0.50 | 61 | 116 |
| 5: | 40 | 180 | 8.00 | 2.40 | 19.20 | 2 | 80 | 5.23 | 100.5 | – | 0.06 | 0.50 | 30 | 90 |
| 6: | 50 | 270 | 5.00 | 2.40 | 12.00 | 2 | 80 | 5.23 | 62.8 | – | 0.06 | 0.50 | 61 | 116 |
| 7: | 60 | −1 | 3.00 | 5.00 | 40.00 | 3 | 30 | 6.76 | 270.3 | – | 0.04 | 0.60 | 100 | − 111 |

容积　= 96.0 $m^3$
换气次数 = 3.0

(W/K) $q_c$ = 641.3
$q_v$ = 96.0
$q$ = 737.3

(W) 1150
$Q_i$ = 100
$Q_s$ + i= 1250

室外平均最小空气温度 = − 0.5°C
所需热能 = 13270 W
每月度小时 = 9112 K·h

室内设计温度 = 19.2°C
平衡点温度 = 17.5°C
7月所需热能 = 6718.5 kWh

堪培拉一座简单建筑的 QBALANCE 输出

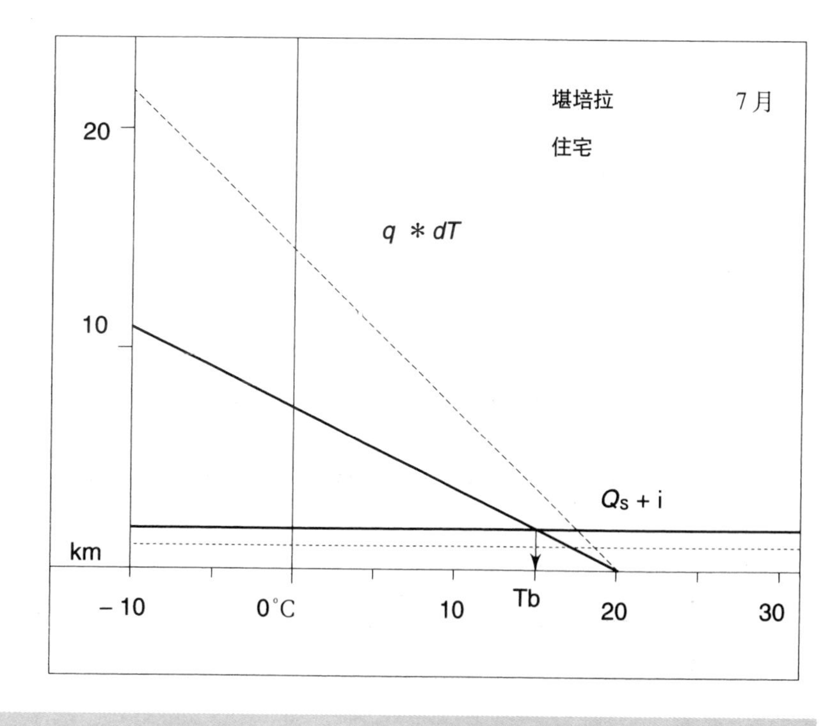


图10.8　典型的QBALANCE输出图表

工作名：住宅　　　　地点：哈雷斯科　　　　月份：1月

| | No | ORI | Len | W.H | A | grp. | code | U | A.U | sgf | Rso | abs | asq | tlg | dcr | Y | A.Y | Gav | $Q_S$ | Qav |
|---|---|---|---|---|---|---|---|---|---|---|---|---|---|---|---|---|---|---|---|---|
| | 1 | 2 | 3 | 4 | 5 | 6 | 7 | 8 | 9 | 10 | 11 | 12 | 13 | 14 | 15 | 16 | 17 | 18 | 19 | 20 |
| 1: | 10 | −1 | 8.00 | 5.00 | 40.00 | 4 | 21 | 0.99 | 39.6 | – | – | – | – | 0.29 | 1.00 | 3.92 | 157 | 0 | 0 | −137 |
| 2: | 20 | 360 | 8.00 | 2.40 | 12.90 | 2 | 80 | 5.23 | 67.5 | – | 0.06 | 0.50 | – | 0.08 | 1.00 | 5.23 | 68 | 78 | 157 | −76 |
| 3: | 21 | 360 | 3.00 | 2.10 | 6.30 | 1 | 30 | 6.00 | 37.8 | 0.76 | – | – | 0.64 | – | 1.00 | 6.00 | 0.03 | 78 | 372 | 242 |
| 4: | 30 | 90 | 5.00 | 2.40 | 12.00 | 2 | 80 | 5.23 | 62.8 | – | 0.06 | 0.50 | – | −0.08 | 1.00 | 5.23 | 63 | 151 | 284 | 67 |
| 5: | 40 | 180 | 8.00 | 2.40 | 19.20 | 2 | 80 | 5.23 | 100.5 | – | 0.06 | 0.50 | – | 0.08 | 1.00 | 5.23 | 100 | 118 | 355 | 8 |
| 6: | 50 | 270 | 5.00 | 2.40 | 12.00 | 2 | 80 | 5.23 | 62.8 | – | 0.06 | 0.06 | – | – | 1.00 | 5.23 | 63 | 157 | 280 | 67 |
| 7: | 60 | −1 | 8.00 | 5.00 | 40.00 | 3 | 30 | 6.76 | 270.3 | – | 0.04 | 0.60 | – | 0.08 | 1.00 | 6.76 | 270 | 281 | 1068 | 134 |
| | 容积 = 96.0 $a^3$ | | | | | | (W/K) $q_c$ = 641.3 | | | | | | | | (W/K) | $q_a$ = 759 | | | (W) 2521 | 305 |
| | 换气次数 = 3.0 | | | | | | $q_v$ = 96.0 | | | | | | | | | | | | $Q_i$ = 100 | |
| | 建筑反应系数 = 1.2 | | | | | | $q$ = 737.3 | | | | | | | | | | | | $Q_S$ + i = 2621 | |

室外和室内每小时的环境温度（1月）：

| h: | 1 | 2 | 3 | 4 | 5 | 6 | 7 | 8 | 9 | 10 | 11 | 12 | 13 | 14 | 15 | 16 | 17 | 18 | 19 | 20 | 21 | 22 | 23 | 24 |
|---|---|---|---|---|---|---|---|---|---|---|---|---|---|---|---|---|---|---|---|---|---|---|---|---|
| To: | 26.0 | 25.2 | 24.6 | 24.3 | 24.4 | 25.1 | 26.3 | 28.1 | 30.1 | 32.2 | 34.1 | 35.6 | 36.6 | 37.0 | 36.8 | 36.4 | 35.7 | 34.7 | 33.6 | 32.3 | 31.0 | 29.6 | 28.3 | 27.1 |
| Ti: | 26.9 | 26.0 | 25.3 | 24.8 | 24.6 | 25.2 | 27.7 | 30.8 | 34.1 | 37.8 | 41.1 | 43.7 | 45.1 | 46.4 | 45.6 | 43.9 | 41.6 | 38.9 | 36.0 | 33.4 | 31.7 | 30.2 | 29.1 | 27.9 |

室内设计温度　= 27.1°C
平衡点温度　　= 23.6°C
1个月所需热能 = 0.0 kWh

室外平均温度 = 30.6 °C
室内平均温度 = 34.1 °C
每月度小时　 = 0 K·h

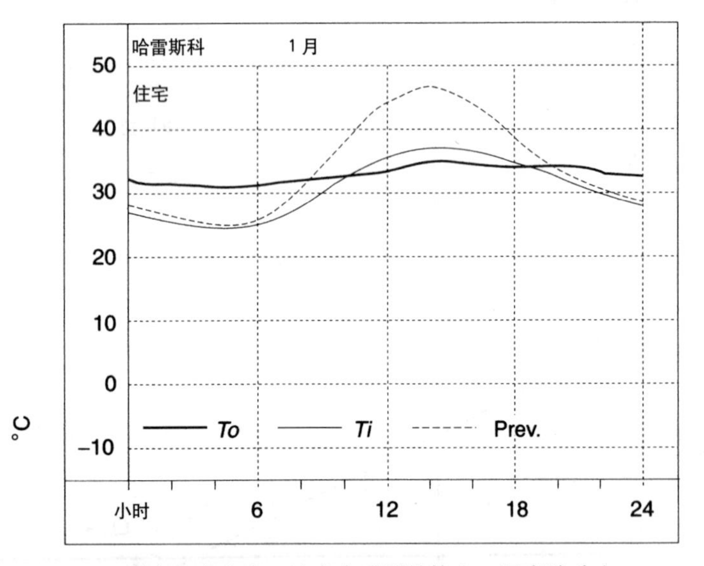


温度日变化表：注意在重型结构中，温度波动小

| 类型 | $T_{i,av}$ (°C) | $T_{max}$ (°C) | 振幅 (K) |
|---|---|---|---|
| 1 | 34.1 | 46.4 | 12.37 |
| 2 | 32.6 | 34.7 | 2.16 |

图 10.9　典型的HARMON输出图表

## 参考文献 References

1. CIBSE (1980): *Guide A3*, Chartered Institution of Building Services Engineers, London.
2. UN (1971): *Climate and House Design*, United Nations, New York.
3. Szokolay, S.V. (1986): *Ambient Energy* 7, pp. 17–182; *ibid.* (1990), *Ambient Energy* 11, pp. 115–120.

## 10.2 太阳能围护结构：适应太阳日运动和年变化的一种最佳建筑形式

阿尔温德·克里尚，安库什·克里尚和N·K·班塞尔

人们试图通过各种研究得到一种最佳的建筑形式——一般认为是立方体。例如，我们都知道，在北纬30°左右，长轴为东西方向的建筑冬天能接受到最多的太阳辐射，在夏天则最少[1]。我们还认为紧凑的建筑形式有较好的热性能，马库斯（Markus）和莫里斯（Morris）[2]的研究表明体形系数小的建筑热量损失较少。

奥卡塞姆（O’Catham）[3]从最小遮阳的角度出发，计算了被动式太阳能住宅的密度和过度遮阳的关系。得出这样的结论：门前空地较窄和单层住宅一般较少受过度遮阳的影响。

古普塔(Gupta)[4]研究了热带地区非空调建筑群或组团的过度遮阳问题，这些建筑群都是从马丁（Martin）和马奇（March）[5]所建议的建筑组团变形过来的。

任何一种建筑形式（或建筑）的围护结构都是该形式建筑热性能的首要决定因素。建筑围护结构获得的太阳辐射能和再辐射损失的能量有效地决定着建筑物的热性能。能否对这种建筑形式（建筑）的围护结构从整个三维布局（形状、大小、体积）和表面特征对其进行优化呢？这是本节的中心问题，尽管还没有这方面的相关报导。

因为太阳辐射（直接、散射和反射）决定着围护结构获得能量的多少，要回答前面提出的问题，第一步就是要创建一种能符合太阳运动规律（每天和每年）的建筑围护结构。

### 太阳能围护结构技术

诺尔斯（Knowles）[6]提出了开发一种包围整个建筑形式（建筑）的太阳能围护结构的技术。

太阳能围护结构限制了建筑的体积，使建筑在规定的时间里（以天或年循环）得到日照，并且不会把它的阴影投射到场地周围的其他物体上。这种建筑围护结构是根据与场地（空间）的位置和几何图形有关的太阳运动（时间）数据来创建的。因此，太阳能围护结构是作为时间和空间的综合体出现的。

时间数据就是与气候和可能的土地使用情况相联系的获得日照（暴露）的特定时间段。这些时间数据是太阳能围护结构体积的决定因子。特别是太阳每日或每季的运动路线，决定了太阳能围护结构在东、南、西、北各个方向的发展极限。

空间数据是有关场地或由太阳能围护结构围起来的区域的特定参数。这些数据同该地的纬度、大小、形状、坡度和方位有关。

### 太阳能围护结构设计用计算机技术

**限定场地边界**：场地的边界是由卡特申（Cartesian）三维空间中（图

10.10）的一系列线段限定的。该场地边界任意一条线段的终端坐标都由 $X$、$Y$（水平）和 $Z$（垂直）坐标来给出。这种方法适用于任何地形。

**应用方格**：接下来将长方形方格加到已由边界线限定的场地上（图10.11）。方格可以是任何方向的，要达到任意精度计算的要求。

**计算垂直高度**：第三步，必须给出有特定次序的太阳方位，使阴影不超出场地边界。然后，从每个方格的交叉点计算出使阴影在规定时间里不超出场地边界的垂直构件最大高度（图10.12）。其结果是高度值的矩阵，这些值是在规定时间段的某一时刻刚好接触到围护结构时的高度。

从太阳的角度看，如果这个过程每隔1小时重复一次，那么会出现一系列扭曲的图像，每个过程中垂直构件的高度都会改变。随着时间的推移，围护结构的最后形状就由每个垂直构件的最低高度确定了。

以这种方式绘制图形得到的结果只能是与真实的太阳能围护结构近似的矩阵。可是，真实的围护结构和计算出来的近似图形在方格上的交叉点非常一致，误差只能出现在方格交叉点之间。不管怎么说，通过细化方格就可以达到任何精度。方格分得越细，所创建的复杂围护结构就越准确。

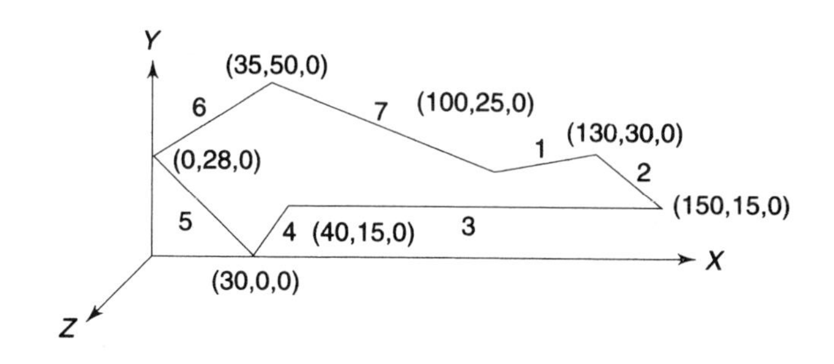


图10.10 在卡特申（Cartesian）坐标系统中用直线段来限定场地

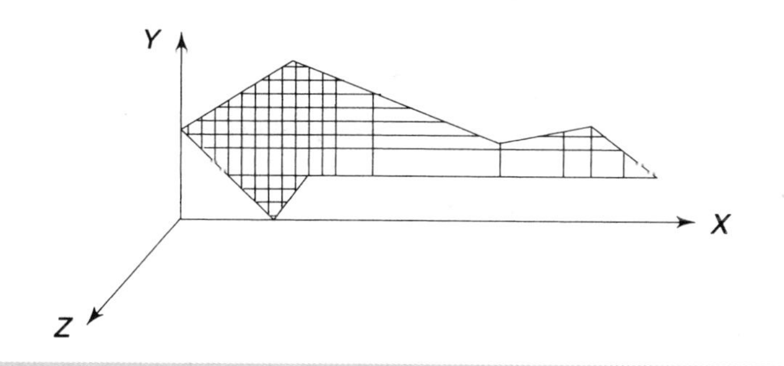


图10.11 加在场地上的方格网

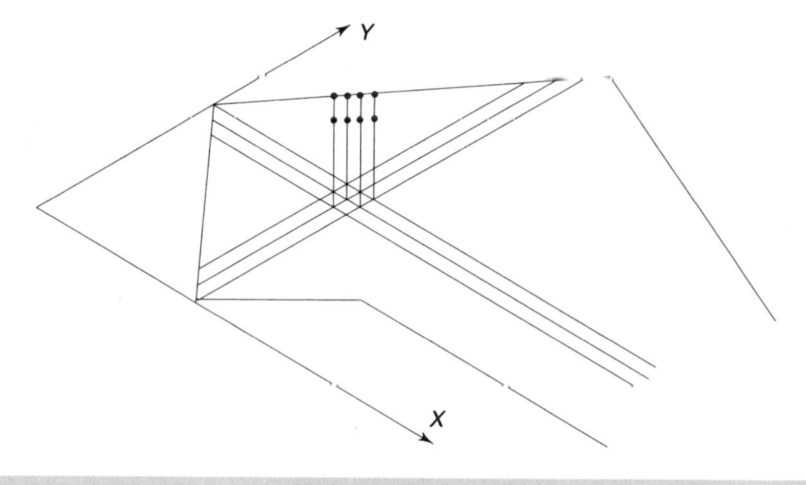


图10.12 某一特定时间垂直构件的最大高度

## 太阳能围护结构的能量性能软件

**管理场地数据**：这个模块帮助确定场地的平面几何图形和合适的方位。

**创建太阳能文档**：这个模块绘制太阳方位，即地球上任一地区的纬度、经度等。

**创建方格文档**：这个模块在场地上覆盖一张方格网，以便创建太阳能围护结构。

**创建太阳能围护结构并计算夏天和冬天的能量获得**：这个模块用数学方法来创建太阳能围护结构并计算夏天、冬天围护结构所获得的能量。

**创建太阳能围护结构并计算一年中任一天的能量**：这个模块用数学方法来创建太阳能围护结构，并计算一年中任意一天围护结构获得的能量。

**计算围护结构的能量损失**：这个模块用第3章中的数学方法计算冬夏或一年中任意一天围护结构表面的辐射热损失。

**计算围护结构的效率**：这个模块从能量的获得和损失两方面来计算围护结构的效率，以便评价围护结构的性能。

**评价太阳能围护结构**：因为这个程序是"设计工具"，这个模块允许设计者在做了所有上面的计算后对围护结构的情况进行评价。

**绘制菜单**：这个模块可以绘制围护结构，以便设计时参照。

## 实体围护结构获得的能量

既然太阳能围护结构是为了适应太阳每年、每天的运动变化而设计的，所以围护结构在整个日照期间，即"截断"(cut-off) 期间都在接收能量——总辐射，包括直射、散射和反射三部分。

计算获得多少能量时，把整个围护结构看作一个不透明体，它由暴露于太阳下的围护结构各个表面组成（图10.13）。所获得的能量$E$计算的是在日照期间，即在"截断"(cut-off) 期间，组成围护结构的斜面上所获得的辐射能，用下面的方法进行计算：

$$E = A \times \int_{\omega_1}^{\omega_2} I_c \, d\omega \tag{10.1}$$

式中：$A$——表面积；

$I_c$——总辐射；

$\omega$——时角（由"截断"期间决定）。

并且：

$$I_c = I_{bh} \times R_b + I_{dh} \times R_d + (I_{bh} + I_{dh}) \times \rho \times R_r$$

式中：$I_{bh}$——每天的水平光照／直接辐射；

$I_{dh}$——每天的散射辐射。

还有：

$I_{bh} = I_h - I_{dh}$；

$I_h$——水平面总辐射；

$\rho$——地面反射系数。

另外（图10.14）：

$$R_b = \left(\frac{\cos i}{\cos Z}\right),\ R_d = \left(\frac{1+\cos\beta}{2}\right),$$

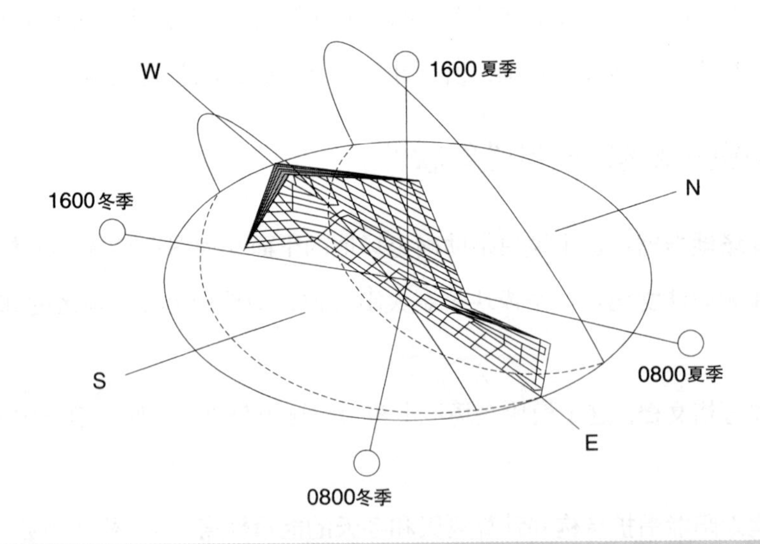


图10.13 太阳能围护结构——太阳方位

$$R_r = \left(\frac{1+\cos\beta}{2}\right)$$

这里： $i$——入射角；

$Z$——正射角（顶点角）；

$\beta$——平面／表面倾斜角。

角$i$和$Z$能从下面克雷斯（Kreith）和克雷斯尔（Kreither）[7]所给的式子中得到：

$$\cos i = (\sin L\cos\beta - \cos L\sin\beta\cos As)\sin\delta$$
$$+ (\cos L\cos\beta + \sin L\sin\beta\cos As)\cos\delta\cos\omega$$
$$+ \cos\delta\sin\beta\sin As\sin\omega$$

$$\cos Z = (\sin\delta\sin L + \cos L\cos\delta\cos\omega)$$
$$= \sin A\alpha$$

这里： $As$——表面方位角；

$A\alpha$——太阳高度角。

$I_c$ 可以从下面的表达[9]中获得：

$$I_c = 0.834\, I_{day} \times \left(\frac{\cos i}{\cos Z}\right) + 0.166\, I_{day} \times \left(\frac{1+\cos\beta}{2}\right)$$
$$+ I_{day} \times \rho \times \left(\frac{1-\cos\beta}{2}\right)$$

在式（10.1）中代入，就可以从下面的等式中计算出获得的能量：

$$E = A \times \int_{\omega_1}^{\omega_2} \left\{0.834\, I_{day}\left(\frac{\cos i}{\cos Z}\right) + \right.$$
$$\left. + 0.166\, I_{day}\left(\frac{1+\cos\beta}{2}\right) + I_{day} \times \rho \times \left(\frac{1-\cos\beta}{2}\right)\right\} d\omega$$

通过使用计算能量$E$的等式，包含各种斜面的围护结构获得的总能量就可以计算出来。

## 围护结构的辐射热损失

围护结构表面的长波辐射[8]造成的能量损失是个持续的过程，它可以用以下方法来计算：

$$E_L = \int_{\omega_1}^{\omega_2} A_{eh} \times \{h_o(T_{表面} - T_a) + 6h_r\}\, d\omega\, (10^{-3}) \qquad (10.2)$$

式中：$A_{eh}$——见到天空的围护结构的表面积（总表面积）；

$h_o$——总热量转换系数；

$h_r$——辐射热转换系数；

$h_r = \varepsilon\sigma(T^2_{表面} + T_a^2)(T_{表面} + T_a)$。

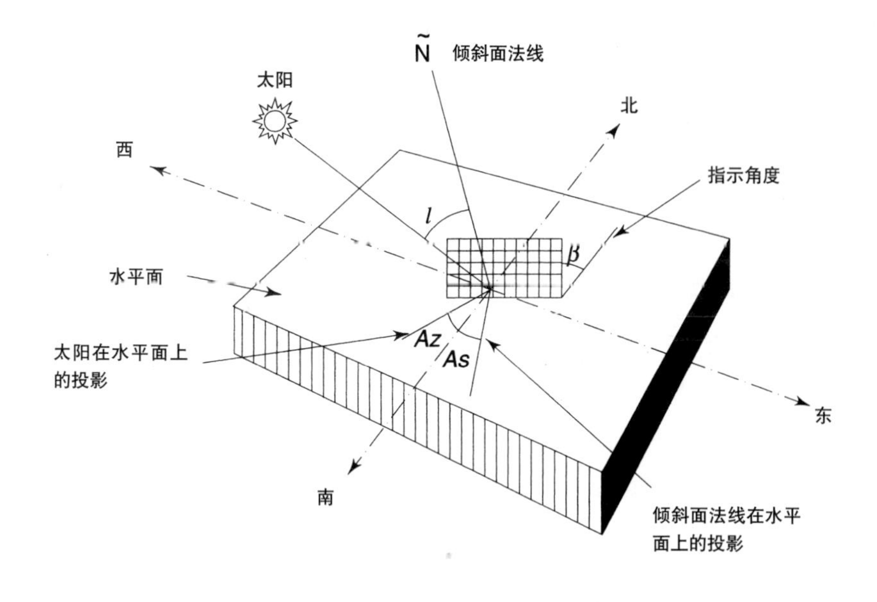


图10.14 太阳和斜面的相对位置

$T_a$——一天中特定时段的环境温度（℃）

$T_{表面}$——表面温度，由下式计算：

$$T_{表面} = \frac{\alpha I_d - h_o(T_{a-6}) + \frac{(k/l)\,h_i}{k/l - h_i} T_{room}}{k/L + \frac{k^2/L^2}{k/l - h_i} + h_o}$$

上式由穿过表面厚度（$L$）方向的热平衡得出（图10.15）。代入各个值，就可用式（10.2）计算出能量损失。

## 为不同平面形式而创建的围护结构

随着计算机技术的发展，可以为不同形式的单幢建筑或组团创建围护结构，如图10.16所示。

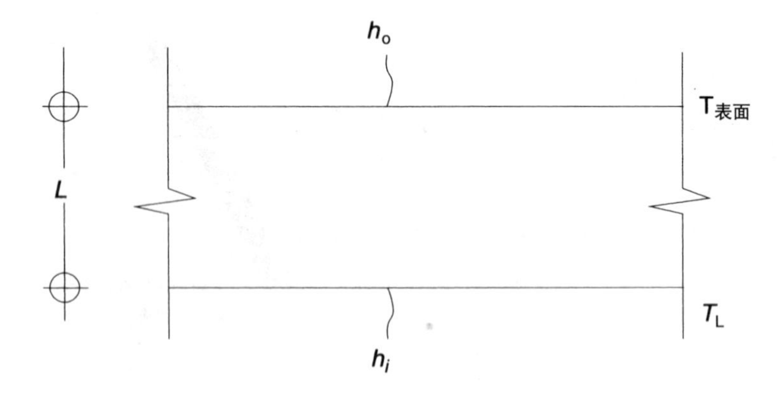


图10.15 穿过表面的热平衡

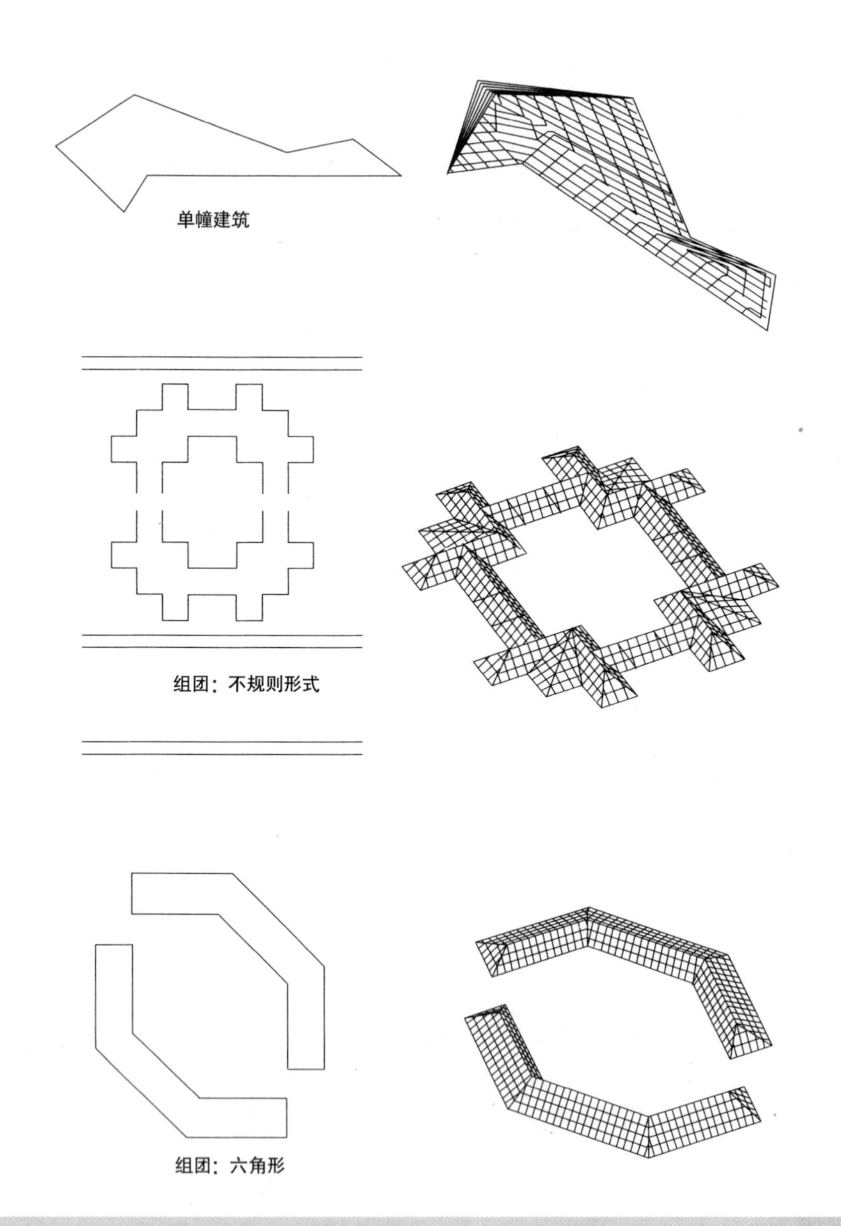


图10.16 计算机所创建的围护结构

## 围护结构性能参数

性能系数：给出冬夏围护结构所获得的能量和同等条件下水平表面所获得的能量之比。

日照效率给出了冬夏两种条件下围护结构日照量的变化。

净能量获得效率给出冬夏两种条件下围护结构获得的能量与损失的能量的对比。

在平面形式、方位和纬度变化的情况下，参数 $E_s$（夏天所获得的能量）、参数 $E_w$（冬天所获得的能量）、$S/V$（体形系数）、COP（冬夏性能参数）的变化，如图10.17–10.19所示。

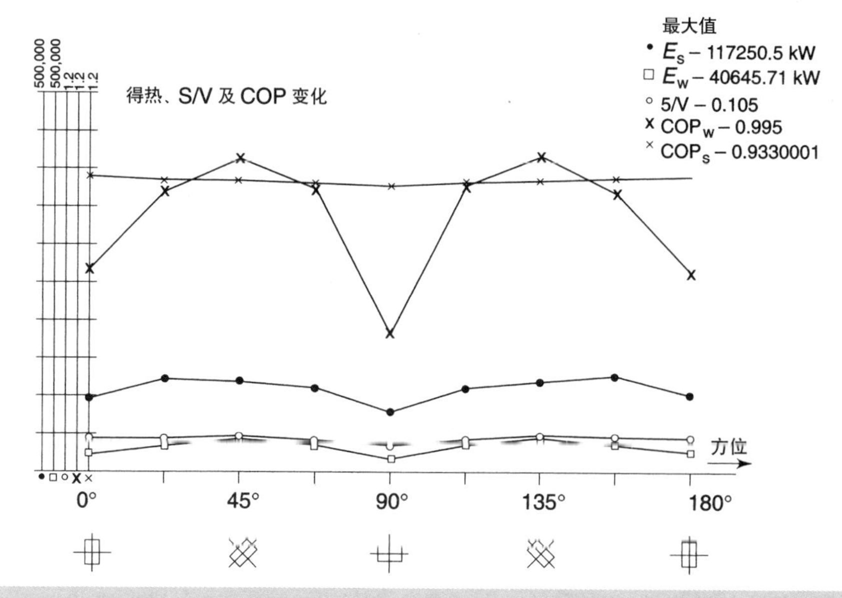


图10.18 方位的变化——北纬45°

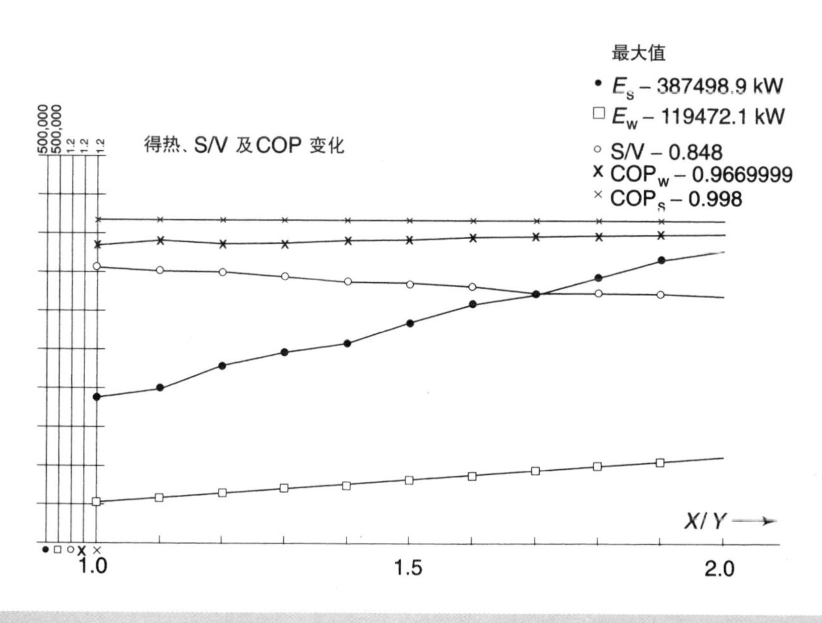


图10.17 平面形式的变化——北纬45°

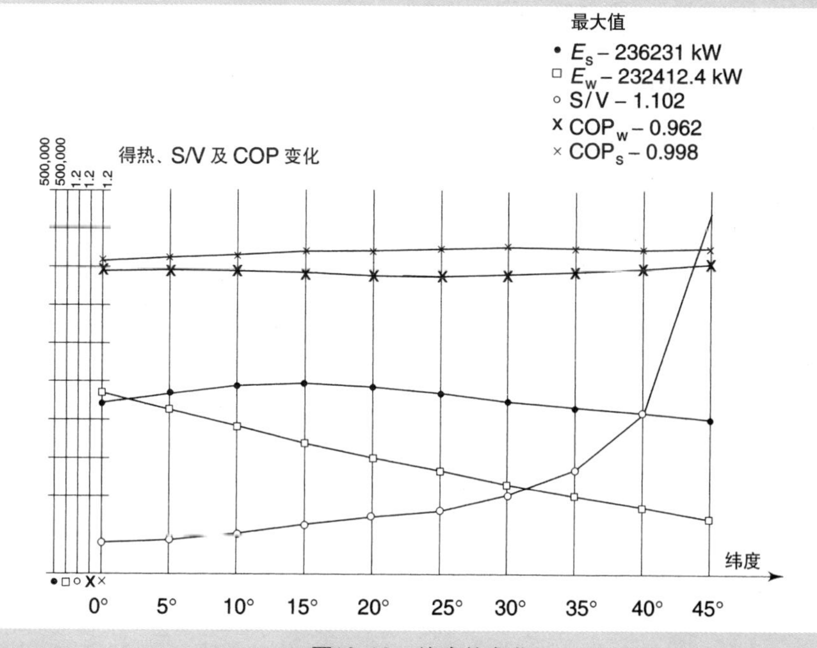


图10.19 纬度的变化

## 推论和结论

这里所用的计算机技术考虑了场地地形的情况，可以为任何基地平面(单幢建筑或组团)创建围护结构。也就是可以创建地球上任何纬度、任何地形的完整聚落模式。规划和设计决策如下：

• 在 “易获得日照”(solar access)的地方建立社区。如果日照不足，在城市的发展过程中——特别是在北方气候区——要消耗大量的自然资源，并且会恶化环境。因此，太阳能围护结构的发展提供了有效的解决方法；

• 使用太阳能围护结构技术可以使任何纬度地区的建筑形式在能量获得和损失方面得到优化。要获得最多的能量，太阳能围护结构技术是最有效的，特别是在北方气候区；

• 使用太阳能围护结构可以在质量和数量两个方面建立场地模式以及它和建筑形式、开放空间的关系；

• 这个程序模块可以按要求的层高在围护结构上画轮廓线，从而把优化的围护结构转变成真实的建筑。

本章参照了阿尔温德 · 克里尚的博士论文：建筑形式——“太阳能围护结构”能量获得行为和性能。

## 参考文献 References


1. Koenigsberger, O.H. et al. (1975): *Manual of Tropical Buildings and Housing*, Longman, New Delhi.
2. Markus, T.A. and Morris, E.N. (1981): *Buildings, Climate and Energy*, Pitman, San Francisco.
3. O'Catham, C.S. (1982): A Model for Passive Solar Building Density, *The International Journal of Ambient Energy* **3**, pp. 31.
4. O'Catham, C.S. (1982): Exploration with a Model of Passive Solar Housing, *Energy and Buildings* 4, pp. 181–194.
5. Gupta, V. (1984): *A Study of the Natural Cooling Systems of Jaisalmer*, Ph.D. Thesis, Indian Institute of Technology, New Delhi.
6. Martin, L. and March, L. (1966): *Speculation in Urban Space and Structures* (1972), Cambridge.
7. Knowles, R.L. (1981): *Sun Rhythm Form*, The M.I.T. Press, Cambridge, Massachusetts, London, England.
8. Kreith, F. and Kreither, F. (1978): *Principles of Solar Engineering*, McGraw-Hill Book Company, New York, London.
9. Givoni, B. (1982): 'Cooling by Long Wave Radiation', *Passive Solar Journal*.

# 工程项目案例研究
# Actual Projects and Case Studies

■阿里·拉哈米莫夫
■布赖恩·福特和马克·休伊特
■阿尔温德·克里尚
■杰弗里·库克
■A·N·扬

前文主要论述了气候建筑学的基本概念与理论体系。与绝大多数科学理论和概念一样，未经实践检验是难以令人信服的。许多建筑师与规划师在其设计实践中或多或少地已经运用了这些科学原理。当然，运用气候建筑学的原理于实际工程建设中时会受到很多限制，遇到很多矛盾。而一个真正的可持续性的设计方案，在解决这些问题时不应该影响到其节能特性。因此，不同地区会有不同的建筑设计方案。本章列举的案例大多数选自注重可持续性建筑的地区。

以色列是一个气候极端、资源贫乏的国家，因此，综合设计策略对于建筑业乃至整个国家而言都是非常重要的。拉哈米莫夫教授曾参与过不同规模的实际项目，包括控制城市发展规模的法规建设、高密度人群的住房建设、环境保护、区域供水与排水设施以及历史遗迹的保护等。

建筑师布赖恩·福特和马克·休伊特的项目展示了在欧洲的一些建筑中应用被动式设计原理，使机械空调设施的使用达到最小化的方法。这些建筑包括住宅楼、办公楼、工业厂房和实验室。这些不同类型、各具代表性的建筑物说明了如何利用建筑形式和构造来控制冬夏两季的室内热环境。

印度的极端性气候和多样性社会为这种科学设计方法与复杂的自然条件、气候状况及社会环境的结合提供了机遇。尽管解决方案如各地的情况那样千差万别，但基本方法是要通过创造性的设计而不是依赖机械的或技术上的帮助来实现可持续性建筑。阿尔温德·克里尚教授的项目包括了从组合性气候到干冷气候的各种气候条件，展示了在复杂地域与社会情况下的设计过程，这样的建筑既适应自然，又面向未来。

马里是世界上最贫困的国家之一，杰弗里·库克教授的案例研究展示了在马里建造的一个住宅区，在建造过程中采用了当地的建筑材料和建造方法，用以说明把舒适度的追求与建筑技术、经济发展状况和生态保护相结合是可行的。

建筑物热性能只能通过室内外热状况的全面监测来确定。为了对德里的现代与传统住宅进行比较，A·N·扬博士对查特拉村的传统住宅进行了监测，找出了热性能与各个设计要素之间的关系。

## 11.1 阿里·拉哈米莫夫的项目——完成的和在建的

■ 贝尔谢巴的拉莫特——沙漠之都的延伸
1991—1997年以色列住房与建设部

贝尔谢巴南部沙漠城市的这处大型住宅项目由8000套住宅、商用及其相关设施的四个小区组成。每个小区置于林阴大道和绿化带的中心。林阴大道可供车辆通行，并留有行人保护区及乘凉场所。房屋层数均不超过5层，错落有致，形成院落。其中一个区域设计成放射状，以广场、操场和庭院为整个建筑的框架，用城市街道和绿化带把它们组织起来。主要商业区位于街道两旁，各小区之间有人行道、自行车道及活动中心。该设计方案将房屋与环境放到同等重要的地位，并且按照永久性社区进行规划。

图11.1 独立小院式建筑

### 埃拉特—里夫特住宅区（1995—1996），位于干热气候区，以色列埃拉特市，以色列住房建设部与市政部

在以色列南部红海之尖，土耳其与非洲南北相连的地质断裂带，有一个拥有5000套住房的社区，堪称设计上的杰作。其设计意图是把埃拉特市向北延伸，该地区在地理上处于以色列气候冷热变化最大的地方，这里的气候、水文及地质情况特别，要求其设计有独到之处。埃拉特自然保护区的花岗岩型山体的山脚海拔高度仅为10m，因此，房屋设计为了对很少发生但影响极大的沙漠洪水加以考虑，尊重并保持了用作娱乐区的原干涸河道的自然状态。街道的设计本着利于通风及控制太阳辐射的原则。遮阳是主要的手段，街道和人行道两旁的遮阳树，减弱了阳光的照射。房屋形式各异，既有联排住宅，也有独门小院，均与户外树荫空间相连。庭院、隔热屋顶和装饰墙的使用增加了住宅的可居住性。

图11.2 纳杰夫北部的景色

## 米兹普·拉蒙——利用太阳能的设计(1983),以色列住房与建设部

米兹普·拉蒙（Mitzpe Ramon）是以色列南部纳杰夫沙漠中的一个地方，与东西走向的斜坡与一个巨大的天然火山“麦克泰施”（Maktesh）为邻，在这里开发了100套住房。房屋采用普通墙面，面向东南，向东一直延伸到斜坡上，这样可以在冬季最大限度地减少强风的侵入，增加太阳光的吸收。为在夏季降温，该设计使用了花格窗、天窗、庭院、屋顶花园、经过装饰的花棚以及附着在水泥建筑上的浅色彩石等措施。考虑到冬季的舒适度，采用了精心设计的采光玻璃，暖色石材地面和冬季太阳能够进入居住空间的植物等措施。小区边部设置有绿化良好的停车场。该项目设计曾获以色列比赛一等奖，遗憾的是尚未开工建设。

图11.3　四个相临小区的总平面图

## 加德那——生土综合技术教育中心（1983）

处于沙漠深处的加德那（Gadna）生土综合技术教育中心是一个重要的工程，这不仅因为它的设计与建造方法独特，而且在于它所包含的以色列南部沙漠的资料信息。通过该建筑，还说明了可持续性设计及与自然和谐的重要性。在此工程中，生态设计被放置在首要地位，这在建筑设计中具有示范作用。其基本理念是要把该教育中心设计成一幢掩土建筑，以适应该地区太阳辐射得热的剧烈波动，保持室内温度的稳定、适中。

建筑物位于加德那附近山丘的斜坡上，面朝南方的沙漠。材料主要是取自附近的石材。其独到之处在于，墙体采用就近的石料。整个建筑呈鸟翼形，周围是沙漠，坐落在低处，在南边几乎不会引起注意。南外墙，钢制格子遮板起遮阳和保护作用。整个沙漠聚焦于建筑物，是该地方的户外活动场所。房屋被设计成沙漠环境的一部分，与自然环境相协调。

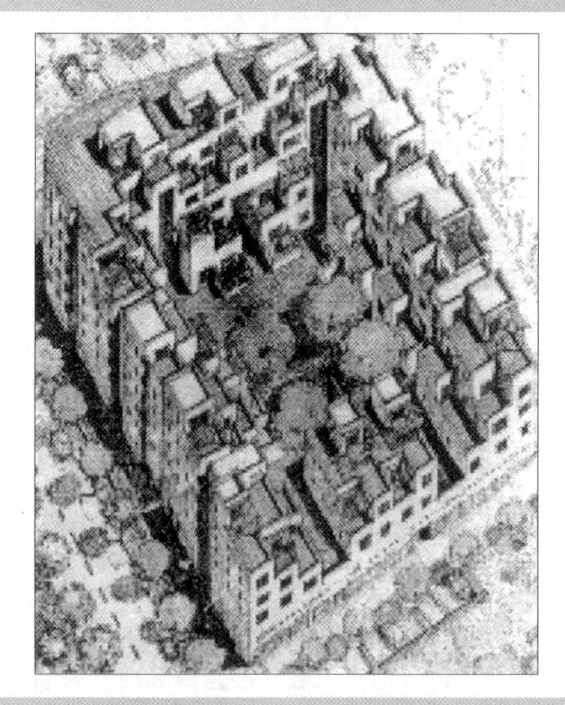

图11.4　典型组团：庭院和高低错落房屋形成可利用太阳能的围护结构

图11.5　典型住宅建筑群

图11.6　埃拉特区域的现状和北部社区规划的鸟瞰图

图11.7　场地模型

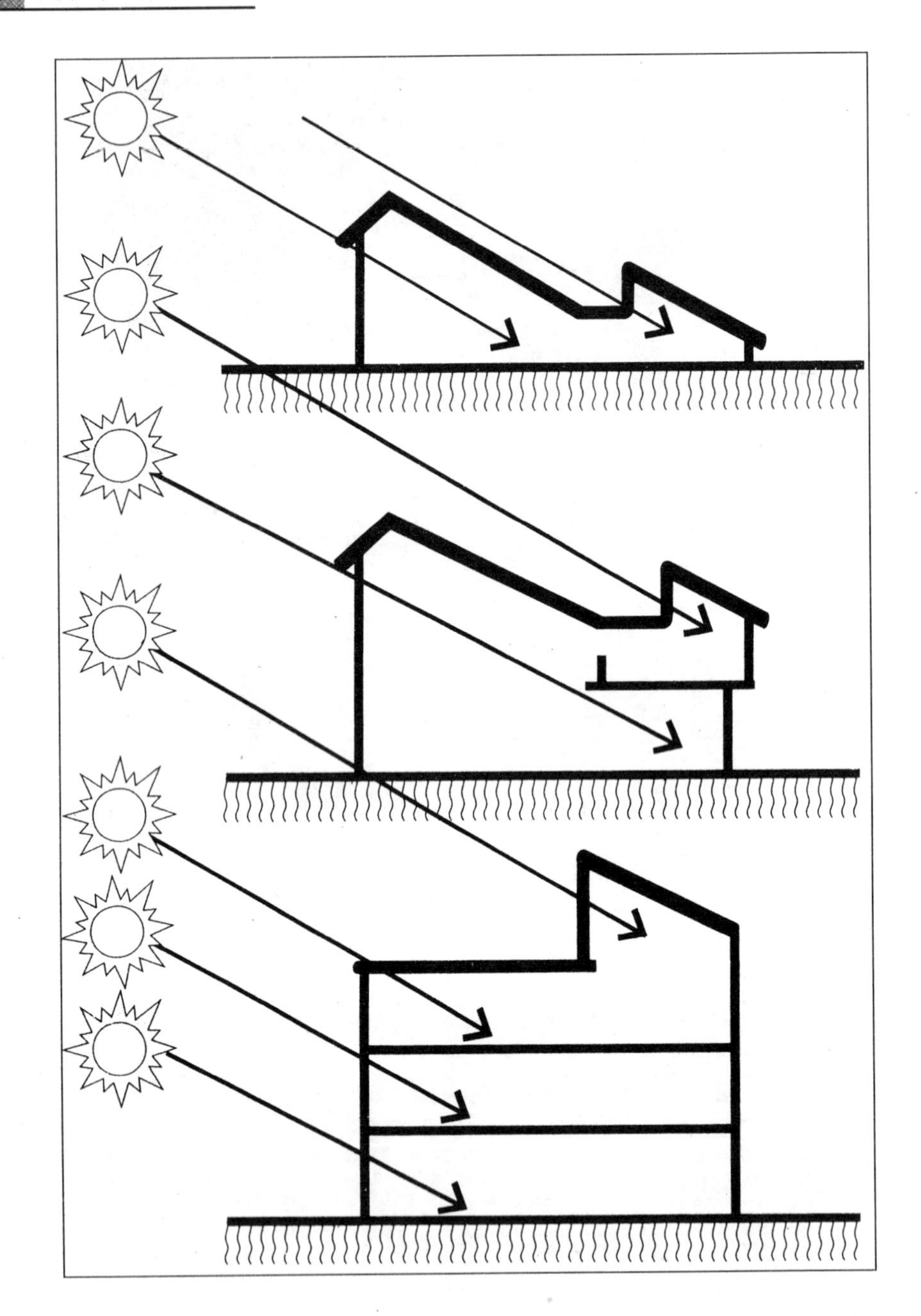

图11.8 生物气候图

图11.9 西侧景观

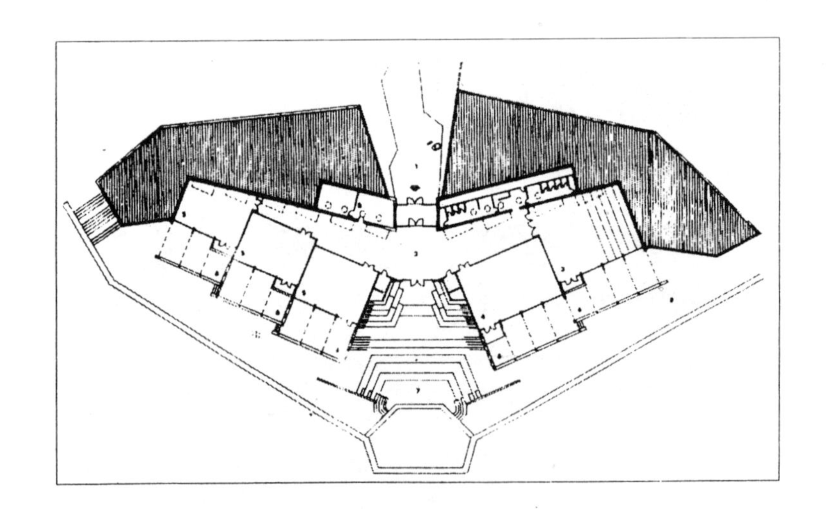

图11.10 掩土建筑平面

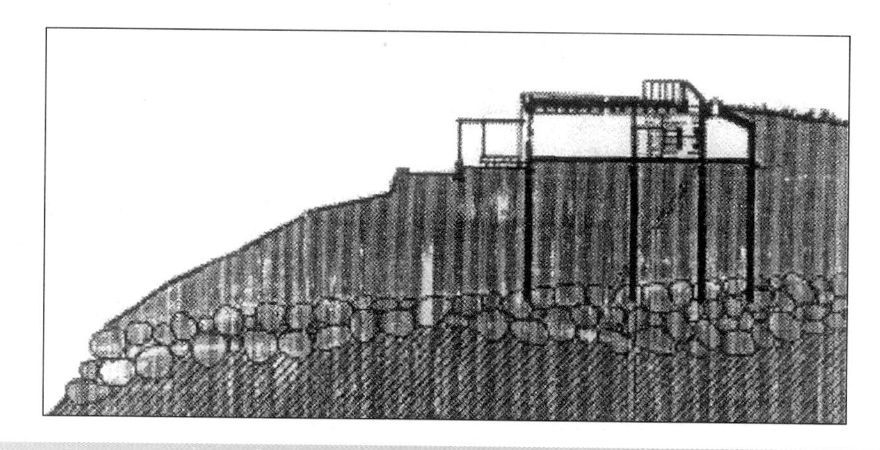

图11.11 建筑与结构的横剖面

图11.12 朝向沙漠立面的遮阳设计

图11.13 入口设计

# 11.2 伦敦肖特·福特合作事务所项目

■ 布赖恩·福特，马克·休伊特

## 引言

柯布西耶设计的昌迪加尔议会大厦迎宾门（图11.14），门头的上半部分是一幅太阳运行图，即冬夏两季太阳的运行轨迹，其中也包括了太阳日运行的轨迹。

地球与太阳的关系，是理解人类与环境和睦相处的关键。作为建筑师和工程师，如果对太阳每天、每季的变化规律能够掌握并加以利用，那么就可以不（或较少）依赖于矿物燃料来控制室内环境的状况。当然这只是一个重新认识的过程，因为过去全世界对这些问题已经有了比较深入的理解。

就当代社会而言，这不仅仅是一个“保持现状”的技术问题[1]。它要求我们改变与自然环境的关系。我们需要了解怎样的建筑物形式和构造能够化解极端气候的不利影响，从而得到满意的室内条件。被动的采暖和降温不会产生“常拉开关”的情况，因此建筑物的使用者在一年当中都要参与或协助创造舒适的室内条件。

下面介绍四个典型案例：

1．希腊克里特岛的一幢住房；

2．马耳他酒厂；

3．英国的一幢城市办公楼；

4．英国一大学工程实验室。

这些项目展示了如何用建筑物的形式和构造来控制冬夏两季的室内环境。

第一个案例是布赖恩·福特设计的，第二、三、四个案例是由伦敦的肖特·福特合作事务所的阿兰·肖特和布赖恩·福特设计的。

## 希腊克里特岛夏尼亚可持续性住宅

位于希腊克里特岛的帝迪达克（Drigiadaki）住宅，在不使用采暖空调设备情况下，具有冬暖夏凉特性[2]，而现今希腊的绝大多数房子都需要采暖

图11.14 昌迪加尔议会大厦的迎宾门（建筑师：勒·柯布西耶）

降温设施。除此之外，这些房子并没有什么特别之处。事实上，在1989−1991年间，空调设备在希腊的销售量增加了900% [3]，在南欧，这种情况也不断重演。

日前地中海以南地区的住房多采用生产耗能较大的加厚钢筋混凝土修建，相比之下，帝迪达克的房屋主要使用了当地的石料、石灰、木材和土砖。

仔细考虑窗户等洞口的位置及朝向也是保证房屋基本性能的措施之一(见图11.15和图11.16)，而在现代建筑中，这些因素往往在设计时都被忽略了。

克里特岛西北部的气候特征是：夏季日气温在20−35℃之间；夏季气压（平均14mmHg）高于冬季（平均8mmHg）；夏季白天风速相对较低（约2−3m/s），晚上几乎无风；而冬季风速较大，并时常伴有暴风雨雪；夏季以西北风为主，冬季则是北风和东北风；冬季日最低气温平均为8℃，很少降到0℃以下。

对印度北部气候比较熟悉的读者来说，比较一下艾哈迈达巴德（印度古吉拉特邦）、基尤（英格兰）和夏尼亚（Xania，希腊克里特岛）的太阳辐射和度日数数据是有意义的，如表11.1所示。可以看出，克里特岛冬季采暖的时间只有三至四个月，而英国则需七至八个月，艾哈迈达巴德则不需要采暖。从10月份到来年3月份，克里特岛朝南墙面的日照量是英国的2倍多。印度北部的大陆板块和喜马拉雅山影响了艾哈迈达巴德（北纬23°），而影响克里特岛气候的主要因素是地中海。

克里特岛地区的采暖季节非常短暂，在这种气候下，面临的主要问题是保持夏季室内舒适的温度(尽管大多数建筑目前都装有制冷系统)。吉沃尼[4]曾提出两种方法来解决夏季室内的过热问题。方法之一是降低室内与室外温度比，使用高热阻、高热容的外墙和屋顶以及反射性能很强的外表面（如白色粉刷墙面），白天关闭门窗，夜间打开。方法之二是依赖白天通风，把它作

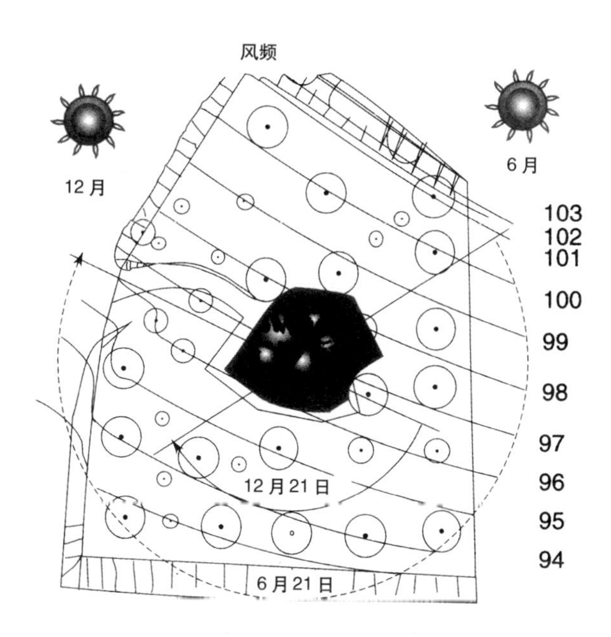


图11.15　总平面图，注明了6月和12月的太阳方位角和风向频率

表11.1　夏尼亚、基尤和艾哈迈达巴德的太阳辐射及度日数数据

| | 南向直立面太阳辐射 kWh/m²·月 | | | 度日数（基数 15.5°C，热）（基数 23°C，冷） | | |
|---|---|---|---|---|---|---|
| | 夏尼亚 | 基尤 | 艾哈迈达巴德 | 夏尼亚 | 基尤 | 艾哈迈达巴德 |
| 1月 | 79 | 28 | 188 | 112 | 346 | – |
| 2月 | 81 | 42 | 147 | 92 | 304 | – |
| 3月 | 88 | 74 | 130 | 62 | 282 | – 124 |
| 4月 | 80 | 75 | 84 | – | 197 | – 240 |
| 5月 | 75 | 87 | 57 | – | 113 | – 341 |
| 6月 | 69 | 90 | 54 | – | – | – 270 |
| 7月 | 76 | 84 | 66 | – | – | – 186 |
| 8月 | 94 | 78 | 67 | – | – | – 155 |
| 9月 | 106 | 72 | 89 | – | 56 | – 150 |
| 10月 | 102 | 59 | 135 | – | 132 | – 140 |
| 11月 | 101 | 39 | 156 | – | 256 | – 39 |
| 12月 | 82 | 25 | 174 | 60 | 333 | – |

为提供舒适性的主要因素。在通风良好的建筑内，室内与室外的气温与气压基本相当，而室内气流速度只有室外的三分之一。只有当屋顶和外墙内表面的温度不超过室外温度，夏季依靠室内空气的流动实现热舒适才有可能，因此，两种方法相比较，前者较好。

在冬季，保温良好的墙体和屋顶，加上对太阳能的被动吸收（附设一面积较大的南向阳光间），足以得到舒适的室内温度，而无须使用辅助采暖系统。事实证明，这些建筑物的主人过去八年只偶尔生火采暖。

位于希腊南部克里特岛的帝迪达克住宅，表明了建筑物的形式和构造可实现满意的室内温度条件而无须另设采暖空调系统。对希腊非住宅建筑耗能的分析表明，工商业建筑的空调能耗占耗能总量的比例很大（现在还在上升）。马耳他的一家新啤酒厂厂房设计在较大程度上尝试运用了克里特岛住宅区的设计思想。

## 马耳他啤酒厂厂房

啤酒酿造过程和当地气候的要求表明了在设计之初选择适宜环境设计策略的重要性[5]。几百年来，啤酒的基本生产过程无多大变化，然而在过去的五十多年里，与啤酒生产相关的技术却有了很大的发展。自20世纪40年代末，现有厂房建造至今，SFC公司生产的啤酒一直都是装入铜罐，放在与厂

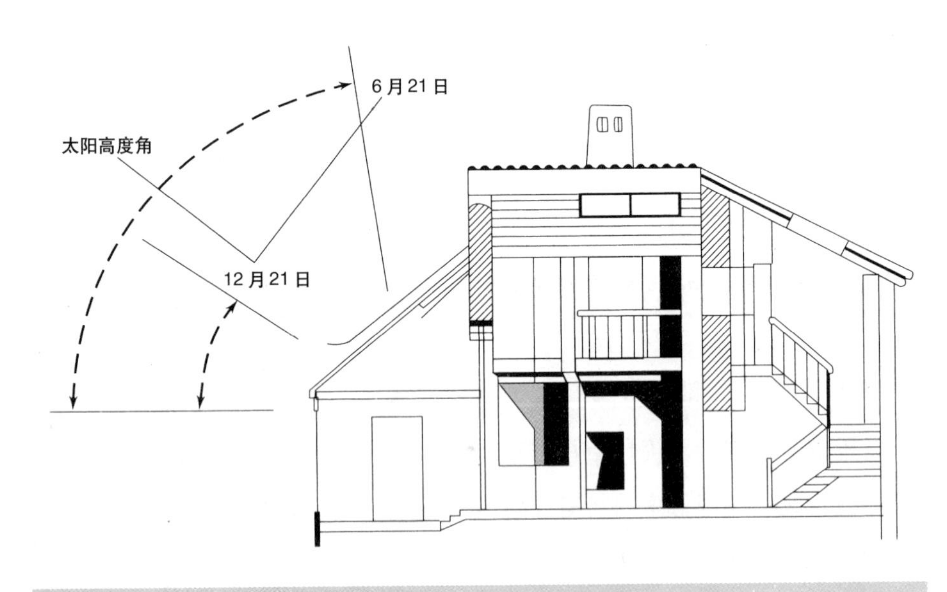


图11.16 建筑剖面图，显示了太阳高度角的年变化

房连成一体的大池中发酵出来的。整个"发酵房"需要人工制冷，费用很高。而现在生产的啤酒则是装入不锈钢罐，在体积庞大、隔热性能极好、带有集中空调的室外容罐中进行发酵，因此，新厂房的建造标志着SFC啤酒厂现代化进程的开始。

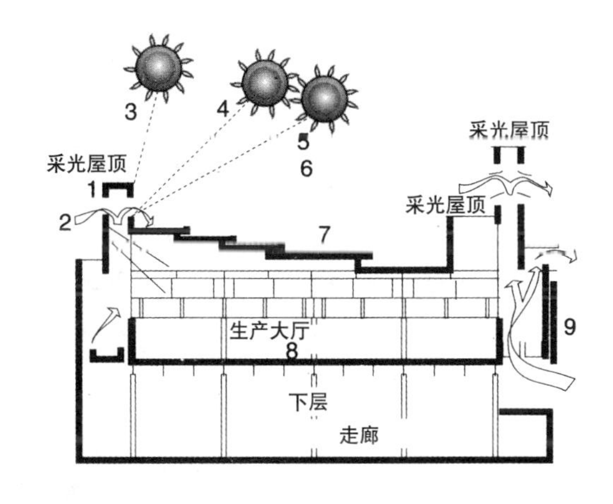


注：

1. 生产车间直接从有保护层的天窗获得光线
2. 保护层全天自然通风
3. 6月21日12:00　78°
4. 10月21日12:00　43°
5. 12月21日12:00　30°
6. 冬日低角度太阳照射到建筑物上，从后墙反射进入室内
7. 大面积的屋顶提供约8小时的时间延迟
8. 最终预计的最高温度为27℃
9. 外墙遮挡住内墙及通气孔的空气流动，使过道行人感到凉爽
10. 人行"桥"两边相互连接的护板有助于空气流动
11. 热散入夜空，降低屋顶层表面温度
12. 内表面的对流冷却作用
13. 建在250RC楼板上的瓷砖墙体有很高的热容
14. 预计最终的最低温度为24℃
15. 开阔的空间保障四面通风
16. 空气通过保护层进入室内，并到达地面

图11.17　生产车间7月某日白天剖面图，平均温度为35℃，通风关闭

厂房的设计以环境四分法为基础：

- 隔热作用与热缓冲作用：阻止阳光直接进入生产车间，最大限度地减少了白天的得热，并在生产车间周围形成一个"缓冲区"；
- 热容作用：利用地板、墙体和屋顶的热容，减少白天的温度波动；
- 对流降温作用：有助于夜间制冷，利用夜间的通风排出墙体及屋顶内聚集的热；
- 采光作用：反射周边光线及北边的散射阳光使生产车间采光良好，并且不增加对太阳热的吸收。

这种方法用图示予以概括，即得图11.17和图11.18。

建筑物内人员流动及卫生服务设施使生产车间成为大空间里的一个小空间。这样，生产车间周围全是通风"保护层"和其服务设施（参见图11.19），这个"保护层"就成为生产车间与外界之间的过渡地带。高强玻璃通过散射和反射使阳光进入生产车间，无需太阳光的直接照射。生产区通过保护层上面的"塔式"窗洞进行通风，而这些塔是用来捕风的。

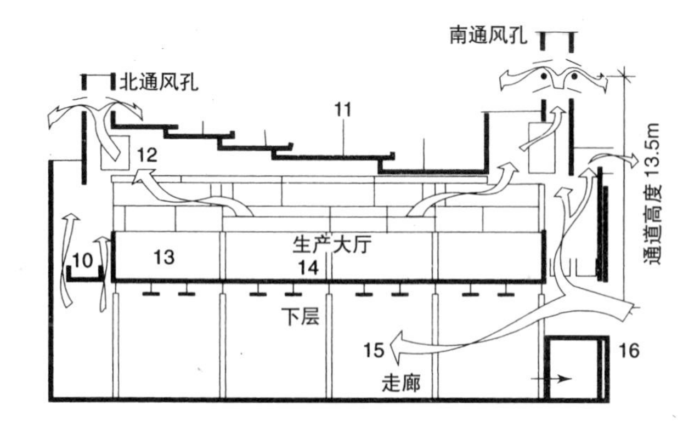


图11.18　生产车间7月某日夜晚剖面图，平均温度为18℃，通风打开

从早8点至晚7点，关闭通风系统，使生产车间白天的通风降到最低。实际上，早上信号发出后关闭通风系统，当室外温度低于室内温度时，通风系统打开。保护层保持通风，虽然会使生产车间产生较大的温度变化，但对通风窗洞有好处，不会对其操作性能产生较大的损害。

在设计阶段，对白天采光和夜间降温通风都进行过数值模拟和实验室模型测试。在人工气候环境中，采用按设计比例制成的模型进行试验，对白天采光进行“调整”，并用有限差分网格模型，试验分析了不同屋顶构造与通风对夏日隔热的影响。采光试验证明：通过天窗从保护层进入的散射和反射光使生产车间有充足的光线（采光系数4%），但不会有直接的太阳照射。热工试验表明，有隔热层的混凝土板条屋顶比其他轻质屋顶更能降低生产车间的温度。

为了对实际作用进行检测，增加对其过程的理解，曾制订了一个现场测量的工作计划，其结果在此不作详细叙述[6]，但它证明了这种设计能稳定地降低室内温度，除最热的8月份之外，室内温度能保持在27℃以下（与设计预期结果一致）（图11.20）。结果还表明，这种通风方法的对流降温效果显著。在烟雾测试中，强调了每一细小部件其几何尺寸的重要性，如顶部的通风口，其作用是控制气流进入屋顶或引导热气流从屋顶流出（参见图11.21）。

屋顶保温层在降低生产车间的得热方面效果显著。事实证明，夜间的对流降温可使大部分获得的热量流出室外。

测试结果还可证明空气流动速度与温差之间的关系，这些数据可以比较准确地评估通风对夜间降温的作用。

结果还表明，白天对流得热对保温层的影响很大，它提高了白天的室温，降低了夜间的通风效果。降低日间保温层的通风率可使状况有所改善。

对于有兴趣研究被动式降温理论模型的专家可得到此项目的测试数据资料。这个项目为商用建筑夜间通风降温的可行性提供了证据。

**图11.19** 马耳他SFC啤酒厂：新生产车间的南立面

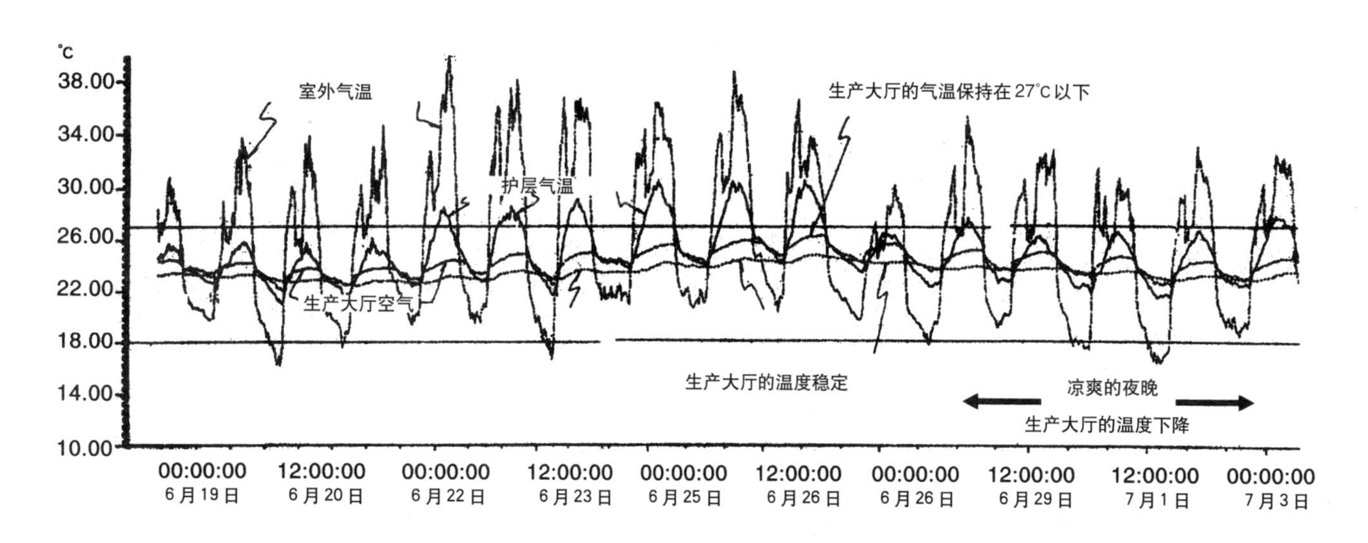


图11.20 马耳他SFC啤酒厂生产车间1991年6月19日至7月3日的室内温度实测值

## 20世纪60年代城市办公楼的翻新改造

在欧洲，每年约有2%的非住宅建筑需要更新，这就意味着在降低能源消耗、改善工作环境方面还有很大的潜力。西方人大约90%的时间是在室内度过的[1]，所以营造一个健康的室内环境就成为一个重要问题。城市的空气污染、噪声和“热岛”效应问题成为许多城市设计中的显著问题。一个由英国能源部资助的项目——对布里斯托尔一条复式车行道旁20世纪60年代办公楼的翻新改造设计，解决了一个似乎是不可能的棘手问题。并且，改造后的建筑可把风从干净的一侧抽到嘈杂一侧的通风井道，实现自然通风。同时，对建筑热特性也进行了详细的研究，包括对通过建筑物每一层的空气运动进行了计算机流体动力学（CFD）分析，表明此解决办法不仅在技术上可行，

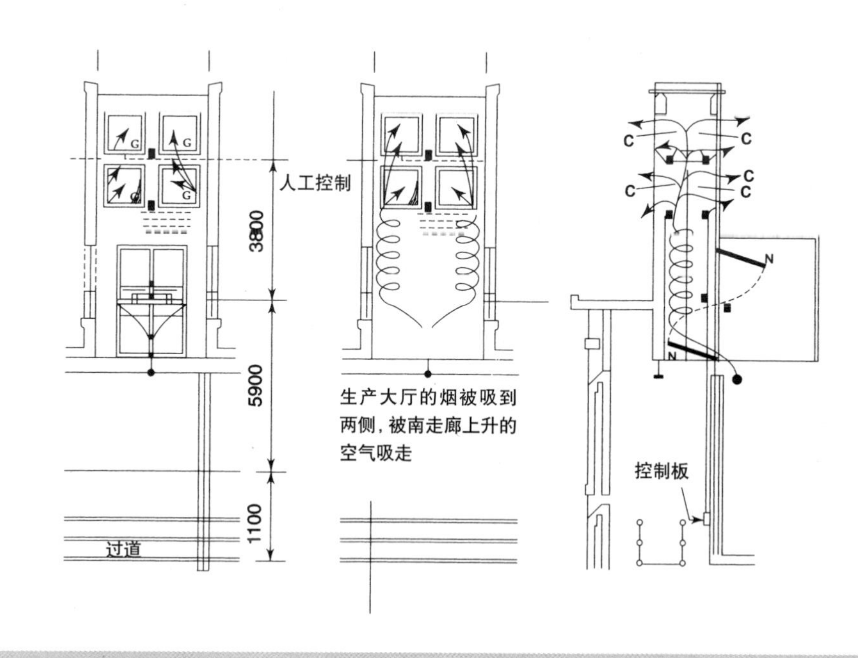


图11.21 马耳他SFC啤酒厂南塔楼烟气试验示意图

而且比传统改造方法费用要低。

图 11.22和图11.23展示的是由肖特·福特合作事务所对神庙穹顶式建筑进行改造使其成为自然通风建筑的案例。图11.22显示的是通风井道如何促进建筑物内的空气流动，图11.23显示的是穿堂风及其东西两面的详细情况。

神庙穹顶式建筑是20世纪70年代早期建筑的代表：建于城市，属混凝土结构，采用茶色玻璃及空调设施，而今已到达使用年限。该建筑总面积12200m²，呈L形展开，有一栋7层楼，两栋5层楼，每一栋都有自己的核心区。这些楼彼此由4层12.2m高的矩形建筑相连接，该建筑采用平屋顶，最高的楼檐高23m。东面长95m，是L形较长的一边，面向复式车道；而L形短边，长55m，面对相对安静的街道。L形中封闭的一边面向西，无车辆通行，其四周是布里斯托尔港。由于附近内环路的噪声和废气污染了混凝土的正面区域，因此，整个建筑正面临氯化作用和碳化作用的问题，其结构的 $U$ 值很低，其照明系统的安装负荷为28W/m²，窗户净面积只有外墙的20%，地面上还有2.45m高的柱子，严重阻碍了光的进入。

因此，我们就想到让其连接部分实现自然通风，好在它面向相对洁净安宁的西部，可实现自身的穿堂风。新鲜的空气从相对洁净的西边进入，通过自然力的作用沿通风井上升，这可以通过热浮力或风动力的方式来完成（参见图11.22和图11.23）。

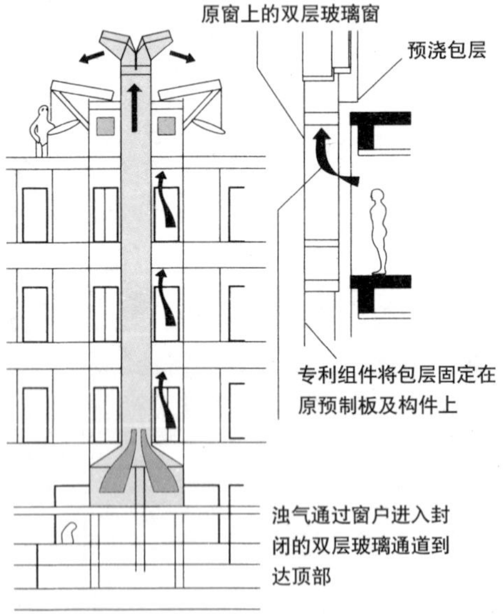

图 11.22 英国布里斯托尔的神庙穹顶式建筑的通风“烟囱”

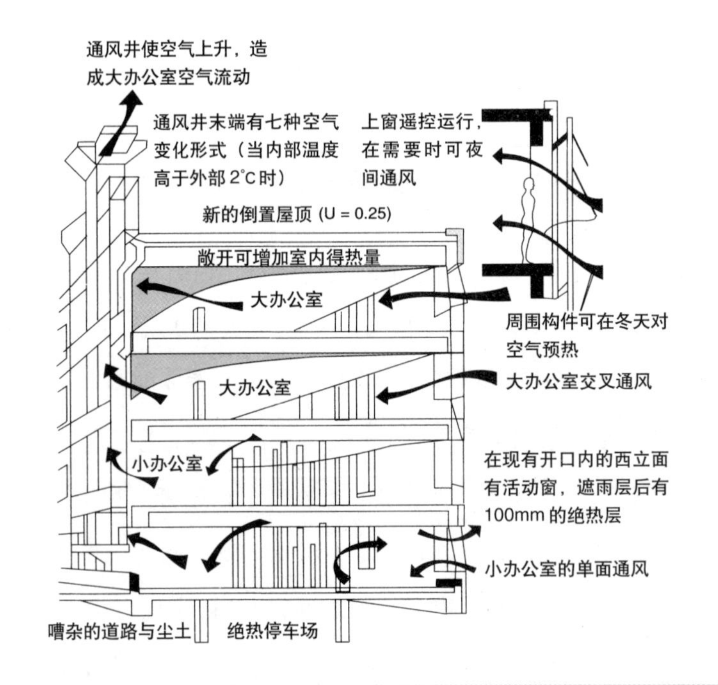


图 11.23 英国布里斯托尔的神庙穹顶式建筑的通风剖面图

## 通风策略

冬季，空气通过装有风扇的通风口从西面进入，在入口处由加热箱内进行预热。在东面，手动调节小型通风设备，可让不新鲜的空气从地面流出，进入地下管沟通道。在通道上顶部，也装有同样的电动控制设备。

夏季，人们身处朝向西面的办公室内，通过窗户开启的大小控制空气流动，通风道顶端的悬窗上安装有足够尺寸的风扇，以备在夏季“无风”条件下也能实现换气。

底层钢筋混凝土柱和连接部分的涂层使该建筑成为一个质量极大的吸热体，为了对其充分地加以利用，并在夏季保持舒适性，设计主要依靠夜间通风排出白天吸收的热（图11.17和图11.18）。

神庙穹顶式建筑的改建设计表明，节能改造要比一般的“优质”办公楼改造花费少，能耗降低为原建筑的1/3，主要原因是由于采光、照明、隔热和自然通风效率的提高。如果传热系数值保持不变，全部采用空调设备，运行能耗的费用将提高2倍。

此设计研究表明，在最糟糕的城市环境中，被动式设计原理也是适用的。

## 英国莱斯特市的大学工程实验室

工程与制造学院是在原电器与电子工程系和机械制造工程系基础上合并而成的。该学院已成为“计算机集成制造技术”领域研究与革新的中心。原两系的许多研究活动所需要的计算机工作站及实验设备占据了实验室的绝大部分空间。

通过对各种实验研究活动行为的分析，可使实验室大部分空间实现自然通风和天然采光，从而避免了使用机械通风和连续的人工照明，带来的益处是相对低的运行成本和舒适的工作环境。这种设计策略对该建筑物的形式产生了很大影响。扩展后的外围护结构使建筑物的大部分区域获得了良好的天然采光和自然通风，夏季遮阳较好的中庭可将冷空气输送到建筑物的内部。

人体、电脑及其他机械设备散发的热量对室内热环境影响很大，因此，避免夏季过热也是设计中应考虑的一个问题。

该建筑使用面积为10000m²，可分三部分：机械实验室、电器实验室和中心建筑。

## 机械实验室

机械实验室的主要部分占去了西南一角，临近住宅区。专家实验室及辅助空间占两层，在住宅区和机械区形成声音的“缓冲区”（图11.24）。

该实验室有两层，存放大型水力学及热动力学等实验设备，这里的机械工作产生大量的余热（$>100W/m^2$）和噪声（110dBA），并且为了安全操作，要求有很好的照度（750 lx）。室内大型机械的移动需要起重机，起重机移动产生的噪声被西边的“缓冲区”和东边的扶垛吸收。空气穿过缓冲区和扶垛中的缝隙，和消声墙一起减少噪声的传播。最后通过隔声玻璃通道排出空气。玻璃通道还能给工作中心提供采光。大厅主要通过每个开间墙体上的窗户采光。吊顶可以阻止阳光直接照在实验室的地板上。

## 电气实验室

电气工程实验室室内产热率很高（$>85W/m^2$），对照度水平的要求较低（300 lx），通常除了控制板的键盘声外没有其他的噪声。这些实验室被安排在建筑物狭窄的两翼的四层楼上，中间有一个窄的庭院（参见图11.25）。

对于一个剖面狭窄的空间，可以有很多方法来保证实验室内有足够的自然通风和采光。适宜的窗洞高度，能实现充足通风，排出室内计算机和其他仪器散发的热量。采光部分是由“光栅”控制的。“光栅”把太阳光反射到顶棚上，这样既可以避免室内阳光直接照射，又可以保证实验室内充足的光线。这些光栅的形状和布置既进行了图形设计研究，也在人工天穹中进行过模拟实验。德芒佛大学（De Montfort University）建筑环境学院的研究人员运用“光辐射”模型对这些实验室的照度分布进行了分析，表明光栅能有效地控制通过外围护结构的光通量和散射光。建筑物两翼的相似性意味着外部反射因素（庭院墙面的反射）是非常重要的。该建筑使用的白色面层有明显效果，特别是对建筑物一层和二层。

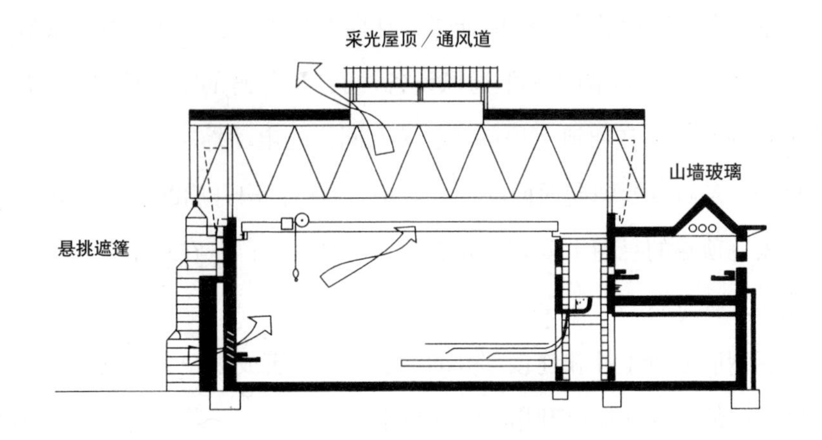


图11.24　机械实验室剖面图

## 中心建筑

剖面狭窄的建筑会使周边延长很多，增加成本，使冬季的能耗增大。因此，在建筑的主体部分作了相反的考虑，这样就为建筑中心部位的平面设计带来问题。解决中心部位的自然通风和采光问题，可以作出一套正规的解决方案。在此情况下，每一部分的设计都是单独考虑的。

中心建筑的主体分5个区域（参见图11.26）：

1．会议大厅；

2．教室；

3．综合实验室；

4．办公室；

5．绘图室。

对2、3、4区夏季得热量和空气温度的初步评估表明，避免直接得热和提高室内换气率，对于保持室内热舒适起着非常重要的作用。

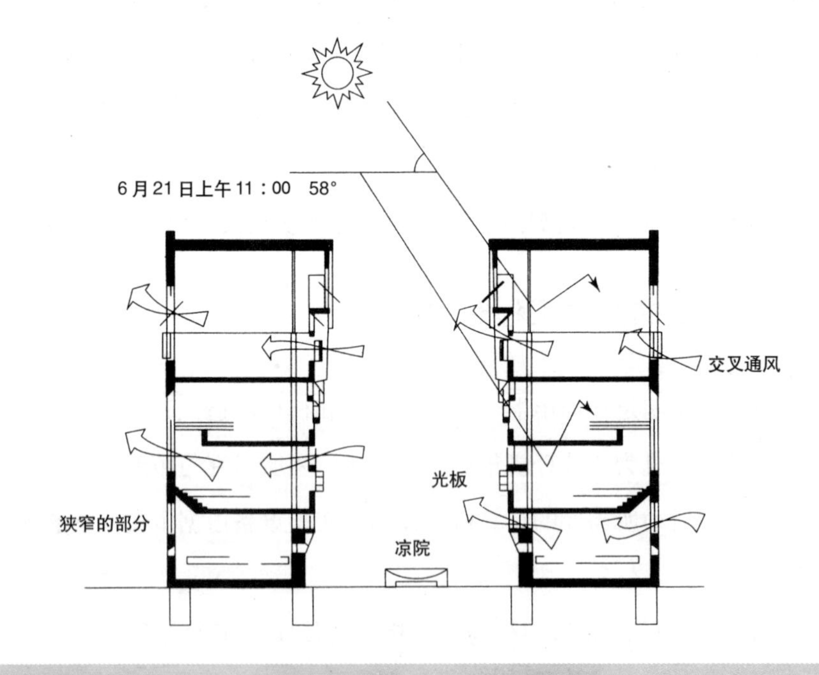


图11.25　电气实验室剖面图

通过建筑物顶上的竖井提高管道通风，可解决夏季建筑物深处过热的问题。有些竖井能让自然光进入室内，阳光偶尔也能进入会议大厅。各个区域完全相互隔开，满足隔声、防火的需要（图11.27）。

设计过程中，对于室内不同的空间区域所需要的通风管道和风口面积的近似尺寸进行了估算，以使此种方法具有广泛的适应性。起初我们曾认为报告厅必须要采用机械通风，但迈克斯·弗德汉联合公司的计算表明，还应对此设想做进一步的探讨。在扩初设计阶段，我们运用先进的理论研究方法，对建筑物的物理性能进行了详细的模拟分析。因此，采用了物理模型和计算机模型在内的一系列专门研究来预测建筑物内不同部分的空气运动和热性能，并把它作为整个设计过程的一部分。

这些工作增强了我们对该建筑物及其某些部分进行改进的信心。中心建筑内各个区域的通风流动物理模拟实验是在剑桥大学应用数学与理论物理系进行的[8]。

采用的可视化模拟技术能看到置换通风的运行情况，并能准确地演示建筑物的形状对空气流动的影响，但无法解释建筑物构造形式对室内温度的影响。这个问题对报告厅更为重要，因为报告厅重质墙体表面需做轻质吸声处理以满足声学要求。

因此，运用ESP模型[9]对报告厅的室内热环境进行了模拟分析研究，结果表明它在很多方面与物理模拟吻合很好，而且还允许在设计上做进一步改进，同时，还对声学处理后的墙面的影响进行了评估。

三年的监测工作还在进行，初步的结果令人鼓舞。2001年进行的热负荷测试表明，裸露在空气中的厚重型混凝土墙的热稳定性能，可使报告厅的室内最高温度比室外低5℃。测试期间采用的内热源是16kW电炉对流散热器，均匀布置在报告厅的四周，连续开启8个小时，用来模拟160名学生在报告

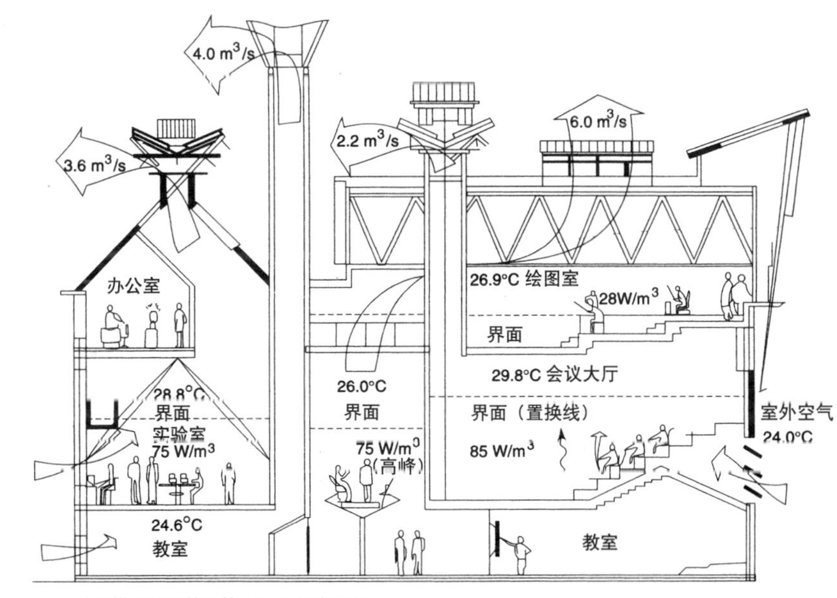


图11.26 中心建筑剖面图

厅滞留一整天的情况。测试表明，在这种最为恶劣条件下，室外最高温度达到30℃的时，室内温度仅为24.5℃。

该项目表明,对于功能复杂的现代工程实验室也可完全不采用机械通风，而且可以使得30m进深的建筑物每个部分均获得良好的自然通风和天然采光。肖特·福特合作事务所正在进行的工程项目中，包括有研究如何将被动式降温技术应用于印度和美国实验室建设。我们希望在不远的将来可以得到这些项目的结果报告。

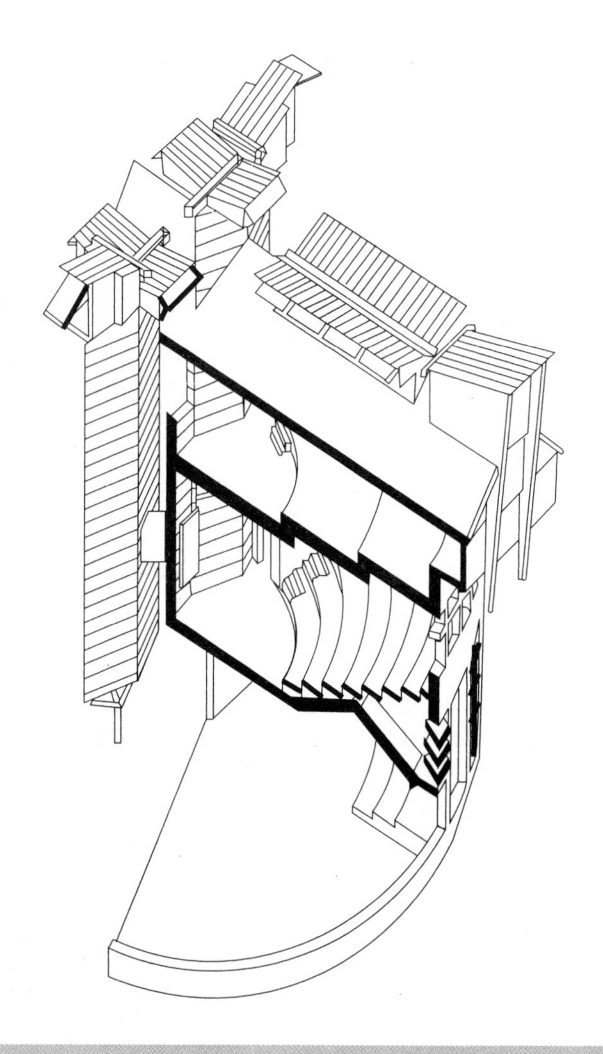

图11.27 莱斯特大学工程实验室轴剖测图（显示了入口大厅、会议大厅和绘图室）

## 参考文献 References


1. Greenpeace, Brian F., (1993): *Fossil Fuels in Changing Climate.*
2. Ford, B. and Penz, F. (1983): "Design of a low energy house near Xania, Crete, employing passive design principles", Proceedings of PLEA Conference, Crete.
3. Santamouris, M. and Agiriou, A. (1993): "The CEC Project PASCOOL", 3rd European Conference on Architecture, Florence, Italy, 17–21 May.
4. Givoni, B. (1969) *Man, Climate and Architecture*, Elsevier, pp. 334–335.
5. Ford, B. and Short, A. (1988): "Passive cooling of new brewery process building in Malta", Proc. PLEA Conference, Oporto.
6. Ford, B. (1993): "Passive night vent cooling: Results from field measurements in Malta", 3rd European Conference on Architecture, Florence, Italy. 17–21 May.
7. O'Sullivan, P. (1995): *Energy Use in Buildings: The next twenty years*, Cambridge University, Cambridge.
8. Lan-Serf, G. and Linden, P. (1991): "Laboratory modelling of natural ventilation via chimneys", Architecture and Urban Space, Proc. PLEA Conference, Seville.
9. Eppel, H. and Lomas, K. (1991): "Simulating the performance of naturally ventilated spaces: A case study", Architecture and Urban Space. Proc. PLEA Conference, Seville.

# 11.3 工程项目

■ 阿尔温德·克里尚

## 引言

本节介绍的工程项目是综合运用气候建筑学的设计原理和方法而设计建造的建筑。这个方法可应用于不同气候条件下，不同性质、不同规模的建筑物。尽管在艺术表现上使用了模拟和评价的方法，但其重点是通过建筑设计而不是通过“技术”（或新的发明）来实现建筑与气候变化相适应的。这些工程包括：

1．复杂气候条件下，一栋位于印度法里达巴德的住宅。

2．寒冷但阳光充足的气候条件下，一栋位于印度西姆拉的办公楼。

3．寒冷且干燥的气候条件下，位于克什米尔列城的一栋学校建筑（艺术和科学学院）和一栋体积较大的公共建筑（州议会大楼）。

4．复杂气候条件下，位于印度昌迪加尔的一栋综合办公楼。

5．寒冷干燥的气候条件下的克什米尔拉达克北区格尔吉尔机场航站综合楼。

6．寒冷、阳光充足的气候条件下，不丹的蒙加尔的一所医院。

实际上，气候强有力地影响着建筑形式和建筑设计。地域建筑，作为时间演化产物，就是一个很好的例子，它的产生过程是一个不断试错的过程。但是，当前的环境使社会经济结构在物质和非物质两个层面上具有一种强烈的复杂性，这种复杂性的制造者就是我们人类自己。

因而我们面临一个挑战：开发一种能适应各种复杂自然因素的建筑设计方法，采用这种方法可以设计出既适应自然又面向未来的建筑。下面介绍的六个实际工程，就是试图通过理解这种复杂性，建立一套包括设计策略和设计方法与自然相协调的设计程式。利用建筑的形态、围护结构以及建筑与自然的关系可以达到这个目的。

## 印度法里达巴德的毕达尼住宅

该建筑所在地区为复杂气候区，位于新德里（北纬28.9°）附近的法里达巴德。

通常认为，当场地面积较大时，总是能够设计出与气候相适应的建筑物，此时很容易创作出理想的建筑形式和设计。但在许多大城市，受场地规模较小和方位固定的限制，总是难以实现这样的理想。作为一个实例，毕达尼（Bidani）住宅（图11.28–11.30）可以用来说明这种情形：在一个限定容积和方位确定的城市地区，实现了一个与气候相适应的建筑形式和设计。

该区域面积大约有1000m²，按1∶3的比例进行规划，较短的一边方向朝北，面向公路。

位于复杂气候区的法里达巴德，一年内气候变化很大，几乎有两个半月的时间天气非常炎热且干燥（最高温度45℃），并且还有一个持续时间较短的寒冷冬季（最低温度3℃）。炎热干燥的季节过后是两个月左右的气候比较温和湿润的湿热季风季节（最高温度38℃和最大相对湿度90%）。

因此，为了与极端温度相适应，建筑设计的要求是：在炎热干燥阶段最

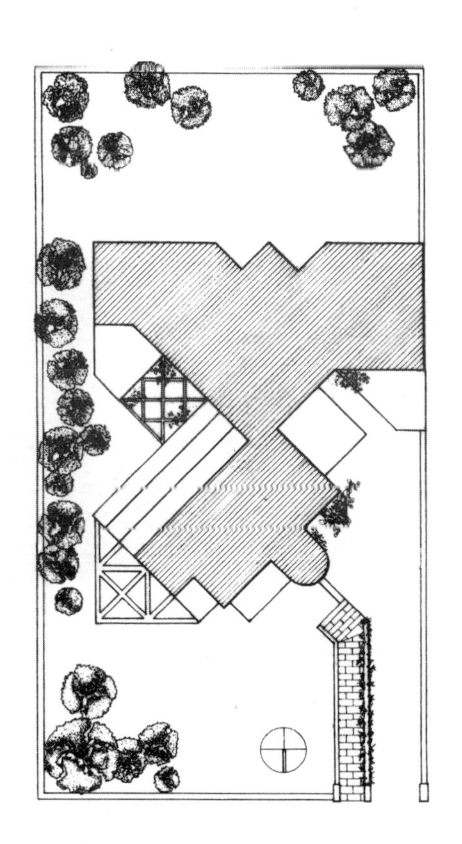

图11.28 毕达尼住宅总平面

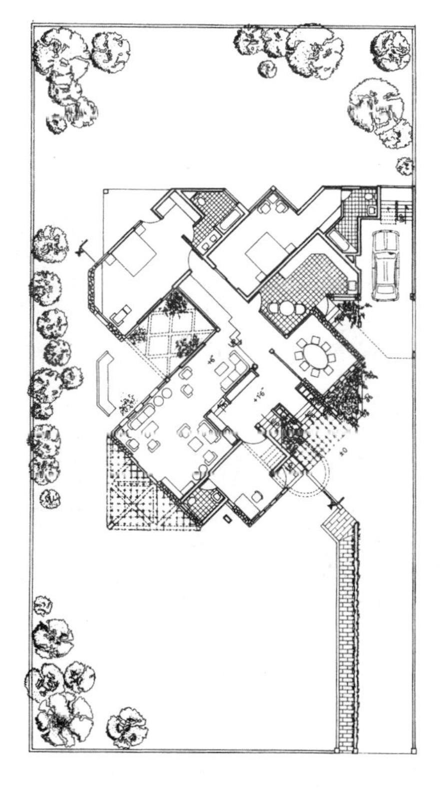

图11.29 毕达尼住宅底层平面

图11.30 毕达尼住宅外观

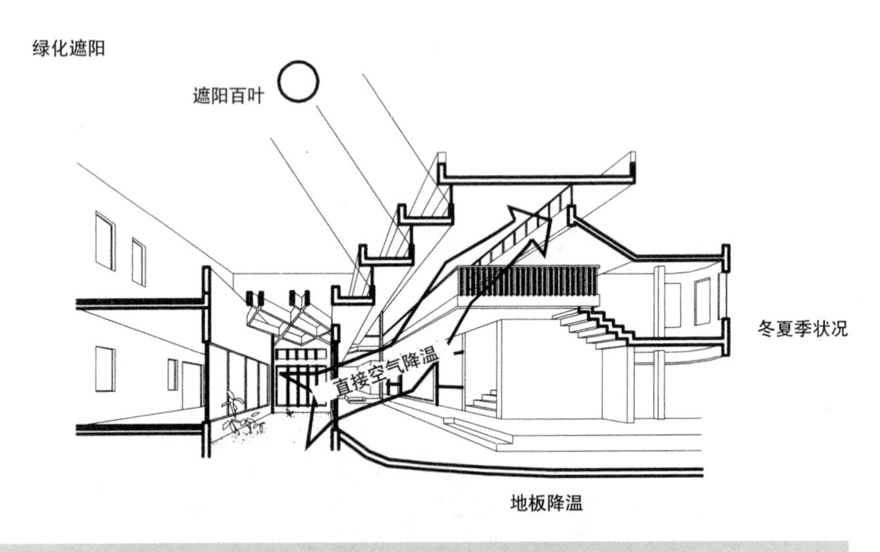


图11.31　毕达尼住宅夏季上午10：00太阳与建筑的关系

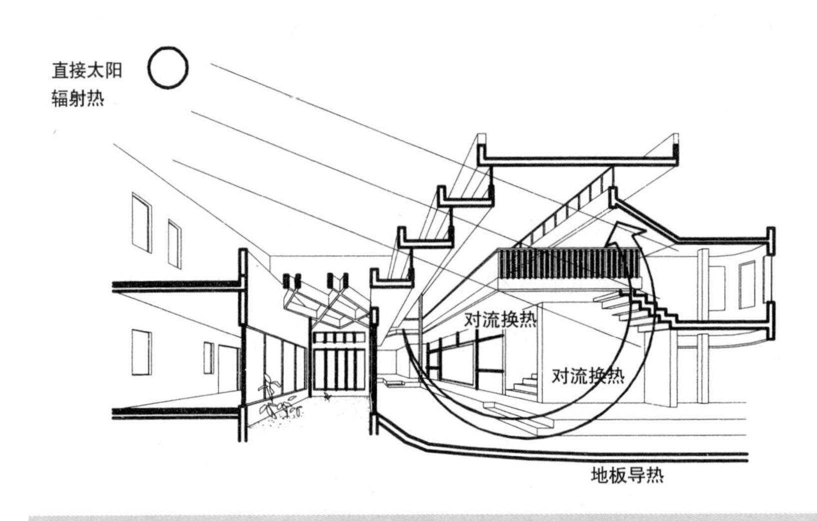


图11.32　毕达尼住宅冬季上午10：00太阳与建筑的关系

大限度地减少得热；在暖湿阶段合理设计住宅区和面积，使其成为热汇（heat sink）以最大限度地增加通风，并且在寒冷阶段最大限度地增加得热。通过建筑设计，即设计该建筑物的形式和构造，实现了上述要求。一个面向东北且风口也面向东北的庭院当作一个热汇，整座房子的形状都是围绕着这个庭院进行扩展，并被庭院所包围，并且所有主要的居住空间最大程度地向整栋房屋最理想的东南方向开敞。大体积的居住空间，空间上设计成双倍高度，并被周围的庭院所包围。厕所、储藏室等缓冲空间，放置在过热的南向，用来在夏季消减热量。根据季节的变化，设计建筑物的三维形状，防止或者允许太阳光进入，这也是根据太阳光的几何形状来确定建筑的几何形状。大体积空间与庭院相结合

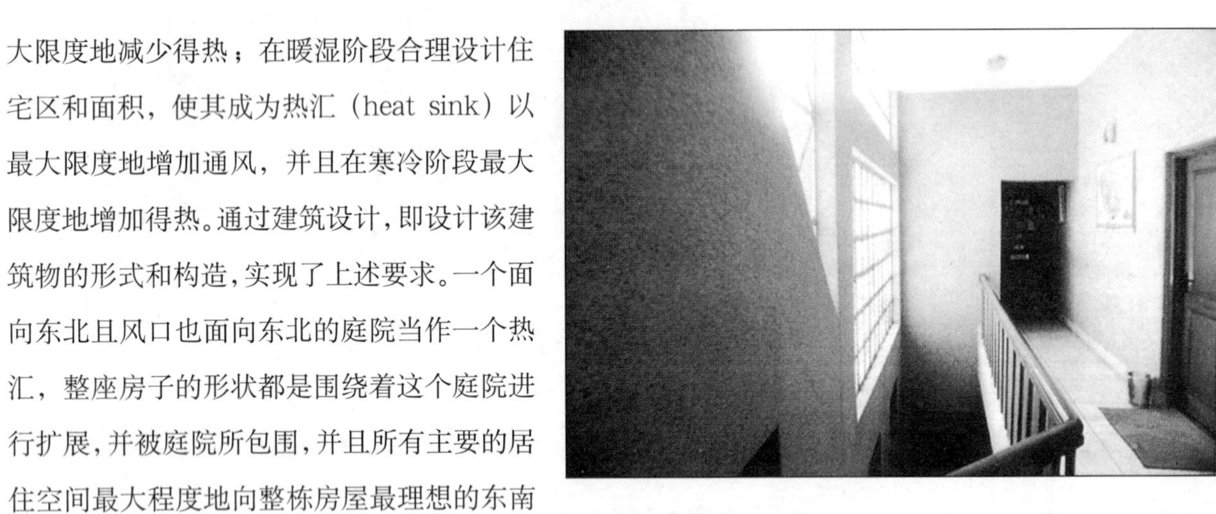

图11.33　毕达尼住宅室内中庭四周双层空间景象

此工程项目建成于1984—1985年，建筑面积295m²。

获得来自庭院（热汇）良好的通风。这个建筑物的平面规划和三维形状，完全是与太阳运行规律相对应。审慎设计、热质的合理布置以及利用当地的石块作为主要建筑材料减小白天的温度波动（图 11.31–11.33）。

这座合理的建筑提供了一个非常舒适的居住环境，其温度、湿度和通风水平一年四季都能保持在舒适的范围之内。

## 印度西姆拉的西木尔加办公楼

西木尔加（Himurja）办公楼是在寒冷多云的气候区设计并建造的，它位于喜玛拉雅山中部海拔高度大约2000m的西姆拉（北纬31°06″）市内。虽然该地区每年也有相当多的晴天，然而，在喜玛拉雅山中部的气候条件下进行建筑物设计要求建筑物终年取暖（这个要求在冬季更加严格）。它不像复杂气候条件那样有相互矛盾的设计要求。然而，它的挑战是要进行专门的区域

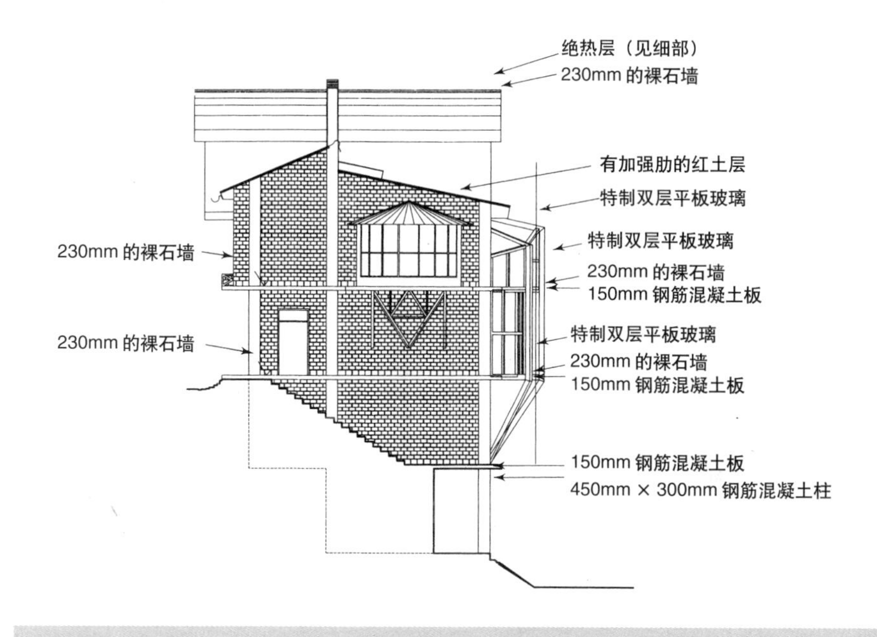


图11.35 侧立面图

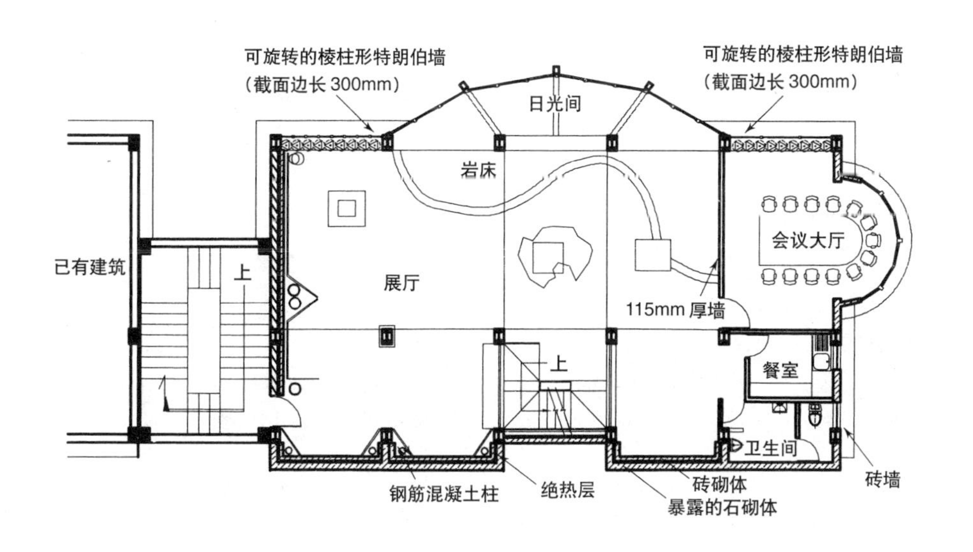


图11.34 底层平面图

性设计，即考虑变化的地形状况，最大限度地利用太阳能以增加得热，在相对较短的夏季使建筑物进行很好地通风，使该建筑物内部的所有空间得到足够的日光分配。

这个建筑物的场地事实上为在山区城市倾斜的山上建造一个大型的商业综合企业的建筑物提供了一个经典的个案。因此，该建筑物背靠着山，底下的三层楼就不可避免地成为了一个“深规划”的建筑物。

一个详细的地点分析显示，在下述气候条件下，南向是太阳得热的最佳方向，西向也可能获得额外的太阳辐射。

位于“寒冷多云”气候区的西姆拉冬季相当长——10月到次年2月底——其中大约有两个月温度极低（最低达到−30℃），还伴有一段时间较短的

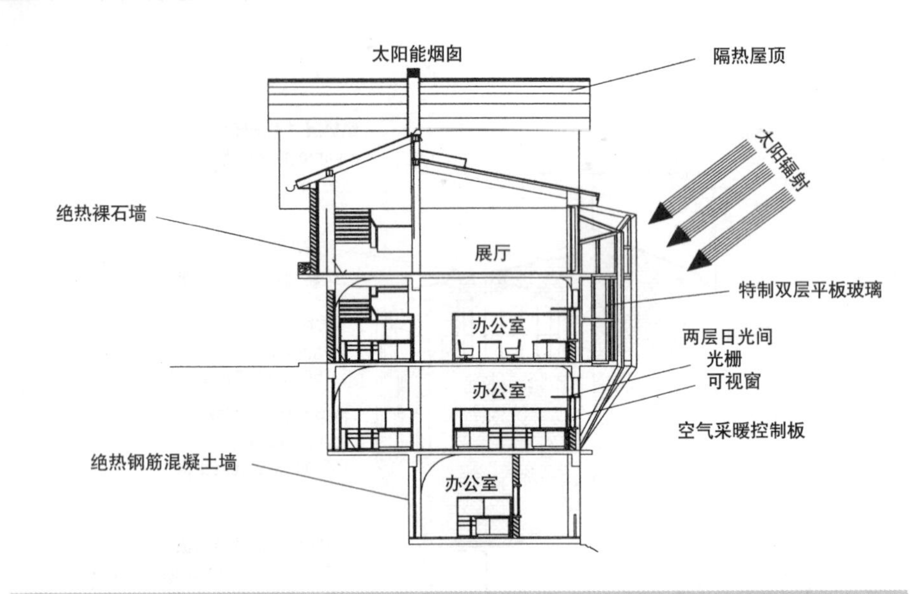


图11.36 剖面图，设计中对该图进行优化处理，使其在严冬能得到更多的热，并获得充足的光线

潮湿天气。然而夏季——5月和6月——气候很宜人（气温最高到28℃），7月和8月季风阶段，降雨量很大，湿度也很高（相对湿度最高达85%）。介于这些阶段之间的气候比较温和。

因此，该建筑物要求一年的大部分时间要采暖，夏季需要良好的通风，冬季需要良好的日光分布。通过设计，这座建筑物基本达到了这些要求。该建筑物的平面图和三维模式能最大限度地保证太阳的射入，以获得太阳的光和热。当得热达到最大限度时，审慎设计的热质量吸热并通过白天的空气对流给整个空间提供热能。作为南边墙一部分的空气采暖控制板，通过闭合环流来有效地提供热能，北边暴露部位的隔热措施和最小限度的开窗阻止了热能散失，双层玻璃有助于控制玻璃造成的热损失并且不会产生内部冷凝现象。整座建筑物得热的分散通过一个易于连接的环节来实现，通过热浮力原理充分利用楼梯作为分配热空气的通道。在夏季，太阳得热使内部环境温度超过舒适的范围，这时，通风是散失室内热聚集的一个非常有效的策略。要使通风最理想化，作为房顶整体部分设计的对流环路就应当与阳光入射口相连接。

室内日光的分配是通过把窗户和光栅精心地结合在一起来完成的。光栅的反射光被分配进该建筑物的深处，并且通过设计天棚来提供有效的反射。

该建筑物已经完工并投入使用，而且对热特性和日光分配都在进行监测。当开发出一个独特的建筑表达时，它就会提供一个舒适的工作环境。

即使在一年中最冷的1月份，该建筑物也不需要任何的辅助采暖设施。通风设备在整个建筑物内有效地创造了一个清新宜人的环境。日光可以分散在展览层的地面。日光分配手段使工作区可以得到充足的阳光照射，即使在建筑深处的后部空间，日照水平也可达到150 lx，因此，在白天办公楼不需要

图11.37 日光间

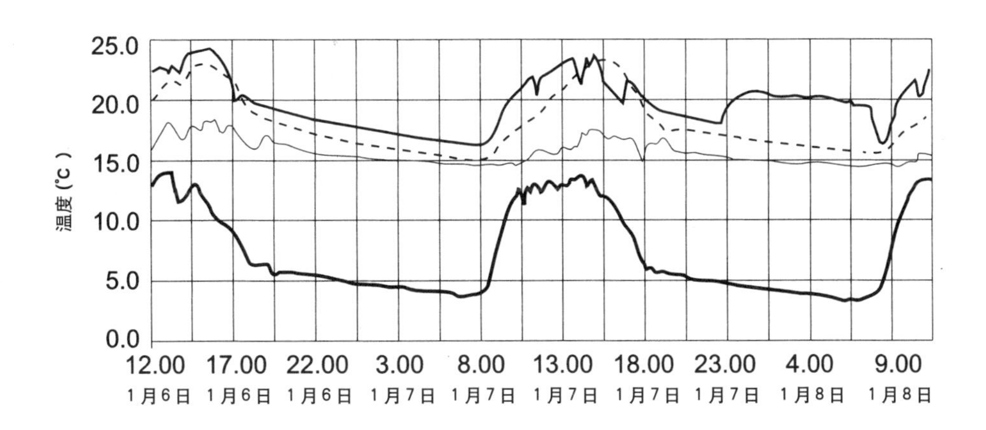


图11.38 西姆拉的西木尔加办公楼地板温度

电采暖和照明。一个太阳能加热系统还可以提供热水。通风是利用空气的热浮力激活对流环路得以实现。因此，这座建筑物也可以称为白天（即上班时间）“零能耗”建筑物（图11.34–图11.40）。

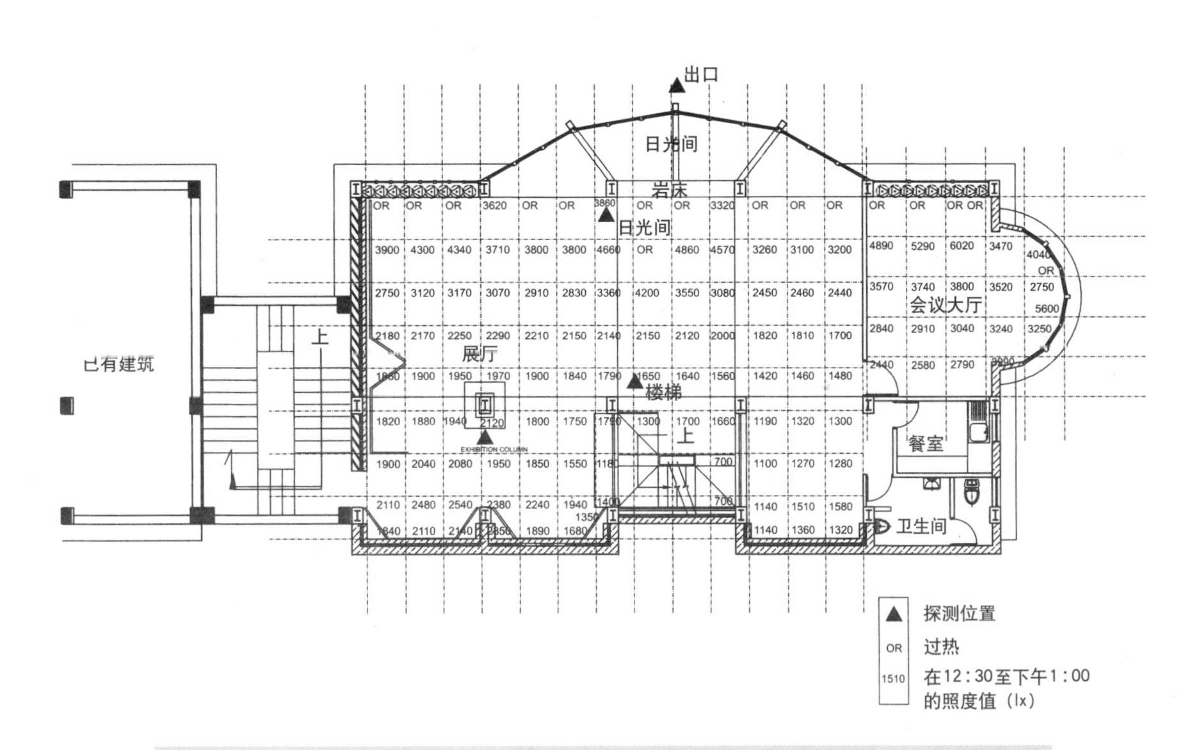


图11.39 正常间隔下平面照度分布图

图11.40 建筑外观

此工程项目建成于1996年，

建筑面积800m²。

## 克什米尔列城的学位学院和议会建筑综合体

列城位于北纬34° 09″、海拔3514m的喜马拉雅高原，属于干旱寒冷气候区，一年中大部分天气阳光明媚。在这里设计建造了学位学院和议会建筑综合体。喜马拉雅山区的气候条件，建筑物几乎全年都需要采暖（漫长的冬季导致这个要求是极其严格的），它不像复杂气候条件下，有相互矛盾的设计要求。然而，它的挑战是要进行专门的区域性设计，即考虑变化的地形状况，最大限度地利用太阳能以增加得热，在相对较短的夏季使建筑物很好地通风，使该建筑物内部的所有空间得到足够日照。

列城位于“寒冷干燥”气候带，冬季相当长，从上年的10月到来年的3月，有时甚至到4月，其间有大约两个月极度寒冷的时间（最低温度-30℃），一年内的降雨量极少。6月和7月气候相当宜人。虽然该地区气候干燥，但最近几年降雨量却有所增加，阳光明媚，日照充沛。

因此，该建筑物满足全年采暖要求，夏季应有良好的通风，并且全年都需要充足的室内采光。

学位学院建筑综合体（图11.41－图11.46）的总平面是一矩形，地势向南倾斜，坡度为1∶30。拉达克（Ladakh）地区寒冷干燥的沙漠气候条件使得场地内大片荒芜且没有植被，周边围绕着白雪皑皑的群山。一个详细的场地分析显示，东向、南向和西向没有遮挡，在下述气候条件下开敞的东西两边可以获得良好的附加太阳辐射。

通过建筑设计基本上满足了这些要求。学院的教学楼、教室、实验室和图书馆都已经设计完成，并且获得了理想的得热和采光。

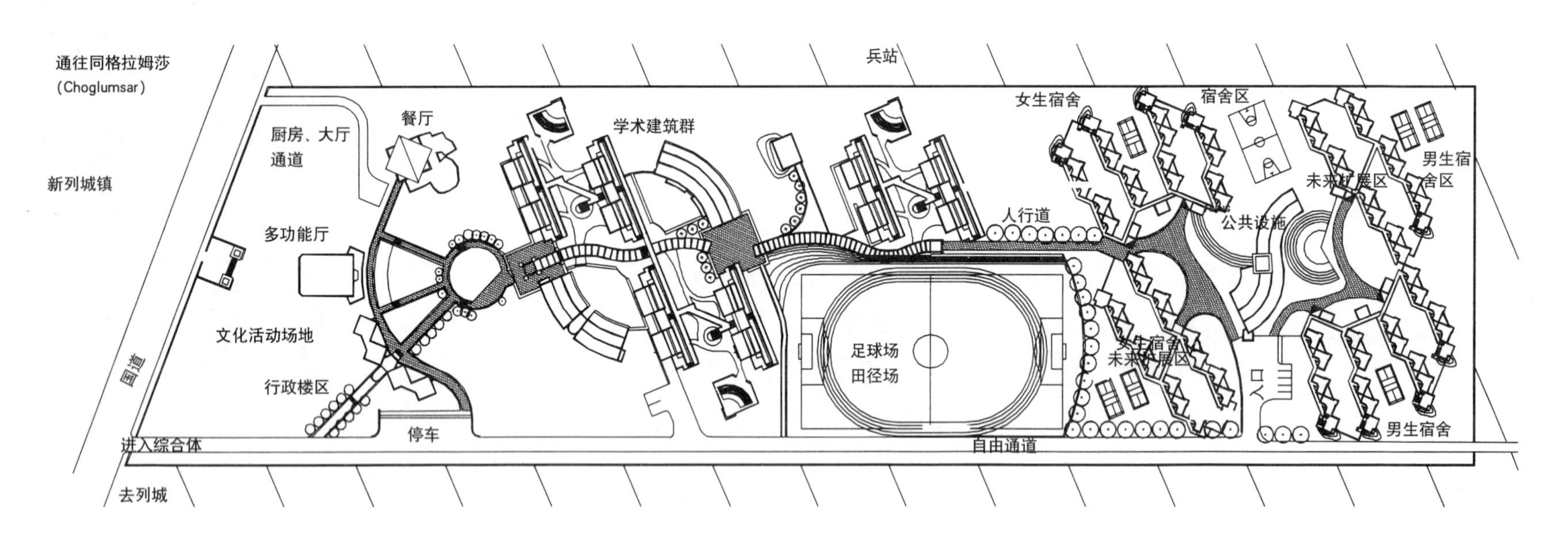


图11.41　学位学院综合体总平面

学术楼区（学位学院综合体）

图11.42 建筑物北立面厚重的墙体可减少热损失（学位学院综合体）

图11.43 建筑物南立面的设计可最大程度地利用太阳能采暖和采光（学位学院综合体）

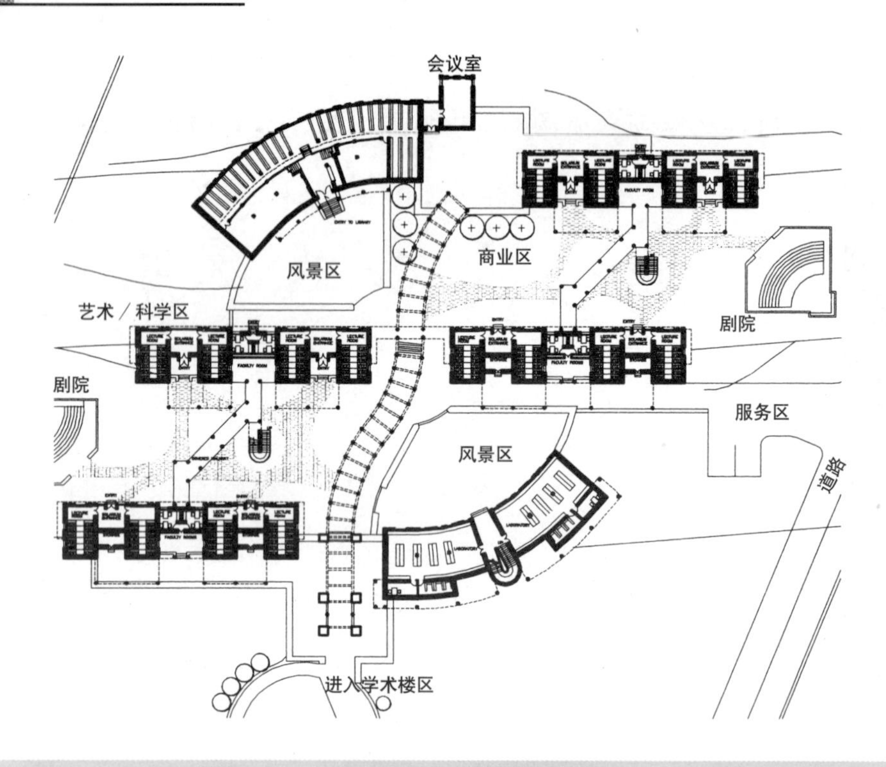


图11.44 学术楼区

图11.46 学术讲演厅外观

图11.45 剖面表明冬季室内可得到均匀的自然光线和太阳辐射能分布

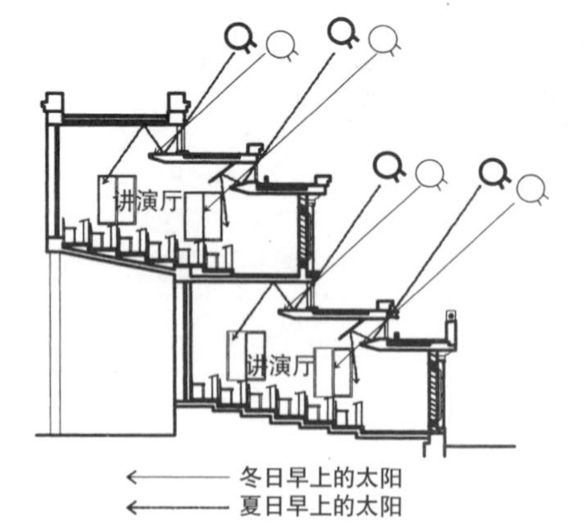


图11.47

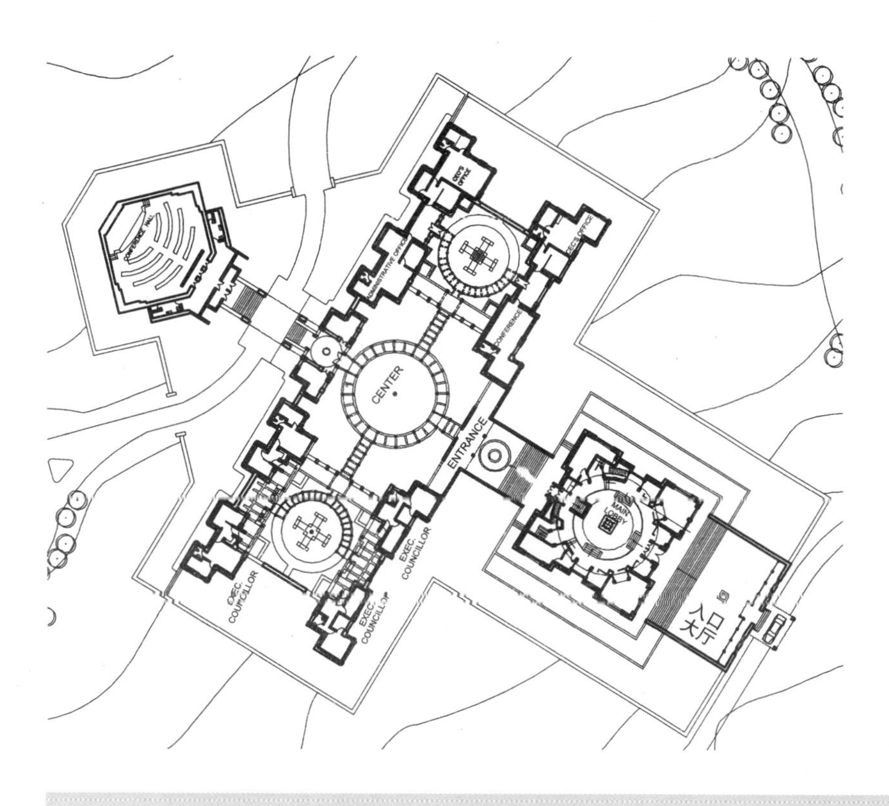


图11.48 议会综合体总平面

图11.49 议会综合体鸟瞰

议会综合体（图11.48–图11.52）的场地位于一个平均坡度为1∶12向南倾斜的山坡上。白雪覆盖的高山围绕在该场地的四周，并以“列城宫殿”为背景。详细的场地分析显示，场地的东边、南边和西边没有遮挡，在下述气

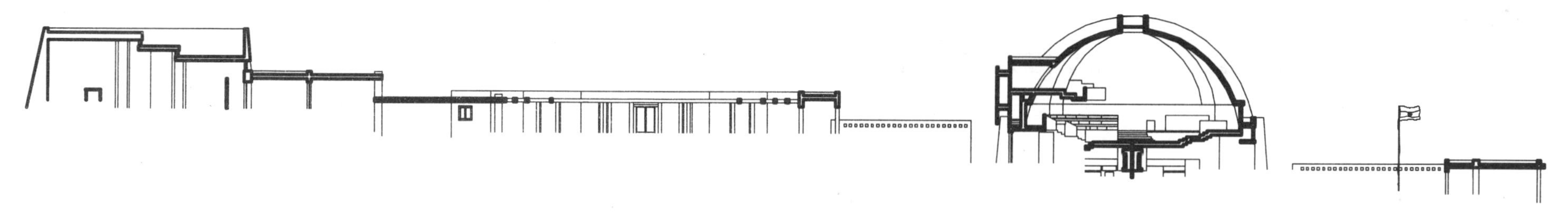

图11.50 议会综合体典型剖面

图11.51 议会大厦

图11.52 议会大厦剖面

此剖面进行过优化处理，以最大限度地采光和接收太阳辐射，使冬季有充足的光线和热量

候条件下，东、西两侧窗口可以获得良好的额外太阳辐射。

该建筑物的平面和空间形态能最大限度地保证太阳光线的射入，以获得阳光和热量。当得热达到最大限度时，审慎设计的热质量吸热并通过白天的空气对流给整个空间提供热能。作为南墙一部分的空气采暖控制板，通过闭合环流来有效地提供热能，北边暴露部位的隔热措施和最小限度的开窗阻止了热能散失，并通过防风雨（即没有热桥）的木质材料使渗透损失达到最低。双层玻璃有助于控制玻璃造成的热损失并且不会产生内部冷凝现象。在夏季，太阳得热使得室内环境温度超过舒适的范围，此时，通风是排除室内热量的一个非常有效的策略。要使通风达到理想化，对流环路须将东西两边的窗户与穿堂风道连接在一起。因而在白天，该建筑物不需要电能来采暖和照明，而且太阳能热系统还可提供热水。热压引起的对流环路实现了室内自然通风，因此，在白天（即上班时间），该建筑物被称为“零能耗”建筑。

此项目建成于1998年，

其中学位学院综合体建筑面积8250m$^2$，

议会综合体建筑面积2400m$^2$。

## 印度昌迪加尔的拜达办公综合楼

该办公综合楼位于昌迪加尔市（北纬30°）的一个地形变化很小的广场上。昌迪加尔市位于喜马拉雅山脚下的平原上，具有“复杂的气候条件”。

昌迪加尔市全年气候变化周期性显著，几乎有两个半月时间非常炎热而且干燥（最高温度44℃），但非常寒冷的阶段（最低温度3℃）持续时间较短。干热阶段过后是湿热气候——大约两个月（最高温度38℃，最大相对湿度90%），季风气候随即到来，这一阶段气候较温和。因此，为了适应极端气候，对建筑

图11.53　底层平面

南立面

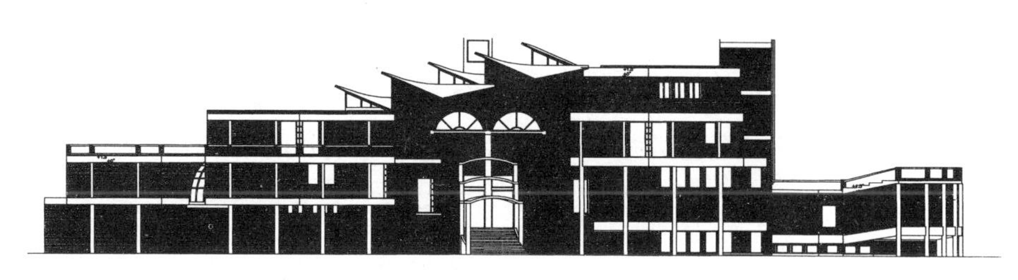

东立面

图11.54　南立面／东立面

设计的要求是，在干热季节能够尽可能地减小得热，而在湿热季节能够最大程度地利用通风除热，并且在寒冷冬季则能够获得尽可能多的太阳热量。它在地域和季节上的这种特点对昌迪加尔是同样重要的。昌迪加尔作为一个城市规划和建筑的大胆实验，依据的专业设计理念是：建筑与气候相适应。勒·柯布西耶将他的“风和光”理论用于实践。在该理论的指导下，综合楼的主要建筑物以不同的形式和方法体现出对风和阳光的充分利用。皮埃尔·让纳雷（Pierre Jeanneret），马克斯韦尔·弗赖伊（Maxwell Fry），简·德鲁（Jane Drew）设计的许多住宅都把遮阳设施作为设计和表述的主要元素。然而，在实际应用方面，这种方法和装置本身都缺乏科学的理论根据。在建筑物上的重复使用没有考虑到不同朝向的影响，不同的立面使用了相同的装置。

通过对昌迪加尔的基本调查，拜达（Peda）办公楼体现的设计理念是：

与自然相结合。昌迪加尔具有的独特的城市化特点，这对设计提出了另一个挑战。该场地位于主要的十字路口，旁边紧挨着一个居民区，和该区另一座规划中的办公楼遥相呼应。

建筑物的设计是否应以科学的设计过程为根据，是我们遇到的前所未有的专业性挑战。这种设计能否对生态做出反映，同时不违反昌迪加尔的城市特征并通过材料、构造和颜色发挥建筑物的城市调色板作用？

办公楼的三维形状根据太阳轨迹确定，即在炎热干燥期尽可能地减少太阳得热，在寒冷期尽可能增大太阳得热。同样，建筑物的规模和形状同时也能反映出该城市的文脉。但是，十字路口处的两条主要街道上的建筑限制了办公楼的特点和规模，该办公楼通过缩减建筑物的质量和体积逐渐与南面及东南面的居住区相协调。

要达到建筑与气候相适应，必须在建筑设计中拓展创新理念。为改变中心走廊的设计，在每层的上部形成不同的楼层——这是办公室建筑平面最普遍的设计形式，拜达办公楼建筑是不同高度的一系列重叠楼层，就像飘浮在一个大空间中，中间穿插着巨大的垂直排气装置。这些垂直排气装置与采光井和穹顶结构的自然通风连成一体。飘浮的平板和穿插的垂直排气装置位于建筑物外围护结构的包围之中，外围结构自然的过渡到外部环境，并且通过控制不同的太阳入射角自然地调节大体积空气的状态来减少温度的波动，也就是在炎热干燥期尽可能减小太阳辐射，在寒冷期尽可能增大太阳辐射。在炎热期，大量的空气由风塔来冷却，该风塔在建筑设计时已考虑在内。在寒冷期，由入射的太阳加热这大量的空气来取暖，即通过屋顶玻璃产生对流来实现。地板的热质量有助于减少白天的温度波动。

虽然建筑物的热性能是一个主要的设计参数，然而在办公楼的整个工作

图11.55 剖透视图

图11.56 穹顶和拱顶的采光与通风良好

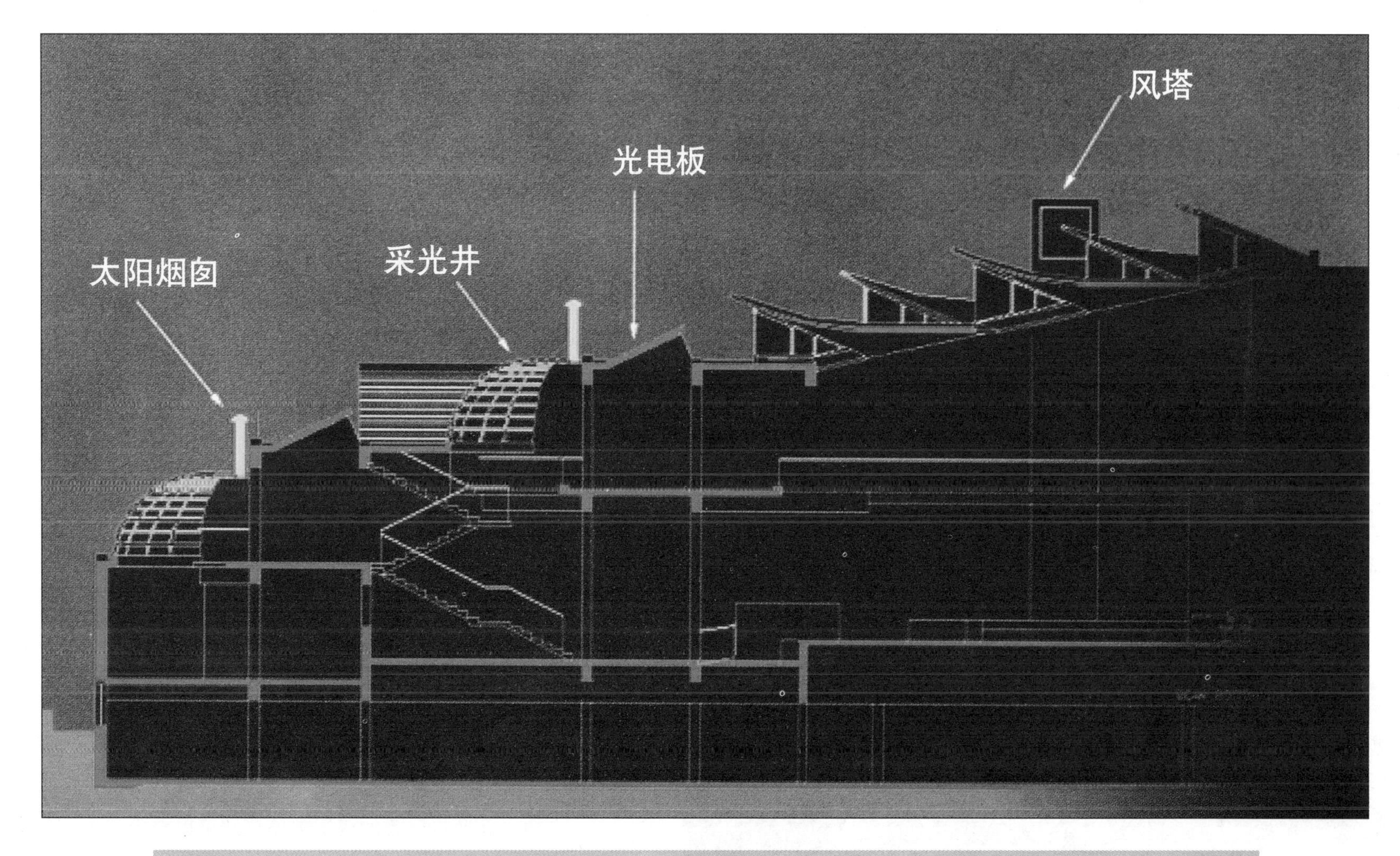


图11.57 该建筑综合运用了采光和通风策略，使用可再生能源系统，即光电及太阳能热水采暖系统

此工程项目最后阶段完工日期为2000年12月，总建筑面积7000m²。

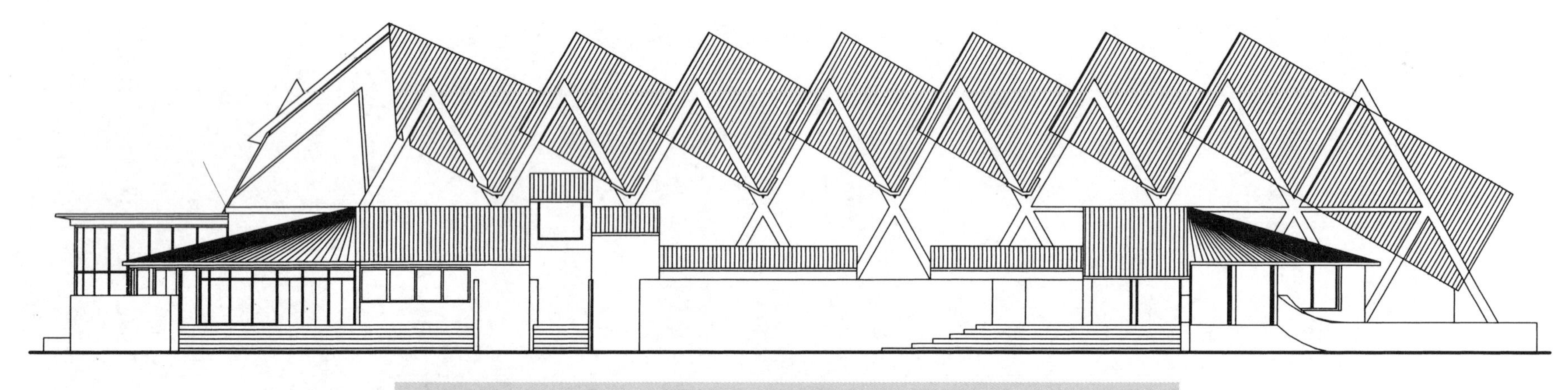

图11.58 航站楼东立面图

区要有足够的日光分配也是设计的一个重要标准。这一点可以通过位于少量通风竖井上的圆屋顶来实现。这样，该设计既与当地气候条件相适应，又通过很好的日光分配最大程度地减少了电能消耗（图11.53–图11.57）。

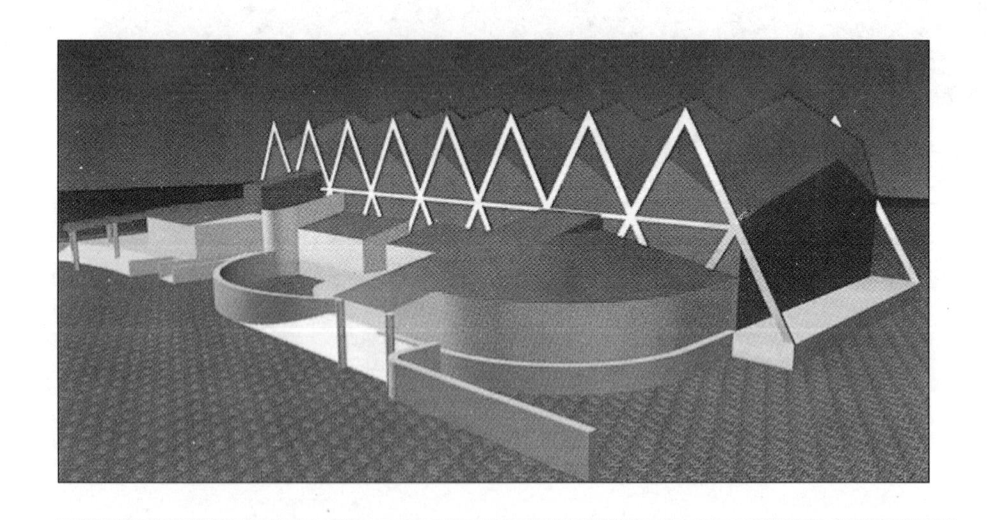

图11.59 航站楼模型

## 克什米尔的格尔吉尔机场航站楼

格尔吉尔（Kargil）机场航站综合楼（图11.58–图11.61）是为了满足离拉达克地区的格尔吉尔较遥远地区的需求而建造的一个小型机场。航站综合楼包括到港乘客与离港旅客的休息室、候机大厅、办公室及贵宾休息室等。

建筑物的设计使所有空间在严寒季节都能得到尽可能多的太阳辐射，主要空间有直接或间接的太阳能采暖。此外，还可将均匀直射光和自由散射光理想地分配到办公区域。

南向立面通过巨大的双层玻璃幕墙可以获得最大可能的太阳辐射。另外三面墙体用500mm厚的混凝土增加墙体的热稳定性，把室内与室外的恶劣环境隔离开。候机大厅和东面的小平台起着进一步的隔热延迟作用。南面的天窗对着屋顶，可以尽可能多地摄入充足的太阳光，增加白天的太阳热获得和进入室内的自然光。屋顶角的设计用于防止严寒季节的相互遮挡。足够的西向面积（机场侧边）是为了提供开阔的眼界和视角。把当地的材料（石头、泥土、木头）和要素（托架、花纹）与现代材料（钢筋混凝土、

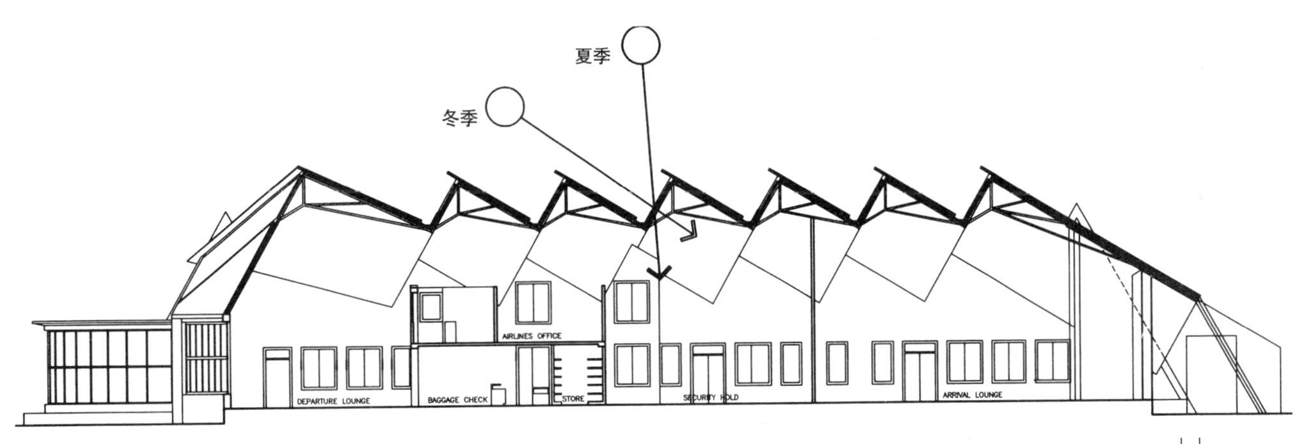


**图11.60** 对该建筑物进行优化处理以接受更多的采光和日照，满足冬季采光和采暖的要求

钢材、玻璃等等）和抗震结构体系（钢材A－框架支撑系统与复杂的钢空间构架的屋顶）相结合，是一个创新和先进的建筑设计。

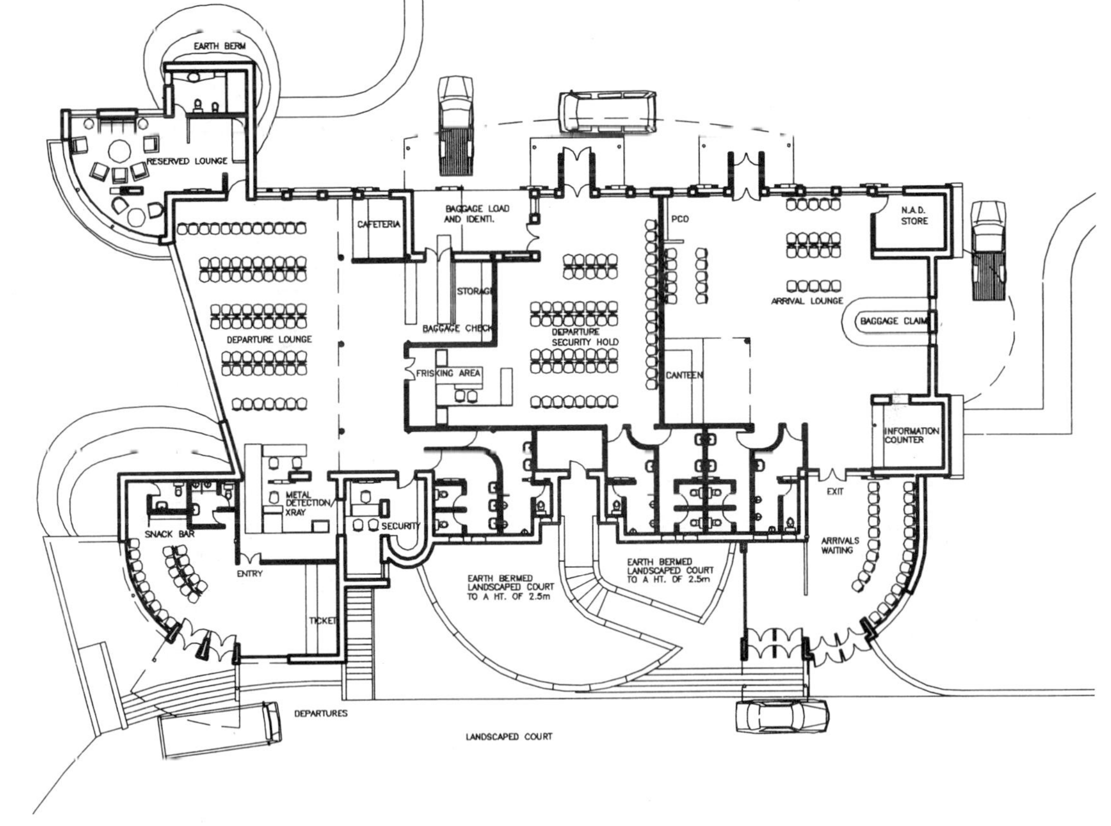


**图11.61** 航站楼底层平面

此工程项目建成于2000年12月，建筑面积1000m$^2$。

## 格尔吉尔机场职工宿舍

该机场提供了14个单元的个人居室：两个三卧室的单元，四个两卧室的单元以及八个一卧室的单元。使用了类似于簇的紧密形式，但仍然保持了每一单元的独立性和私密性。在严寒时期可以让阳光最大限度地进入室内，因此，主要空间可以利用直接和间接太阳能取暖。

建筑群围绕着中心开阔空间展开，南面最开敞。人行道可供出入，阳台和较长一边的玻璃窗都可以直接获得太阳辐射热，将北面墙的出口缩小可以防止热量的散失。双气塞入口用于北面服务空间的入口——厨房、卫生间和楼梯间都位于北面，所有的居住空间都朝南。混合墙部分由混凝土块料、隔热层和石块构成，可以增加热延迟（图11.62－图11.64）。

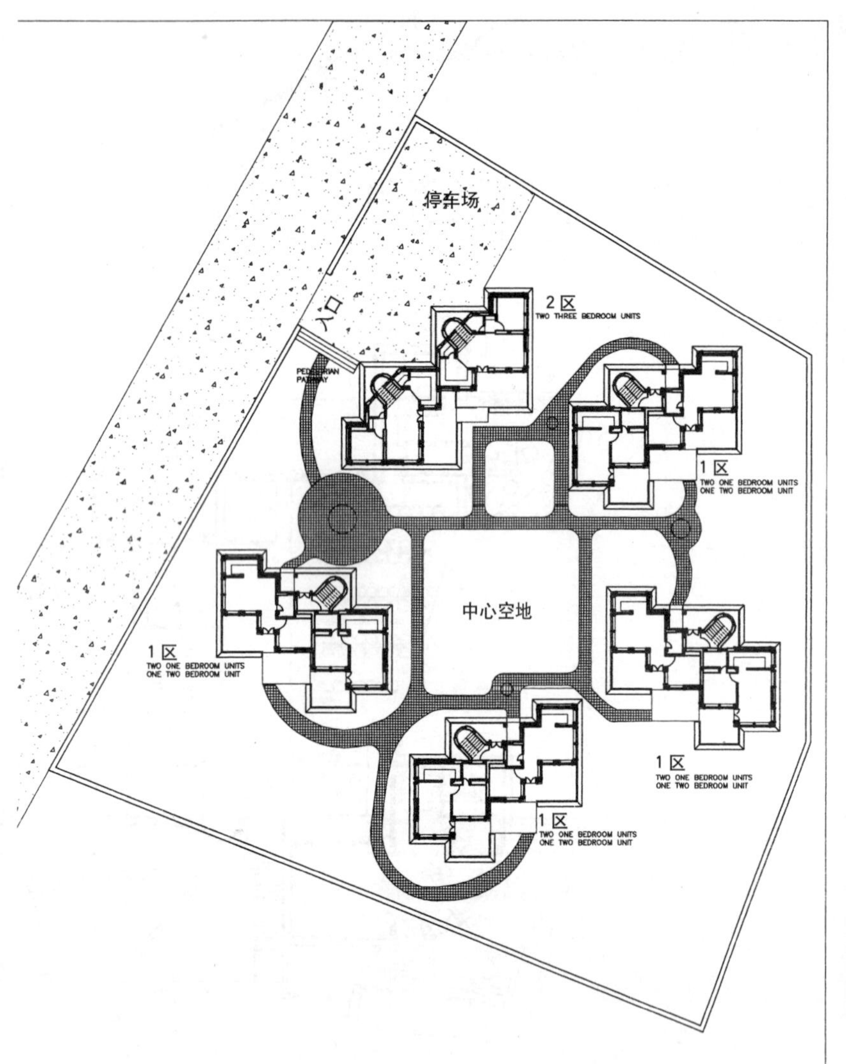


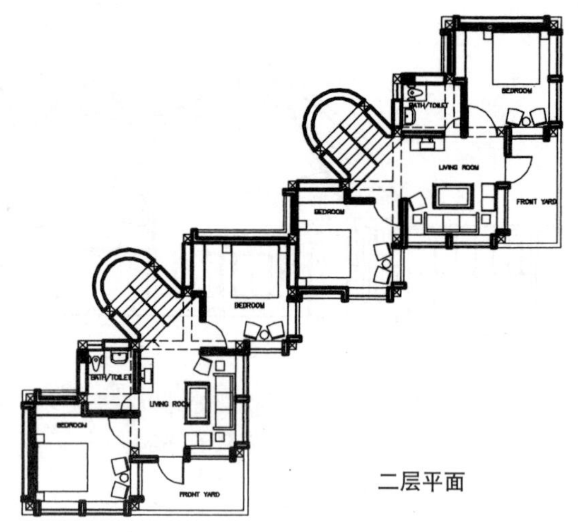

二层平面

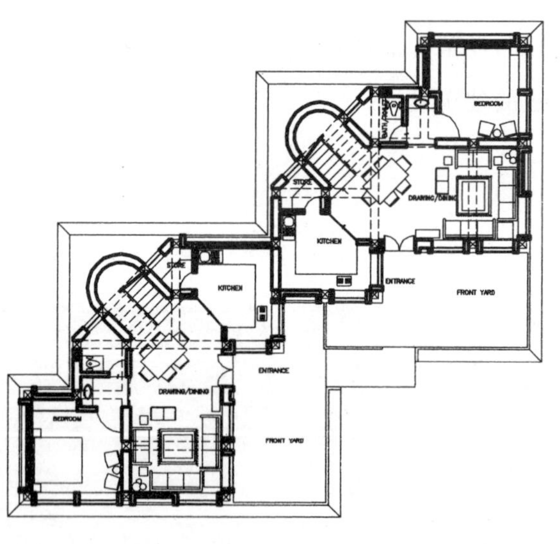

一层平面

图11.62　平面图

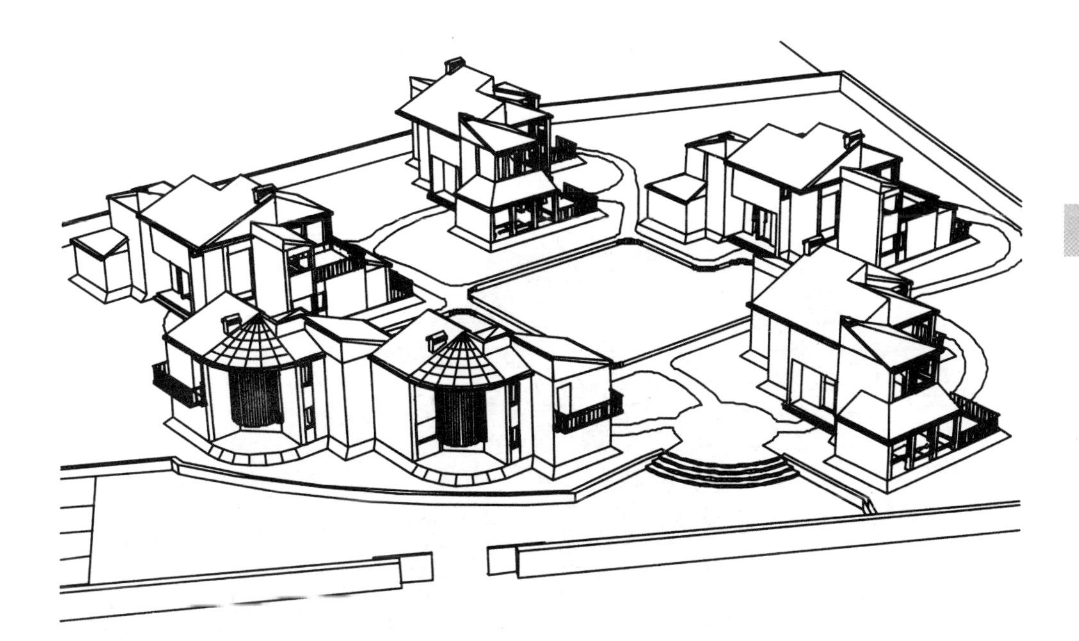

图 11.63 每一栋建筑的北侧都是实心墙体，以减少热损失

图 11.64 建筑物的南侧设计都是为了最大程度地满足采光和采暖的要求

此工程项目建成于 2000 年 12 月，建筑面积 1003m$^2$。

## 不丹的蒙加尔医院

蒙加尔（Mongar）医院是拥有100个床位的地区医院，比较遥远，位于不丹沿着狭谷面向北边的一侧。该医院主要有第一、二、三级保健部门，诊断室、实验室、会诊室和治疗室。

恶劣的山区气候条件要求采用被动式太阳能系统，从而与不丹人的传统建筑相协调。背面的斜坡限制了沿狭谷坡度而建的建筑物的方向。该综合楼分为许多部分，各部分之间根据流通关系以不同的高度相互结合。南侧的日光浴室、长廊的窗子和屋顶的天窗可以在严寒时期使日光和热量大量进入。用现代的词汇解释不丹人传统的建筑形式和要素，从而创造出节能、舒适的建筑环境（图11.65－图11.70）。

图11.65　建筑形式与开敞空间的关系

图11.66 不丹传统建筑构件与形式的运用

图11.67

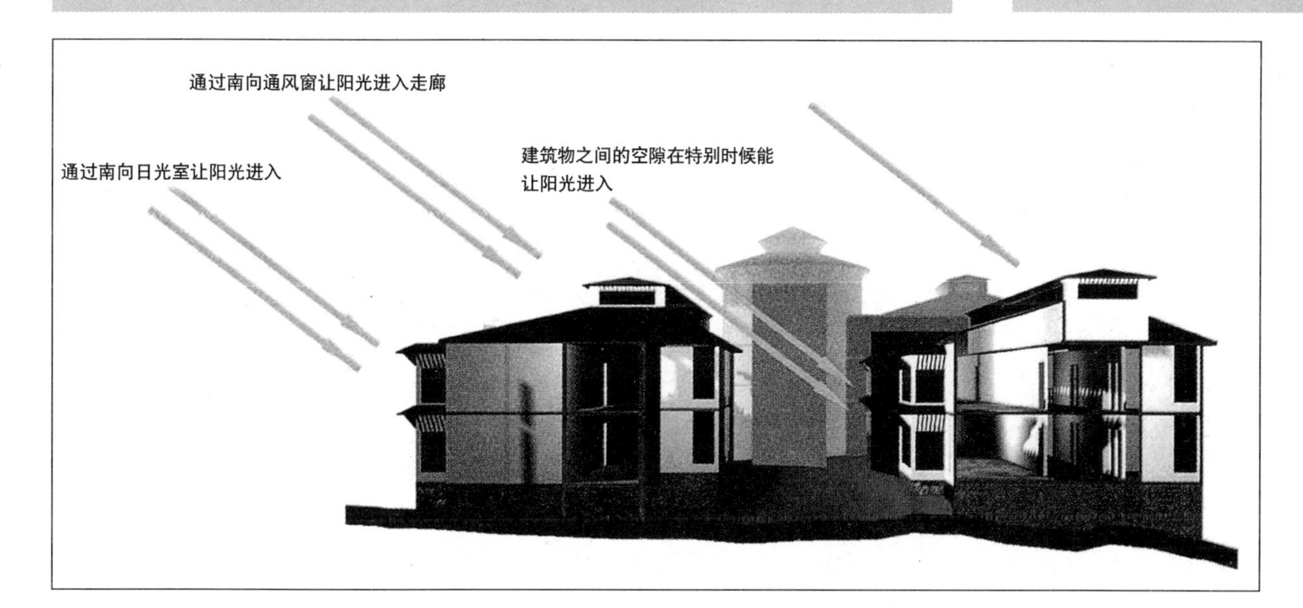


图11.68 利用不丹传统构件形式采光和太阳能采暖

图11.69 从南坡看到的景象

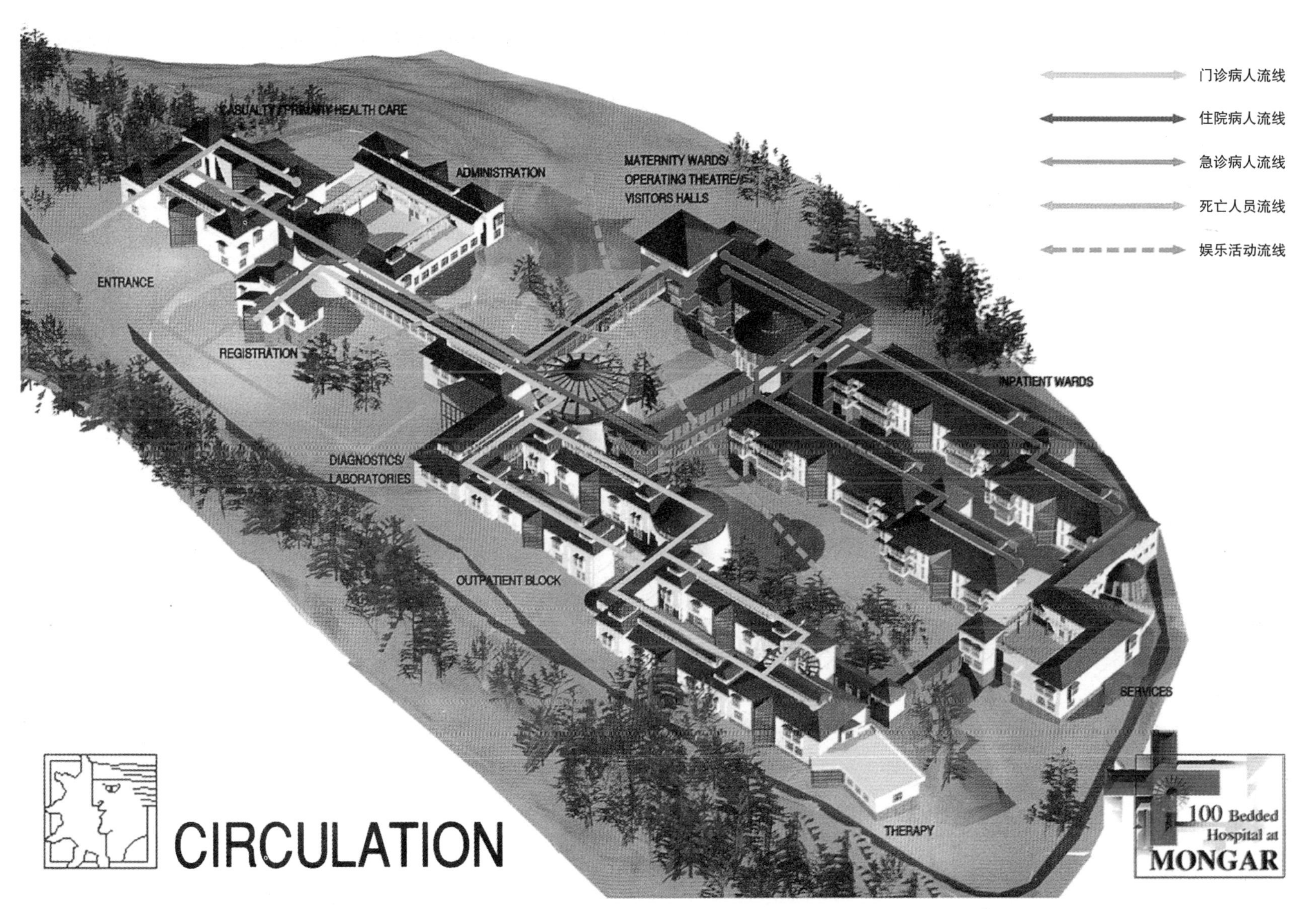


此工程项目处于设计阶段，建筑面积18000m$^2$。

图11.70 交通流线

## 结论

最后应当指出的是，建筑设计完全有可能与气候相适应。基于多年来对不同工程设计的经验，我们提出以下建议：

1．建筑必须适应自然和未来，才可能具有鲜明的时代特征；

2．呼唤发展新的规划范例和设计范例，而不是新的设计词汇；

3．设计追随自然不仅是为了使用，更是展现创作能力的机遇；

4．惟一能够限制你创造力的，是你自己的想像力。

## 印度政府非常规能源部可再生能源研究所的萨达斯沃拉森项目

在该项目竞赛中，作者提出的一个包含生态建筑语言的创新设计最终被评委选中，阿尔温德·克里尚教授也被邀请参加了这次竞赛。

### 目标

该研究所的主要目的是把“艺术研究和行为发展”的概念与非常规或可再生能源的研究领域联系起来，包括各种水平上人类资源的发展，以往的博士研究，以及导致可再生能源技术商品化的研究。

### 研究所的成立

该研究所由三部分组成，各自分担一系列工作

- 研发部；
- 技术服务部；
- 行政部。

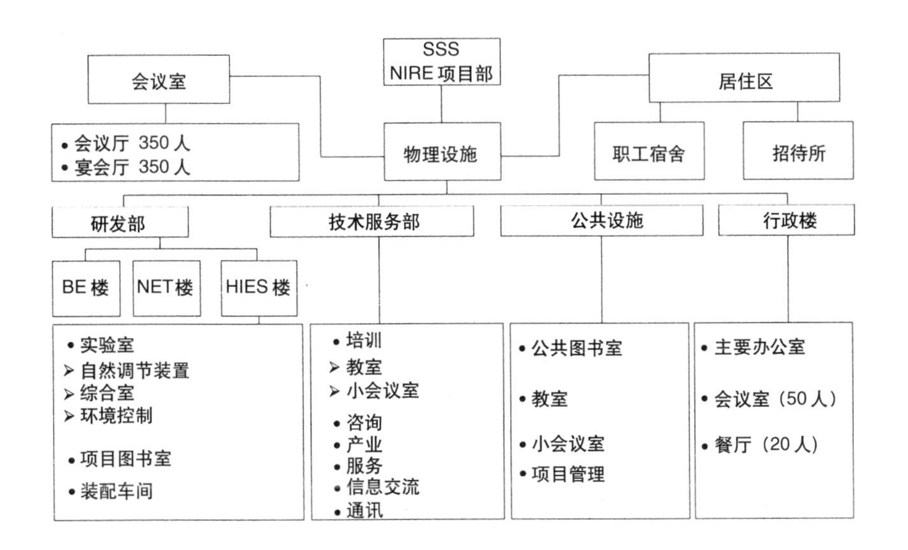

从西南方向的空中看到的学术大楼

## 物理设施要求

研究所成立之后，需要提交详细的项目报告。下面是研究所所需物理设施的详细列表。

## 规划设计策略

- 场地的微气候靠来自运河的水体和森林化来控制；
- 建筑群体和单体都要设计成适应气候的被动式太阳能建筑；
- 建筑设计：主要是低能耗建筑的设计；
- 通过自然调控实验室达到对环境的最大控制；
- 白天尽可能利用天然采光，减少电能的消耗；
- 建筑设计中采用水体进行蒸发冷却。

从入门处看到的景象

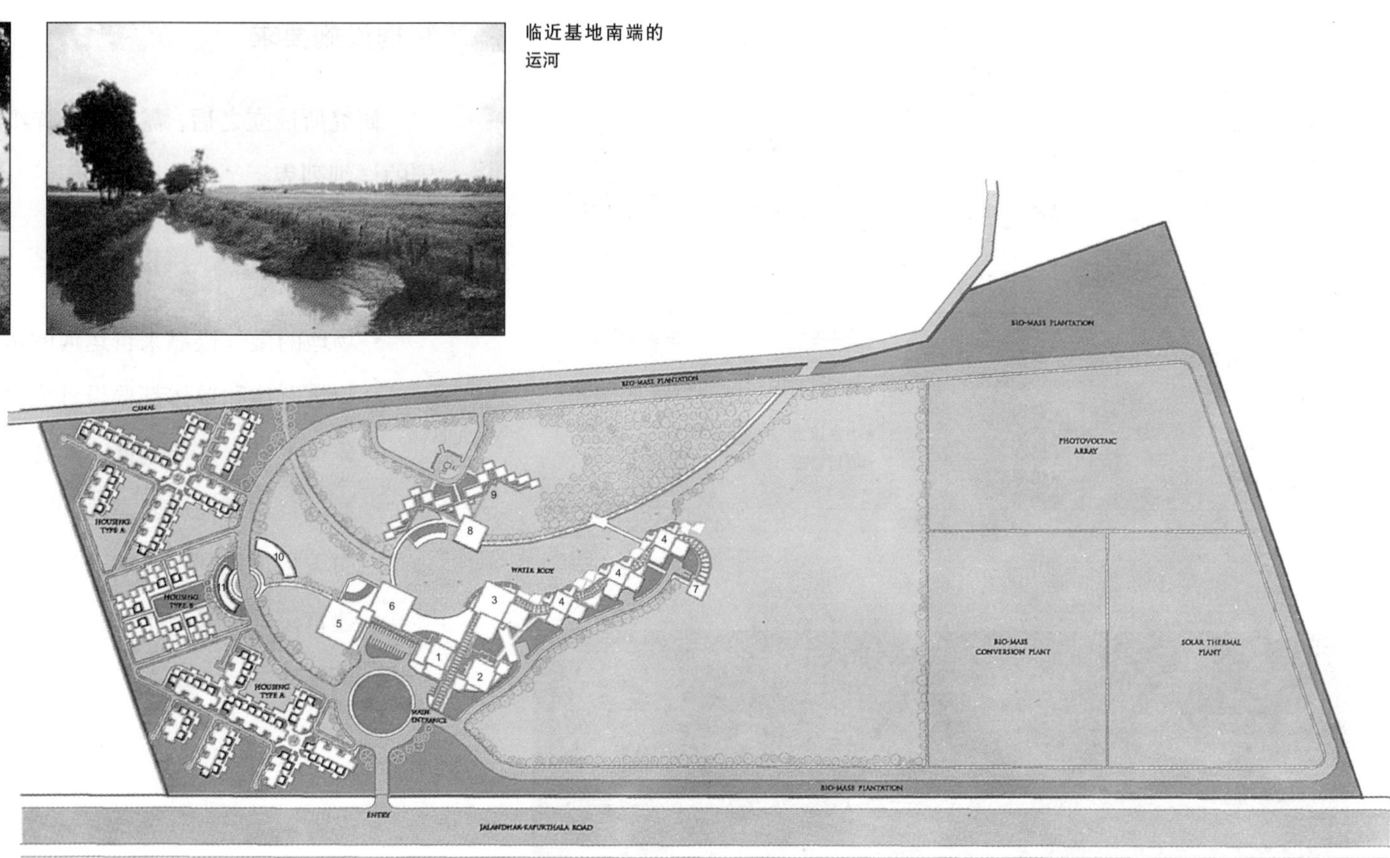


临近基地南端的运河

从入口处看到的场地

## 主要平面

1. 行政楼
2. 技术部
3. 公共区
4. 研发部
5. 会议厅
6. 宴会厅
7. 中心工作室
8. 餐厅
9. 招待所
10. 宾馆
11. 社区服务设施

## 场地

位于贾朗达尔—格布尔特拉路上，面积大约75英亩（约30hm²）。

## 主要特征

- 场地基本上是平整的，沿着贾朗达尔—格布尔特拉路的一边较长；
- 后面一边沿着灌溉运河；
- 运河为场地微气候的控制、建筑群的创新设计提供了良好的条件。

## 研发部的生态建筑设计

• 复杂的研发工作都在这里进行，因此需要三种类型的实验室；

• 自然调控实验室；

• 综合室；

• 利用暖通空调系统的环境控制；

• 研发部的设计通过风塔和地道将自然调控实验室和水体相结合，地道通向实验室和建筑空间；

• 半球形采光顶和太阳能烟囱的设计使室内有充足的天然光。

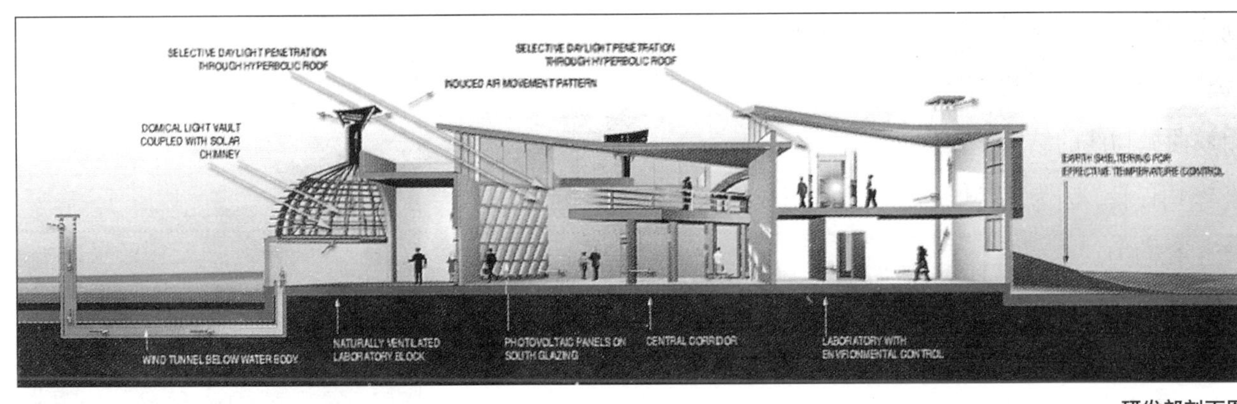


研发部剖面图

循环

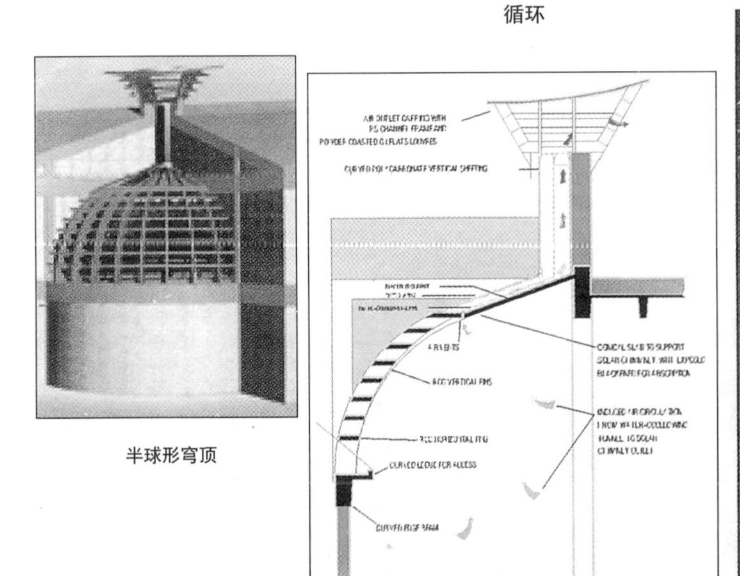

半球形穹顶

半球形穹顶和太阳能烟囱的剖面图

服务区
所有的部分都有北向入口

主要流线
连接所有部分
部分全封闭，部分采用玻璃顶

双曲屋顶
使天然采光效果达到最优，并形成强烈的视觉形式

湖前流线
连接学术活动区与居住、娱乐、社交区

湖前区域
朝向水面的一侧
通过水体下的风道进行制冷，单向走廊使得所有房间都朝向南面

## 屋顶系统

• 屋顶是建筑设计的主要元素，因为它可使室内太阳辐射得热最大，并且使白天室内的天然光照射更加均匀；

• 采用双曲抛物线的结构形式：

优化结构设计，因为它是惟一的由直线形成的双曲表面，建造起来较简单，只产生径向力；

• 双曲表面和太阳高度角的变化相呼应，既可减少夏季的太阳辐射，又允许冬天的太阳辐射进入室内；

• 因此所有的建筑都采用双曲抛物线的屋顶形式。

## 住宅设计

• 带有独立院落的双层套房；

• 所有居住空间都朝向院落；

• 院落都带有风塔，可以进行自然调控。

## 可再生能源系统的综合运用

• 利用太阳能烟囱和建筑设计相结合，进行自然通风；

• 在南面朝向中心区域的地方设置光电板，夹在两层半透明板之间，既可发电，又可使散射光进入室内；

• 整个建筑群体的用水管理采用循环和污水处理系统。

从水面看研发部

住宅区视图

# 11.4 个案分析：地域性设计——马里的土墙

■ 杰弗里·库克

## 引言

我们应先统观全局，再从局部入手。设想，如果没有利用“免费能量”的被动制冷采暖技术来改善建筑物空间条件，世界是不可能实现可持续发展的。在可持续发展方面，设计师的领导作用超过了建筑设计本身，他的设计应该与气候相适应并且不耗费大量宝贵的燃料。本书的标题正好阐述了这一点：通过与气候相适应的能效建筑达到可持续发展。相对于能力而言，我们的责任才是核心。

但我们的领导机会远远超出了建筑设计而延伸到了能反映可持续性的经济和社会结构方面。包括世界上大多数的传统社会，我们可以发现无数个可以延续的人类居住区的例子。特别是在印度这样一个有着古老文化的国度里，可持续社区的例子很多，每一例都与当地的气候和本土资源非常协调，并且内在地反映了其持续发展的能力。现在，对于这些社会的一个新的专业设计问题是怎样重新指导受局部性工业发展影响的它们走向更持续的发展。另一个问题是我们这些处于工业化或后工业化时期的人怎样从这些传统的居住区中得到启示。

## 问题的缘由

在过去十年中出现的最为棘手的问题是全球环境不能满足日益增长的人类需求。不断增长的消费和持续增加的人口加大了人类对自然资源的影响。1992年的里约热内卢国际会议成为最受关注的政治焦点，“可持续发展”也许不过是一句空洞的术语，其真实含义是指不恰当的环境开发造成的人为破坏。

人类是否是一个行将灭亡的物种尚待争议，任何基于自然法则的科学研究都会证实人类生死存亡征兆的必然性已清晰可见。即使那些文化与自然环境完美融合的地方，如位于科罗拉多高原的阿那萨齐(Anasazi)高原沙漠和位于菲尼克斯盐河狭谷的低纬沙漠，700年前同属亚利桑那州，很快地走向了衰亡。他们伟大的区域网络和著名的石头与土墙居住区依然完好，那里的人类却神秘地消失了（参见图11.71）。尽管他们对不断膨胀的人口压力有了最新的认识，对他们各自的高纬或低纬沙漠区有限的可居住能力有了深入的理解，他们还是自愿地离开了自己生存的家园。

相比之下，我们这些生活在高度工业化社会里的人对自己与自然世界的联系却知之甚少，我们的责任充其量只能用金钱来衡量。错综复杂的产业文化使我们难以了解；而即使像中国或印度这样新崛起的发展中国家也和美国、加拿大、西欧这些高度工业化的发达国家一样，他们在考虑的问题似乎也不过是权宜之计。

面对掠夺性的消费，资源的不断减少，越来越严重的污染和毒化的自然环境，加上全球人口爆炸式的增长诸问题时，人们对前景很容易产生一种消极的甚至宿命的看法。然而，作为专业设计人员，我们应该具备共同的对整个世界负责的态度。在地球上不同的区域，我们的物质供应差异也许很大，在建筑环境里，我们对资源的需求以及生态环境也有很大差异，但是基于对世界物质资源的综合理解，我们的设计工具和设计方法则是一个共享的资源，我们的伦理道德是互通的。

## 谨慎的乐观

在对地球环境恶化危言耸听的诠释里，用新的科学技术甚至旧的科技来拯救地球的可能性只不过是一个可稍微延缓这种无可避免危机的痴心妄想而已。然而美国人口增长稳定，在建筑环境设计和操作水平方面取得的巨大进步是有目共睹的。另外，在高度工业化的社会里盛行的用户第一主义近来也

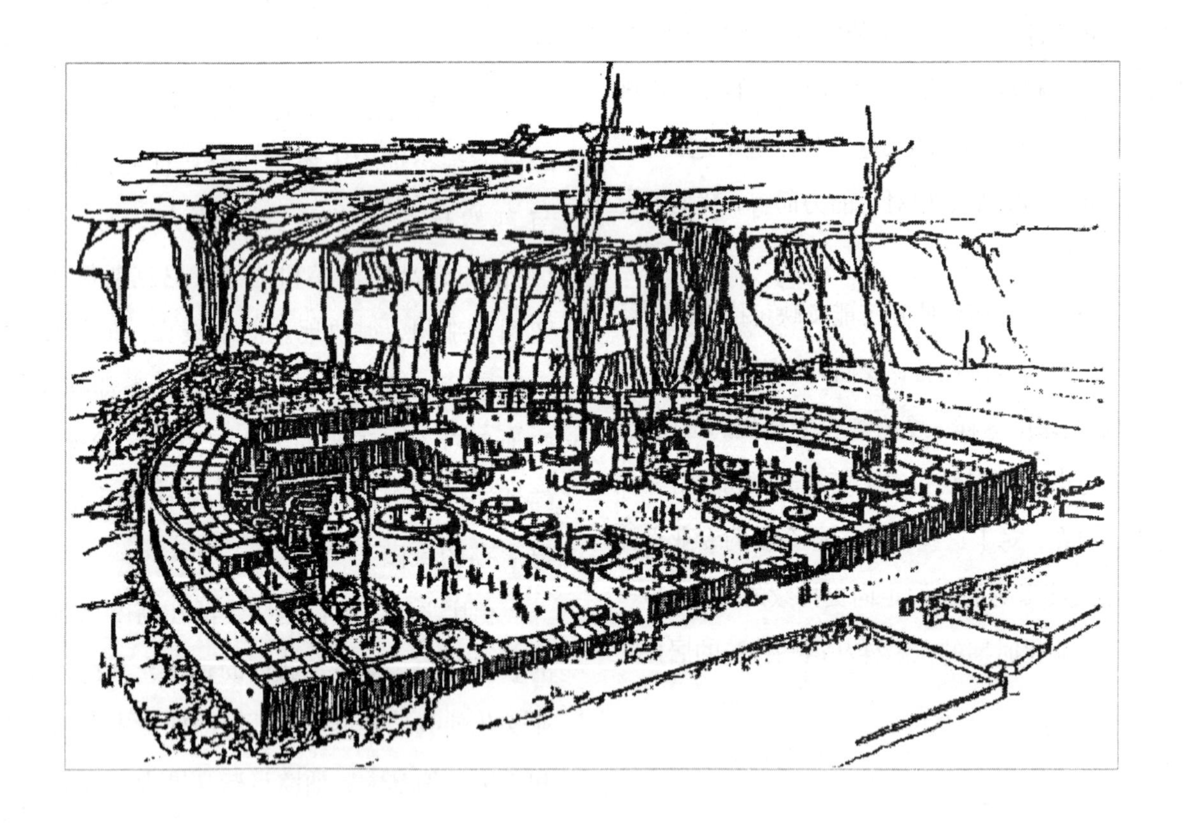

图11.71　约公元120年阿那萨齐土著民族消失前的悬崖房屋

由于经济收入的不景气而有所抑制。由于不能用立法来约束节约的伦理，因而有道德滑坡的可能性。

## 可持续性

对可持续性的最新的解释，意义有点难以捉摸。对大多数人来说，其意指必须找到办法来维持我们愉快但却浪费的生活方式。但无论怎样解释，在建筑环境中的可持续性总要包含较少的能源损耗。因此，在人工化的建筑空间里，它自然意指更多的无源制冷或采暖技术。在工业化国家，许多内在的机遇既可减少消费，又可改变消费形式。例如，在1973年至1990年间，美国普通家庭中以燃料为动力的采暖消费总量下降了40%，而在工业化程度不高的国家，燃料的最初消耗就没这么高。因此新的发展要求在建筑中避免依赖重质燃料。太阳能的利用为我们利用可再生能源提供了一个新的机遇。在我们这一代，它是可持续的。

据估计，全球的建筑至少消费掉世界40%的能源。日常的施工占1/3，潜存在材料中，但在新型住宅里，材料中的潜能和工程消耗是公开的。新增的机遇存在于生态和经济发展的新兴领域。下面的案例研究的是关于一篇早期传统建筑的 “区域性论文”的缩影和由首届PLEA会议倡导的论坛，由我们的网络创立者亚瑟·博文指导。尽管不太全面，但它为类似于印度某些地方的文化和地理位置指明了一个办法，提供了一些答案，因而可以作为这些机遇的一个标本。

## 马里的土墙

西非马里的土墙建筑研究为人们提供了一幅有社会责任的设计/建筑过程的缩影，所考虑的不仅是舒适与建造技术的一体化，而且是经济发展和生态管理的综合体现。

## 马里

马里共和国是一个热带伊斯兰岛国，在亚撒哈拉沙漠有700万公顷的土地，曾是法属西非的一部分（参见图11.72）。马里面积1240140平方公里，超过60%的国土荒芜且无人居住。马里从不适于居住的撒哈拉沙漠中部（北纬25°）向南延伸到北纬10°，其纬度包括了该国几乎难以察觉的从贫瘠的撒哈拉沙漠经过半干旱的萨赫勒地区再到萨凡纳草地的东西向植物群带。尼日尔河是其主要地理特征，从西向东横穿整个国家。

大部分人口居住在马里的西南部，人口密度为每平方公里15至16人，在北纬17°以南。1983年，人口为749.2万人。马里最著名的城市是位于马里东北部撒哈拉沙漠边缘的特木博科图城（Timbouctou），首都巴马科也位于尼日尔河上，向西南450英里即为北纬13°纬线，1982年其人口为65万人，并有8%的年增长率。不断增长的城市住房需求，以及其他发展中国家的特征，也适用于马里。

据统计，马里是世界上第50个最贫穷的国家，全国大约30%的人是文盲，而其人口数量每22年翻一番。

## 气候

位于北纬17°的特木博科图城的气候极为干燥闷热。向南和向西，降雨量不断增加，并有三个明显的季节。在北纬14°，海拔268m的莫普提，年降雨量为570mm。3月最干，4月最热，平均最高温度40℃；6月至10月为湿季，雨季从5月开始，9月结束，且8月相对湿度最高值可达到90%。见奥利维耶·于埃和罗伯特·切拉伊尔编辑的图11.73气候曲线图和图11.74生物气候分析图，来自1986年由蒂埃里·卡比罗尔和热拉尔·索雷尔撰写出版的《热带地区生态气候学》。

## 生态气候

莫普提（Mopti）的生态气候分析证实，在混合气候区，一年内不同的时间应采用不同的建筑策略。图解分析表明，由于相对湿度较高，一年里需要空调和其他除湿方式的时间有四个月。除此之外，采用被动式策略即可提供相当舒适的条件（图11.74）。

## 适应气候的传统建筑

土筑是一种传统的建筑方式，它的热性能体现出与当地气候的适应性。马里拥有世界上最不寻常的土坯建筑，其中以特木博科图、杰内、莫普提、纽诺、桑和其他一些中心的大清真寺特别著名，里面通常有几百年不朽的鳞片状的建筑，现在这些建筑一年翻新两次，并会定期改装和修整（参见图11.75）。从半干旱地区向北到更荒芜的沙漠地区，土坯墙的应用更加广泛，墙较厚，空间更小，室内更暗更深，精心设计的室外空间可以纳凉。

这些清真寺的土坯墙外表都相当别致，它靠一种普通的土墩支撑，这些土墩向上突出，呈圆形尖顶状耸立在高高的屋顶线之上。门洞在前倾的亭阁和较高土堆上醒目的塔楼和尖顶显得更加小了。寺院的尖塔最高，上部水平突出的木柱既为一年两次的维修和粉刷提供了永久的支架，又可作为横向的受拉钢筋起到加固房屋的作用。

一张不太有名的清真寺的草图例证了干热地区设计与材料之间的关系（参见图11.76）。该寺位于马里的蒂塔玛（Titama），与其他清真寺特征相似但纪念意义不大。寺外有很高的墙，可起到隔热、遮光和防沙的作用。土墙环绕着大厅，人们在那里祈祷，在密闭的间隔里有许多很粗的柱子，这些设施可以提高其蓄热效果，避免了木头横梁的使用，且跨度不大。不过，院子和屋顶的露天阳台上各有一个祈祷的地方。因此，作为气候过热地区的典型住宅，它提供了多重利用室外空间的构想，是成功的规划所必备的。

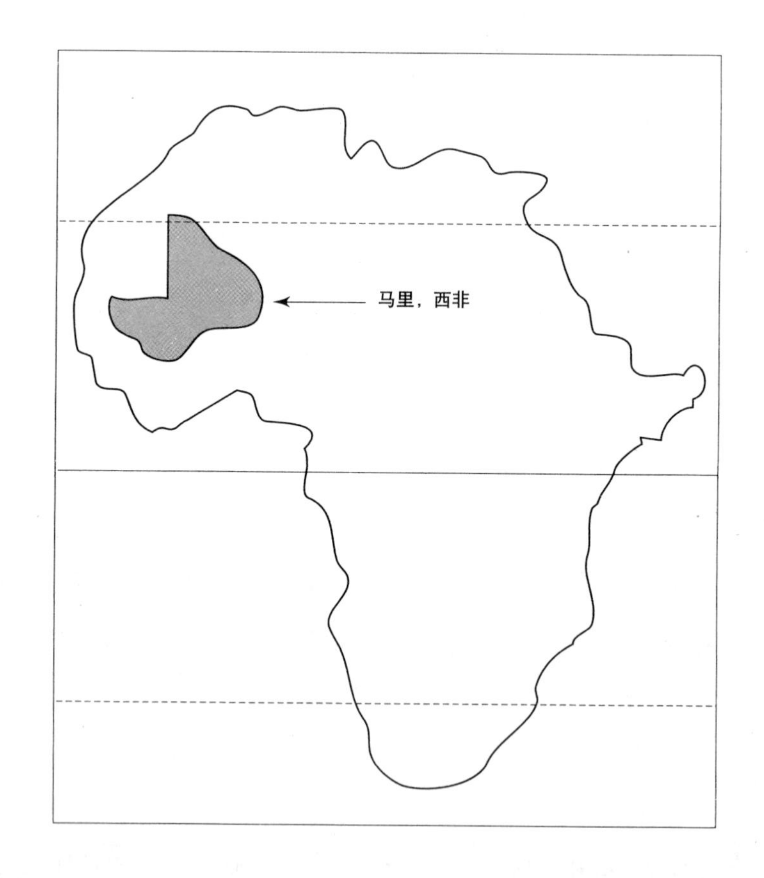


**图11.72** 位于北回归线和赤道之间的西非国家马里

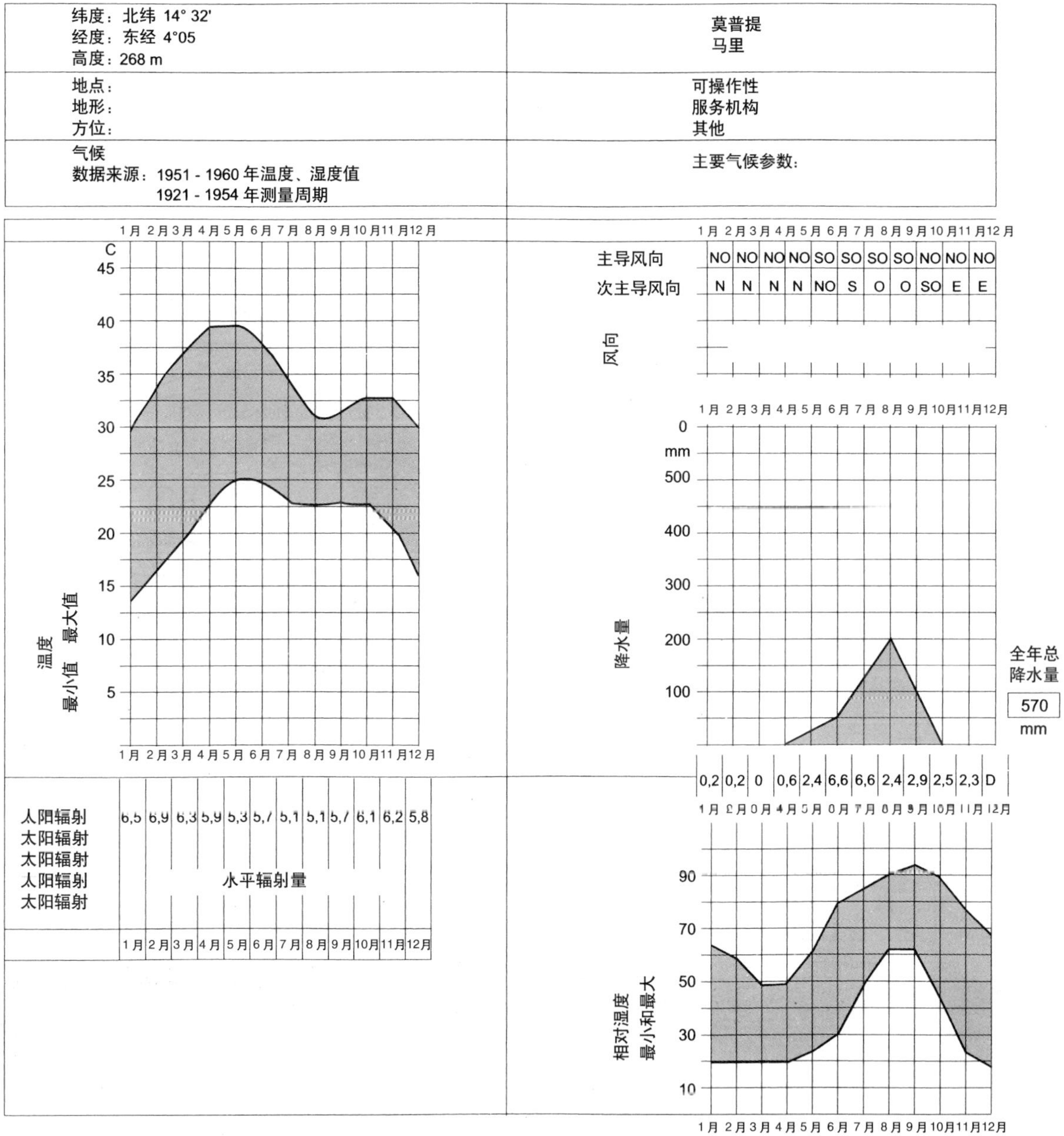

| 纬度：北纬 14° 32'<br>经度：东经 4°05<br>高度：268 m | 莫普提<br>马里 |
|---|---|
| 地点：<br>地形：<br>方位： | 可操作性<br>服务机构<br>其他 |
| 气候<br>数据来源：1951 - 1960 年温度、湿度值<br>1921 - 1954 年测量周期 | 主要气候参数： |

| | 1月 | 2月 | 3月 | 4月 | 5月 | 6月 | 7月 | 8月 | 9月 | 10月 | 11月 | 12月 |
|---|---|---|---|---|---|---|---|---|---|---|---|---|
| 主导风向 | NO | NO | NO | NO | SO | SO | SO | SO | NO | NO | NO |  |
| 次主导风向 | N | N | N | N | NO | S | O | O | SO | E | E |  |



| | 1月 | 2月 | 3月 | 4月 | 5月 | 6月 | 7月 | 8月 | 9月 | 10月 | 11月 | 12月 |
|---|---|---|---|---|---|---|---|---|---|---|---|---|
| | 0,2 | 0,2 | 0 | 0,6 | 2,4 | 6,6 | 6,6 | 2,4 | 2,9 | 2,5 | 2,3 | D |

| | 1月 | 2月 | 3月 | 4月 | 5月 | 6月 | 7月 | 8月 | 9月 | 10月 | 11月 | 12月 |
|---|---|---|---|---|---|---|---|---|---|---|---|---|
| 人阳辐射 | 6,5 | 6,9 | 6,3 | 5,9 | 5,3 | 5,7 | 5,1 | 5,1 | 5,7 | 6,1 | 6,2 | 5,8 |
| 太阳辐射 | | | | | | | | | | | | |
| 太阳辐射 | | | | | | | | | | | | |
| 人阳辐射 | 水平辐射量 | | | | | | | | | | | |
| 太阳辐射 | | | | | | | | | | | | |

图11.73 马里的莫普提（Mopti）气候图

纬度：北纬14°32'
经度：东经4°05'
高度：268 m

生态气候图
莫普提
马里

| 气候参数 | 1月 | 2月 | 3月 | 4月 | 5月 | 6月 | 7月 | 8月 | 9月 | 10月 | 11月 | 12月 |
|---|---|---|---|---|---|---|---|---|---|---|---|---|
| 最高温度 | 30.3 | 35 | 37 | 40 | 40 | 38 | 34 | 31 | 32 | 33.5 | 33 | 30 |
| 最小相对湿度 | 16 | 16 | 16 | 16 | 20 | 26 | 47 | 61 | 60 | 40 | 20 | 16 |
| 最低温度 | 14 | 16 | 20 | 23 | 25.5 | 25 | 23.5 | 23 | 23.5 | 23.5 | 20 | 16 |
| 最大相对湿度 | 61 | 55 | 45 | 45 | 60 | 76 | 80 | 90 | 91 | 86 | 75 | 67 |
| Source: | 1 | 2 | 3 | 4 | 5 | 6 | 7 | 8 | 9 | 10 | 11 | 12 |
| Period: | | | | | | | | | | | | |

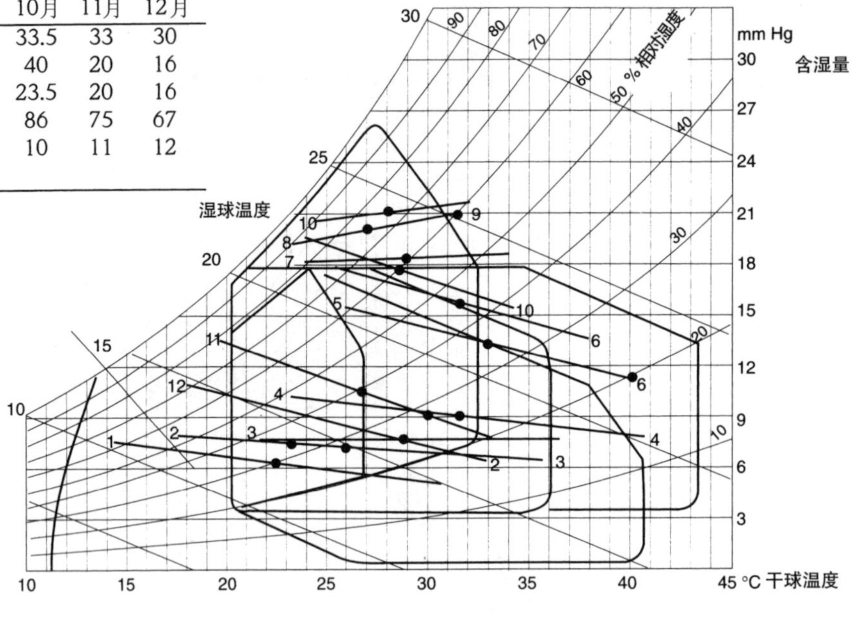


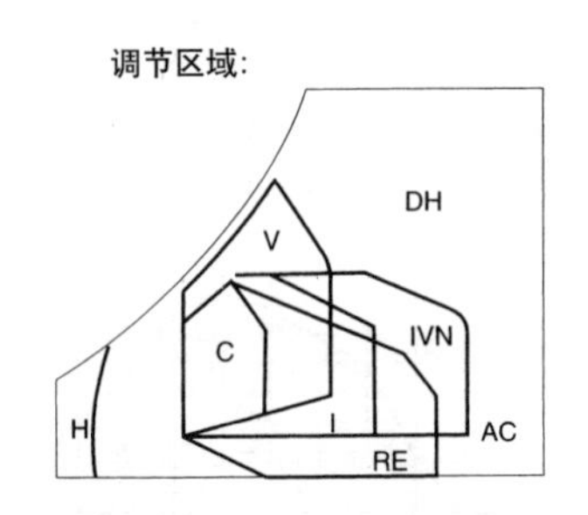


C ：舒适区
i ：蓄热降温
iVN：夜间通风降温
V ：自然通风
RE：蒸发冷却
DH：空调降温(除湿)
AC：空调降温
H ：采暖
（DH、AC、H）视条件而定

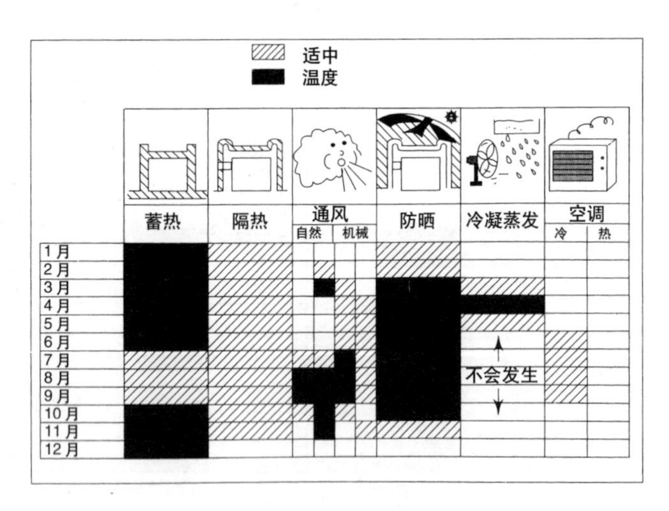


图11.74 马里的莫普提生态气候分析

像清真寺一样拥有类似的设计、施工方法和等级的房屋都具有相同的建筑历史和性能标准。房子建在一两个有围墙的庭院周围，院内有台阶可到达位于护墙和尖塔后面的平坦屋顶。一般地，屋子有一层高，带有很高的顶棚。有时，房屋也会建成局部两层或者都建成两层。从外表看，它们通常比清真寺装饰得差一些。可惜的是在马里，不管是住宅还是清真寺，土墙建筑和维护的传统常识，似乎都正在走向衰退和没落。

## 巴马科的土墙展示室

在马里，住宅型式的开发考虑到了社会文化遗产、经济类型和自然环境的要求，没有型式的发展，当今马里的住房危机就不可能解决。土墙是受当地气候和文化影响的传统建筑方法，它在新建住宅中依然是最可行的。新的建筑系统包含有来自其他沙漠文化的评估技术，其介入为地方建筑的发展增添了可能性。巴马科位于北纬13°，处于相对温和的干燥型热带气候，并且是马里共和国的首都。巴马科的土墙展示室是一座实验性的建筑，在1993年至1994年间由私人承建，建筑师是阿尔法·迪奥普和F·卡萝拉，结构工程师是M·桑塔拉。他们建这座展示室的目的，是想在马里以恢复传统为基础，鼓舞和激励新型住宅建设。这项革新包括了使用本土材料来做拱顶，通风、隔热和填料。

该房屋的平面形式很传统，面积也很大，其紧凑而配套的长方形结构经济地利用了土地资源，建筑密度也恰好，从而大大缩减了步行的时间和距离。扶墙不能突出外墙，只能设置在墙的厚度以内，或者突出在墙内空间。墙内可用的壁龛和固定的长凳继续保持传统土墙的习俗。

北面是主要出入口，另一个出口在东面。该平面（参见图11.77）包括三个卧室，一个厨房、食品室／贮藏室，洗澡间，以及一个起居室／接

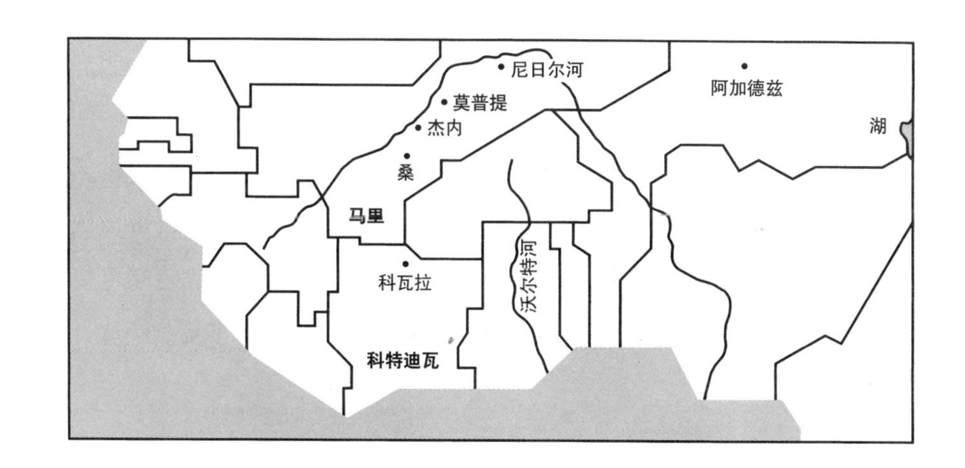


图11.75　马里地图示意（可以看到尼日尔河和主要的清真寺分布）

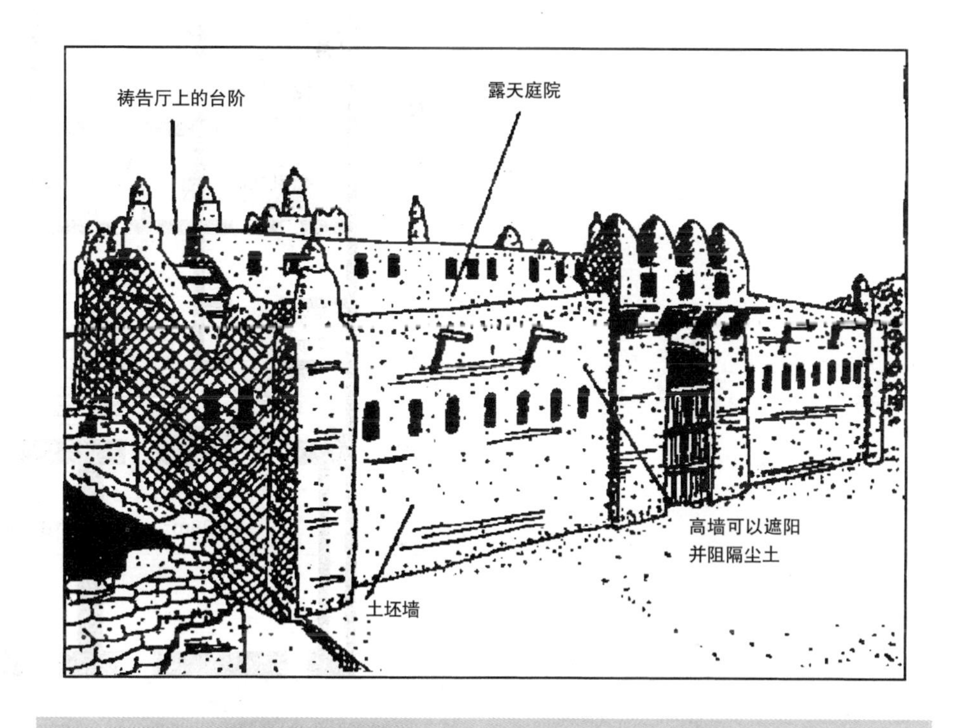


图11.76　马里的蒂塔玛清真寺的气候特征

待室。所有的屋子都围绕着一个露天的庭院，从该院可沿台阶直上屋顶阳台。另一个小院落用作室外做饭场所，也可做其他的室内活动。庭院和屋顶阳台在热带环境中很重要，它是人对空间的多重利用，是这种热带文化背景下被动的建筑模式。该房屋专为五口人的中型家庭设计，适合该国中等收入的家庭居住；它所用材料几乎全部取自当地：既可制砖亦可烧成砾浆的砂、砾石和土，烧好的土砖，烧制的地面砌砖，椰子皮，稻壳，以及用来防水的沥青。基础是用传统的石头加上水泥砂浆砌成，坚固而实用。

该建筑方法和材料的应用集中展示了用土墙做拱顶和圆顶盖的屋顶结构的不同构思。由于木材需从国外进口，故任何形式木材的使用均应避免。所有不同类型的模板土石工程架板可现场建造，既不需要运输，亦很经济，生产起来也方便。用土和砂浆制成的土砖可用来建造墙、门廊、拱顶和屋盖。尽

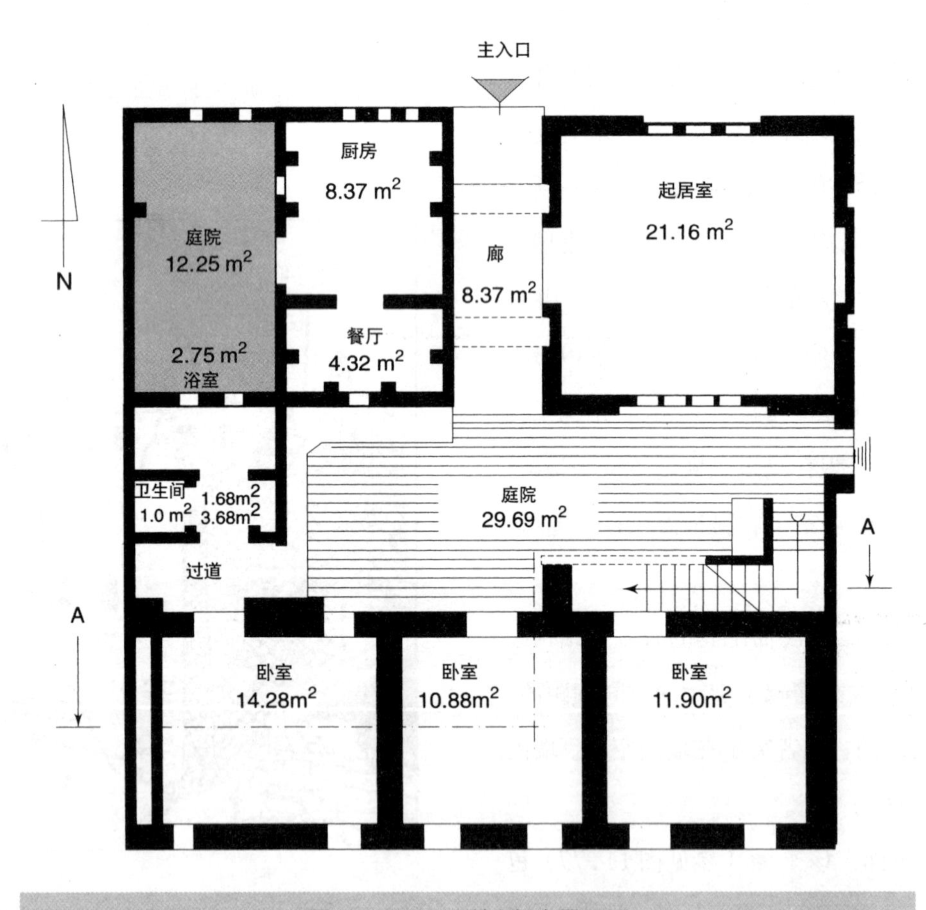


图11.77 巴马科土坯房平面图

管最后的涂层会用多种复合混合物加泥作底层，在墙砖和砂浆中却不用掺和剂。例如，在拱顶放料石时，加些石膏在泥砾浆中，拱顶用旋转支架建造，不需其他任何东西支撑。

起居室上的四个门廊可以用能移动的木模板来建造。与房屋的其他部分结构一样，建这些门廊需要特别小心。起居室上的尖形拱顶与三个卧室上面的圆形拱顶，在建造时可用一个早已制好的特殊的移动金属架板，该架板类似一个有轴心的罗盘，可以精确地为每一个土砖定位。尽管彼此完全独立，这种建筑工具与新德里印度技术学院建造试验“泥屋”所用的可移动架板非常相似。

厨房和浴室平面为三角形，在前后墙顶建有横边用以支撑筒状拱顶。拱顶不用模板，在几千年历史著名的努比亚（Nubian）技术中引入了倾斜的圆顶，横向拉紧的绳索是建拱顶时仅有的架板。

由于所有的屋顶和墙是用厚重建筑材料砌成，即使室外温度波动很大，室内热状况仍相当稳定。一方面，由于土墙的蓄热作用，可增加室内舒适；另一方面，特别是屋顶的构架和土墙中支撑的使用，避免了对木材和金属的需求。

三个卧室的拱形屋顶上建造有一个室外露天阳台。第一步，拱顶与外墙之间的空隙可用一种非常便宜的轻型隔热材料——椰子皮来填充。接下来，用特制砂浆分别浇筑三层作为盖板，每层分别混入稻壳、土、砂、石灰和水泥。最后用很薄的饰面砖或烧制的砖砌成瓦面，做一个防水磨损面。这样，屋顶的露天阳台就做成了。

在每个拱顶之上，用一种特制空心砖建一个通风孔。这样既可防止雨淋尘袭，又可避免太阳直射，在空气自然对流时，可把通风孔一直打开向外排放热空气。在每个拱顶部留一个中枢通风孔的构思是在最古老的大清真寺里发现的一种被动通风措施，在清真寺里它有时仅作采光用，但在厚厚的土坯建筑中，它对于排出余热有重要意义。在这里，通过在一年四季中改善和控制通风条件，可以增强其制冷和采暖效果。图11.78是该建筑的剖面图。

楼梯也仅用土砖和砂浆砌筑，也要避免应用木材和金属。可利用临时木质模板架辅砌土门廊建造门上的横梁。整个建筑中只有门是木质的，三角形窗户是建小型窗孔的一种熟悉方式，它既有安全防护作用，又可获取适度光照，还可以不用建卷轴，避免使用木材。窗户上安有固定窗板的金属百叶窗

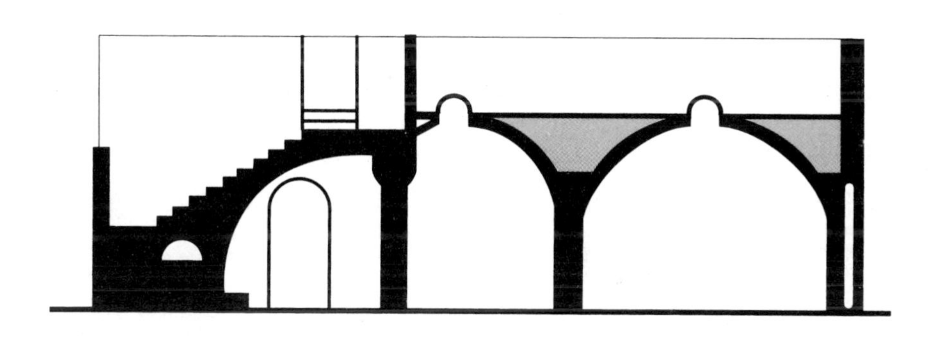

图11.78　A－A剖面图

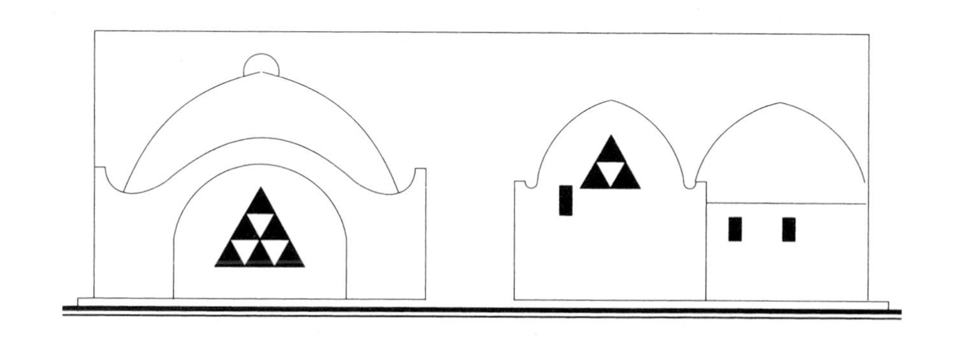

图11.79　北立面

既可通风又是一种安全设施，还是整个建筑中少有的几种机械制造物。北立面还包括入口，而图11.79没画出大门。起居室在左边，厨房居中，右边是用墙围住的煮饭用的天井，后面是拱顶浴室。

屋顶用进口的沥青材料做防水，防止雨水渗入。然而屋顶的沥青涂层很薄，只能保持几个季节。由于所有雨水均来自东方，东边和房屋的外墙以及浴室顶常常需要用灰泥以一种特别的方式粉刷。这种外层覆盖物可用钢钉固定住，钢钉部分钉入墙中，从而避免了昂贵的边口钢板条或网格的使用。

厨房和浴室的地面以及厨房案台需用砂石瓦或者烧制的薄砖铺砌。由于所有的墙和屋顶都是用厚厚的材料砌成，室外温度尽管波动很大，室内热状况仍相当稳定。一方面，土墙的蓄热作用可增加室内的舒适度；另一方面，用土墙可避免使用木材和金属，从而减少因进口国外产品而给国家经济带来的负担。相对材料集中型设计而言，人们宁愿选择这种可提供更多就业机会的劳动密集型施工工序。

这种房屋在构思时，考虑到了该国的气候、人的生活习惯及经济的发展情况，展示了适于该国国情的利用本地建材的建筑方法和技术，土很便宜而且现成可用。建筑物和居住者都很健康，从生态角度看它很合理，从经济角度看，可以持续发展；它还可以提供就业，激励自尊。 这些都是缔造一个持续发展的未来的理想特质。

## 用传统的办法建造新房

像马里土房这样的个案研究有很多。在马里，气候已成为普遍应用的设计准则，它是在长期的土筑实践中形成的。在极热极冷的气候条件下，以及在资金贫乏、自然条件恶劣危及生存的经济不发达的地方，这些准则很适用。在这些地方，由于考虑到了对文化的保护，设计技巧不断更新。这些文化既是有形的，也是无形的，在重复运用的不断变化中，方案不断得到改进。

### 达尔文式建筑

就建筑而言，传统的本土建筑设计是人类的创举，和达尔文的生物适应环境而进化的思想是一致的。因此，与特定的气候条件相适应的植物种类及生物系统和建筑具有相似性。显然本土化建筑设计大多依赖于当地的建筑材料，受当地资源的限制。它的出现是对当地气候状况的创造性表达，是在长期不断的人类活动中发展起来的。通常生物学家所研究的植物花、叶、杆及蚜虫在本土建筑的屋顶、门廊、厨房中都有其对应的部分，特别是在气候极端恶劣的情况下，植物和本土建筑会提供给人们更多的信息。

从本土建筑的角度研究全球气候时，可以发现平均或正常的气候是很少见到的。成功的本土建筑预示着对这样或那样极端性气候的适应性。热弹性既存在于建筑之中，也存在于使用模式之中。

## 本土建筑的启示

对于希望自己的建筑能适应气候的研究人员和设计师而言，研究本土建筑所得到的启示很多。特别是在极端气候和资源有限的情况下，我们总会发现一些虽不能解决当今问题，但却是正确的思想。然而我们不要想着复古，我们有全球的信息资源，这些资源会转化成我们的智慧。在现在找寻可持续发展模式的工业和后工业社会里，有用的、所需的思想很多，这些思想概括如下：

**使用当地建筑材料**：当地建材具有明显的优势，成本低、运输费用小。此外，这些材料很少需要加工，因为当地的工匠知道正确的处理方法。通常，当地材料在使用和适应性上也有独特之处。例如，雪松和红木在当地气候及潮湿环境中就是很理想的耐用材料，而在沙漠地区，会腐蚀得很快。

**按小气候设计**：本土建筑要成为成功适应气候的住房，其基础在于对建筑物室内外小气候的认真设计，多考虑小气候会使这些建筑的优点大大增加。尊重室外条件是实现室内舒适不可分割的部分。同样，封闭的空间也是深思熟虑的产物，是环保意识的渗透。室外环境的设计使所有功能都归于其中。

**整合舒适资源**：本土建筑通常有一套比较明智的建筑策略，有强化高效机械舒适源及燃烧舒适源的效果。在寒冷地区，舒适源自燃烧燃料产生的明火；在气候过热地区，尽管适合许多地方的顶部电扇（或如这里所用的对流

图11.80 所有的建筑决策都有气候的内容和作用结果

换气扇）是一种同样的措施，但舒适源并不总是这样的一种点源。在所有情况下，本土建筑与缓解气候压力的机械或策略性的被动源关系密切（即类似于“手戴手套”的关系）。一般的机械设施从未算作舒适源，但它是建筑在热处理和审美观上的延伸。因而，在任何情况下，热源的改造既是有形的，也是一体化的。

**全方位构思**：用一种单一的建筑形式或策略去适应所有的气候要求，这种做法在本土建筑中不可能找到。特别是在极端气候条件下，热理念的层次远远大于建筑材料的层次。如果没有泥土的低建筑效率，就不能去考虑本土清真寺建筑生态气候的成功，因此这些土墙必须是可蓄热的厚墙和墙墩。但是遮阳、通风以及冷空气在庭院的聚集也是同一系统的组成部分。事实上，建筑形式仅是这些本土建筑实体的一个方面，它充分考虑了气候极端、资源匮乏地区居民的住宅状况。

**气候是建筑的动因**：气候问题，特别是极端气候条件可以激发人们在建筑形式和功能方面的革新。气候可以刺激人们采取大胆的行动，掀起一些具有纪念意义的建筑运动。然而，建筑物的来源是多种多样的，因此，必须考虑对气候的适应以及所有建筑决策的施工后果（参见图11.80）。例如，包豪斯建筑学院的教育思想和建筑理念都是外来的，要把它作为全球责任承担的典范来看是完全不够的。在资源匮乏的地方，这些大胆的行动不能依赖于引进，必须利用当地的资源。

## 被动式技术的未来

被动技术在能源设计领域的地位越来越重要。1976年在美国举行的首届全国采暖制冷会议上，道格·鲍尔科姆（Doug Balcomb）的总结对被动设计的效率和效果进行了展望：

> 这些方法的绝妙之处在于我们不仅在建筑方式上与普通建筑极为相容、美感更好，花费较主动系统更低，而且在恶劣的气候条件下，太阳辐射量巨大，在主动系统几乎无能为力的情况下，运行效果明显的好。

但他讨论的只是采暖，并且他只提到燃烧燃料的国家。二十年后的美国，被动技术会继续被推崇，作为技术选择中的一个选项而受到青睐。特别是，它们被认为是燃料的替代品，成为消费的替代物，使消费模式继续下去。

被动的含义超过了量入为出的生活方式，被动作为解决问题的思维过程代表一种全新的形式——人类的干预活动如何与自然界最大限度地适应，不只是要与其抗争或改变，而是要成为它的一部分。哈罗德·海和约翰·耶洛特在1969年的ASHRAE报告“自然空调”中用质朴的语言对其地位进行过描述。尽管这种语言和“自然能源”一词仍很质朴，但其内在的思想是最大限度的转变，被动设计能供给我们全球匮乏的能源，被动思维是文化变化中重要而且紧迫的一部分。

## 被动式设计后续

建筑环境设计即使不能美化生活，至少能局部地满足生活。它需要采取局部的行动，承担局部的责任。但仍不要忘记全球问题和责任。设计标准中增加的部分包括：

1. 在可造建材范围内，对潜在能源和环境价值进行说明；
2. 避免使用加工对环境有害的材料；
3. 改变生活方式，与自然环境更加协调；
4. 提高可持续地域文化的价值和标准；
5. 不断进行新的改进，对现有系统增加新的可能利用的范围，推广久经检验的传统做法。

在马里土房的例子里，劳动密集型工艺的多重技术，避免使用进口的材料，都使当地人大受鼓舞。这表明在施工现场内外靠增加机械在建筑中提高效率的现代目标无法引起当地人的兴趣。它还说明设计人员如何承担社会责任，而不仅仅只是提供有效的住房设计，健康的全球化社会是以众多健康的小社会为基础的。

# 11.5　个案分析：印度北部传统住房的热特性

A·N·扬，A·克里尚

## 引言

人们认为，在印度按传统方式设计修建的住房，其室内气候比“现代”住房要好得多。本节所讲的内容就是对德里附近某村庄的一系列“现代”与传统住房室内外热状况进行同时监测的结果。其目的就是要研究决定每一类住房热性能的要素，将“现代”住房与传统住房的热性能进行直接的比较。监测是在两个炎热的季节进行的。本节把这两个炎热季节分别称为夏季和雨季。尽管在雨季当中，传统住房拥有院落，白天降低室内温度的效果明显，但晚上就逊色多了。然而总的来说，还是舒适的。随着传统住房院落面积的扩大，其效果也愈来愈差。“现代”住房在某些方面尽管不如传统住房，但在某些阶段却有不错的效果。在所有研究的住房中，传统农舍在夏季的白天和晚上表现都很差。

## 气候

在印度，其气候可划为六个区域[1]，如图 11.81所示。六种气候通常被认为是热／干、暖／湿、温和、冷／阴、冷／晴及交错混合型。德里和本节研究的村子查特拉（Chhatera）属于交错混合型气候，有四个主要的季节，即炎热干旱的夏季，不热但潮湿的雨季，温和湿润期及寒冷的冬季。冬季开始于11月末，一直到3月中旬左右；此后是短暂的春季和炎热的季节——夏季，一直要持续到6月底；7月至9月是雨季，10月至11月是雨季和冬季的过渡期。

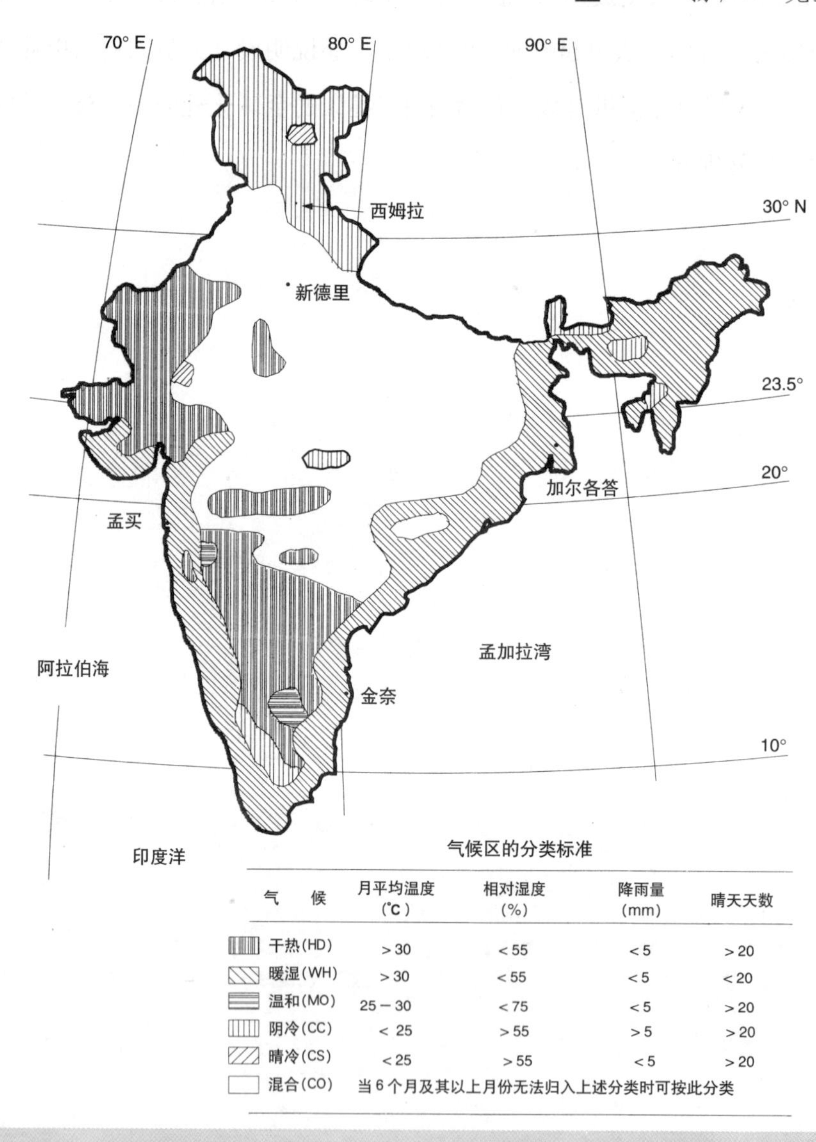


气候区的分类标准

| 气候 | 月平均温度（℃） | 相对湿度（%） | 降雨量（mm） | 晴天天数 |
|---|---|---|---|---|
| 干热(HD) | >30 | <55 | <5 | >20 |
| 暖湿(WH) | >30 | <55 | <5 | <20 |
| 温和(MO) | 25－30 | <75 | <5 | >20 |
| 阴冷(CC) | < 25 | >55 | >5 | >20 |
| 晴冷(CS) | <25 | >55 | <5 | >20 |
| 混合(CO) | 当6个月及其以上月份无法归入上述分类时可按此分类 | | | |

图 11.81　印度气候区划图

1月是最冷的月份，月最高气温在21℃左右，最低7℃左右。冬季温度可降至0℃以下，从3月中旬左右，气温开始快速上升，5月和6月是最热的季节，从4月开始，炎热的西风开始吹起，炎热逐渐达到极限，5月和6月的气温有时可高达47℃。随着雨季的到来，月气温明显下降，但夜间气温仍很高。天气处于潮湿多雨状态，周围环境不舒服。10月份日气温和雨季气温相当，但夜晚更冷一些。

在一年的大部分时间里，空气干燥，但雨季湿度很大。4月和5月是最干旱的季节，下午的湿度小于20%。平均起来，一年只有16天下雨（降雨量为2.5mm），年平均降雨量为41mm。雨后季节及冬季，风一般很少，但夏季和雨季较大。4月至6月是暴风雨和沙尘暴的高发期。

## 村庄

查特拉是个案研究村子的名称。它是个普通村庄，住宅区在村子中心，周围环绕着农田。该村大约有120年的历史。图11.82展示的是该村1994年的精确模型。可以看出，该村非常集中，尽管有很宽的街道，但还是以窄街道为主。表11.2给出了该村土地利用的情况。

尽管该村离德里很近，有部分村民在城里打工，但他们主要从事农业生产。查特拉有1200口人，158户，其中49.8%是杰特（Jats，农户级），34.9%是哈里金（Harijans，最下层），20.3%是布拉明（Brahmins，神职人员），住房状况如表11.3所示。

村子很集中，主要街道呈东西向，可在夏季得到更多的凉风。街道出口是大型的查波施（Chaupals），即公共集会场所，位于两个主要地方，实际上在该村的布拉明和杰特区内。杰特是该村的中心。

**表11.2 查特拉村土地使用情况**

| | | |
|---|---|---|
| 住宅 | | 44.8% |
| 道路 | | 20.8% |
| 商业 | | 3 % |
| 公建及半公建 | | 1.2% |
| 其他 | | 5.3% |
| 空地 | | 27.6% |
| 用于居住 | 13.0英亩 | 2% |
| 农田 | 666.5英亩 | 90% |
| 牧场 | 62.5英亩 | 8% |

**表11.3 查特拉村的住房状况**

| 状况 | 比例 |
|---|---|
| 良好<br>（寿命约20–40年） | 47% |
| 一般<br>（寿命约10–20年） | 30% |
| 差 | 23% |

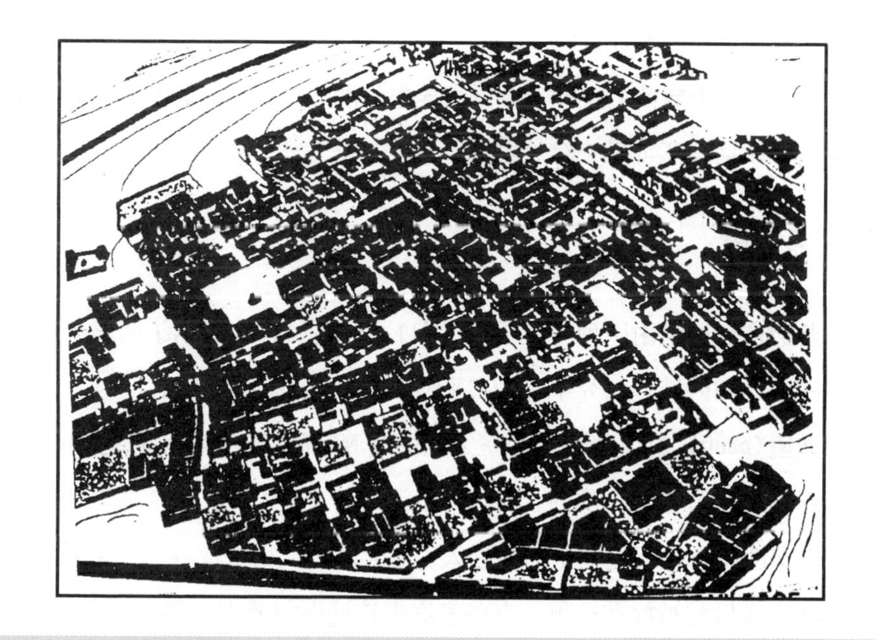

图11.82 完整村庄模型图

## 个案研究所用的住房

个案研究共利用了村中六座房屋。有四座是传统的带有院落或后院的房屋（下称“庭院房屋”），当地叫作乔克邦（chaukband），第五座房屋也是传统住房，但布局与前者不同，较为分散，为当地的传统农舍。最后是最近几年按城市别墅样式修建的住房，与德里中产阶级住宅区的房屋相似，当地称之为“现代”房屋。

## 伽，巴塔克和盖尔（The Ghar，the Baithak and the Gher）

查特拉严格遵守性别分离政策。对富裕户来说，家里男女成员分住。伽主要是女性成员的住室，并用于存放物品。伽可大致译成家或住宅。而巴塔克主要是男性的住室，吃饭通常在盖尔进行，但偶尔也在巴塔克里为男性供菜。该词的意译为客厅。

盖尔是一个封闭的空间，通常指拴牛的地方，还可储放配制草料，动物就在该处休息，还可用于存放农具。

## 乔克邦住房

此类住房通常由下列房屋组成，图11.83和图11.84展示了四座个案研究的房屋布局和区域，研究中标为CY1、CY2、CY3和CY5。

**波里（pauli）**：这是街道与内室之间的过渡空间，它实际上是屋外的部分，可以看作是巴塔克的一部分，有两间格深，有入室大门，通常供男性成员使用，但女性成员并不是完全不能进入。冬天阳光从街上或乔克照射进来，孩子们洗完澡后常被放在这里，有些家庭把该处面积放大一倍，供牛使用。

**乔克（chauk）**：乔克邦房屋的中心区是乔克，或叫作院子、后院，通常是第三个间格，其左右是达拉尼斯（dalanis），有顶。无顶乔克上有铁格，不但安全，而且风和光可以进入。常在乔克尽头的赛尔做饭，烟通过铁格冒出。当它比其他的屋子凉时，乔克是休闲的场所，还可以在这里干一些活。在温和的季节里，妇女、小孩和女宾常在此睡眠。

**赛尔（sal）**：赛尔是家里空间较大的区域，在乔克后面，它通常有两个间格，是妇女和孩子们的起居室（而男子通常用波里），也是家庭（包括男人和妇女，也包括来宾）吃饭的地方，有时还堆放杂物。在一年的大部分时间里，赛尔既是妇女和孩子们睡觉的地方，也是妇女生孩子的地方，许多神圣的礼仪也在赛尔举行。牛和水烟筒是不允许在这儿出现的。

**阿伯拉（aobra）**：房子的最后一个间格常被分为两个封闭的区域，用来贮物，惟一开敞的是过道和一两个用来保持贮藏在这儿的粮食干燥的通风口。尽管这儿通常供新婚夫妇休息，但在极冷的冬季晚上，妇女和孩子们也会睡在这儿。

**查特（chhat）**：如有的话位置应在查贝拉前面，是室内第一个地面阳台。如果没有贝撒克（baithak）的话，家中男性成员通常睡于此处。此地也用来晾衣、晒辣椒、粮食等。

**查贝拉（chaubara）**：处于第一层的查贝拉通常只用来贮物，家中的年轻夫妇也会用它，有时妇女在此处洗澡。

## 传统的农家房屋

图11.84展示了布局特殊的农家房屋的平面形式，并用FH作为标记，很多家庭居住在各式各样的房间里。

## 现代房屋

图11.84展示了所谓“现代房屋”的平面，用MH作标记，它是从前一

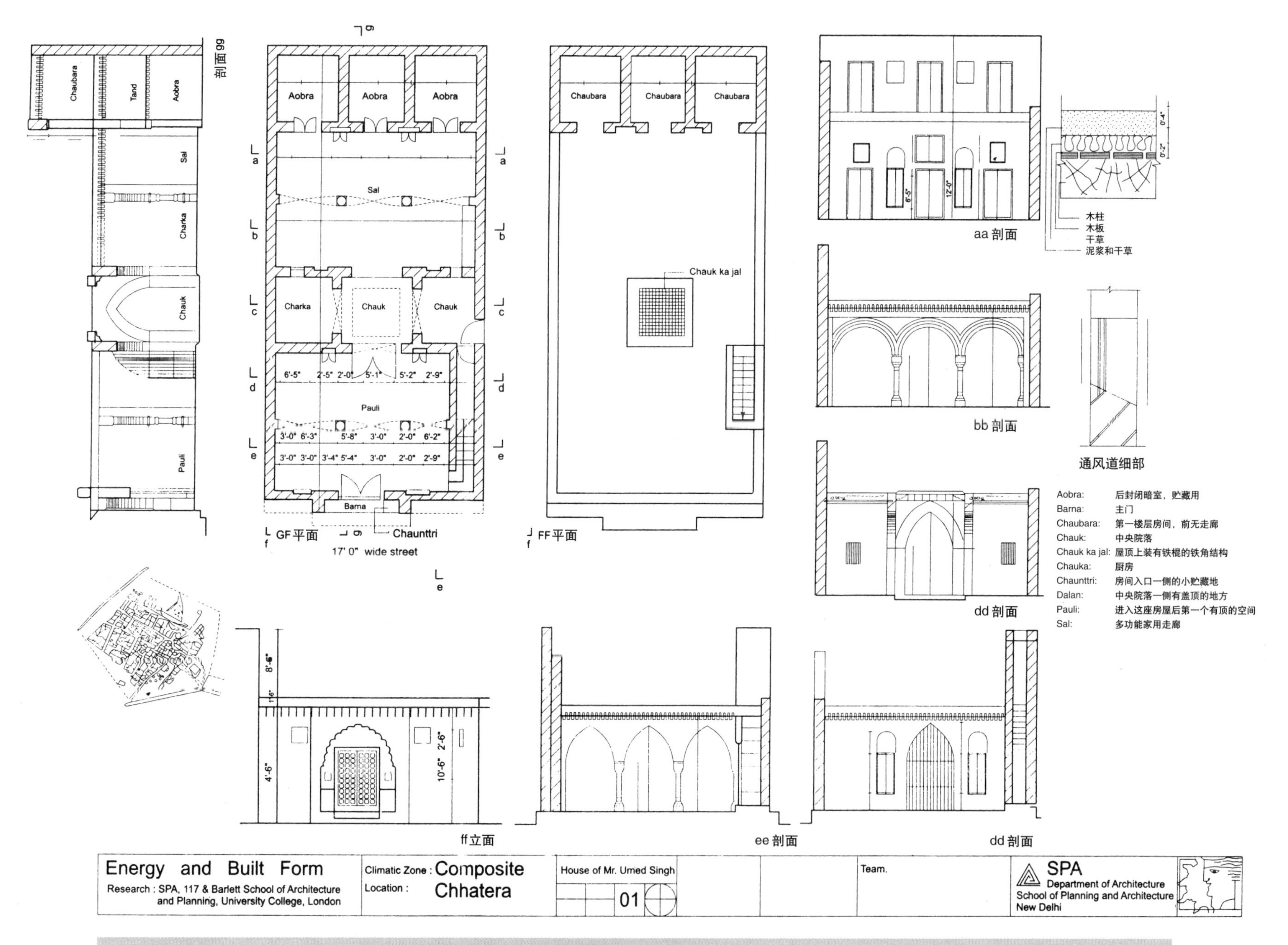


**图11.83** 个案研究房屋1（CY1）的平面图和剖面图

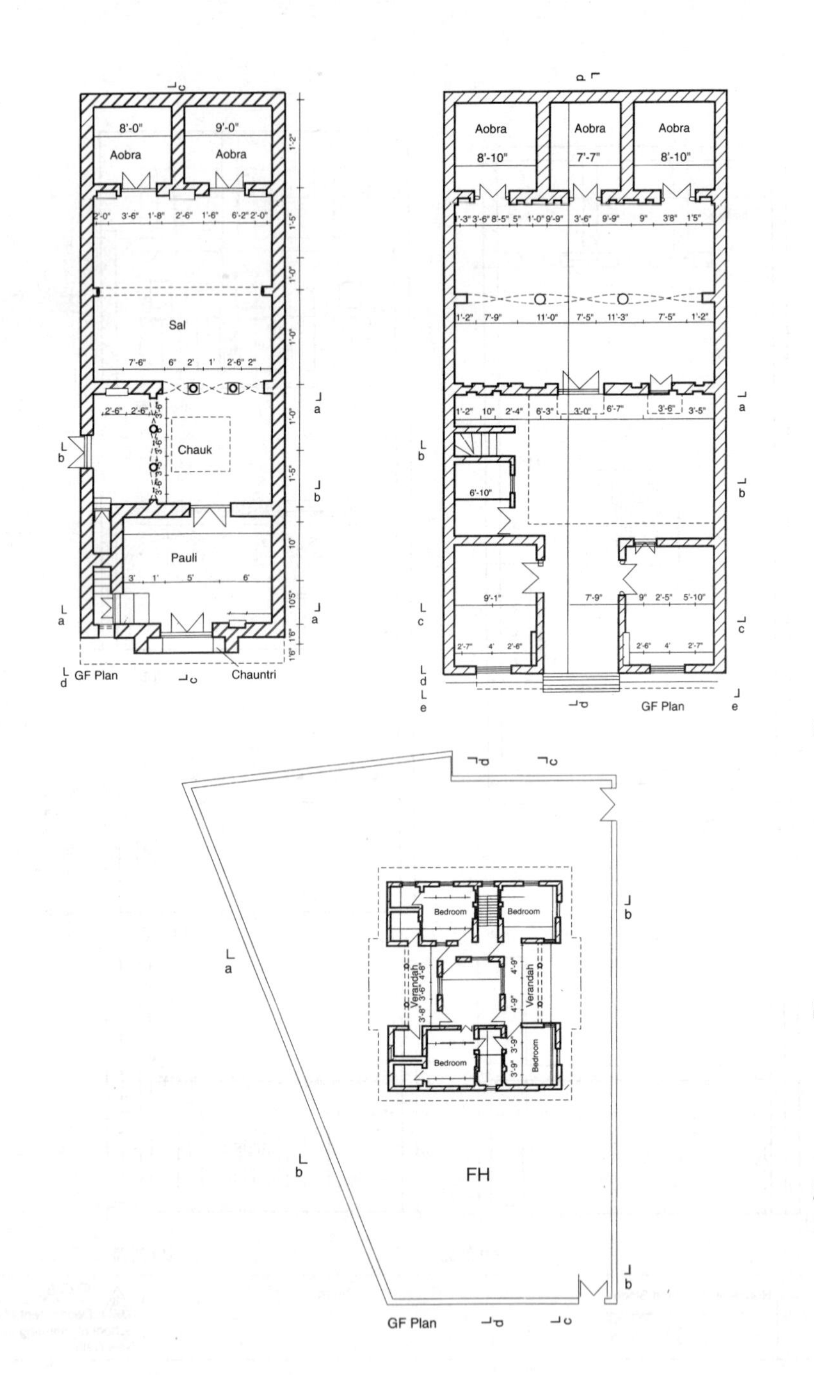
Aobra
Aobra
Sal
Chauk
Pauli
GF Plan
Chauntri
Aobra
Aobra
Aobra
GF Plan
Bedroom
Bedroom
Verandah
Verandah
Bedroom
Bedroom
FH
GF Plan

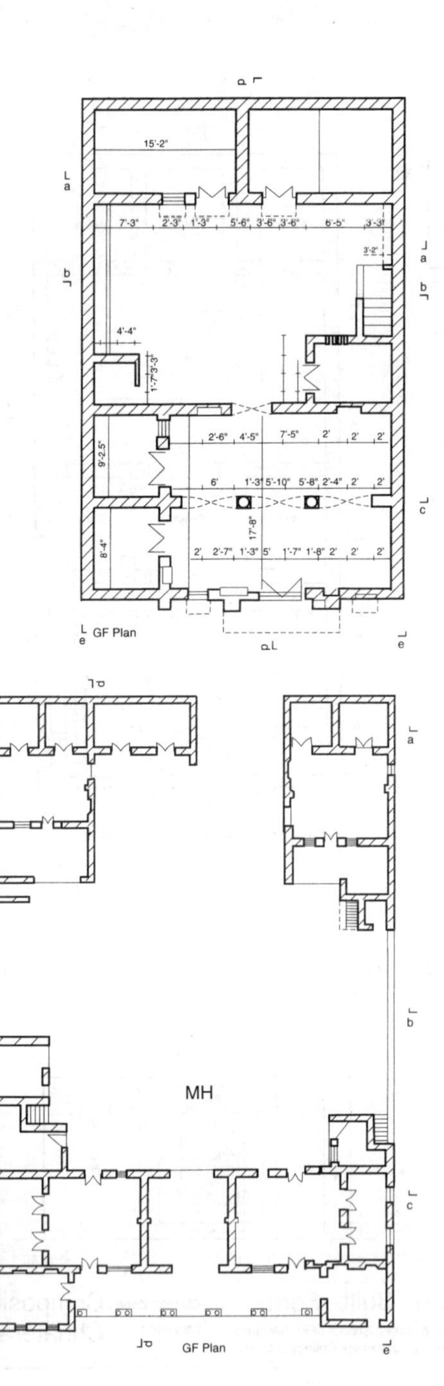
GF Plan
MH
GF Plan

图11.84

个村庄[撒巴奇（Sarpanch)]首领的住宅。很显然，这种设计受德里郊区富有人家庄园建筑的影响。

由于查特拉距离德里很近，这个村庄生活的很多方面不可避免地受其影响。与此相关的是传统房屋开始被拆除，取而代之的是用新设计、非传统建筑材料和以都市风格为基础所建造的房屋。这份报告试图区分和估量查特拉传统农村房屋与村里已建成的较新都市风格房屋之间在热性能方面的差别。这份研究报告还对很多传统房屋的性能作了比较。

## 建筑材料

这个村庄的所有房屋大多是用烧制的砖建成的；但是对于地基、柱子和墙来说，正在采用混凝土制做。图11.85是一个有代表性的例子。虽然拱结构经常被使用，大部分建筑仍然是梁柱结构，只是有时用石柱作为支撑，正如个案研究房屋1所做的。

屋顶主要是木梁结构，木梁上面支撑着一个木椽体系，椽上面覆盖一层薄木板，或砂石板与泥土做的夹层板。

地板由三层构成，最下面的是150mm的砖头，中间是100mm的砖，上面一层是泥，泥的上面还有一层精细的灰泥。

门框、门和窗板都是用木材做的。这种建筑结构厚重保暖，而门和窗户却是细木工制品，很安全，很多夹缝可允许高比率通风。

## 研究方法

此工作报告要讲的是继续研究的一部分。第一部分是对建筑物个案研究的监测，第二部分研究通风比率，第三部分则是详细的计算机分析。计算机分析对内部条件和建筑材料及设计变化的敏感度进行估量。

为了这项研究，记载温度和相对湿度的数据记录器（剑桥制造的松鼠数据记录器）放在6个个案研究房屋的不同房间里。图11.83和图11.84标明了记录器放置的位置。每一次内部测量的同时，也记录了外部条件。每30分钟记录一次，图11.86所示为个案研究房屋CY1的典型曲线图。最终要将每座房屋在一年四季中的情况都进行研究。到目前为止，除了农房只在夏季进行了测试外，其余6个在夏季和雨季都进行了测试。而且，CY1在冬季也进行了测试。

室外传感器放在CY1房屋的前门上，一年四季都被悬挂在主门上的物体覆盖着，见不到太阳。此传感器还由小的、特制的斯蒂芬森屏幕进一步保护着。室内的监测器安放在拱梁下屋子中间的最高处，以便测量典型房间条件而不是高处所聚集的暖空气的状况。我们试图测量整个内部温度。由于住户对这个黑色的乒乓球形的监测器没有反感，因此，对CY1房屋的室内外监测几乎是不间断的。但对其他房屋的测量则基本是一周一次。

我们采用的减少数据收集的方法是寻找白天室外条件的最高点，并将其与同时测量的室内条件进行比较。同样，把晚上的室内外条件进行比较。这样就可以获得在温和的室外天气条件下每座房屋的性能，并直接与研究中的其他情况进行比较得出设计指南。

## 监测结果分析

作为例子，表11.4给出了CY1房屋的粗略数据，并对室内外的同期条件进行了比较。表11.5展示了进行研究的所有房屋在夏季监测的结果（白天“凉爽”，晚上“暖和”）。第一栏显示了白天监测期所测到的最高温度或夜间的最低温度。其余的栏目展示了在高峰和低谷出现时室内外温度的差异，预示着“凉爽”或“暖和”的出现是由于重型房屋结构对热量的吸收和再释放所产生的热量偏差。负号表示室内温度比室外低，而正号表示室内比室外暖和。

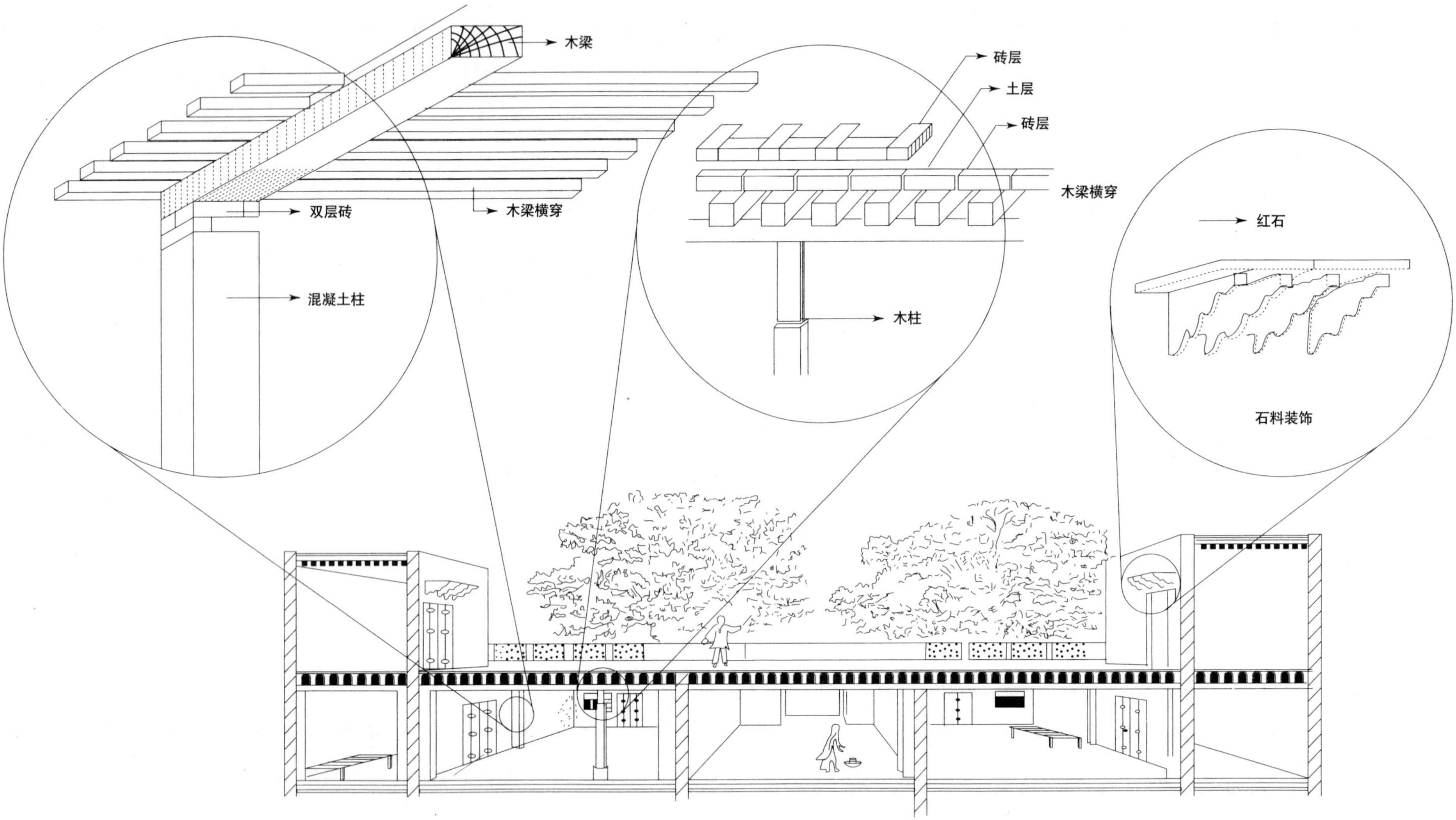

图 11.85　典型构造详图

CY1 雨季温度／湿度数据

| 日期 | 时间 | CH1 | CH2 | CH3 | CH4 | CH9 | CH10 |
|---|---|---|---|---|---|---|---|
| 1991年7月19日 | 11:30 | 34.00 | 35.40 | 36.05 | 33.50 | 69.30 | 66.70 |
| | 12:30 | 34.45 | 35.70 | 37.15 | 34.80 | 55.10 | 60.40 |
| | 13:30 | 34.70 | 36.00 | 37.90 | 34.95 | 53.50 | 60.90 |
| | 14:30 | 34.80 | 36.00 | 37.75 | 34.85 | 53.70 | 61.70 |
| | 15:30 | 34.85 | 35.50 | 37.75 | 34.85 | 52.60 | 61.00 |
| | 16:30 | 35.10 | 35.65 | 37.70 | 35.40 | 53.40 | 59.60 |
| | 17:30 | 35.05 | 35.45 | 37.20 | 35.15 | 55.30 | 61.20 |
| | 18:30 | 34.90 | 35.15 | 36.10 | 35.05 | 58.70 | 60.70 |
| | 19:30 | 34.80 | 35.00 | 35.00 | 34.75 | 61.40 | 61.20 |
| | 20:30 | 34.65 | 34.35 | 34.00 | 34.15 | 66.60 | 65.70 |
| | 21:30 | 34.50 | 33.90 | 33.00 | 33.90 | 71.60 | 67.70 |
| | 22:30 | 34.45 | 33.70 | 32.20 | 33.50 | 74.80 | 68.70 |
| | 23:30 | 34.40 | 33.45 | 31.55 | 33.15 | 76.00 | 68.80 |
| 1991年7月20日 | 0:30 | 34.30 | 33.20 | 31.25 | 32.95 | 77.30 | 69.80 |
| | 1:30 | 34.20 | 33.10 | 30.80 | 32.70 | 79.80 | 71.10 |
| | 2:30 | 34.50 | 32.95 | 30.45 | 32.25 | 82.00 | 73.20 |
| | 3:30 | 33.95 | 32.80 | 30.15 | 32.00 | 83.70 | 74.40 |
| | 4:30 | 33.85 | 32.60 | 29.95 | 32.00 | 84.80 | 74.60 |
| | 5:30 | 33.55 | 32.20 | 29.85 | 31.85 | 86.00 | 75.70 |
| | 6:30 | 33.25 | 31.90 | 29.90 | 31.85 | 86.80 | 76.10 |
| | 7:30 | 33.40 | 32.45 | 31.65 | 32.10 | 81.40 | 76.80 |
| | 8:30 | 33.75 | 33.05 | 32.25 | 32.55 | 78.30 | 74.90 |
| | 9:30 | 33.85 | 33.65 | 33.80 | 33.20 | 71.50 | 72.20 |
| | 10:30 | 34.00 | 33.80 | 34.05 | 33.40 | 70.60 | 71.60 |
| | 11:30 | 34.15 | 34.50 | 35.00 | 33.85 | 66.20 | 69.00 |
| | 12:30 | 34.45 | 35.15 | 36.20 | 34.50 | 62.30 | 66.00 |
| | 13:30 | 34.75 | 35.35 | 36.40 | 34.80 | 68.90 | 63.60 |
| | 14:30 | 34.05 | 33.70 | 32.55 | 33.25 | 72.30 | 68.10 |
| | 15:30 | 34.00 | 33.40 | 32.65 | 33.15 | 73.50 | 70.90 |
| | 16:30 | 33.95 | 33.60 | 32.40 | 33.15 | 72.00 | 68.20 |
| | 17:30 | 34.00 | 33.60 | 32.85 | 33.10 | 71.40 | 68.90 |
| | 18:30 | 33.90 | 33.55 | 32.45 | 32.95 | 74.10 | 70.70 |
| | 19:30 | 33.90 | 33.35 | 31.50 | 32.75 | 79.00 | 73.20 |
| | 20:30 | 33.65 | 33.05 | 31.00 | 32.30 | 82.30 | 75.70 |
| | 21:30 | 33.45 | 32.65 | 30.50 | 32.10 | 82.90 | 75.30 |
| | 22:30 | 33.60 | 32.70 | 29.85 | 32.35 | 84.40 | 72.80 |
| | 23:30 | 33.50 | 32.55 | 29.75 | 32.15 | 84.50 | 73.10 |
| 1991年7月21日 | 0:30 | 33.30 | 32.30 | 29.40 | 31.85 | 86.20 | 74.20 |
| | 1:30 | 33.10 | 32.10 | 29.00 | 31.60 | 87.40 | 75.10 |
| | 2:30 | 33.10 | 32.05 | 28.90 | 31.15 | 89.30 | 77.00 |
| | 3:30 | 33.05 | 32.00 | 28.75 | 31.45 | 89.70 | 76.90 |
| | 4:30 | 33.05 | 32.05 | 28.65 | 31.55 | 90.30 | 77.30 |
| | 5:30 | 32.55 | 31.25 | 28.55 | 30.50 | 91.10 | 81.30 |
| | 6:30 | 32.85 | 30.80 | 28.65 | 30.50 | 92.20 | 82.80 |
| | 7:30 | 32.85 | 31.45 | 29.40 | 30.55 | 91.00 | 84.00 |
| | 8:30 | 32.85 | 32.10 | 30.65 | 31.45 | 85.80 | 79.70 |

（续表）

| 日期 | 时间 | CH1 | CH2 | CH3 | CH4 | CH9 | CH10 |
|---|---|---|---|---|---|---|---|
| | 9:30 | 33.00 | 32.60 | 31.40 | 31.90 | 80.10 | 76.60 |
| | 10:30 | 33.20 | 32.95 | 32.65 | 32.25 | 73.80 | 73.70 |
| | 11:30 | 33.40 | 34.05 | 34.35 | 32.90 | 67.00 | 70.10 |
| | 12:30 | 33.65 | 34.85 | 35.95 | 33.40 | 61.30 | 67.90 |

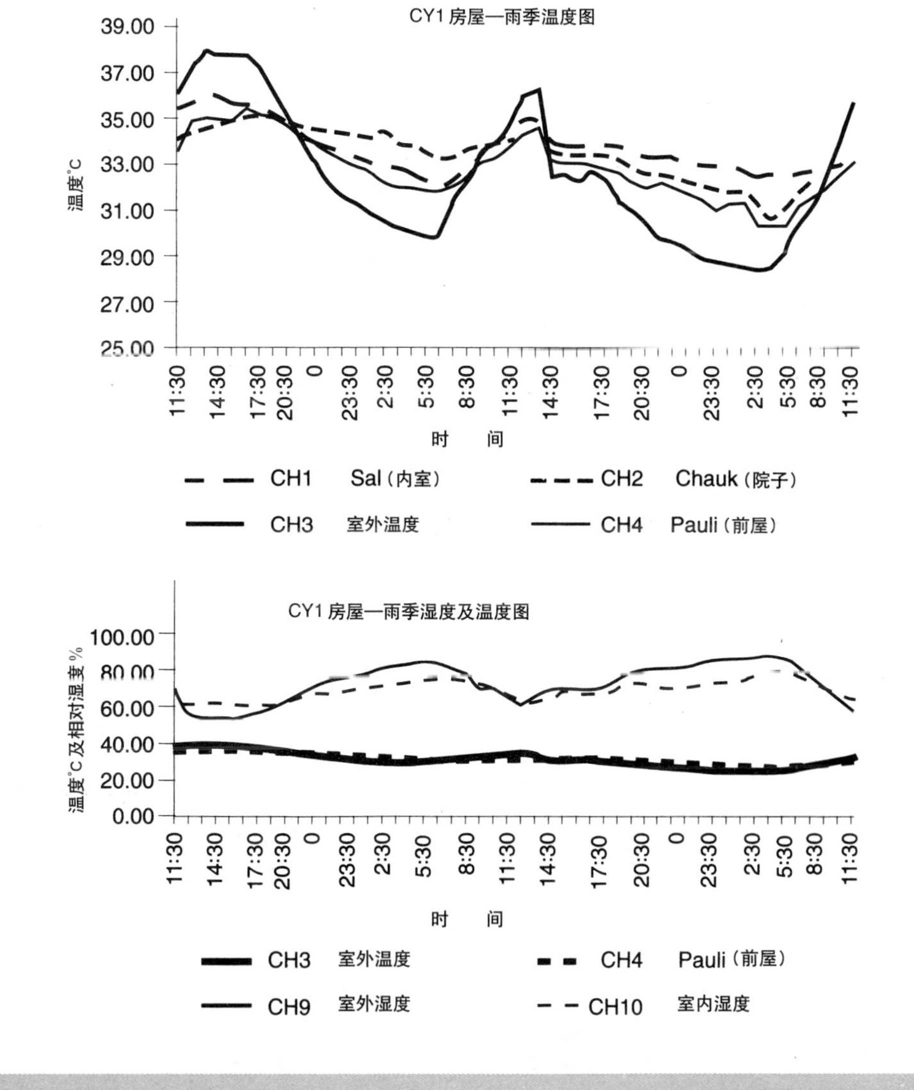


图11.86 一天中CY1房屋的典型温度图

表11.6和表11.8的排行表分别给出了夏季和雨季房屋平均热性能从最好到最差的情况。由于白天和夜间的温度都比两者在夏季和雨季的理想温度要高，因此，那些能在白天和夜间产生最大降温效果（或最小增温效果）的房屋被认为是最好的。表11.7展示了所有房屋在雨季的监测结果。表11.9呈现了CY1房屋冬天的监测结果。

由于具有相似的通风空间，在表11.4中把“现代”房屋的阳台和农家房屋的大厅直接与庭院房屋的乔克进行了比较。同时把“现代”房屋的中心区域和农家的棚式建筑与庭院房屋的赛尔进行了比较，这是由于他们有更多的私人和内部空间。同样，由于有更宽敞、明亮的公共空间，“现代”和农房的前室、侧室与波里也进行了比较。

表11.10显示了所监测的所有房屋在各种季节的相对湿度数据，同时还有同期的干球温度和湿气含量。所列举的数值是白天高峰期和夜间低谷期的温度条件。从这可以看出，正如人们所料，当室内空气温度比室外低时，室内的湿度就较高，当室内温度比室外高时，室内湿度就较低。表11.11总结了室内外数值的差异。

可以看出，在大多数情况下干燥空气中每公斤水蒸气所含的湿度克数室内外基本保持不变。这与房屋内高通风率和低湿度的产生是一致的。而湿气含量的大幅度增加（从CY1房屋冬天夜间的情况可以看出）可以解释为房屋内湿气的产生，例如拖地板或做饭，更难解释的是有时看到的大水滴。但是这不可能是由于建筑结构对湿气的吸收所致，其影响可以从数据中更普遍地看到。因此，按房屋所受到的湿度影响来对房屋的热性能进行排序是不明智的。

表11.11的所有数据是基于干球温度而得出的。

## 夏季

表11.5夏季的数据表明，所有的房屋日温度变化都变小了，室内温度白

**表11.4　同一时间点室内外高峰（低谷）条件的典型数据组比较（实际上是针对房屋CY1）**

| 房　间 | 室　外 | | | | CH1: 赛尔 | | CH2: 乔克 | | CH4: 波里 | | CH10: 波里 | | 平均 | | 平均 | |
|---|---|---|---|---|---|---|---|---|---|---|---|---|---|---|---|---|
| | 温度(℃) | 相对湿度(%) | 日　期 | 时　间 | T | Δt | T | Δt | T | Δt | H | Δh | T | H | Δt | Δh |
| 夏季 | 43 | 23.2 | 25/5/91 | 15:15 | 35.45 | 7.55 | 36.5 | 6.5 | 35.55 | 7.45 | 32.5 | −9.3 | 35.83333 | 32.5 | 7.166667 | −9.3 |
| | 21.6 | 97.2 | 10/6/91 | 06:45 | 30.55 | −8.95 | 24.55 | −2.95 | 27.45 | −5.85 | 72.4 | 24.8 | 27.51667 | 72.4 | −5.91667 | 24.8 |
| 雨季 | 26.75 | 98.9 | 21/8/91 | 04:13 | 31.25 | −45 | 29.75 | −3 | 30.25 | −3.5 | 86.1 | 12.8 | 30.41667 | 86.1 | −3.66667 | 12.8 |
| | 38.3 | 45.6 | 15/8/91 | 14:52 | 34.8 | 3.5 | 36.6 | 1.7 | 34.65 | 3.65 | 57.3 | −11.7 | 35.35 | 57.3 | 2.95 | −11.7 |
| 温和的冬季 | 21.25 | 58.5 | 3/2/94 | 14:30 | 18.95 | 2.3 | 17 | 4.25 | 17.8 | 3.45 | 49.7 | 8.8 | 17.91667 | 49.7 | 3.333333 | 8.8 |
| | 6.85 | 66 | 2/2/94 | 07:00 | 14.15 | −7.3 | 15 | −8.15 | 14.8 | −7.95 | 95.8 | −29.8 | 14.65 | 95.8 | −7.8 | −29.8 |

注：

| | | |
|---|---|---|
| 温度 | CH1 (Channel One) | Sal（后屋） |
| 读数：℃ | CH2 (Channel Two) | Chauk（院子） |
| | CH4 (Channel Three) | Pauli（前屋） |
| 湿度 | CH10 (Channel Nine) | Pauli（前屋） |

负数表示室内温度高于室外温度

天降低而夜间升高。

该表是所有房屋的典型数据，显示了室内外微小的时间差，这个时间差说明高度的通风率决定材料性能，而温度的差异很可能是由于结构的高度蓄热性所引起的。这可以通过最深处的房间赛尔得到进一步的证实。在这里，最高局部热容量可以在白天最好（最大的负数值）和夜间最差（最大的正数值），而乔克和阳台则是白天最差，夜间最好。

从该表还可以更加明确地看到，除了农房，那些白天性能最好的房屋，夜间效果都是最差的。还有一点是比较清楚的，即农房分布比较分散的特性对这种气候来说是不适合的。对于拥有较大面积和相当大太阳能获得量的这种结构来说，它有较大的温度变化，不会从邻居的遮阳获得好处。出乎意料的是，“现代”房屋与庭院房屋相比更加令人满意，很可能是由于它的面积大，结构重以及形式紧凑的原因。

## 雨季

在雨季期间，白天的温度变化较小，大气中的湿气减缓了夜间的辐射降温，情形就变得不太明显（表11.7）。不管怎么说，除了CY3房屋外，赛尔和波里都比乔克或阳台在白天表现得好。而在夜间，“现代”房屋的阳台比内部房间好，同时，除了CY3房屋外，传统房屋的空间都是比较好的。

表11.7展示了与表11.5相似的模式，尽管这次“现代”房屋在排序榜中降到了中间，可是性能方面的差异是相当小的，常常只有1℃至2℃。

## 冬季

在冬季，房屋CY1的热容对夜间室内保持舒适温度起着主要作用。甚至

**表11.5　夏季：建筑结构对白天和夜间温度的影响**

| | | 日(峰)/夜(谷)温度(°C) | 白天“凉爽”& 夜间“暖和” | | | |
|---|---|---|---|---|---|---|
| | | | Sal (K) | Pauli (K) | Chauk (K) | AVGS (K) |
| CY1 | 日 | 43.0 | −7.6 1 | −7.5 1 | −6.5 1 | −7.2 1 |
| | 夜 | 21.6 | +9.0 7 | +5.9 4 | +3.0 2 | +6.0 4 |
| CY2 | 日 | 42.4 | −5.3 4 | −5.6 2 | −2.3 4 | −4.4 3 |
| | 夜 | 24.9 | +6.4 3 | +4.7 3 | +4.3 5 | +5.1 3 |
| CY3 | 日 | 43.0 | −6.6 3 | −4.2 5 | −1.6 6 | −4.1 4 |
| | 夜 | 23.9 | +6.8 4 | +6.05 | +2.3 1 | +5.0 2 |
| CY5 | 日 | 41.3 | −5.3 4 | −4.4 4 | −2.1 5 | −3.9 5 |
| | 夜 | 27.0 | +5.4 2 | +1.8 1 | +3.1 3 | +3.4 1 |
| | 日 | FF | −5.3 4 | | | −4.3* |
| | 夜 | FF | 0.0 1 | | | +2.6* |
| | | | 中央室 | 前室 | 阳台 | |
| MH | 日 | 42.5 | −7.3 2 | −5.2 3 | −3.2 2 | −5.2 2 |
| | 夜 | 27.1 | +8.7 6 | +8.4 7 | +3.5 4 | +6.9 5 |
| | | | 篷子 | 侧房 | 大厅 | |
| FH | 日 | 39.3 | −3.0 7 | −2.1 6 | −3.1 3 | −2.7 6 |
| | 夜 | 21.6 | +7.7 5 | +7.4 6 | +10.7 6 | +8.6 6 |
| | 日 | FF | | +1.9 7 | | −1.6* |
| | 夜 | FF | | +4.2 2 | +7.5* | |

**注**：FF表示二层，其他表示一层。负值表示室内温度低于室外温度峰谷值温度，正值表示室内温度高于室外谷/峰值温度。温度后面的数字是对房间热特性的排序，1表示最好。

**表11.6　夏季：房屋热性能最好与最差的排序**

| | | |
|---|---|---|
| *Sal* | 日 | CY1 > MH > CY3 > CY2 = CY5 = CY5 (FF) > FH |
| | 夜 | CY5 (FF) > CY5 > CY2 > CY3 > FH > MH > CY1 |
| *Pauli* | 日 | CY1 > CY2 > MH > CY5 > CY3 > FH > FH (FF) |
| | 夜 | CY5 > FH (FF) > CY2 > CY1 > CY3 > FH > MH |
| *Chauk* | 日 | CY1 > MH > FH > CY2 > CY5 > CY3 |
| | 夜 | CY3 > CY1 > CY5 > MH > CY2 > FH |
| 平均 | 日 | CY1 > MH > CY2 > CY3 > CY5 > FH |
| | 夜 | CY5 > CY3 > CY2 > CY1 > MH > FH |

在室外温度降至7℃时的情况下，着装适当，也还是相当舒服的。

## 庭院的大小

从图11.83至图11.86可以看出，乔克的大小从CY1到CY2到CY3依次增加，而比CY5小。据估计，随着乔克大小的增加，直接进入室内或房间外部表面的太阳辐射会随之增加。虽然乍一看表11.11，情况似乎是这样，庭院房屋同乔克 CY1的大小差不多，性能相当不好。可是据说有一个明显的趋势，建议对CY5的性能应该做进一步的工作以弄清这些庭院房屋的最佳尺寸，并找出其他起作用的因素，希望将来能用计算机模式来开展这一项工作。

## 总结、指南和结论

这项研究的监测工作表明，传统房屋的高热容性，连同它们的紧凑而又自带遮阳的设计，在两个较热的季节里对限制白天室内温度的升高有很多优势。观察到的温度下降可以多达7℃，但是，这种策略对于房间保持高于室外的温度方面也存在着不足。如人们所预料的那样，这些影响在雨季要比在夏季小，这可能是由于白天温度变化幅度较小，也有可能是由于夜间辐射降温的减少。

监测表明，庭院的体积对房屋的整个性能都有影响；随着庭院面积的增加，性能会变差。可是，这不需要进一步调查，正像庭院在促进自然通风方面所起的作用一样，大面积的庭院对于雨季的舒适性有着特别重要的意义。这是下一个研究阶段所要进行的工作。

据观察，以最少一天作为循环的基础，结构只能对室内空间湿气含量的降低产生很小的作用。这就预示着由于这些房屋具有高水平的自然通风，结

**表11.7** 雨季：建筑结构对白天和夜晚温度的影响

| | | 日(峰)/夜(谷)<br>温度<br>(℃) | Sal (K) | Pauli (K) | Chauk (K) | 平均 (K) |
|---|---|---|---|---|---|---|
| CY1 | 日 | 38.3 | − 3.5 1 | − 3.7 1 | − 1.7 2 | − 3.0 1 |
| | 夜 | 26.8 | + 4.5 5 | + 3.5 4 | + 3.0 4 | + 3.7 5 |
| CY2 | 日 | 35.0 | − 1.4 5 | − 1.5 4 | − 0.8 4 | − 1.2 5 |
| | 夜 | 28.9 | + 3.6 3 | + 2.3 3 | + 2.8 3 | + 2.9 2 |
| CY3 | 日 | 37.8 | − 1.6 4 | − 0.6 5 | − 2.6 1 | − 1.6 4 |
| | 夜 | 28.7 | + 4.2 4 | + 1.2 2 | + 4.7 5 | + 3.4 3 |
| CY5 | 日 | 34.3 | − 2.4 3 | − 2.4 2 | − 1.6 3 | − 2.1 2 |
| | 夜 | 30.7 | − 0.3 1 | − 1.0 1 | − 2.8 1 | − 1.4 1 |
| | 日 | FF | − 0.2 6 | | | − 1.7* |
| | 夜 | FF | + 0.4 2 | | | − 0.9* |
| | | | 中央房 | 前房 | | 阳台 |
| MH | 日 | 38.3 | − 2.6 2 | − 2.0 3 | − 0.6 5 | − 1.7 3 |
| | 夜 | 28.5 | + 4.8 6 | + 4.8 5 | + 1.3 2 | + 3.6 4 |

注：FF表示二层，其他表示一层，负值表示室内温度低于室外温度峰/谷值温度，正值表示室内温度高于室外谷/峰值温度。温度后面的数字是对房间热特性的排序，1表示最好。

**表11.8** 雨季：房屋热性能最好与最差的排序

| | | |
|---|---|---|
| *Sal* | 日 | CY1 > MH > CY5 > CY3 > CY2 > CY5 (FF) |
| | 夜 | CY5 > CY5 (FF) > CY2 > CY3 > CY1 > MH |
| *Pauli* | 日 | CY1 > CY5 > MH > CY2 > CY3 |
| | 夜 | CY5 < CY3 > CY2 > CY1 > MH |
| *Chauk* | 日 | CY3 > CY1 > CY5 > CY2 > MH |
| | 夜 | CY5 > MH > CY2 > CY1 > CY3 |
| 平均 | 日 | CY1 > CY5 > MH > CY3 > C2 |
| | 夜 | CY5 > CY2 > CY3 > MH > CY1 |

**表11.9** 冬季：建筑结构对白天和夜晚温度的影响

| | | 日(峰)/夜(谷)<br>温度<br>(℃) | Sal<br>(K) | Pauli<br>(K) | Chauk<br>(K) | 平均<br>(K) |
|---|---|---|---|---|---|---|
| CY1 | 日 | 21.3 | − 2.3 | − 3.5 | − 4.3 | − 3.4 |
| | 夜 | 6.9 | + 7.3 | + 8.0 | + 8.2 | + 7.8 |

注：负值表示室内温度低于室外温度峰/谷值温度，正值表示室内温度高于室外谷/峰值温度。

构不能在减轻最不舒适的相对湿度方面起很大的作用，相对湿度的大幅度减少只能依靠干燥程度的增加。

研究表明，有利于房屋热性能的两个最关键的因素是由相邻的并排房屋所提供的自遮阳、用来缓解白天温度变化的重型材料的使用以及多深孔型的建筑设计。很显然，对这个气候带来说，农房采用的分散设计是不适合的。

“现代”房屋的性能是相当令人满意的，很可能是因为它在环境上与形式紧凑的庭院房屋相似。使用重型材料修建，并依靠宽敞的结构实现高质量的通风（特别是在夜间）。事实上，这种房屋通过自身的庞大体积来进行大面积的自我遮阳。但是，不能依靠它来取代乡村庭院房屋的主要部分。首先，作为在整个村庄推广的模式，它太大、太昂贵，第二，它破坏了乡村建筑的统一。

最后应该指出的是，保护这种良好的古老乡村建筑遗产是非常重要的。这种在狭窄街道上的长排式房屋在功能和环境方面提供了合适的居住条件，应尽一切努力来保护它们。在温和气候带，如查特拉的气候，最重要的是可以在不同季节的白天和夜间的不同时刻选择不同的房间。乔克带的房屋是很舒适的，因为它们能以一种高雅的、经济的方式来提供这种选择。

**表11.10　夏天、雨季和冬季室内外白天和夜晚最高、最低温度时期的相对湿度**

| | | 温度 (°C) | 相对湿度 (%) | 室外湿度 (g/kg) | 温度 (°C) | 相对湿度 (%) | 室内湿度 (g/kg) |
|---|---|---|---|---|---|---|---|
| **夏季** | | | | | | | |
| CY1 | 日 | 43.0 | 23.2 | 12.5 | 35.6 | 32.5 | 11.7 |
| | 夜 | 21.6 | 97.2 | 15.8 | 27.5 | 72.4 | 16.8 |
| CY2 | 日 | 42.4 | 15.4 | 9.0 | 36.8 | 20.3 | 7.9 |
| | 夜 | 24.9 | 36.6 | 7.1 | 29.5 | 31.3 | 8.2 |
| CY3 | 日 | 43.0 | 23.2 | 12.0 | 38.9 | 27.4 | 11.6 |
| | 夜 | 23.9 | 74.8 | 13.5 | 29.9 | 50.1 | 13.5 |
| CY5 | 日 | 41.3 | 16.8 | 8.1 | 36.9 | 17.9 | 7.5 |
| | 夜 | 27.0 | 44.5 | 10.0 | 28.8 | 29.2 | 7.3 |
| MH | 日 | 42.5 | 16.5 | 8.0 | 37.3 | 18.8 | 8.0 |
| | 夜 | 27.1 | 42.7 | 9.4 | 35.5 | 26.4 | 9.5 |
| FH | 日 | 39.3 | 38.9 | 17.5 | 37.2 | 40.8 | 16.2 |
| | 夜 | 21.6 | 97.2 | 15.6 | 29.0 | 62.7 | 15.5 |
| **雨季** | | | | | | | |
| CY1 | 日 | 38.3 | 45.6 | 19.5 | 34.7 | 57.3 | 20.4 |
| | 夜 | 26.8 | 98.9 | 22.5 | 30.3 | 86.1 | 24.0 |
| CY2* | | | | | | | |
| CY3 | 日 | 37.8 | 52.6 | 22.0 | 37.2 | 55.2 | 22.3 |
| | 夜 | 28.7 | 92.3 | 23.3 | 29.9 | 65.1 | 17.5 |
| CY5 | 日 | 34.3 | 67.9 | 23.2 | 31.9 | 72.1 | 22.0 |
| | 夜 | 30.7 | 86.5 | 24.1 | 29.7 | 90.2 | 24.2 |
| MH | 日 | 38.3 | 45.6 | 19.5 | 36.3 | 42.0 | 16.0 |
| | 夜 | 28.5 | 96.3 | 24.0 | 33.3 | 69.6 | 22.8 |
| **冬季** | | | | | | | |
| CY1 | 日 | 21.3 | 58.5 | 9.2 | 17.8 | 49.7 | 6.2 |
| | 夜 | 6.9 | 66.0 | 4.0 | 14.8 | 95.8 | 10.0 |

注：CY2房屋雨季的数据没有。

表11.11 夏季、雨季和冬季室内外白天和夜间相对湿度和含湿量

| | | 夏季 | | 雨季 | | 冬季 | |
|---|---|---|---|---|---|---|---|
| | | 相对湿度 (%) | 含湿量 (g/kg) | 相对湿度 (%) | 含湿量 (g/kg) | 相对湿度 (%) | 含湿量 (g/kg) |
| CY1 | 日 | +9 | −0.8 | +12 | +0.9 | −9 | −3.0 |
| | 夜 | −25 | +1.0 | −13 | +1.5 | +30 | +6.0 |
| CY2 | 日 | +5 | −1.1 | +1* | − | | |
| | 夜 | −5 | +1.1 | −12* | − | | |
| CY3 | 日 | +4 | −0.4 | +3 | +0.3 | | |
| | 夜 | −25 | 0.0 | −27 | −5.8 | | |
| CY5 | 日 | +1 | −0.6 | +4 | +1.2 | | |
| | 夜 | −15 | −2.7 | +4 | +0.1 | | |
| MH | 日 | +12** | 0.0 | −4** | −3.5 | | |
| | 夜 | −16** | +0.1 | −27** | +1.2 | | |
| FH | 日 | +2*** | −1.3 | | | | |
| | 夜 | −35*** | −0.1 | | | | |

**注**：负值表示室内相对湿度在峰／谷值温度时低于室外，正值表示室内相对湿度在谷／峰值温度时高于室外。
相对湿度值除了下面的都是在波里测的：
* 在带有院落的CY2中，雨季的数值是在中央房间中测的；
** 在“现代”的MH房屋中，数值采自前室；
*** 农房的FH房屋的数值采自侧室。

表11.12 热性能排序

| | | 1 | 2 | 3 | 4 | 5 | 6 |
|---|---|---|---|---|---|---|---|
| 夏季 | | | | | | | |
| | 日 | CY1 | MH | CY2 | CY3 | CY5 | FH |
| | 夜 | CY5 | CY3 | CY2 | CY1 | MH | |
| 雨季 | | | | | | | |
| | 日 | CY1 | CY5 | MH | CY3 | CY2 | |
| | 夜 | CY5 | CY2 | CY3 | MH | CY1 | |

## 参考文献 References


1. Bansal *et al*, 1988.
2. *Center for Advanced Studies is Architecture*, School of Planning and Architecture, New Delhi.

第二部分

PART II

# 设计数据

# Design Data

*Arvind Krishan*
*Kunal Jain*
*Mukund Rajgopalan*
*M.R. Agnihotri*

阿尔温德·克里尚：新德里规划与建筑学院院长
库纳尔·贾殷：新德里规划与建筑学院建筑研究中心助理
穆昆德·拉杰波伦：规划与建筑学院建筑研究中心助理
M·R·阿格霍特里：新德里规划与建筑学院访问教授

# 气候参数

# Climatic Parameters

## 1.1 引言

气候是一个特定地区多年来大气变化的综合体现。它是由一系列称之为气候参数的大气变化数据来描述的，这些参数为：

- 太阳辐射；
- 气温；
- 空气湿度；
- 降雨；
- 风。

## 1.2 太阳辐射

一个较大区域的气温是由该地区每个季节接受的太阳辐射量决定的。很明显，一年中大部分时间太阳辐射强的地区比较炎热，而一年中大部分时间只能接受低角度太阳辐射的地区则比较寒冷。由于日地关系的影响，地图上赤道地区最为炎热，随着纬度的增加，气温会逐渐降低。然而，从赤道向两极的气温变化并不是一致的，呈多样性，接受到较多太阳辐射的地区并不一定最热。

## 1.3 气温

气温是一个最重要的气候参数，它决定着一个地区该保温还是该制冷，一般用摄氏温度计来测量。一个地区气温的变化也受其他气象参数的影响：如风速、风向以及该地的地形和纬度。

## 1.4 空气湿度

空气湿度是指空气中含有水分的多少，通常用相对湿度（$RH$）来表示，它直观地表明了空气蒸发潜力的大小。相对湿度是气温作用的结果，由下列公式表示：

$$RH = \frac{\text{绝对含湿量}\ (AH)}{\text{饱和状态下的含湿量}\ (SH)} \times 100\ (\%)$$

此处 *AH* 指的是一个单位空气中实际所含水分的多少，它是由每公斤空气中含多少克水分（g/kg）或者每立方米空气中含多少克水分（$g/m^3$）来表示；*SH* 指的是在一个单位空气中水分的最大含量。

湿度通常用干湿球温度计来测定。湿球温度计和干球温度计的测量原理相同，区别在于湿球温度计上要用保湿纱网覆盖。只有相对湿度为100%时，干球温度计和湿球温度计的读数才一致，否则水分蒸发时湿球温度计的读数要小于干球温度计的读数。从两者的读数中我们就可得到相对湿度的值。

## 1.5 降水

所有从大气中降落到地表的水，如雨水、雪、冰雹和露珠都被称为降水。降水量通常由雨量测量器来测定。它能显示出一个特定时间内（按天或按月）降水量的多少，数年累积就可知道旱季和雨季的长短以及降雨的强弱。降水量是建筑设计中要考虑的主要因素。

## 1.6 风

风速和风向对建筑设计有着重要的影响，主要体现在考虑温带地区的通风和寒冷地区防冷风渗透两个方面。风速是用风速仪测定的，单位为m/s，风向用风向表测量。

风向通常分为8类：北风、东北风、东风、东南风、南风、西南风、西风和西北风。一个建筑师必须掌握的是季风的方向，因为它决定着建筑的朝向和窗洞的设计。了解每天和季节性的典型风速和风向变化也很重要。

## 1.7 湿度测定法

湿度测定法是用来测定湿空气的热动力特性的，通过这些特性分析湿空气的形成环境和形成过程。湿度表表明湿空气的热动力特征，显示出干球温度(DBT)与湿球温度(WBT)，绝对湿度、相对湿度(RH)和气压之间的关系。

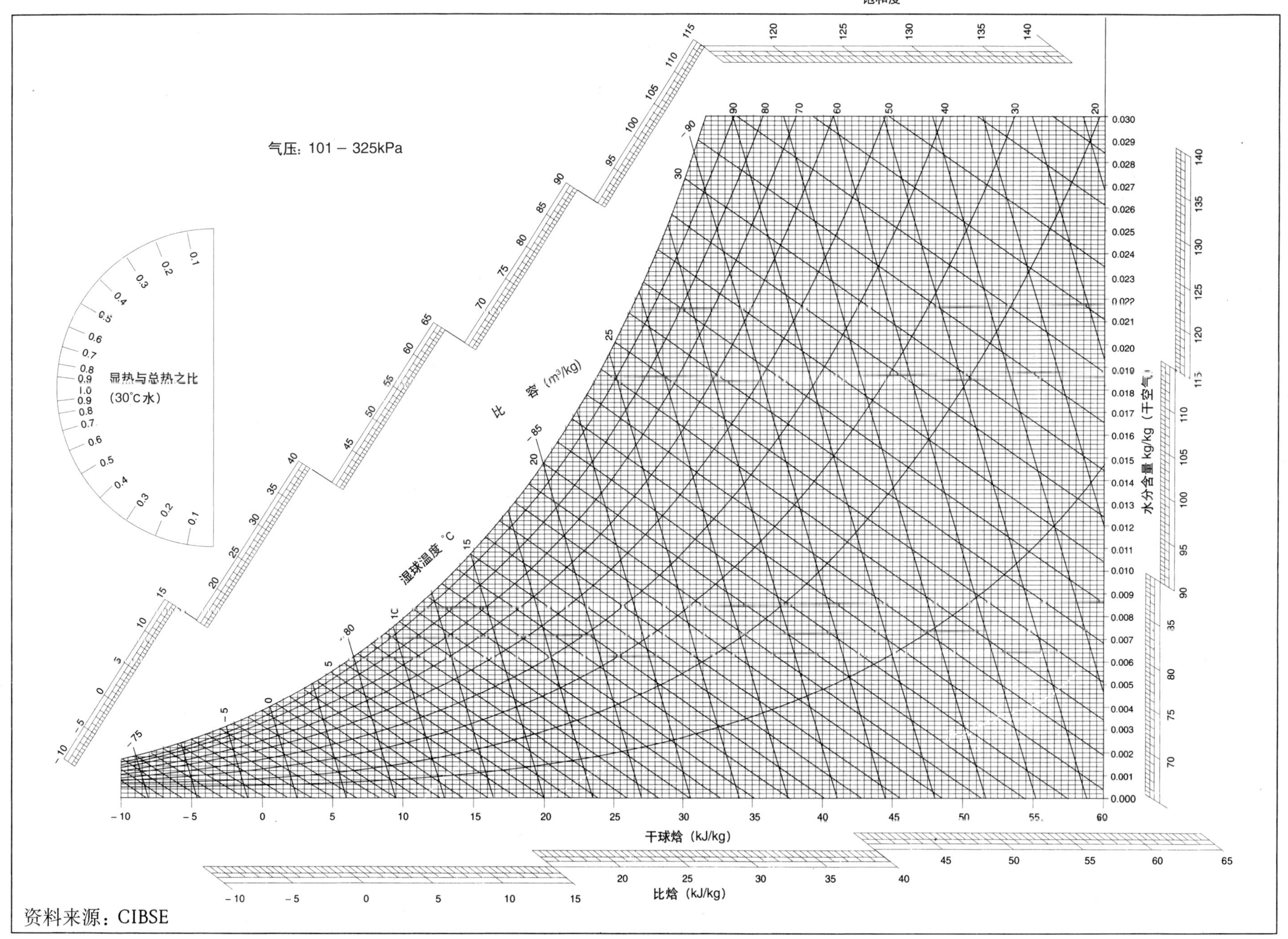
饱和度
气压：101－325kPa
显热与总热之比
（30°C水）
比 容（m³/kg）
湿球温度 °C
水分含量 kg/kg（干空气）
干球焓（kJ/kg）
比焓（kJ/kg）

资料来源：CIBSE

# 气候类别

# Climatic Context

## 2.1 引言

要使气候特征体现在建筑设计中，就得了解气候参数的内容及其在设计过程中的应用。

由于建筑设计的适用性，我们把气候参数如辐射、气温、湿度和风速作为设计工具来了解掌握。

• 图表法——建筑师的语言——用来表示和分析气候数据，它包括分类表、生态表、舒适表、辐射表和马奥尼（Mahoney）表；

• 虽然这些参数不能起绝对的决定作用，但能够影响设计策略的形成——是建筑设计过程的必要组成部分。

## 2.2 气候分类表

和北欧一样，印度也是一个气候多样化的国家，有的地区像古吉拉特邦的卡奇地区（Kutch）一样炎热，有的地方则像喜马拉雅山一样寒冷。因此，根据来自印度各地233个观测站的气象数据，印度的气候带可分为下列7种：

- 干热；
- 湿热；
- 暖湿；
- 温和（半干旱，半湿润）；
- 寒冷，多云；
- 寒冷，干旱；
- 混合型。

影响气候带划分的主要因素是气温和相对湿度。它们对人体与环境的热交换影响很大。另外还有两种因素是太阳辐射和降水。在前5个气候带中，气象站的分配要保证这些地区全年要有六个月以上的时间气候特征与所描述的相符合，有的地区在全年的六个月或更长时间内不具备上述任何一种气候特征，这些地区被称作混合带。

接下来的气候分类表并未包括第7气候带，即不包括湿热地区。因此，将属于湿热地区的本地治里（Pondicherry）划归暖湿地区。表中将整个东北部笼统地归于暖湿地区，而实际上其中有一些属于寒冷多云地区。图中的地域界线并不十分准确，因此不能作为两个地区的明确分界线。

## 2.3 生态图表

此表用于下列因素的图解：

- 太阳几何原理和阴影类型：表明太阳运动和阴影的关系；
- 日照时间：此表明确描述了可利用和应避免的日照时间；
- 太阳辐射：此表表明了太阳辐射总量和漫射量的变化，为太阳能的转化和利用提供了好的参考；
- 气温：此表标明了全年最高气温和最低气温的变化，大致划分为过热、舒适和寒冷三个时段；
- 度日数：表中列出了全年需采暖和制冷的时日数，表明了该气候区采暖和制冷的负荷数；
- 降水量：表中列出了全年每月的平均降水量以及可供使用的降水数量和用水管理方法；
- 相对湿度：表中列出了全年每个月相对湿度的变化。温度和湿度二者结合起来，可以作为满足建筑物热舒适的被动控制因素；
- 风速、频率和风向：表中列出了有关风的数据，有利于总体规划和单体建筑设计；
- 自然季节：表中描述了每个气候带自然季节来临时间，季节长短和交替时间；
- 自然因素：此表是关于主要植被及其生长周期的简明记载，对建筑规划中植被的有效利用具有重要的参考价值；
- 气象季节：记载了冬至、夏至、春分、秋分的出现时间等。

## 2.4 舒适区图表

此表是对欧尔焦伊（Olgyay）气候和生物之间关系的拓展性研究，它列出了太阳辐射的强弱、风速、湿度的大小，及其对舒适区的影响。

- 此表给出了温度在20–30℃，相对湿度为30%–60%时，空气不流动状态下的舒适区范围；
- 各种气候因素，如风速、气压、相对湿度和辐射对舒适状态的影响。

### 风速

空气流动可使体温下降，但并没有降低气温。由于空气对流要消耗热能，同时身体中汗液的蒸发会使人有一种凉爽的感觉。随着风速的增加，舒适区域向上扩展，这种效应也在表中列了出来。如果气温和湿度的综合影响超出了表中所述范围，增加风速就能扩展舒适区域。

### 水蒸气分压力

水蒸气分压力是由空气中水蒸气含量的不同造成的，当水蒸气分压力超过15mm刻度时，人就会感到乏力。

### 湿度

湿度高会使不舒适感加剧，水分蒸发会降低空气的干球温度而使人感到舒适，表中也标出了这一效应。

- 潮湿使人有一种压抑感，通过蒸发降温可以缓解。在一定程度上可以通过自然的树木和水体得到解决，但最有效的办法是利用人工或机械通风。

### 辐射

辐射曲线仅指建筑外的状况，辐射增强会使气温上升，从而影响热舒适，一年中每天每月的气候状况都在全年的图表中列出，它标出了舒适和不舒适区域的范围以及修正因素，如扩展舒适区域所需的因素：空气流动、降低湿度和辐射等。当然，此表并不能获得所需的绝对值。

## 2.5 马奥尼（Mahoney）表

当气候类型为典型的温和湿润或炎热干燥时，其特征就很容易描述。在综合性气候中，季节性特征可能是矛盾的，必须用同一个系统标准来评价其相互矛盾的特征及其相关的价值，此标准还应对各种气候因素持续时间长短和严重程度予以考虑。基于此，马奥尼（Mahoney）表将气温、湿度、风速和其作用区域都考虑了进去，用摄氏度将夜间和白天的热压力进行了精确的分类。对寒冷和炎热季节中的舒适时间也作了明确的标记。

# 气候数据

# Climatic Data

## 3.1 气候类型：寒冷、干燥区

### 典型的地貌和植被

- 多山，植被少。

### 太阳辐射

- 光照强，漫射光少。

### 平均气温

- 夏日中午　17—24℃
- 夏日夜间　4–11℃
- 冬日中午　−7—−8℃
- 冬日夜间　−14—0℃
- 白天温差　15—25℃

### 相对湿度

- 连续性低湿度（10%—50%）。

### 降水

- 很少，全年不足 200mm。

### 风

- 偶尔有强风。

### 天气状况

- 全年天气晴朗，有云天气不足一半时间。

### 其他

- 不包括令人难受的寒冷的沙漠气候。

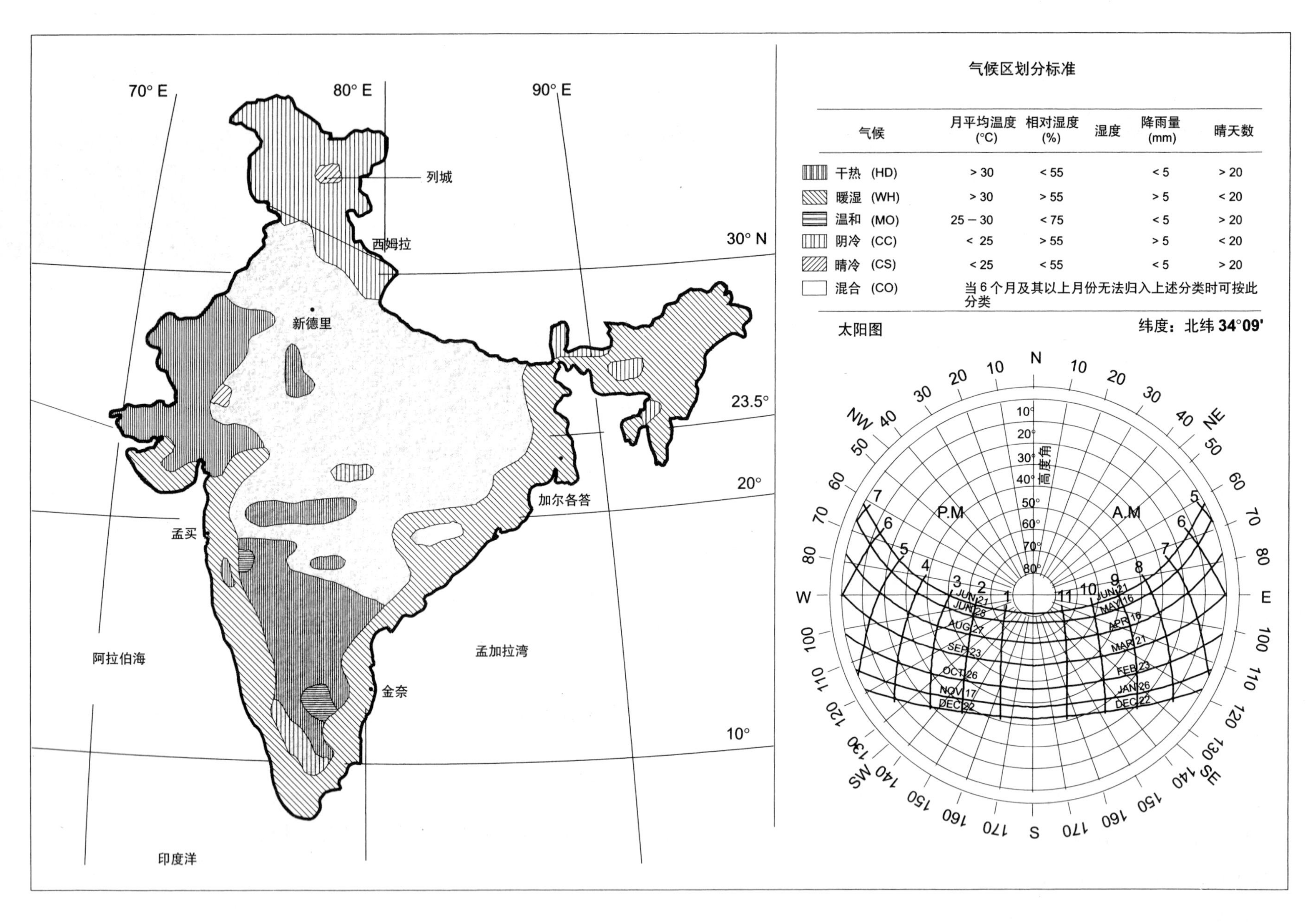

气候区划分标准

| 气候 | 月平均温度(°C) | 相对湿度(%) | 湿度 | 降雨量(mm) | 晴天数 |
|---|---|---|---|---|---|
| 干热 (HD) | > 30 | < 55 | | < 5 | > 20 |
| 暖湿 (WH) | > 30 | > 55 | | > 5 | < 20 |
| 温和 (MO) | 25 − 30 | < 75 | | < 5 | > 20 |
| 阴冷 (CC) | < 25 | > 55 | | > 5 | < 20 |
| 晴冷 (CS) | < 25 | < 55 | | < 5 | > 20 |
| 混合 (CO) | 当6个月及其以上月份无法归入上述分类时可按此分类 | | | | |



3.1.1 气候分类表：列城（寒冷、干燥区）

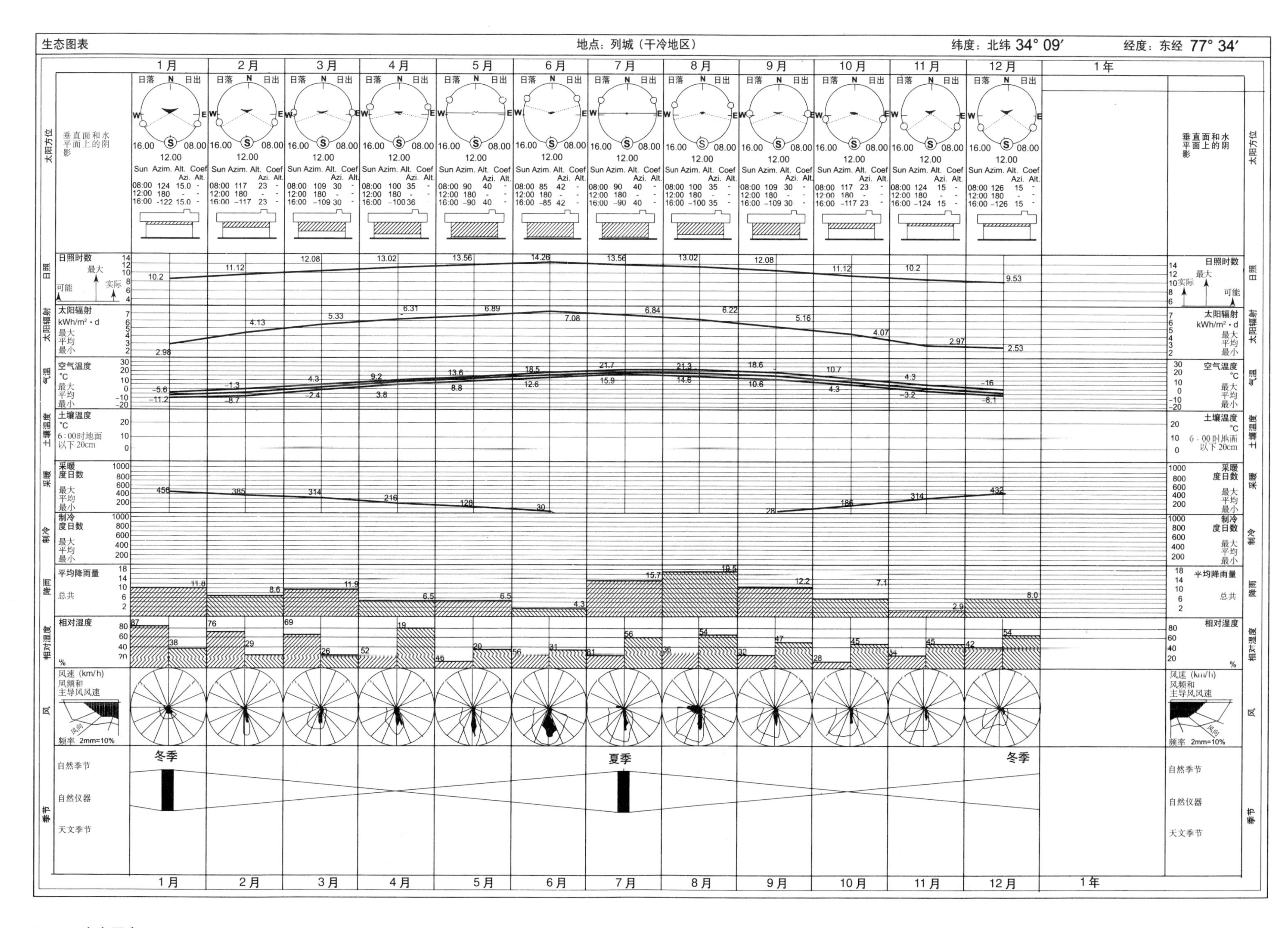

生态图表
地点：列城（干冷地区）
纬度：北纬 34° 09′
经度：东经 77° 34′
1月
2月
3月
4月
5月
6月
7月
8月
9月
10月
11月
12月
1年
太阳方位
垂直面和水平面上的阴影
日落
N
日出
W
E
S
16.00
08.00
12.00
Sun Azim. Alt. Coef Azi. Alt.
日照
日照时数
最大
实际
可能
10.2
11.12
12.08
13.02
13.56
14.26
13.56
13.02
12.08
11.12
10.2
9.53
太阳辐射
kWh/m² · d
最大
平均
最小
2.98
4.13
5.33
6.31
6.89
7.08
6.84
6.22
5.16
4.07
2.97
2.53
气温
空气温度
°C
土壤温度
土壤温度
6:00时地面以下20cm
采暖
采暖度日数
456
385
314
216
128
30
28
186
314
432
制冷
制冷度日数
降雨
平均降雨量
总共
11.8
8.6
11.9
6.5
6.5
4.3
15.7
19.5
12.2
7.1
2.9
8.0
相对湿度
相对湿度
%
风
风速（km/h）
风频和主导风风速
风向
频率 2mm=10%
季节
自然季节
自然仪器
天文季节
冬季
夏季
冬季


## 3.1.2 生态图表

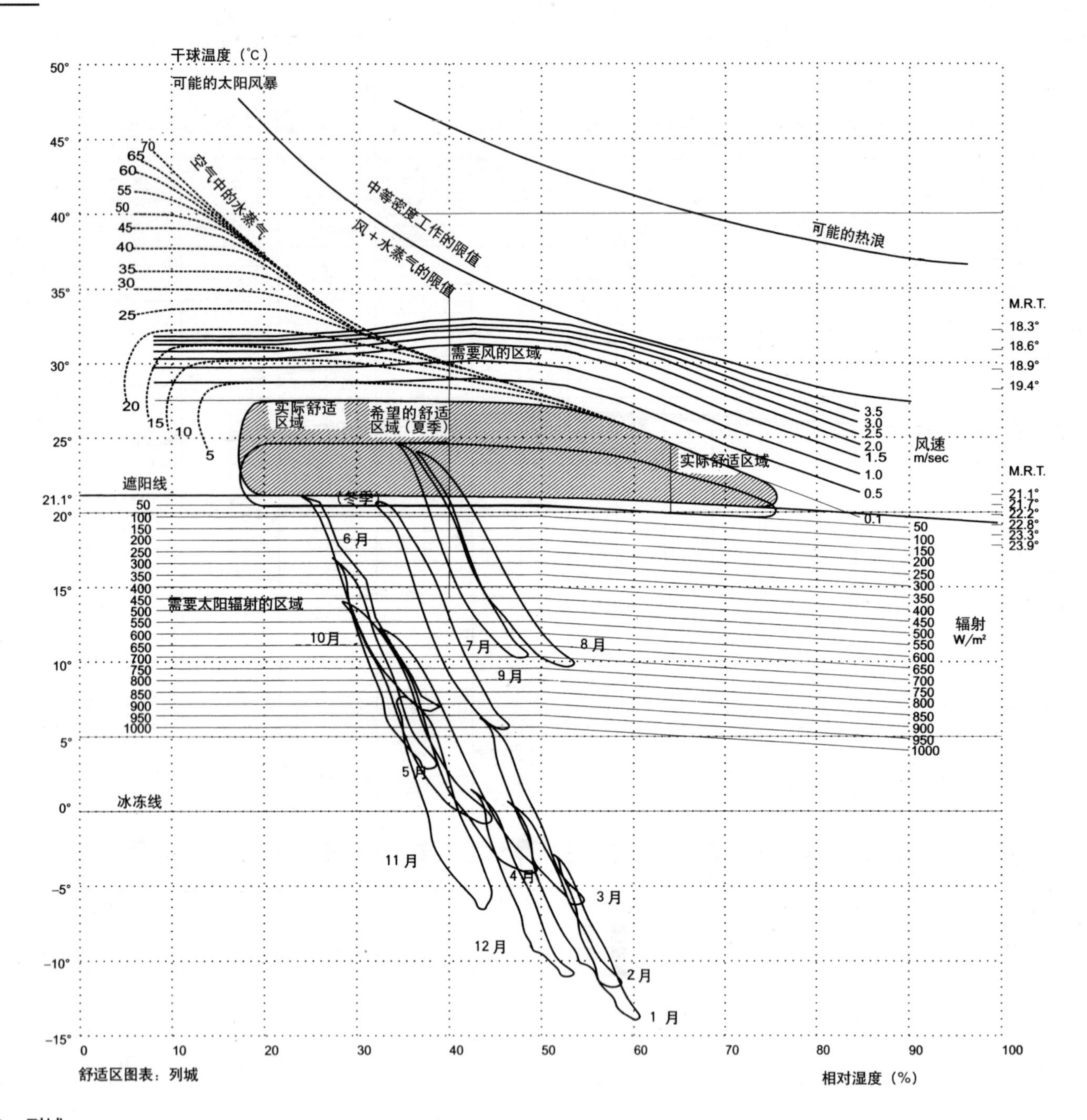
干球温度（℃）
可能的太阳风暴
空气中的水蒸气
中等密度工作的限值
风＋水蒸气的限值
可能的热浪
需要风的区域
实际舒适区域
希望的舒适区域（夏季）
实际舒适区域
（冬季）
风速 m/sec
M.R.T.
遮阳线
需要太阳辐射的区域
辐射 W/m²
冰冻线
1月
2月
3月
4月
5月
6月
7月
8月
9月
10月
11月
12月
舒适区图表：列城
相对湿度（%）

3.1.3 舒适区图表：列城

| | 1月 | 2月 | 3月 | 4月 | 5月 | 6月 | 7月 | 8月 | 9月 | 10月 | 11月 | 12月 |
|---|---|---|---|---|---|---|---|---|---|---|---|---|
| 水平面 | 2895.0 | 3953.0 | 5166.0 | 6359.0 | 7072.0 | 7275.0 | 7072.0 | 6359.0 | 5166.0 | 3953.0 | 2895.0 | 2497.0 |
| 东／西墙 | 1411.0 | 1882.0 | 2260.0 | 2701.0 | 2830.0 | 2869.0 | 2830.0 | 2701.0 | 2260.0 | 1882.0 | 1411.0 | 1229.0 |
| 东北／西北 | 117.0 | 393.0 | 776.0 | 1472.0 | 1951.0 | 2156.0 | 1951.0 | 1472.0 | 776.0 | 393.0 | 117.0 | 62.0 |
| 东南／西南 | 3172.0 | 3296.0 | 3062.0 | 2658.0 | 2175.0 | 1995.0 | 2175.0 | 2658.0 | 3062.0 | 3296.0 | 3172.0 | 3081.0 |
| 南面 | 4327.0 | 4102.0 | 3225.0 | 1825.0 | 855.0 | 555.0 | 855.0 | 1825.0 | 3225.0 | 4102.0 | 4327.0 | 4264.0 |
| 北面 | 0.0 | 0.0 | 0.0 | 142.0 | 540.0 | 792.0 | 540.0 | 142.0 | 0.0 | 0.0 | 0.0 | 0.0 |

单位：Wh/m²·d

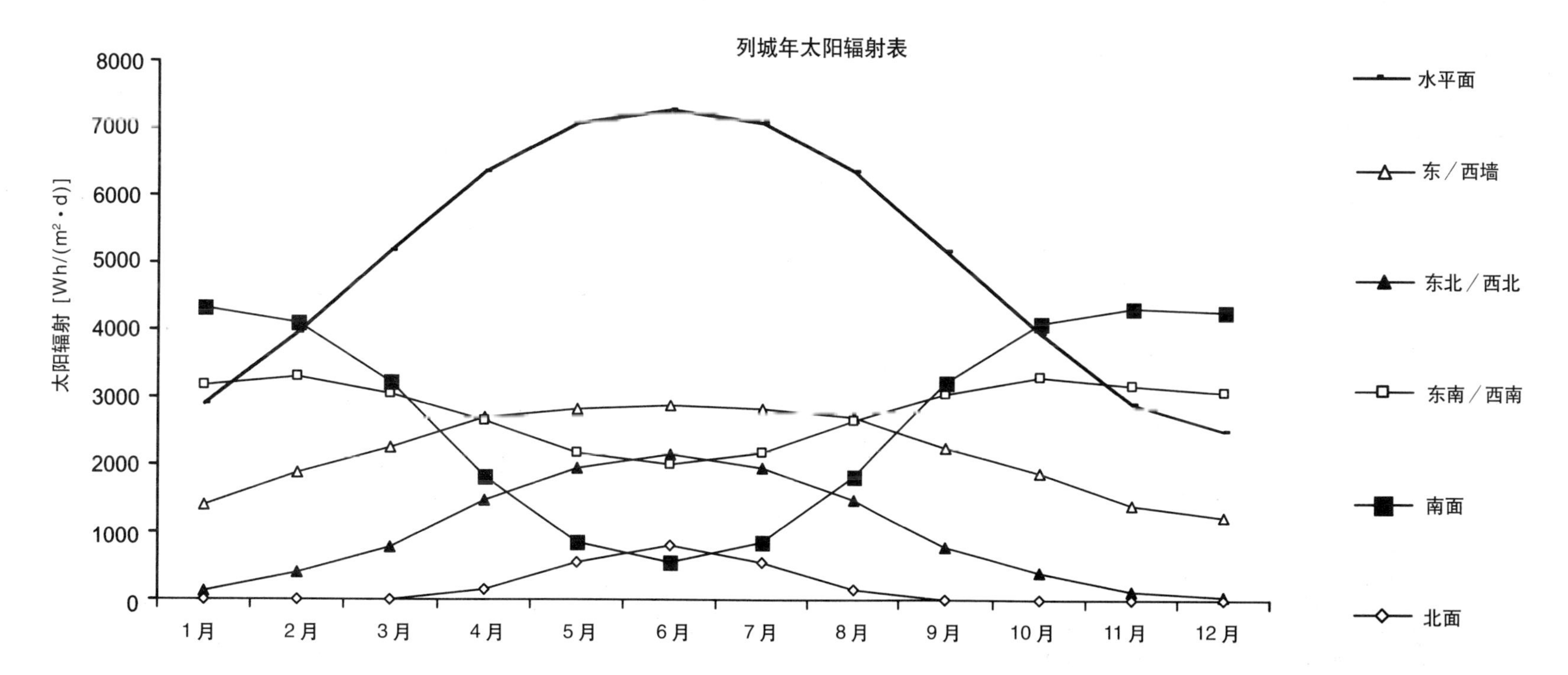


3.1.4 太阳辐射资料

| 时　　间 | 6 | 7 | 8 | 9 | 10 | 11 | 12 | 13 | 14 | 15 | 16 | 17 | 18 |
|---|---|---|---|---|---|---|---|---|---|---|---|---|---|
| 水平面 | 0 | 101.0 | 295.0 | 476.0 | 622.0 | 715.0 | 748.0 | 715.0 | 622.0 | 476.0 | 295.0 | 101.0 | 0 |
| 北墙 | 0 | 0.0 | 0.0 | 0.0 | 0.0 | 0.0 | 0.0 | 0.0 | 0.0 | 0.0 | 0.0 | 0.0 | 0 |
| 南墙 | 0 | 62.0 | 183.0 | 299.0 | 388.0 | 447.0 | 467.0 | 447.0 | 388.0 | 299.0 | 183.0 | 62.0 | 0 |
| 东墙 | 0 | 444.0 | 599.0 | 566.0 | 423.0 | 228.0 | 0.0 | 0.0 | 0.0 | 0.0 | 0.0 | 0.0 | 0 |
| 西墙 | 0 | 0.0 | 0.0 | 0.0 | 0.0 | 0.0 | 0.0 | 228.0 | 423.0 | 566.0 | 599.0 | 444.0 | 0 |
| 东北墙 | 0 | 269.0 | 295.0 | 188.0 | 24.0 | 0.0 | 0.0 | 0.0 | 0.0 | 0.0 | 0.0 | 0.0 | 0 |
| 东南墙 | 0 | 361.0 | 552.0 | 611.0 | 575.0 | 476.0 | 331.0 | 156.0 | 0.0 | 0.0 | 0.0 | 0.0 | 0 |
| 西北墙 | 0 | 0.0 | 0.0 | 0.0 | 0.0 | 0.0 | 0.0 | 0.0 | 24.0 | 188.0 | 295.0 | 269.0 | 0 |
| 西南墙 | 0 | 0.0 | 0.0 | 0.0 | 0.0 | 156.0 | 331.0 | 476.0 | 575.0 | 611.0 | 552.0 | 361.0 | 0 |

单位：$Wh/m^2 \cdot d$

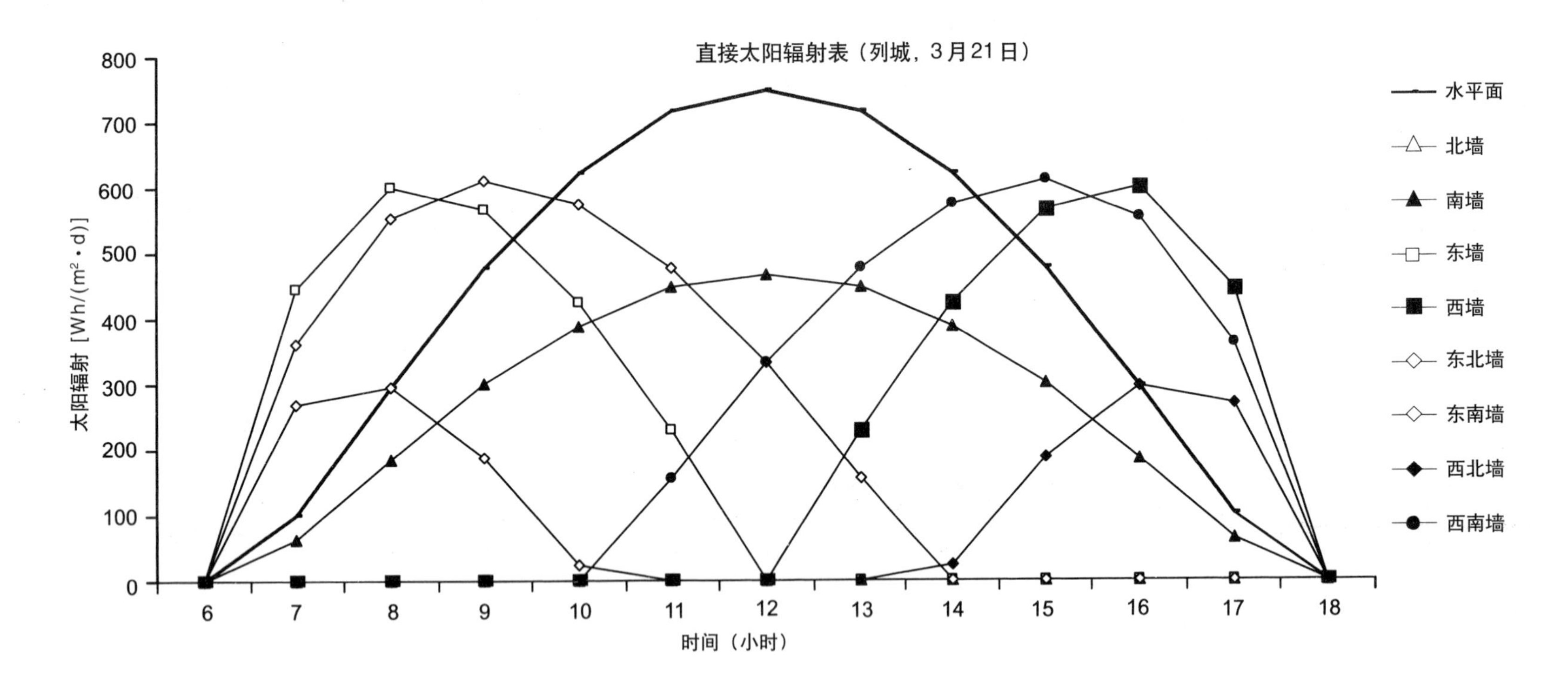

| 时间 | 5 | 6 | 7 | 8 | 9 | 10 | 11 | 12 | 13 | 14 | 15 | 16 | 17 | 18 | 19 |
|---|---|---|---|---|---|---|---|---|---|---|---|---|---|---|---|
| 水平面 | 8.0 | 126.0 | 306.0 | 483.0 | 633.0 | 749.0 | 821.0 | 844.0 | 821.0 | 749.0 | 633.0 | 483.0 | 306.0 | 126.0 | 8.0 |
| 北墙 | 32.0 | 150.0 | 118.0 | 94.0 | 105.0 | 112.0 | 119.0 | 121.0 | 119.0 | 112.0 | 105.0 | 94.0 | 118.0 | 150.0 | 32.0 |
| 南墙 | 4.0 | 39.0 | 68.0 | 93.0 | 142.0 | 218.0 | 279.0 | 301.0 | 279.0 | 218.0 | 142.0 | 93.0 | 68.0 | 39.0 | 4.0 |
| 东墙 | 63.0 | 478.0 | 654.0 | 680.0 | 606.0 | 457.0 | 254.0 | 131.0 | 119.0 | 112.0 | 100.0 | 85.0 | 65.0 | 39.0 | 4.0 |
| 西墙 | 4.0 | 39.0 | 65.0 | 85.0 | 100.0 | 112.0 | 119.0 | 131.0 | 254.0 | 457.0 | 606.0 | 680.0 | 654.0 | 478.0 | 63.0 |
| 东北墙 | 68.0 | 450.0 | 543.0 | 492.0 | 358.0 | 197.0 | 128.0 | 121.0 | 119.0 | 112.0 | 100.0 | 85.0 | 65.0 | 39.0 | 4.0 |
| 东南墙 | 20.0 | 222.0 | 385.0 | 480.0 | 507.0 | 468.0 | 367.0 | 227.0 | 130.0 | 115.0 | 100.0 | 85.0 | 65.0 | 39.0 | 4.0 |
| 西北墙 | 4.0 | 39.0 | 65.0 | 85.0 | 100.0 | 112.0 | 119.0 | 121.0 | 128.0 | 197.0 | 358.0 | 492.0 | 543.0 | 450.0 | 68.0 |
| 西南墙 | 4.0 | 39.0 | 65.0 | 85.0 | 100.0 | 115.0 | 130.0 | 227.0 | 367.0 | 468.0 | 507.0 | 480.0 | 385.0 | 222.0 | 20.0 |

单位：Wh/m²·d

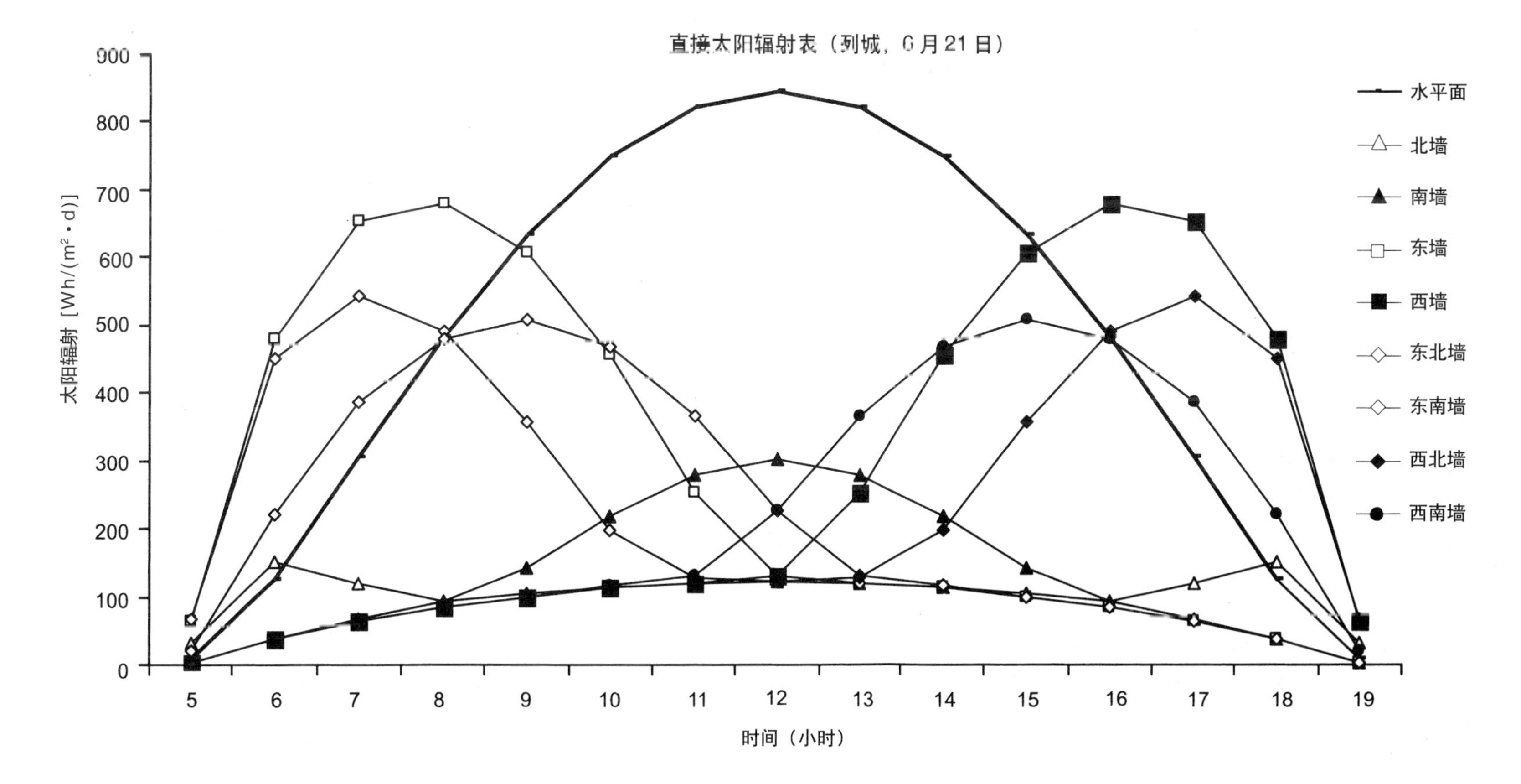

| 时　间 | 7 | 8 | 9 | 10 | 11 | 12 | 13 | 14 | 15 | 16 | 17 |
|---|---|---|---|---|---|---|---|---|---|---|---|
| 水平面 | 0 | 71.0 | 208.0 | 332.0 | 415.0 | 445.0 | 415.0 | 332.0 | 208.0 | 71.0 | 0 |
| 北墙 | 0 | 0.0 | 0.0 | 0.0 | 0.0 | 0.0 | 0.0 | 0.0 | 0.0 | 0.0 | 0 |
| 南墙 | 6 | 227.0 | 415.0 | 546.0 | 617.0 | 642.0 | 617.0 | 546.0 | 415.0 | 227.0 | 6 |
| 东墙 | 9 | 312.0 | 397.0 | 330.0 | 181.0 | 0.0 | 0.0 | 0.0 | 0.0 | 0.0 | 0 |
| 西墙 | 0 | 0.0 | 0.0 | 0.0 | 0.0 | 0.0 | 181.0 | 330.0 | 397.0 | 312.0 | 9 |
| 东北墙 | 3 | 59.0 | 0.0 | 0.0 | 0.0 | 0.0 | 0.0 | 0.0 | 0.0 | 0.0 | 0 |
| 东南墙 | 9 | 381.0 | 575.0 | 617.0 | 568.0 | 454.0 | 309.0 | 154.0 | 14.0 | 0.0 | 0 |
| 西北墙 | 0 | 0.0 | 0.0 | 0.0 | 0.0 | 0.0 | 0.0 | 0.0 | 0.0 | 59.0 | 3 |
| 西南墙 | 0 | 0.0 | 14.0 | 154.0 | 309.0 | 454.0 | 568.0 | 617.0 | 575.0 | 381.0 | 9 |

单位：Wh/m²·d

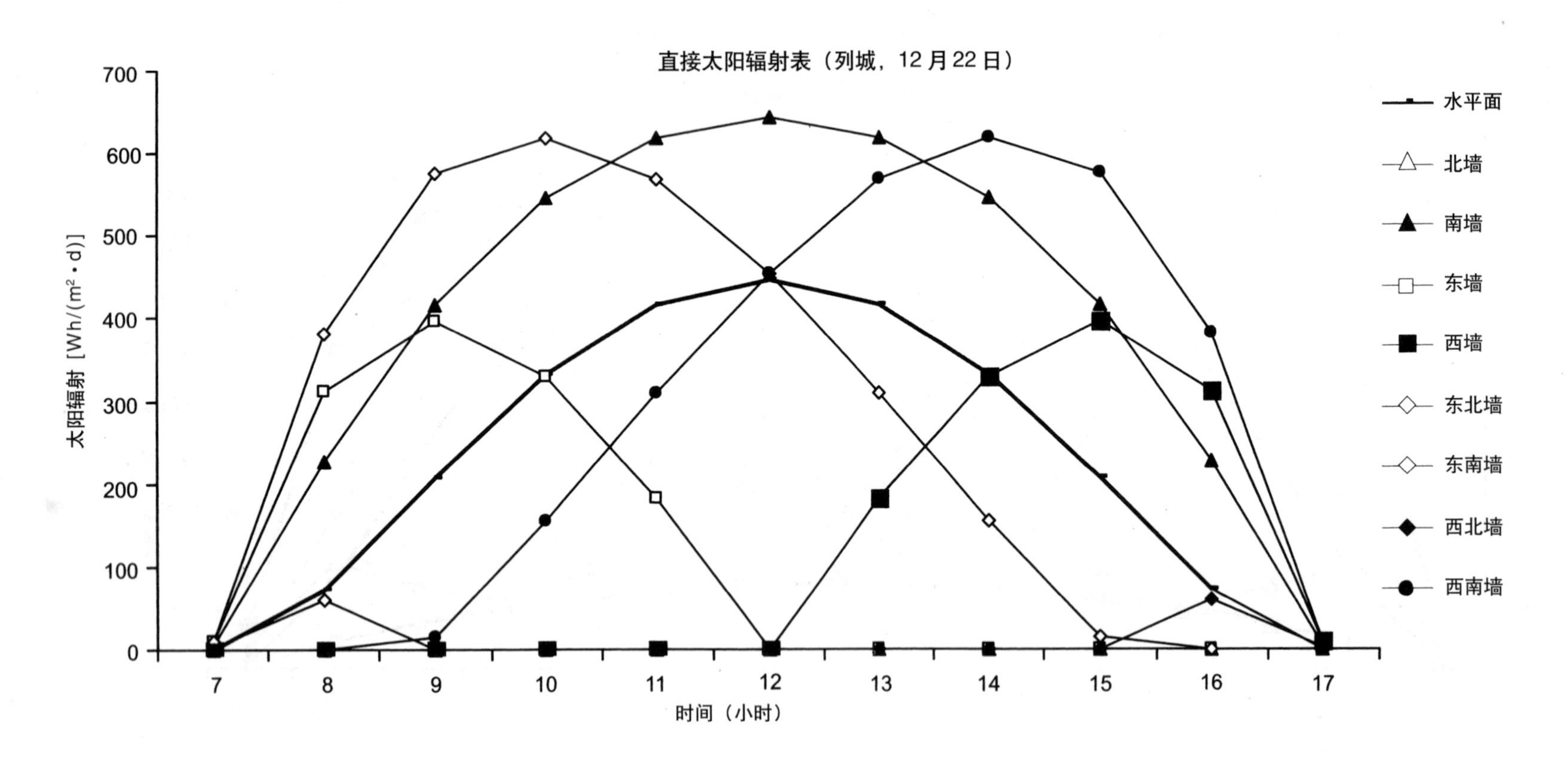

### 3.1.5 列城马奥尼（Mahoney）表

表 1

地点：列城，拉达克
经度：东经 77° 34′
纬度：北纬 34° 09′
海拔：3154m

气温：℃

| | 1月 | 2月 | 3月 | 4月 | 5月 | 6月 | 7月 | 8月 | 9月 | 10月 | 11月 | 12月 |
|---|---|---|---|---|---|---|---|---|---|---|---|---|
| 月平均最高 | -5.6 | -1.3 | 4.3 | 9.2 | 13.6 | 18.5 | 21.7 | 21.3 | 18.6 | 10.7 | 4.3 | -1.6 |
| 月平均最低 | -11.2 | -8.7 | -2.4 | 3.8 | 8.8 | 12.6 | 15.9 | 14.8 | 10.6 | 4.3 | -3.2 | -8.1 |
| 月均振幅 | 6 | 7.4 | 6.7 | 5.4 | 4.8 | 5.9 | 5.8 | 6.5 | 8 | 6.4 | 7.5 | 6.5 |

月平均最高：21.7　月平均温度：5.05
月平均最低：-11.2　月均差 ：33.3

相对湿度：%

| | 1月 | 2月 | 3月 | 4月 | 5月 | 6月 | 7月 | 8月 | 9月 | 10月 | 11月 | 12月 |
|---|---|---|---|---|---|---|---|---|---|---|---|---|
| 月平均最高(上午) | 61 | 59 | 55 | 50 | 39 | 39 | 49 | 54 | 47 | 45 | 45 | 54 |
| 月平均最低（下午） | 51 | 46 | 43 | 32 | 27 | 24 | 34 | 36 | 32 | 28 | 34 | 42 |
| 平均 | 56 | 52.5 | 49 | 41 | 33 | 31.5 | 41.5 | 45 | 38.5 | 36.5 | 39.5 | 48 |
| 湿度分组 | 3 | 3 | 2 | 2 | 2 | 2 | 2 | 2 | 2 | 2 | 2 | 2 |

湿度分组：1—平均相对湿度低于 30%
2—平均相对湿度在 30%—50%
3—平均相对湿度在 50%—70%
4—平均相对湿度高于 70%

降雨量

| | 1月 | 2月 | 3月 | 4月 | 5月 | 6月 | 7月 | 8月 | 9月 | 10月 | 11月 | 12月 |
|---|---|---|---|---|---|---|---|---|---|---|---|---|
| 降雨量(mm) | 11.8 | 8.6 | 11.9 | 6.5 | 6.5 | 4.3 | 15.7 | 19.5 | 12.2 | 7.1 | 2.9 | 8 |

年总降雨量 115mm

风

| | 1月 | 2月 | 3月 | 4月 | 5月 | 6月 | 7月 | 8月 | 9月 | 10月 | 11月 | 12月 |
|---|---|---|---|---|---|---|---|---|---|---|---|---|
| 主导风向 | NE/SW | SW | SW | SW | SW | SW | SW | SW | SW | SW | SW | SW |
| 次要风向 | N/E | S | S | S | S | S/W | W | W | W | W | S | NE |

表 2

| 预测（℃） | 1月 | 2月 | 3月 | 4月 | 5月 | 6月 | 7月 | 8月 | 9月 | 10月 | 11月 | 12月 |
| --- | --- | --- | --- | --- | --- | --- | --- | --- | --- | --- | --- | --- |
| 月平均最高 | -5.6 | -1.3 | 4.3 | 9.2 | 13.6 | 18.5 | 21.7 | 21.3 | 18.6 | 10.7 | 4.3 | -1.6 |
| 日舒适下限 | 19 | 19 | 20 | 20 | 20 | 20 | 20 | 20 | 20 | 20 | 20 | 20 |
| 日舒适上限 | 26 | 26 | 27 | 27 | 27 | 27 | 27 | 27 | 27 | 27 | 27 | 27 |
| 月平均最低 | - 11.2 | - 8.7 | - 2.4 | 3.8 | 8.8 | 12.6 | 15.9 | 14.8 | 10.6 | 4.3 | -3.2 | -8.1 |
| 夜舒适下限 | 12 | 12 | 12 | 12 | 12 | 12 | 12 | 12 | 12 | 12 | 12 | 12 |
| 夜舒适上限 | 19 | 19 | 20 | 20 | 20 | 20 | 20 | 20 | 20 | 20 | 20 | 20 |
| 日间热感觉 | C | C | C | C | C | C | O | O | C | C | C | C |
| 夜间热感觉 | C | C | C | C | C | O | O | C | C | C | C | C |

H—热　　超出上限
O—舒适　　在限度之内
C—冷　　低于下限

分析

| 湿度分组 | 月平均温度>20℃ | | 月平均温度15−20℃ | | 月平均温度<15℃ | |
| --- | --- | --- | --- | --- | --- | --- |
| | 白天 | 晚上 | 白天 | 晚上 | 白天 | 晚上 |
| 1 | 26–34 | 17–25 | 23–32 | 14–23 | 21–30 | 12–21 |
| 2 | 25–31 | 17–24 | 22–30 | 14–22 | 20–27 | 12–20 |
| 3 | 23–29 | 17–23 | 21–28 | 14–21 | 19–26 | 12–19 |
| 4 | 22–27 | 17–21 | 20–25 | 14–20 | 18–24 | 12–18 |

## 3.2 气候类型：寒冷、多云区

### 典型地貌和植被

- 高原区，夏日植被丰富。

### 太阳辐射

- 冬日辐射弱，漫射光强。

### 平均气温

- 夏日中午 20—30℃
- 夏日夜间 17—21℃
- 冬日中午 4—8℃
- 冬日夜间 −3—−4℃
- 日间温差 5—15℃

### 相对湿度

- 70%—80%。

### 降水

- 适中，分布均衡，全年共计约1000mm。

### 风

- 风力强，尤其在雨季；
- 不同地形，风力不同。

### 天气状况：

- 全年多云，短暂的夏季除外。

### 其他

- 夏日宜人，降雨多。

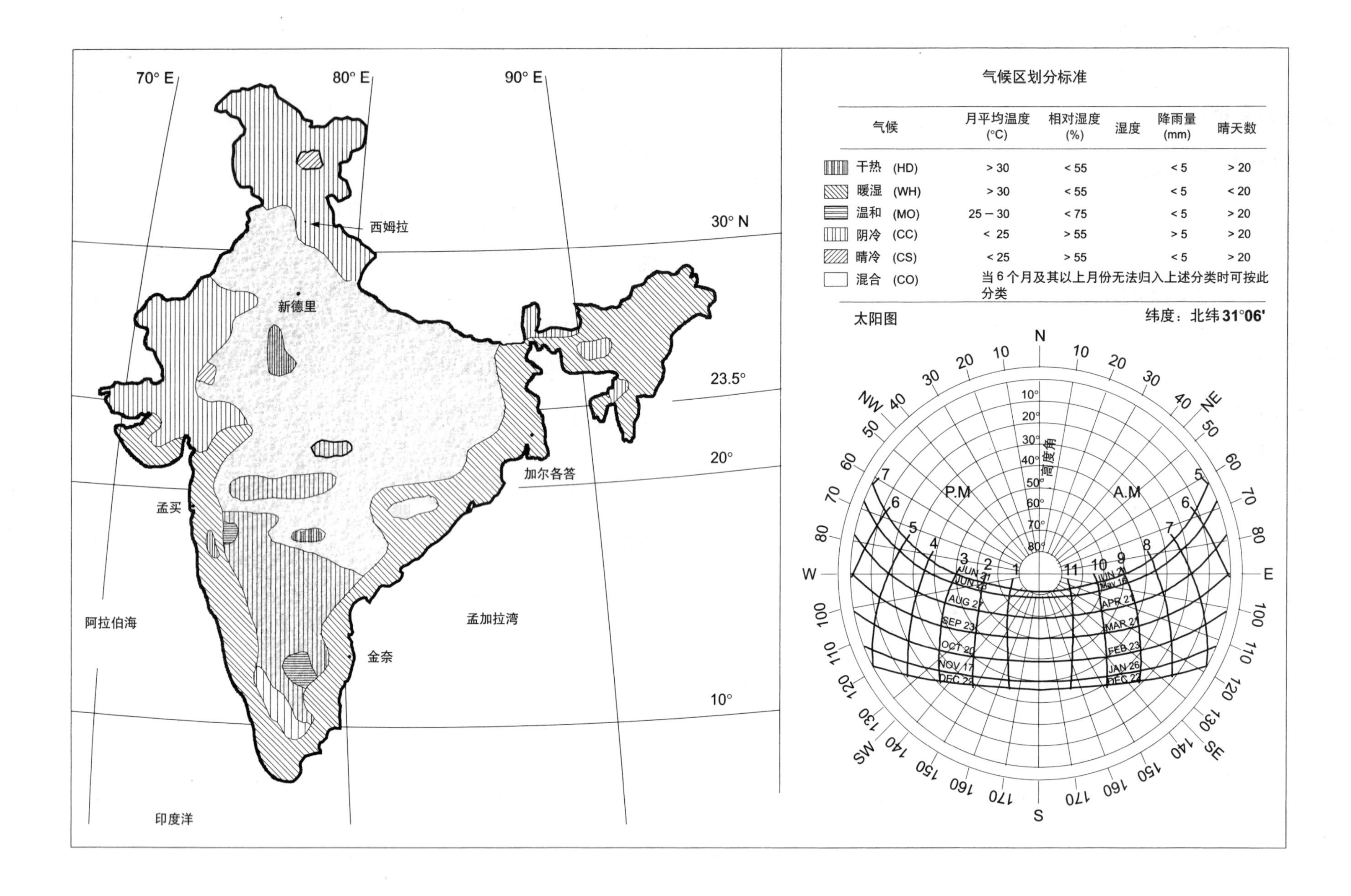


气候区划分标准

| 气候 | 月平均温度 (°C) | 相对湿度 (%) | 湿度 | 降雨量 (mm) | 晴天数 |
|---|---|---|---|---|---|
| 干热 (HD) | > 30 | < 55 | | < 5 | > 20 |
| 暖湿 (WH) | > 30 | < 55 | | < 5 | < 20 |
| 温和 (MO) | 25 – 30 | < 75 | | < 5 | > 20 |
| 阴冷 (CC) | < 25 | > 55 | | > 5 | > 20 |
| 晴冷 (CS) | < 25 | > 55 | | < 5 | > 20 |
| 混合 (CO) | 当6个月及其以上月份无法归入上述分类时可按此分类 | | | | |

3.2.1 气候分类表：西姆拉（寒冷、多云区）

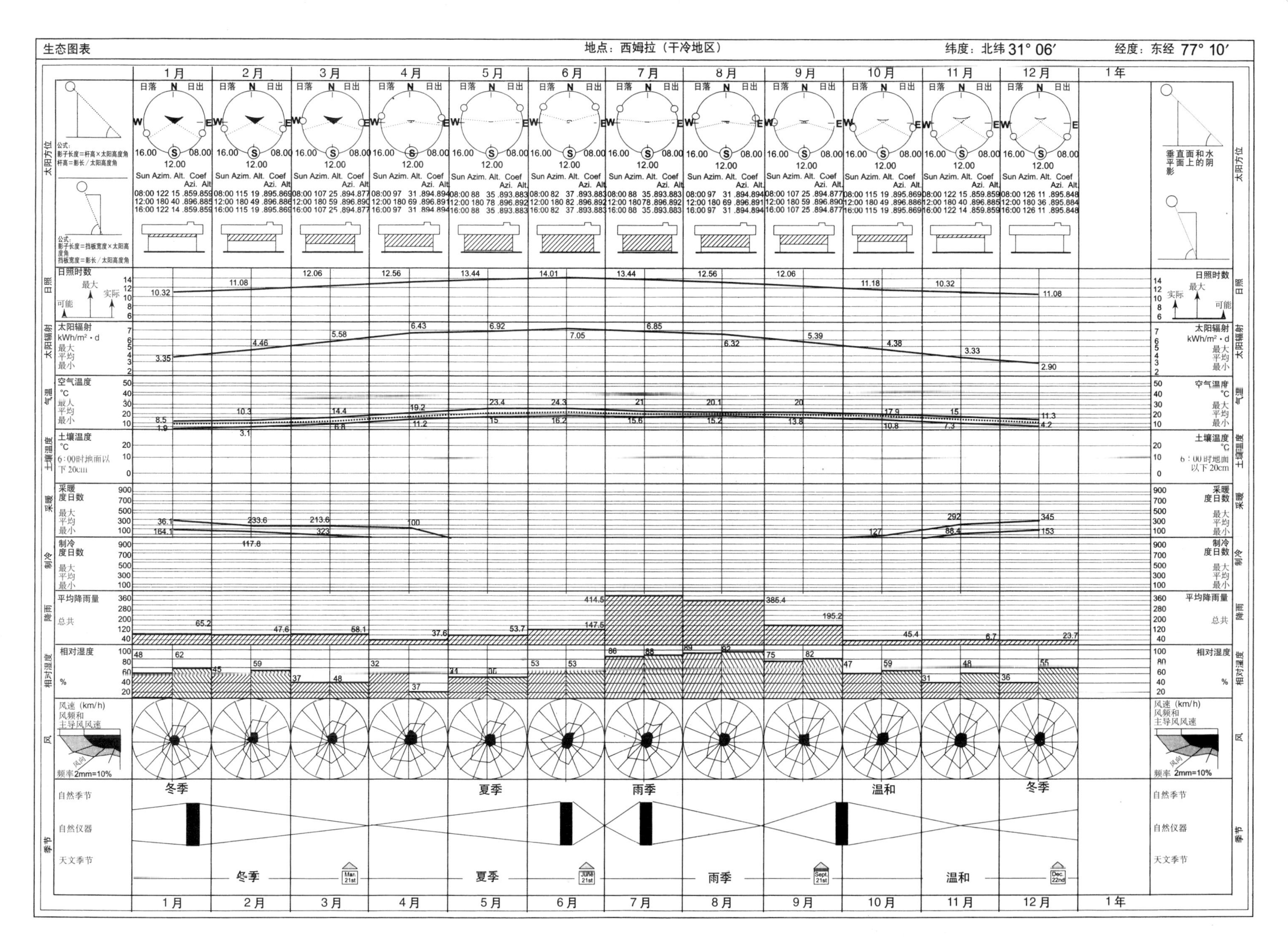

生态图表
地点：西姆拉（干冷地区）
纬度：北纬 31° 06′
经度：东经 77° 10′
1月
2月
3月
4月
5月
6月
7月
8月
9月
10月
11月
12月
1年
太阳方位
日落 N 日出
W E
16.00 S 08.00
12.00
Sun Azim. Alt. Coef Azi. Alt
公式：影子长度＝杆高×太阳高度角 杆高＝影长／太阳高度角
公式：影子长度＝挡板宽度×太阳高度角 挡板宽度＝影长／太阳高度角
垂直面和水平面上的阴影
日照
日照时数
最大
实际
可能
10.32
11.08
12.06
12.56
13.44
14.01
13.44
12.56
12.06
11.18
10.32
11.08
太阳辐射
kWh/m² · d
最大
平均
最小
3.35
4.46
5.58
6.43
6.92
7.05
6.85
6.32
5.39
4.38
3.33
2.90
气温
空气温度
°C
土壤温度
6:00时地面以下20cm
采暖
采暖度日数
制冷
制冷度日数
降雨
平均降雨量
总共
65.2
47.6
68.1
37.6
53.7
147.5
414.5
385.4
195.2
45.4
6.7
23.7
相对湿度
%
风
风速（km/h）
风频和主导风风速
风向
频率 2mm=10%
季节
自然季节
自然仪器
天文季节
冬季
夏季
雨季
温和
Mar. 21st
June 21st
Sept. 21st
Dec. 22nd


3.2.2 生态图表

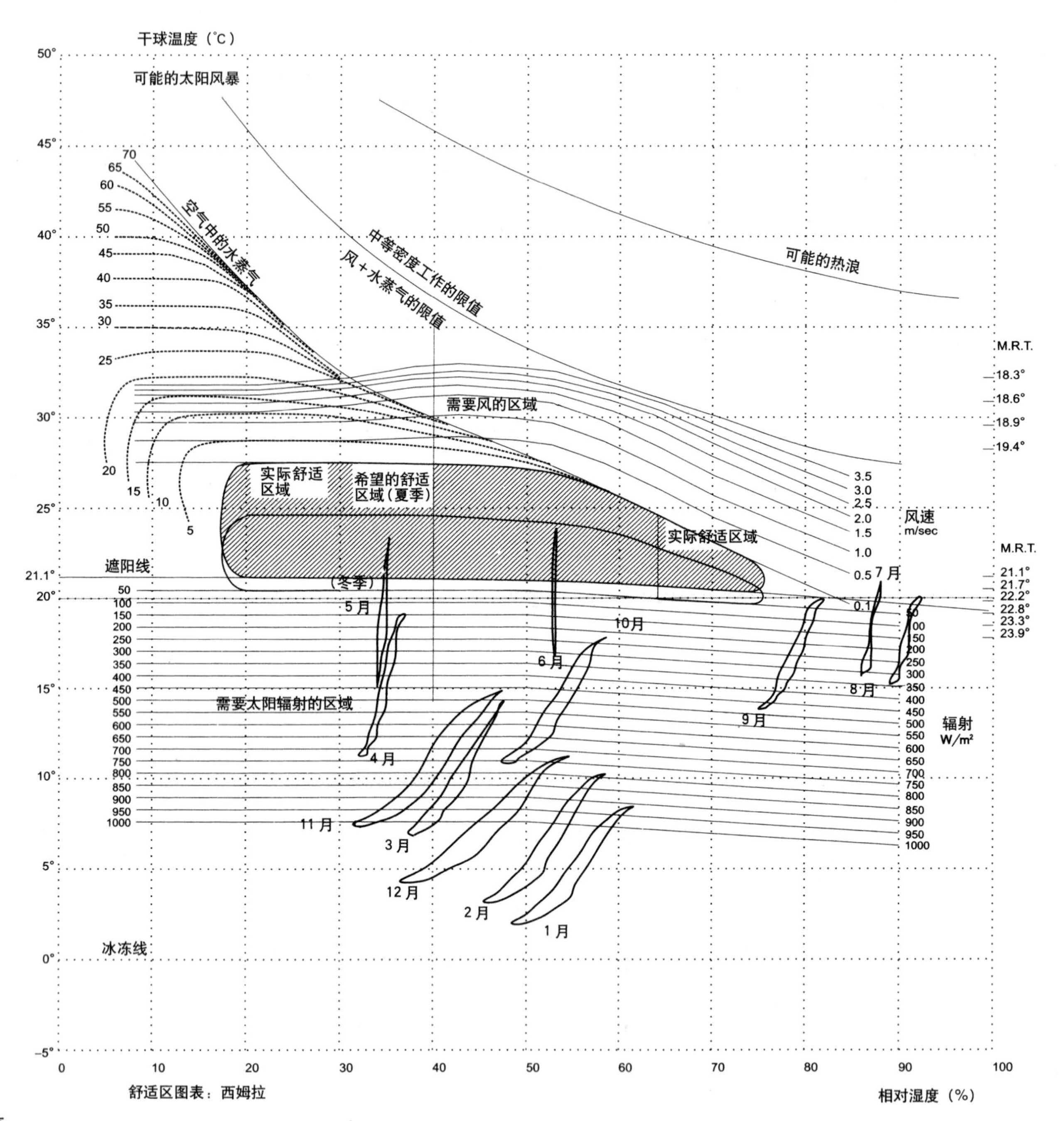


3.2.3 舒适区图表：西姆拉

| | 1月 | 2月 | 3月 | 4月 | 5月 | 6月 | 7月 | 8月 | 9月 | 10月 | 11月 | 12月 |
|---|---|---|---|---|---|---|---|---|---|---|---|---|
| 水平面 | 3010.0 | 4054.0 | 5243.0 | 6397.0 | 7081.0 | 7265.0 | 7081.0 | 6397.0 | 5243.0 | 4054.0 | 3010.0 | 2606.0 |
| 东／西墙 | 1453.0 | 1906.0 | 2270.0 | 2698.0 | 2820.0 | 2842.0 | 2820.0 | 2698.0 | 2270.0 | 1906.0 | 1453.0 | 1262.0 |
| 东北／西北 | 131.0 | 409.0 | 798.0 | 1491.0 | 1978.0 | 2168.0 | 1978.0 | 1491.0 | 798.0 | 409.0 | 131.0 | 66.0 |
| 东南／西南 | 3201.0 | 3288.0 | 3031.0 | 2604.0 | 2120.0 | 1935.0 | 2120.0 | 2604.0 | 3031.0 | 3288.0 | 3201.0 | 3108.0 |
| 南面 | 4351.0 | 4066.0 | 3150.0 | 1725.0 | 760.0 | 465.0 | 760.0 | 1725.0 | 3150.0 | 4066.0 | 4351.0 | 4297.0 |
| 北面 | 0.0 | 0.0 | 0.0 | 146.0 | 560.0 | 806.0 | 560.0 | 146.0 | 0.0 | 0.0 | 0.0 | 0.0 |

单位：Wh/m²·d

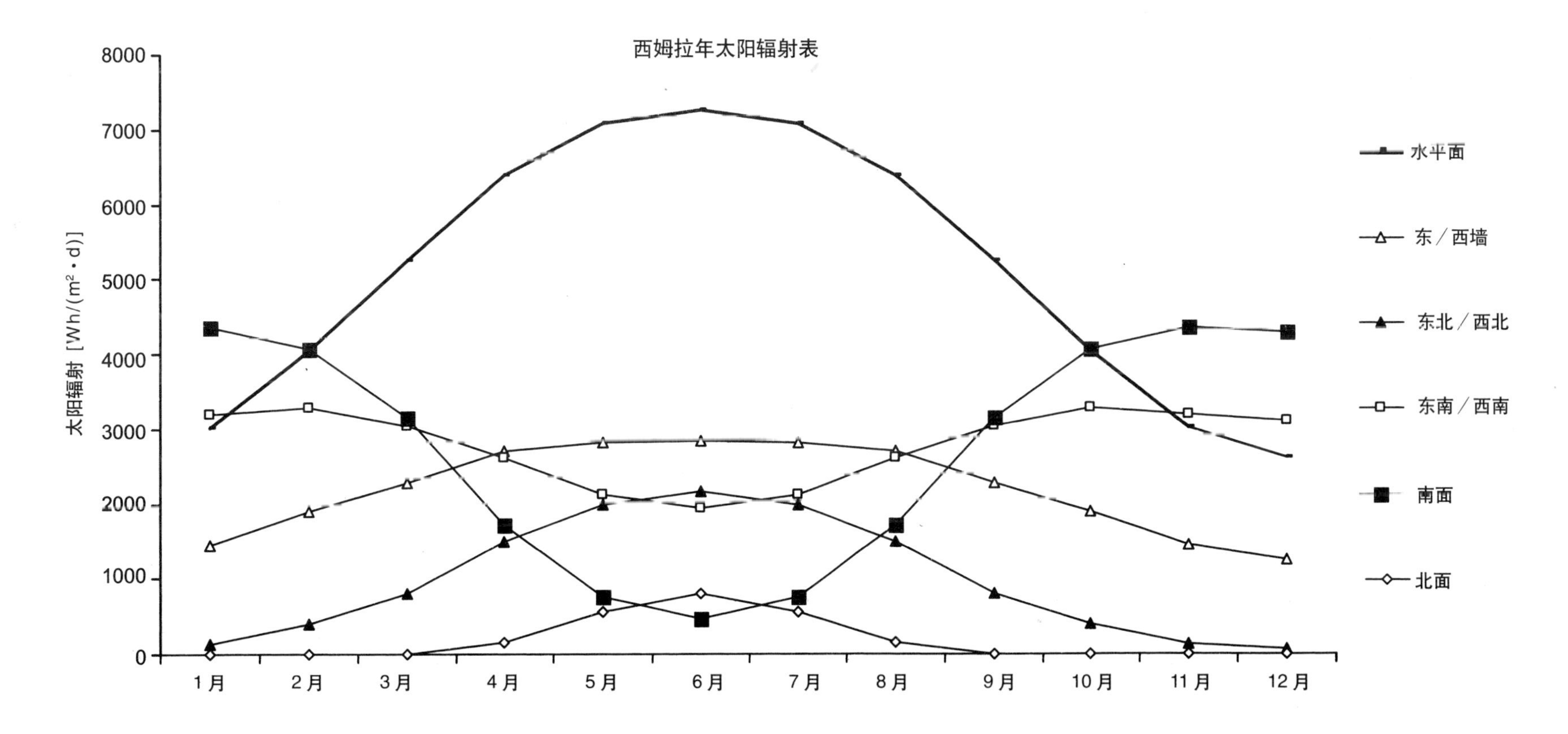


### 3.2.4 太阳辐射资料

| 时　间 | 6 | 7 | 8 | 9 | 10 | 11 | 12 | 13 | 14 | 15 | 16 | 17 | 18 |
|---|---|---|---|---|---|---|---|---|---|---|---|---|---|
| 水平面 | 0 | 103.0 | 300.0 | 483.0 | 631.0 | 725.0 | 759.0 | 725.0 | 631.0 | 483.0 | 300.0 | 103.0 | 0 |
| 北墙 | 0 | 0.0 | 0.0 | 0.0 | 0.0 | 0.0 | 0.0 | 0.0 | 0.0 | 0.0 | 0.0 | 0.0 | 0 |
| 南墙 | 0 | 61.0 | 179.0 | 292.0 | 379.0 | 436.0 | 456.0 | 436.0 | 379.0 | 292.0 | 179.0 | 61.0 | 0 |
| 东墙 | 0 | 447.0 | 602.0 | 568.0 | 424.0 | 229.0 | 0.0 | 0.0 | 0.0 | 0.0 | 0.0 | 0.0 | 0 |
| 西墙 | 0 | 0.0 | 0.0 | 0.0 | 0.0 | 0.0 | 0.0 | 229.0 | 424.0 | 568.0 | 602.0 | 447.0 | 0 |
| 东北墙 | 0 | 272.0 | 300.0 | 194.0 | 32.0 | 0.0 | 0.0 | 0.0 | 0.0 | 0.0 | 0.0 | 0.0 | 0 |
| 东南墙 | 0 | 363.0 | 551.0 | 608.0 | 570.0 | 468.0 | 323.0 | 148.0 | 0.0 | 0.0 | 0.0 | 0.0 | 0 |
| 西北墙 | 0 | 0.0 | 0.0 | 0.0 | 0.0 | 0.0 | 0.0 | 0.0 | 32.0 | 194.0 | 300.0 | 272.0 | 0 |
| 西南墙 | 0 | 0.0 | 0.0 | 0.0 | 0.0 | 148.0 | 323.0 | 468.0 | 570.0 | 608.0 | 551.0 | 363.0 | 0 |

单位：Wh/m$^2$·d

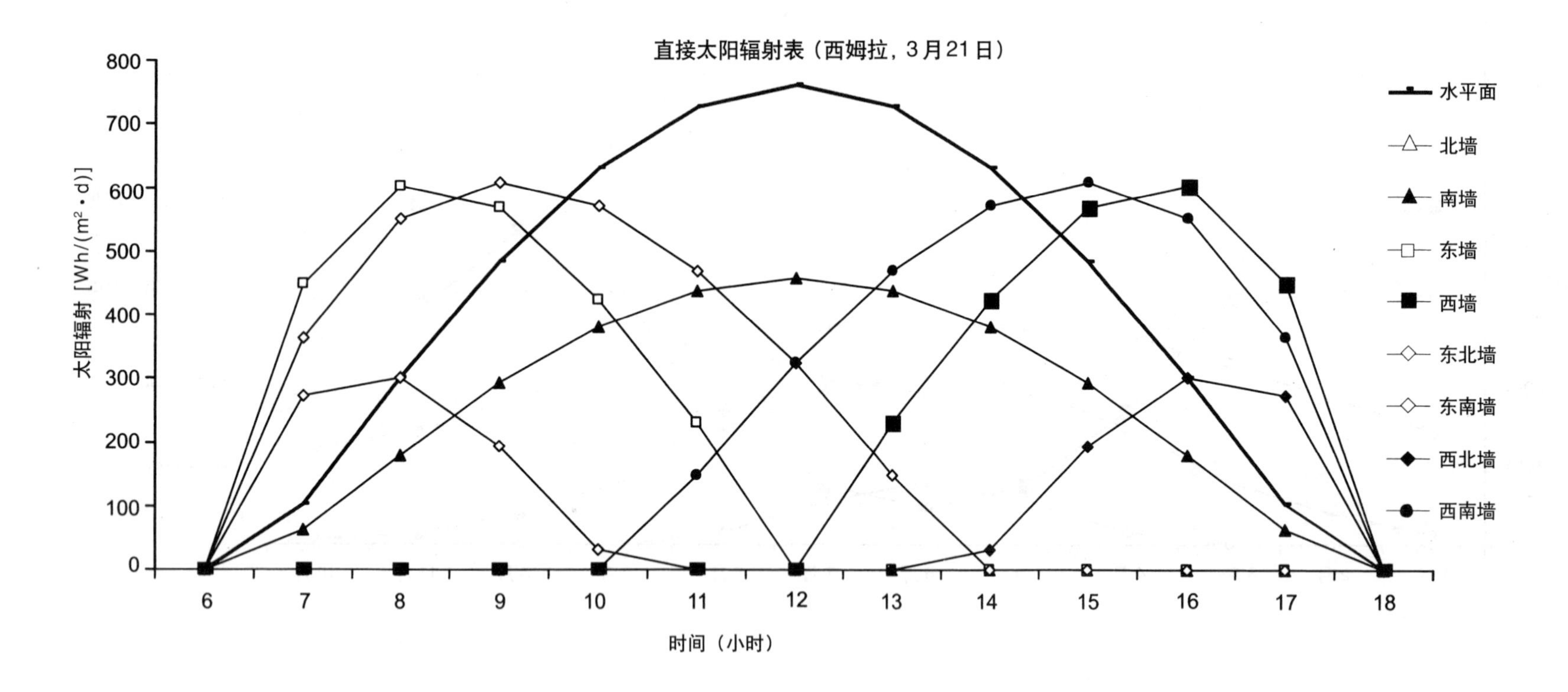

| 时间 | 5 | 6 | 7 | 8 | 9 | 10 | 11 | 12 | 13 | 14 | 15 | 16 | 17 | 18 | 19 |
|---|---|---|---|---|---|---|---|---|---|---|---|---|---|---|---|
| 水平面 | 0 | 90.0 | 278.0 | 477.0 | 650.0 | 793.0 | 887.0 | 913.0 | 887.0 | 793.0 | 650.0 | 477.0 | 278.0 | 90.0 | 0 |
| 北墙 | 0 | 151.0 | 150.0 | 82.0 | 12.0 | 0.0 | 0.0 | 0.0 | 0.0 | 0.0 | 12.0 | 82.0 | 150.0 | 151.0 | 0 |
| 南墙 | 0 | 0.0 | 0.0 | 0.0 | 8.0 | 59.0 | 105.0 | 121.0 | 105.0 | 59.0 | 8.0 | 0.0 | 0.0 | 0.0 | 0 |
| 东墙 | 0 | 403.0 | 603.0 | 635.0 | 555.0 | 410.0 | 220.0 | 0.0 | 0.0 | 0.0 | 0.0 | 0.0 | 0.0 | 0.0 | 0 |
| 西墙 | 0 | 0.0 | 0.0 | 0.0 | 0.0 | 0.0 | 0.0 | 0.0 | 220.0 | 410.0 | 555.0 | 635.0 | 603.0 | 403.0 | 0 |
| 东北墙 | 0 | 391.0 | 529.0 | 509.0 | 397.0 | 246.0 | 79.0 | 0.0 | 0.0 | 0.0 | 0.0 | 0.0 | 0.0 | 0.0 | 0 |
| 东南墙 | 0 | 180.0 | 320.0 | 391.0 | 388.0 | 334.0 | 231.0 | 86.0 | 0.0 | 0.0 | 0.0 | 0.0 | 0.0 | 0.0 | 0 |
| 西北墙 | 0 | 0.0 | 0.0 | 0.0 | 0.0 | 0.0 | 0.0 | 0.0 | 79.0 | 246.0 | 397.0 | 509.0 | 529.0 | 391.0 | 0 |
| 西南墙 | 0 | 0.0 | 0.0 | 0.0 | 0.0 | 0.0 | 0.0 | 86.0 | 231.0 | 334.0 | 388.0 | 391.0 | 320.0 | 180.0 | 0 |

单位：Wh/m²·d

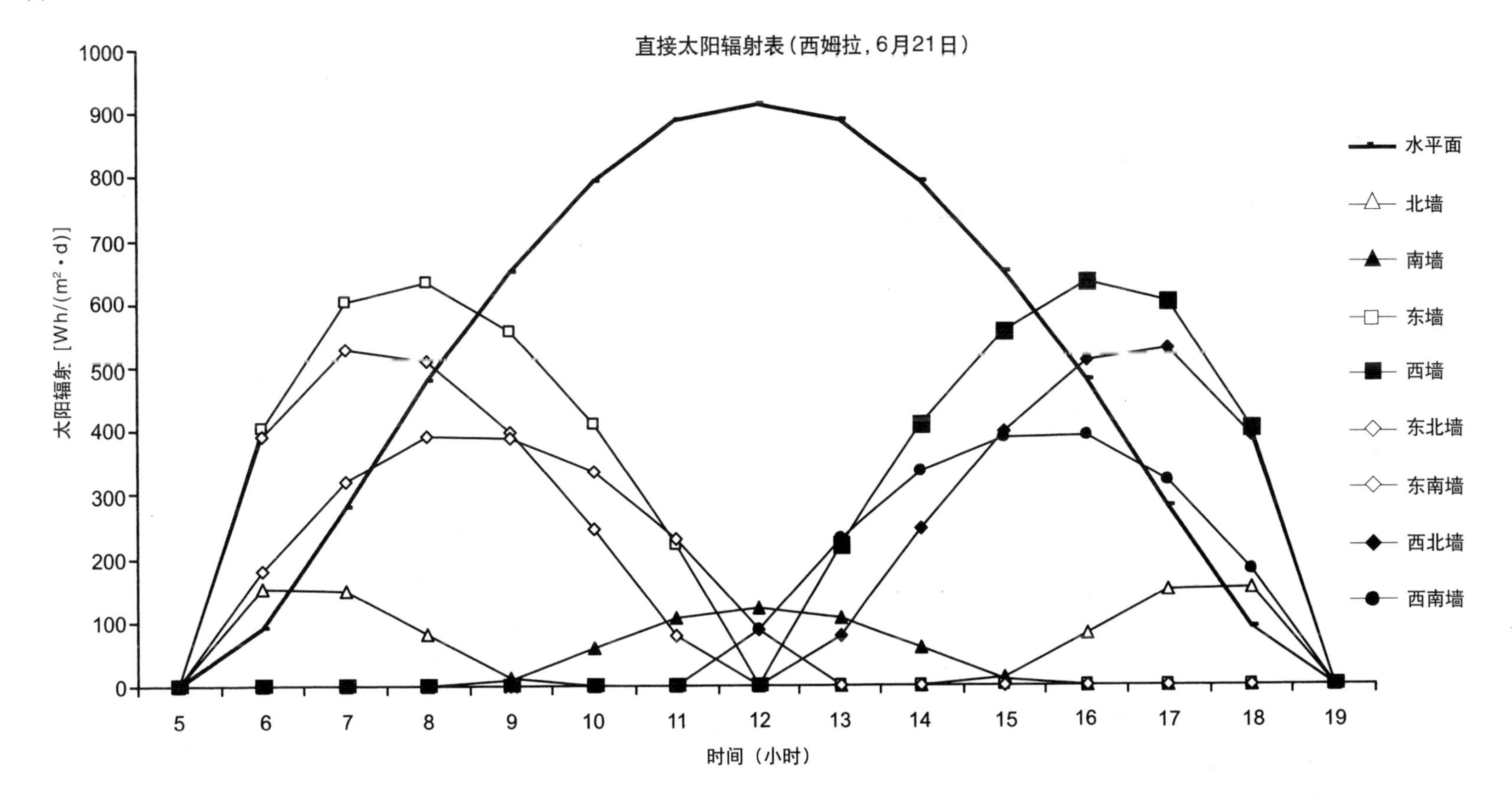

| 时　　间 | 6 | 7 | 8 | 9 | 10 | 11 | 12 | 13 | 14 | 15 | 16 | 17 | 18 |
|---|---|---|---|---|---|---|---|---|---|---|---|---|---|
| 水平面 | 0 | 0.0 | 78.0 | 219.0 | 346.0 | 430.0 | 460.0 | 430.0 | 346.0 | 219.0 | 78.0 | 0.0 | 0 |
| 北墙 | 0 | 0.0 | 0.0 | 0.0 | 0.0 | 0.0 | 0.0 | 0.0 | 0.0 | 0.0 | 0.0 | 0.0 | 0 |
| 南墙 | 0 | 8.0 | 236.0 | 420.0 | 548.0 | 616.0 | 641.0 | 616.0 | 548.0 | 420.0 | 236.0 | 8.0 | 0 |
| 东墙 | 0 | 12.0 | 326.0 | 406.0 | 335.0 | 183.0 | 0.0 | 0.0 | 0.0 | 0.0 | 0.0 | 0.0 | 0 |
| 西墙 | 0 | 0.0 | 0.0 | 0.0 | 0.0 | 0.0 | 0.0 | 183.0 | 335.0 | 406.0 | 326.0 | 12.0 | 0 |
| 东北墙 | 0 | 4.0 | 62.0 | 0.0 | 0.0 | 0.0 | 0.0 | 0.0 | 0.0 | 0.0 | 0.0 | 0.0 | 0 |
| 东南墙 | 0 | 12.0 | 398.0 | 585.0 | 621.0 | 569.0 | 452.0 | 307.0 | 152.0 | 12.0 | 0.0 | 0.0 | 0 |
| 西北墙 | 0 | 0.0 | 0.0 | 0.0 | 0.0 | 0.0 | 0.0 | 0.0 | 0.0 | 0.0 | 62.0 | 4.0 | 0 |
| 西南墙 | 0 | 0.0 | 0.0 | 12.0 | 152.0 | 307.0 | 452.0 | 569.0 | 621.0 | 585.0 | 398.0 | 12.0 | 0 |

单位：$Wh/m^2 \cdot d$

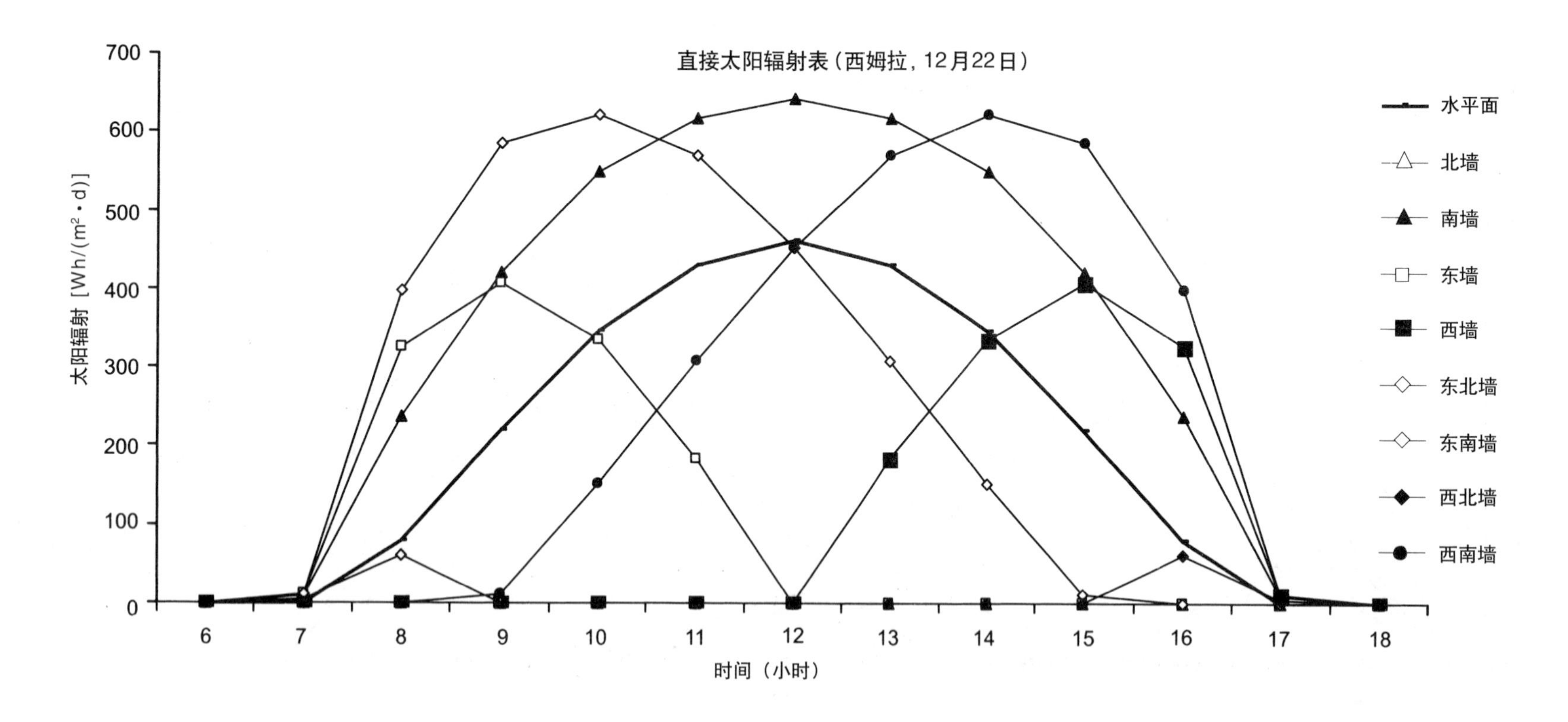

### 3.2.5 西姆拉马奥尼（Mahoney）表

表 1

地点：西姆拉
经度：东经 77° 10′
纬度：北纬 31° 06′
海拔：2202m

气温：℃

| | 1月 | 2月 | 3月 | 4月 | 5月 | 6月 | 7月 | 8月 | 9月 | 10月 | 11月 | 12月 |
|---|---|---|---|---|---|---|---|---|---|---|---|---|
| 月平均最高 | 8.5 | 10.3 | 14.4 | 19.2 | 23.4 | 24.3 | 21 | 20.1 | 20 | 17.9 | 15 | 11.3 |
| 月平均最低 | 1.9 | 3.1 | 6.8 | 11.2 | 15 | 16.2 | 15.6 | 15.2 | 13.8 | 10.8 | 7.3 | 4.2 |
| 月均振幅 | 6.6 | 7.2 | 7.6 | 8 | 8.4 | 8.1 | 5.4 | 4.9 | 6.2 | 7.1 | 7.7 | 7.1 |

月平均最高：23.4　　月平均温度：12.6
月平均最低：1.9　　月均差：21.5

相对湿度：%

| | 1月 | 2月 | 3月 | 4月 | 5月 | 6月 | 7月 | 8月 | 9月 | 10月 | 11月 | 12月 |
|---|---|---|---|---|---|---|---|---|---|---|---|---|
| 月平均最高(上午) | 48 | 45 | 37 | 32 | 34 | 53 | 86 | 89 | 75 | 47 | 31 | 36 |
| 月平均最低（下午） | 62 | 59 | 48 | 37 | 35 | 53 | 88 | 92 | 82 | 59 | 48 | 55 |
| 平均 | 55 | 52 | 42.5 | 34.5 | 34.5 | 53 | 87 | 90.5 | 78.5 | 53 | 39.5 | 45.5 |
| 湿度分组 | 3 | 3 | 2 | 2 | 2 | 3 | 4 | 4 | 4 | 3 | 2 | 2 |

降雨量

| | 1月 | 2月 | 3月 | 4月 | 5月 | 6月 | 7月 | 8月 | 9月 | 10月 | 11月 | 12月 |
|---|---|---|---|---|---|---|---|---|---|---|---|---|
| 降雨量(mm) | 24.9 | 21.8 | 16.5 | 6.8 | 7.9 | 65 | 211.1 | 172.9 | 149.7 | 31.2 | 1.2 | 5.2 |

年总降雨量714.2mm

风

| | 1月 | 2月 | 3月 | 4月 | 5月 | 6月 | 7月 | 8月 | 9月 | 10月 | 11月 | 12月 |
|---|---|---|---|---|---|---|---|---|---|---|---|---|
| 主导风向 | W | W | W | W | W | W | E | W | W | W | W | W |
| 次要风向 | NE/SE | NE | NE | NW | NW | NW | SE | SEE | NW | N | N | N |

湿度分组：1—平均相对湿度低于 30%
2—平均相对湿度在 30%—50%
3—平均相对湿度在 50%—70%
4—平均相对湿度高于 70%

表 2

| 预测（℃） | 1月 | 2月 | 3月 | 4月 | 5月 | 6月 | 7月 | 8月 | 9月 | 10月 | 11月 | 12月 |
|---|---|---|---|---|---|---|---|---|---|---|---|---|
| 月平均最高 | 8.5 | 10.3 | 14.4 | 19.2 | 23.4 | 24.3 | 21 | 20.1 | 20 | 17.9 | 15 | 11.3 |
| 日舒适上限 | 26 | 26 | 27 | 27 | 27 | 26 | 24 | 24 | 24 | 26 | 27 | 27 |
| 日舒适下限 | 19 | 19 | 20 | 20 | 20 | 19 | 18 | 18 | 18 | 19 | 20 | 20 |
| 月平均最低 | 1.9 | 3.1 | 6.8 | 11.2 | 15 | 16.2 | 15.6 | 15.2 | 13.8 | 10.8 | 7.3 | 4.2 |
| 夜舒适上限 | 19 | 19 | 20 | 20 | 20 | 19 | 18 | 18 | 18 | 19 | 20 | 20 |
| 夜舒适下限 | 12 | 12 | 12 | 12 | 12 | 12 | 12 | 12 | 12 | 12 | 12 | 12 |
| 日间热感觉 | C | C | C | C | O | O | O | O | O | C | C | C |
| 夜间热感觉 | C | C | C | C | O | O | O | O | O | C | C | C |

H —热　　超出上限
O —舒适　　在限度之内
C —冷　　低于下限

分析

| 湿度分组 | 月平均温度>20℃ | | 月平均温度15−20℃ | | 月平均温度<15℃ | |
|---|---|---|---|---|---|---|
| | 白天 | 晚上 | 白天 | 晚上 | 白天 | 晚上 |
| 1 | 26–34 | 17–25 | 23–32 | 14–23 | 21–30 | 12–21 |
| 2 | 25–31 | 17–24 | 22–30 | 14–22 | 20–27 | 12–20 |
| 3 | 23–29 | 17–23 | 21–28 | 14–21 | 19–26 | 12–19 |
| 4 | 22–27 | 17–21 | 20–25 | 14–20 | 18–24 | 12–18 |

## 3.3 气候类型：混合型

### 典型地貌和植被

- 地形多样，植被随季节变化更替快。

### 太阳辐射

- 夏日热，冬日漫射光弱，但在季风期漫射特征明显。

### 平均气温

- 夏日中午 32—43℃
- 夏日夜间 27—32℃
- 冬日中午 10—25℃
- 冬日夜间 4—10℃
- 白天气候变化 35—22℃

### 相对湿度

- 干旱期 20%—55%；
- 湿润期 55%—95%。

### 降水

- 全年降雨量 500—1300mm，季风期中多雨的月份可达 250mm；
- 干旱期很少降雨，甚至没有降雨。

### 风

- 夏季炎热，有沙尘暴；
- 雨季有来自东南强风；
- 冬季有来自东北的干冷风。

### 天气状况

- 季风期，气候多变，多云，闷热；
- 冬夏天气晴朗；
- 夏天偶有沙尘暴。

### 其他

- 相对湿度的季节性变化加快了建筑材料的损耗。

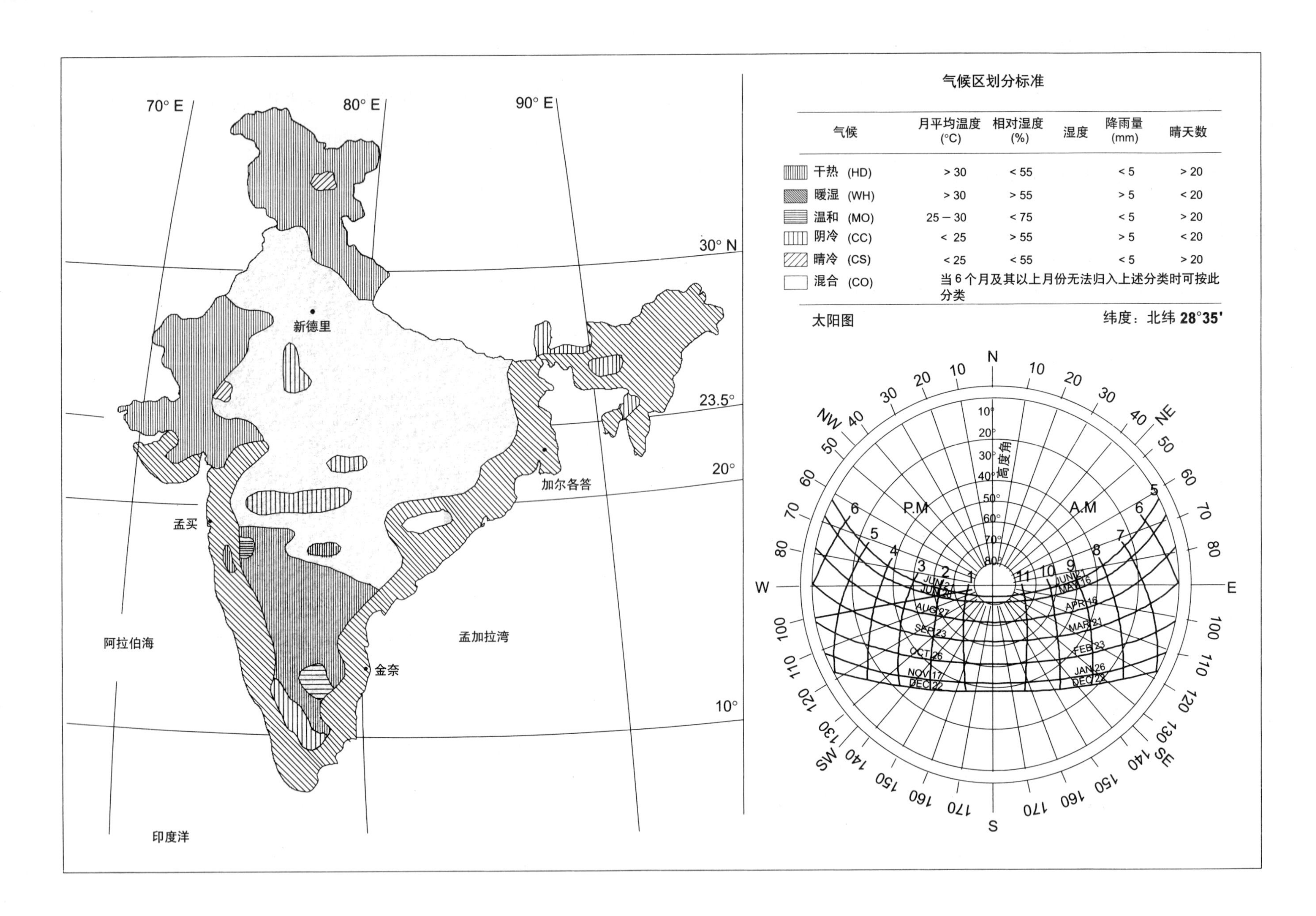


气候区划分标准

| 气候 | 月平均温度(°C) | 相对湿度(%) | 湿度 | 降雨量(mm) | 晴天数 |
|---|---|---|---|---|---|
| 干热 (HD) | > 30 | < 55 | | < 5 | > 20 |
| 暖湿 (WH) | > 30 | > 55 | | > 5 | < 20 |
| 温和 (MO) | 25－30 | < 75 | | < 5 | > 20 |
| 阴冷 (CC) | < 25 | > 55 | | > 5 | < 20 |
| 晴冷 (CS) | < 25 | < 55 | | < 5 | > 20 |
| 混合 (CO) | 当6个月及其以上月份无法归入上述分类时可按此分类 | | | | |

3.3.1 气候分类表：新德里（混合区）

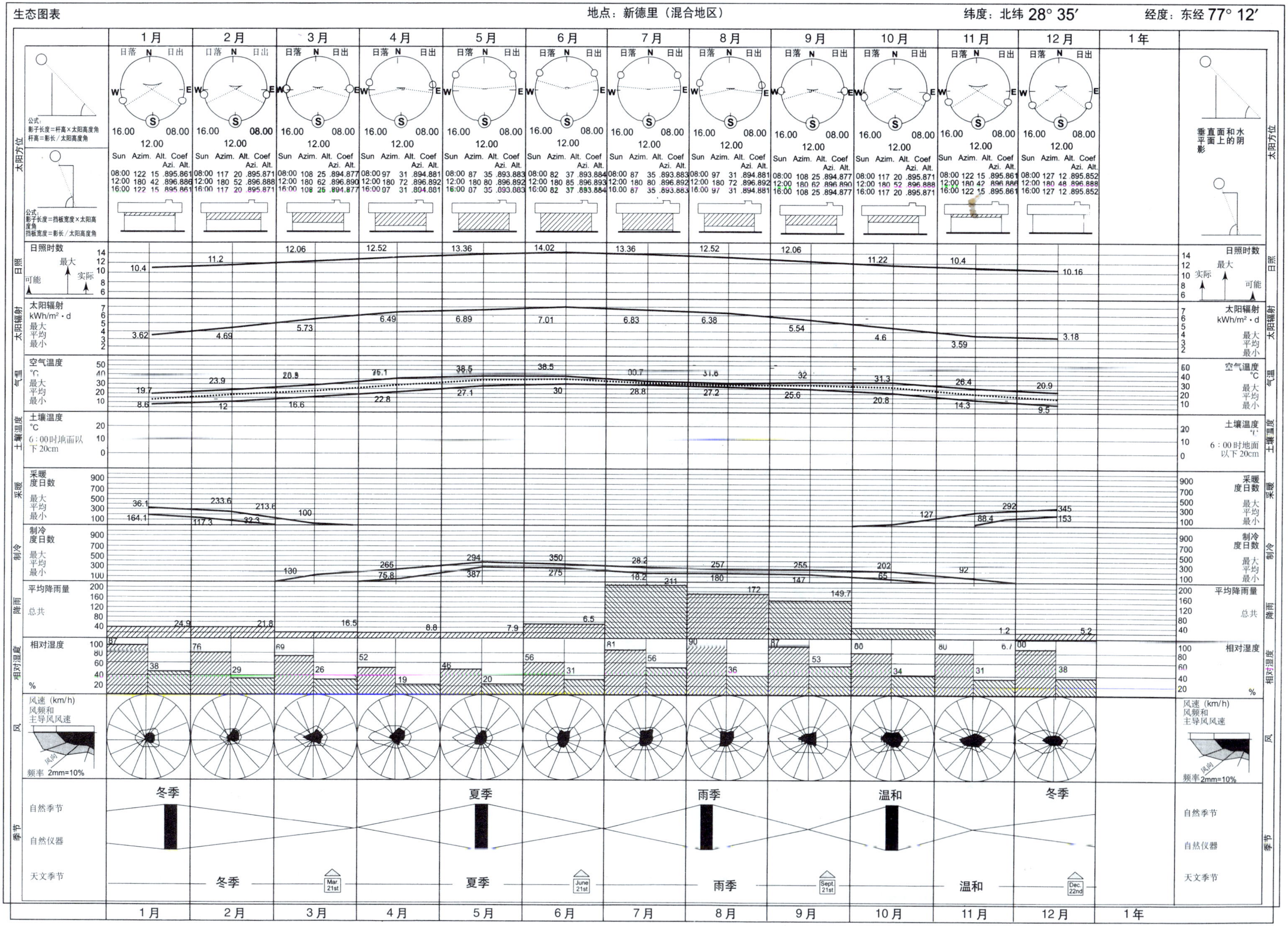

生态图表　　地点：新德里（混合地区）　　纬度：北纬 28° 35′　　经度：东经 77° 12′

| 太阳方位 | 1月 | 2月 | 3月 | 4月 | 5月 | 6月 | 7月 | 8月 | 9月 | 10月 | 11月 | 12月 |
|---|---|---|---|---|---|---|---|---|---|---|---|---|
| 08:00 Azim. Alt. Coef | 122 15 .895.861 | 117 20 .895.871 | 108 25 .894.877 | 97 31 .894.881 | 87 35 .893.883 | 82 37 .893.884 | 87 35 .893.883 | 97 31 .894.881 | 108 25 .894.877 | 117 20 .895.871 | 122 15 .895.861 | 127 12 .895.852 |
| 12:00 Azim. Alt. Coef | 180 42 .896.886 | 180 52 .896.888 | 180 62 .896.890 | 180 72 .896.892 | 180 80 .896.892 | 180 85 .896.893 | 180 80 .896.892 | 180 72 .896.892 | 180 62 .896.890 | 180 52 .896.888 | 180 42 .896.886 | 180 48 .896.888 |
| 16:00 Azim. Alt. Coef | 122 15 .895.861 | 117 20 .895.871 | 108 25 .894.877 | 97 31 .894.881 | 87 35 .893.883 | 82 37 .893.884 | 87 35 .893.883 | 97 31 .894.881 | 108 25 .894.877 | 117 20 .895.871 | 122 15 .895.861 | 127 12 .895.852 |

公式：影子长度＝杆高×太阳高度角；杆高＝影长/太阳高度角

公式：影子长度＝挡板宽度×太阳高度角；挡板宽度＝影长/太阳高度角

垂直面和水平面上的阴影

| 项目 | 1月 | 2月 | 3月 | 4月 | 5月 | 6月 | 7月 | 8月 | 9月 | 10月 | 11月 | 12月 |
|---|---|---|---|---|---|---|---|---|---|---|---|---|
| 日照时数（可能） | 10.4 | 11.2 | 12.06 | 12.52 | 13.36 | 14.02 | 13.36 | 12.52 | 12.06 | 11.22 | 10.4 | 10.16 |
| 太阳辐射 kWh/m²·d | 3.62 | 4.69 | 5.73 | 6.49 | 6.89 | 7.01 | 6.83 | 6.38 | 5.54 | 4.6 | 3.59 | 3.18 |
| 空气温度 °C 最大 | 19.7 | 23.9 | 20.9 | 75.1 | 38.5 | 38.5 | 00.7 | 31.6 | 32 | 31.3 | 26.4 | 20.9 |
| 空气温度 °C 最小 | 8.6 | 12 | 16.6 | 22.8 | 27.1 | 30 | 28.8 | 27.2 | 25.6 | 20.8 | 14.3 | 9.5 |
| 采暖度日数 | 36.1 / 164.1 | 233.6 / 117.3 / 213.6 / 32.3 | 100 | | | | | | | 127 | 88.4 / 292 | 345 / 153 |
| 制冷度日数 | | | 130 | 266 / 75.8 | 294 / 387 | 350 / 275 | 28.2 / 18.2 | 257 / 180 | 255 / 147 | 202 / 65 | 92 | |
| 平均降雨量 总共 | 24.9 | 21.8 | 16.5 | 8.8 | 7.9 | 6.5 | 211 | 172 | 149.7 | | 1.2 | 5.2 |
| 相对湿度 % | 87 / 38 | 76 / 29 | 69 / 26 | 52 / 19 | 46 / 20 | 56 / 31 | 81 / 56 | 90 / 36 | 87 / 53 | 80 / 34 | 80 / 31 | 00 / 38 |

土壤温度 °C　6：00时地面以下 20cm

风：风速（km/h）　风频和主导风风速　风向　频率 2mm=10%

季节：

自然季节：冬季　夏季　雨季　温和　冬季

自然仪器

天文季节：冬季　Mar. 21st　夏季　June 21st　雨季　Sept. 21st　温和　Dec. 22nd

3.3.2 生态图表

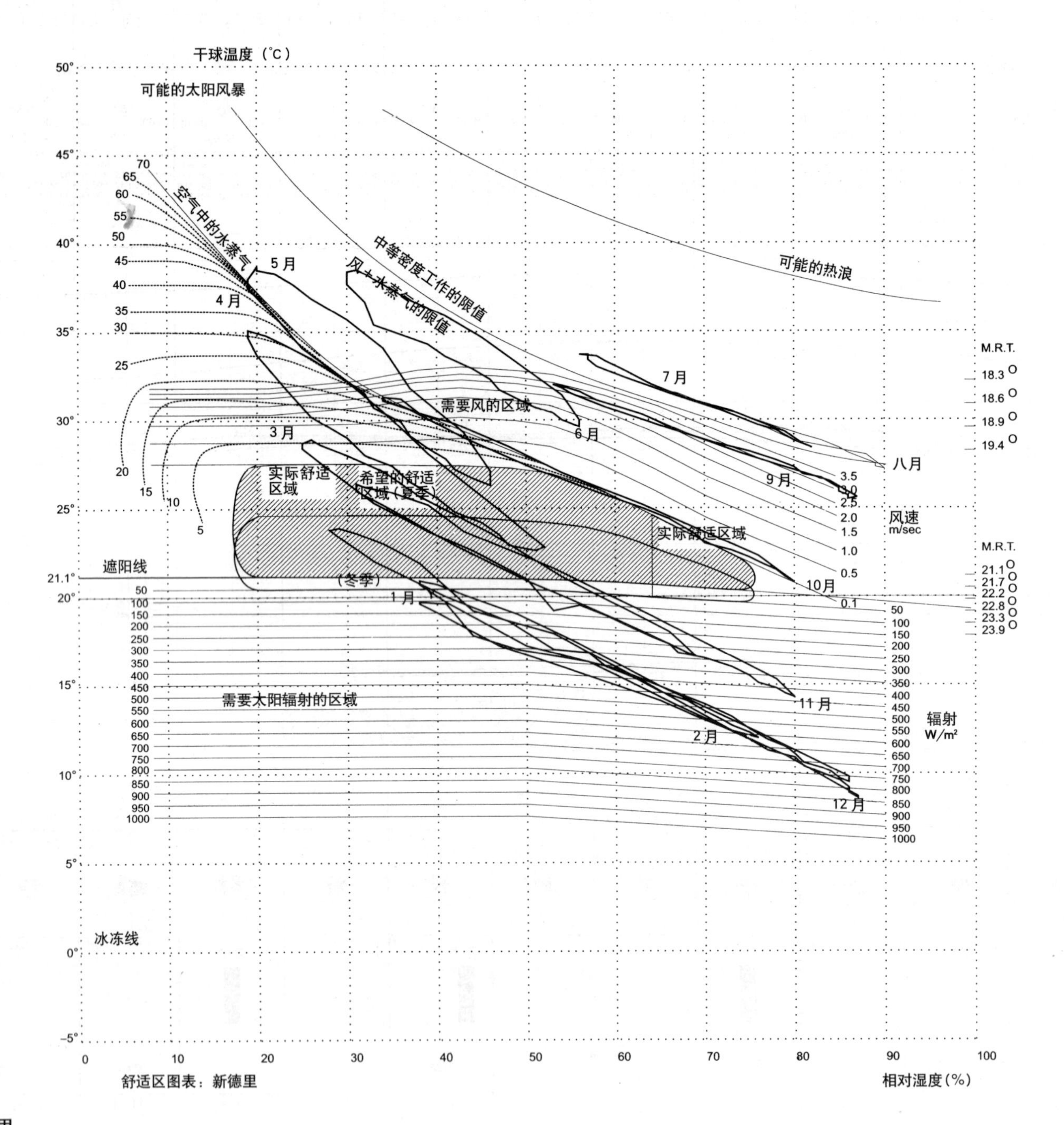


3.3.3 舒适区图表：新德里

| | 1月 | 2月 | 3月 | 4月 | 5月 | 6月 | 7月 | 8月 | 9月 | 10月 | 11月 | 12月 |
|---|---|---|---|---|---|---|---|---|---|---|---|---|
| 水平面 | **3231.0** | **4249.0** | **5390.0** | **6462.0** | **7079.0** | **7230.0** | **7079.0** | **6462.0** | **5390.0** | **4249.0** | **3231.0** | **2827.0** |
| 东／西墙 | **1529.0** | **1952.0** | **2288.0** | **2689.0** | **2798.0** | **2801.0** | **2798.0** | **2689.0** | **2288.0** | **1952.0** | **1529.0** | **1337.0** |
| 东北／西北 | **160.0** | **441.0** | **844.0** | **1535.0** | **2032.0** | **2206.0** | **2032.0** | **1535.0** | **844.0** | **441.0** | **160.0** | **81.0** |
| 东南／西南 | **3242.0** | **3259.0** | **2962.0** | **2496.0** | **2011.0** | **1817.0** | **2011.0** | **2496.0** | **2962.0** | **3259.0** | **3242.0** | **3161.0** |
| 南面 | **4371.0** | **3978.0** | **2988.0** | **1520.0** | **581.0** | **311.0** | **581.0** | **1520.0** | **2988.0** | **3978.0** | **4371.0** | **4351.0** |
| 北面 | **0.0** | **0.0** | **0.0** | **156.0** | **610.0** | **868.0** | **610.0** | **156.0** | **0.0** | **0.0** | **0.0** | **0.0** |

单位：$Wh/m^2 \cdot d$

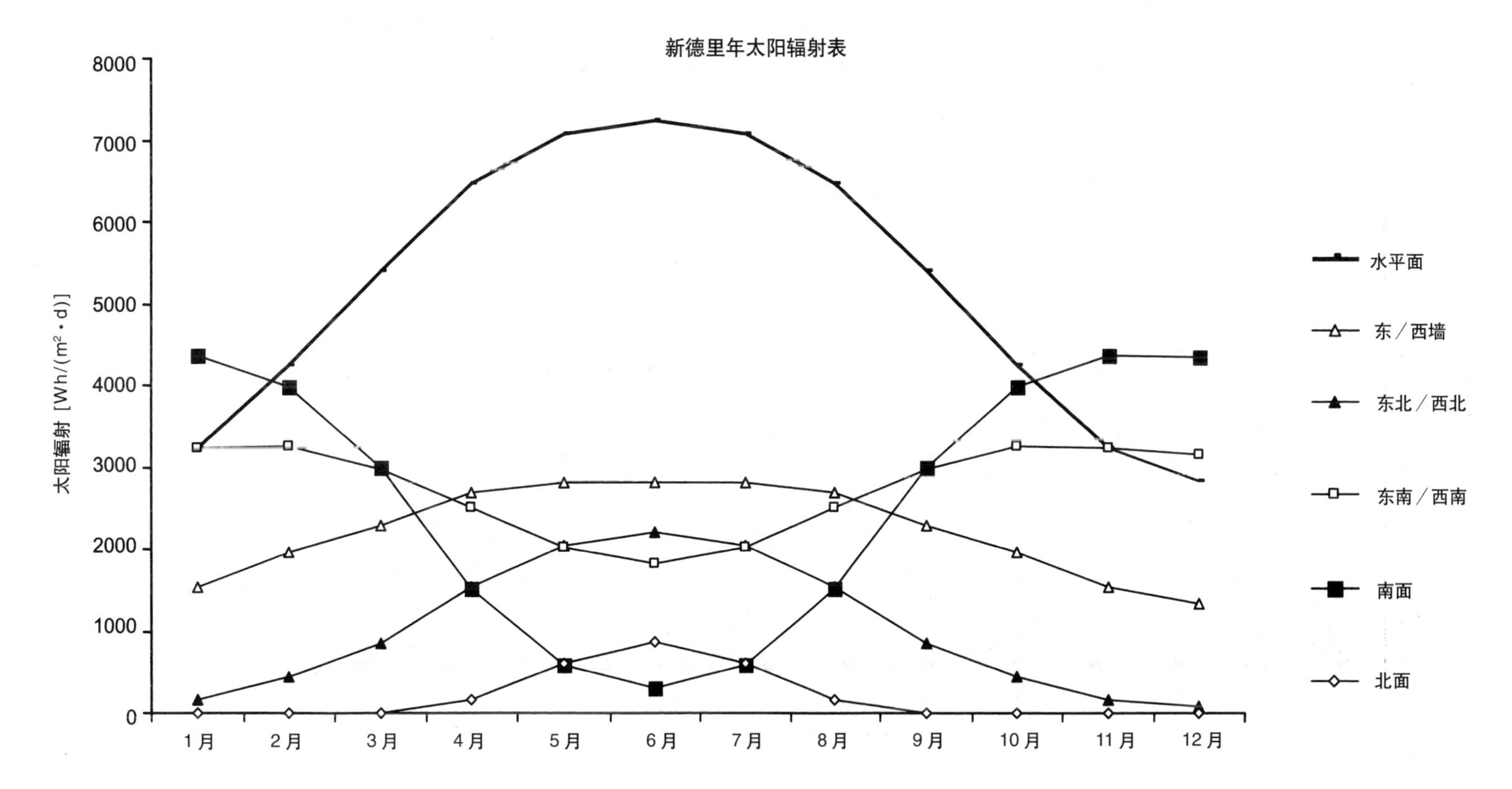


### 3.3.4 太阳辐射资料

| 时　　间 | 6 | 7 | 8 | 9 | 10 | 11 | 12 | 13 | 14 | 15 | 16 | 17 | 18 |
|---|---|---|---|---|---|---|---|---|---|---|---|---|---|
| 水平面 | 0 | 107.0 | 309.0 | 497.0 | 648.0 | 744.0 | 780.0 | 744.0 | 648.0 | 497.0 | 309.0 | 107.0 | 0 |
| 北墙 | 0 | 0.0 | 0.0 | 0.0 | 0.0 | 0.0 | 0.0 | 0.0 | 0.0 | 0.0 | 0.0 | 0.0 | 0 |
| 南墙 | 0 | 59.0 | 170.0 | 277.0 | 359.0 | 413.0 | 432.0 | 413.0 | 359.0 | 277.0 | 170.0 | 59.0 | 0 |
| 东墙 | 0 | 453.0 | 608.0 | 571.0 | 426.0 | 230.0 | 0.0 | 0.0 | 0.0 | 0.0 | 0.0 | 0.0 | 0 |
| 西墙 | 0 | 0.0 | 0.0 | 0.0 | 0.0 | 0.0 | 0.0 | 230.0 | 426.0 | 571.0 | 608.0 | 453.0 | 0 |
| 东北墙 | 0 | 279.0 | 310.0 | 207.0 | 48.0 | 0.0 | 0.0 | 0.0 | 0.0 | 0.0 | 0.0 | 0.0 | 0 |
| 东南墙 | 0 | 366.0 | 549.0 | 600.0 | 558.0 | 452.0 | 306.0 | 131.0 | 0.0 | 0.0 | 0.0 | 0.0 | 0 |
| 西北墙 | 0 | 0.0 | 0.0 | 0.0 | 0.0 | 0.0 | 0.0 | 0.0 | 48.0 | 207.0 | 310.0 | 279.0 | 0 |
| 西南墙 | 0 | 0.0 | 0.0 | 0.0 | 0.0 | 131.0 | 306.0 | 452.0 | 558.0 | 600.0 | 549.0 | 366.0 | 0 |

单位：Wh/m²·d

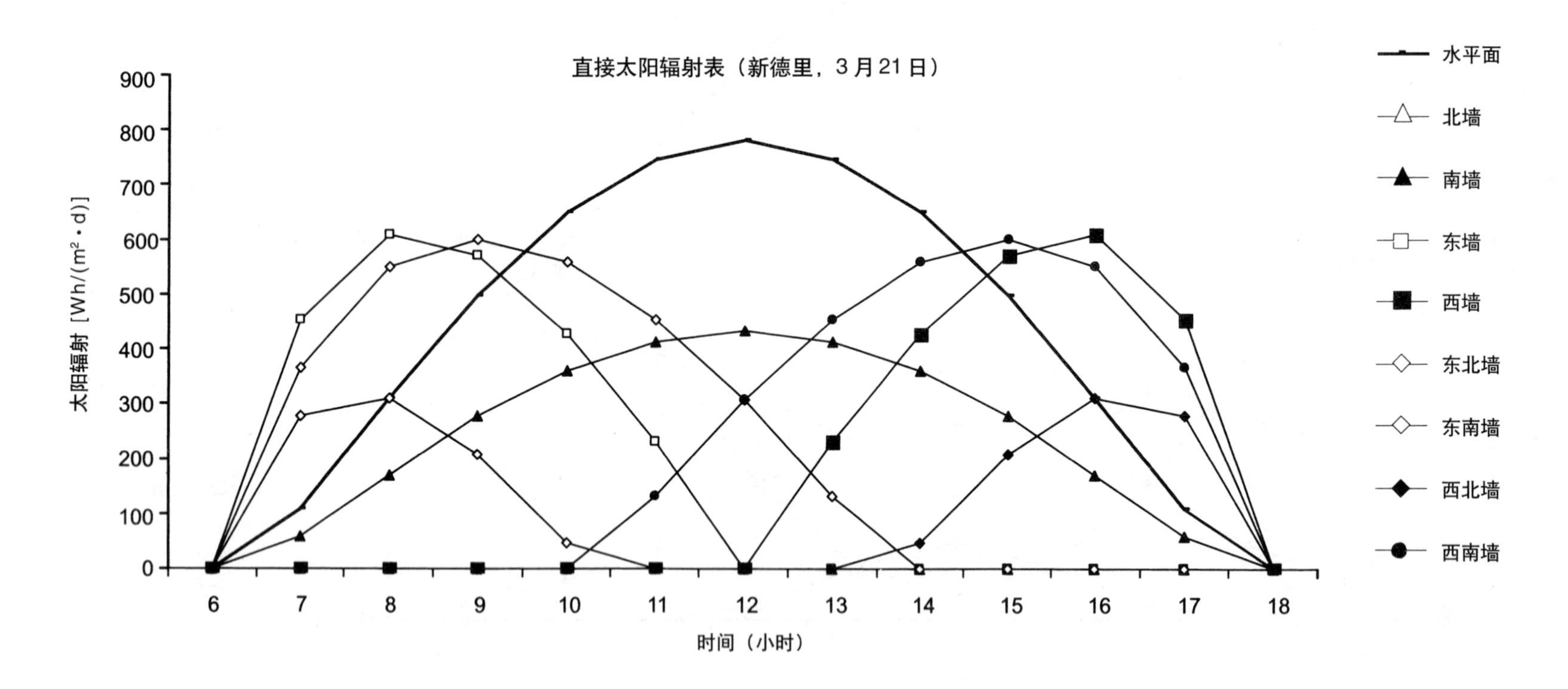

| 时 间 | 5 | 6 | 7 | 8 | 9 | 10 | 11 | 12 | 13 | 14 | 15 | 16 | 17 | 18 | 19 |
|---|---|---|---|---|---|---|---|---|---|---|---|---|---|---|---|
| 水平面 | 0 | 81.0 | 270.0 | 472.0 | 649.0 | 795.0 | 891.0 | 914.0 | 891.0 | 795.0 | 649.0 | 472.0 | 270.0 | 81.0 | 0 |
| 北墙 | 0 | 147.0 | 158.0 | 98.0 | 27.0 | 4.0 | 0.0 | 0.0 | 0.0 | 4.0 | 27.0 | 98.0 | 158.0 | 147.0 | 0 |
| 南墙 | 0 | 0.0 | 0.0 | 0.0 | 0.0 | 36.0 | 75.0 | 89.0 | 75.0 | 36.0 | 0.0 | 0.0 | 0.0 | 0.0 | 0 |
| 东墙 | 0 | 385.0 | 597.0 | 634.0 | 555.0 | 410.0 | 220.0 | 0.0 | 0.0 | 0.0 | 0.0 | 0.0 | 0.0 | 0.0 | 0 |
| 西墙 | 0 | 0.0 | 0.0 | 0.0 | 0.0 | 0.0 | 0.0 | 0.0 | 220.0 | 410.0 | 555.0 | 634.0 | 597.0 | 385.0 | 0 |
| 东北墙 | 0 | 376.0 | 531.0 | 520.0 | 413.0 | 265.0 | 101.0 | 0.0 | 0.0 | 0.0 | 0.0 | 0.0 | 0.0 | 0.0 | 0 |
| 东南墙 | 0 | 170.0 | 310.0 | 378.0 | 372.0 | 315.0 | 209.0 | 63.0 | 0.0 | 0.0 | 0.0 | 0.0 | 0.0 | 0.0 | 0 |
| 西北墙 | 0 | 0.0 | 0.0 | 0.0 | 0.0 | 0.0 | 0.0 | 0.0 | 101.0 | 265.0 | 413.0 | 520.0 | 531.0 | 376.0 | 0 |
| 西南墙 | 0 | 0.0 | 0.0 | 0.0 | 0.0 | 0.0 | 0.0 | 63.0 | 209.0 | 315.0 | 372.0 | 378.0 | 310.0 | 170.0 | 0 |

单位：Wh/m²·d

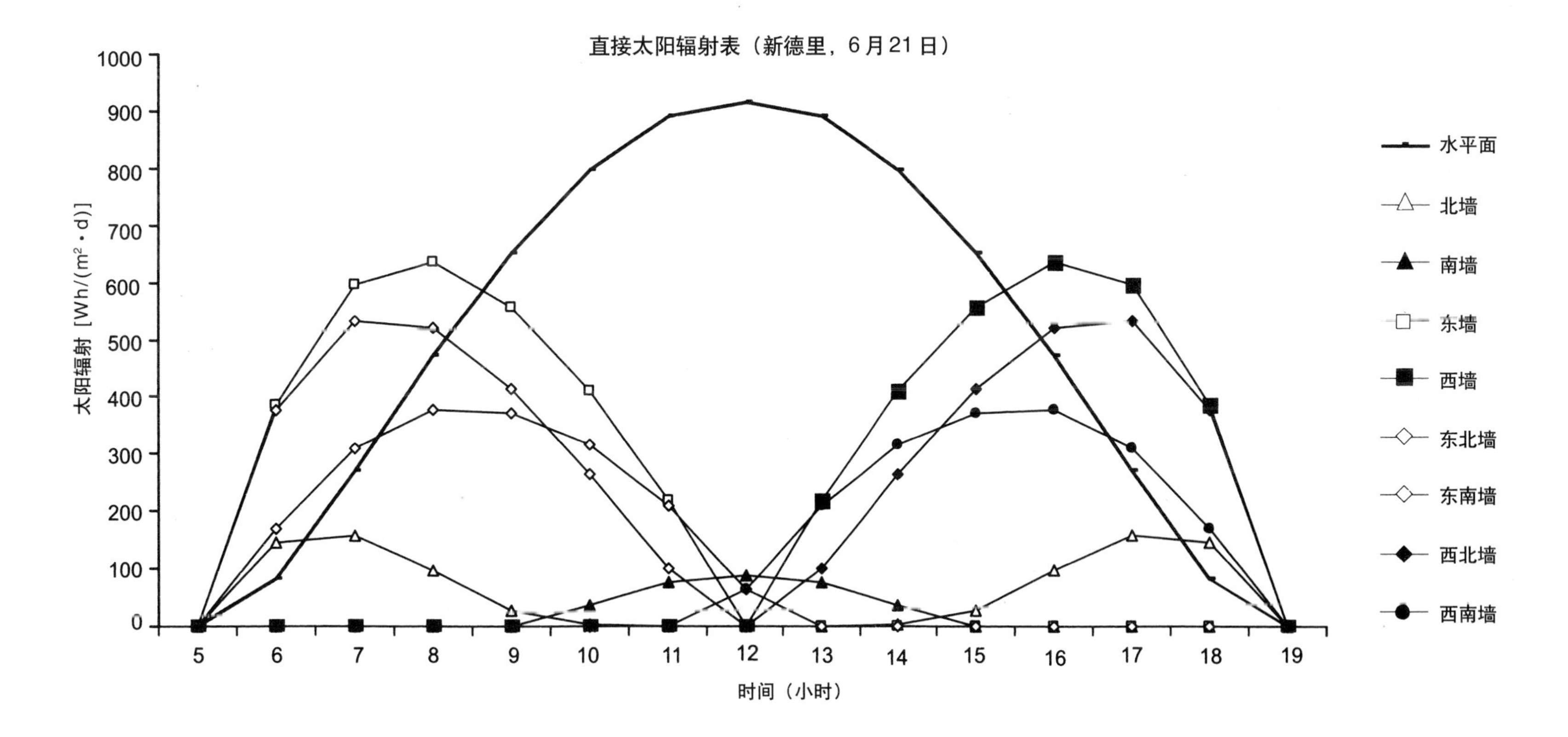

| 时　间 | 6 | 7 | 8 | 9 | 10 | 11 | 12 | 13 | 14 | 15 | 16 | 17 | 18 |
|---|---|---|---|---|---|---|---|---|---|---|---|---|---|
| 水平面 | 0.0 | 1.0 | 93.0 | 242.0 | 374.0 | 459.0 | 489.0 | 459.0 | 374.0 | 242.0 | 93.0 | 1.0 | 0.0 |
| 北墙 | 0.0 | 0.0 | 0.0 | 0.0 | 0.0 | 0.0 | 0.0 | 0.0 | 0.0 | 0.0 | 0.0 | 0.0 | 0.0 |
| 南墙 | 0.0 | 19.0 | 252.0 | 427.0 | 548.0 | 612.0 | 635.0 | 612.0 | 548.0 | 427.0 | 252.0 | 19.0 | 0.0 |
| 东墙 | 0.0 | 34.0 | 352.0 | 421.0 | 343.0 | 187.0 | 0.0 | 0.0 | 0.0 | 0.0 | 0.0 | 0.0 | 0.0 |
| 西墙 | 0.0 | 0.0 | 0.0 | 0.0 | 0.0 | 0.0 | 0.0 | 187.0 | 343.0 | 421.0 | 352.0 | 34.0 | 0.0 |
| 东北墙 | 0.0 | 11.0 | 69.0 | 1.0 | 0.0 | 0.0 | 0.0 | 0.0 | 0.0 | 0.0 | 0.0 | 0.0 | 0.0 |
| 东南墙 | 0.0 | 35.0 | 428.0 | 601.0 | 627.0 | 568.0 | 447.0 | 301.0 | 146.0 | 8.0 | 0.0 | 0.0 | 0.0 |
| 西北墙 | 0.0 | 0.0 | 0.0 | 0.0 | 0.0 | 0.0 | 0.0 | 0.0 | 0.0 | 1.0 | 69.0 | 11.0 | 0.0 |
| 西南墙 | 0.0 | 0.0 | 0.0 | 8.0 | 146.0 | 301.0 | 447.0 | 568.0 | 627.0 | 601.0 | 428.0 | 35.0 | 0.0 |

单位：Wh/m²·d

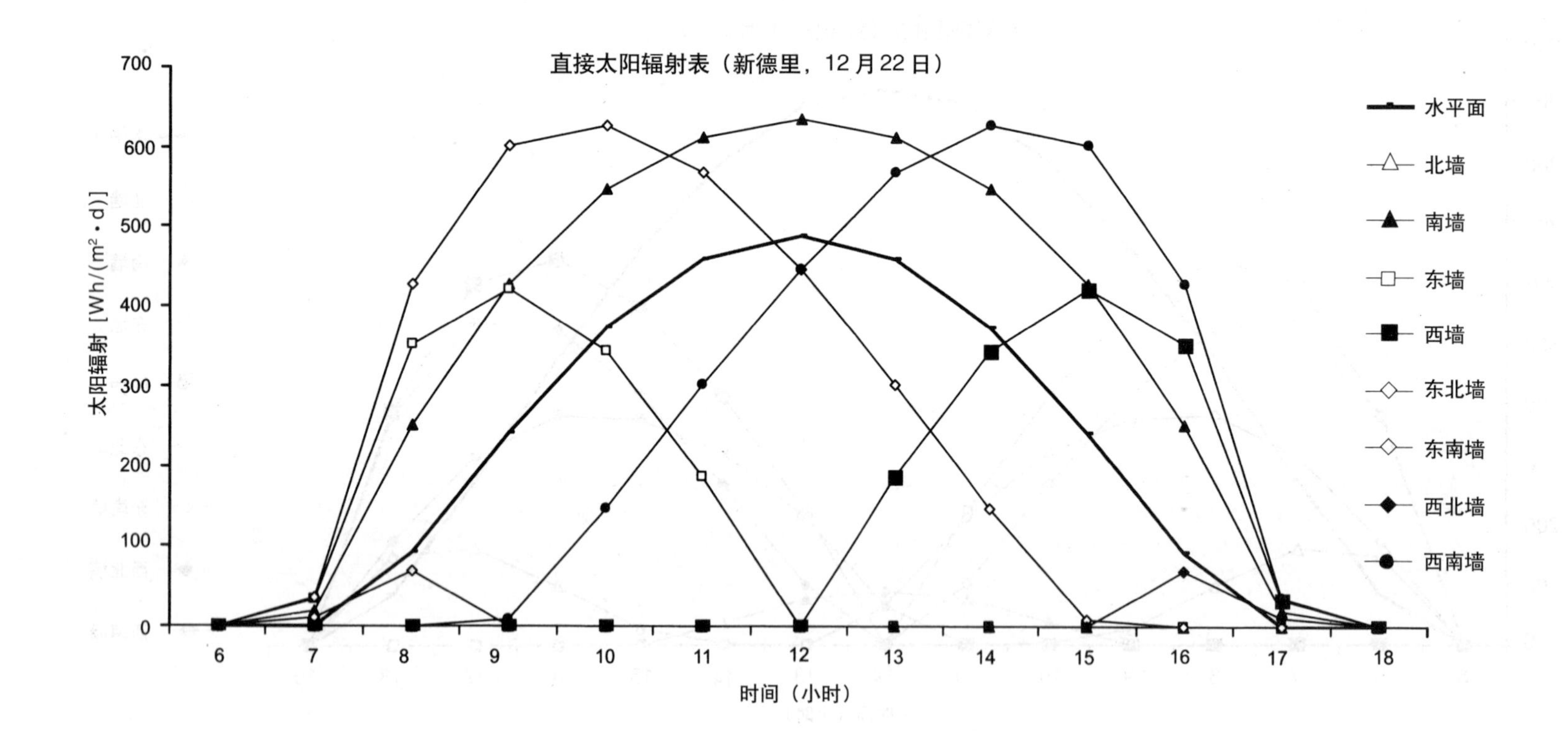

### 3.3.5 新德里马奥尼（Mahoney）表

表1

地点：新德里
经度：东经77° 12′
纬度：北纬28° 35′
海拔：216m

气温：℃

| | 1月 | 2月 | 3月 | 4月 | 5月 | 6月 | 7月 | 8月 | 9月 | 10月 | 11月 | 12月 |
|---|---|---|---|---|---|---|---|---|---|---|---|---|
| 月平均最高 | 19.7 | 23.9 | 28.9 | 35.1 | 38.5 | 38.5 | 33.7 | 31.6 | 32 | 31.3 | 26.4 | 20.9 |
| 月平均最低 | 8.6 | 12 | 16.6 | 22.8 | 27.1 | 30 | 28.6 | 27.2 | 25.6 | 20.8 | 14.3 | 9.5 |
| 月均振幅 | 11.1 | 11.9 | 12.3 | 12.3 | 11.4 | 8.5 | 5.1 | 4.4 | 6.4 | 10.5 | 12.1 | 11.4 |

月平均最高：38.5　　月平均温度：23.55
月平均最低：8.5　　月均差：29.0

相对湿度：%

| | 1月 | 2月 | 3月 | 4月 | 5月 | 6月 | 7月 | 8月 | 9月 | 10月 | 11月 | 12月 |
|---|---|---|---|---|---|---|---|---|---|---|---|---|
| 月平均最高(上午) | 87 | 76 | 69 | 52 | 46 | 56 | 81 | 90 | 87 | 80 | 80 | 86 |
| 月平均最低（下午） | 38 | 29 | 26 | 19 | 20 | 31 | 56 | 66 | 53 | 34 | 31 | 38 |
| 平均 | 62.5 | 52.5 | 47.5 | 35.5 | 33 | 43.5 | 68.5 | 78 | 70 | 57 | 55.5 | 62 |
| 湿度分组 | 3 | 3 | 2 | 2 | 2 | 2 | 3 | 4 | 3 | 3 | 3 | 3 |

降雨量

| | 1月 | 2月 | 3月 | 4月 | 5月 | 6月 | 7月 | 8月 | 9月 | 10月 | 11月 | 12月 |
|---|---|---|---|---|---|---|---|---|---|---|---|---|
| 降雨量(mm) | 24.9 | 21.8 | 16.5 | 6.8 | 7.9 | 65 | 211.1 | 172.9 | 149.7 | 31.2 | 1.2 | 5.2 |

年总降雨量714.2mm

风
数据取自上午8：30

| | 1月 | 2月 | 3月 | 4月 | 5月 | 6月 | 7月 | 8月 | 9月 | 10月 | 11月 | 12月 |
|---|---|---|---|---|---|---|---|---|---|---|---|---|
| 主导风向 | W | W | W | W | W | W | E | W | W | W | W | W |
| 次要风向 | NE/SE | NE | NE | NW | NW | NW | SE | SE | NW | N | N | N |

湿度分组：1—平均相对湿度低于30%
2—平均相对湿度在30%—50%
3—平均相对湿度在50%—70%
4—平均相对湿度高于70%

表2

| 预测（℃） | 1月 | 2月 | 3月 | 4月 | 5月 | 6月 | 7月 | 8月 | 9月 | 10月 | 11月 | 12月 |
|---|---|---|---|---|---|---|---|---|---|---|---|---|
| 月平均最高 | 19.7 | 23.9 | 28.9 | 35.1 | 38.5 | 38.5 | 33.7 | 31.6 | 32 | 31.3 | 26.4 | 20.9 |
| 日舒适上限 | 29 | 29 | 31 | 31 | 31 | 31 | 29 | 27 | 28 | 29 | 29 | 29 |
| 日舒适下限 | 23 | 23 | 25 | 25 | 25 | 25 | 23 | 22 | 23 | 23 | 23 | 23 |
| 月平均最低 | 8.6 | 12 | 16.6 | 22.8 | 27.1 | 30 | 28.6 | 27.2 | 25.6 | 20.8 | 14.3 | 9.5 |
| 夜舒适上限 | 23 | 23 | 24 | 24 | 24 | 24 | 23 | 21 | 23 | 23 | 23 | 23 |
| 夜舒适下限 | 17 | 17 | 17 | 17 | 17 | 17 | 17 | 17 | 17 | 17 | 17 | 17 |
| 日间热感觉 | C | O | O | H | H | H | H | H | H | H | O | C |
| 夜间热感觉 | C | C | C | O | H | H | H | H | H | O | C | C |

H—热　　超出上限

O—舒适　　在限度之内

C—冷　　低于下限

分析

| 湿度分组 | 月平均温度>20℃ | | 月平均温度15–20℃ | | 月平均温度<15℃ | |
|---|---|---|---|---|---|---|
| | 白天 | 晚上 | 白天 | 晚上 | 白天 | 晚上 |
| 1 | 26–34 | 17–25 | 23–32 | 14–23 | 21–30 | 12–21 |
| 2 | 25–31 | 17–24 | 22–30 | 14–22 | 20–27 | 12–20 |
| 3 | 23–29 | 17–23 | 21–28 | 14–21 | 19–26 | 12–19 |
| 4 | 22–27 | 17–21 | 20–25 | 14–20 | 18–24 | 12–18 |

## 3.4 气候类型：干热区

### 典型地形和植被

- 地势相对平坦；
- 多沙石；
- 植被稀少，主要由草、仙人掌、灌木丛和矮树林构成；
- 地下水位低。

### 太阳辐射

- 强（800—950W/m²）。

### 平均气温

- 夏日中午　40—45℃
- 夏日夜间　20—30℃
- 冬日中午　5—25℃
- 冬日夜间　0—10℃
- 白天温差　15—20℃

### 相对湿度

- 非常小（25%—40%）。

### 降水

- 少，全年不足500mm。

### 风

- 下午有沙尘暴，夜间有旋风。

### 天气状况

- 天空无云，辐射强，空气中有沙尘的地方光线十分耀眼；
- 偶尔由于有沙尘，天空阴暗。

### 其他

- 地面和周围物体散发的热使人下午感到不适。

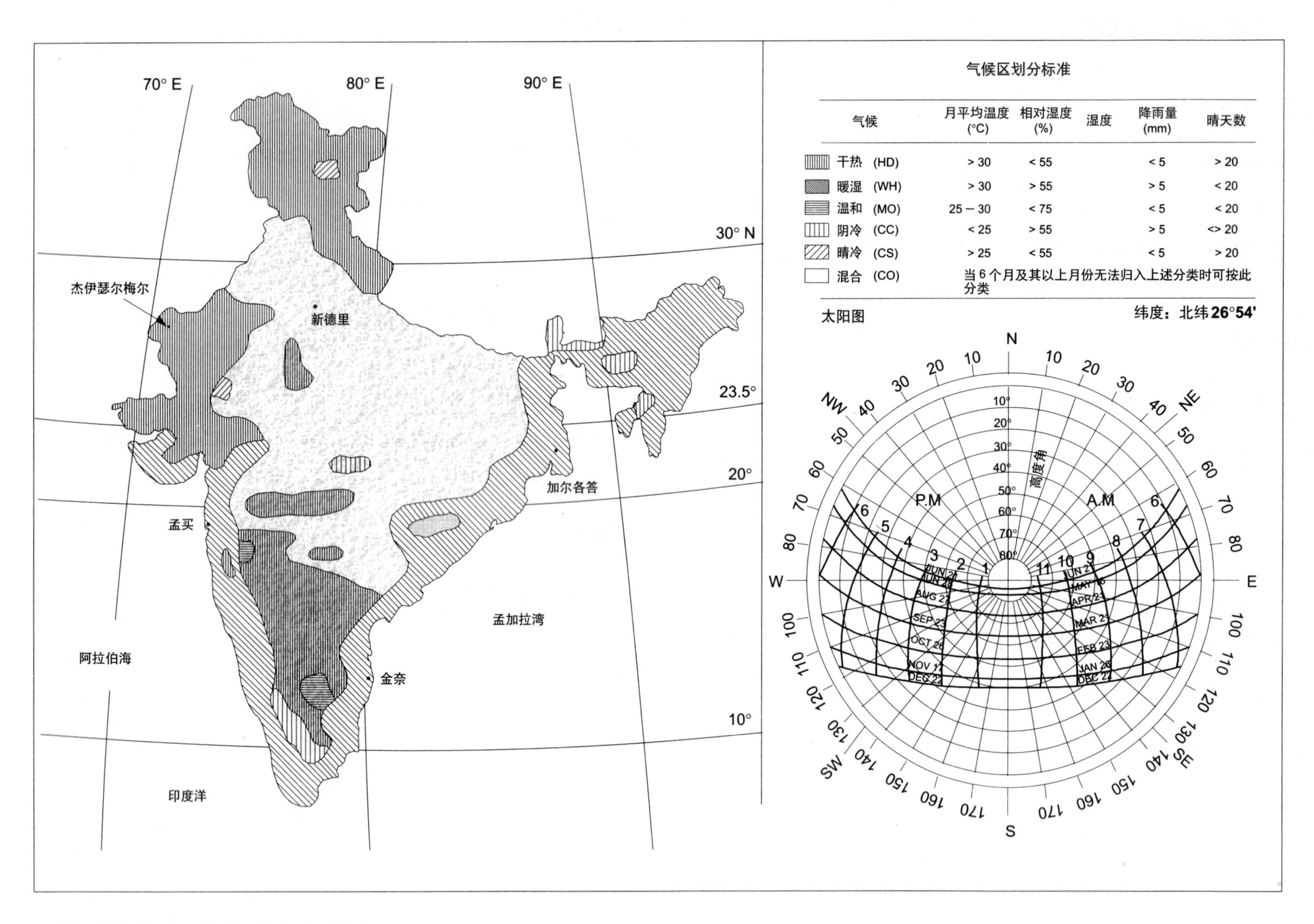


气候区划分标准

| 气候 | 月平均温度 (°C) | 相对湿度 (%) | 湿度 | 降雨量 (mm) | 晴天数 |
|---|---|---|---|---|---|
| 干热 (HD) | > 30 | < 55 | | < 5 | > 20 |
| 暖湿 (WH) | > 30 | > 55 | | > 5 | < 20 |
| 温和 (MO) | 25 – 30 | < 75 | | < 5 | < 20 |
| 阴冷 (CC) | < 25 | > 55 | | > 5 | <> 20 |
| 晴冷 (CS) | > 25 | < 55 | | < 5 | > 20 |
| 混合 (CO) | 当6个月及其以上月份无法归入上述分类时可按此分类 | | | | |

3.4.1 气候分类表：杰伊瑟尔梅尔（干热区）

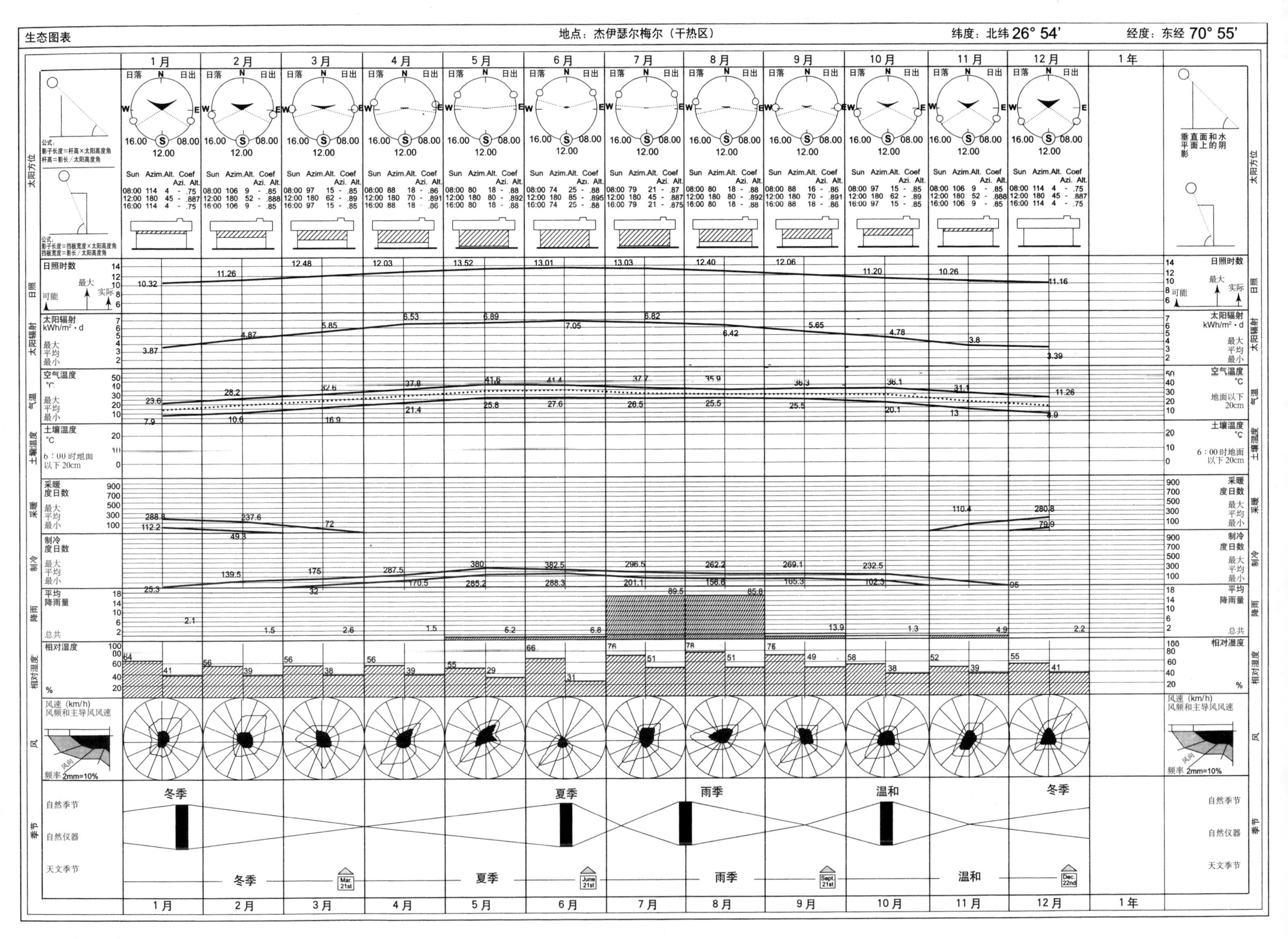
生态图表
地点：杰伊瑟尔梅尔（干热区）
纬度：北纬 26° 54'
经度：东经 70° 55'
1月
2月
3月
4月
5月
6月
7月
8月
9月
10月
11月
12月
1年
太阳方位
日照
日照时数
太阳辐射
kWh/m²·d
气温
空气温度
土壤温度
6：00 时地面以下 20cm
采暖
采暖度日数
制冷
制冷度日数
降雨
平均降雨量
总共
相对湿度
风
风速（km/h）
风频和主导风风速
频率 2mm=10%
季节
自然季节
自然仪器
天文季节
冬季
夏季
雨季
温和
垂直面和水平面上的阴影

## 3.4.2 生态图表

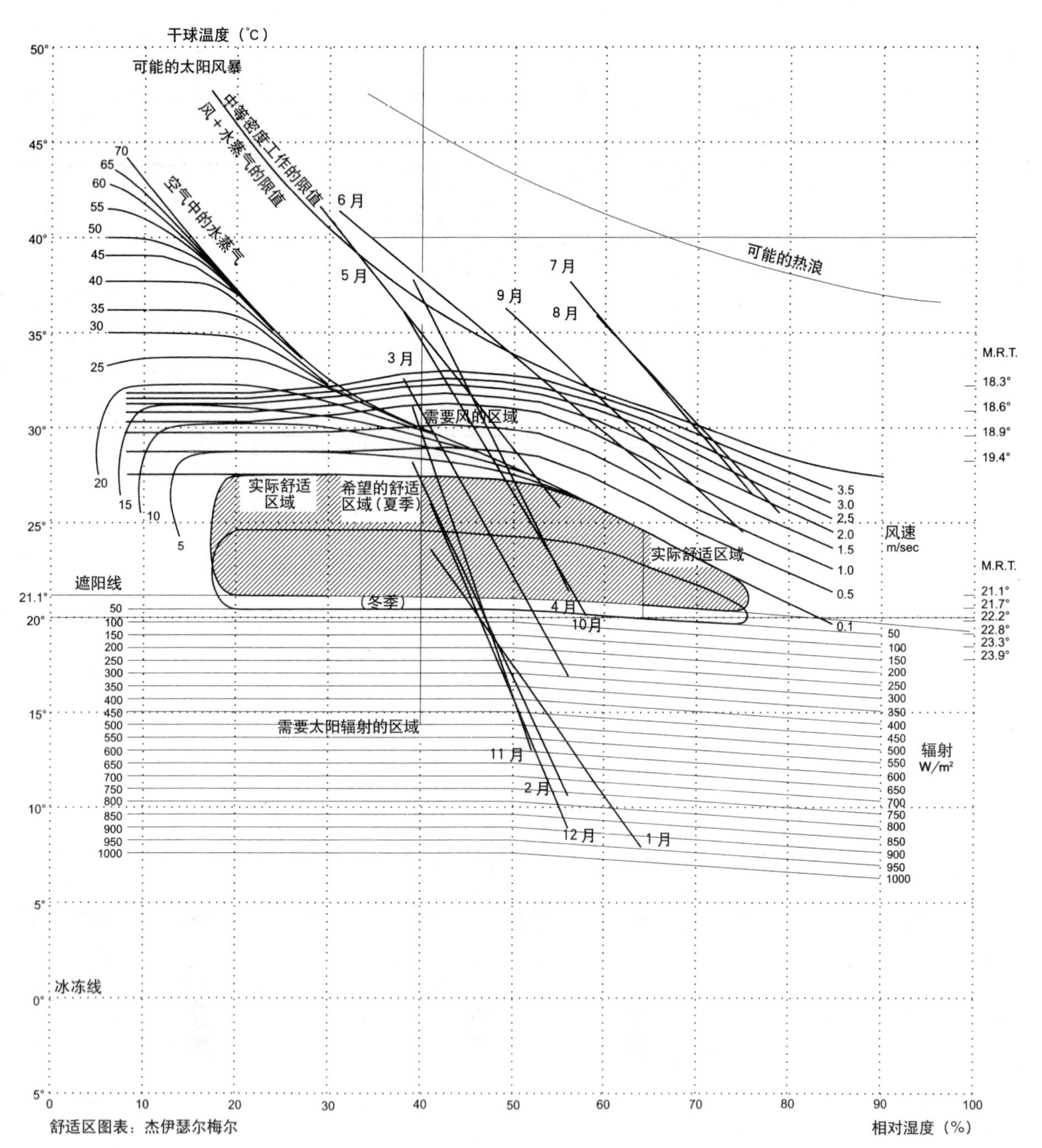


3.4.3 舒适区图表：杰伊瑟尔梅尔

| | 1月 | 2月 | 3月 | 4月 | 5月 | 6月 | 7月 | 8月 | 9月 | 10月 | 11月 | 12月 |
|---|---|---|---|---|---|---|---|---|---|---|---|---|
| 水平面 | 3443.0 | 4437.0 | 5530.0 | 6516.0 | 7057.0 | 7180.0 | 7057.0 | 6516.0 | 5530.0 | 4437.0 | 3443.0 | 3051.0 |
| 东／西墙 | 1597.0 | 1996.0 | 2304.0 | 2677.0 | 2774.0 | 2773.0 | 2774.0 | 2677.0 | 2304.0 | 1996.0 | 1597.0 | 1421.0 |
| 东北／西北 | 190.0 | 473.0 | 892.0 | 1585.0 | 2086.0 | 2258.0 | 2086.0 | 1585.0 | 892.0 | 473.0 | 190.0 | 103.0 |
| 东南／西南 | 3266.0 | 3217.0 | 2886.0 | 2388.0 | 1903.0 | 1701.0 | 1903.0 | 2388.0 | 2886.0 | 3217.0 | 3266.0 | 3213.0 |
| 南面 | 4363.0 | 3874.0 | 2814.0 | 1310.0 | 413.0 | 183.0 | 413.0 | 1310.0 | 2814.0 | 3874.0 | 4363.0 | 4393.0 |
| 北面 | 0.0 | 0.0 | 0.0 | 168.0 | 670.0 | 964.0 | 670.0 | 168.0 | 0.0 | 0.0 | 0.0 | 0.0 |

单位：Wh/m²·d

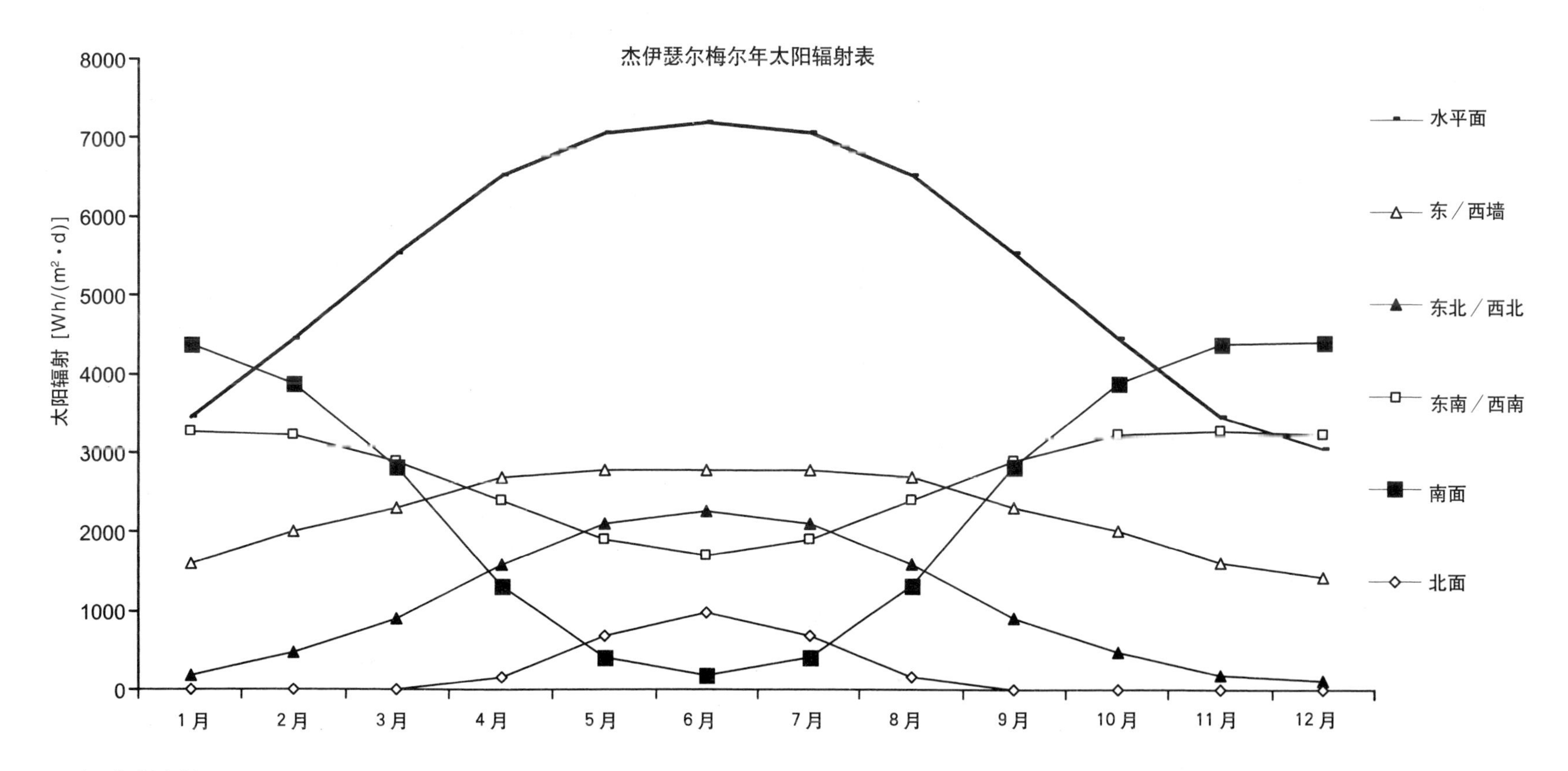


## 3.4.4 太阳辐射资料

| 时　　间 | 6 | 7 | 8 | 9 | 10 | 11 | 12 | 13 | 14 | 15 | 16 | 17 | 18 |
|---|---|---|---|---|---|---|---|---|---|---|---|---|---|
| 水平面 | 0 | 111.0 | 317.0 | 511.0 | 664.0 | 762.0 | 800.0 | 762.0 | 664.0 | 511.0 | 317.0 | 111.0 | 0 |
| 北墙 | 0 | 0.0 | 0.0 | 0.0 | 0.0 | 0.0 | 0.0 | 0.0 | 0.0 | 0.0 | 0.0 | 0.0 | 0 |
| 南墙 | 0 | 57.0 | 160.0 | 261.0 | 337.0 | 389.0 | 406.0 | 389.0 | 337.0 | 261.0 | 160.0 | 57.0 | 0 |
| 东墙 | 0 | 459.0 | 614.0 | 573.0 | 428.0 | 230.0 | 0.0 | 0.0 | 0.0 | 0.0 | 0.0 | 0.0 | 0 |
| 西墙 | 0 | 0.0 | 0.0 | 0.0 | 0.0 | 0.0 | 0.0 | 230.0 | 428.0 | 573.0 | 614.0 | 459.0 | 0 |
| 东北墙 | 0 | 287.0 | 320.0 | 221.0 | 64.0 | 0.0 | 0.0 | 0.0 | 0.0 | 0.0 | 0.0 | 0.0 | 0 |
| 东南墙 | 0 | 368.0 | 547.0 | 590.0 | 544.0 | 436.0 | 288.0 | 113.0 | 0.0 | 0.0 | 0.0 | 0.0 | 0 |
| 西北墙 | 0 | 0.0 | 0.0 | 0.0 | 0.0 | 0.0 | 0.0 | 0.0 | 64.0 | 221.0 | 320.0 | 287.0 | 0 |
| 西南墙 | 0 | 0.0 | 0.0 | 0.0 | 0.0 | 113.0 | 288.0 | 436.0 | 544.0 | 590.0 | 547.0 | 368.0 | 0 |

单位：Wh/m²·d

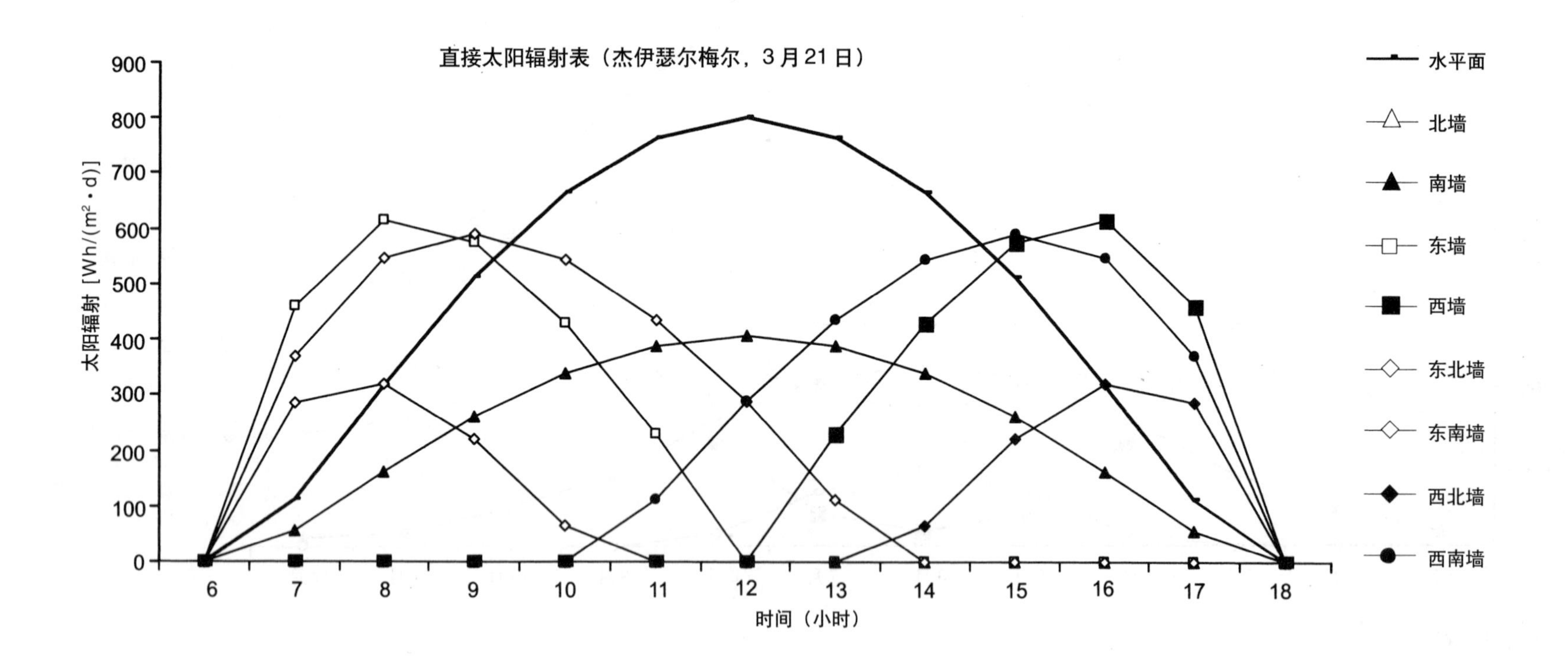

| 时间 | 5 | 6 | 7 | 8 | 9 | 10 | 11 | 12 | 13 | 14 | 15 | 16 | 17 | 18 | 19 |
|---|---|---|---|---|---|---|---|---|---|---|---|---|---|---|---|
| 水平面 | 0 | 73.0 | 260.0 | 466.0 | 647.0 | 795.0 | 893.0 | 912.0 | 893.0 | 795.0 | 647.0 | 466.0 | 260.0 | 73.0 | 0 |
| 北墙 | 0 | 141.0 | 164.0 | 114.0 | 51.0 | 12.0 | 0.0 | 0.0 | 0.0 | 12.0 | 51.0 | 114.0 | 164.0 | 141.0 | 0 |
| 南墙 | 0 | 0.0 | 0.0 | 0.0 | 0.0 | 18.0 | 45.0 | 57.0 | 45.0 | 18.0 | 0.0 | 0.0 | 0.0 | 0.0 | 0 |
| 东墙 | 0 | 365.0 | 591.0 | 632.0 | 555.0 | 410.0 | 220.0 | 0.0 | 0.0 | 0.0 | 0.0 | 0.0 | 0.0 | 0.0 | 0 |
| 西墙 | 0 | 0.0 | 0.0 | 0.0 | 0.0 | 0.0 | 0.0 | 0.0 | 220.0 | 410.0 | 555.0 | 632.0 | 591.0 | 365.0 | 0 |
| 东北墙 | 0 | 358.0 | 533.0 | 530.0 | 429.0 | 285.0 | 123.0 | 0.0 | 0.0 | 0.0 | 0.0 | 0.0 | 0.0 | 0.0 | 0 |
| 东南墙 | 0 | 160.0 | 300.0 | 364.0 | 356.0 | 295.0 | 187.0 | 39.0 | 0.0 | 0.0 | 0.0 | 0.0 | 0.0 | 0.0 | 0 |
| 西北墙 | 0 | 0.0 | 0.0 | 0.0 | 0.0 | 0.0 | 0.0 | 0.0 | 123.0 | 285.0 | 429.0 | 530.0 | 533.0 | 358.0 | 0 |
| 西南墙 | 0 | 0.0 | 0.0 | 0.0 | 0.0 | 0.0 | 0.0 | 39.0 | 187.0 | 295.0 | 356.0 | 364.0 | 300.0 | 160.0 | 0 |

单位：$Wh/m^2 \cdot d$

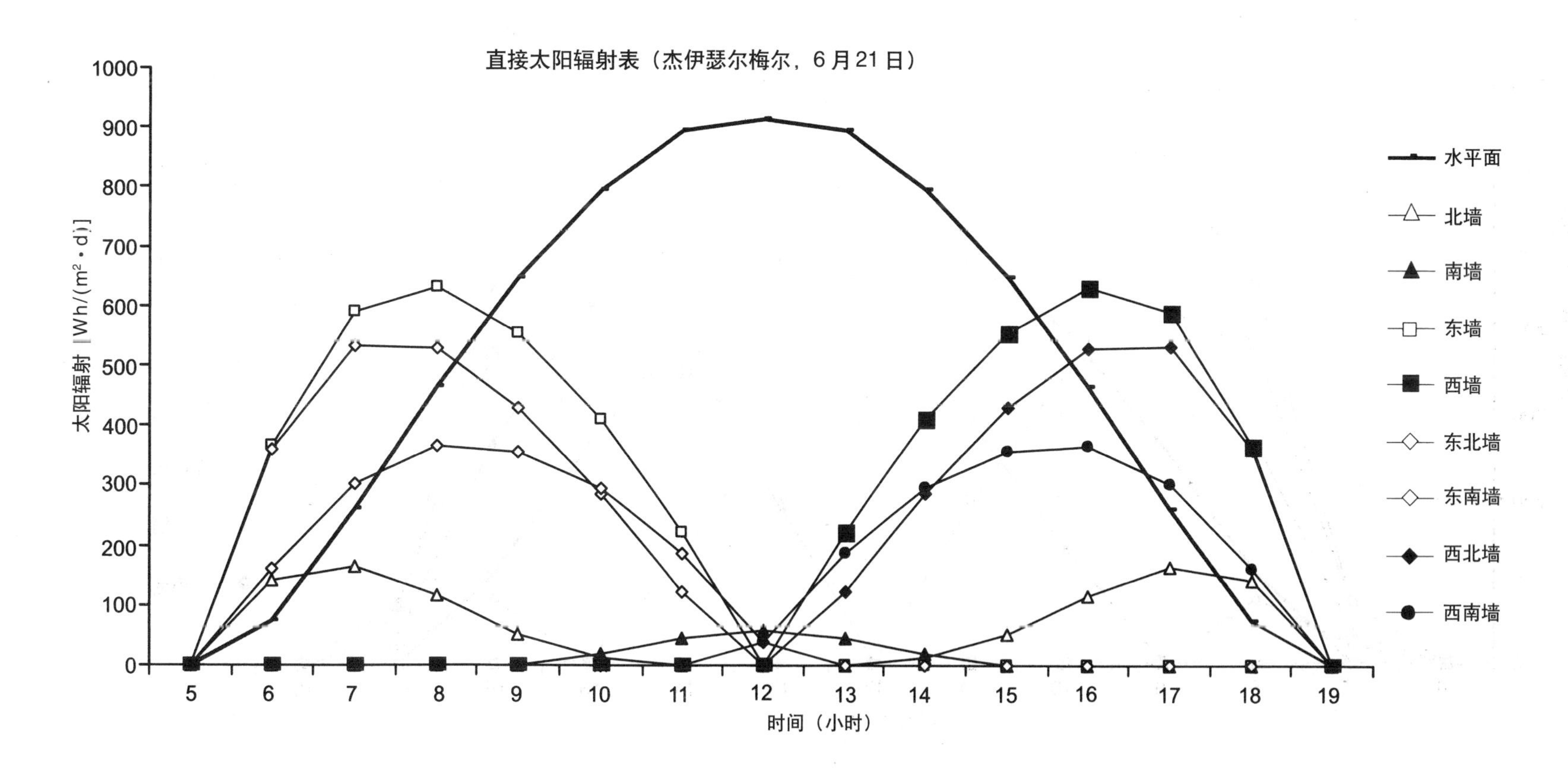

| 时间 HOURS | 6 | 7 | 8 | 9 | 10 | 11 | 12 | 13 | 14 | 15 | 16 | 17 | 18 |
|---|---|---|---|---|---|---|---|---|---|---|---|---|---|
| 水平面 | 0 | 3.0 | 109.0 | 266.0 | 402.0 | 487.0 | 517.0 | 487.0 | 402.0 | 266.0 | 109.0 | 3.0 | 0 |
| 北墙 | 0 | 0.0 | 0.0 | 0.0 | 0.0 | 0.0 | 0.0 | 0.0 | 0.0 | 0.0 | 0.0 | 0.0 | 0 |
| 南墙 | 0 | 37.0 | 266.0 | 431.0 | 544.0 | 606.0 | 625.0 | 606.0 | 544.0 | 431.0 | 266.0 | 37.0 | 0 |
| 东墙 | 0 | 72.0 | 376.0 | 433.0 | 349.0 | 191.0 | 0.0 | 0.0 | 0.0 | 0.0 | 0.0 | 0.0 | 0 |
| 西墙 | 0 | 0.0 | 0.0 | 0.0 | 0.0 | 0.0 | 0.0 | 191.0 | 349.0 | 433.0 | 376.0 | 72.0 | 0 |
| 东北墙 | 0 | 23.0 | 77.0 | 3.0 | 0.0 | 0.0 | 0.0 | 0.0 | 0.0 | 0.0 | 0.0 | 0.0 | 0 |
| 东南墙 | 0 | 75.0 | 454.0 | 613.0 | 631.0 | 564.0 | 441.0 | 293.0 | 138.0 | 4.0 | 0.0 | 0.0 | 0 |
| 西北墙 | 0 | 0.0 | 0.0 | 0.0 | 0.0 | 0.0 | 0.0 | 0.0 | 0.0 | 3.0 | 77.0 | 23.0 | 0 |
| 西南墙 | 0 | 0.0 | 0.0 | 4.0 | 138.0 | 293.0 | 441.0 | 564.0 | 631.0 | 613.0 | 454.0 | 75.0 | 0 |

单位：Wh/m²·d

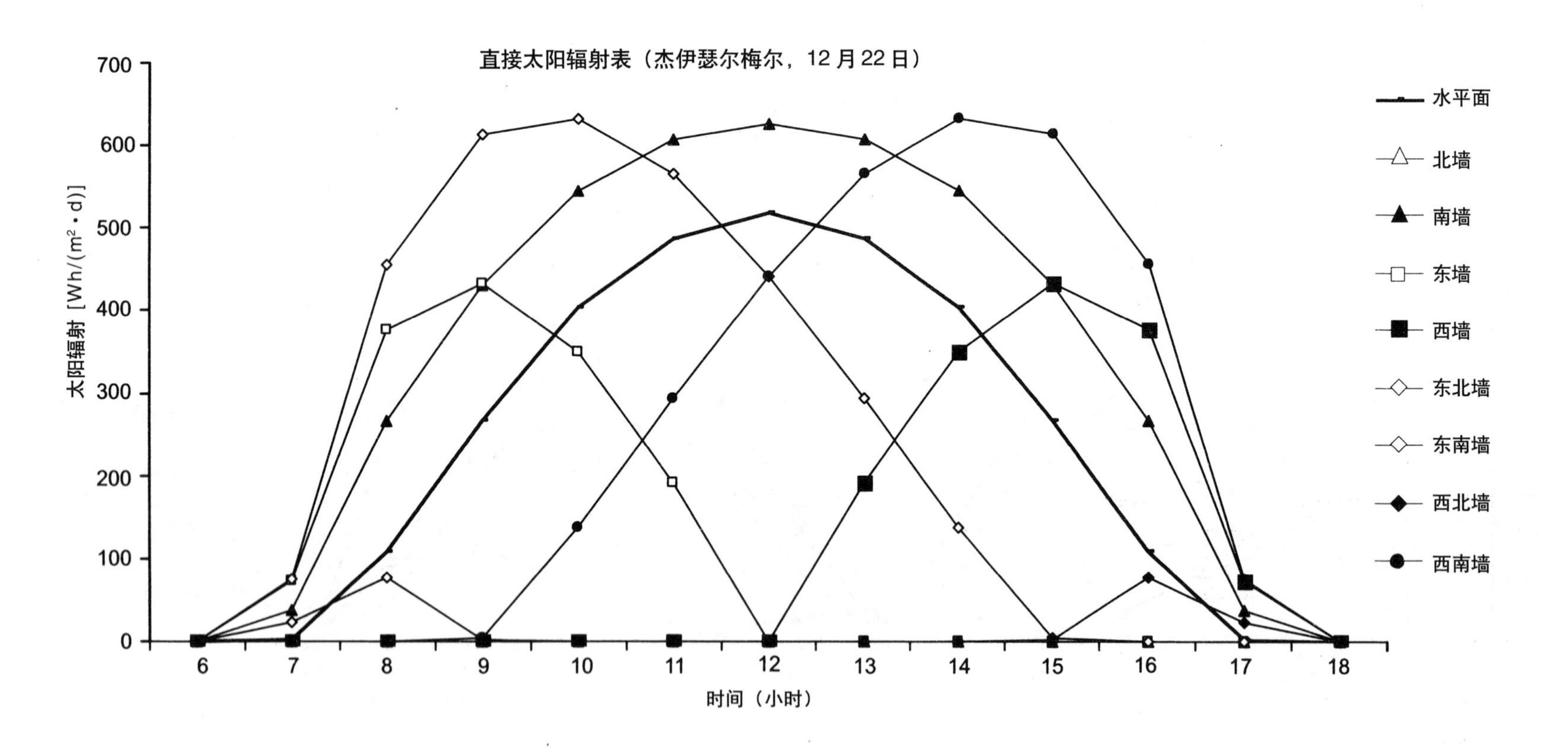

### 3.4.5 杰伊瑟尔梅尔马奥尼（Mahoney）表

表 1

地点：杰伊瑟尔梅尔
经度：东经 70° 55′
纬度：北纬 26° 54′
海拔：242m

气温：℃

| | 1月 | 2月 | 3月 | 4月 | 5月 | 6月 | 7月 | 8月 | 9月 | 10月 | 11月 | 12月 |
|---|---|---|---|---|---|---|---|---|---|---|---|---|
| 月平均最高 | 21.0 | 26.5 | 32 | 36.5 | 40.2 | 40.3 | 35.9 | 34.4 | 34.7 | 34.3 | 28.8 | 23.6 |
| 月平均最低 | 10.4 | 14.1 | 21 | 25.8 | 29.3 | 30.4 | 28.5 | 27.2 | 26.9 | 25.1 | 19.4 | 12.3 |
| 月均振幅 | 11.5 | 12.4 | 11 | 10.7 | 10.9 | 9.9 | 7.4 | 7.2 | 7.8 | 9.2 | 9.4 | 11.3 |

月平均最高：40.3　月平均温度：25.35
月平均最低：10.4　月均差：29.9

相对湿度：%

| | 1月 | 2月 | 3月 | 4月 | 5月 | 6月 | 7月 | 8月 | 9月 | 10月 | 11月 | 12月 |
|---|---|---|---|---|---|---|---|---|---|---|---|---|
| 月平均最高(上午) | 64 | 56 | 56 | 56 | 55 | 67 | 76 | 76 | 75 | 58 | 52 | 56 |
| 月平均最低（下午） | 41 | 39 | 37 | 39 | 29 | 32 | 51 | 59 | 49 | 38 | 39 | 41 |
| 平均 | 52.5 | 47.5 | 47 | 47.5 | 42 | 49.5 | 63.5 | 69 | 62 | 48 | 45.5 | 48.5 |
| 湿度分组 | 3 | 2 | 2 | 2 | 2 | 2 | 3 | 3 | 3 | 2 | 2 | 2 |

湿度分组：1 —平均相对湿度低于 30%
2 —平均相对湿度在 30% — 50%
3 —平均相对湿度在 50% — 70%
4 —平均相对湿度高于 70%

降雨量

| | 1月 | 2月 | 3月 | 4月 | 5月 | 6月 | 7月 | 8月 | 9月 | 10月 | 11月 | 12月 |
|---|---|---|---|---|---|---|---|---|---|---|---|---|
| 降雨量(mm) | 2.1 | 1.2 | 2.6 | 1.5 | 5.2 | 6.8 | 89.5 | 85.8 | 13.9 | 1.3 | 4.9 | 2.2 |

年总降雨量 217mm

风
数据取自上午 8：30

| | 1月 | 2月 | 3月 | 4月 | 5月 | 6月 | 7月 | 8月 | 9月 | 10月 | 11月 | 12月 |
|---|---|---|---|---|---|---|---|---|---|---|---|---|
| 主导风向 | NE | NE | SW | SW | SW | SW | SW | SW | SW | SW | NE | NE |
| 次要风向 | NE | NE | SW | SW | SW | SW | SW | SW | SW | SW | NE | NE |

表 2

| 预测（℃） | 1月 | 2月 | 3月 | 4月 | 5月 | 6月 | 7月 | 8月 | 9月 | 10月 | 11月 | 12月 |
|---|---|---|---|---|---|---|---|---|---|---|---|---|
| 月平均最高 | **24** | **26.3** | **30.2** | **31.6** | **31.1** | **31.5** | **32.1** | **32.2** | **32.1** | **30.5** | **27.7** | **24.9** |
| 月平均最低 | **11** | **12.8** | **16.5** | **20.3** | **22.7** | **24.7** | **25.8** | **25.8** | **25.2** | **22** | **16.9** | **12.5** |
| 日舒适上限 | **27** | **27** | **27** | **27** | **27** | **27** | **27** | **27** | **27** | **27** | **29** | **27** |
| 日舒适下限 | **22** | **22** | **22** | **22** | **22** | **22** | **22** | **22** | **22** | **22** | **23** | **22** |
| 夜舒适上限 | **21** | **21** | **21** | **21** | **21** | **21** | **21** | **21** | **21** | **21** | **23** | **21** |
| 夜舒适下限 | **17** | **17** | **17** | **17** | **17** | **17** | **17** | **17** | **17** | **17** | **17** | **17** |
| 日间热感觉 | **O** | **O** | **H** | **H** | **H** | **H** | **H** | **H** | **H** | **H** | **O** | **O** |
| 夜间热感觉 | **C** | **C** | **C** | **O** | **H** | **H** | **H** | **H** | **H** | **O** | **C** | **C** |

H—热　　超出上限
O—舒适　在限度之内
C—冷　　低于下限

分析

| 湿度分组 | 月平均温度>20℃ | | 月平均温度15−20℃ | | 月平均温度<15℃ | |
|---|---|---|---|---|---|---|
| | 白天 | 晚上 | 白天 | 晚上 | 白天 | 晚上 |
| **1** | **26–34** | **17–25** | **23–32** | **14–23** | **21–30** | **12–21** |
| **2** | **25–31** | **17–24** | **22–30** | **14–22** | **20–27** | **12–20** |
| **3** | **23–29** | **17–23** | **21–28** | **14–21** | **19–26** | **12–19** |
| **4** | **22–27** | **17–21** | **20–25** | **14–20** | **18–24** | **12–18** |

## 3.5 气候类型：暖湿区

### 典型植被和地形

- 通常海拔低，纬度低；
- 地形相对平坦，植被丰富。

### 太阳辐射

- 通常为漫射光，主要是云层的遮挡和空气中水分含量多的缘故；
- 天气晴朗时太阳辐射强；
- 夜间，云层和水汽阻碍了地表上聚集热量的散发。

### 平均气温

- 夏日中午　　30—35℃
- 夏日夜间　　25—30℃
- 冬日中午　　25—30℃
- 冬日夜间　　20—25℃
- 白天温差　　5—8℃

### 相对湿度

- 较高，一般为70%—90%。

### 降水

- 多，全年超过1200mm。

### 风

- 通常有1至2种盛行风，风速或强或弱。

### 天气状况

- 通常多云（40%—80%），刺眼。

### 其他

- 湿度大，白天温差小，如没有空气流动，人感到不舒服。

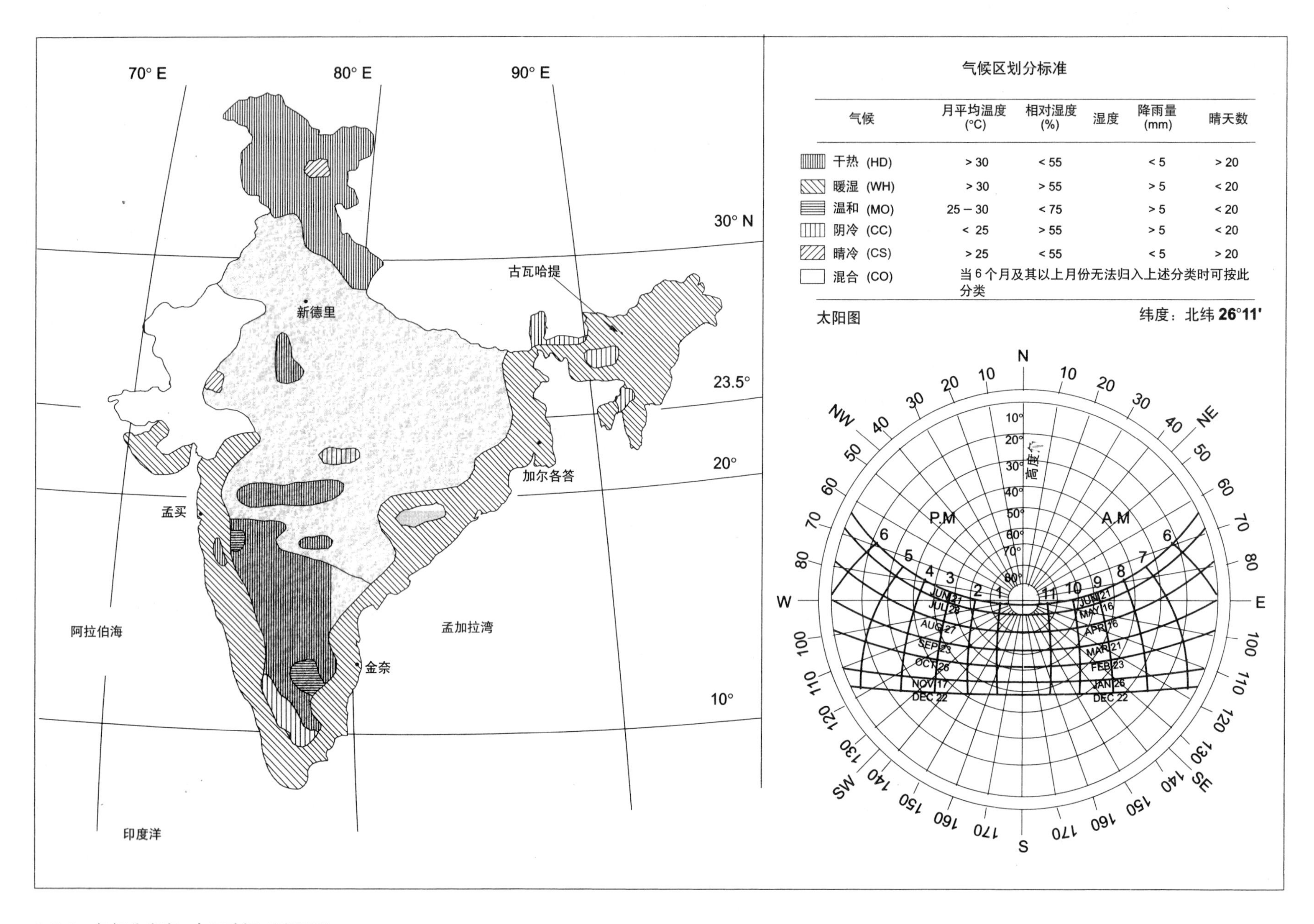


气候区划分标准

| 气候 | 月平均温度 (°C) | 相对湿度 (%) | 湿度 | 降雨量 (mm) | 晴天数 |
|---|---|---|---|---|---|
| 干热 (HD) | > 30 | < 55 | | < 5 | > 20 |
| 暖湿 (WH) | > 30 | > 55 | | > 5 | < 20 |
| 温和 (MO) | 25 – 30 | < 75 | | > 5 | < 20 |
| 阴冷 (CC) | < 25 | > 55 | | > 5 | < 20 |
| 晴冷 (CS) | > 25 | < 55 | | < 5 | > 20 |
| 混合 (CO) | 当6个月及其以上月份无法归入上述分类时可按此分类 | | | | |

3.5.1 气候分类表：古瓦哈提（暖湿区）

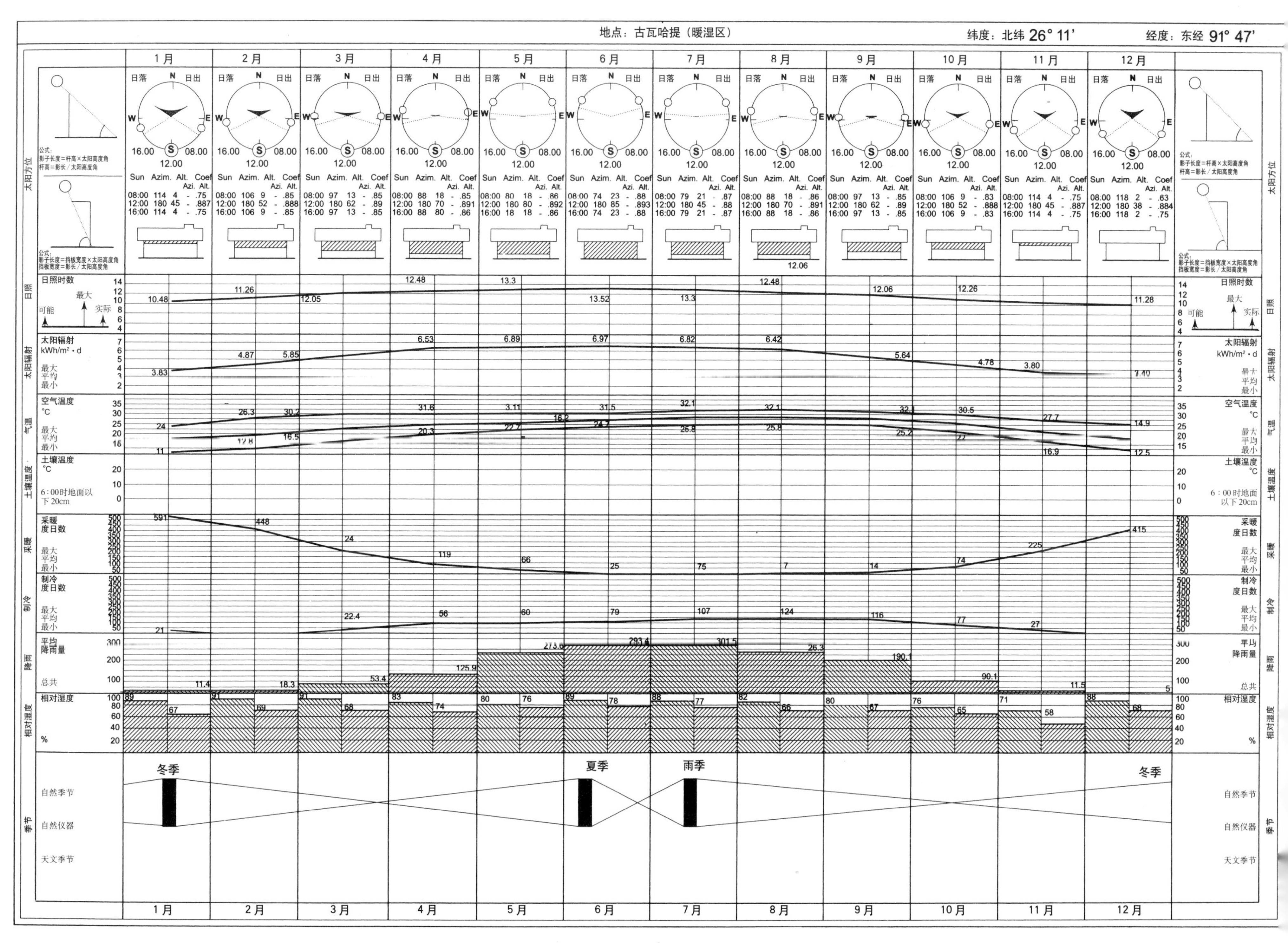

地点：古瓦哈提（暖湿区）
纬度：北纬 26° 11'
经度：东经 91° 47'
1月
2月
3月
4月
5月
6月
7月
8月
9月
10月
11月
12月
太阳方位
日落
N
日出
W
E
S
16.00
08.00
12.00
公式：
影子长度＝杆高×太阳高度角
杆高＝影长／太阳高度角
影子长度＝挡板宽度×太阳高度角
挡板宽度＝影长／太阳高度角
Sun Azim. Alt. Coef Azi. Alt.
08:00 114 4 - .75
12:00 180 45 - .887
16:00 114 4 - .75
08:00 106 9 - .85
12:00 180 52 - .888
16:00 106 9 - .85
08:00 97 13 - .85
12:00 180 62 - .89
16:00 97 13 - .85
08:00 88 18 - .85
12:00 180 70 - .891
16:00 88 80 - .86
08:00 80 18 - .86
12:00 180 80 - .892
16:00 18 18 - .86
08:00 74 23 - .88
12:00 180 85 - .893
16:00 74 23 - .88
08:00 79 21 - .87
12:00 180 45 - .88
16:00 79 21 - .87
08:00 88 18 - .86
12:00 180 70 - .891
16:00 88 18 - .86
08:00 97 13 - .85
12:00 180 62 - .89
16:00 97 13 - .85
08:00 106 9 - .83
12:00 180 52 - .888
16:00 106 9 - .83
08:00 114 4 - .75
12:00 180 45 - .887
16:00 114 4 - .75
08:00 118 2 - .63
12:00 180 38 - .884
16:00 118 2 - .75
12.06
日照
日照时数
最大
可能
实际
10.48
11.26
12.05
12.48
13.3
13.52
13.3
12.48
12.06
12.26
11.28
太阳辐射
太阳辐射 kWh/m²·d
平均
最小
3.83
4.87
5.85
6.53
6.89
6.97
6.82
6.42
5.64
4.78
3.80
3.40
气温
空气温度 °C
24
26.3
30.2
31.6
31.1
31.5
32.1
32.1
32.1
30.5
27.7
14.9
11
12.8
16.5
20.3
22.7
16.2
24.7
25.8
25.8
25.2
22
16.9
12.5
土壤温度
土壤温度 °C
6:00时地面以下20cm
采暖
采暖度日数
591
448
24
119
66
25
75
7
14
74
225
415
制冷
制冷度日数
21
22.4
56
60
79
107
124
116
77
27
降雨
平均降雨量
总共
11.4
18.3
53.4
125.9
273.6
293.4
301.5
26.3
190.1
90.1
11.5
5
相对湿度
相对湿度 %
89
67
91
69
91
68
83
74
80
76
89
78
88
77
82
66
80
67
76
65
71
58
88
68
季节
冬季
夏季
雨季
冬季
自然季节
自然仪器
天文季节


## 3.5.2 生态图表

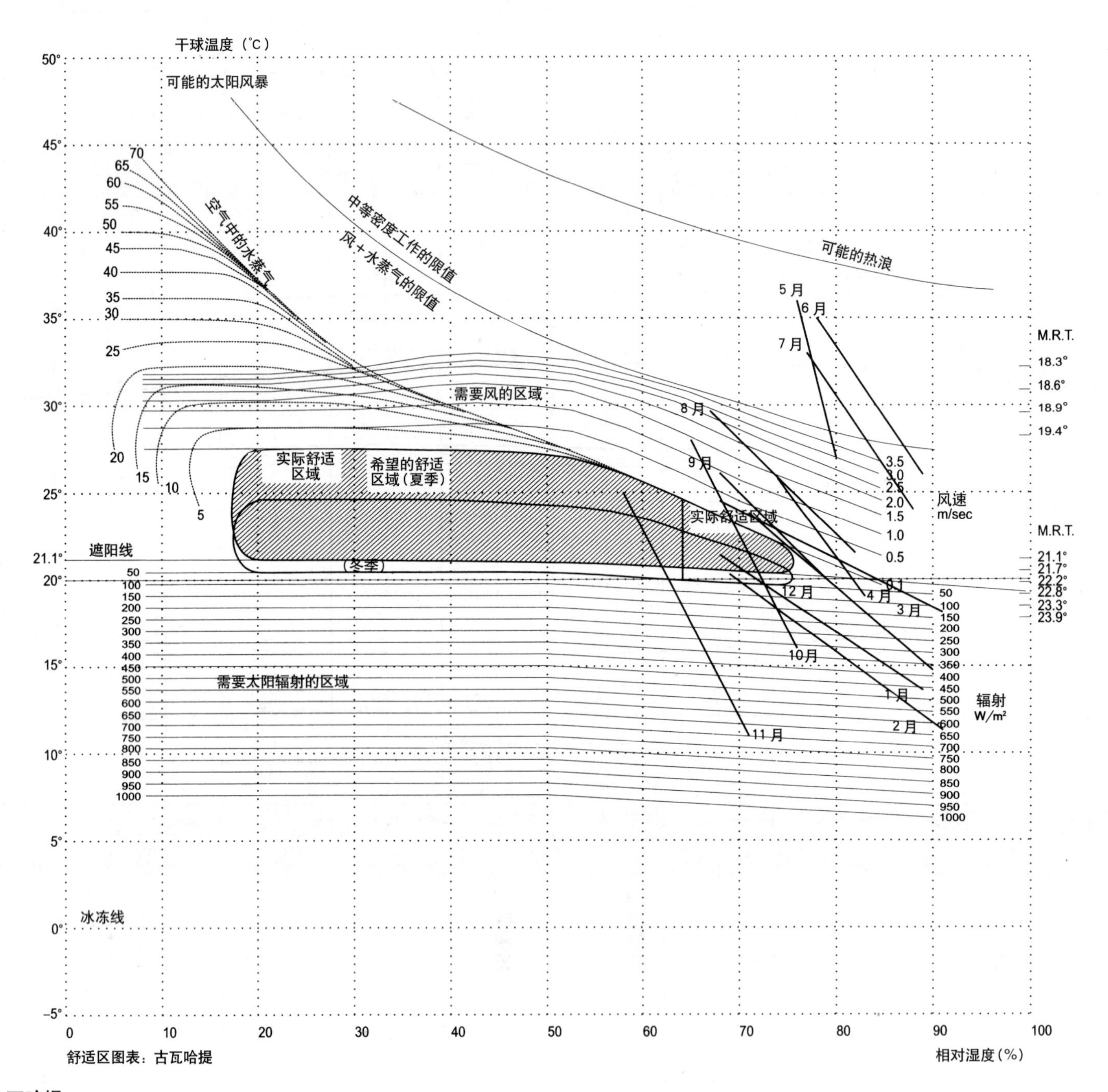


3.5.3 舒适区图表：古瓦哈提

| | 1月 | 2月 | 3月 | 4月 | 5月 | 6月 | 7月 | 8月 | 9月 | 10月 | 11月 | 12月 |
|---|---|---|---|---|---|---|---|---|---|---|---|---|
| 水平面 | 3443.0 | 4437.0 | 5530.0 | 6516.0 | 7057.0 | 7180.0 | 7057.0 | 6516.0 | 5530.0 | 4437.0 | 3443.0 | 3051.0 |
| 东／西墙 | 1597.0 | 1996.0 | 2304.0 | 2677.0 | 2774.0 | 2773.0 | 2774.0 | 2677.0 | 2304.0 | 1996.0 | 1597.0 | 1421.0 |
| 东北／西北 | 190.0 | 473.0 | 892.0 | 1585.0 | 2086.0 | 2258.0 | 2086.0 | 1585.0 | 892.0 | 473.0 | 190.0 | 103.0 |
| 东南／西南 | 3266.0 | 3217.0 | 2886.0 | 2388.0 | 1903.0 | 1701.0 | 1903.0 | 2388.0 | 2886.0 | 3217.0 | 3266.0 | 3213.0 |
| 南面 | 4363.0 | 3874.0 | 2814.0 | 1310.0 | 413.0 | 183.0 | 413.0 | 1310.0 | 2814.0 | 3874.0 | 4363.0 | 4393.0 |
| 北面 | 0.0 | 0.0 | 0.0 | 168.0 | 670.0 | 964.0 | 670.0 | 168.0 | 0.0 | 0.0 | 0.0 | 0.0 |

单位：Wh/m$^2$·d

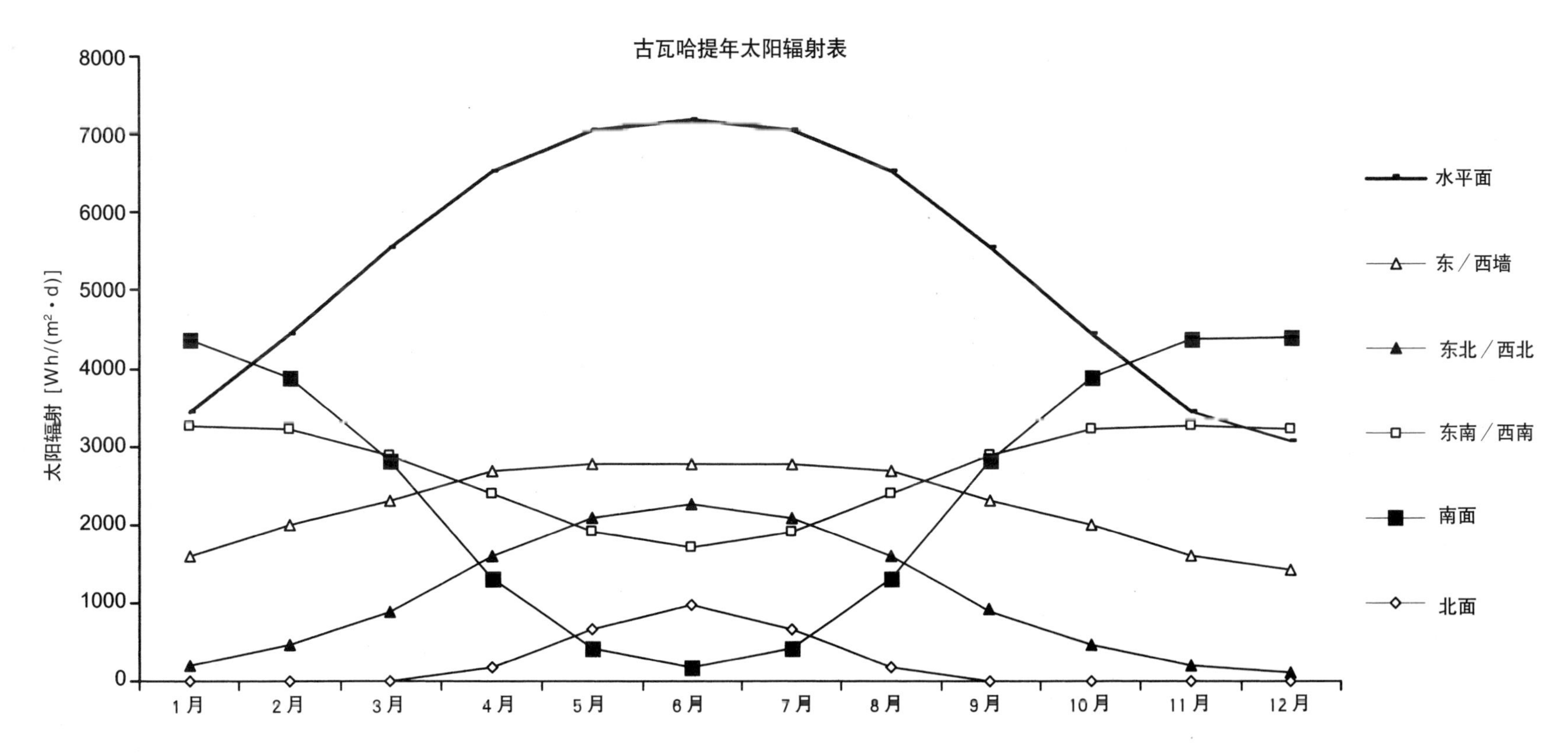


### 3.5.4 太阳辐射资料

| 时　　间 | 6 | 7 | 8 | 9 | 10 | 11 | 12 | 13 | 14 | 15 | 16 | 17 | 18 |
|---|---|---|---|---|---|---|---|---|---|---|---|---|---|
| 水平面 | 0 | 111.0 | 317.0 | 511.0 | 664.0 | 762.0 | 800.0 | 762.0 | 664.0 | 511.0 | 317.0 | 111.0 | 0 |
| 北墙 | 0 | 0.0 | 0.0 | 0.0 | 0.0 | 0.0 | 0.0 | 0.0 | 0.0 | 0.0 | 0.0 | 0.0 | 0 |
| 南墙 | 0 | 57.0 | 160.0 | 261.0 | 337.0 | 389.0 | 406.0 | 389.0 | 337.0 | 261.0 | 160.0 | 57.0 | 0 |
| 东墙 | 0 | 459.0 | 614.0 | 573.0 | 428.0 | 230.0 | 0.0 | 0.0 | 0.0 | 0.0 | 0.0 | 0.0 | 0 |
| 西墙 | 0 | 0.0 | 0.0 | 0.0 | 0.0 | 0.0 | 0.0 | 230.0 | 428.0 | 573.0 | 614.0 | 459.0 | 0 |
| 东北墙 | 0 | 287.0 | 320.0 | 221.0 | 64.0 | 0.0 | 0.0 | 0.0 | 0.0 | 0.0 | 0.0 | 0.0 | 0 |
| 东南墙 | 0 | 368.0 | 547.0 | 590.0 | 544.0 | 436.0 | 288.0 | 113.0 | 0.0 | 0.0 | 0.0 | 0.0 | 0 |
| 西北墙 | 0 | 0.0 | 0.0 | 0.0 | 0.0 | 0.0 | 0.0 | 0.0 | 64.0 | 221.0 | 320.0 | 287.0 | 0 |
| 西南墙 | 0 | 0.0 | 0.0 | 0.0 | 0.0 | 113.0 | 288.0 | 436.0 | 544.0 | 590.0 | 547.0 | 368.0 | 0 |

单位：$Wh/m^2 \cdot d$

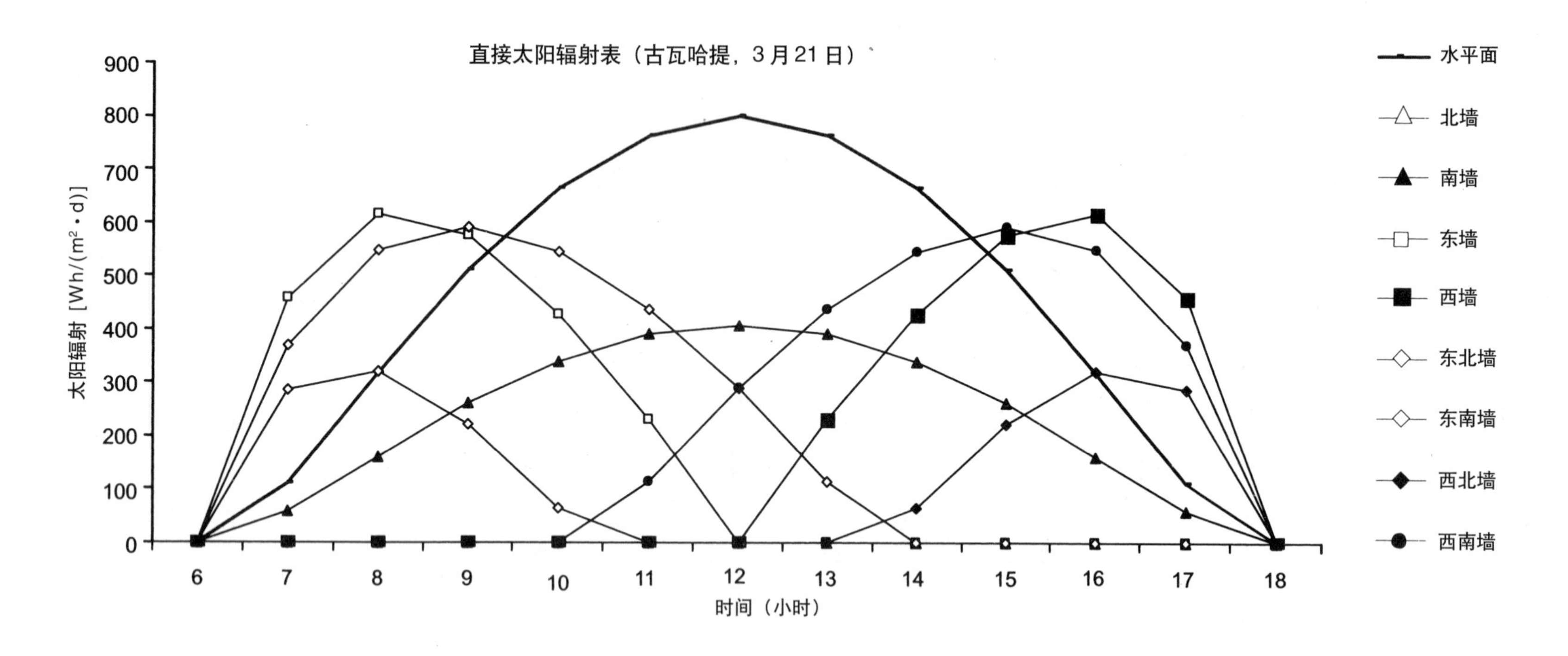

| 时　　间 | 5 | 6 | 7 | 8 | 9 | 10 | 11 | 12 | 13 | 14 | 15 | 16 | 17 | 18 | 19 |
|---|---|---|---|---|---|---|---|---|---|---|---|---|---|---|---|
| 水平面 | 0 | 73.0 | 260.0 | 466.0 | 647.0 | 795.0 | 893.0 | 912.0 | 893.0 | 795.0 | 647.0 | 466.0 | 260.0 | 73.0 | 0 |
| 北墙 | 0 | 141.0 | 164.0 | 114.0 | 51.0 | 12.0 | 0.0 | 0.0 | 0.0 | 12.0 | 51.0 | 114.0 | 164.0 | 141.0 | 0 |
| 南墙 | 0 | 0.0 | 0.0 | 0.0 | 0.0 | 18.0 | 45.0 | 57.0 | 45.0 | 18.0 | 0.0 | 0.0 | 0.0 | 0.0 | 0 |
| 东墙 | 0 | 365.0 | 591.0 | 632.0 | 555.0 | 410.0 | 220.0 | 0.0 | 0.0 | 0.0 | 0.0 | 0.0 | 0.0 | 0.0 | 0 |
| 西墙 | 0 | 0.0 | 0.0 | 0.0 | 0.0 | 0.0 | 0.0 | 0.0 | 220.0 | 410.0 | 555.0 | 632.0 | 591.0 | 365.0 | 0 |
| 东北墙 | 0 | 358.0 | 533.0 | 530.0 | 429.0 | 285.0 | 123.0 | 0.0 | 0.0 | 0.0 | 0.0 | 0.0 | 0.0 | 0.0 | 0 |
| 东南墙 | 0 | 160.0 | 300.0 | 364.0 | 356.0 | 295.0 | 187.0 | 39.0 | 0.0 | 0.0 | 0.0 | 0.0 | 0.0 | 0.0 | 0 |
| 西北墙 | 0 | 0.0 | 0.0 | 0.0 | 0.0 | 0.0 | 0.0 | 0.0 | 123.0 | 285.0 | 429.0 | 530.0 | 533.0 | 358.0 | 0 |
| 西南墙 | 0 | 0.0 | 0.0 | 0.0 | 0.0 | 0.0 | 0.0 | 39.0 | 187.0 | 295.0 | 356.0 | 364.0 | 300.0 | 160.0 | 0 |

单位：Wh/m²·d

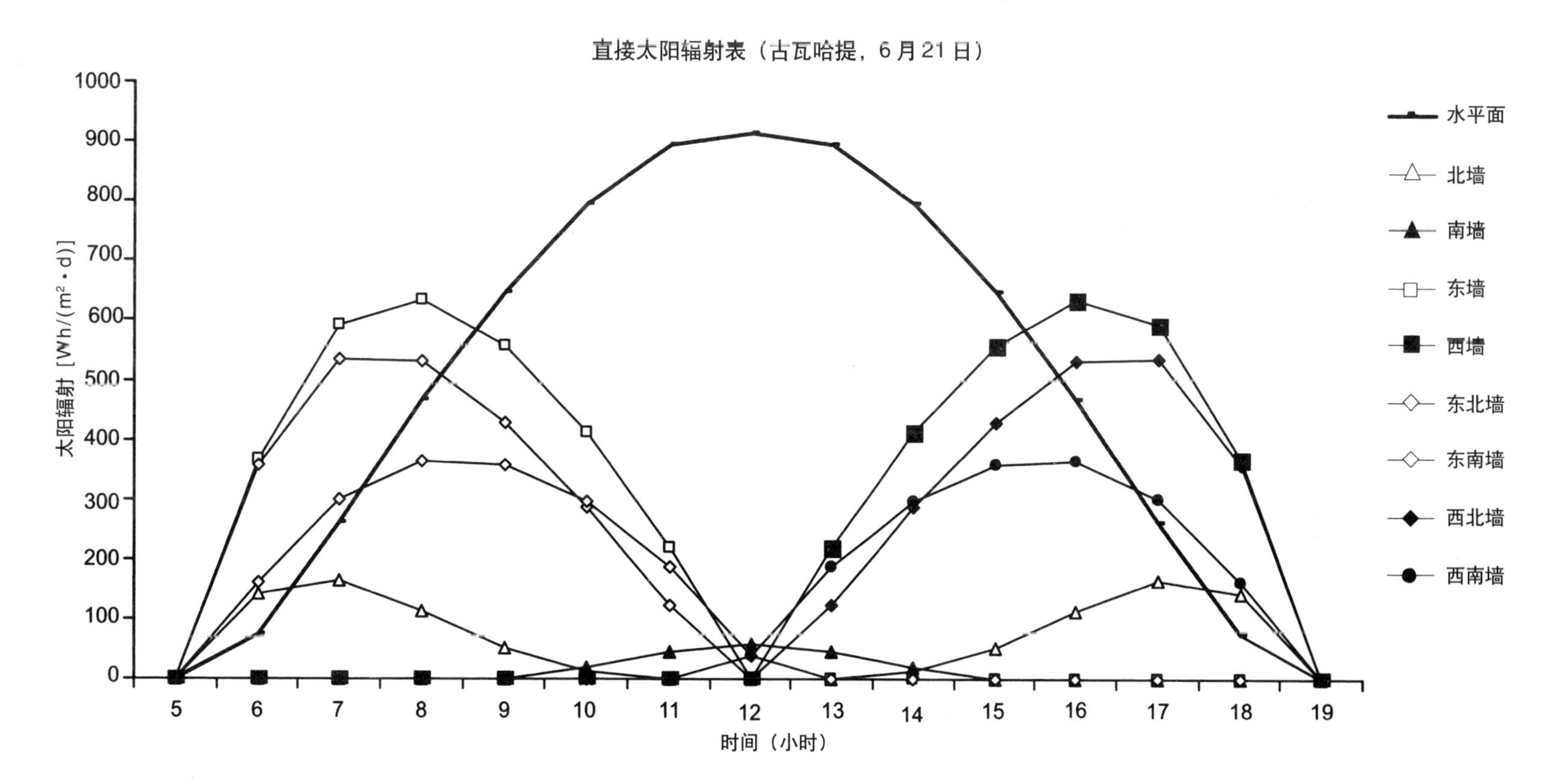

| 时　间 | 6 | 7 | 8 | 9 | 10 | 11 | 12 | 13 | 14 | 15 | 16 | 17 | 18 |
|---|---|---|---|---|---|---|---|---|---|---|---|---|---|
| 水平面 | 0 | 3.0 | 109.0 | 266.0 | 402.0 | 487.0 | 517.0 | 487.0 | 402.0 | 266.0 | 109.0 | 3.0 | 0 |
| 北墙 | 0 | 0.0 | 0.0 | 0.0 | 0.0 | 0.0 | 0.0 | 0.0 | 0.0 | 0.0 | 0.0 | 0.0 | 0 |
| 南墙 | 0 | 37.0 | 266.0 | 431.0 | 544.0 | 606.0 | 625.0 | 606.0 | 544.0 | 431.0 | 266.0 | 37.0 | 0 |
| 东墙 | 0 | 72.0 | 376.0 | 433.0 | 349.0 | 191.0 | 0.0 | 0.0 | 0.0 | 0.0 | 0.0 | 0.0 | 0 |
| 西墙 | 0 | 0.0 | 0.0 | 0.0 | 0.0 | 0.0 | 0.0 | 191.0 | 349.0 | 433.0 | 376.0 | 72.0 | 0 |
| 东北墙 | 0 | 23.0 | 77.0 | 3.0 | 0.0 | 0.0 | 0.0 | 0.0 | 0.0 | 0.0 | 0.0 | 0.0 | 0 |
| 东南墙 | 0 | 75.0 | 454.0 | 613.0 | 631.0 | 564.0 | 441.0 | 293.0 | 138.0 | 4.0 | 0.0 | 0.0 | 0 |
| 西北墙 | 0 | 0.0 | 0.0 | 0.0 | 0.0 | 0.0 | 0.0 | 0.0 | 0.0 | 3.0 | 77.0 | 23.0 | 0 |
| 西南墙 | 0 | 0.0 | 0.0 | 4.0 | 138.0 | 293.0 | 441.0 | 564.0 | 631.0 | 613.0 | 454.0 | 75.0 | 0 |

单位：$Wh/m^2 \cdot d$

直接太阳辐射表（古瓦哈提，12月22日）

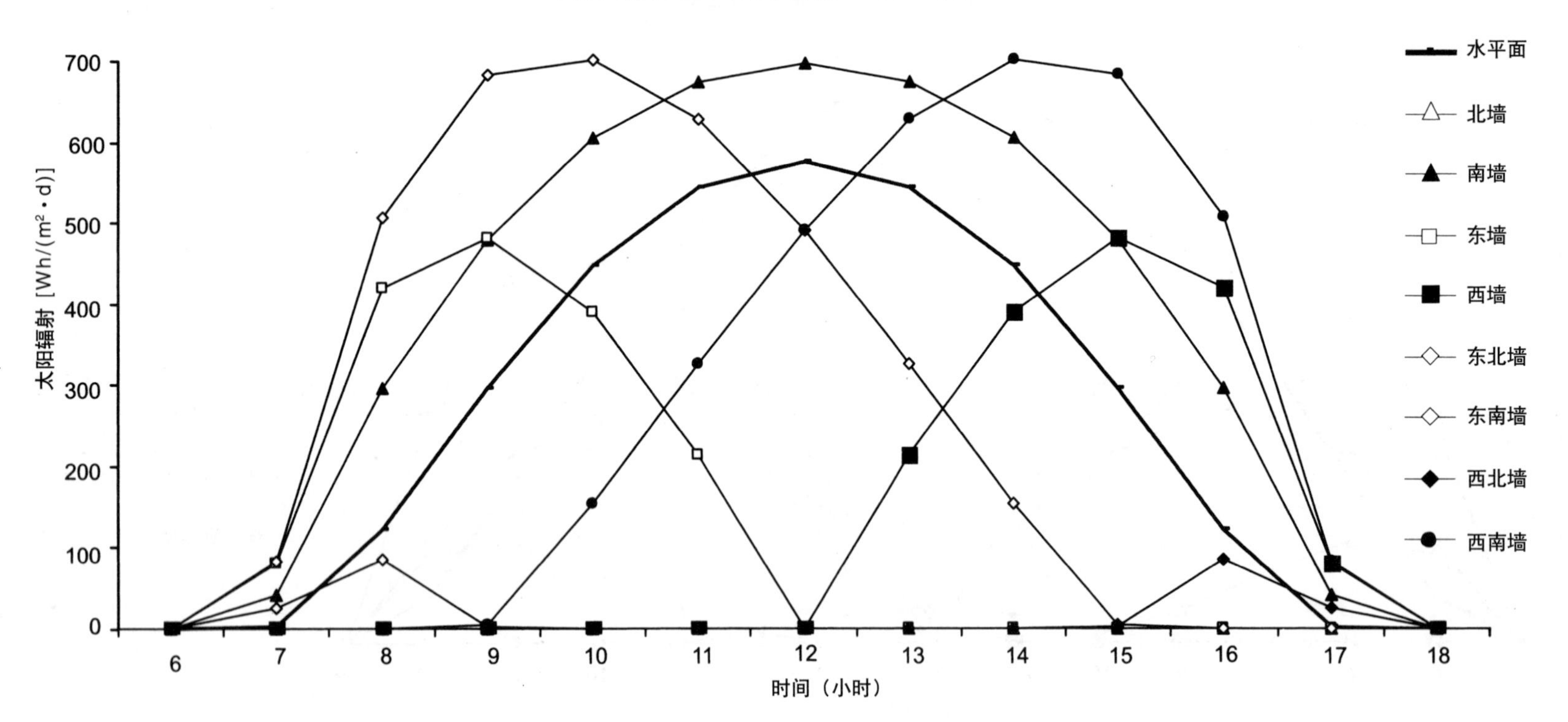

### 3.5.5 古瓦哈提马奥尼（Mahoney）表

表 1

地点：古瓦哈提
经度：东经 91° 47′
纬度：北纬 26° 11′
海拔：55m

气温：℃

| | 1月 | 2月 | 3月 | 4月 | 5月 | 6月 | 7月 | 8月 | 9月 | 10月 | 11月 | 12月 |
|---|---|---|---|---|---|---|---|---|---|---|---|---|
| 月平均最高 | 24 | 26.3 | 30.2 | 31.6 | 31.1 | 31.5 | 32.1 | 32.2 | 32.1 | 30.5 | 27.7 | 24.9 |
| 月平均最低 | 11 | 12.8 | 16.5 | 20.3 | 22.7 | 24.7 | 25.8 | 25.8 | 25.2 | 22 | 16.9 | 12.5 |
| 月均振幅 | 13 | 13.5 | 13.7 | 11.3 | 8.4 | 6.8 | 6.3 | 6.4 | 6.9 | 8.5 | 10.8 | 12.4 |

月平均最高：32.2　　月平均温度：27.1
月平均最低：22　　月均差：10.2

相对湿度：%

| | 1月 | 2月 | 3月 | 4月 | 5月 | 6月 | 7月 | 8月 | 9月 | 10月 | 11月 | 12月 |
|---|---|---|---|---|---|---|---|---|---|---|---|---|
| 月平均最高(上午) | 89 | 91 | 91 | 83 | 80 | 89 | 88 | 82 | 80 | 76 | 71 | 88 |
| 月平均最低(下午) | 67 | 69 | 68 | 74 | 76 | 78 | 77 | 66 | 67 | 65 | 58 | 68 |
| 平均 | 78 | 80 | 79.5 | 78.5 | 78 | 83.5 | 82.5 | 74 | 73.5 | 70.5 | 64.5 | 78 |
| 温度分组 | 4 | 4 | 4 | 4 | 4 | 4 | 4 | 4 | 4 | 4 | 3 | 4 |

湿度分组：1 —平均相对湿度低于 30%
2 —平均相对湿度在 30% — 50%
3 —平均相对湿度在 50% — 70%
4 —平均相对湿度高于 70%

降雨量

| | 1月 | 2月 | 3月 | 4月 | 5月 | 6月 | 7月 | 8月 | 9月 | 10月 | 11月 | 12月 |
|---|---|---|---|---|---|---|---|---|---|---|---|---|
| 降雨量(mm) | 11.4 | 18.3 | 53.4 | 125.9 | 273.6 | 293.4 | 301.5 | 263 | 190.1 | 90.1 | 11.5 | 5 |

年总降雨量1637.2mm

风

| | 1月 | 2月 | 3月 | 4月 | 5月 | 6月 | 7月 | 8月 | 9月 | 10月 | 11月 | 12月 |
|---|---|---|---|---|---|---|---|---|---|---|---|---|
| 主导风向 | W | W | W | W | W | W | E | W | W | W | W | W |
| 次要风向 | NE/SE | NE | NE | NW | NW | NW | SE | SE | NW | N | N | N |

表 2

| 预测（℃） | 1月 | 2月 | 3月 | 4月 | 5月 | 6月 | 7月 | 8月 | 9月 | 10月 | 11月 | 12月 |
|---|---|---|---|---|---|---|---|---|---|---|---|---|
| 月平均最高 | 24 | 26.3 | 30.2 | 31.6 | 31.1 | 31.5 | 32.1 | 32.2 | 32.1 | 30.5 | 27.7 | 24.9 |
| 月平均最低 | 11 | 12.8 | 16.5 | 20.3 | 22.7 | 24.7 | 25.8 | 25.8 | 25.2 | 22 | 16.9 | 12.5 |
| 日舒适上限 | 27 | 27 | 27 | 27 | 27 | 27 | 27 | 27 | 27 | 27 | 29 | 27 |
| 日舒适下限 | 22 | 22 | 22 | 22 | 22 | 22 | 22 | 22 | 22 | 22 | 23 | 22 |
| 夜舒适上限 | 21 | 21 | 21 | 21 | 21 | 21 | 21 | 21 | 21 | 21 | 23 | 21 |
| 夜舒适下限 | 17 | 17 | 17 | 17 | 17 | 17 | 17 | 17 | 17 | 17 | 17 | 17 |
| 日间热感觉 | O | O | H | H | H | H | H | H | H | H | O | O |
| 夜间热感觉 | C | C | C | O | H | H | H | H | H | O | C | C |

H —热　　超出上限
O —舒适　　在限度之内
C —冷　　低于下限

分析

| 湿度分组 | 月平均温度>20℃ | | 月平均温度15–20℃ | | 月平均温度<15℃ | |
|---|---|---|---|---|---|---|
| | 白天 | 晚上 | 白天 | 晚上 | 白天 | 晚上 |
| 1 | 26–34 | 17–25 | 23–32 | 14–23 | 21–30 | 12–21 |
| 2 | 25–31 | 17–24 | 22–30 | 14–22 | 20–27 | 12–20 |
| 3 | 23–29 | 17–23 | 21–28 | 14–21 | 19–26 | 12–19 |
| 4 | 22–27 | 17–21 | 20–25 | 14–20 | 18–24 | 12–18 |

## 3.6 气候类型：温和区

### 典型地形和植被

- 通常多山，多高原，植被丰富。

### 太阳辐射

- 全年差不多一致。

### 平均气温

- 夏天中午 30—34℃
- 夏天夜间 17—24℃
- 冬日中午 27—33℃
- 冬日夜间 16—18℃
- 白天温差 8—13℃

### 相对湿度

- 多变，在30%—80%之间。

### 降水

- 全年降水分布均匀；
- 全年降水超过1000mm；
- 冬季相对干旱。

### 风

- 多变，冬季风强；
- 风力强度和风向依地形不同而不同。

### 天气状况

- 多晴天；夏天偶尔多云。

### 其他

- 气候状况宜人，不需特别的设备来提高室内的舒适度。

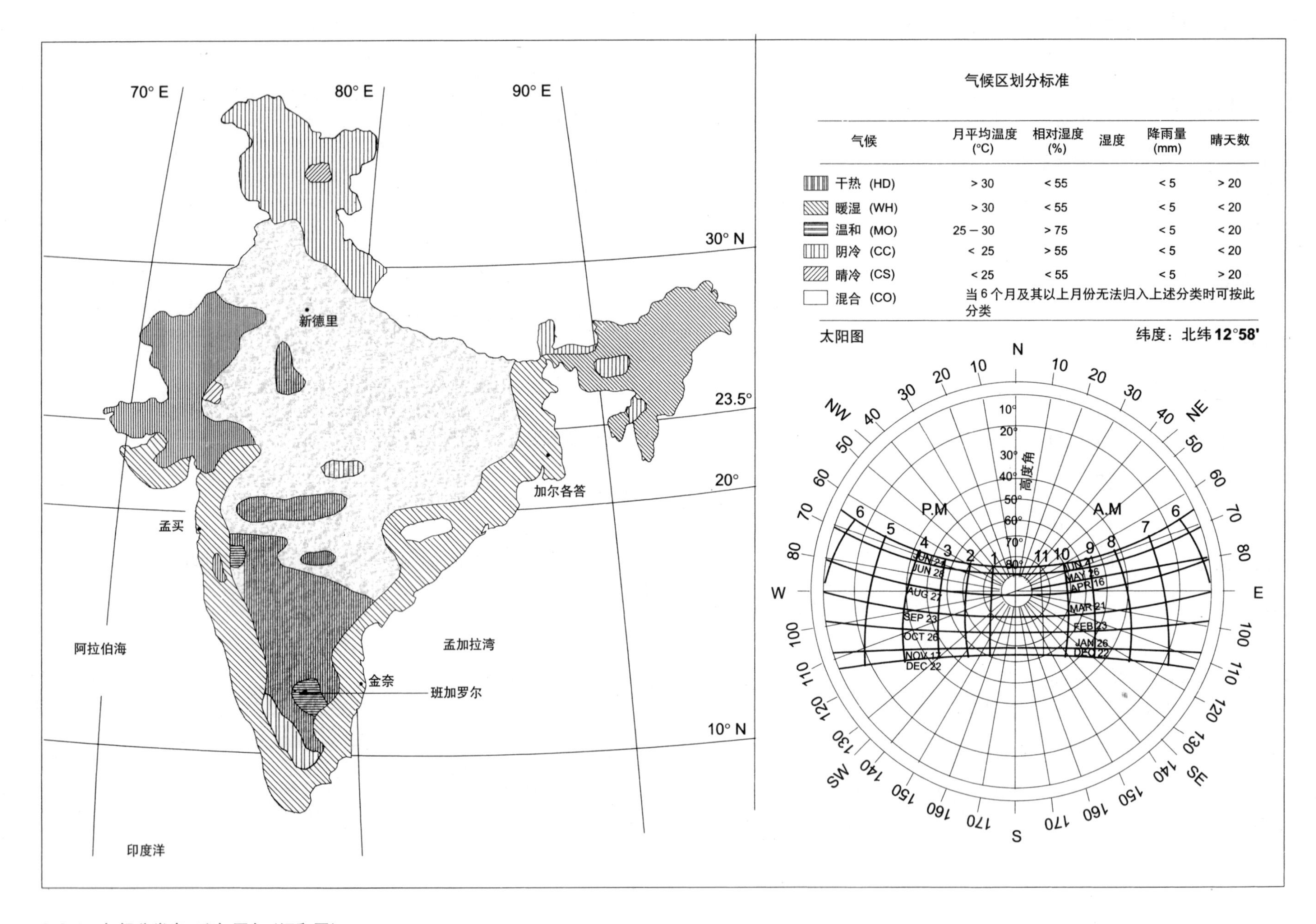


气候区划分标准

| 气候 | 月平均温度(°C) | 相对湿度(%) | 湿度 | 降雨量(mm) | 晴天数 |
|---|---|---|---|---|---|
| 干热 (HD) | > 30 | < 55 | | < 5 | > 20 |
| 暖湿 (WH) | > 30 | < 55 | | < 5 | < 20 |
| 温和 (MO) | 25 – 30 | > 75 | | < 5 | < 20 |
| 阴冷 (CC) | < 25 | > 55 | | < 5 | < 20 |
| 晴冷 (CS) | < 25 | < 55 | | < 5 | > 20 |
| 混合 (CO) | 当6个月及其以上月份无法归入上述分类时可按此分类 | | | | |

3.6.1　气候分类表：班加罗尔（温和区）

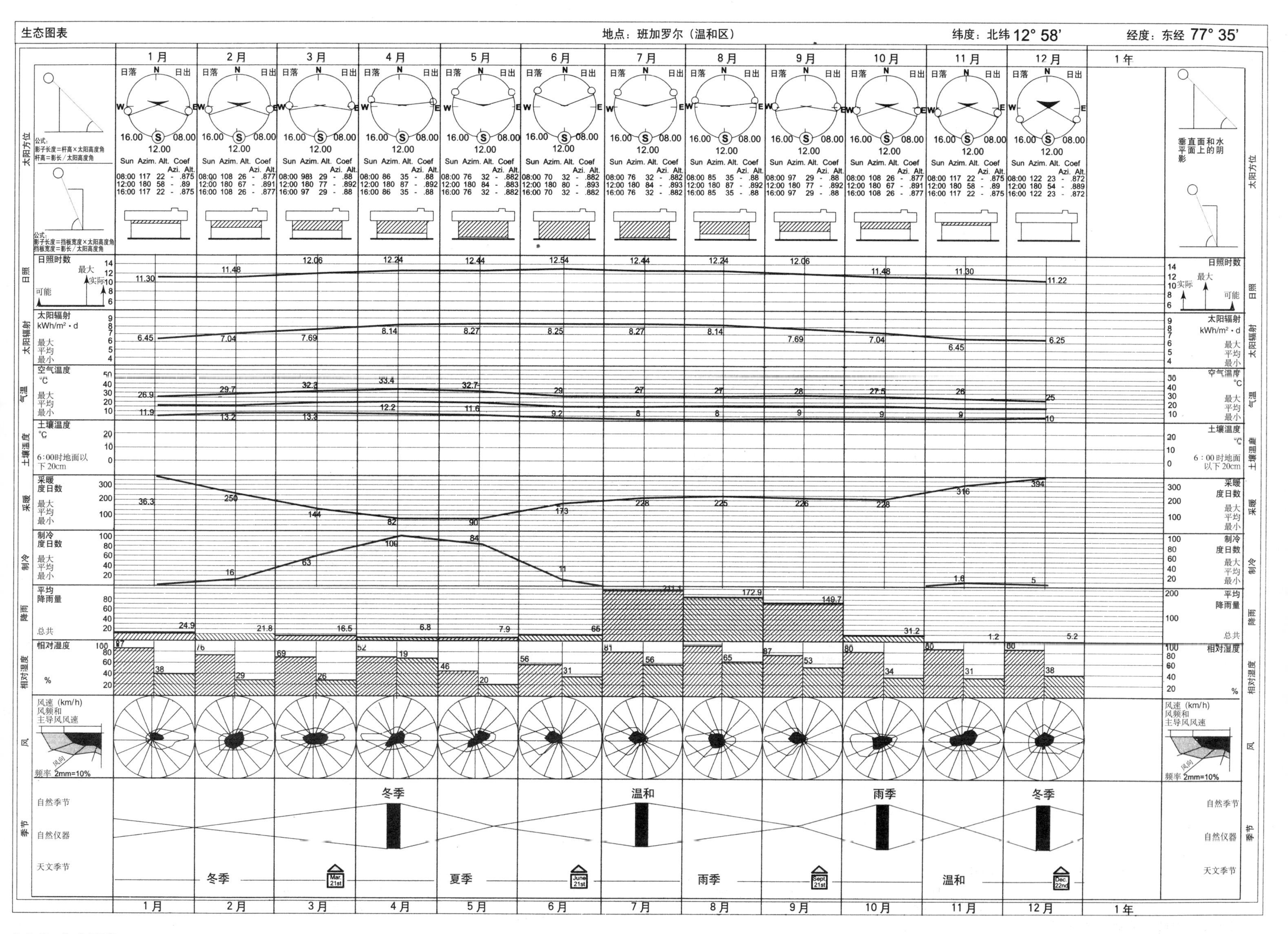

生态图表
地点：班加罗尔（温和区）
纬度：北纬 12° 58′
经度：东经 77° 35′
1月
2月
3月
4月
5月
6月
7月
8月
9月
10月
11月
12月
1年
太阳方位
日落
N
日出
W
E
16.00
S
08.00
12.00
Sun Azim. Alt. Coef
Azi. Alt.
08:00 117 22 - .875
12:00 180 58 - .89
16:00 117 22 - .875
08:00 108 26 - .877
12:00 180 67 - .891
16:00 108 26 - .877
08:00 983 29 - .88
12:00 180 77 - .892
16:00 97 29 - .88
08:00 86 35 - .88
12:00 180 87 - .892
16:00 86 35 - .88
08:00 76 32 - .882
12:00 180 84 - .883
16:00 76 32 - .882
08:00 70 32 - .882
12:00 180 80 - .893
16:00 70 32 - .882
08:00 76 32 - .882
12:00 180 84 - .893
16:00 76 32 - .882
08:00 85 35 - .88
12:00 180 87 - .892
16:00 85 35 - .88
08:00 97 29 - .88
12:00 180 77 - .892
16:00 97 29 - .88
08:00 108 26 - .877
12:00 180 67 - .891
16:00 108 26 - .877
08:00 117 22 - .875
12:00 180 58 - .89
16:00 117 22 - .875
08:00 122 23 - .872
12:00 180 54 - .889
16:00 122 23 - .872
公式：
影子长度＝杆高×太阳高度角
杆高＝影长／太阳高度角
公式：
影子长度＝挡板宽度×太阳高度角
挡板宽度＝影长／太阳高度角
垂直面和水平面上的阴影
日照
日照时数
最大
实际
可能
11.30
11.48
12.06
12.24
12.44
12.54
12.44
12.24
12.06
11.48
11.30
11.22
太阳辐射
kWh/m²·d
最大
平均
最小
6.45
7.04
7.69
8.14
8.27
8.25
8.27
8.14
7.69
7.04
6.45
6.25
气温
空气温度
℃
26.9
29.7
32.3
33.4
32.7
29
27
27
28
27.5
26
25
11.9
13.2
13.3
12.2
11.6
9.2
8
8
9
9
9
10
土壤温度
℃
6:00时地面以下20cm
采暖
采暖度日数
36.3
250
144
82
90
173
228
225
226
228
316
394
制冷
制冷度日数
16
63
106
84
11
1.6
5
降雨
平均降雨量
总共
24.9
21.8
16.5
6.8
7.9
66
211.1
172.9
149.7
31.2
1.2
5.2
相对湿度
%
87
38
76
29
69
26
52
19
46
20
56
31
81
56
65
87
53
80
34
80
31
80
38
风
风速（km/h）
风频和
主导风风速
风向
频率 2mm=10%
季节
自然季节
自然仪器
天文季节
冬季
温和
雨季
冬季
夏季
雨季
温和
Mar. 21st
June 21st
Sept 21st
Dec. 22nd


3.6.2 生态图表

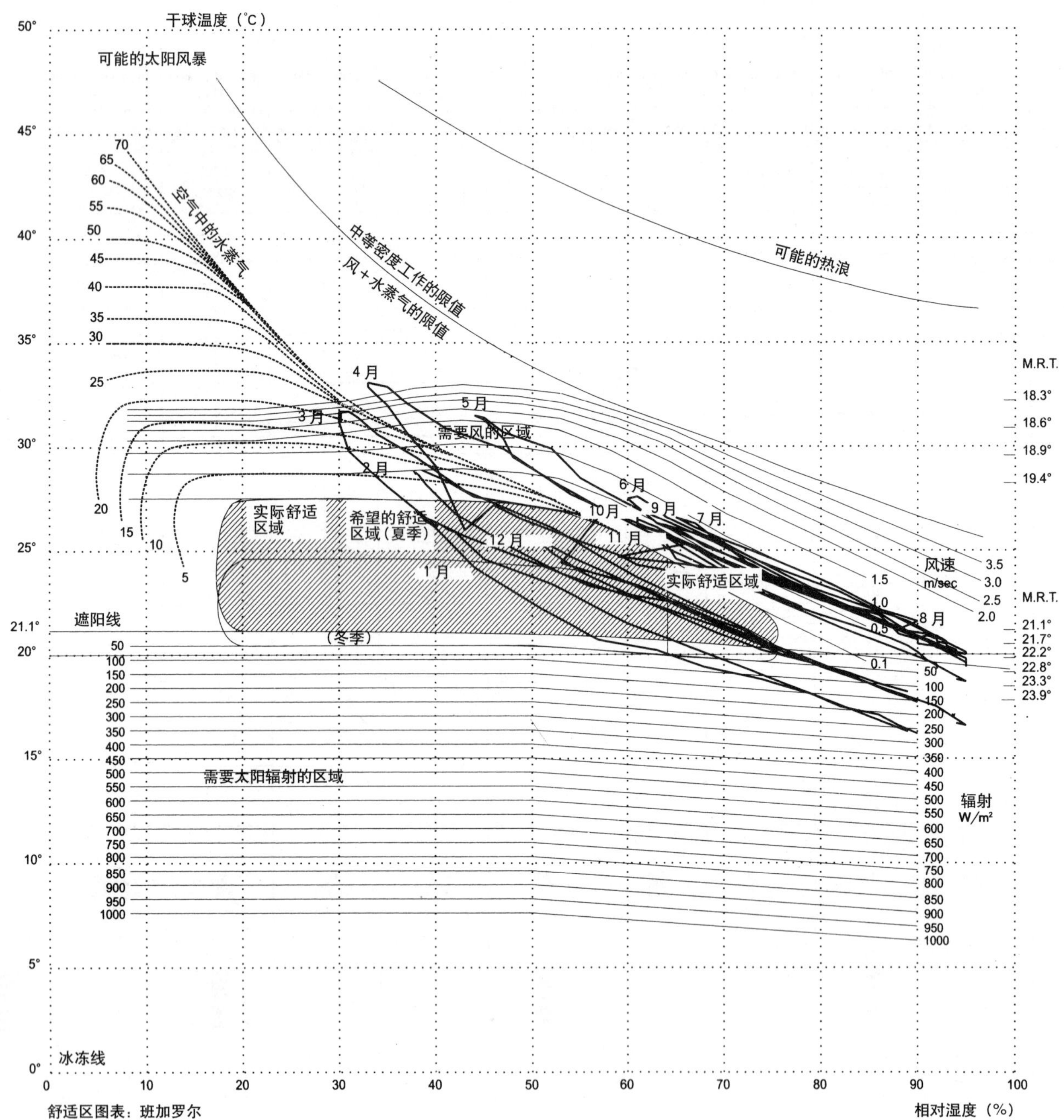


3.6.3 舒适区图表：班加罗尔

| | 1月 | 2月 | 3月 | 4月 | 5月 | 6月 | 7月 | 8月 | 9月 | 10月 | 11月 | 12月 |
|---|---|---|---|---|---|---|---|---|---|---|---|---|
| 水平面 | 4948.0 | 5644.0 | 6256.0 | 6582.0 | 6630.0 | 6590.0 | 6630.0 | 6582.0 | 6256.0 | 5644.0 | 4948.0 | 4653.0 |
| 东／西墙 | 2011.0 | 2239.0 | 2399.0 | 2534.0 | 2517.0 | 2490.0 | 2517.0 | 2534.0 | 2399.0 | 2239.0 | 2011.0 | 1904.0 |
| 东北／西北 | 426.0 | 795.0 | 1298.0 | 1990.0 | 2496.0 | 2666.0 | 2496.0 | 1990.0 | 1298.0 | 795.0 | 426.0 | 318.0 |
| 东南／西南 | 3137.0 | 2783.0 | 2234.0 | 1615.0 | 1155.0 | 980.0 | 1155.0 | 1615.0 | 2234.0 | 2783.0 | 3137.0 | 3250.0 |
| 南面 | 3837.0 | 2811.0 | 1338.0 | 64.0 | 0.0 | 0.0 | 0.0 | 64.0 | 1338.0 | 2811.0 | 3837.0 | 4147.0 |
| 北面 | 0.0 | 0.0 | 0.0 | 594.0 | 1895.0 | 2393.0 | 1895.0 | 594.0 | 0.0 | 0.0 | 0.0 | 0.0 |

单位：Wh/m²·d

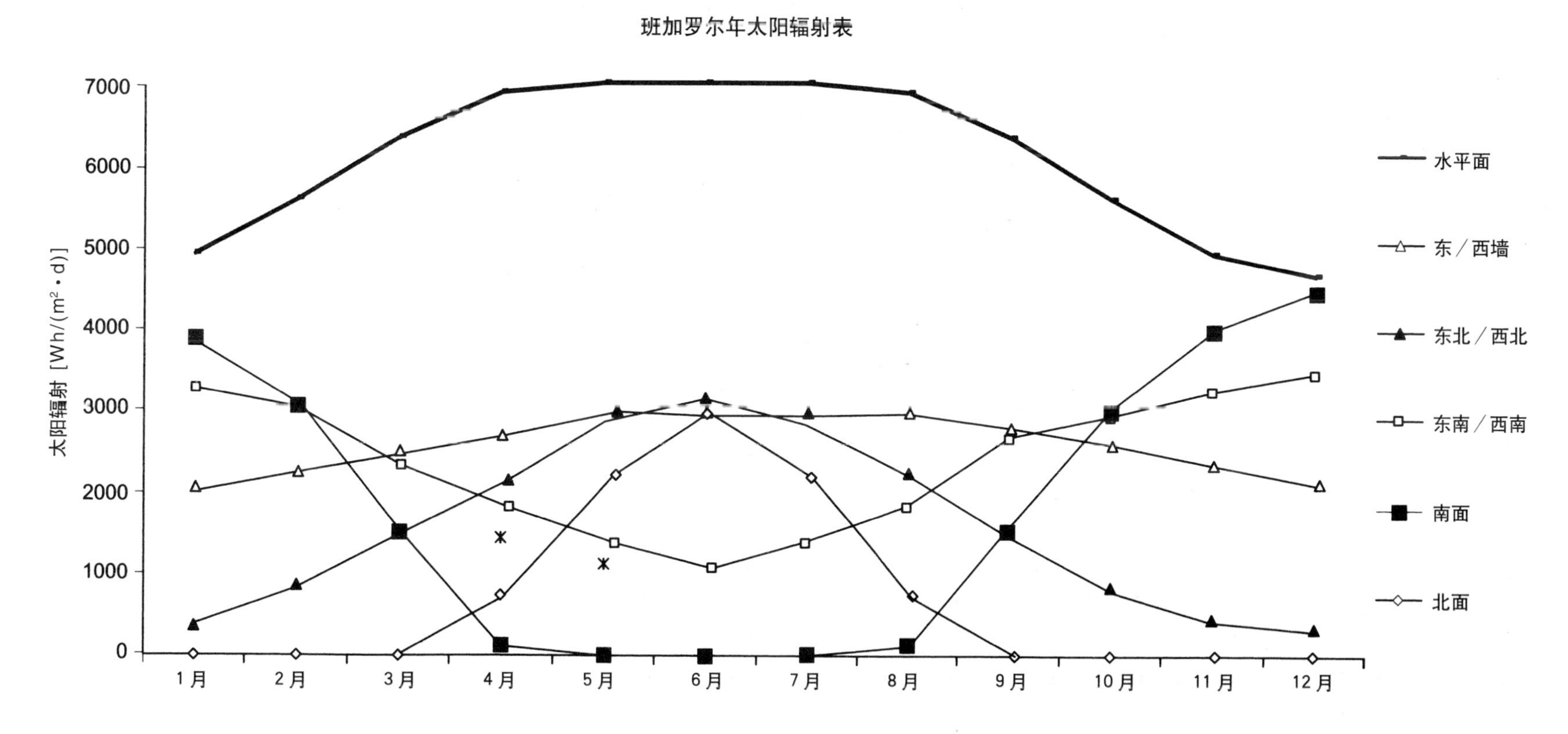


### 3.6.4 太阳辐射资料

| 时　间 | 5 | 6 | 7 | 8 | 9 | 10 | 11 | 12 | 13 | 14 | 15 | 16 | 17 | 18 | 19 |
|---|---|---|---|---|---|---|---|---|---|---|---|---|---|---|---|
| 水平面 | 0 | 0 | 128 | 361 | 576 | 747 | 865 | 902 | 865 | 747 | 576 | 361 | 128 | 0 | 0 |
| 北墙 | 0 | 0 | 0 | 0 | 0 | 0 | 0 | 0 | 0 | 0 | 0 | 0 | 0 | 0 | 0 |
| 南墙 | 0 | 0 | 29 | 77 | 123 | 159 | 185 | 192 | 185 | 159 | 123 | 77 | 29 | 0 | 0 |
| 东墙 | 0 | 0 | 493 | 638 | 590 | 440 | 238 | 0 | 0 | 0 | 0 | 0 | 0 | 0 | 0 |
| 西墙 | 0 | 0 | 0 | 0 | 0 | 0 | 0 | 0 | 238 | 440 | 590 | 638 | 493 | 0 | 0 |
| 东北墙 | 0 | 0 | 329 | 400 | 331 | 200 | 38 | 0 | 0 | 0 | 0 | 0 | 0 | 0 | 0 |
| 东南墙 | 0 | 0 | 367 | 506 | 504 | 423 | 297 | 137 | 0 | 0 | 0 | 0 | 0 | 0 | 0 |
| 西北墙 | 0 | 0 | 0 | 0 | 0 | 0 | 0 | 0 | 38 | 200 | 331 | 400 | 329 | 0 | 0 |
| 西南墙 | 0 | 0 | 0 | 0 | 0 | 0 | 0 | 137 | 297 | 423 | 504 | 506 | 367 | 0 | 0 |

单位：Wh/m²·d

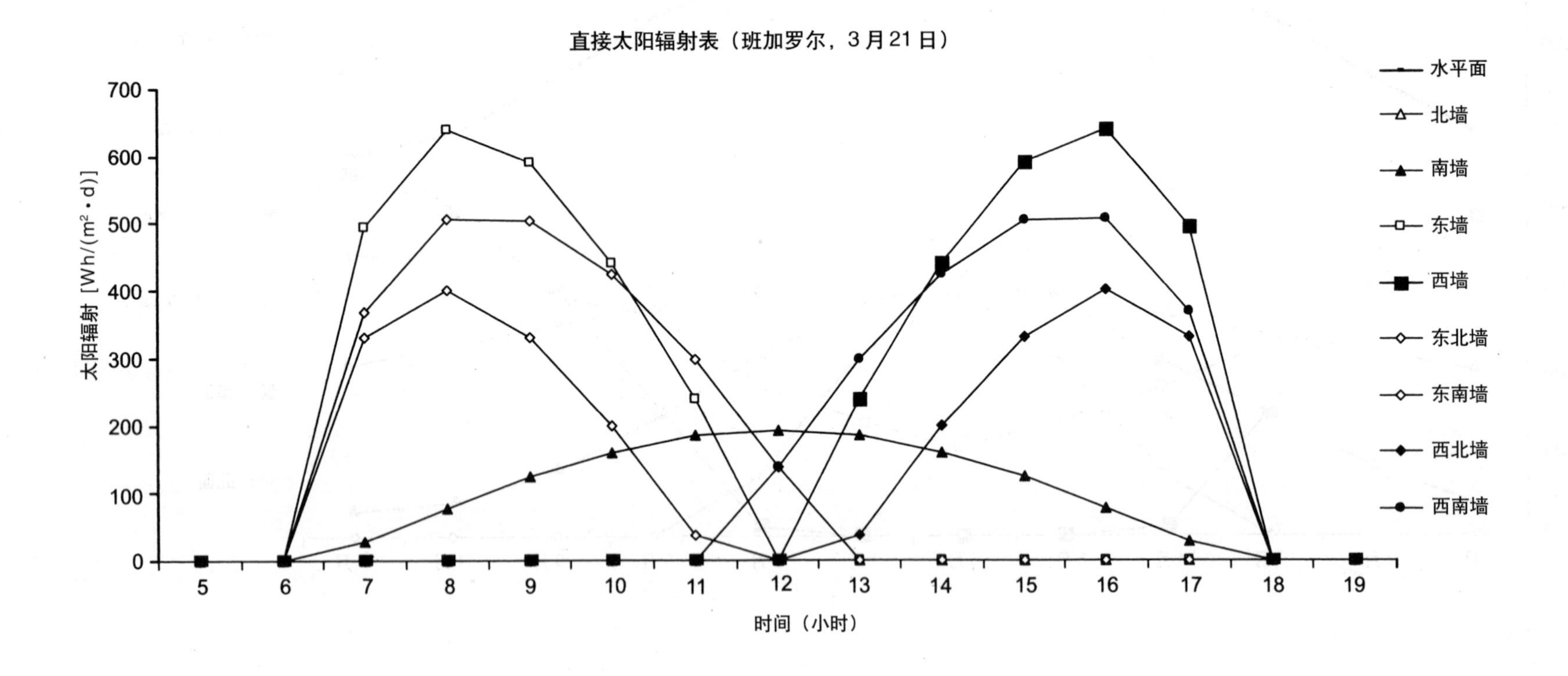

| 时　　间 | 5 | 6 | 7 | 8 | 9 | 10 | 11 | 12 | 13 | 14 | 15 | 16 | 17 | 18 | 19 |
|---|---|---|---|---|---|---|---|---|---|---|---|---|---|---|---|
| 水平面 | 0 | 16 | 185 | 405 | 605 | 763 | 868 | 906 | 868 | 763 | 605 | 405 | 185 | 16 | 0 |
| 北墙 | 0 | 80 | 198 | 223 | 215 | 199 | 190 | 183 | 190 | 199 | 215 | 223 | 198 | 80 | 0 |
| 南墙 | 0 | 0 | 0 | 0 | 0 | 0 | 0 | 0 | 0 | 0 | 0 | 0 | 0 | 0 | 0 |
| 东墙 | 0 | 188 | 522 | 609 | 547 | 407 | 217 | 0 | 0 | 0 | 0 | 0 | 0 | 0 | 0 |
| 西墙 | 0 | 0 | 0 | 0 | 0 | 0 | 0 | 0 | 217 | 407 | 547 | 609 | 522 | 188 | 0 |
| 东北墙 | 0 | 188 | 508 | 589 | 538 | 427 | 288 | 128 | 0 | 0 | 0 | 0 | 0 | 0 | 0 |
| 东南墙 | 0 | 77 | 225 | 272 | 236 | 148 | 22 | 0 | 0 | 0 | 0 | 0 | 0 | 0 | 0 |
| 西北墙 | 0 | 0 | 0 | 0 | 0 | 0 | 0 | 128 | 288 | 427 | 538 | 589 | 508 | 188 | 0 |
| 西南墙 | 0 | 0 | 0 | 0 | 0 | 0 | 0 | 0 | 22 | 148 | 236 | 272 | 225 | 77 | 0 |

单位：Wh/m²·d

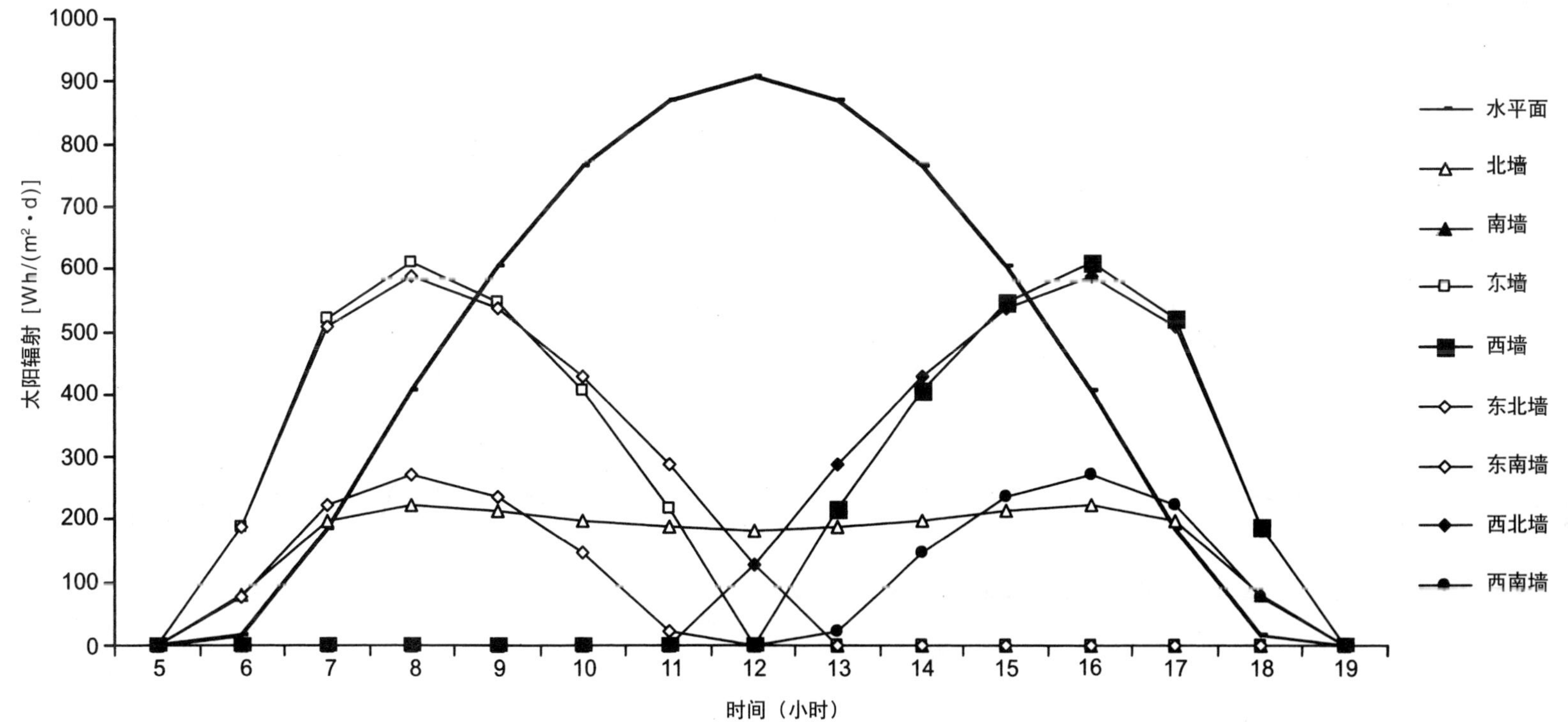

| 时　　间 | 5 | 6 | 7 | 8 | 9 | 10 | 11 | 12 | 13 | 14 | 15 | 16 | 17 | 18 | 19 |
|---|---|---|---|---|---|---|---|---|---|---|---|---|---|---|---|
| 水平面 | 0 | 0 | 52 | 234 | 427 | 580 | 678 | 711 | 678 | 580 | 427 | 234 | 52 | 0 | 0 |
| 北墙 | 0 | 0 | 0 | 0 | 0 | 0 | 0 | 0 | 0 | 0 | 0 | 0 | 0 | 0 | 0 |
| 南墙 | 0 | 0 | 150 | 310 | 405 | 461 | 495 | 505 | 495 | 461 | 405 | 310 | 150 | 0 | 0 |
| 东墙 | 0 | 0 | 304 | 508 | 504 | 383 | 205 | 0 | 0 | 0 | 0 | 0 | 0 | 0 | 0 |
| 西墙 | 0 | 0 | 0 | 0 | 0 | 0 | 0 | 0 | 205 | 383 | 504 | 508 | 304 | 0 | 0 |
| 东北墙 | 0 | 0 | 110 | 140 | 68 | 0 | 0 | 0 | 0 | 0 | 0 | 0 | 0 | 0 | 0 |
| 东南墙 | 0 | 0 | 319 | 580 | 642 | 598 | 494 | 359 | 204 | 54 | 0 | 0 | 0 | 0 | 0 |
| 西北墙 | 0 | 0 | 0 | 0 | 0 | 0 | 0 | 0 | 0 | 0 | 68 | 140 | 110 | 0 | 0 |
| 西南墙 | 0 | 0 | 0 | 0 | 0 | 54 | 204 | 359 | 494 | 598 | 642 | 580 | 319 | 0 | 0 |

单位：$Wh/m^2 \cdot d$

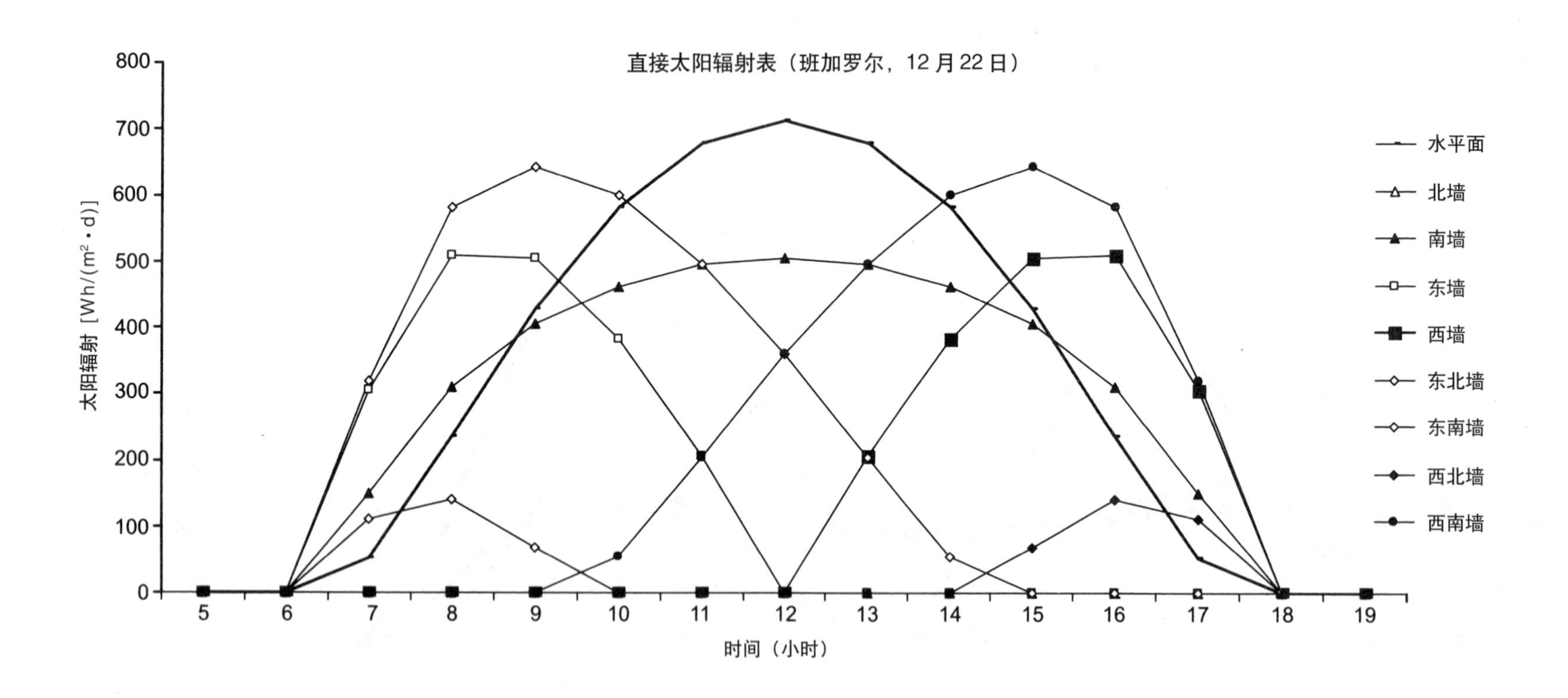

### 3.6.5 班加罗尔马奥尼（Mahoney）表

表 1

地点：班加罗尔
经度：东经 77° 35′
纬度：北纬 12° 58′
海拔：921m

气温：℃

| | 1月 | 2月 | 3月 | 4月 | 5月 | 6月 | 7月 | 8月 | 9月 | 10月 | 11月 | 12月 |
|---|---|---|---|---|---|---|---|---|---|---|---|---|
| 月平均最高 | 26.9 | 29.7 | 32.3 | 33.4 | 32.7 | 28.9 | 27.2 | 27.3 | 27.6 | 27.5 | 26.3 | 25.7 |
| 月平均最低 | 15 | 16.5 | 19 | 21.2 | 21.1 | 19.7 | 19.2 | 19.2 | 18.9 | 18.9 | 17.2 | 15.3 |
| 月均振幅 | 11.9 | 13.2 | 13.3 | 12.2 | 11.6 | 9.2 | 8 | .8.1 | 8.7 | 8.6 | 9.1 | 10.4 |

月平均最高：33.4　月平均温度：24.2
月平均最低：8.6　月均差：29.9

相对湿度：%

| | 1月 | 2月 | 3月 | 4月 | 5月 | 6月 | 7月 | 8月 | 9月 | 10月 | 11月 | 12月 |
|---|---|---|---|---|---|---|---|---|---|---|---|---|
| 月平均最高(上午) | 87 | 76 | 69 | 52 | 46 | 56 | 81 | 90 | 87 | 80 | 80 | 86 |
| 月平均最低（下午） | 38 | 29 | 26 | 19 | 20 | 31 | 56 | 66 | 53 | 34 | 31 | 38 |
| 平均 | 62.5 | 52.5 | 47.5 | 35.5 | 33 | 43.5 | 68.5 | 78 | 70 | 57 | 55.5 | 62 |
| 湿度分组 | 3 | 3 | 2 | 2 | 2 | 2 | 3 | 4 | 3 | 3 | 3 | 3 |

湿度分组：1—平均相对湿度低于 30%
2—平均相对湿度在 30%—50%
3—平均相对湿度在 50%—70%
4—平均相对湿度高于 70%

降雨量

| | 1月 | 2月 | 3月 | 4月 | 5月 | 6月 | 7月 | 8月 | 9月 | 10月 | 11月 | 12月 |
|---|---|---|---|---|---|---|---|---|---|---|---|---|
| 降雨量(mm) | 24.9 | 21.8 | 16.5 | 6.8 | 7.9 | 65 | 211.1 | 172.9 | 149.7 | 31.2 | 1.2 | 5.2 |

年总降雨量714.2mm

风

| | 1月 | 2月 | 3月 | 4月 | 5月 | 6月 | 7月 | 8月 | 9月 | 10月 | 11月 | 12月 |
|---|---|---|---|---|---|---|---|---|---|---|---|---|
| 主导风向 | W | W | W | W | W | E | W | W | W | W | W | W |
| 次要风向 | NE/SE | NE | NE | NW | NW | NW | SE | SE | NW | N | N | N |

表 2

| 预测（℃） | 1月 | 2月 | 3月 | 4月 | 5月 | 6月 | 7月 | 8月 | 9月 | 10月 | 11月 | 12月 |
|---|---|---|---|---|---|---|---|---|---|---|---|---|
| 月平均最高 | 26.9 | 29.7 | 32.3 | 33.4 | 32.7 | 28.9 | 27.2 | 27.3 | 27.6 | 27.5 | 26.3 | 25.7 |
| 日舒适下限 | 15 | 16.5 | 19 | 21.2 | 21.1 | 19.7 | 19.2 | 19.2 | 18.9 | 18.9 | 17.2 | 15.3 |
| 日舒适上限 | 23 | 23 | 25 | 25 | 25 | 25 | 23 | 22 | 23 | 23 | 23 | 23 |
| 月平均最低 | 8.6 | 12 | 16.6 | 22.8 | 27.1 | 30 | 28.6 | 27.2 | 25.6 | 20.8 | 14.3 | 9.5 |
| 夜舒适上限 | 23 | 23 | 24 | 24 | 24 | 24 | 23 | 21 | 23 | 23 | 23 | 23 |
| 夜舒适下限 | 17 | 17 | 17 | 17 | 17 | 17 | 17 | 17 | 17 | 17 | 17 | 17 |
| 日间热感觉 | C | O | O | H | H | H | H | H | H | H | O | C |
| 夜间热感觉 | C | C | C | O | H | H | H | H | H | O | C | C |

H —热　超出上限

O —舒适　在限度之内

C —冷　低于下限

分析

| 湿度分组 | 月平均温度>20℃ | | 月平均温度15–20℃ | | 月平均温度<15℃ | |
|---|---|---|---|---|---|---|
| | 白天 | 晚上 | 白天 | 晚上 | 白天 | 晚上 |
| 1 | 26–34 | 17–25 | 23–32 | 14–23 | 21–30 | 12–21 |
| 2 | 25–31 | 17–24 | 22–30 | 14–22 | 20–27 | 12–20 |
| 3 | 23–29 | 17–23 | 21–28 | 14–21 | 19–26 | 12–19 |
| 4 | 22–27 | 17–21 | 20–25 | 14–20 | 18–24 | 12–18 |

## 3.7 气候类型：湿热区

### 典型地形和植被

- 海拔低，纬度低；
- 地势较为平坦，植被丰富。

### 太阳辐射

- 多漫射光（由于多云，空气中有水汽）；
- 天晴时，光照强；
- 云层和水汽阻碍了地面聚积热量的散发。

### 平均气温

- 夏天中午　　40—35℃
- 夏天夜间　　20—25℃
- 冬天中午　　30—32℃
- 冬天夜间　　18—20℃
- 白天气温差　　5—8℃

### 相对湿度

- 大（60%—85%）。

### 降水

- 降水量大，全年超过1200mm。

### 风

- 除了暴风雨天气外，通常有一、两种风，风速小于20km/h。

### 天气状况

- 通常多云天气占全年的40%—80%，会引起不舒适眩光。

### 其他

- 如果没有空气流动，湿度大，温差小，人感到不适。

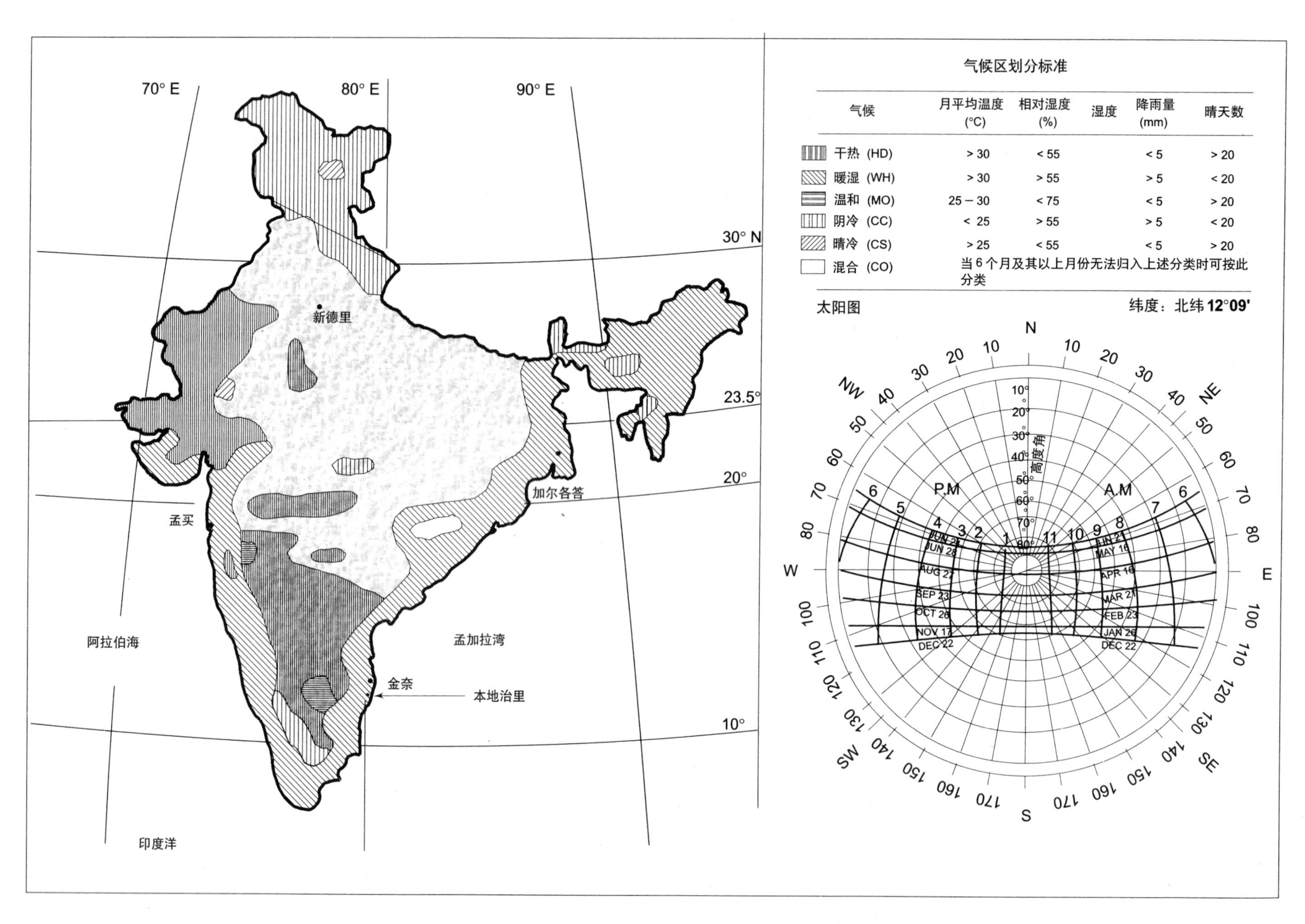


气候区划分标准

| 气候 | 月平均温度 (°C) | 相对湿度 (%) | 湿度 | 降雨量 (mm) | 晴天数 |
|---|---|---|---|---|---|
| 干热 (HD) | > 30 | < 55 | | < 5 | > 20 |
| 暖湿 (WH) | > 30 | > 55 | | > 5 | < 20 |
| 温和 (MO) | 25 – 30 | < 75 | | < 5 | > 20 |
| 阴冷 (CC) | < 25 | > 55 | | > 5 | < 20 |
| 晴冷 (CS) | > 25 | < 55 | | < 5 | > 20 |
| 混合 (CO) | 当6个月及其以上月份无法归入上述分类时可按此分类 | | | | |

3.7.1 气候分类表：本地治里（湿热区）

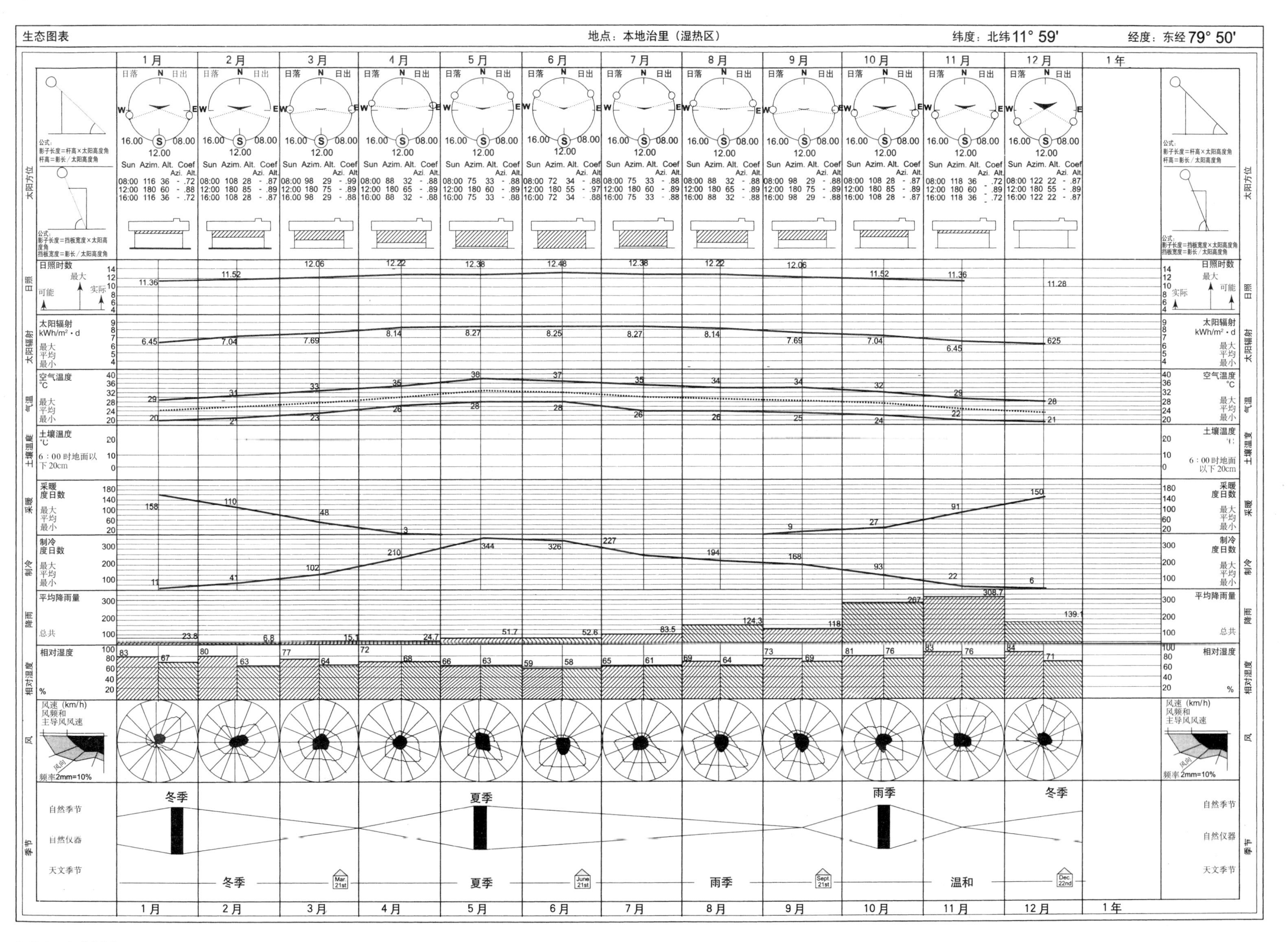

生态图表
地点：本地治里（湿热区）
纬度：北纬 11° 59'
经度：东经 79° 50'
1月
2月
3月
4月
5月
6月
7月
8月
9月
10月
11月
12月
1年
太阳方位
日照
太阳辐射
气温
土壤温度
采暖
制冷
降雨
相对湿度
风
季节
日照时数
太阳辐射 kWh/m²·d
空气温度 °C
土壤温度 °C
采暖度日数
制冷度日数
平均降雨量
相对湿度
风速（km/h）
风频和
主导风风速
频率2mm=10%
自然季节
自然仪器
天文季节
冬季
夏季
雨季
温和


3.7.2 生态图表

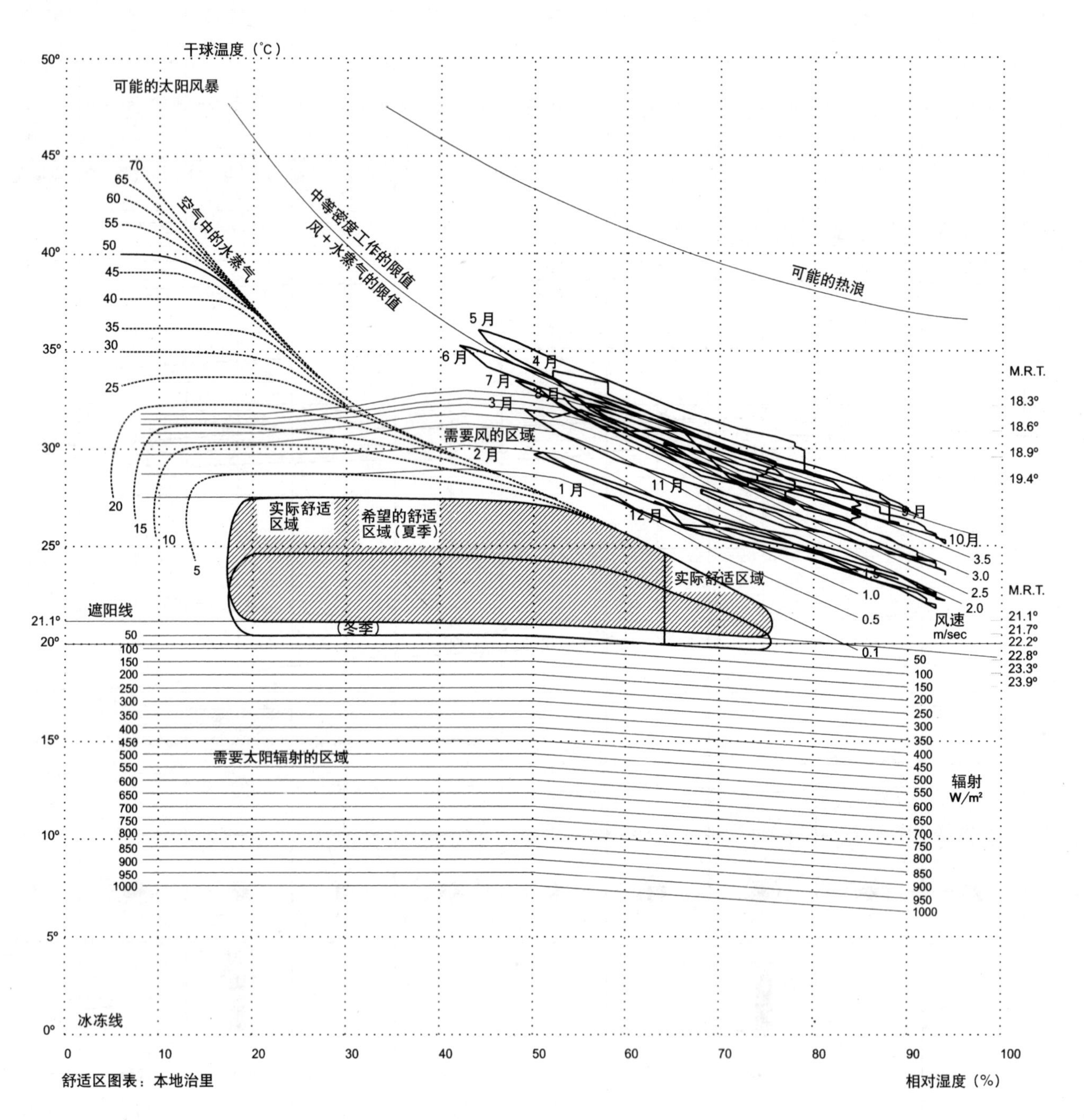


3.7.3 舒适区图表：本地治里

| | 1月 | 2月 | 3月 | 4月 | 5月 | 6月 | 7月 | 8月 | 9月 | 10月 | 11月 | 12月 |
|---|---|---|---|---|---|---|---|---|---|---|---|---|
| 水平面 | 4948 | 5644.0 | 6256.0 | 6582.0 | 6630.0 | 6590.0 | 6630.0 | 6582.0 | 6256.0 | 5644.0 | 4948.0 | 4653.0 |
| 东／西墙 | 2011.0 | 2239.0 | 2399.0 | 2534.0 | 2517.0 | 2490.0 | 2517.0 | 2534.0 | 2399.0 | 2239.0 | 2011.0 | 1904.0 |
| 东北／西北 | 426.0 | 795.0 | 1298.0 | 1990.0 | 2496.0 | 2666.0 | 2496.0 | 1990.0 | 1298.0 | 795.0 | 426.0 | 318.0 |
| 东南／西南 | 3137.0 | 2783.0 | 2234.0 | 1615.0 | 1155.0 | 980.0 | 1155.0 | 1615.0 | 2234.0 | 2783.0 | 3137.0 | 3250.0 |
| 南面 | 3837.0 | 2811.0 | 1338.0 | 64.0 | 0.0 | 0.0 | 0.0 | 64.0 | 1338.0 | 2811.0 | 3837.0 | 4147.0 |
| 北面 | 0.0 | 0.0 | 0.0 | 594.0 | 1895.0 | 2393.0 | 1895.0 | 594.0 | 0.0 | 0.0 | 0.0 | 0.0 |

单位：Wh/m²·d

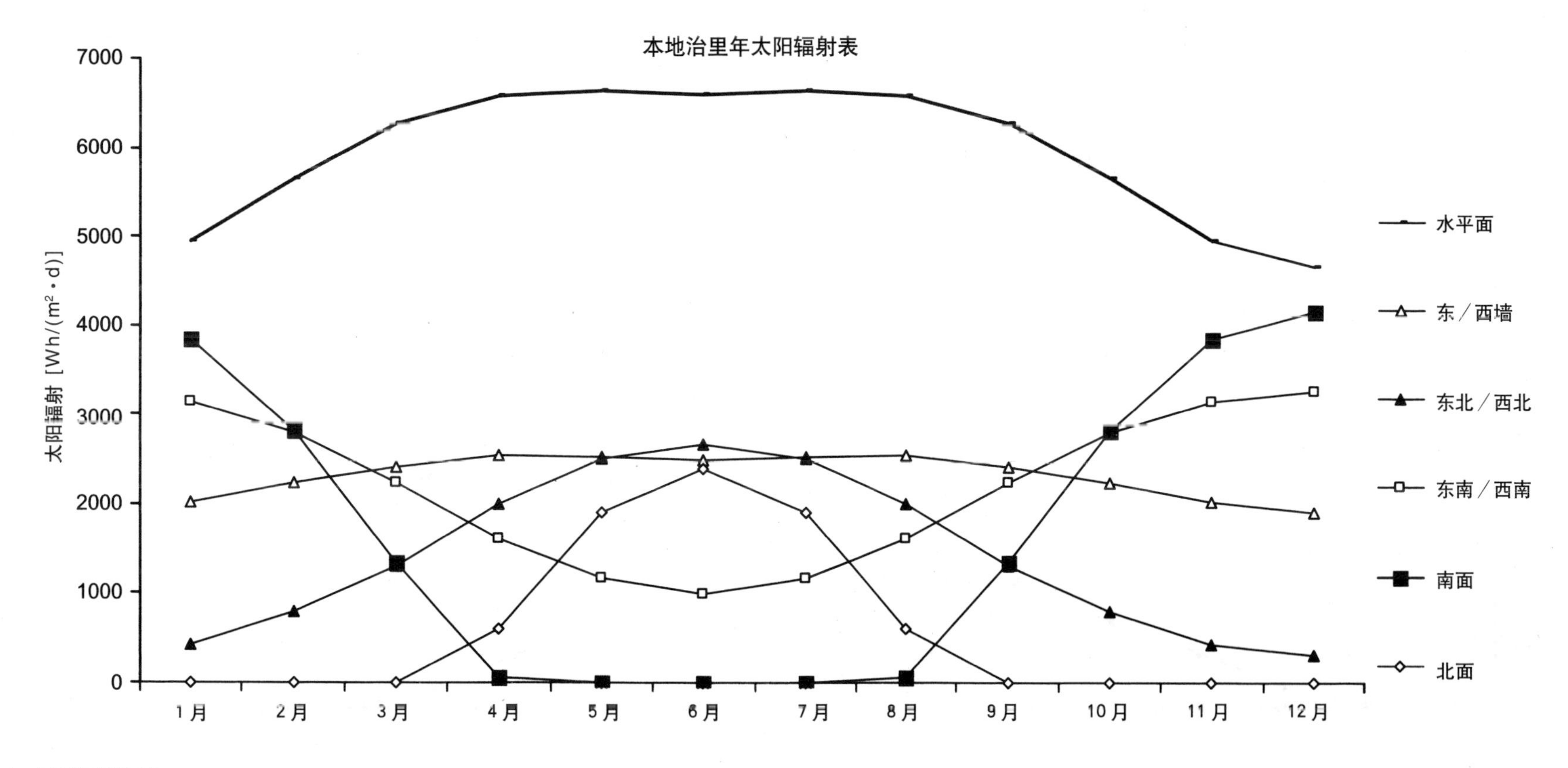


3.7.4 太阳辐射资料

| 时 间 | 5 | 6 | 7 | 8 | 9 | 10 | 11 | 12 | 13 | 14 | 15 | 16 | 17 | 18 | 19 |
|---|---|---|---|---|---|---|---|---|---|---|---|---|---|---|---|
| 水平面 | 0 | 0 | 128 | 361 | 576 | 747 | 865 | 902 | 865 | 747 | 576 | 361 | 128 | 0 | 0 |
| 北墙 | 0 | 0 | 0 | 0 | 0 | 0 | 0 | 0 | 0 | 0 | 0 | 0 | 0 | 0 | 0 |
| 南墙 | 0 | 0 | 29 | 77 | 123 | 159 | 185 | 192 | 185 | 159 | 123 | 77 | 29 | 0 | 0 |
| 东墙 | 0 | 0 | 493 | 638 | 590 | 440 | 238 | 0 | 0 | 0 | 0 | 0 | 0 | 0 | 0 |
| 西墙 | 0 | 0 | 0 | 0 | 0 | 0 | 0 | 0 | 238 | 440 | 590 | 638 | 493 | 0 | 0 |
| 东北墙 | 0 | 0 | 329 | 400 | 331 | 200 | 38 | 0 | 0 | 0 | 0 | 0 | 0 | 0 | 0 |
| 东南墙 | 0 | 0 | 367 | 506 | 504 | 423 | 297 | 137 | 0 | 0 | 0 | 0 | 0 | 0 | 0 |
| 西北墙 | 0 | 0 | 0 | 0 | 0 | 0 | 0 | 0 | 38 | 200 | 331 | 400 | 329 | 0 | 0 |
| 西南墙 | 0 | 0 | 0 | 0 | 0 | 0 | 0 | 137 | 297 | 423 | 504 | 506 | 367 | 0 | 0 |

单位：Wh/m²·d

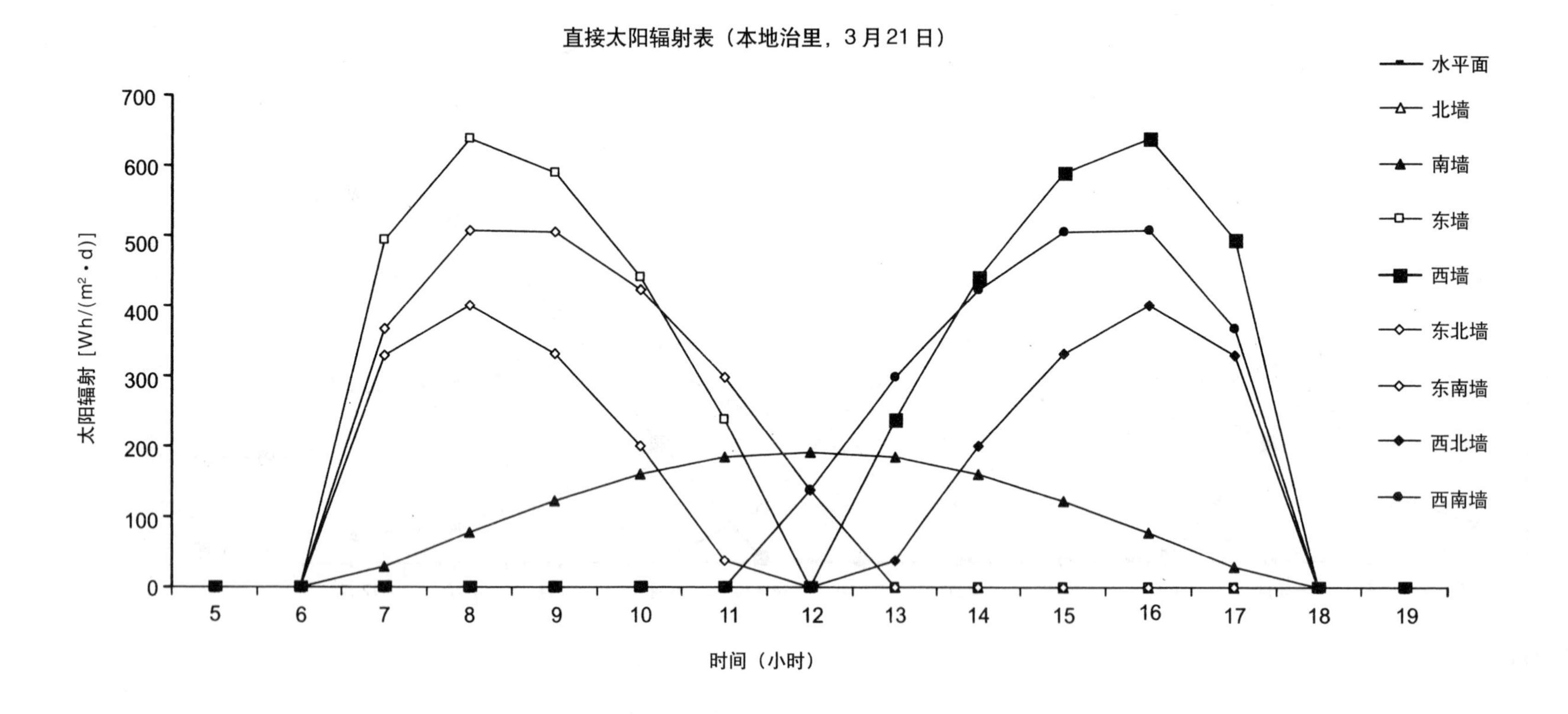

| 时　　间 | 5 | 6 | 7 | 8 | 9 | 10 | 11 | 12 | 13 | 14 | 15 | 16 | 17 | 18 | 19 |
|---|---|---|---|---|---|---|---|---|---|---|---|---|---|---|---|
| 水平面 | 0 | 16 | 185 | 405 | 605 | 763 | 868 | 906 | 868 | 763 | 605 | 405 | 185 | 16 | 0 |
| 北墙 | 0 | 80 | 198 | 223 | 215 | 199 | 190 | 183 | 190 | 199 | 215 | 223 | 198 | 80 | 0 |
| 南墙 | 0 | 0 | 0 | 0 | 0 | 0 | 0 | 0 | 0 | 0 | 0 | 0 | 0 | 0 | 0 |
| 东墙 | 0 | 188 | 522 | 609 | 547 | 407 | 217 | 0 | 0 | 0 | 0 | 0 | 0 | 0 | 0 |
| 西墙 | 0 | 0 | 0 | 0 | 0 | 0 | 0 | 0 | 217 | 407 | 547 | 609 | 522 | 188 | 0 |
| 东北墙 | 0 | 188 | 508 | 589 | 538 | 427 | 288 | 128 | 0 | 0 | 0 | 0 | 0 | 0 | 0 |
| 东南墙 | 0 | 77 | 225 | 272 | 236 | 148 | 22 | 0 | 0 | 0 | 0 | 0 | 0 | 0 | 0 |
| 西北墙 | 0 | 0 | 0 | 0 | 0 | 0 | 0 | 128 | 288 | 427 | 538 | 589 | 508 | 188 | 0 |
| 西南墙 | 0 | 0 | 0 | 0 | 0 | 0 | 0 | 0 | 22 | 148 | 236 | 272 | 225 | 77 | 0 |

单位：$Wh/m^2 \cdot d$

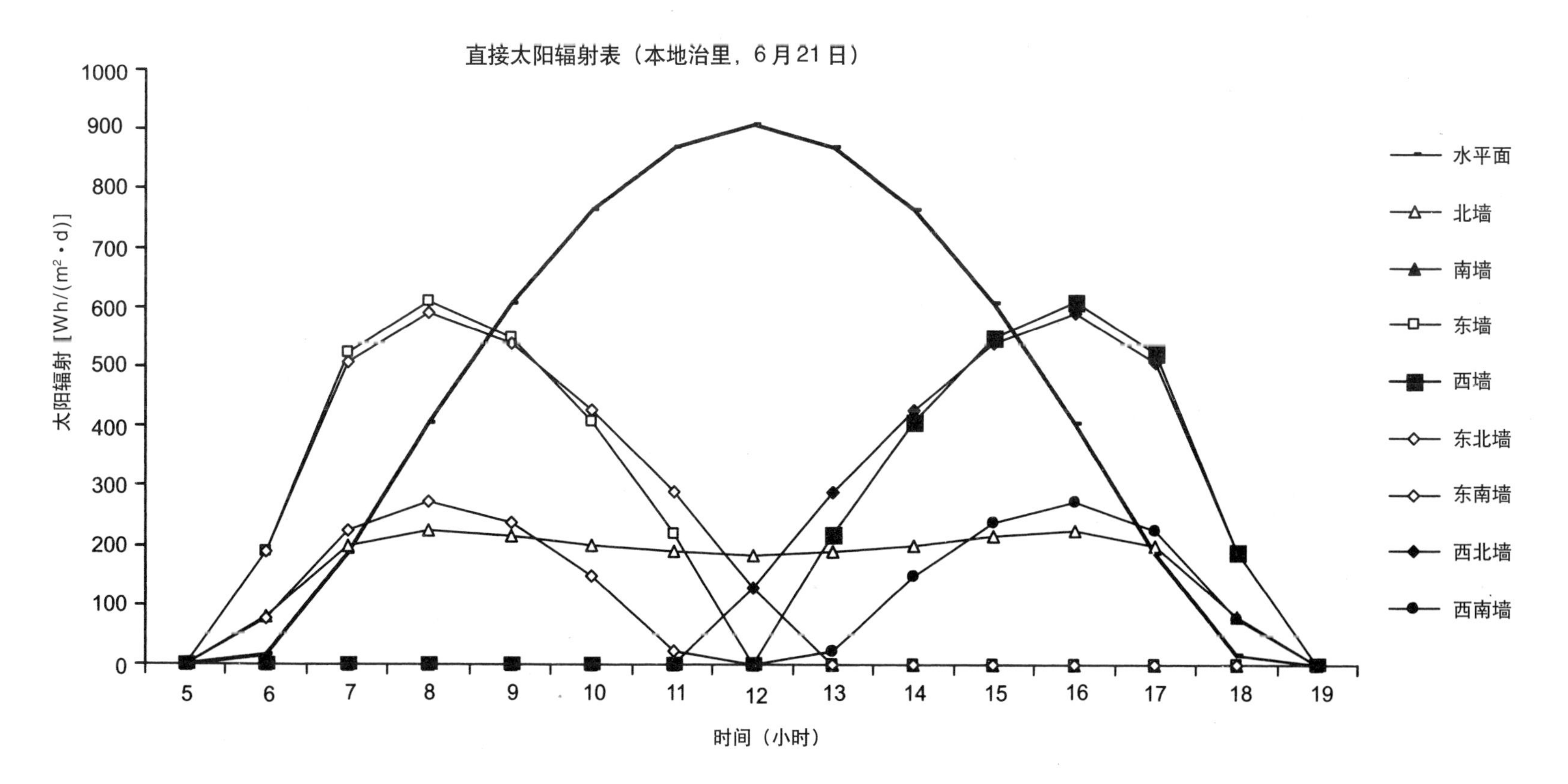

| 时　间 | 5 | 6 | 7 | 8 | 9 | 10 | 11 | 12 | 13 | 14 | 15 | 16 | 17 | 18 | 19 |
|---|---|---|---|---|---|---|---|---|---|---|---|---|---|---|---|
| 水平面 | 0 | 0 | 52 | 234 | 427 | 580 | 678 | 711 | 678 | 580 | 427 | 234 | 52 | 0 | 0 |
| 北墙 | 0 | 0 | 0 | 0 | 0 | 0 | 0 | 0 | 0 | 0 | 0 | 0 | 0 | 0 | 0 |
| 南墙 | 0 | 0 | 150 | 310 | 405 | 461 | 495 | 505 | 495 | 461 | 405 | 310 | 150 | 0 | 0 |
| 东墙 | 0 | 0 | 304 | 508 | 504 | 383 | 205 | 0 | 0 | 0 | 0 | 0 | 0 | 0 | 0 |
| 西墙 | 0 | 0 | 0 | 0 | 0 | 0 | 0 | 0 | 205 | 383 | 504 | 508 | 304 | 0 | 0 |
| 东北墙 | 0 | 0 | 110 | 140 | 68 | 0 | 0 | 0 | 0 | 0 | 0 | 0 | 0 | 0 | 0 |
| 东南墙 | 0 | 0 | 319 | 580 | 642 | 598 | 494 | 359 | 204 | 54 | 0 | 0 | 0 | 0 | 0 |
| 西北墙 | 0 | 0 | 0 | 0 | 0 | 0 | 0 | 0 | 0 | 0 | 68 | 140 | 110 | 0 | 0 |
| 西南墙 | 0 | 0 | 0 | 0 | 0 | 54 | 204 | 359 | 494 | 598 | 642 | 580 | 319 | 0 | 0 |

单位：Wh/m²·d

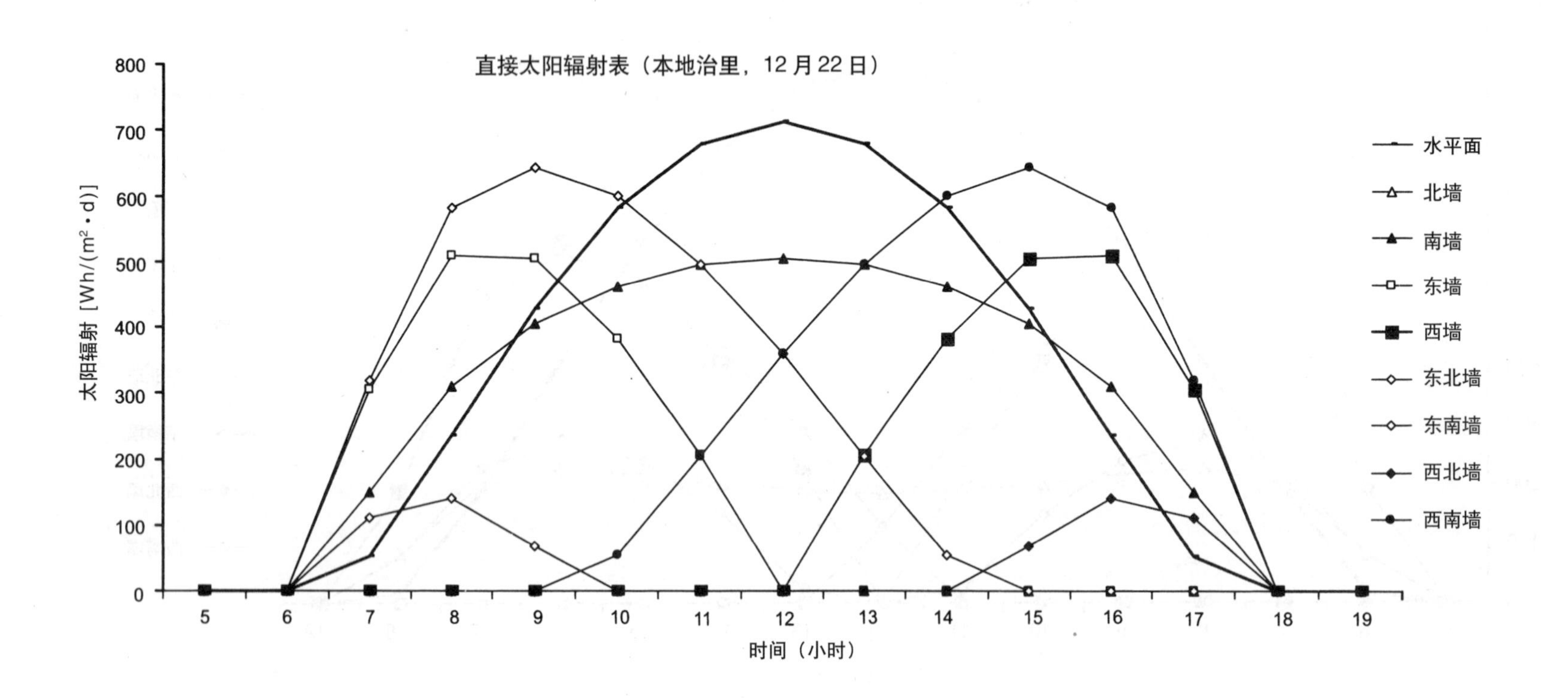

### 3.7.5 本地治里马奥尼（Mahoney）表

**表 1**

地点：本地治里
经度：东经 79° 50′
纬度：北纬 12° 09′
海拔：20m

气温：℃

| | 1月 | 2月 | 3月 | 4月 | 5月 | 6月 | 7月 | 8月 | 9月 | 10月 | 11月 | 12月 |
|---|---|---|---|---|---|---|---|---|---|---|---|---|
| 月平均最高 | 28.8 | 30.6 | 32.7 | 34.9 | 37.6 | 37.3 | 35.2 | 34.5 | 33.9 | 31.8 | 29.2 | 28.2 |
| 月平均最低 | 20.3 | 21.1 | 23.1 | 26 | 27.8 | 27.6 | 26.3 | 25.8 | 25.4 | 24.4 | 22.5 | 21 |
| 月均振幅 | 8.5 | 9.5 | 9.6 | 8.9 | 9.8 | 9.7 | 8.9 | 8.7 | 8.5 | 7.4 | 6.7 | 7.2 |

月平均最高：37.6　月平均温度：28.95
月平均最低：20.3　月均差：17.3

相对湿度：%

| | | | | | | | | | | | | |
|---|---|---|---|---|---|---|---|---|---|---|---|---|
| 月平均最高(上午) | 83 | 80 | 77 | 72 | 63 | 58 | 65 | 69 | 73 | 81 | 83 | 84 |
| 月平均最低（下午） | 67 | 63 | 64 | 68 | 66 | 59 | 61 | 64 | 69 | 76 | 76 | 71 |
| 平均 | 75 | 71.5 | 70.5 | 70 | 64.5 | 58.5 | 63 | 66.5 | 71 | 78.5 | 79.5 | 77.5 |
| 湿度分组 | 4 | 4 | 4 | 4 | 3 | 3 | 3 | 3 | 4 | 4 | 4 | 4 |

湿度分组：1—平均相对湿度低于 30%
2—平均相对湿度在 30%—50%
3—平均相对湿度在 50%—70%
4—平均相对湿度高于 70%

降雨量

| | | | | | | | | | | | | |
|---|---|---|---|---|---|---|---|---|---|---|---|---|
| 降雨量(mm) | 23.8 | 6.8 | 15.1 | 24.7 | 51.7 | 52.6 | 83.5 | 124.3 | 118 | 267 | 308.7 | 139.1 |

年总降雨量1214.6mm

风

| | | | | | | | | | | | | |
|---|---|---|---|---|---|---|---|---|---|---|---|---|
| 主导风向 | NW | NW/W | SW | S/SW | S/SW | W | W | W | W | W | NW | NW |
| 次要风向 | NE | E/SE | SE | SE | SE | S | SE | SE | E/SE | E/SE | NE | NE |

表 2

| 预测（℃） | 1月 | 2月 | 3月 | 4月 | 5月 | 6月 | 7月 | 8月 | 9月 | 10月 | 11月 | 12月 |
|---|---|---|---|---|---|---|---|---|---|---|---|---|
| 月平均最高 | **28.8** | **30.6** | **32.7** | **34.9** | **37.6** | **37.3** | **35.2** | **34.5** | **33.9** | **31.8** | **29.2** | **28.2** |
| 日舒适上限 | **27** | **27** | **27** | **27** | **29** | **29** | **29** | **29** | **27** | **27** | **27** | **27** |
| 日舒适下限 | **22** | **22** | **22** | **22** | **23** | **23** | **23** | **23** | **22** | **22** | **22** | **22** |
| 月平均最低 | **20.3** | **21.1** | **23.1** | **26** | **27.8** | **27.6** | **26.3** | **25.8** | **25.4** | **24.4** | **22.5** | **21** |
| 夜舒适上限 | **21** | **21** | **21** | **21** | **23** | **23** | **23** | **23** | **21** | **21** | **21** | **21** |
| 夜舒适下限 | **17** | **17** | **17** | **17** | **17** | **17** | **17** | **17** | **17** | **17** | **17** | **17** |
| 日间热感觉 | **H** | **H** | **H** | **H** | **H** | **H** | **H** | **H** | **H** | **H** | **H** | **H** |
| 夜间热感觉 | **O** | **O** | **H** | **H** | **H** | **H** | **H** | **H** | **H** | **H** | **H** | **O** |

H—热　　超出上限
O—舒适　　在限度之内
C—冷　　低于下限

分析

| 湿度分组 | 月平均温度>20℃ | | 月平均温度15–20℃ | | 月平均温度<15℃ | |
|---|---|---|---|---|---|---|
| | 白天 | 晚上 | 白天 | 晚上 | 白天 | 晚上 |
| **1** | **26–34** | **17–25** | **23–32** | **14–23** | **21–30** | **12–21** |
| **2** | **25–31** | **17–24** | **22–30** | **14–22** | **20–27** | **12–20** |
| **3** | **23–29** | **17–23** | **21–28** | **14–21** | **19–26** | **12–19** |
| **4** | **22–27** | **17–21** | **20–25** | **14–20** | **18–24** | **12–18** |

# 遮　阳

# Solar Shading Masks

街道的宽度、街道两边建筑物的高度和遮阳设施决定着建筑物吸收太阳辐射热量的多少，也是决定居住建筑形式和住区布局的重要因素。就太阳辐射来说，住区布局需满足以下要求：

- 允许辐射（在采暖条件下——寒冷期）；
- 不允许辐射（在过热的条件下——炎热期）；
- 在冬天允许辐射，在夏天不允许辐射（混合期）。

分析建筑形式要从太阳几何学开始，不同纬度的太阳图形向我们提供了这方面的信息。

在印度，已经对不同纬度和气候条件下的理想建筑高度和遮阳设施进行了分析，其结果已列成表格，如图4.1至4.3所示。这些结论的推断也标在太阳图表上。

炎热期和寒冷期的最佳建筑高度已被设计出来。在印度，北纬8°至北纬32°地区一年都处于炎热期，而北纬24°至北纬36°地区都处于寒冷期。因此，气候设计时要考虑纬度因素。

混合时期的遮阳设施也被设计出来。这种设施在冬天允许直接辐射，在夏天不允许辐射。这样才能完全满足冷热和混合时期的要求。

例如，从表4.2我们可以得到北纬32°寒冷期的最佳建筑高度。对东西向来说，我们需要知道街道南北两侧建筑物的高度。北纬32°的太阳示意图显示，在冬天太阳只在南边。因此，北边没有直接的太阳辐射。因此对于北边

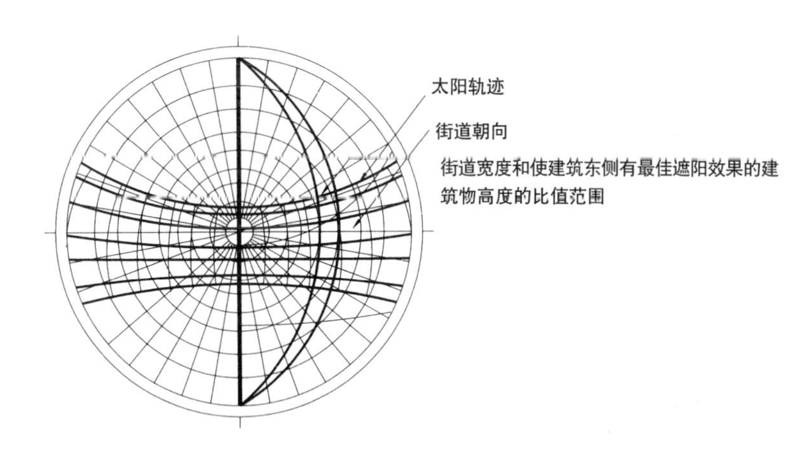


**图 4.1**　太阳示意图展示了街道和东西向开敞空间的遮阳

**注：**因为太阳的轨迹是南北对称的，因此，为了增加图表的清晰度，西墙的阴影被省略了。建筑物东面的高度同样适用于西面。

来说，$B$栏反映了最大可能的日照时间为零。建筑物北面的高度与街道宽度的比率不会受阳光的影响。对于南面来说，最大可能的日照时间为9小时。建筑物的高度如果是街道宽度的1.43至1.73倍，街道的日照时间将为4.5小时。

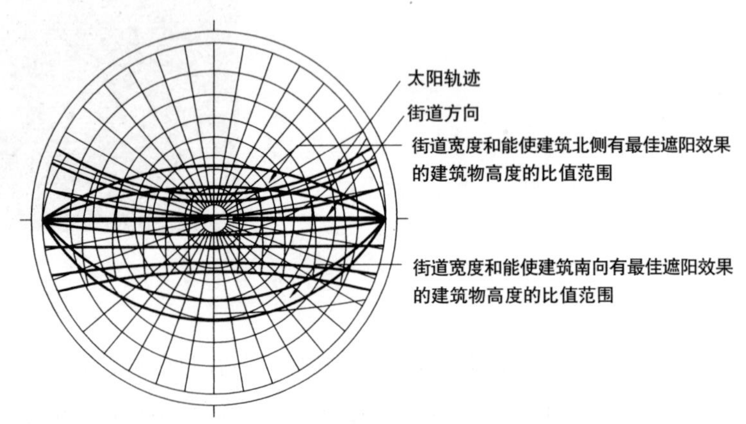


图4.2 太阳示意图展示了街道和西北面开敞空间的遮阳

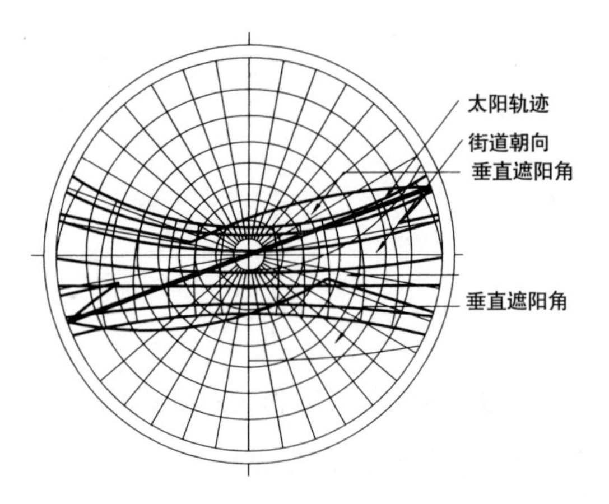


图4.3 太阳示意图展示了遮阳设施的作用

**表4.1　满足最佳遮阳的建筑高度比率**

气候要求——遮阳（街道宽度是最理想的）

*A*= 街道宽度　*B*=6 月 21 日最大可能的日照时间　*C*= 由建议街道宽度（*A* 栏）所允许的实际日照时间

*H*= 建筑物高度

| 纬度 | 东西向街道 | | | | | | 南北向街道 | | | | | | 西北、东南向街道 | | | | | | 东北、西南向街道 | | | | | |
|---|---|---|---|---|---|---|---|---|---|---|---|---|---|---|---|---|---|---|---|---|---|---|---|---|
| | 街道北面的建筑物 | | | 街道南面的建筑物 | | | 街道东面的建筑物 | | | 街道西面的建筑物 | | | 街道东北面的建筑物 | | | 街道西南面的建筑物 | | | 街道西北面的建筑物 | | | 街道东南面的建筑物 | | |
| | *A* | *B* | *C* | *A* | *B* | *C* | *A* | *B* | *C* | *A* | *B* | *C* | *A* | *B* | *C* | *A* | *B* | *C* | *A* | *B* | *C* | *A* | *B* | *C* |
| 北纬 8° | 0.36 *H* | 13 | 5 | – | 0 | 0 | 0.58 *H* | 6.5 | 2 | 0.58 *H* | 6.5 | 2 | 0.36 *H* | 7.5 | 2 | 0.36 *H* | 5.5 | 2 | 0.36 *H* | 7.5 | 2 | 0.36 *H* | 5.5 | 2 |
| 北纬 12° | 0.18 *H* | 13 | 0 | – | 0 | 0 | 0.36 *H* | 6.5 | 1.5 | 0.36 *H* | 6.5 | 1.5 | 0.36 *H* | 7 | 2 | 0.36 *H* | 5.5 | 1.5 | 0.47 *H* | 7.5 | 3 | 0.36 *H* | 5 | 2 |
| 北纬 16° | 0.18 *H* | 13 | 9 | – | 0 | 0 | 0.36 *H* | 6.5 | 1.5 | 0.36 *H* | 6.5 | 1.5 | 0.36 *H* | 7 | 2 | 0.36 *H* | 6 | 2 | 0.36 *H* | 7 | 2 | 0.36 *H* | 6 | 2 |
| 北纬 20° | 0.18 *H* | 14 | 6 | 0.18 *H* | 0 | 0 | 0.36 *H* | 7 | 1.5 | 0.36 *H* | 7 | 1.5 | 0.36 *H* | 7 | 1.5 | 0.36 *H* | 6 | 2 | 0.36 *H* | 7 | 2 | 0.36 *H* | 6.5 | 2 |
| 北纬 24° | 0.18 *H* | 12 | 7 | 0.18 *H* | 2 | 2 | 0.36 *H* | 7 | 1.5 | 0.36 *H* | 7 | 1.5 | 0.36 *H* | 7 | 2 | 0.36 *H* | 7 | 2 | 0.36 *H* | 7 | 2 | 0.36 *H* | 7 | 2 |
| 北纬 28° | 0.18 *H* | 10 | 3 | 0.18 *H* | 4 | 4 | 0.36 *H* | 7 | 1.5 | 0.36 *H* | 7 | 1.5 | 0.27 至 0.18 *H* | 6.5 | 1 | 0.27 至 0.18 *H* | 7 | 1.5 | 0.27 *H* | 6.5 | 1 | 0.27 *H* | 7 | 2 |
| 北纬 32° | 0.18 *H* | 8 | 2 | 0.18 *H* | 6 | 6 | 0.36 *H* | 7 | 1.5 | 0.36 *H* | 7 | 1.5 | 0.36 *H* | 6.5 | 2 | 0.36 *H* | 7 | 2 | 0.36 *H* | 6.5 | 1.5 | 0.36 *H* | 7.5 | 2 |

**注**：在 *A* 栏中理想的建筑物高度是最佳范围的平均数值。*B* 栏指的是日照时间的最大值，是指街道被建筑物遮挡的可能性。

**表4.2 满足最佳太阳透射的建筑物高度比率**

气候要求——冬天的阳光

$A$= 街道宽度 $B$=12月22日最大可能的日照时间 $C$= 建议街道宽度（$A$栏）所允许的实际日照时间

$H$= 建筑物高度

| 纬度 | 东西向街道 | | | | | | 南北向街道 | | | | | | 西北、东南向街道 | | | | | | 东北、西南街道 | | | | | |
|---|---|---|---|---|---|---|---|---|---|---|---|---|---|---|---|---|---|---|---|---|---|---|---|---|
| | 街道北面的建筑物 | | | 街道南面的建筑物 | | | 街道东面的建筑物 | | | 街道西面的建筑物 | | | 街道东北面的建筑物 | | | 街道西南面的建筑物 | | | 街道西北面的建筑物 | | | 街道东南面的建筑物 | | |
| | $A$ | $B$ | $C$ | $A$ | $B$ | $C$ | $A$ | $B$ | $C$ | $A$ | $B$ | $C$ | $A$ | $B$ | $C$ | $A$ | $B$ | $C$ | $A$ | $B$ | $C$ | $A$ | $B$ | $C$ |
| 北纬24° | – | 0 | 0 | 14.3至1.19$H$ | 11 | 7 | 1.0至0.83$H$ | 5 | 2.5 | 0.83至0.1$H$ | 5 | 2.5 | 0.83至0.58$H$ | 2.5 | 1 | 1.19至1.0$H$ | 8 | 4.5 | 0.36至0.18$H$ | 2 | 0.5 | 1.43至1.73$H$ | 8 | 5 |
| 北纬28° | – | 0 | 0 | 1.43至1.19$H$ | 11 | 7 | 1.19至1.0$H$ | 5 | 2.5 | 1.19至1.0$H$ | 5 | 2.5 | 0.83$H$ | 2 | 1 | 1.19至1.0$H$ | 8 | 4 | 0.36$H$ | 2.5 | 1 | 1.43至1.19$H$ | 8 | 4.5 |
| 北纬32° | – | 0 | 0 | 1.73至1.43$H$ | 9 | 4.5 | 1.19至1.0$H$ | 5 | 2.5 | 1.19至1.0$H$ | 5 | 2.5 | 0.58至0.36$H$ | 2 | 1 | 1.43至1.19$H$ | 8 | 4 | 0.36$H$ | 2 | 1 | 1.72至1.43$H$ | 8 | 5 |
| 北纬36° | – | 0 | 0 | 2.14至1.73$H$ | 9 | 16 | 1.73至1.19 | 4.5 | 2.5 | 1.73至1.19$H$ | 4.5 | 2.5 | 0.58$H$ | 1.5 | 0.5 | 1.73至1.43$H$ | 8 | 4 | 0.58$H$ | 1.5 | 0.5 | 2.14至1.73$H$ | 8 | 5.5 |

**注**：$B$栏指的是日照时间的最大值，是指街道被建筑遮挡的可能性。

**表4.3 窗户——遮阳装置**

气候要求需要——选择性遮阳
*V*= 垂直投影（xht）
*H*= 水平投影（x 宽度）
左边或右边（*L*/*R*）
*Ht*= 窗洞高度
*W*= 窗洞宽度
*L* 和 *R* 指的是从窗户向外看时，左边和右边的垂直遮阳装置

| 纬度 | 墙的北面（L 及 R） | | 墙的南面 | | 墙的东面 | | 墙的西面 | | 墙的东北面（R） | | 墙的西南面 | | 墙的西北面 | | 墙的东南面（L） | |
|---|---|---|---|---|---|---|---|---|---|---|---|---|---|---|---|---|
| | H | V | H | V | H | V | H | V | H | V | H | V | H | V | H | V |
| 北纬 8° | 0.35 Ht | 2.14 W | – | – | 0.36 Ht | 5.65 W 至 2.14 W (L) | 0.36 Ht | 5.65 W 至 2.14 W (R) | | 3.73 W 至 1.43 W | – | 0.83 W 至 0.36 W | 0.36 Ht | 2.75W 至 1 W | – | 0.7 W |
| 北纬 12° | 0.27 Ht | 0.47 W | – | – | 0.36 Ht | 11.43W 至 2.14 W (L) | 0.36 Ht | 11.43W 至 21.4 W | 0.36 Ht | 12.4 W 至 0.83 W | 0.27 Ht | W 至 0.36 W | 0.36 Ht | 3.73 W 至 1.19 W | 0.18 Ht | W 至 0.36W |
| 北纬 16° | – | 0.36 W | 0.18 Ht | – | 0.36 Ht | 2.75 W (L) 至 11.43 W (R) | 0.36 Ht | 11.43 W (L) 至 2.75 W (R) | 0.36 Ht | 1.19 W 至 0.47 W | 0.36 Ht | 2.14 W 至 0.83 W | 0.36 Ht | 1.19 W | 0.18 Ht | 2.14 W 0.83 W |
| 北纬 20° | – | 0.36 W | 0.18 Ht | – | 0.36 Ht | 2.75 W (L) 至 3.73 W (R) | 0.36 Ht | 5.67 W (R) 至 2.75 W (L) | 0.36 Ht | 1.19 W 至 0.58 W | 0.18 Ht | 2.14 W 至 0.7 W 至 | 0.36Ht | 1.19 W 至 0.47 W | 0.36 Ht | 1.73 W 至 0.83 W |
| 北纬 24° | – | 0.36 W | 0.36 Ht | – | 0.36 Ht | 2.75 W (L) 至 3.73 (R) | 0.36 Ht | 2.75 W (R) 至 3.73 W (L) | 0.47 Ht | 1.73 至 0.58 W | 0.47 Ht | 1.43 W 至 0.58 W | 0.47 Ht | 1.73W 至 0.83 W | 0.47 Ht | 1.43 W 至 0.47 W |

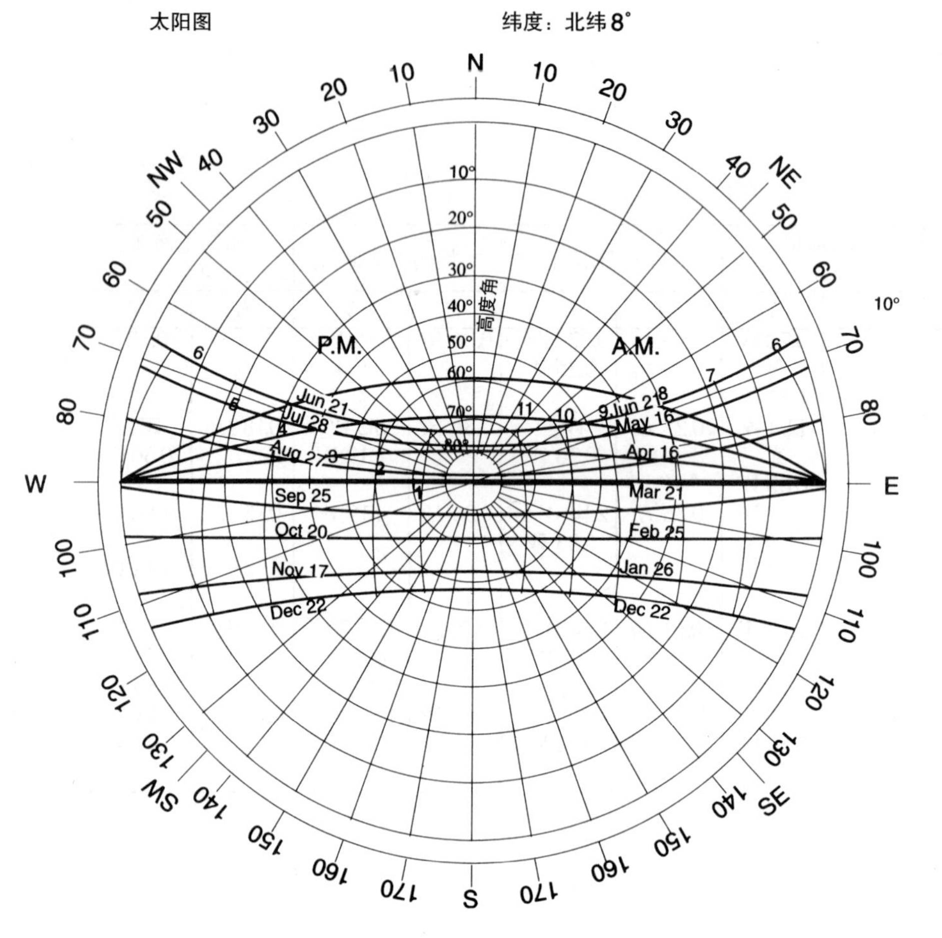


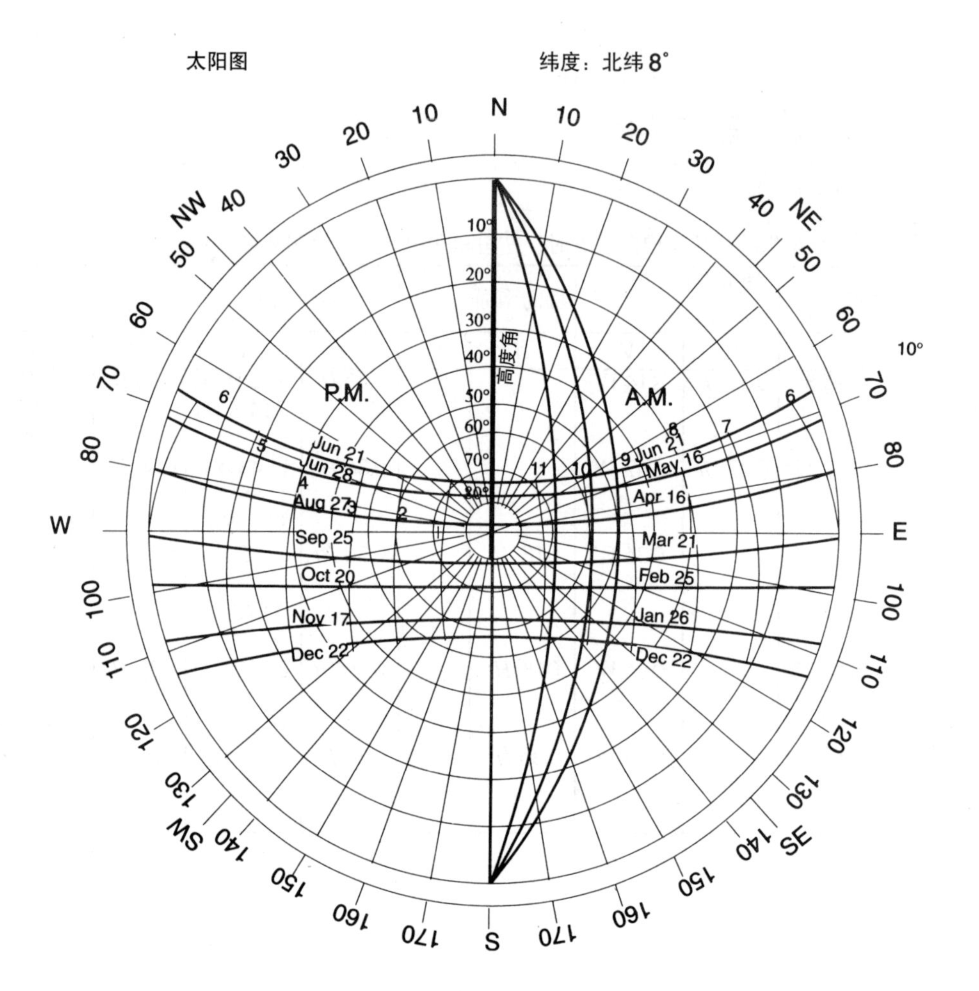


图4.4 北纬8° 地区炎热时期的街道和开敞空间

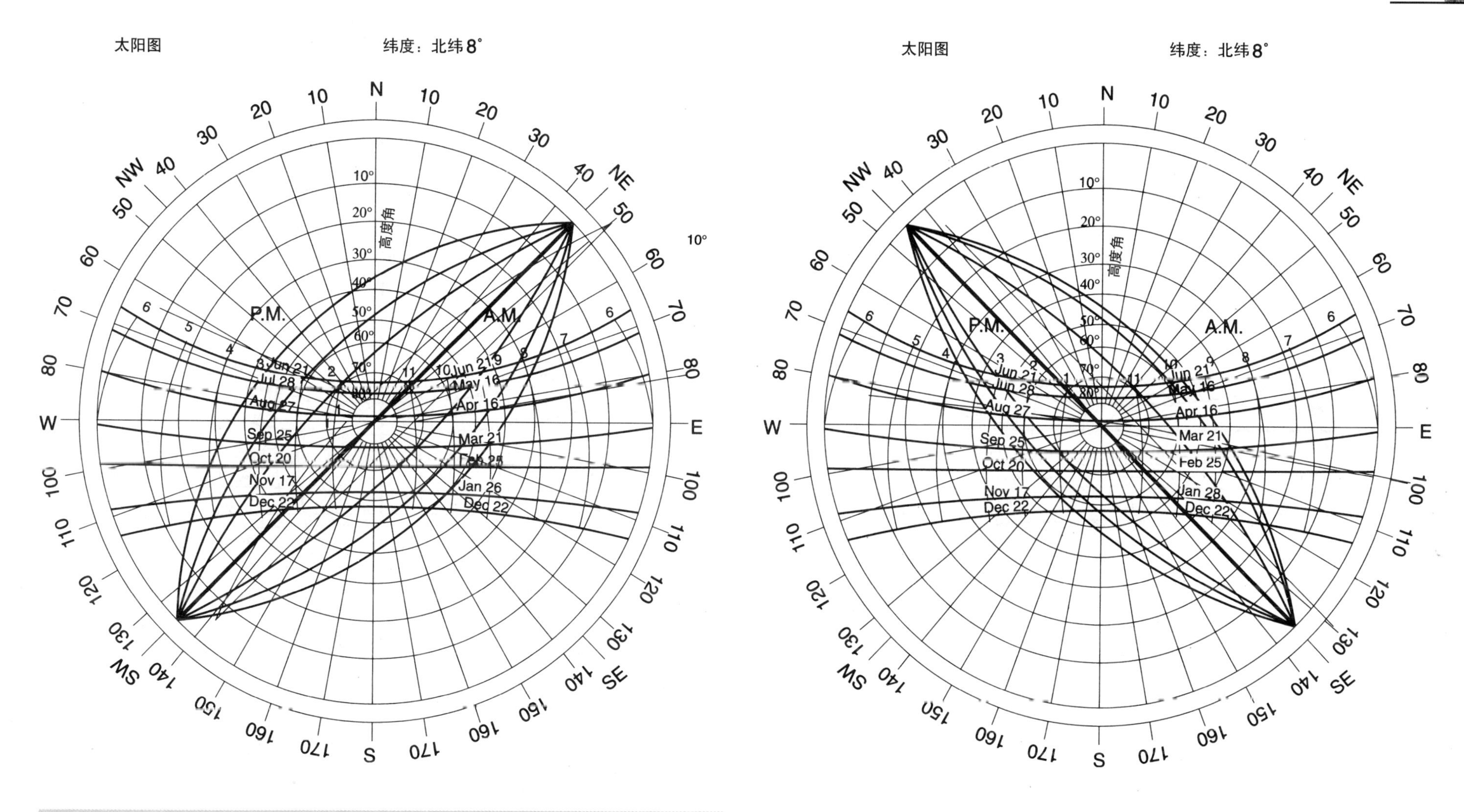


图4.5 北纬8°地区炎热时期的街道和开敞空间

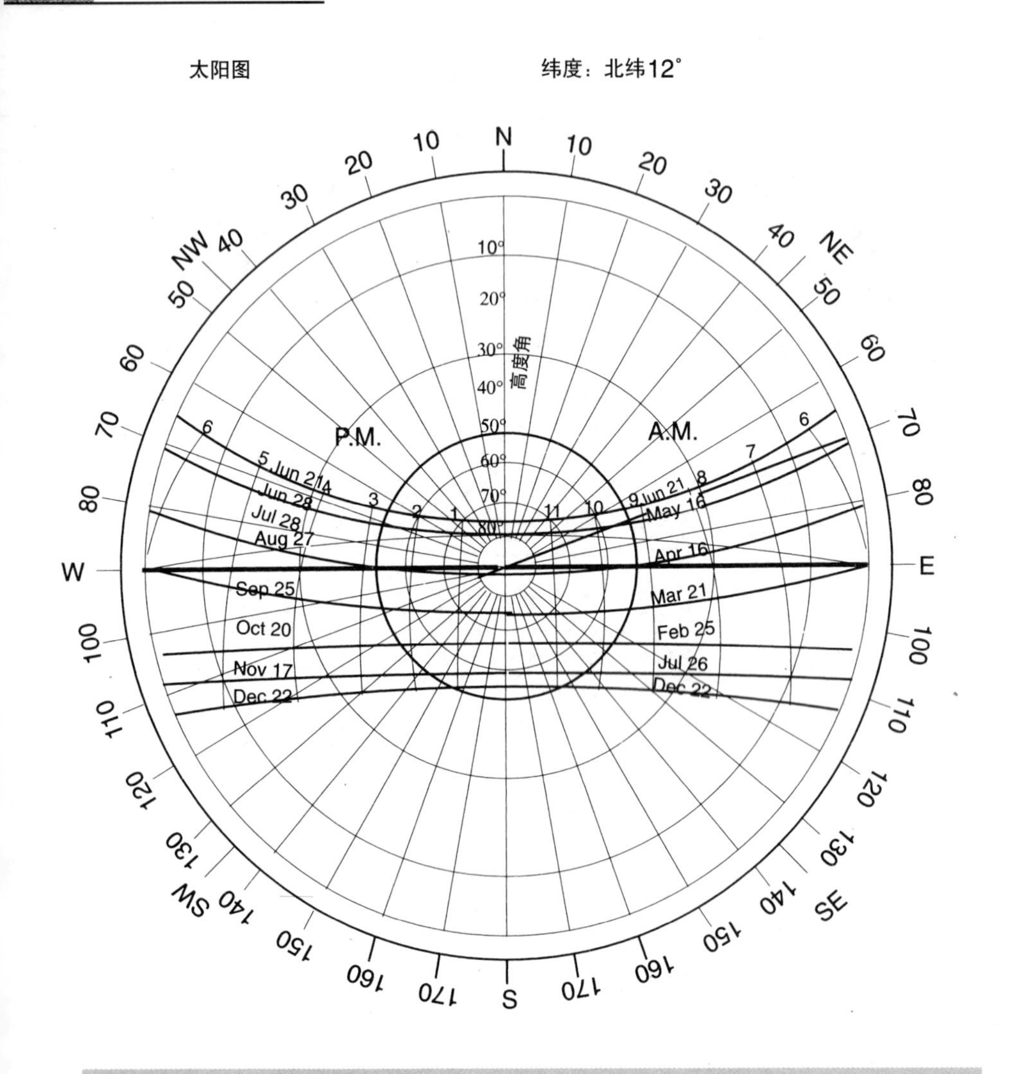


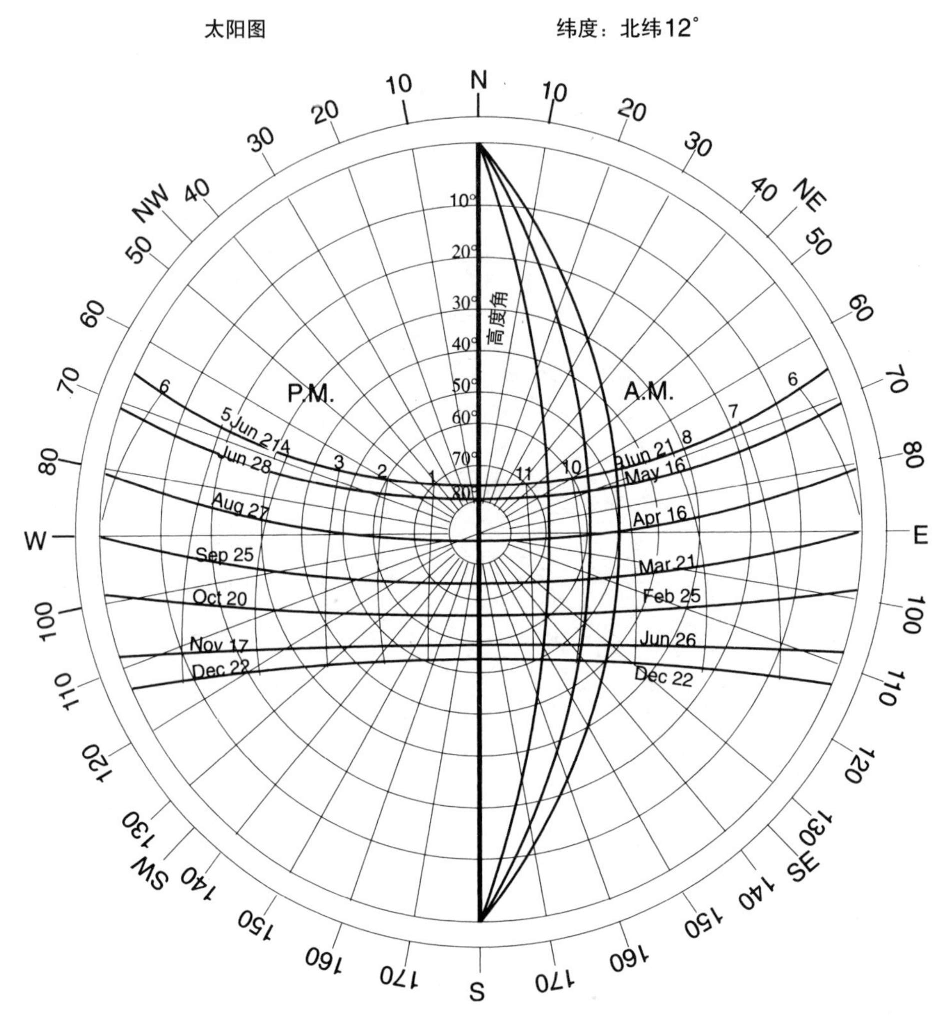


图4.6　北纬12°地区炎热时期的街道和开敞空间

太阳图　　纬度：北纬12°

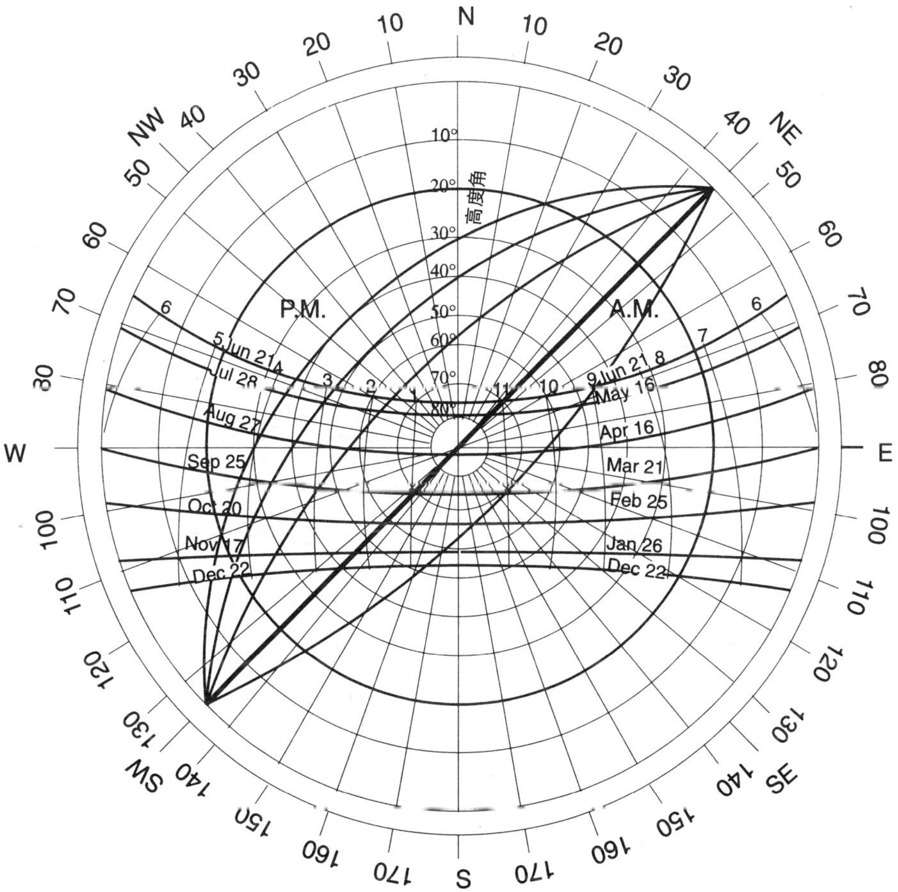

太阳图　　纬度：北纬12°

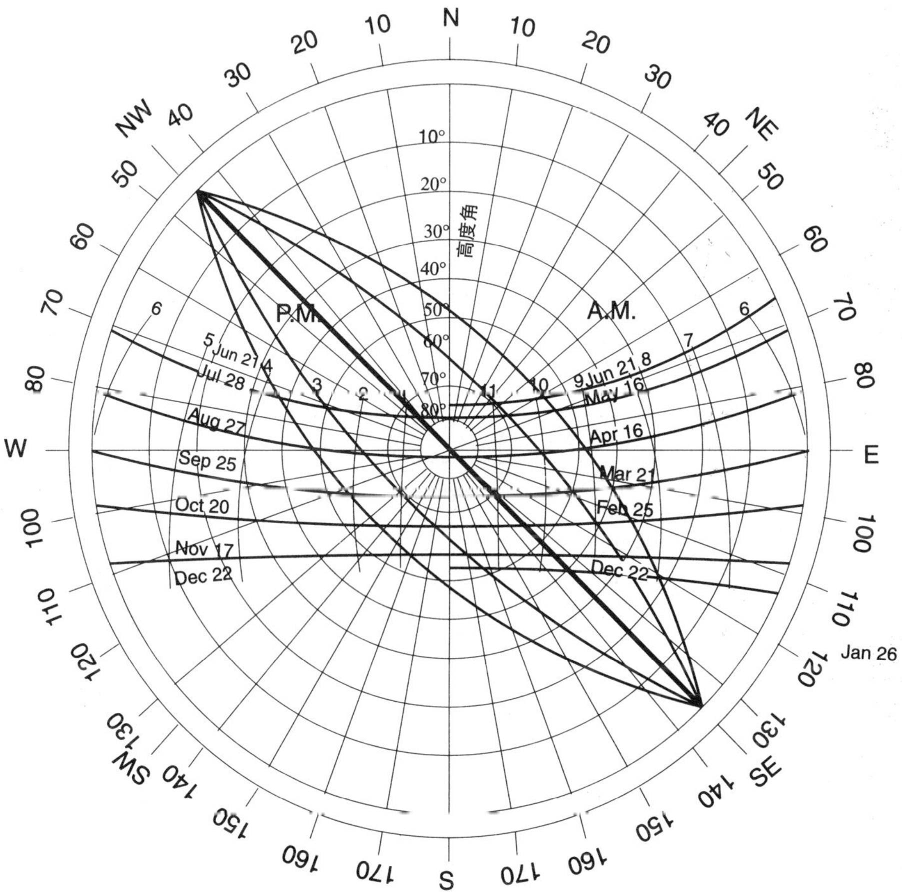

**图4.7**　北纬12°地区炎热时期的街道和开敞空间

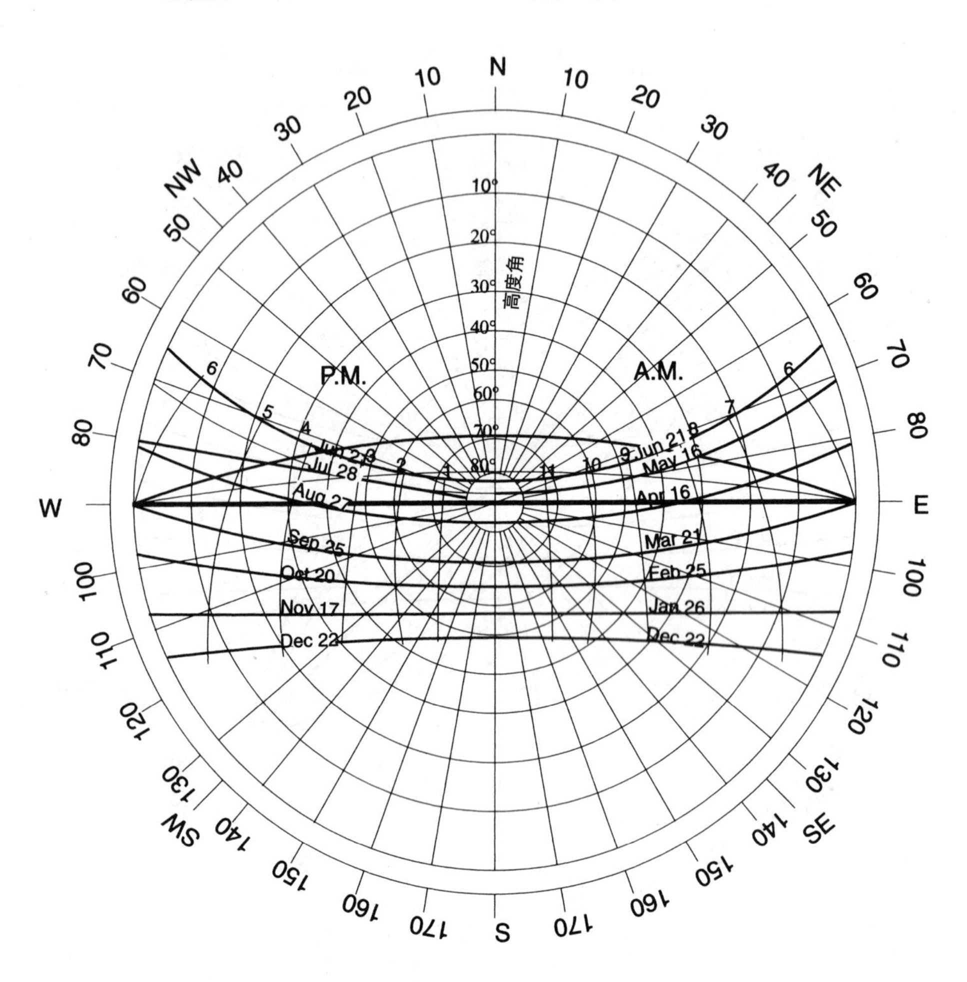




图4.8　北纬16° 地区炎热时期的街道和开敞空间

太阳图　　纬度：北纬16°

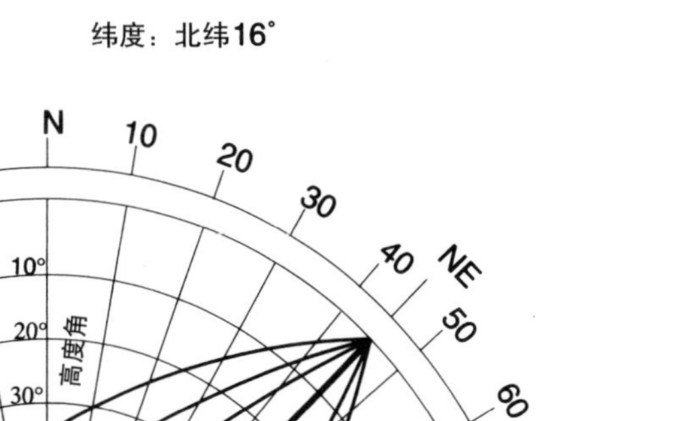
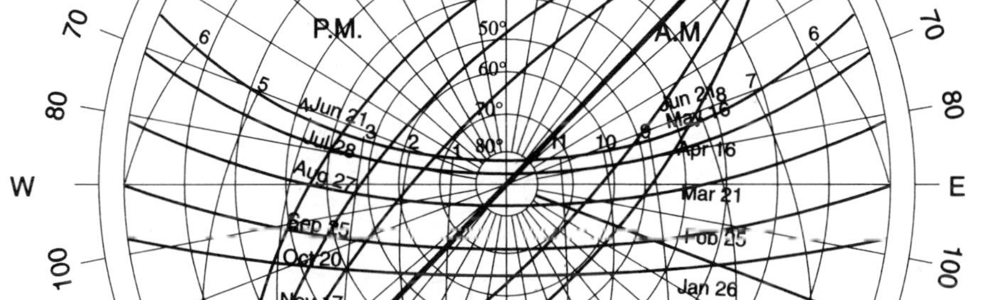
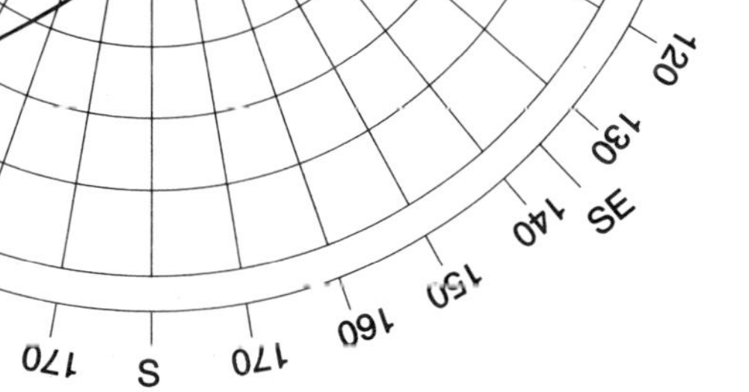


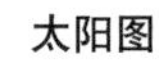
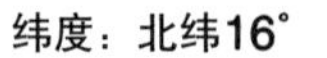
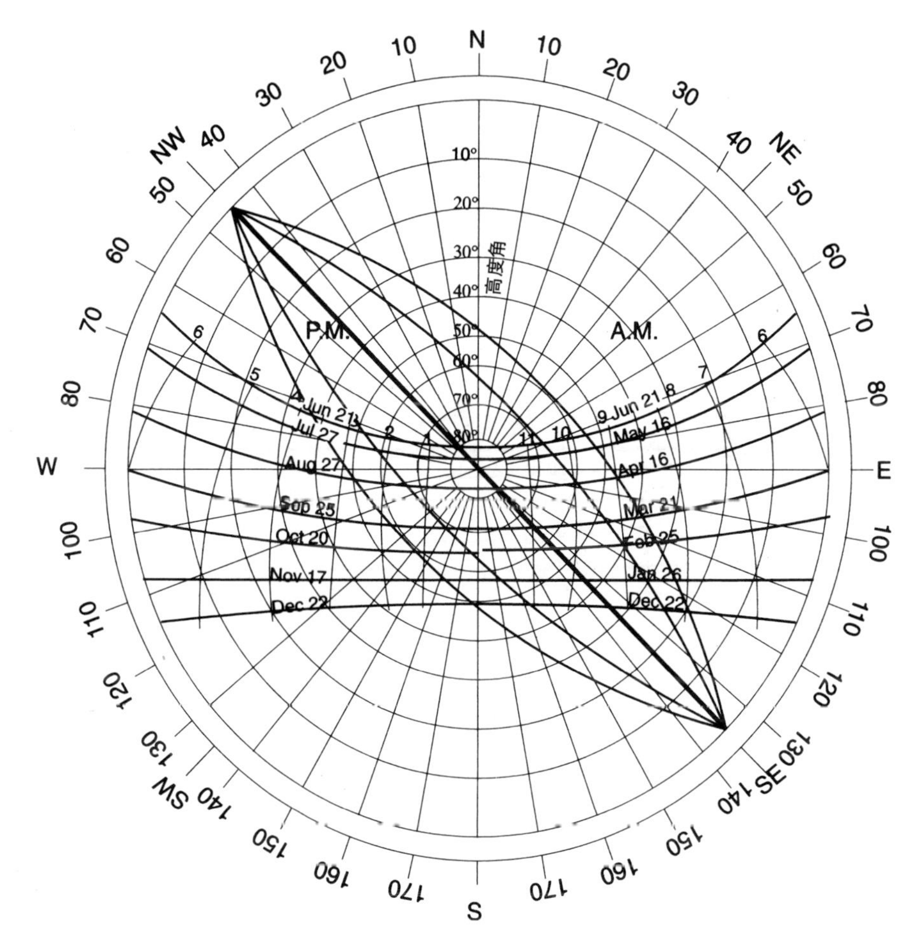


**图4.9**　北纬16°地区炎热时期的街道和开敞空间

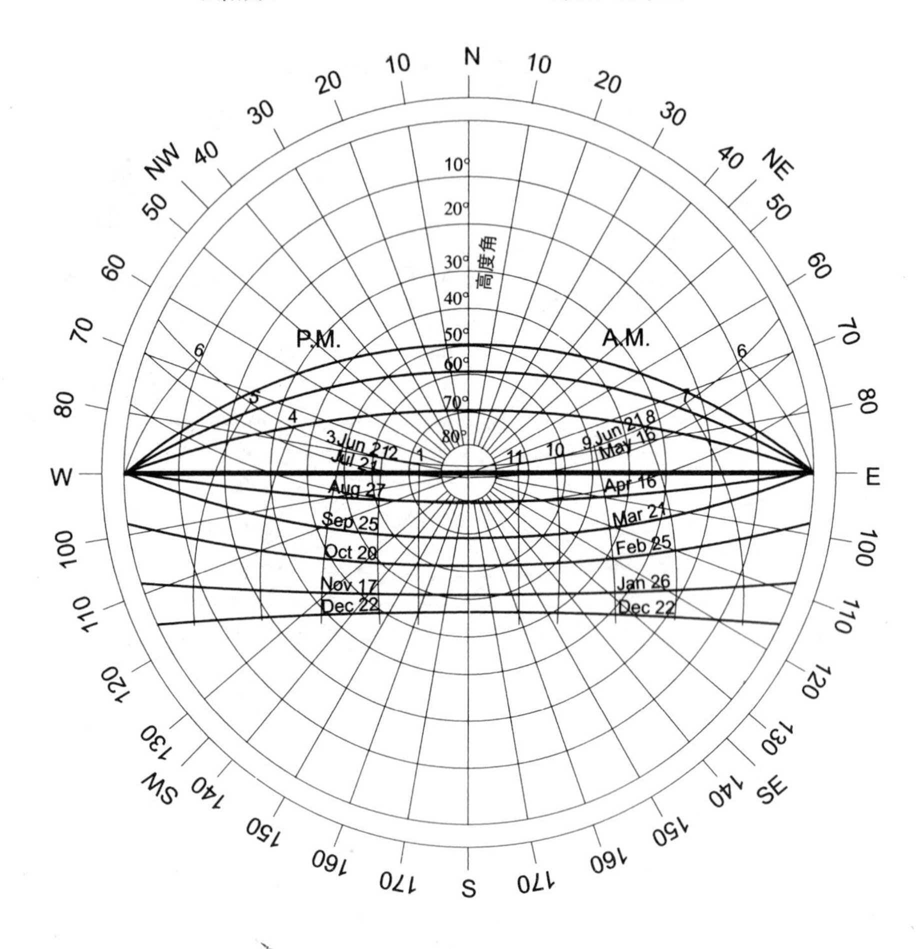


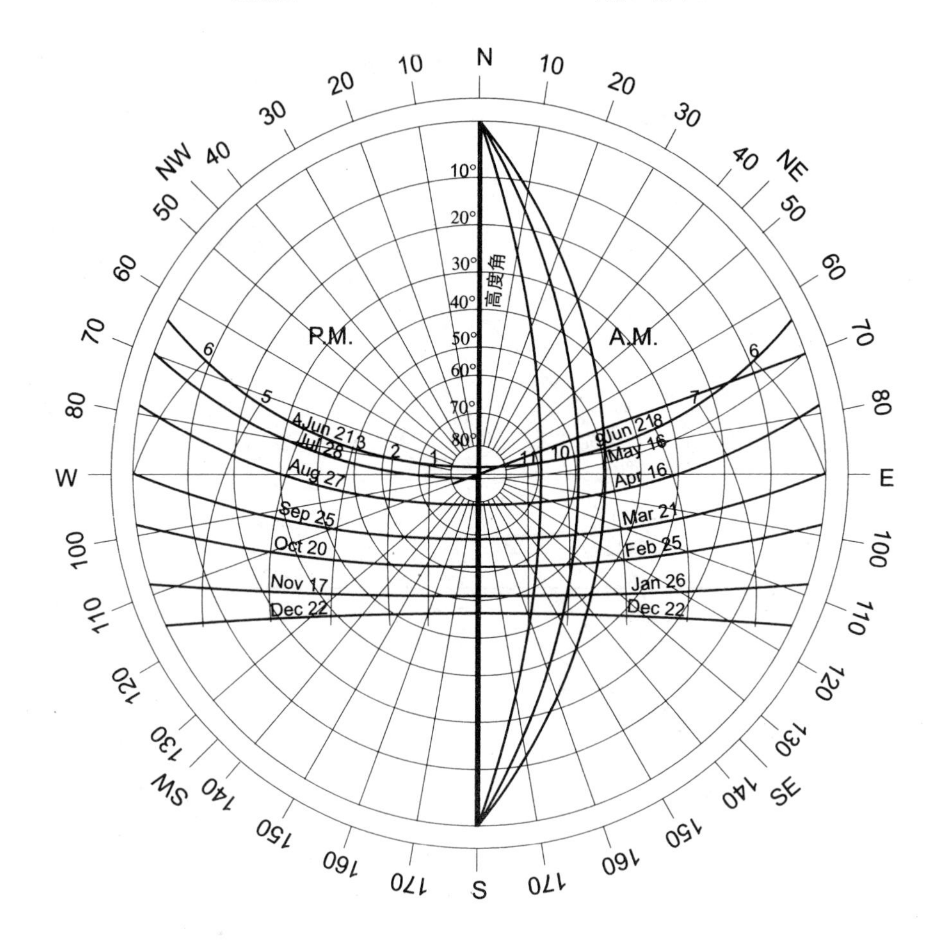


图4.10　北纬20° 地区炎热时期的街道和开敞空间

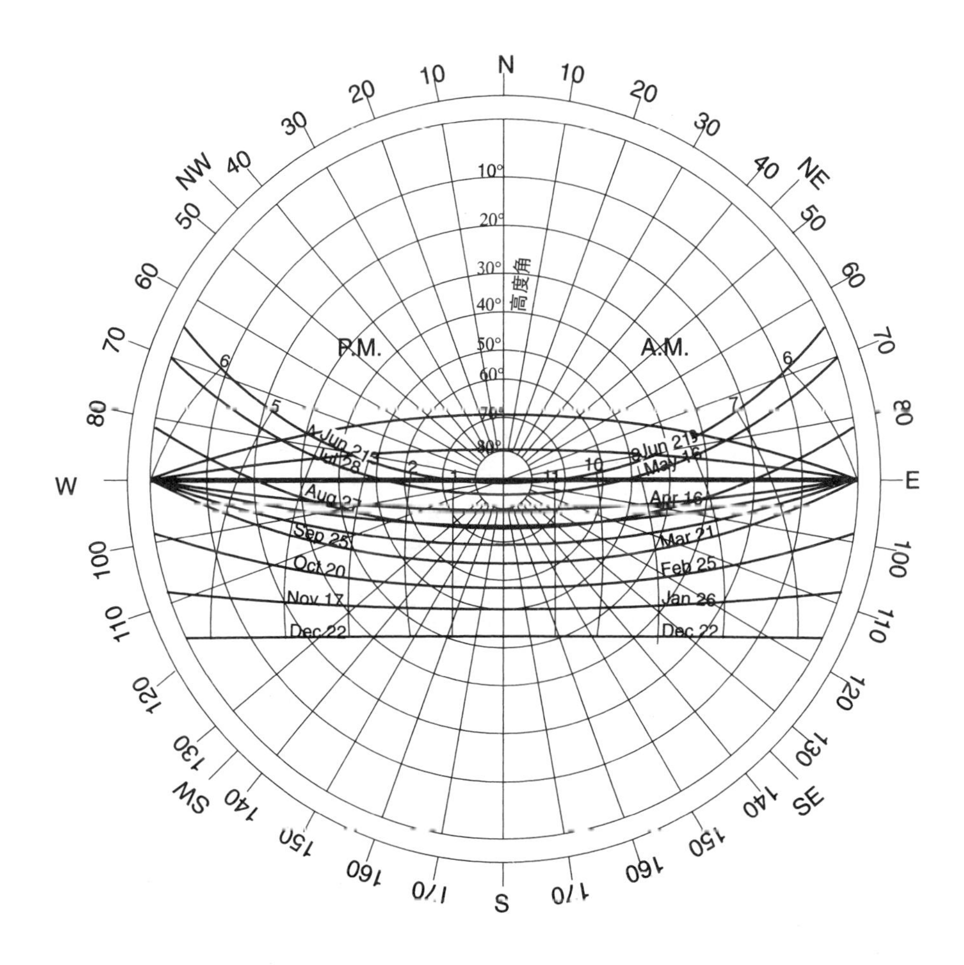


太阳图

纬度：北纬24°

图4.11 北纬24°地区炎热时期的街道和开敞空间

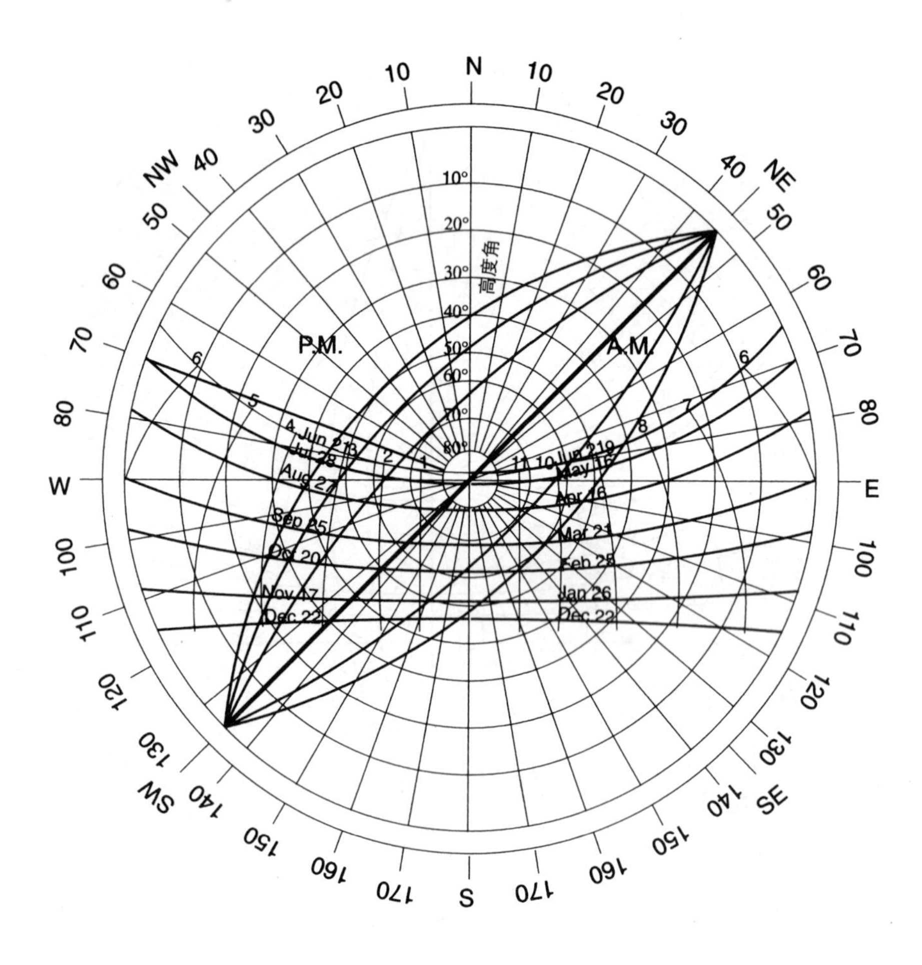


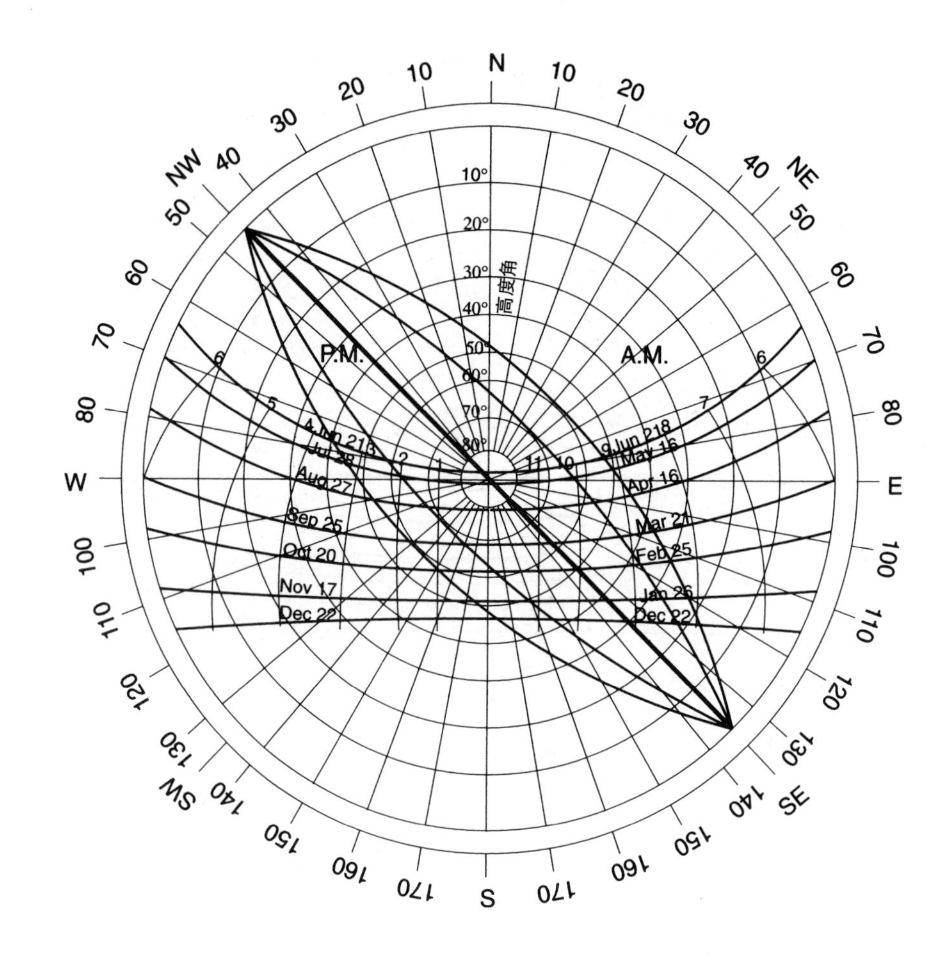


图4.12　北纬24°地区炎热时期的街道和开敞空间

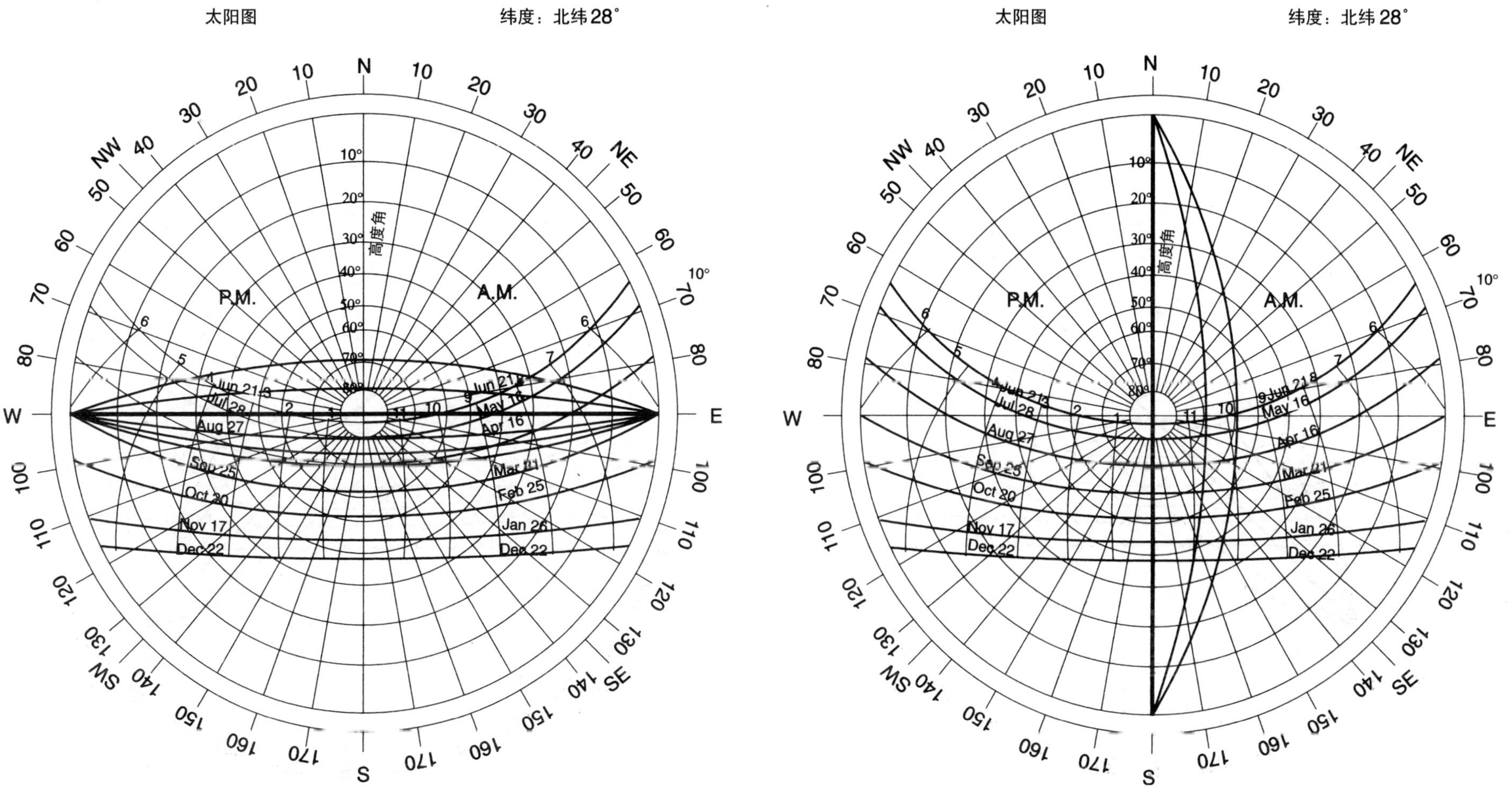

太阳图　　纬度：北纬28°

太阳图　　纬度：北纬28°

图4.13　北纬28° 地区炎热时期的街道和开敞空间

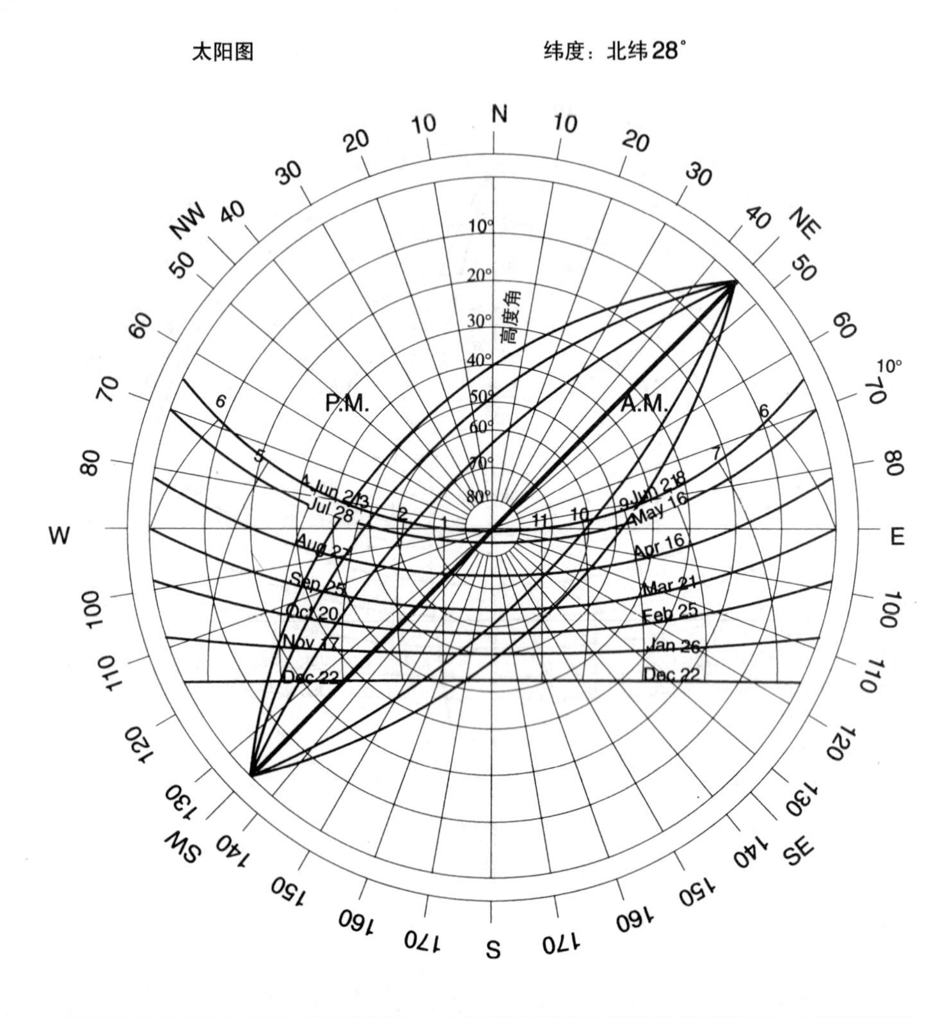


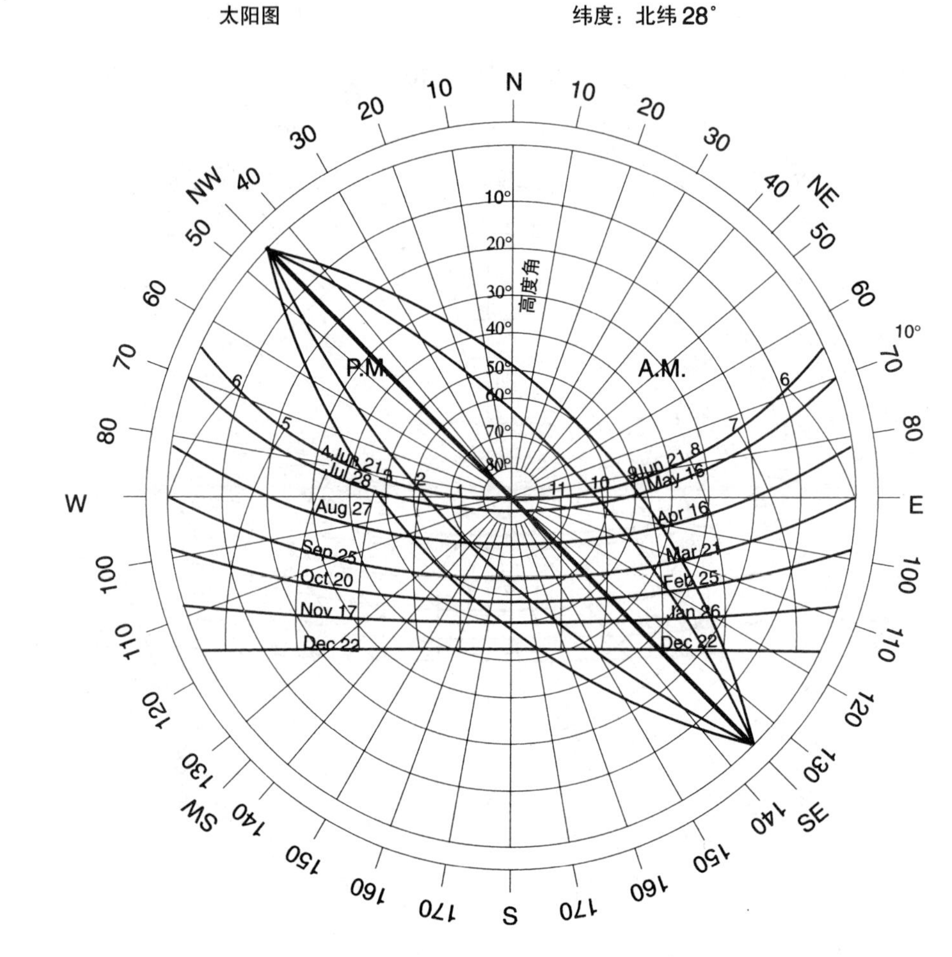


图4.14　北纬28°地区炎热时期的街道和开敞空间

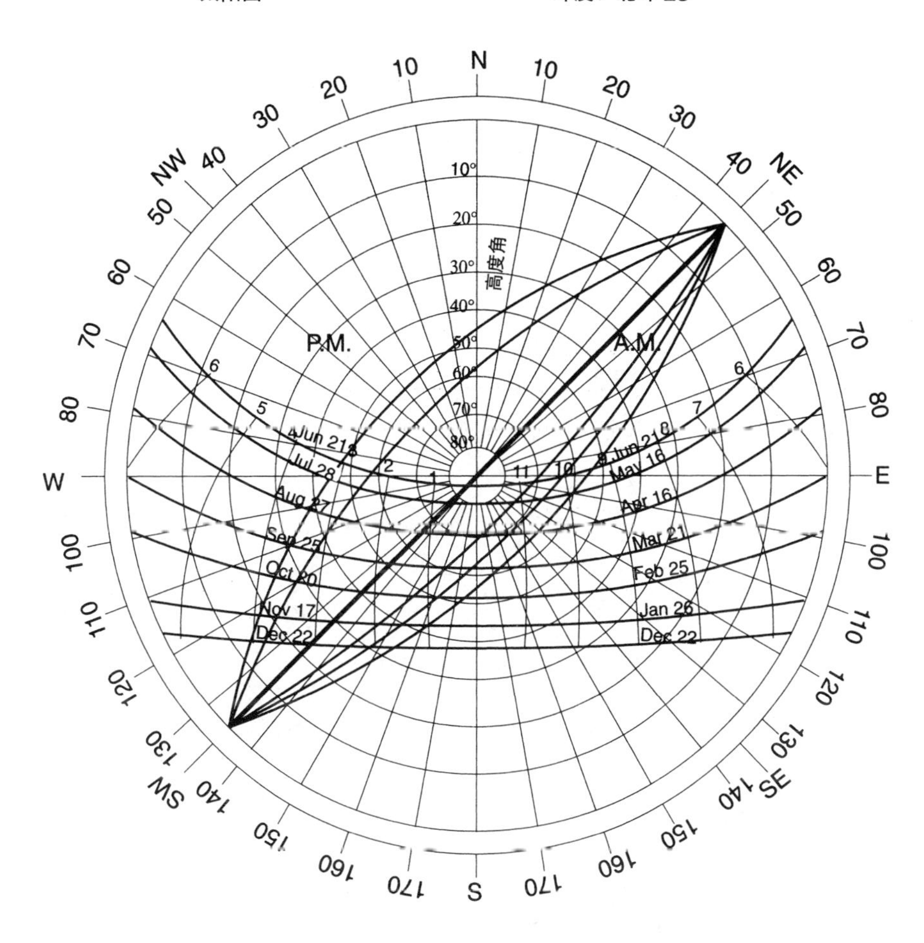


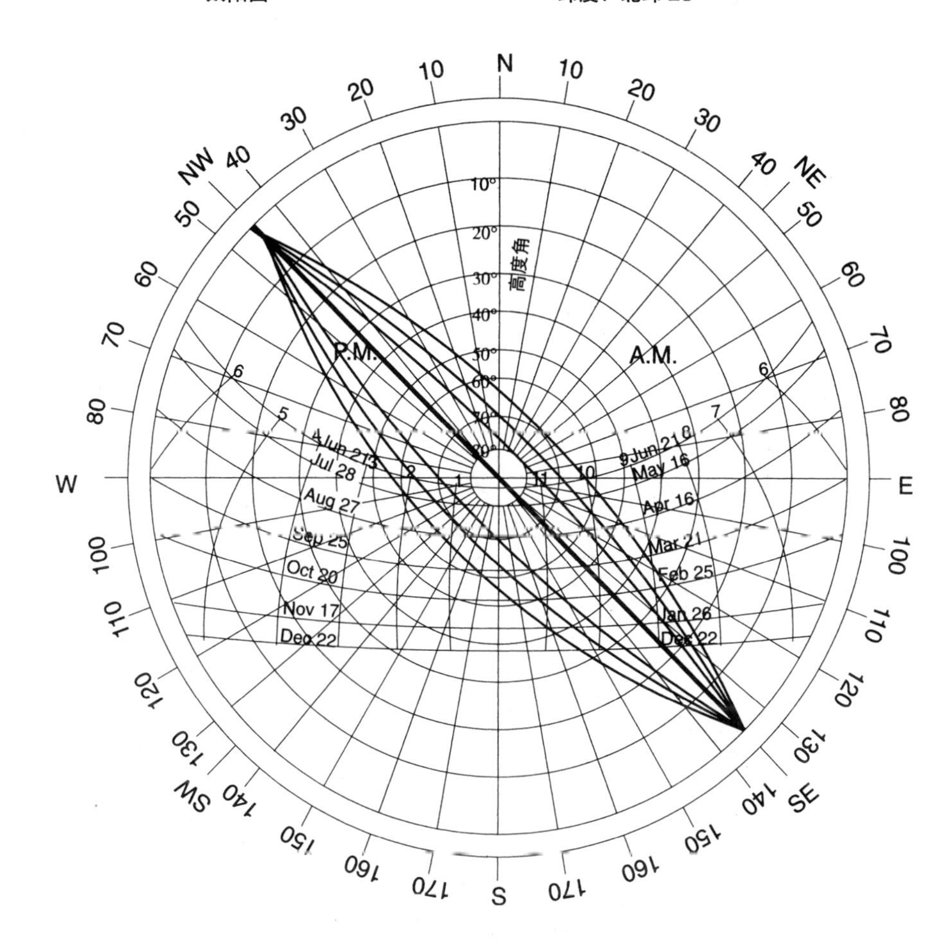


图4.15　北纬28°地区炎热时期的街道和开敞空间

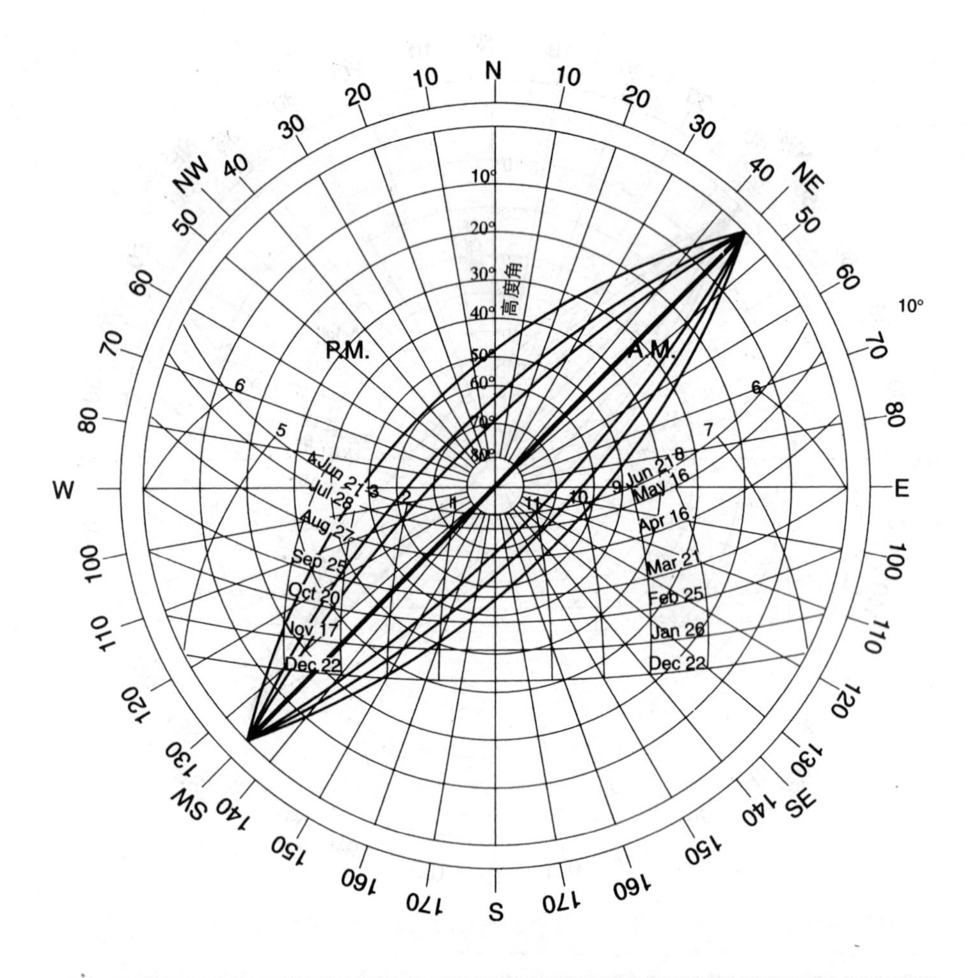


太阳图　　纬度：北纬32°

图4.16　北纬32°地区炎热时期的街道和开敞空间

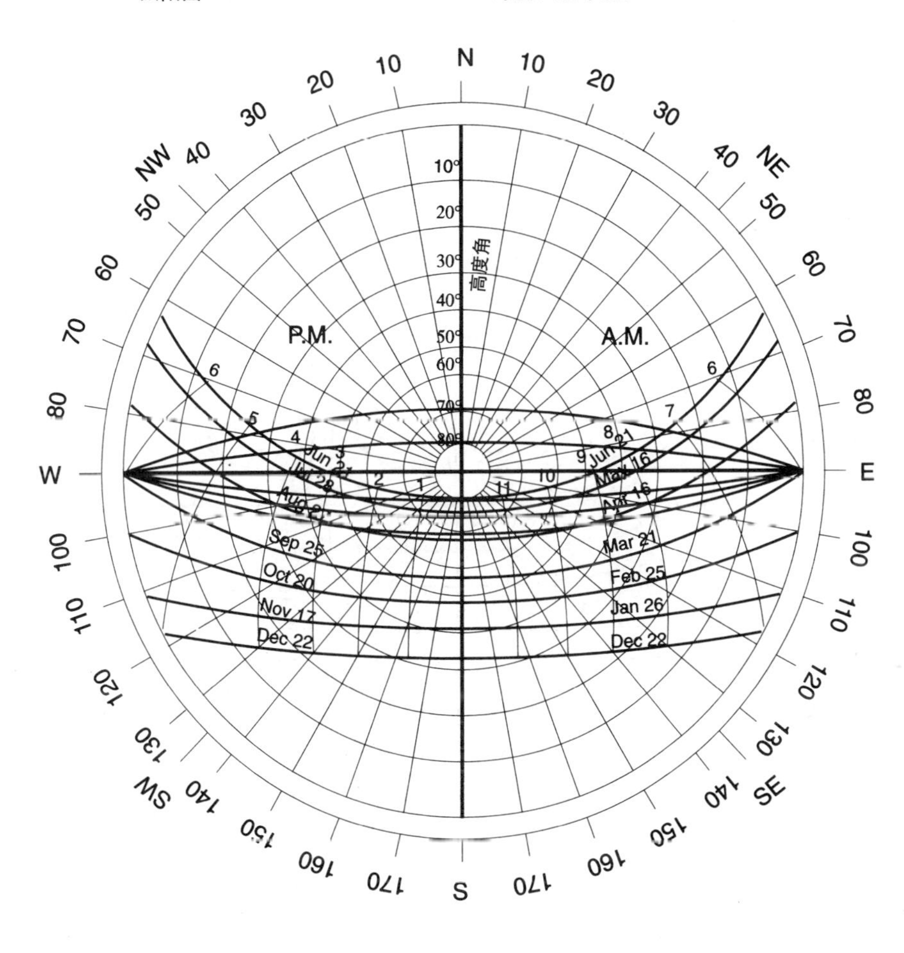


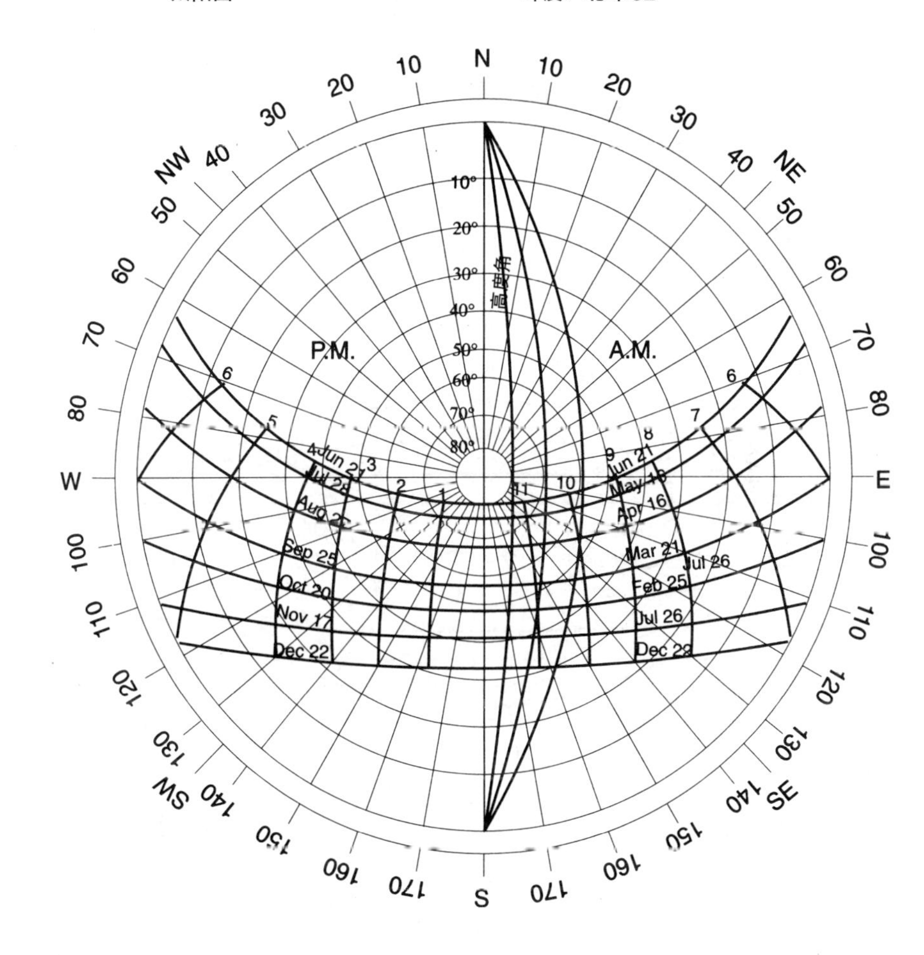


图4.17　北纬32°地区炎热时期的街道和开敞空间

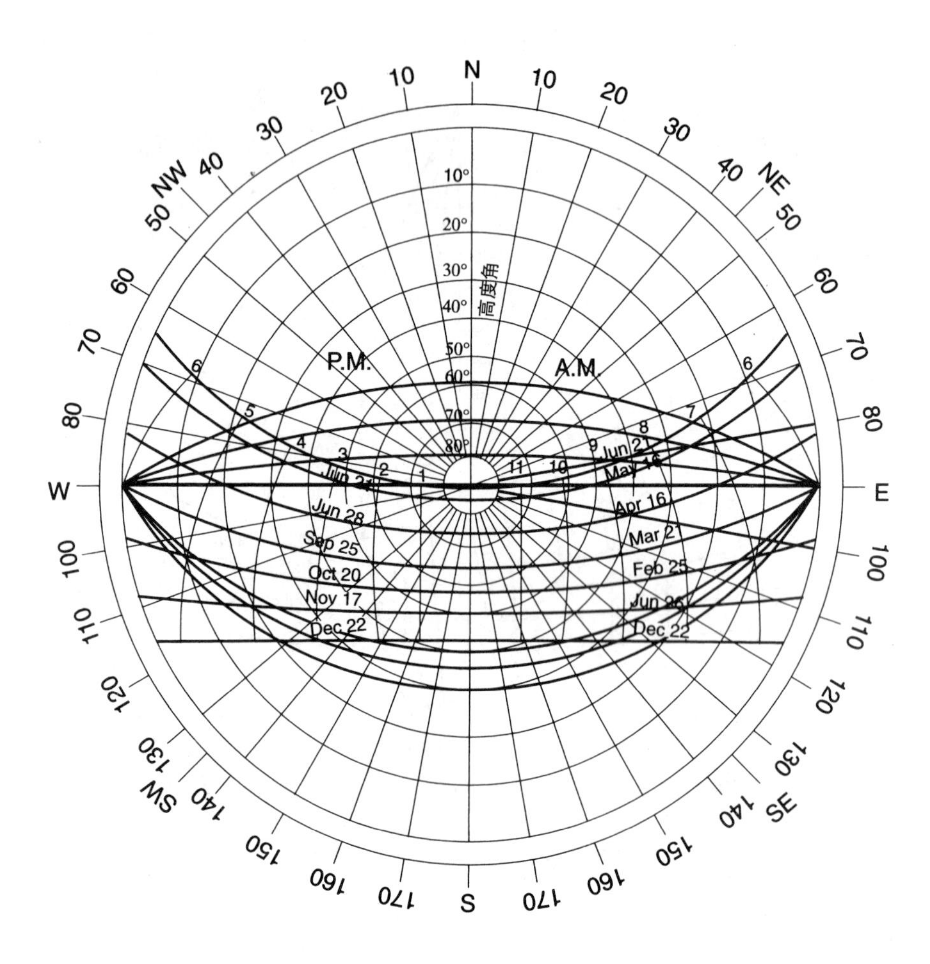


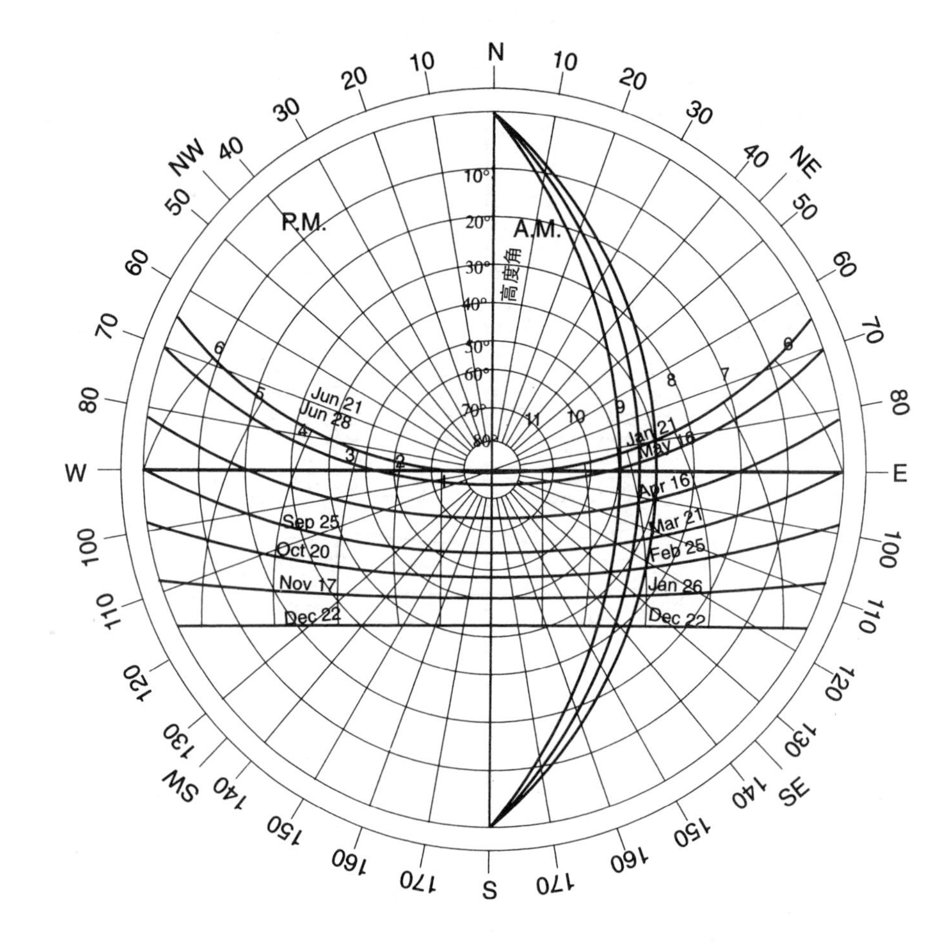


图4.18 北纬24° 寒冷时期街道开敞空间和宽度角

太阳图　　　　纬度：北纬24°

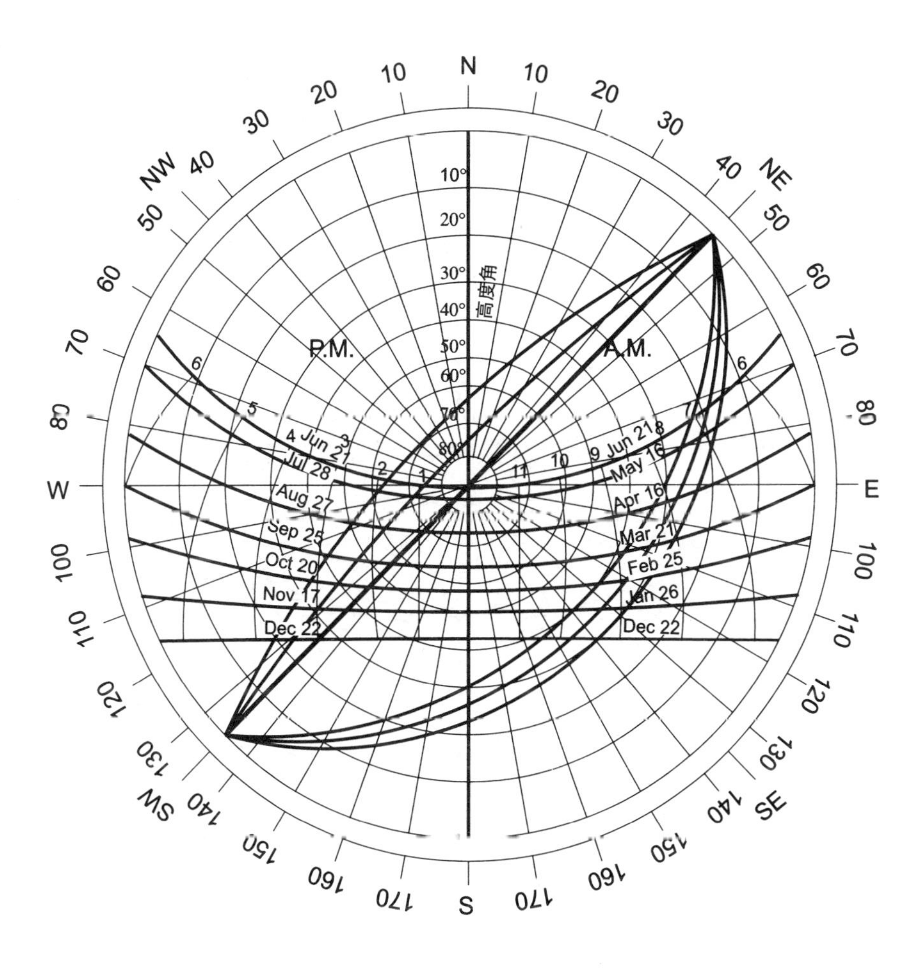


太阳图　　　　纬度：北纬24°

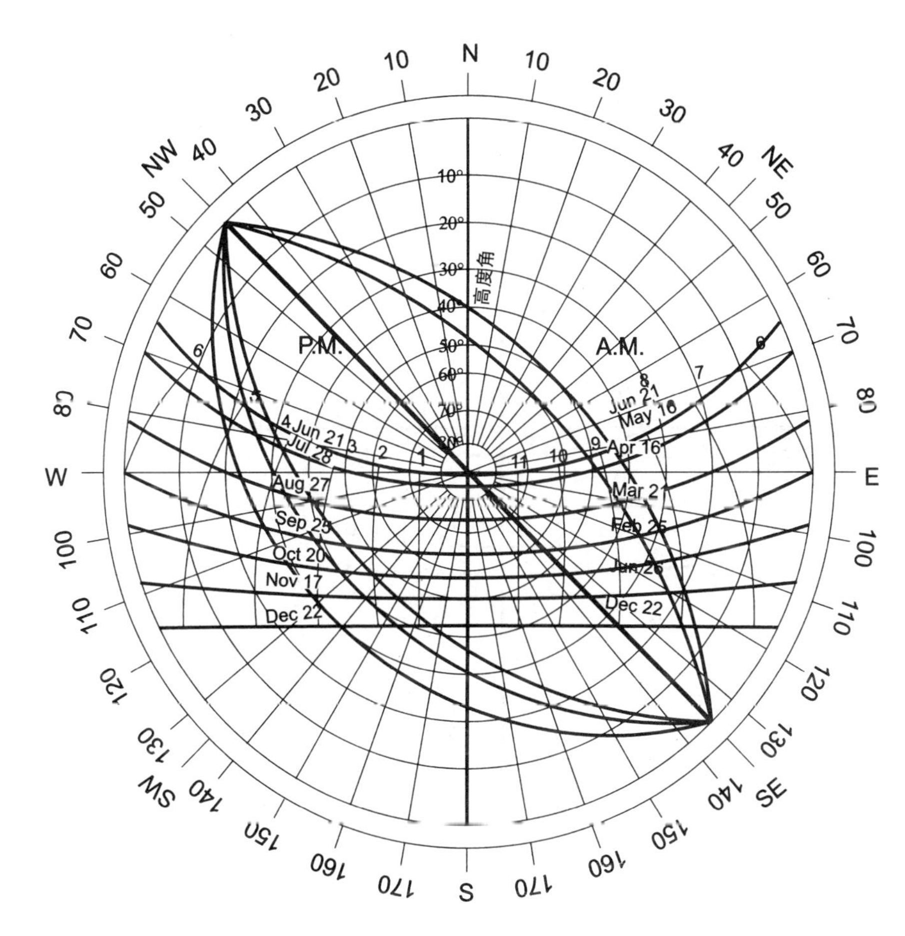


图4.19　北纬24°　寒冷时期街道开敞空间和宽度角

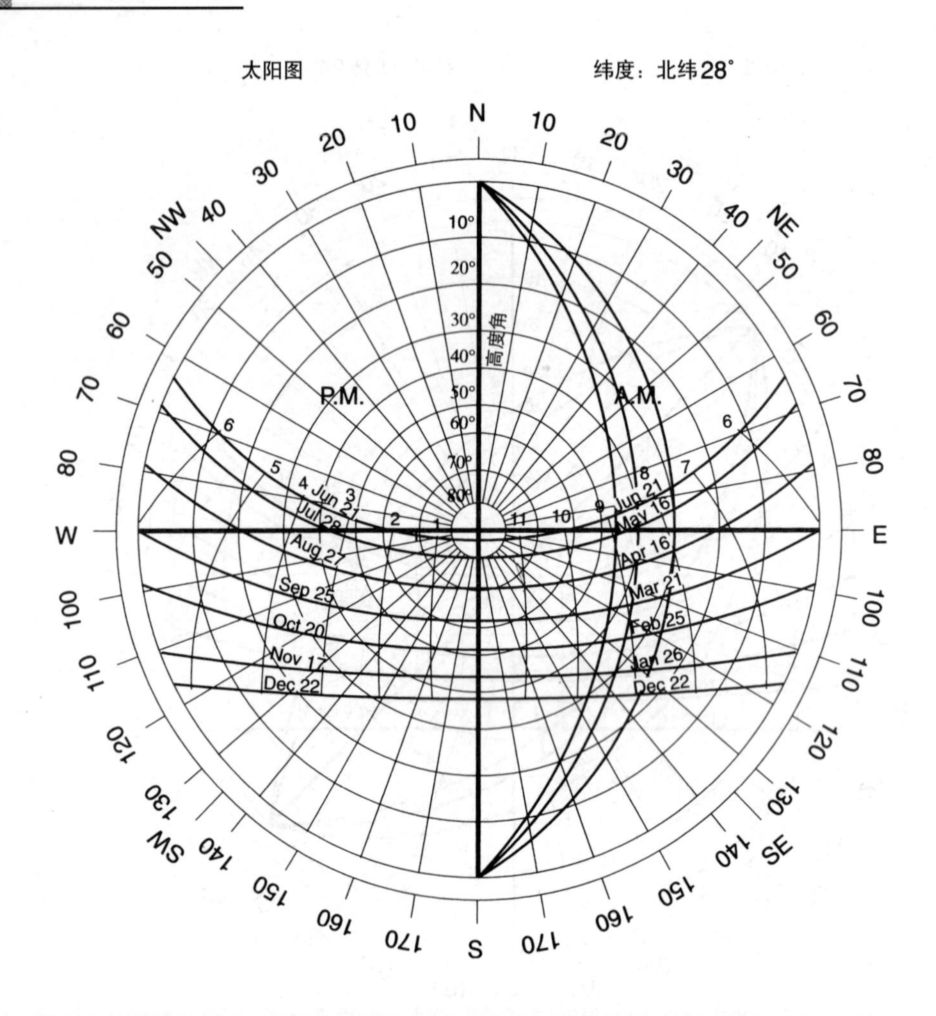


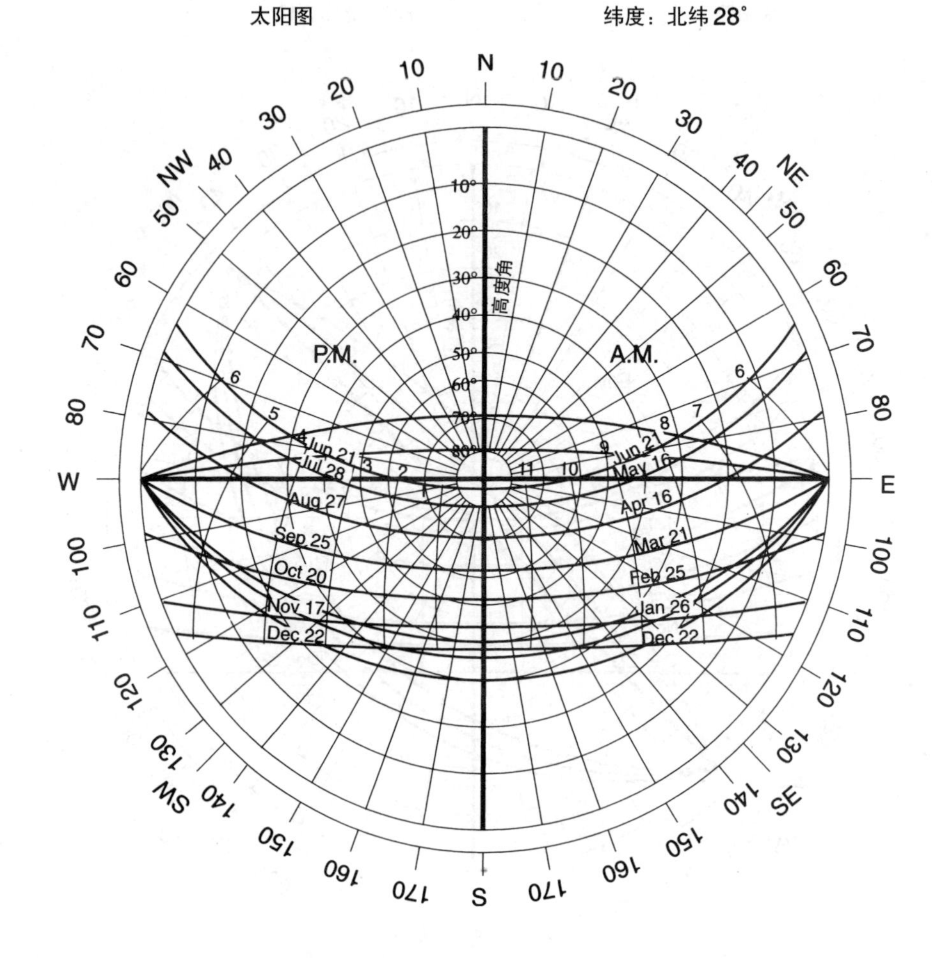


图4.20 北纬28° 寒冷时期街道开敞空间和宽度角

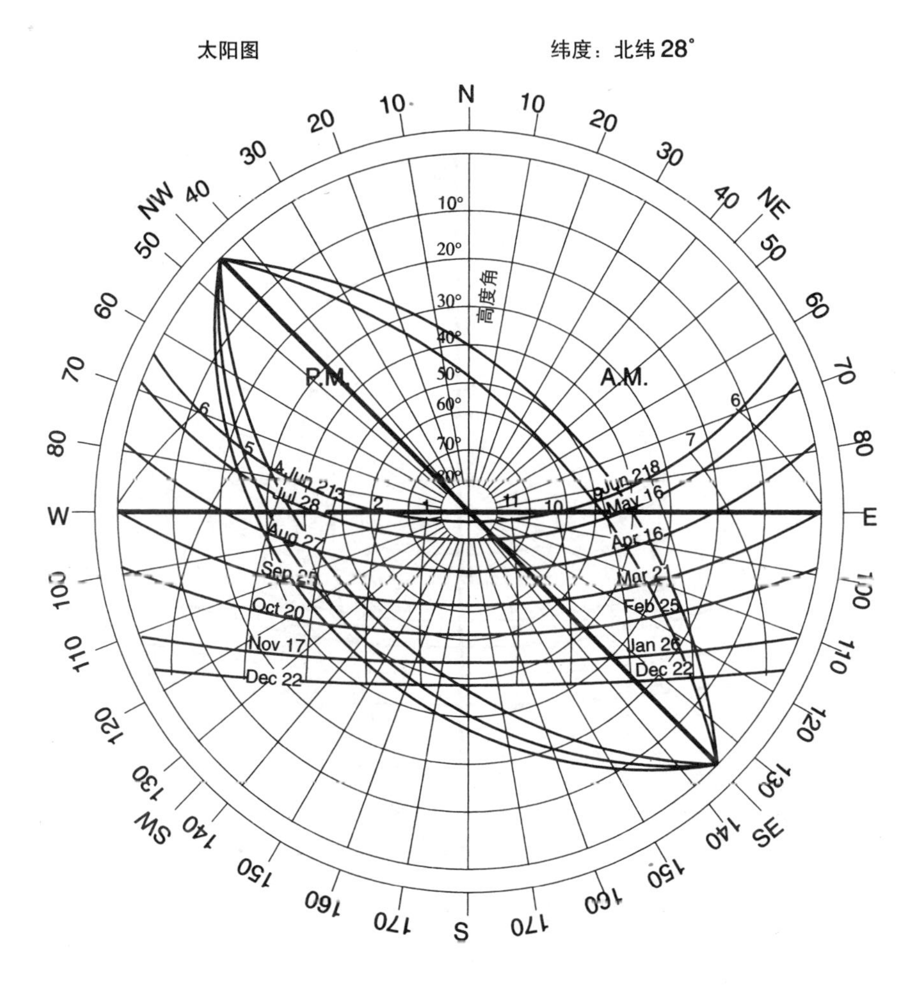


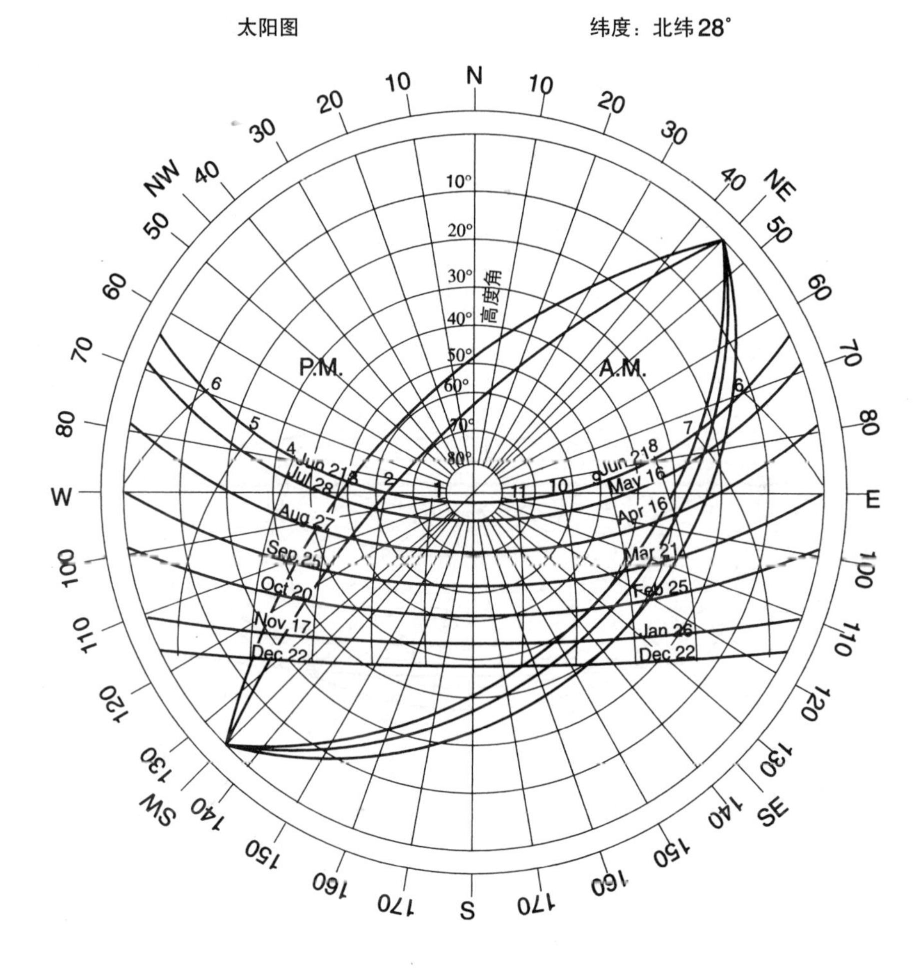


**图4.21** 北纬28° 寒冷时期的街道和开敞空间

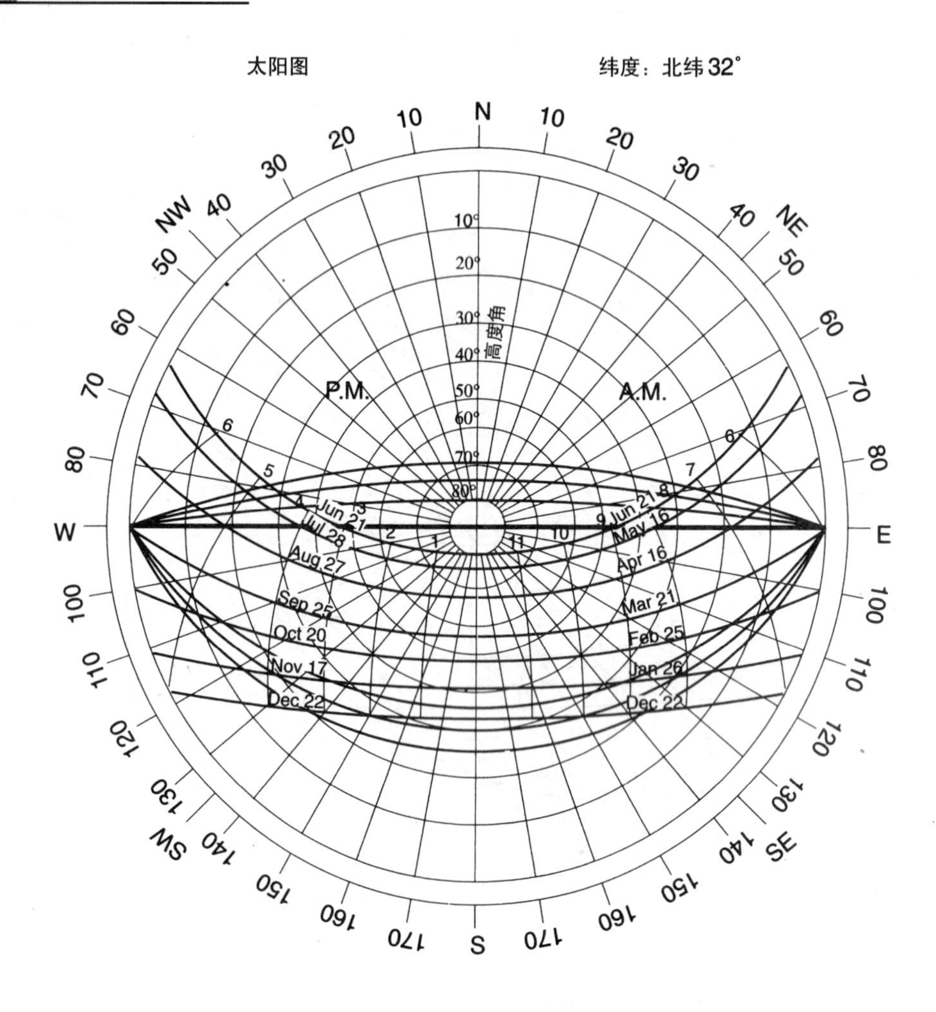


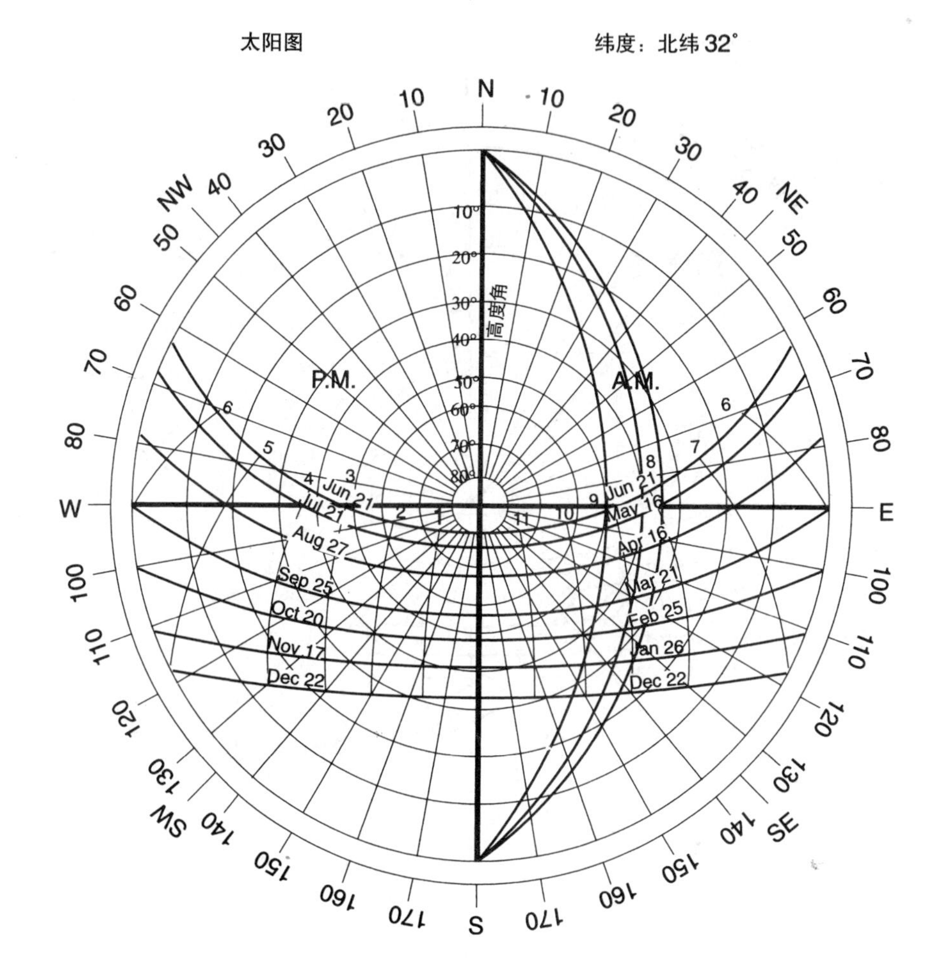


图4.22 北纬32° 寒冷时期的街道和开敞空间

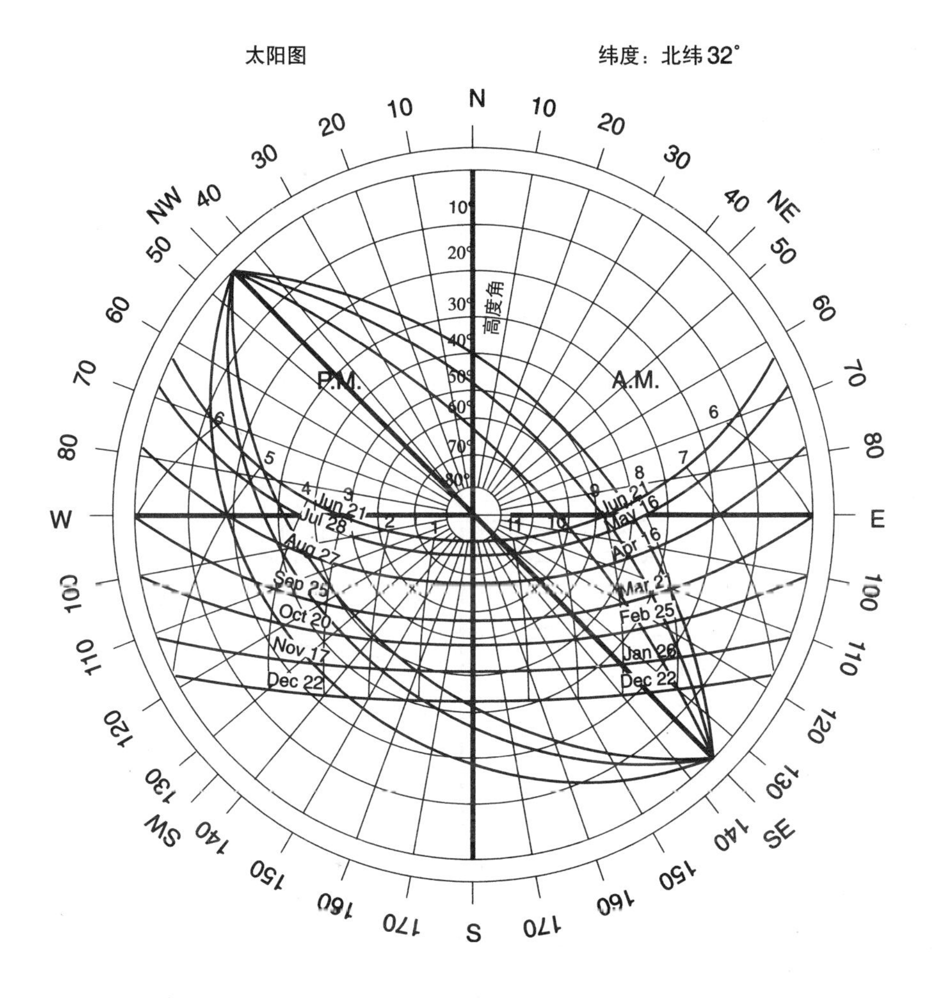


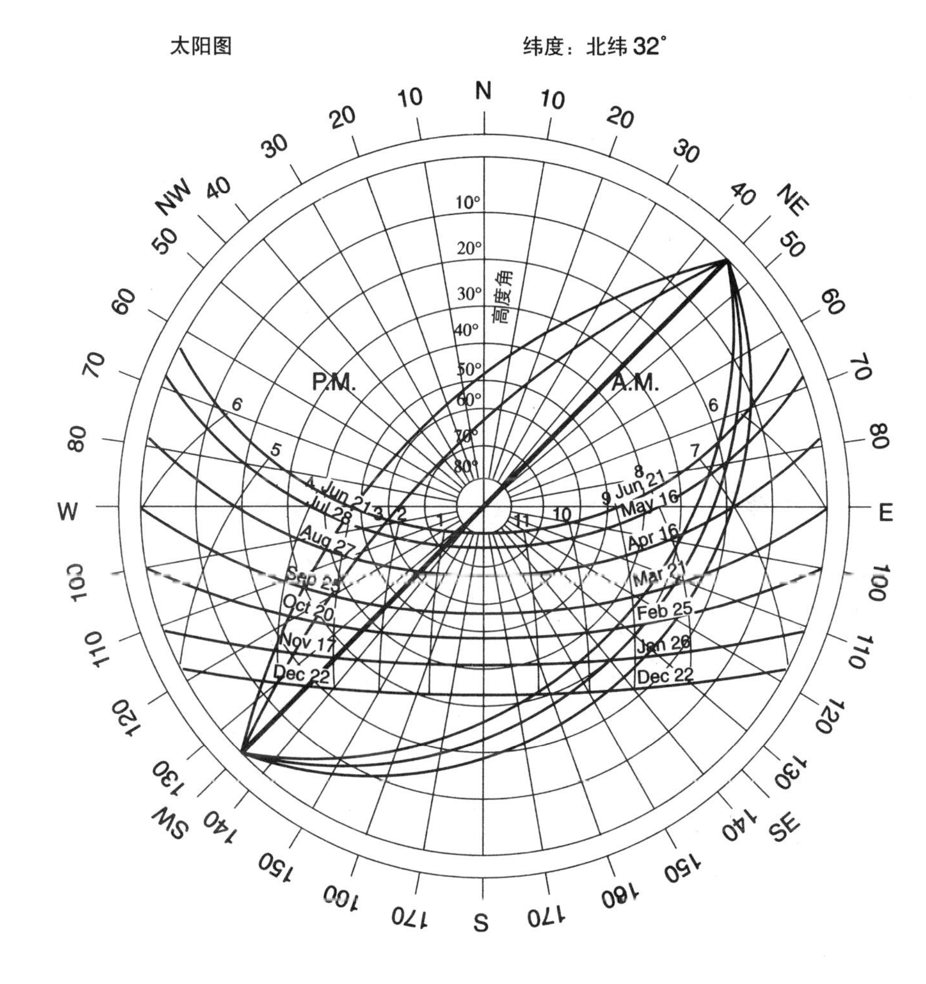


图4.23 北纬32° 寒冷时期的街道和开敞空间

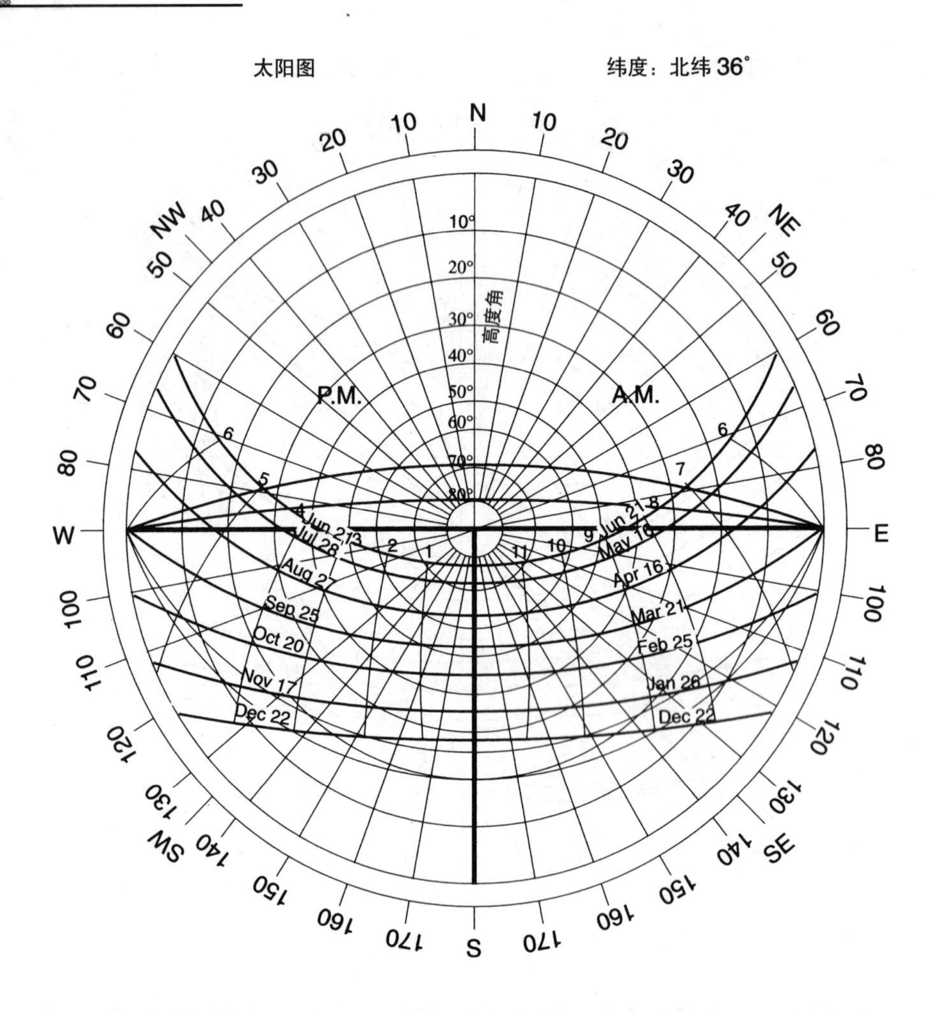


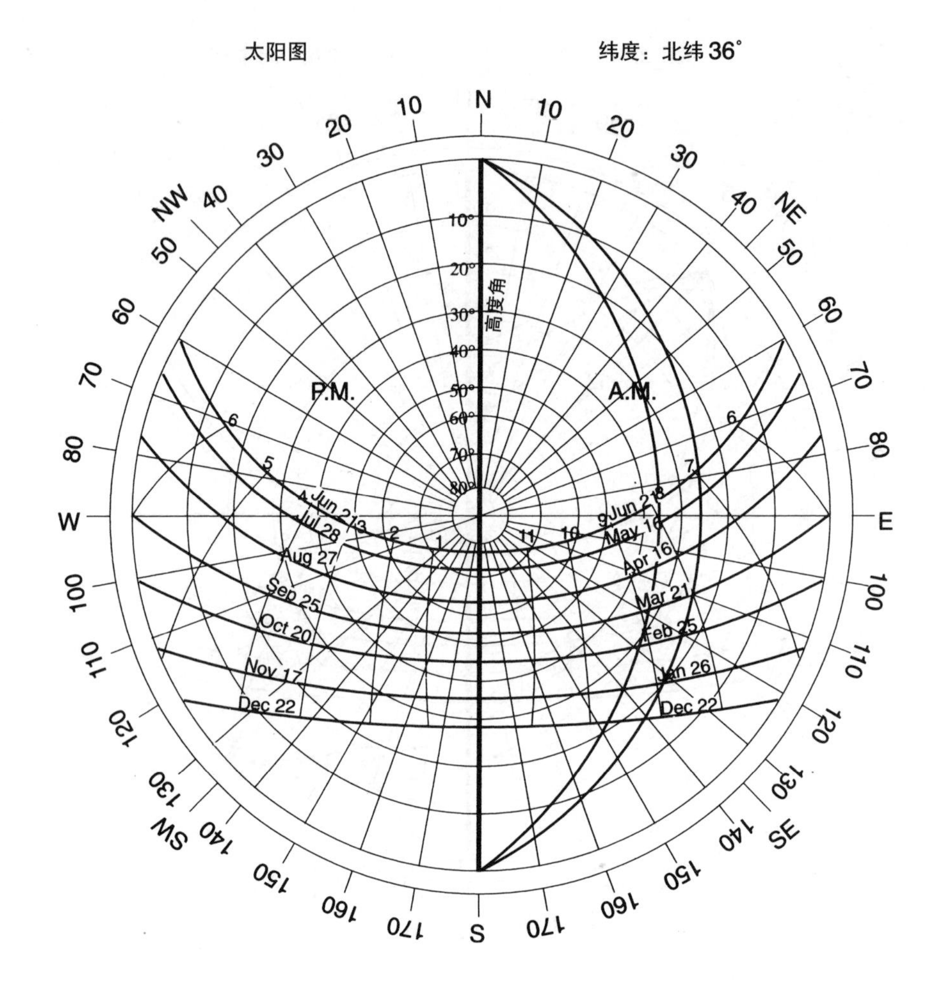


**图4.24** 北纬36° 炎热时期的街道和开敞空间

太阳图　　纬度：北纬36°

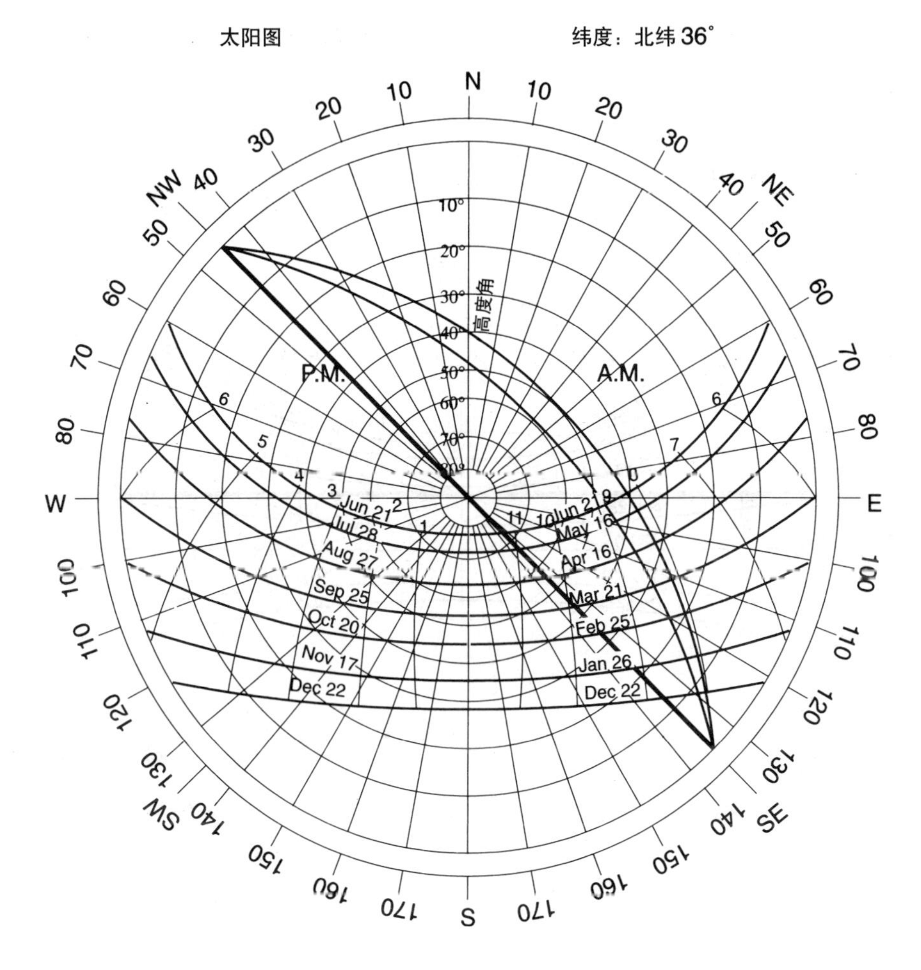


图4.25　北纬36°炎热时期的街道和开敞空间

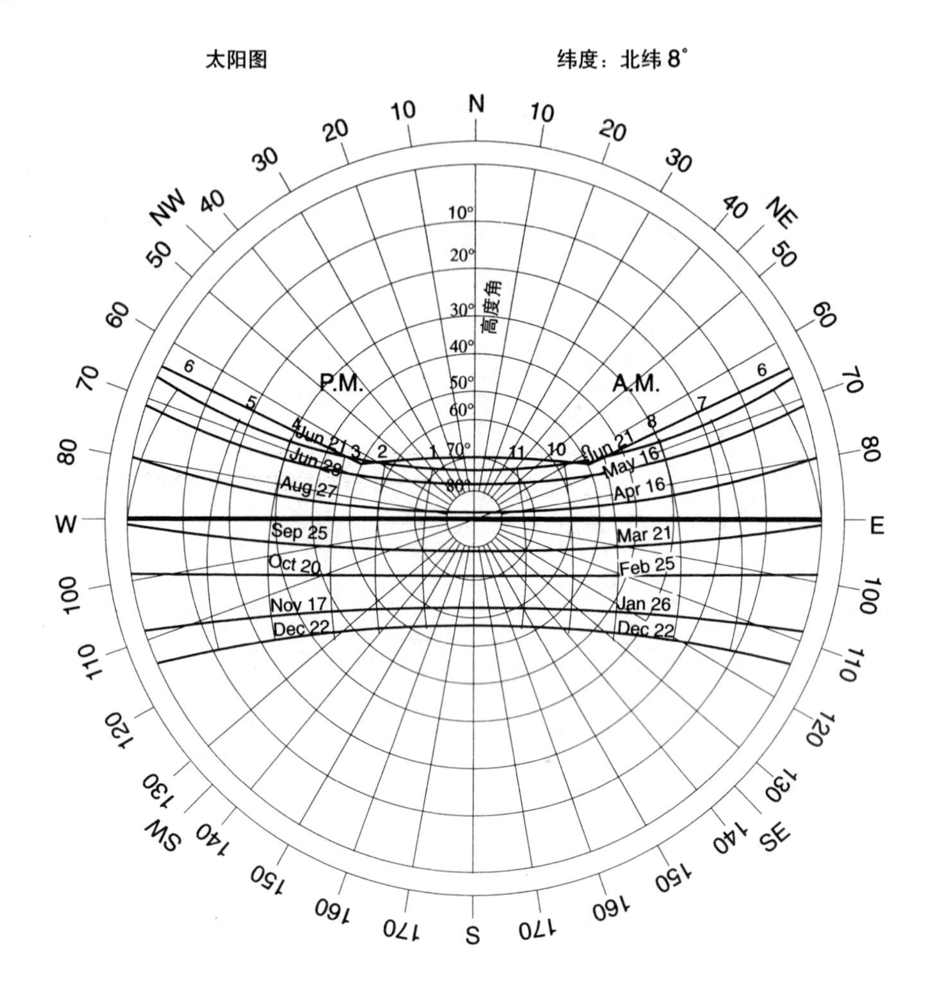


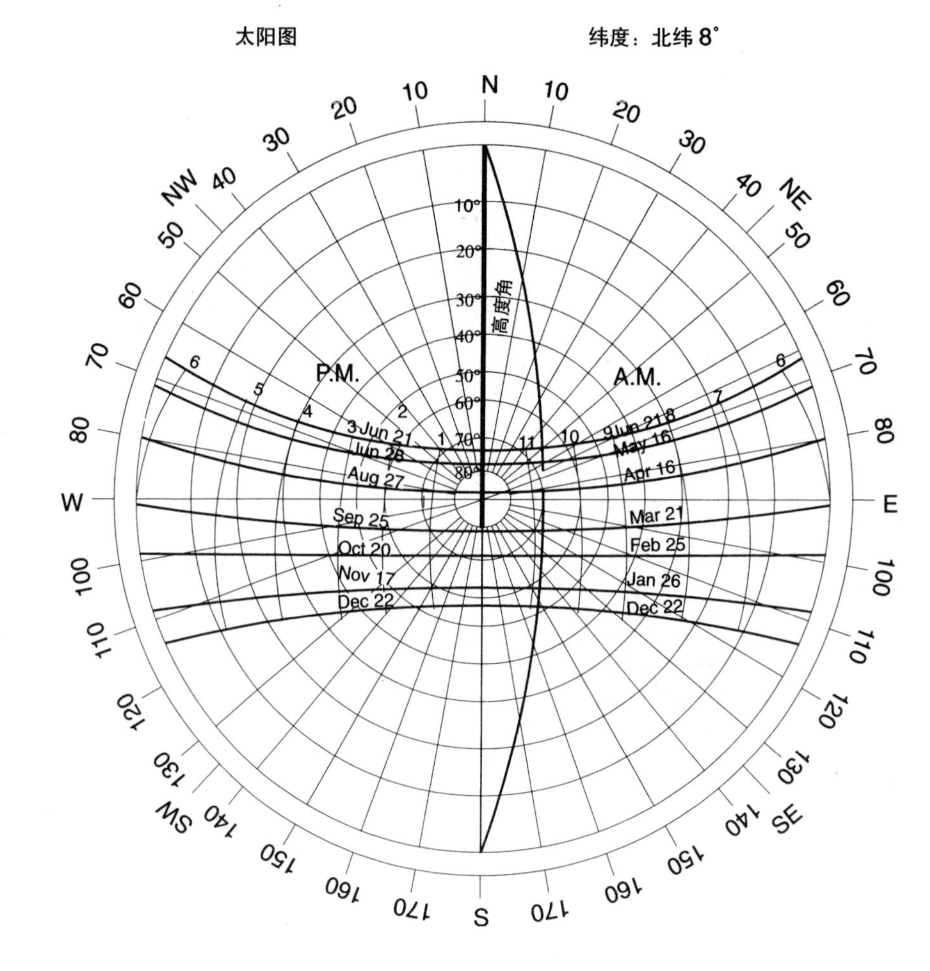


图4.26　北纬8°混合期遮阳装置

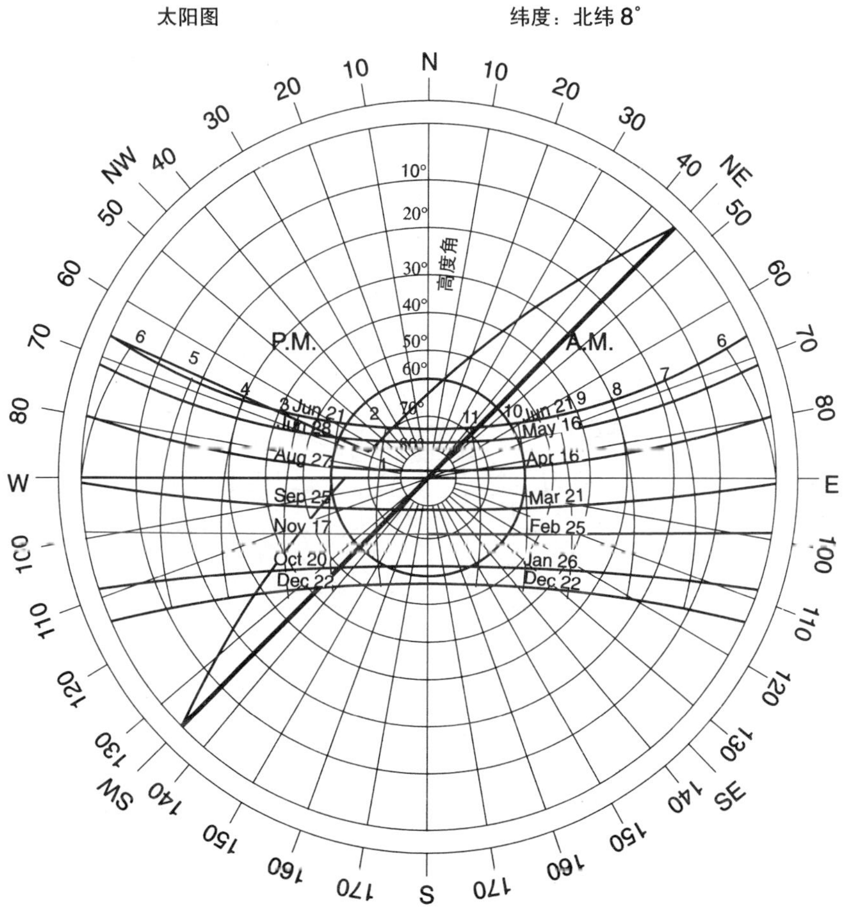

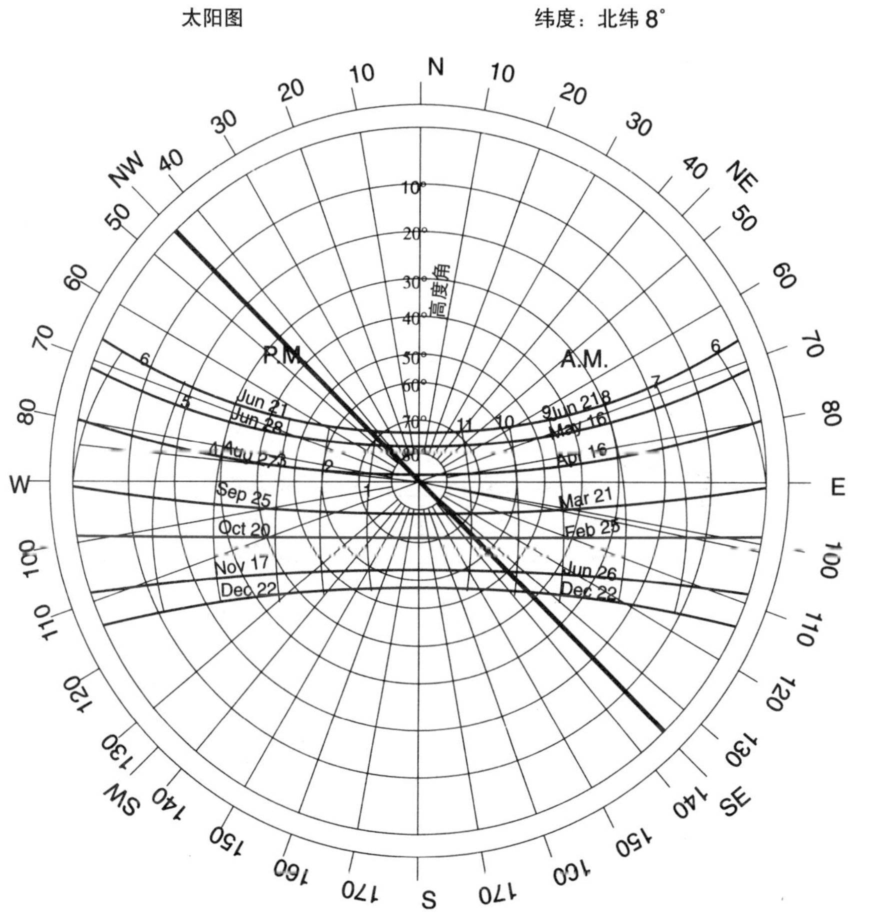

太阳图　　纬度：北纬8°

太阳图　　纬度：北纬8°

图4.27　北纬8°混合期遮阳装置

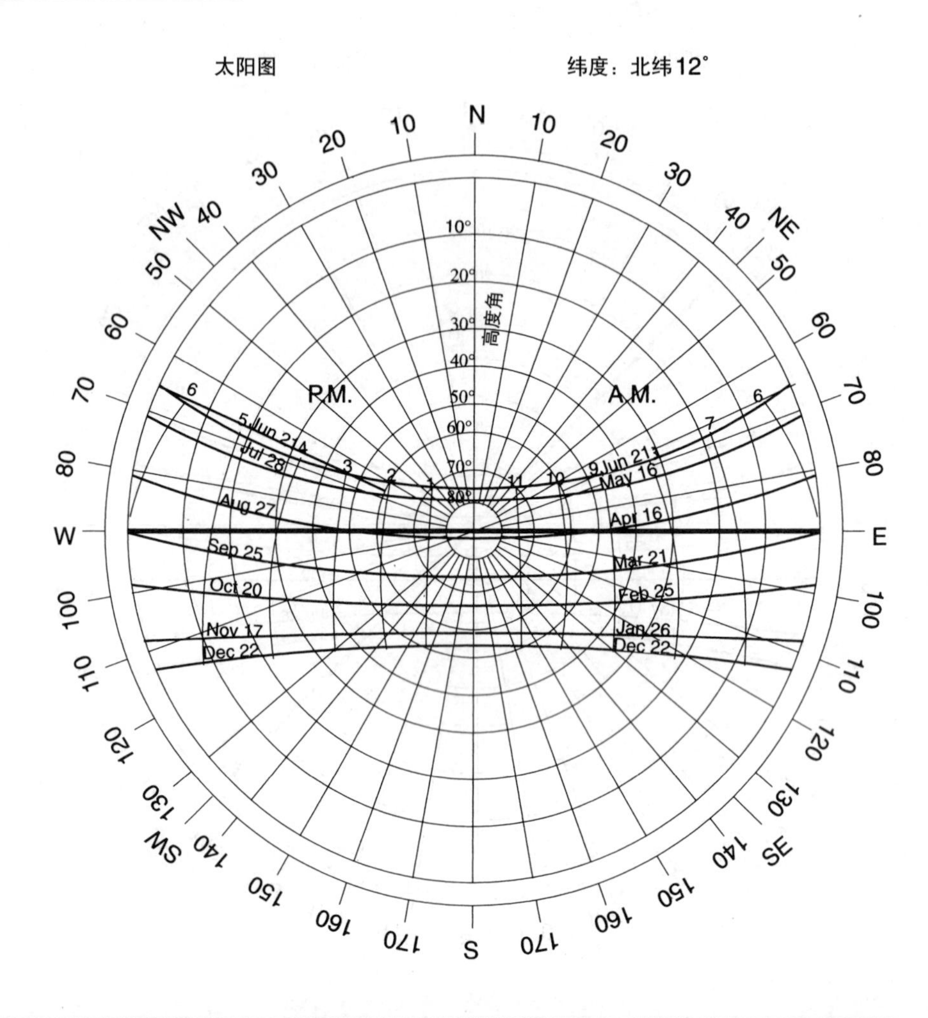


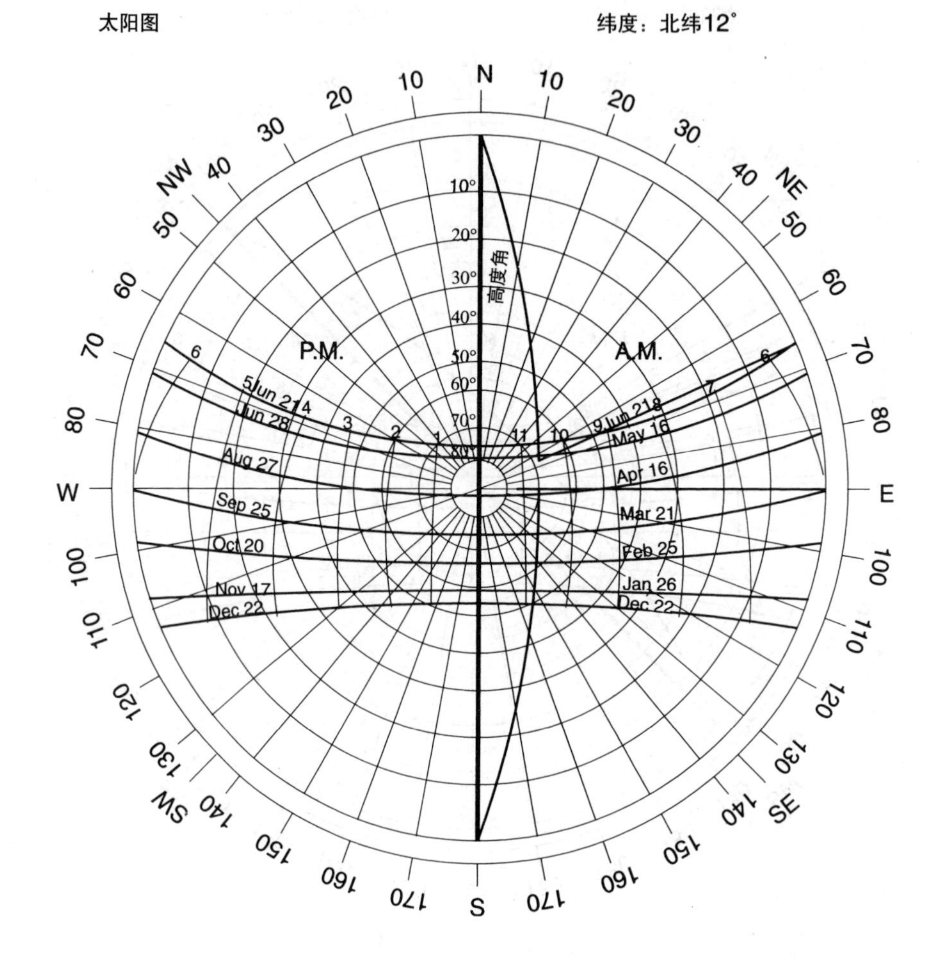


图4.28 北纬12° 混合期遮阳装置

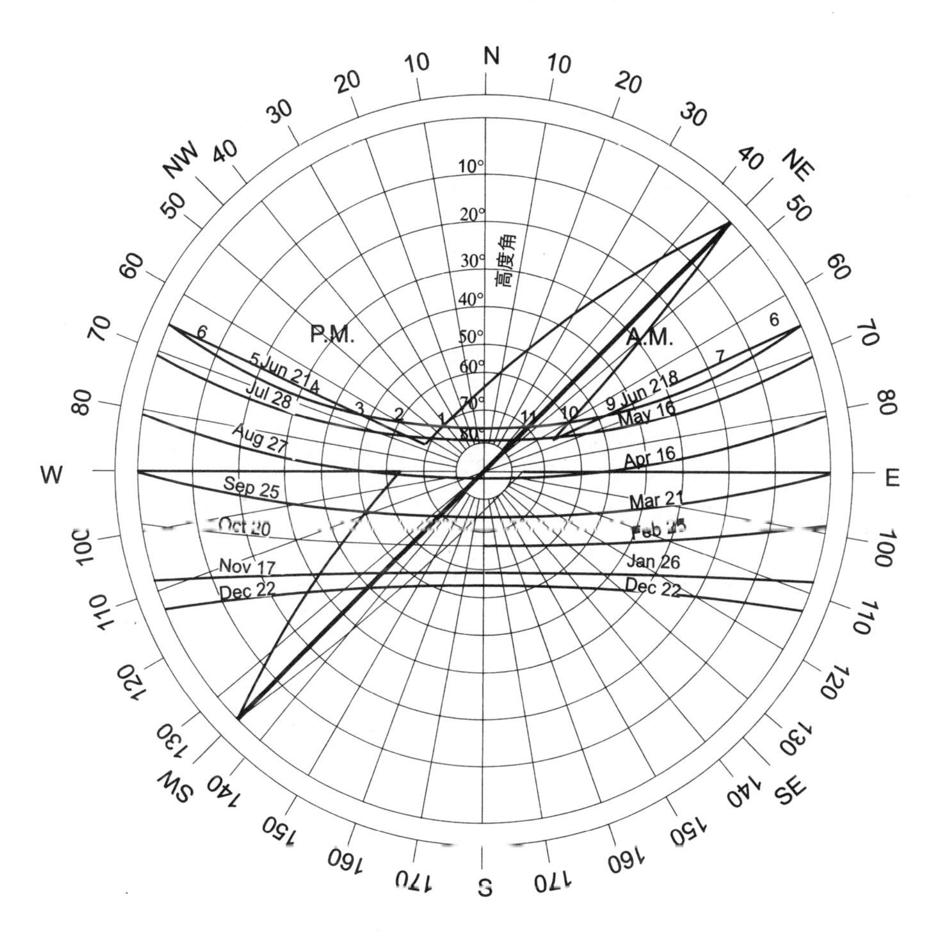


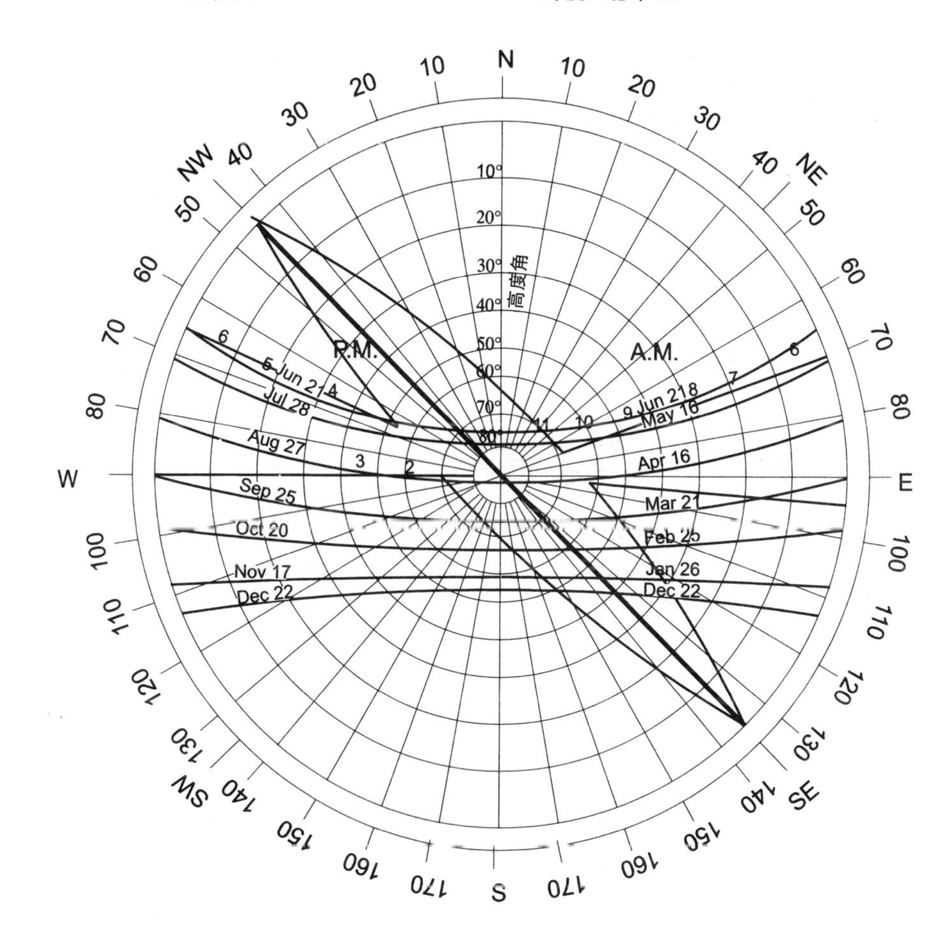


图4.29 北纬12° 混合期遮阳装置

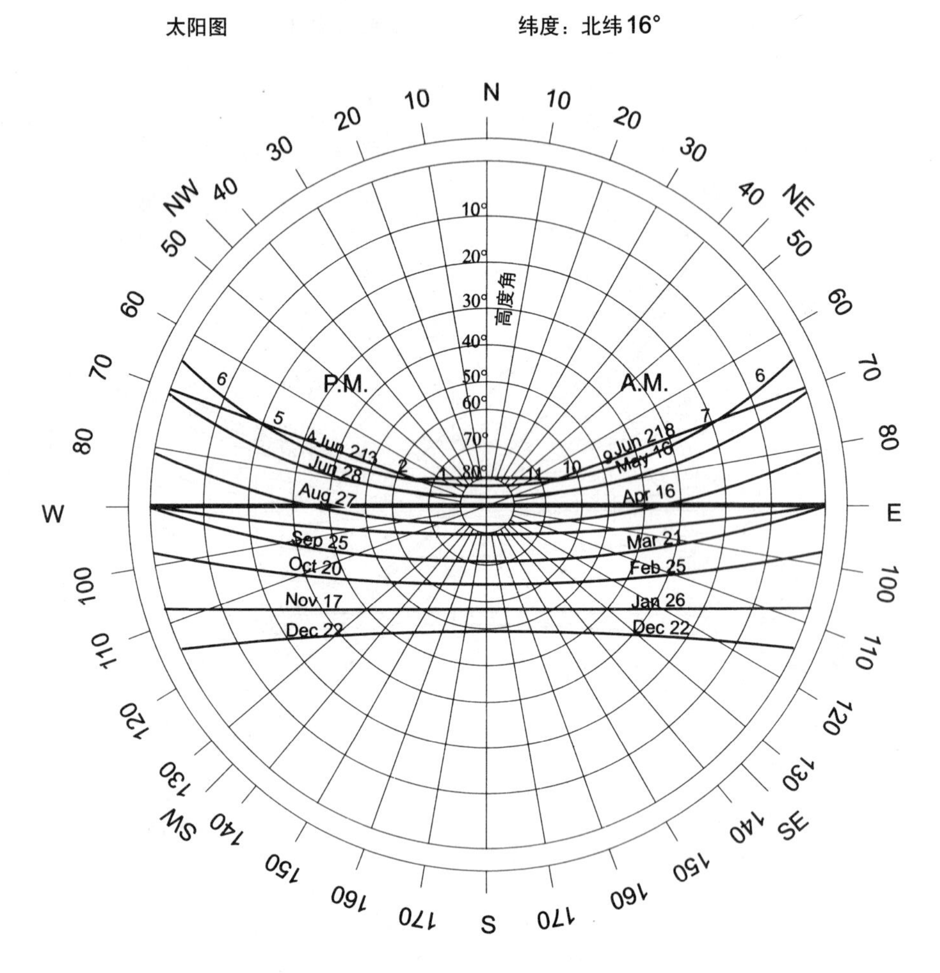


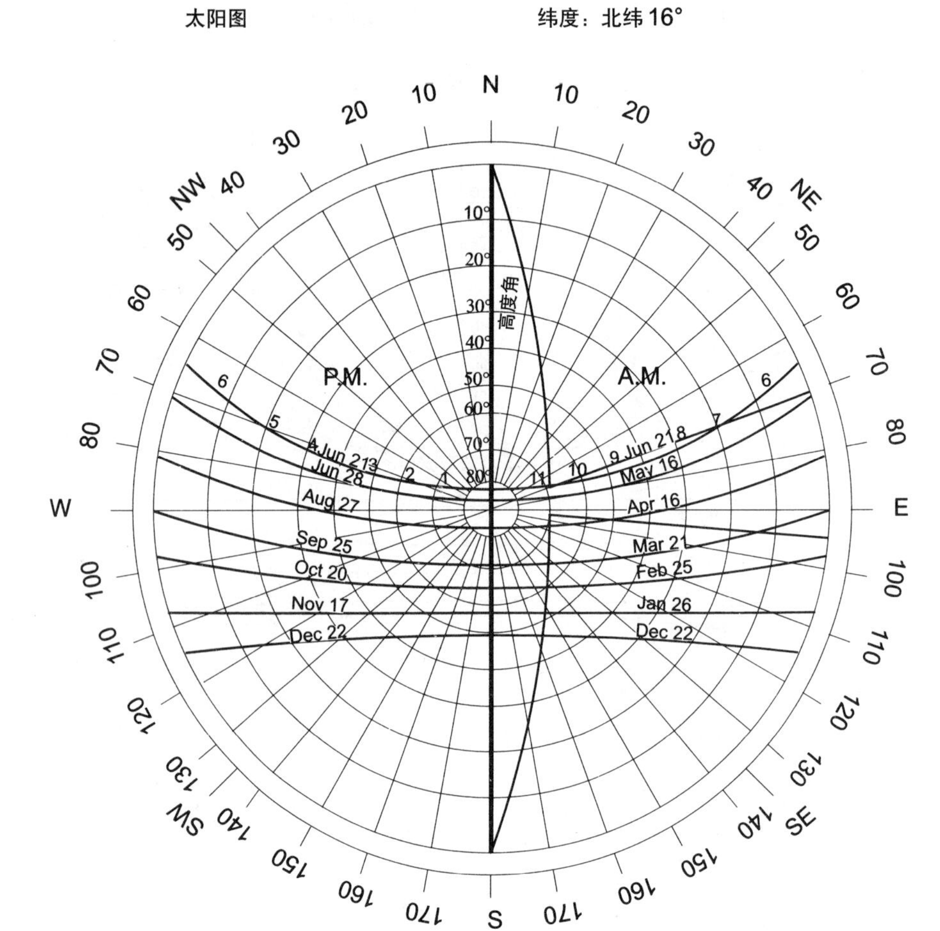


图4.30　北纬16°混合期遮阳装置

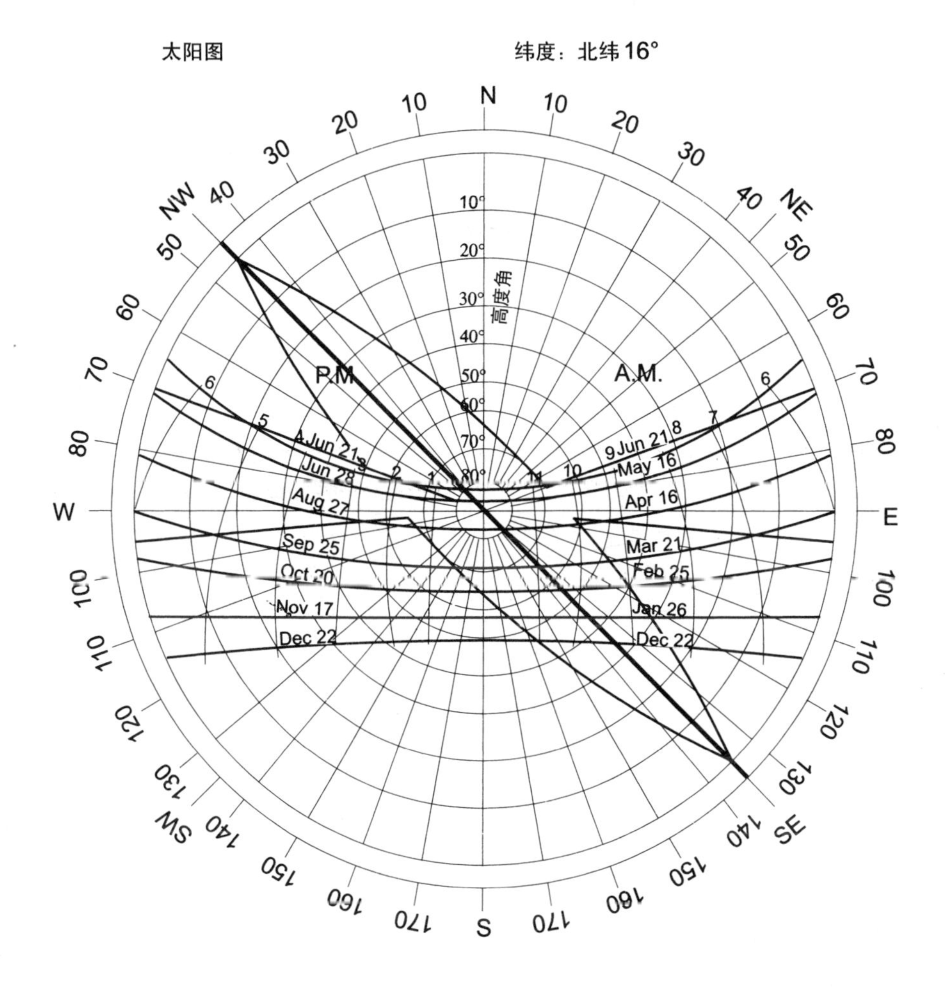


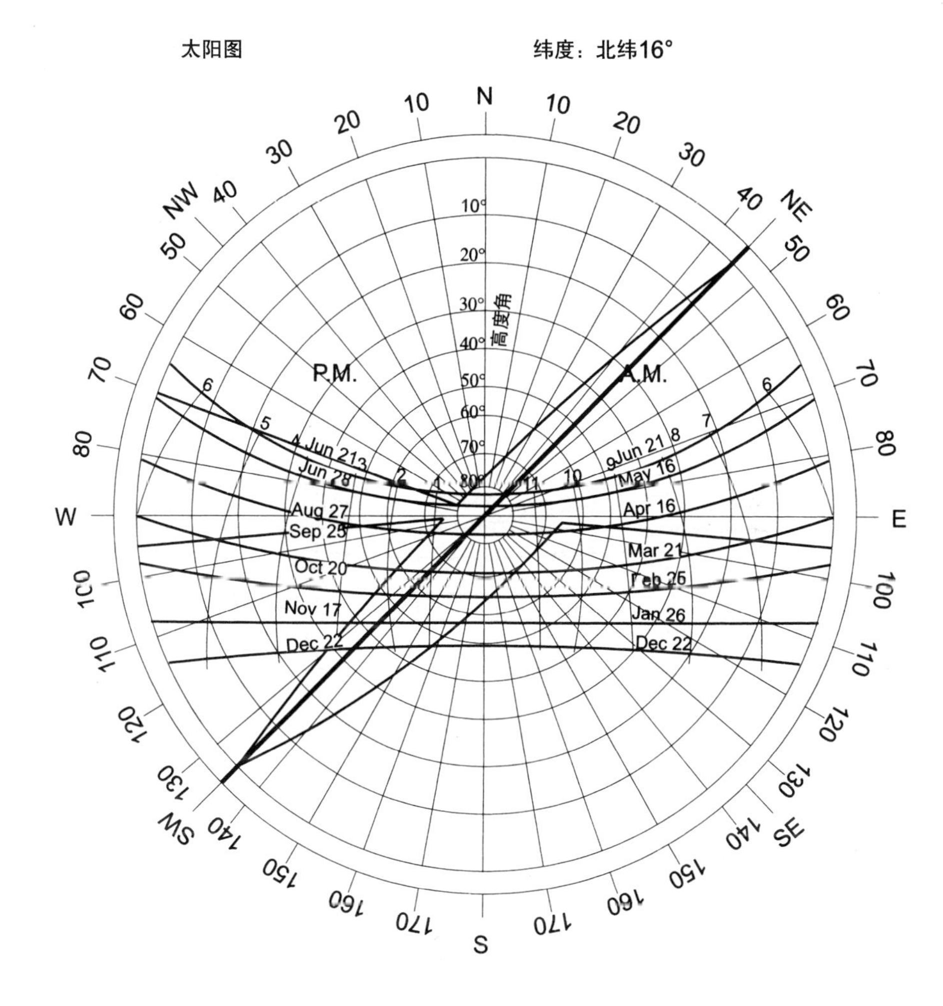


图4.31　北纬16°混合期遮阳装置

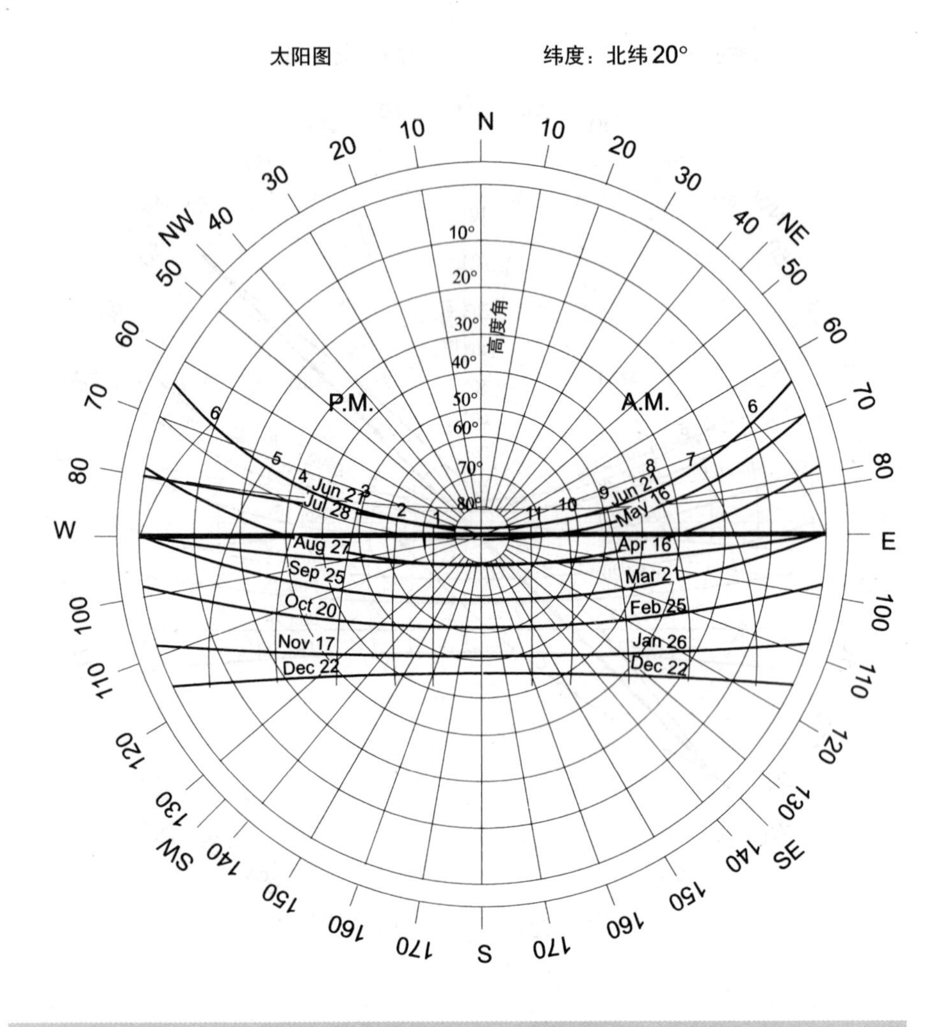


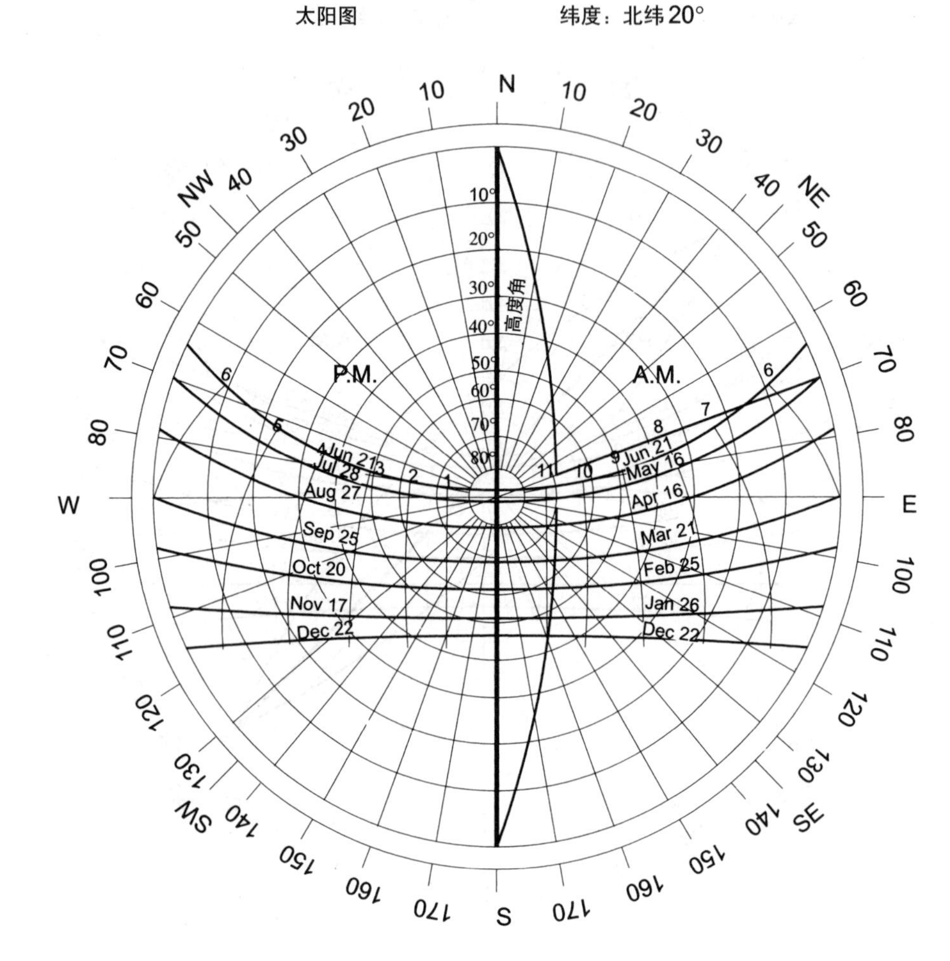


图4.32 北纬20° 混合期遮阳装置

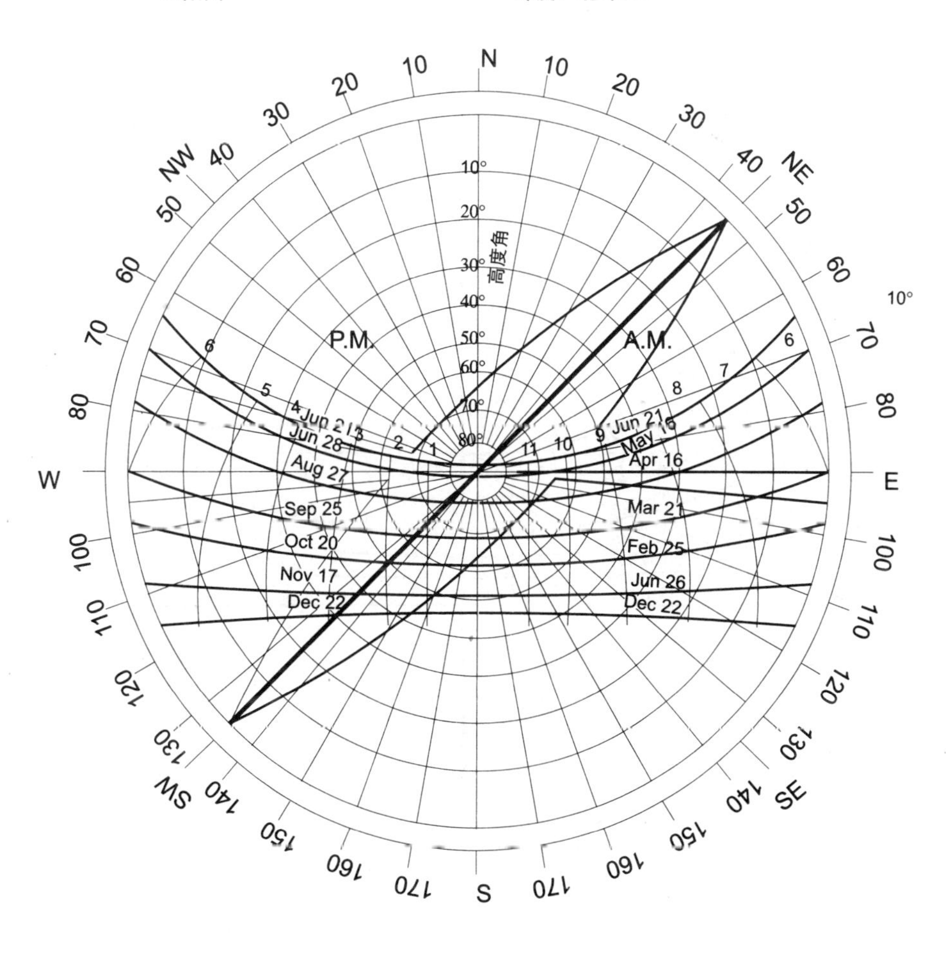


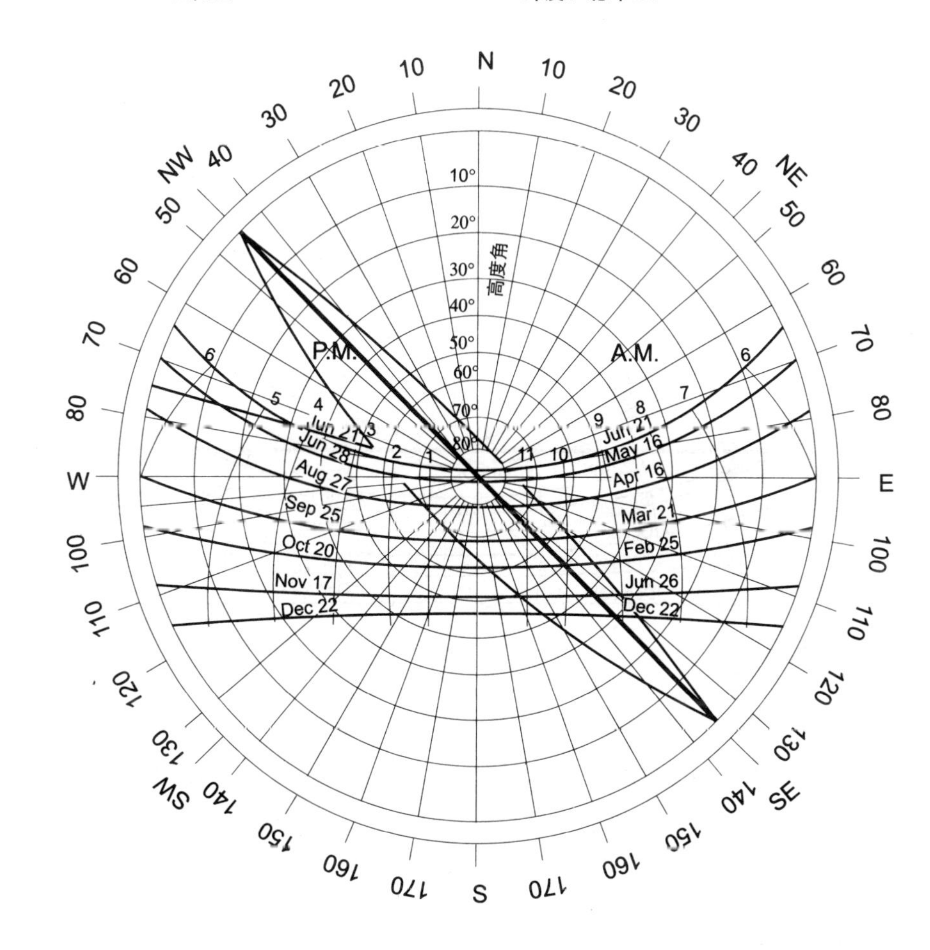


图4.33 北纬20° 混合期遮阳装置

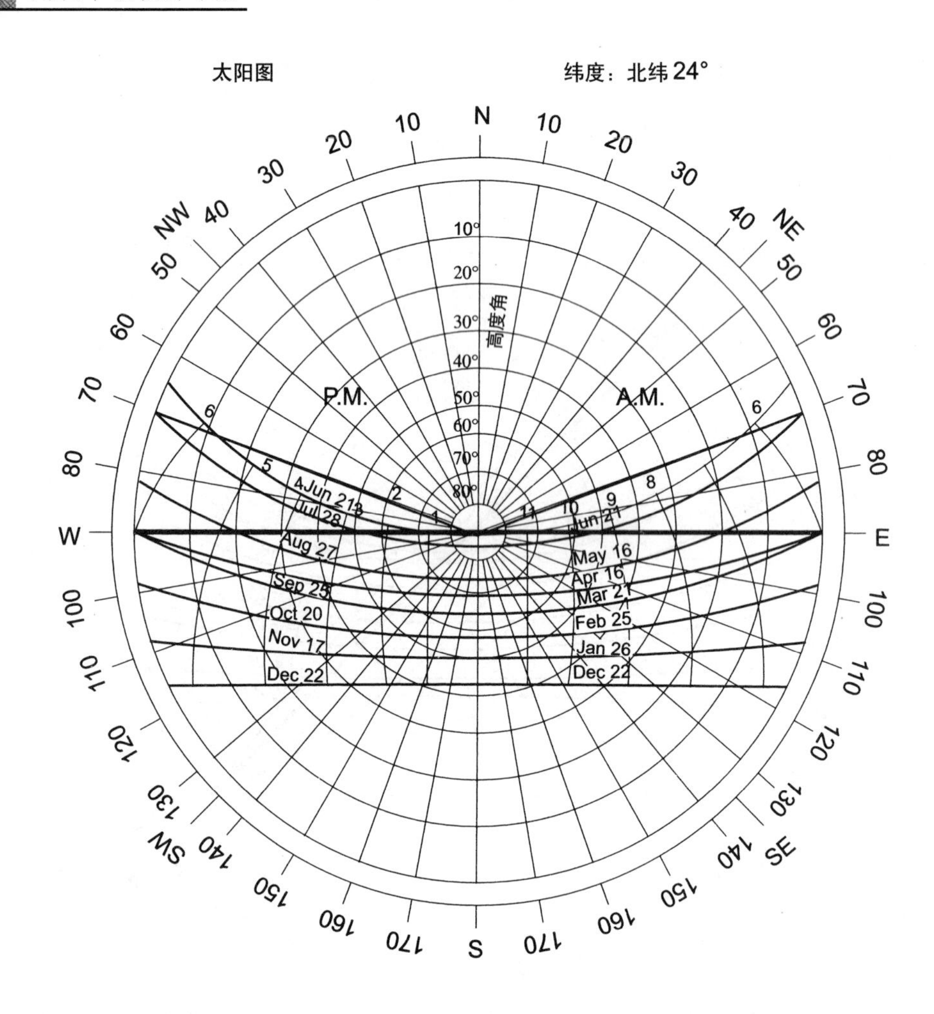


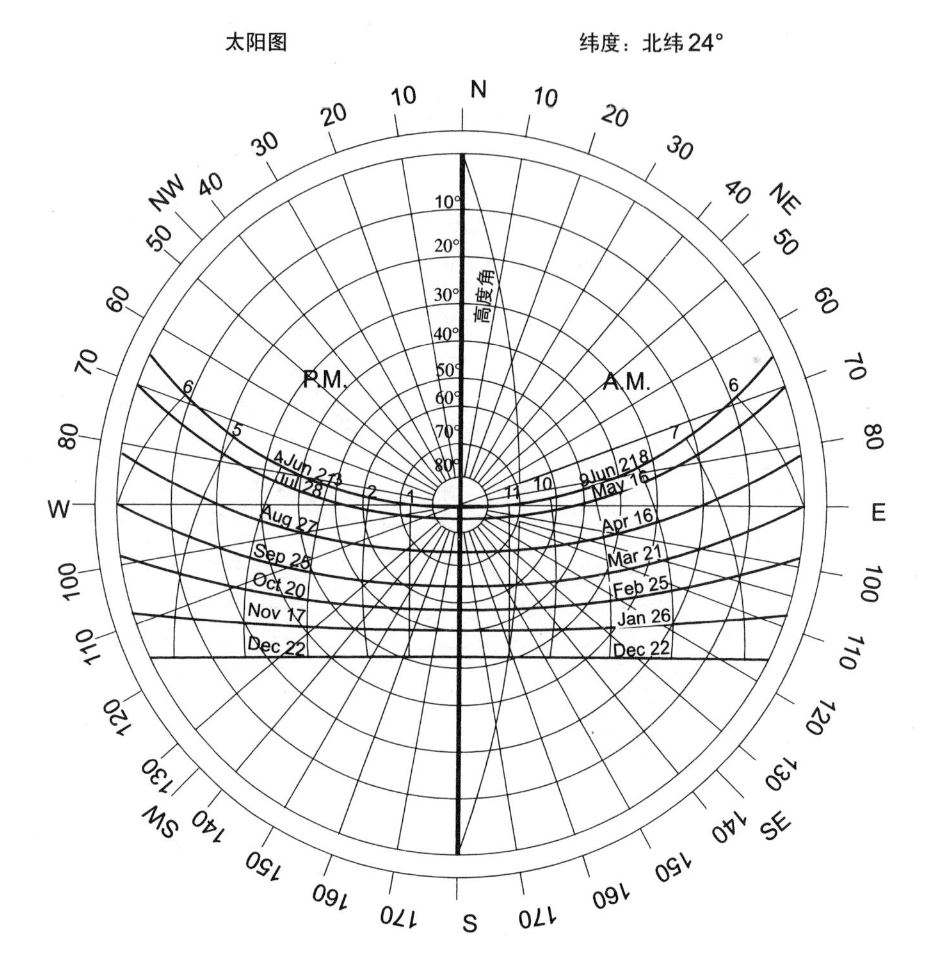


图4.34　北纬24°混合期遮阳装置

太阳图　　纬度：北纬24°

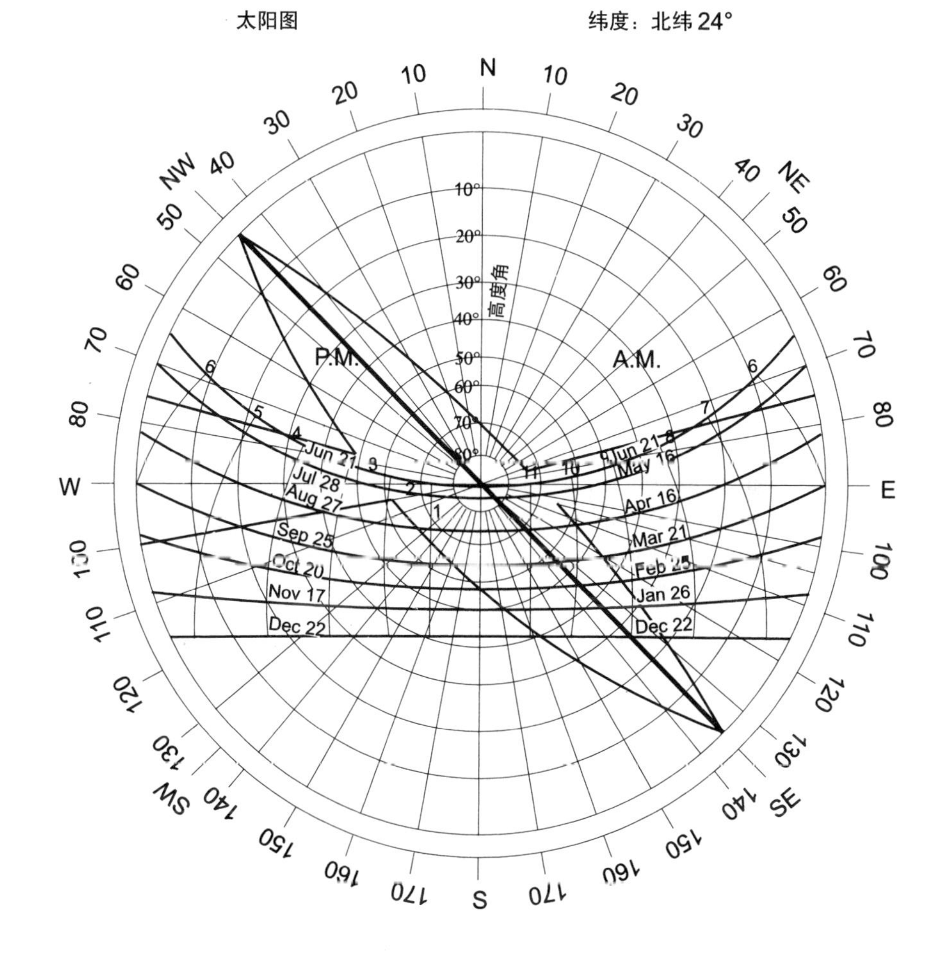


图4.35　北纬24°混合期遮阳装置

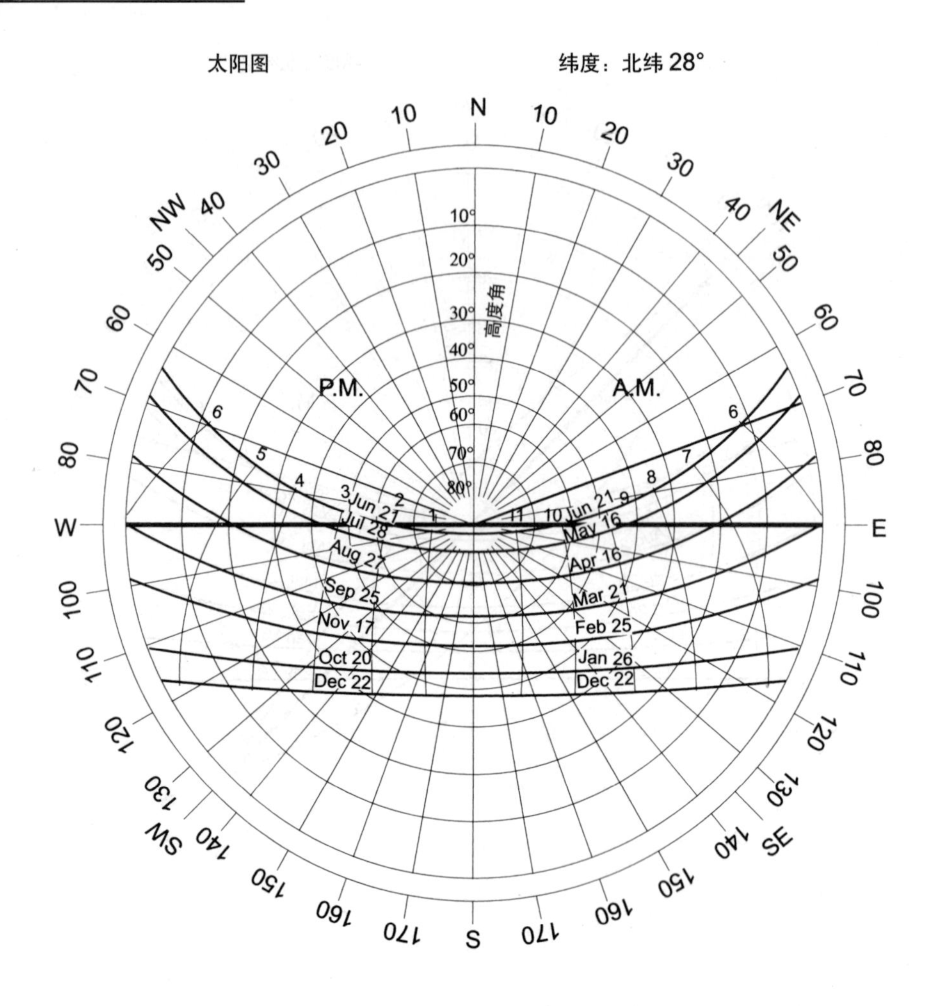


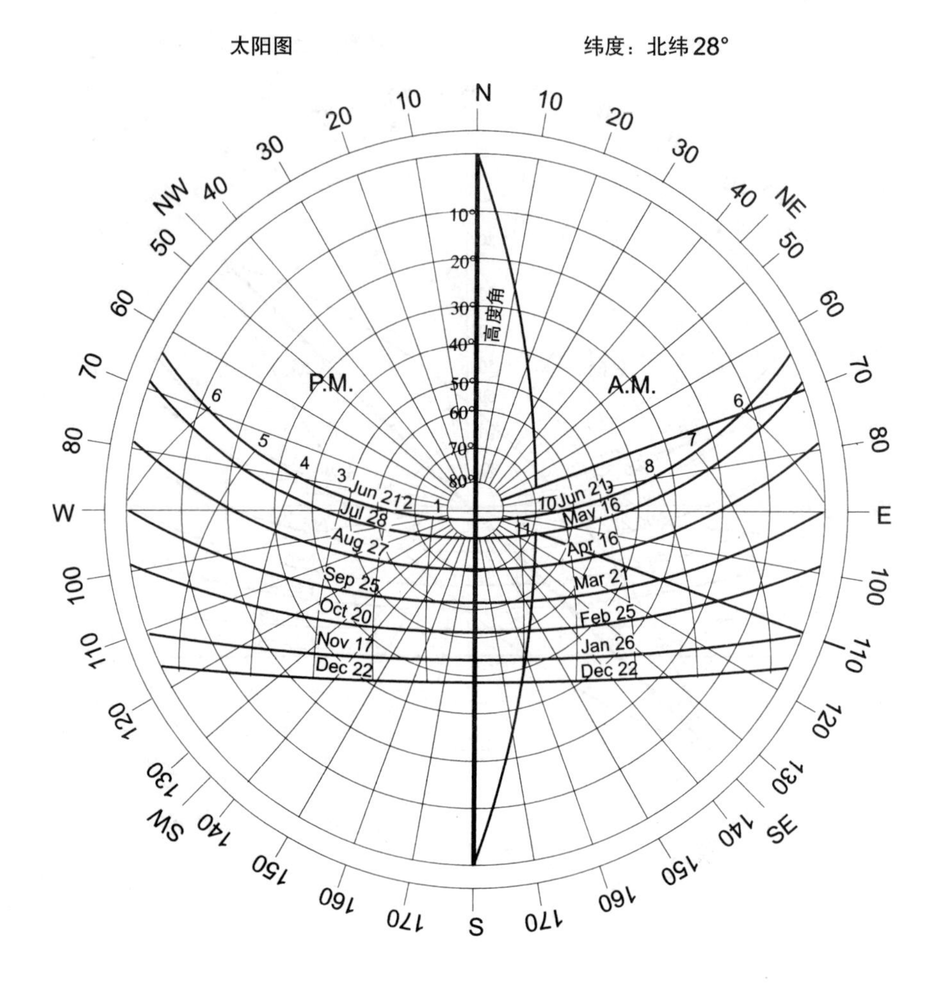


图4.36　北纬28°混合期遮阳装置

太阳图　　纬度：北纬28°

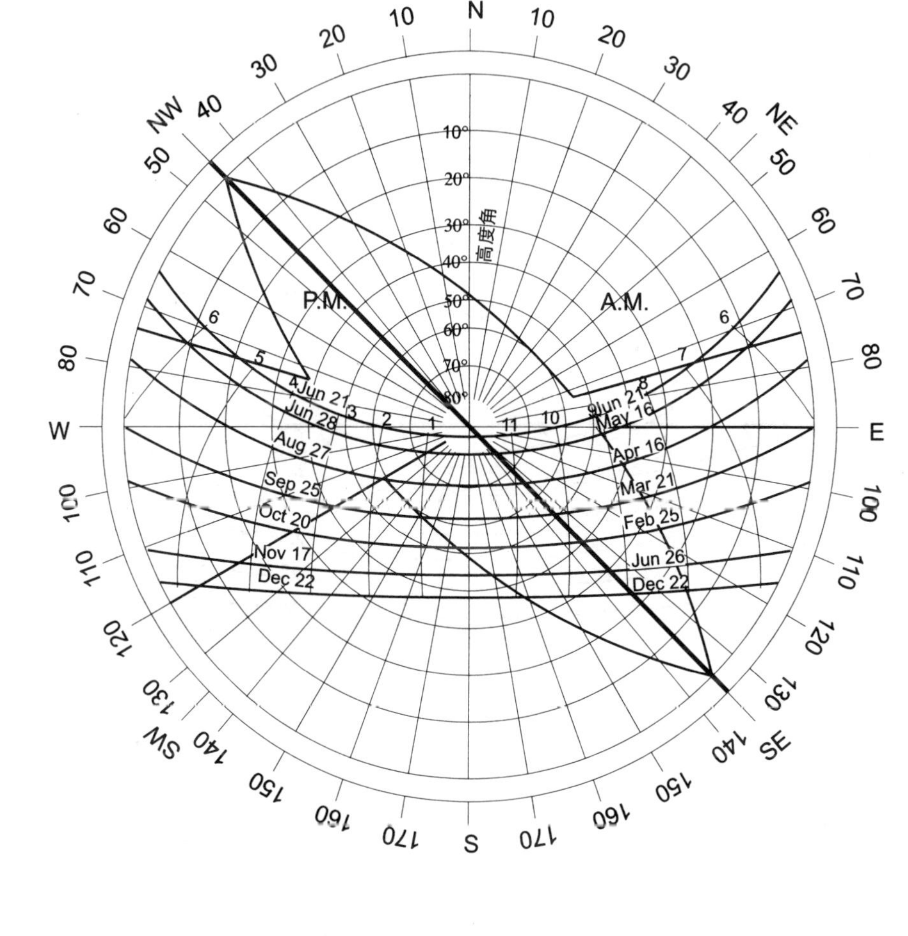


图4.37　北纬28°混合期遮阳装置

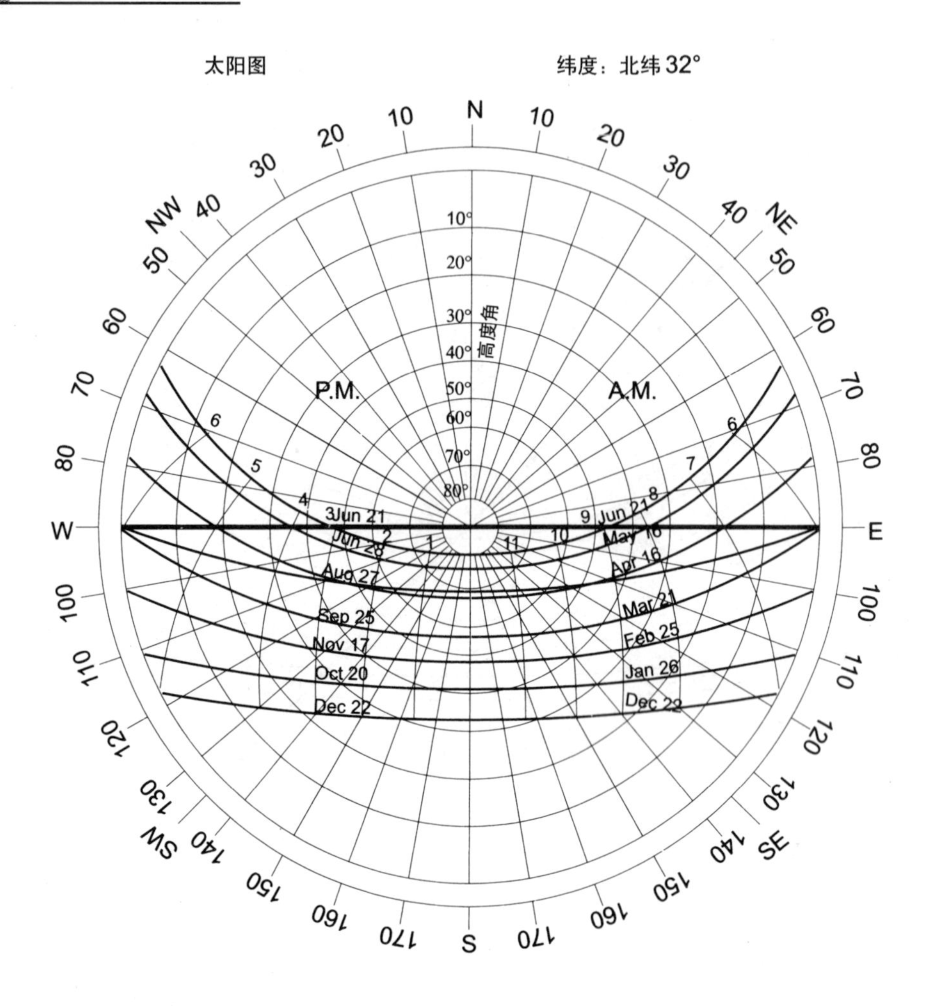


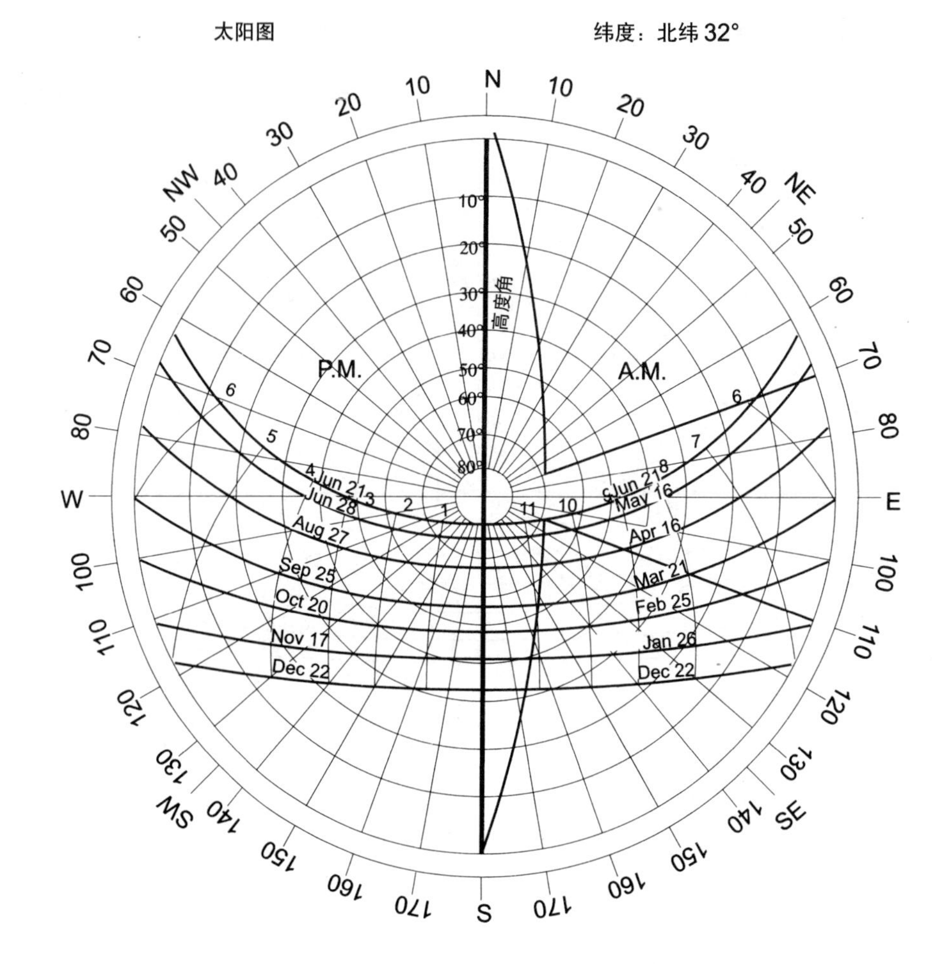


图4.38　北纬32°混合期遮阳装置

太阳图 纬度：北纬32°

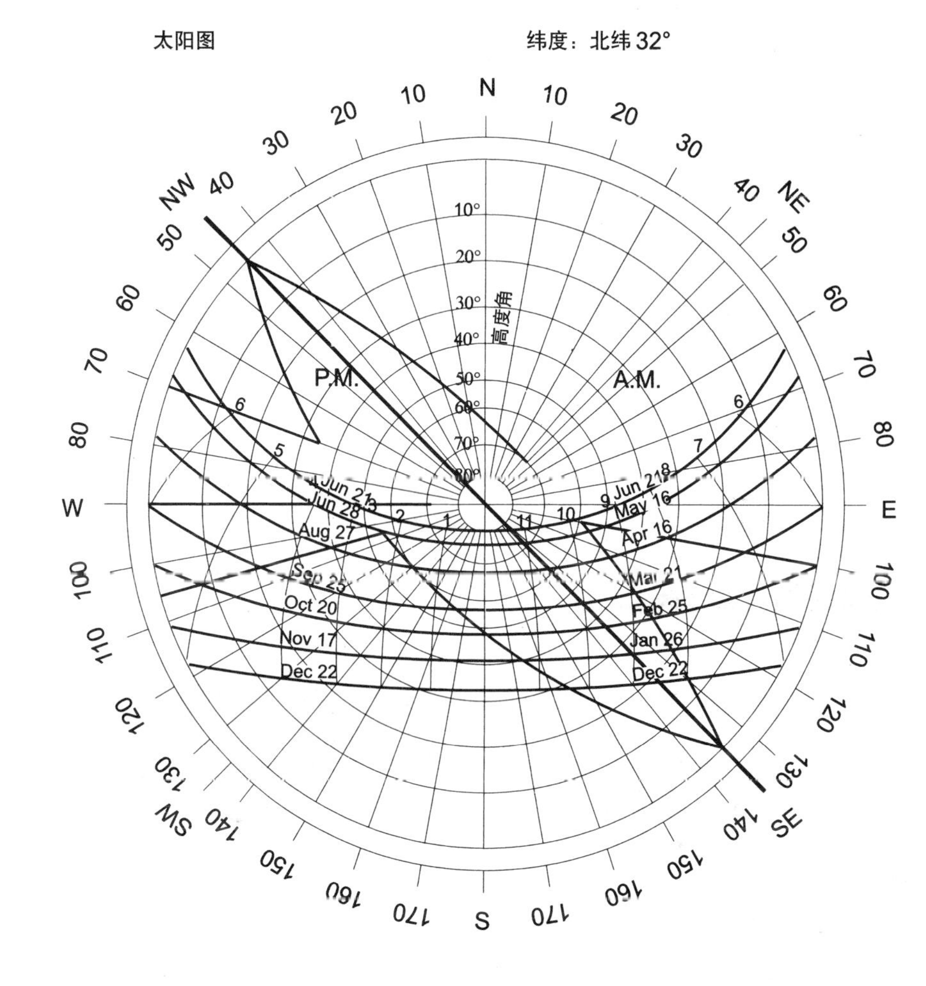


图4.39 北纬32° 混合期遮阳装置

# 对不同建筑物表面辐射和逐时环境温度变化的分析

# Analysis of Radiation on Different Building Surfaces and Hourly Ambient Temperature Variations

## 太阳辐射的计算方法*

对建筑结构的功能设计和其他设计问题来说，一个必需的先决条件是对各种建筑物正面太阳辐射的恰当估计。玻璃的朝向、面积的大小和类型在很大程度上都取决于建筑物表面所接收的太阳辐射量。但是，测量数据只对一些地区有效，并且绝大部分测量工作只是对水平表面进行，而太阳辐射每天每时都有着很大的变化和差异。由于这些原因，对建筑物不同表面接收的太阳辐射的实用性评价只能停留在理论计算上。

## 设计数据的需要

在卢克（Roorkee），CBRI对各种表面以及这个国家其他地方的太阳辐射进行了长期的测量后发现：若把这些表面所接收的辐射假定为标准的大气层，即尘埃含量为300粒/$cm^3$，臭氧含量为2.5mm，水蒸气含量为15mm，所产生的太阳辐射估计至少比印度有代表性的数值高20%。

对于一些设计问题，如估计太阳辐射丰富地区的空调机制冷能力，重要的是这种机器能够应付特别是最热条件下的冷负荷。在这些计算中，不同地区不同地点的太阳辐射量最高不能超过通常所说的95%。这样的太阳辐射数值称为“设计值”。

## 穿过大气层的太阳辐射

在日地平均距离处，大气上界垂直于太阳射线的单位面积上接收的辐射量叫作太阳常数，目前它的数值为1.370 ± 3%kW/$m^2$。当太阳辐射穿过地球大气层时，部分被大气的成分散射，部分被臭氧、二氧化碳和水蒸气吸收。剩下的部分直接到达地球表面。部分被散射和吸收的射线，再以

* Adopted from *Building Digest* 148 on ‘The Assessment of Solar Radiation on Buildings’ CBRI, Roorkee, India, 1981

辐射的形式从天空散射到地球表面。散射很强的部分叫作太阳周边辐射，它来自天空中相对较明亮的部分，在太阳周围约30°范围内，为了简单起见，这一部分假定只是集中在太阳圆盘附近。直接和周边辐射部分的总数称为扩大直接辐射或直接辐射，剩余的部分称为天空均匀散射辐射。直接和散射到地球表面的部分数值取决于它们穿过地球大气层的通路长度及太阳的高度角。

### 太阳辐射的组成

在晴朗的天空条件下，某一表面的太阳总辐射由以下部分组成：

1. 直接辐射，$I_D$；
2. 均匀散射天空辐射，$I_d$；
3. 地面对非水平表面的反射辐射，$I_{GR}$。

因此水平表面的太阳总辐射：

$I_{TH}$= 水平表面的直接辐射 + 水平表面天空均匀散射辐射

垂直表面的太阳总辐射：

$I_{TV}$=垂直表面的直接辐射+垂直表面天空均匀散射辐射+地面反散辐射

**直接辐射**　任何几何表面的直接太阳辐射是正常入射角（$I_N$）的直接辐射和太阳射线的表面入射角余弦的乘积。对于水平表面，$\cos i=\sin\theta$，在这里 $\theta$ 指的是太阳的高度角。

因此，水平表面的直接太阳辐射：$I_{DH}=I_N\sin\theta$

对于垂直表面，$\cos i=\cos\theta\cos\beta$，所以直接太阳辐射 $I_{DV}=I_N\cos\theta\cos\beta$，在这里 $\beta$（太阳方位角）是指太阳射线和水平墙面的夹角。

很明显，要计算太阳直接辐射，必须有晴朗天空条件下正常入射角的扩大直接辐射的设计值。已选太阳高度角的该值列在表1中。对其他太阳高度来说，该值可以用插入法求得。

**天空的散射辐射**　任何表面的散射辐射可以由已知水平表面的均匀散射辐射 $I_{dH}$ 算出。不同太阳高度角下的这些数值也列在表1中。垂直表面的均匀散射辐射是水平表面均匀散射辐射的一半，即 $I_{dV}=0.5I_{dH}$。

**表1**　正常入射角的直接太阳辐射和晴朗天空条件*下水平表面的散射辐射（kW/m²）

| 太阳高度角（$\theta$） | 正常太阳入射角（$I_N$） | 水平表面的天空散射辐射（$I_{dH}$） |
|---|---|---|
| 5 | 0.158 | 0.111 |
| 10 | 0.394 | 0.128 |
| 15 | 0.534 | 0.138 |
| 20 | 0.621 | 0.146 |
| 25 | 0.678 | 0.152 |
| 30 | 0.720 | 0.158 |
| 35 | 0.750 | 0.163 |
| 40 | 0.772 | 0.166 |
| 45 | 0.789 | 0.169 |
| 50 | 0.803 | 0.172 |
| 55 | 0.815 | 0.174 |
| 60 | 0.823 | 0.177 |
| 65 | 0.830 | 0.178 |
| 70 | 0.836 | 0.179 |
| 75 | 0.837 | 0.180 |
| 80 | 0.842 | 0.181 |
| 85 | 0.843 | 0.181 |
| 90 | 0.844 | 0.181 |

*为计算目的而定义的“晴朗天空”是指天空没有云，大气层中的含水量为15mm、臭氧层厚为2.5mm、尘埃含量为300粒/cm³、能见度为0.85的情况。

**地面反射辐射**　垂直表面的地面反射辐射可以从下式获得：$I_{GRV}=0.5r_gI_{TH}$，这里 $I_{TH}=I_{DH}+I_{dH}$ 是水平表面总的太阳辐射，$r_g$ 是指前面地面的反射。

普通型地面太阳辐射反射系数如表2所示。

**表2** 太阳辐射对普通地面的反射系数（$r_g$）

| 表面覆盖类型 | 反射系数 |
|---|---|
| 1. 沥青和石子 | 0.14 |
| 2. 褐色玻璃、碎石或裸地面 | 0.20 |
| 3. 旧水泥地面 | 0.23 |
| 4. 草地 | 0.25 |
| 5. 红色地板砖 | 0.27 |
| 6. 新水泥地面 | 0.32 |

注：对于一般用途来说，地面反射系数常取0.20。

**[例1]** 求新德里（北纬29°）地区（a）水平表面和（b）西面外墙16：00时的太阳辐射量。这时太阳的方位角是西经81°，太阳高度角是36°。

**计算方法** 第一步，由表1中所给的35°和40°高度角的数值，用插入法算出36°时的$I_N$。

太阳高度角为35°时，$I_N$=750W/m²；40°时，$I_N$=772W/m²，由插入法得出36°时，$I_N$=754W/m²。

由表1查出$I_{dH}$=0.164kW/m²。

(a)水平表面的直接太阳辐射：$I_{DH}=I_N\sin\theta=754\ \sin36°=443$W/m²，因此，$I_{TH}=I_{DH}+I_{dH}=443+164=607$W/m²。

(b) 同样对西向垂直表面来说，直接太阳辐射：$I_{DV}=754\cos36°\cdot\cos9°=602$W/m²。这里，$\beta=9°$，由于水平面的太阳的方向（即太阳方位角）是西经81°，西墙的太阳方位角是西经90°。因此，90°－81°＝9°，故$I_{dV}=0.5\times164=82.0$W/m²。

垂直表面的来自太阳和天空的净辐射是602+82=684W/m²。

垂直表面的地面反射值可以由下列计算（地面反射率为0.2）：

因为$I_{TH}$=607W/m²，$I_{GRV}=0.5r_gI_{TH}$，

所以$I_{GRV}=0.5\times0.2\times607=60.7$W/m²。

因此，新德里16：00时西墙的直接辐射、散射辐射和地面反射辐射的总数为：$I_{TV}=602+82+60.7=744.7$W/m²。

**印度全国不同纬度晴朗天空条件下的太阳辐射设计**

由表1可以算出北纬9°至34°的所有气候带的水平和垂直（八个基本方位）表面冬夏的太阳辐射（直接和散射）设计值。由此可以算出下述建筑的太阳辐射设计值。

**[例2]** 求新德里（北纬29°）14：00时，长10m，宽5m，高3m，且南北两边长的建筑物夏天接收的来自太阳和天空的辐射值。

**计算方法** 新德里（北纬29°）所需的计算如表3所示。

**表3** 新德里14：00时一座建筑物太阳辐射设计值的计算

| 表面 | 设计太阳辐射（kW/m²） | 表面积（m²） | 表面总辐射（kW） |
|---|---|---|---|
| 1. 平屋顶 | 0.914 | 50 | 45.7 |
| 2. 北墙 | 0.883 | 30 | 2.65 |
| 3. 南墙 | 0.121 | 30 | 3.63 |
| 4. 西墙 | 0.463 | 15 | 6.943 |
| 5. 东墙 | 0.0883 | 15 | 1.325 |
| 总计 | | | 60.2 |

注：建筑物接收的总的太阳辐射量＝60.2kW。

在上面的例子中，如果地面反射到垂直墙面上，计算方法如下：

水平表面的总的太阳辐射=0.914kW/m²

地面反射辐射=0.5×0.2×0.914=0.0914kW/m²

垂直墙面的总面积＝90m²

地面反射辐射对墙面的作用=90×0.0914=8.226kW

因此，所有太阳辐射量的总数 =60.2+8.226=68.4kW。

### 倾斜表面的太阳辐射设计

有时需要获得倾斜表面的太阳辐射量，如平台聚光器或建筑物的倾斜屋顶，$I_N$（地球表面正常入射角的太阳辐射）的数值可以从表1中获得，计算过程为：

倾斜表面的直接太阳辐射：$I_{DS}=I_N$（$\cos\theta\cos\beta\cos\phi+\sin\theta\sin\phi$），这里的 $\phi$ 是垂直面与斜表面之间的夹角（对于水平表面，$\phi=90°$；对于垂直表面，$\phi=0°$）。

倾斜表面的散射辐射：$I_{ds}+I_{dH}[(1+\sin\phi)/2]$

倾斜表面的地面反射辐射：$I_{GRS}=r_g I_{TH}\ [(1-\sin\phi)/2]$

**[例3]** 求一东向斜坡屋顶的太阳辐射，这个屋顶所处的位置是：太阳方位角*为120°，高度角为40°，斜坡屋顶与垂直面的夹角[$\phi$]为60°（或与水平面的夹角30°）。

**计算方法** 从表1可以看到40°高度角处，

$I_N=0.772\text{kW/m}^2$

和$I_{dH}=0.166\text{kW/m}^2$

因为东向表面的方位角为东经90°，而已知的太阳方位角为东经120°，则 $\beta$（墙的太阳方位角）=120°−90°=30°

太阳直接辐射，$I_{DS}=I_N$（$\cos\theta\ \cos\beta\ \cos\phi+\sin\theta\ \sin\phi$）

$=0.772(\cos40°\ \cos30°\ \cos60°+\sin40°\ +\sin60°)$

$=0.686\text{kW/m}^2$

太阳散射辐射 $I_{ds}=I_{dH}[(1+\sin\phi)/2]$

$=0.166[(1+\sin60°)/2]$

$=0.155\text{kW/m}^2$

对于地面反射辐射 $I_{GRS}$ 来说，水平表面总的太阳辐射 $I_{TH}$：

$I_{DH}=I_N\sin\theta=0.772\sin40°=0.496\text{kW/m}^2$

$I_{TH}=0.496+0.166=0.662\text{kW/m}^2$

因此，$I_{GRS}=0.2I_{TH}[(1-\sin60°)/2]=0.009\text{kW/m}^2$

所以倾斜表面的太阳辐射总量 =0.686+0.155+0.009=0.850kW/m²。

### 典型地区太阳辐射计算值和测量值的比较

表4给出新德里3个具有代表性的地方太阳辐射的计算值和测量值的比较以及各个小时月平均辐射的计算值和测量值。测量值是某个特定月份某小时的最大太阳辐射量。据观察，除了从7：00点至10：00点或从16：00点至18：00点外，其他时间计算值和测量值很吻合，相差不到10%。而早上观察到的最大辐射值同计算值相差就较大。因此，计算过程过大地估计了清晨太阳的辐射。而一座建筑物受清早太阳的影响将很小，特别是在冬天，但是对夏天清晨太阳辐射的过大估计则有助于改进东南窗户的设计。

### 环境温度逐时变化的计算

气象站公布的环境温度的数据，常常以每月平均最高和最低温度的形式出现。对建筑设计来讲，特别是有关时间延迟，必须要了解环境温度每月逐时的平均变化情况。为了从环境温度的每月平均最高温度和最低温度值中得出每小时的变化，可以求助于表5中所展示的ASHRAE的对数，这个表给出了最高和最低环境温度逐时变化的百分比。用下面的

---

* 南墙的方位角设为0。

表4 全球太阳辐射（kWh/m²）的计算值和测量值的比较（新德里）

| 月份 | 小时 | 6 | 7 | 8 | 9 | 10 | 11 | 12 | 13 | 14 | 15 | 16 | 17 | 18 |
|---|---|---|---|---|---|---|---|---|---|---|---|---|---|---|
| 1 | 计算值 | — | 0.10 | 0.27 | 0.44 | 0.58 | 0.66 | 0.69 | 0.66 | 0.58 | 0.44 | 0.27 | 0.10 | — |
| | 测量值 | — | 0.01 | 0.10 | 0.27 | 0.43 | 0.56 | 0.62 | 0.62 | 0.55 | 0.43 | 0.27 | 0.10 | — |
| 2 | 计算值 | — | 0.16 | 0.36 | 0.54 | 0.68 | 0.77 | 0.80 | 0.77 | 0.68 | 0.54 | 0.36 | 0.16 | — |
| | 测量值 | — | 0.02 | 0.16 | 0.36 | 0.54 | 0.67 | 0.73 | 0.73 | 0.66 | 0.53 | 0.36 | 0.17 | — |
| 3 | 计算值 | — | 0.25 | 0.45 | 0.64 | 0.78 | 0.87 | 0.90 | 0.87 | 0.78 | 0.64 | 0.45 | 0.25 | — |
| | 测量值 | — | 0.07 | 0.26 | 0.48 | 0.66 | 0.78 | 0.85 | 0.84 | 0.77 | 0.64 | 0.46 | 0.25 | — |
| 4 | 计算值 | 0.12 | 0.32 | 0.53 | 0.71 | 0.85 | 0.94 | 0.97 | 0.94 | 0.85 | 0.71 | 0.53 | 0.32 | 0.12 |
| | 测量值 | 0.01 | 0.13 | 0.34 | 0.55 | 0.73 | 0.85 | 0.91 | 0.90 | 0.83 | 0.70 | 0.52 | 0.32 | 0.12 |
| 5 | 计算值 | 0.18 | 0.39 | 0.59 | 0.76 | 0.90 | 0.98 | 1.01 | 0.98 | 0.90 | 0.76 | 0.59 | 0.39 | 0.18 |
| | 测量值 | 0.03 | 0.18 | 0.38 | 0.58 | 0.75 | 0.87 | 0.93 | 0.92 | 0.84 | 0.72 | 0.55 | 0.35 | 0.16 |
| 6 | 计算值 | 0.21 | 0.42 | 0.61 | 0.78 | 0.91 | 0.99 | 1.02 | 0.99 | 0.91 | 0.78 | 0.61 | 0.42 | 0.21 |
| | 测量值 | 0.02 | 0.16 | 0.34 | 0.51 | 0.66 | 0.76 | 0.81 | 0.81 | 0.75 | 0.64 | 0.48 | 0.32 | 0.16 |
| 7 | 计算值 | 0.18 | 0.39 | 0.59 | 0.76 | 0.90 | 0.98 | 1.01 | 0.98 | 0.90 | 0.76 | 0.59 | 0.39 | 0.18 |
| | 测量值 | 0.03 | 0.13 | 0.28 | 0.43 | 0.55 | 0.64 | 0.67 | 0.67 | 0.61 | 0.52 | 0.41 | 0.27 | 0.14 |
| 8 | 计算值 | 0.12 | 0.32 | 0.53 | 0.71 | 0.85 | 0.94 | 0.97 | 0.94 | 0.85 | 0.71 | 0.53 | 0.32 | 0.12 |
| | 测量值 | 0.01 | 0.10 | 0.24 | 0.39 | 0.51 | 0.61 | 0.64 | 0.66 | 0.60 | 0.57 | 0.39 | 0.29 | 0.11 |
| 9 | 计算值 | — | 0.25 | 0.45 | 0.64 | 0.78 | 0.87 | 0.90 | 0.87 | 0.78 | 0.64 | 0.45 | 0.25 | — |
| | 测量值 | — | 0.08 | 0.25 | 0.43 | 0.59 | 0.70 | 0.76 | 0.76 | 0.69 | 0.57 | 0.42 | 0.24 | — |
| 10 | 计算值 | — | 0.16 | 0.36 | 0.54 | 0.68 | 0.77 | 0.80 | 0.77 | 0.68 | 0.54 | 0.36 | 0.16 | — |
| | 测量值 | — | 0.04 | 0.20 | 0.41 | 0.58 | 0.70 | 0.76 | 0.76 | 0.69 | 0.57 | 0.39 | 0.19 | — |
| 11 | 计算值 | — | 0.10 | 0.27 | 0.44 | 0.58 | 0.66 | 0.69 | 0.66 | 0.58 | 0.44 | 0.27 | 0.10 | — |
| | 测量值 | — | 0.01 | 0.13 | 0.32 | 0.50 | 0.62 | 0.69 | 0.68 | 0.61 | 0.49 | 0.32 | 0.13 | — |
| 12 | 计算值 | — | 0.08 | 0.23 | 0.39 | 0.52 | 0.60 | 0.63 | 0.60 | 0.52 | 0.39 | 0.23 | 0.08 | — |
| | 测量值 | — | 0.00 | 0.09 | 0.26 | 0.43 | 0.54 | 0.61 | 0.61 | 0.54 | 0.42 | 0.26 | 0.09 | |

公式来计算：

$T(t)=T_{max}-T\cdot W$

这里 $\int T=T_{max}-T_{min}$

$W$ 是表4中所给出的一天中每小时变化的分数值。

表5 每天温度变化的百分比

| 小时 | 百分比 |
|---|---|
| 1 | 87 |
| 2 | 92 |
| 3 | 96 |
| 4 | 99 |
| 5 | 100 |
| 6 | 98 |
| 7 | 93 |
| 8 | 84 |
| 9 | 71 |
| 10 | 56 |
| 11 | 39 |
| 12 | 23 |
| 13 | 11 |
| 14 | 3 |
| 15 | 0 |
| 16 | 3 |
| 17 | 10 |
| 18 | 21 |
| 19 | 34 |
| 20 | 47 |
| 21 | 58 |
| 22 | 68 |
| 23 | 76 |
| 24 | 82 |

# 植物资料
# Vegetation Data

| 序号 | 植物名称 | 高度(m) | 树冠(m) | 类型 | 气候 | 土壤 | 用途 |
|---|---|---|---|---|---|---|---|
| 1 | 刺槐（澳大利亚鹰嘴豆、金合欢树） | 10—14 | 9—12 | 常绿<br>成熟：20年<br>寿命：40—45年 | 喜温暖潮湿的气候 | 透水性好的无岩石土壤 | 可沿路、公园种植，也可用于花园遮阳 |
| 2 | 温柏树 | 10—15 | 9—12 | 落叶树<br>成熟：10—20年<br>寿命：80—90年 | 适应各种气候 | 非黏土或排水性能差的土壤 | |
| 3 | 天堂树 | 12—15 | 15—19 | 落叶<br>成熟：15—20年 | 适应各种气候 | 皆宜，更喜沙质黏土 | 控制侵蚀，可用作防护林带 |
| 4 | 阔叶白合欢树 | 18—25 | 15—18 | 落叶<br>成熟：10—15年<br>寿命：70—80年 | 热湿 | 皆宜，更喜黏土或黑棉土 | 轻度遮阳，形象庄严 |
| 5 | 舌形树 | 9—16 | 12—16 | 落叶<br>寿命：30年，最高40年 | 适应各种气候 | 皆宜 | |
| 6 | 瑟德纳魔鬼树 | 15—22 | 7—13 | 常绿<br>成熟：10—20年<br>寿命：60—70年 | 潮湿 | 任何排水性好的土壤 | 用于公园和道路的深度遮阳 |

续表

| 序号 | 植物名称 | 高度 (m) | 树冠 (m) | 类型 | 气候 | 土壤 | 用途 |
|---|---|---|---|---|---|---|---|
| 7 | 乌檀 | 15—22 | 12—16 | 常绿<br>成熟：8—10年<br>寿命：80—90年 | 温暖潮湿 | 深层排水性良好的轻质土壤 | 用于公园和道路的深度遮阳 |
| 8 | 拉口沙面包果 | 12—14 | 15—22 | 常绿<br>寿命：100—125年 | 潮湿 | 排水性好 | 用于公园及道路两旁的夏季深度遮阳 |
| 9 | 阳桃 | 8—11 | 7—9 | 常绿<br>寿命：40—50年 | 温暖潮湿 | 深层、肥沃、排水性好的土壤 | 作果树种植 |
| 10 | 油诺楝树 | 12—20 | 15—22 | 落叶<br>成熟：10—15年<br>寿命：70—80年 | 干旱 | 各种排水性好的土壤 | 遮阳效果好 |
| 11 | 可乐树 | 9—12 | 10—14 | 落叶<br>成熟：8—12年<br>寿命：40—50年 | 适应各种气候 | 排水性好，较潮湿肥沃沙土或黏土 | 用于林阴道 |
| 12 | 紫罗兰 | 9—14 | 9—13 | 落叶<br>成熟：8—12<br>寿命：30—40 | 温和湿润 | 各种土壤类型 | 较好的风景树 |
| 13 | 木棉树（班芝树） | 15—25 | 12—22 | 落叶<br>成熟：20—30年<br>寿命：80年 | 适应各种气候 | 排水性好的深层淤积土 | 用于公园、花园和路边的遮阳，深红色的花可用作装饰 |
| 14 | 紫铆 | 7—13 | 6—9 | 落叶<br>成熟：15—20年<br>寿命：40—50年 | 热湿，但湿度不高或非常干燥的地区 | 皆宜，更喜黏土或黑棉土 | 用于公园和花园装饰，建议用作土壤结合剂 |
| 15 | 红千层 | 5—8 | 4—5 | 常绿<br>成熟：5—8年 | 热湿 | 肥沃、排水性好的大部分沙土或沙壤土 | 风景树，广泛用于公园作装饰 |

续表

| 序号 | 植物名称 | 高度(m) | 树冠(m) | 类型 | 气候 | 土壤 | 用途 |
|---|---|---|---|---|---|---|---|
| 16 | 金链花树 | 10—14 | 9—14 | 落叶<br>成熟：5—8年<br>寿命：50—60年 | 适应各种气候 | 皆宜 | 印度最美丽的花树之一，用于装饰 |
| 17 | 瓜哇肉桂 | 9—12 | 7.5—9 | 落叶<br>成熟：5—10年<br>寿命：45—50年 | 适应各种气候 | 皆宜，更喜潮湿黏土 | 适于路边，草坪，公园和花园 |
| 18 | 铁刀木 | 12—18 | 9—12 | 常绿<br>成熟：10—15年<br>寿命：80—100年 | 温暖湿润，但抗旱 | 湿润，排水性好 | 用于路边遮阳，也用于公园和花园 |
| 19 | 硬红木 | 15—22 | 9—13 | 常绿<br>成熟：6—8年<br>寿命：50—60年 | 适应各种气候，不喜干旱 | 皆宜，更喜松软的海边沙地 | 用于装饰、轻度遮阳 |
| 20 | 墨西哥丝棉树 | 7—11 | 7—11 | 落叶<br>成熟：15—20年<br>寿命：40年 | 温暖、湿润的海边 | 各种排水性好，能保持水分的土壤 | 装饰 |
| 21 | 麻栋 | 12—20 | 9—15 | 落叶<br>成熟：30—40年<br>寿命：80—100年 | 适于各种气候 | 各种排水性好的土壤 | 遮阳效果好，木头可做家具 |
| 22 | 串状花 | 12—19 | 6—11 | 落叶<br>成熟：10—15年<br>寿命：50—60年 | 潮湿 | 各种轻度排水性好的土壤 | 花非常吸引人，适于公园、花园和路边 |
| 23 | 印度樱桃树 | 7—13 | 7—11 | 常绿<br>寿命：50—60年 | 适于各种气候 | 皆宜 | 树叶浓密，适于路边种植 |
| 24 | 巴纳蒜梨树 | 10—14 | 9—13 | 落叶<br>寿命：50—70年 | 热、多日照 | 深层松散的淤积土 | 公园和花园的装饰树 |

续表

| 序号 | 植物名称 | 高度(m) | 树冠(m) | 类型 | 气候 | 土壤 | 用途 |
|---|---|---|---|---|---|---|---|
| 25 | 印度珊瑚树 | 12—19 | 9—16 | 落叶<br>成熟：2—4年<br>寿命：60—70年 | 温暖潮湿 | 排水性好 | 用于装饰和轻度遮阳 |
| 26 | 印度黄檀 | 12—17 | 12—19 | 落叶<br>成熟：10—15年<br>寿命：80—100年 | 适应各种气候 | 各种非排水性差的地带 | 用于路边和花园的遮阳效果良好，特别在热气候区 |
| 27 | 蝴蝶木 | 10—16 | 15—20 | 落叶<br>成熟：5—8年<br>寿命：50—60年 | 干热 | 各种轻度排水性好的肥沃土壤 | 适于道路、草坪和花园 |
| 28 | 桉树 | 25—45 | 9—12 | 常绿<br>成熟：5—10年<br>寿命：30—40年 | 适于各种非严寒和干旱气候 | 除黏土外各种排水性好的土壤 | |
| 29 | 秋海棠 | 12—14 | 14—15 | 落叶<br>寿命：80—90年 | 适于各种气候 | 排水性好的土壤 | 种于花园、公路 |
| 30 | 印度榕树 | 15—22 | 18—25 | 常绿<br>成熟：10—20年<br>寿命：150—200年 | 适于各种气候 | 皆宜 | 深度遮阳 |
| 31 | 无花果 | 10—14 | 12—15 | 落叶<br>成熟：8—12年<br>寿命：70—80年 | 适于各种气候 | 皆宜 | 用于遮阳，但不能在建筑物、道路、排水沟等附近 |
| 32 | 巨藜树 | 12—23 | 18—25 | 落叶<br>成熟：8—12年<br>寿命：100—120年 | 适于各种气候 | 各种非渍涝土皆可 | 用于公园、草坪和路边的遮阳 |
| 33 | 菩提树 | 12—19 | 15—25 | 落叶<br>成熟：6—8年 | 温和湿润 | 皆宜 | 遮阳效果好、寿命很长 |

续表

| 序号 | 植物名称 | 高度(m) | 树冠(m) | 类型 | 气候 | 土壤 | 用途 |
|---|---|---|---|---|---|---|---|
| 34 | 中国榕树 | 13—20 | 18—22 | 常绿<br>成熟：15—20年<br>寿命：100—120年 | 适于各种气候 | 排水性好的任何土壤 | 深度遮阳的装饰性树 |
| 35 | 木贾如树 | 12—16 | 13—17 | 落叶<br>寿命：60—70年 | 湿热 | 潮湿、肥沃的轻质土壤 | 遮阳效果很好 |
| 36 | 银橡树（丝橡树） | 15—22 | 6—9 | 常绿<br>成熟：8—10年<br>寿命：20—30年 | 适应各种气候，更喜温和干旱 | 皆宜 | 用于挡风和遮阳 |
| 37 | Anjan | 9—16 | 9—12 | 常绿 | 干热 | 各种土壤 | 遮阳效果很好 |
| 38 | 喇叭树 | 10—15 | 6—9 | 常绿<br>成熟：10—15年<br>寿命：55—60年 | 热 | 皆宜 | 遮阳效果好 |
| 39 | 酸橙树（欧椴树、欧吉齐紫树） | 9—16 | 12—19 | 常绿<br>寿命：50—60年 | 湿热 | 沙土或黏土 | 挡风，阻止土壤腐蚀 |
| 40 | 黑檀树 | 9—15 | 9—14 | 落叶<br>成熟：8—10年<br>寿命：40—50年 | 干热 | 皆宜，喜轻质肥沃排水性好的土壤 | 用于装饰，大部分见于花园 |
| 41 | 羽叶腊肠树 | 10—14 | 12—15 | 不完全落叶<br>成熟：10—15年<br>寿命：80—100年 | 喜热 | 淤积土，喜沙土或黏土 | 深度遮阳，适于路边种植 |
| 42 | Tree Antigonon | 7—11 | 7—11 | 常绿<br>寿命：45—50年 | 温暖潮湿 | 肥沃、潮湿，排水性好的黏土 | 适于公园和花园 |
| 43 | 印度大花紫薇 | 6—11 | 5—9 | 落叶<br>成熟：4—6年<br>寿命：40—45年 | 适于热湿或温暖潮湿的气候，干旱时停止生长 | 肥沃、潮湿，排水性好的黏土或沙土 | 花非常吸引人，叶子呈紫铜色 |
| 44 | 阔叶松 | 12—16 | 13—17 | 落叶<br>成熟：20—30年<br>寿命：80—100年 | 温和、湿润 | 皆宜，更喜轻质排水性好的黏土 | 遮阳效果非常好 |
| 45 | 芒果树 | 15—22 | 12—19 | 常绿<br>寿命：150—160年 | 温暖潮湿 |  | 果树 |

续表

| 序号 | 植物名称 | 高度(m) | 树冠(m) | 类型 | 气候 | 土壤 | 用途 |
|---|---|---|---|---|---|---|---|
| 46 | 楝树 | 10—14 | 9—13 | 落叶<br>寿命：20年 | 适应各种气候，非常耐寒 | 任何排水性好的黏土 | 适用于小公园和路边 |
| 47 | 黄兰（十里香） | 9—15 | 7—11 | 常绿<br>成熟：8—10年<br>寿命：60—70年 | 潮湿 | 深层排水性好的轻质黏土 | 装饰 |
| 48 | 鸡血藤 | 10—15 | 7—11 | 落叶<br>成熟：8—10年<br>寿命：50—60年 | 适应各种气候 | 排水性好、轻质潮湿的土壤 | 公园，花园的装饰树 |
| 49 | 绣球花 | 18—25 | 7—11 | 常绿<br>成熟：6—8年<br>寿命：40年 | 适应各种气候，尤喜潮湿 | 皆宜 | 可用于需遮阳的道路、花园和公园 |
| 50 | 野生芒果 | 12—15 | 12—19 | 常绿<br>成熟：15—20年<br>寿命：200—250年 | 适应各种气候，尤喜潮湿 | 深层肥沃、排水性好的黏土 | 可用于需遮阳的道路、花园和公园 |
| 51 | 印度猿花树 | 12—20 | 9—13 | 常绿 | 适合各种气候，但易受霜冻损害 | 不适宜排水性差的土壤 | |
| 52 | 红箩葡 | 5—9 | 4—8 | 落叶<br>寿命：25年 | 温暖地区 | 任何排水性好的土壤 | 适于家庭花园 |
| 53 | 桑树 | 9—11 | 7—9 | 落叶<br>成熟：5—10年<br>寿命：40—50年 | 皆宜 | 皆宜 | 装饰性果树 |
| 54 | 耶路撒冷刺木 | 6—8 | 6—8 | 落叶<br>寿命：30年 | 干热 | 皆宜 | 非常适用于造林和土壤的开垦 |

续表

| 序号 | 植物名称 | 高度(m) | 树冠(m) | 类型 | 气候 | 土壤 | 用途 |
|---|---|---|---|---|---|---|---|
| 55 | 黄蔷薇 | 18—24 | 15—19 | 落叶<br>成熟：5—10年<br>寿命：50年 | 湿润，有阳光 | 深层、肥沃和排水性好的黏土 | 装饰性树，适于花园、公园和路边 |
| 56 | 香荚树 | 12—15 | 10—12 | 常绿<br>成熟：3—5年<br>寿命：60—70年 | 适应各种，非常耐寒 | 皆宜 | |
| 57 | 鸡蛋花（印度榕树、素馨树） | 4—6 | 6—8 | 落叶<br>成熟：4—6年<br>寿命：20年 | 温暖、中度湿润 | 皆宜 | 花芳香，特别适于公园和花园，也常见于寺庙 |
| 58 | 印度鸡爪树 | 15—22 | 7—11 | 常绿，<br>成熟：6—10年<br>寿命：150年 | 热、湿 | 排水性好的土壤 | 装饰<br>深度遮阳 |
| 59 | 加伦加山毛榉(庞加油树) | 12—15 | 12—18 | 落叶<br>成熟：5—8年<br>寿命：70—80年 | 适应各种气候 | 皆宜，更喜潮湿、排水性好的多孔土壤 | |
| 60 | 牧豆树 | 7—12 | 9—16 | 落叶<br>寿命：150—160年 | 干热 | 皆宜 | 轻度遮阳，防风固沙 |
| 61 | 格那格金香木 | 15—20 | 12—17 | 常绿<br>成熟：15—20年<br>寿命：80—100年 | 适应各种气候，更喜潮湿 | 皆宜，尤喜潮湿黏土 | 湿润地区的路边、公园和花园 |
| 62 | Jaiputra,<br>Putranjiva<br>Child life tree | 9—15 | | 常绿<br>成熟：5—8年<br>寿命：80—100年 | 适于各种非严寒和干旱气候 | 淤积土 | 叶子用作装饰深度遮阳 |
| 63 | 无忧果 | 6—10 | 6—10 | 常绿，<br>成熟：10—30年<br>寿命：80—100年 | 热湿，忌干旱 | 肥沃，潮湿，排水性好的黏土 | 用于公园、花园和寺院 |

续表

| 序 号 | 植 物 名 称 | 高 度(m) | 树 冠(m) | 类 型 | 气 候 | 土 壤 | 用 途 |
|---|---|---|---|---|---|---|---|
| 64 | 巨橡树 | 12—19 | 15—20 | 落叶<br>成熟：20—40年<br>寿命：90—100年 | 温和湿润 | 轻度排水，沙土或黏土 | 用于道路、公园和花园，防止土壤侵蚀 |
| 65 | 泉树 | 9—13 | 6—9 | 常绿<br>成熟：8—10年<br>寿命：40—50年 | 湿润 | 肥沃且排水性好的土壤 | 装饰 |
| 66 | 西洋杉（香柏） | 5—9 | 4—7 | 落叶<br>寿命：35—40年 | 湿热 | 任何排水性好的土壤 | 公园、花园和道路的装饰 |
| 67 | 罗望了 | 15—22 | 12—19 | 落叶<br>成熟：8—12年<br>寿命：200—250年 | 适应各种气候，喜干热 | 皆宜，更喜深层排水性好的淤积土 | 防尘、防虫效果好，在5月的德里树干是光秃的 |
| 68 | 榄仁树 | 18—25 | 12—19 | 落叶<br>成熟：5—8年 | 温和、湿润 | 深层、肥沃、潮湿的淤积土最宜 | 遮阳效果好 |
| 69 | 红果榄仁树 | 18—25 | 9—15 | 落叶<br>成熟：15—30年<br>寿命：70—80年 | 适应除了特别干或特别湿以外的各种气候 | 皆宜 | 好的遮阳树 |

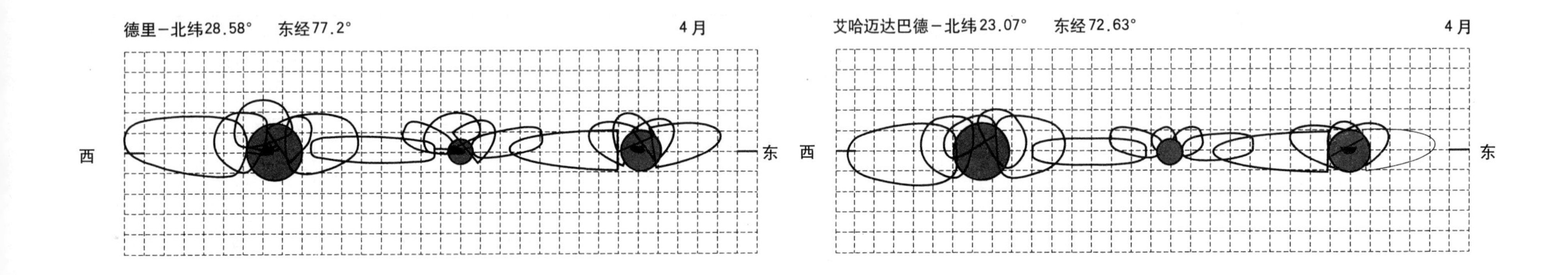


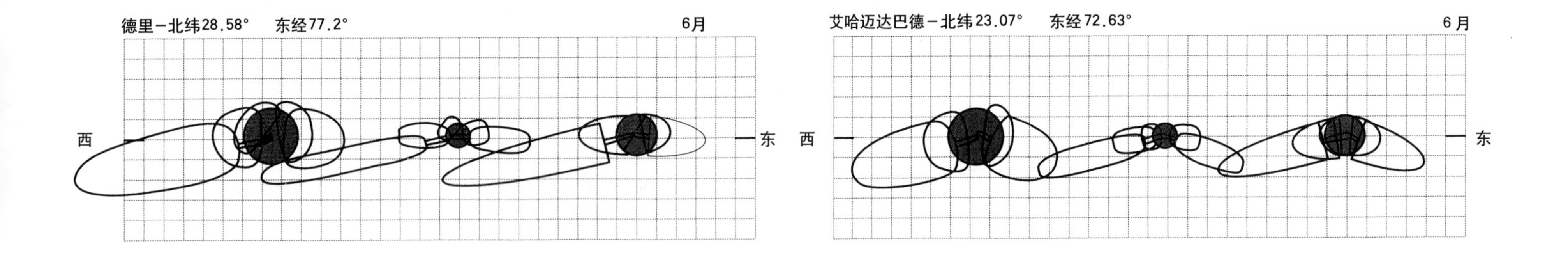


树木可看作伸展的，圆柱形或圆锥形，

它们15m高，树冠大小有5m、10m、15m几种。

虚线表示5m的网格。

阴影分别是8：00，10：00，12：00，14：00和16：00的。

不同大小树木的投影

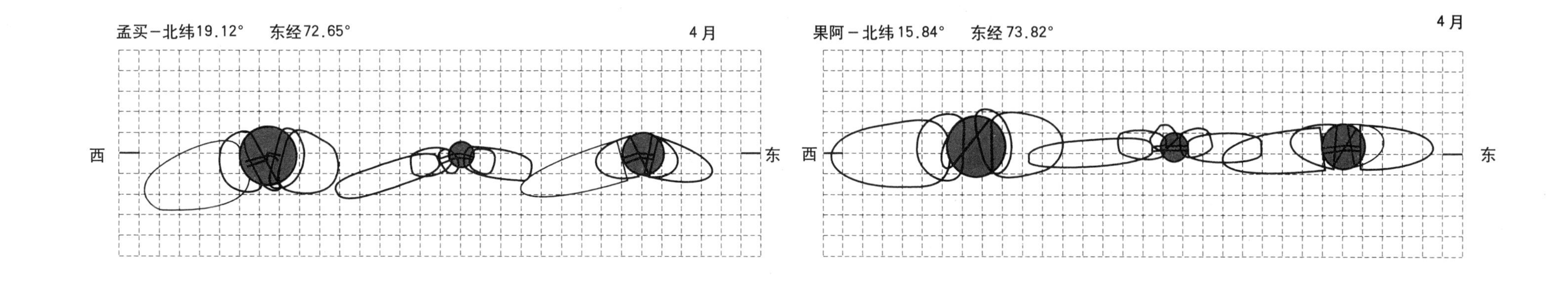


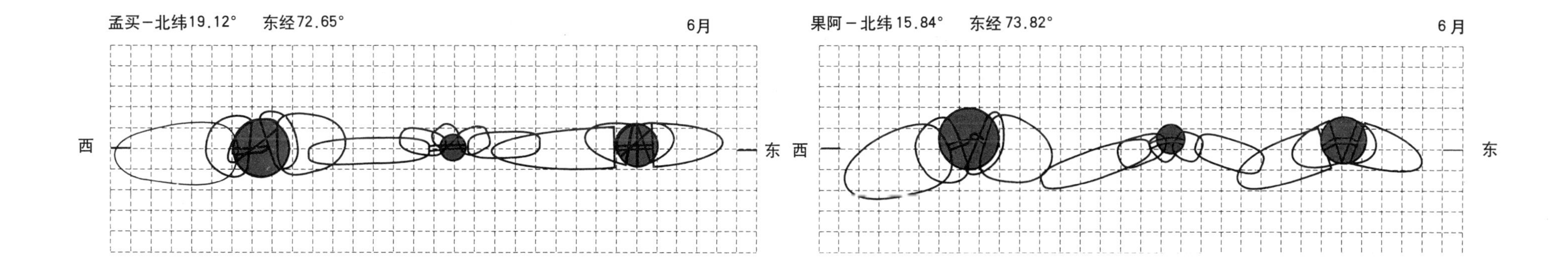


树木可看作伸展的，圆柱形或圆锥形，

它们15m高，树冠大小有5m、10m、15m几种。

虚线表示5m的网格。

阴影分别是8：00，10：00，12：00，14：00和16：00的。

不同大小树木的投影

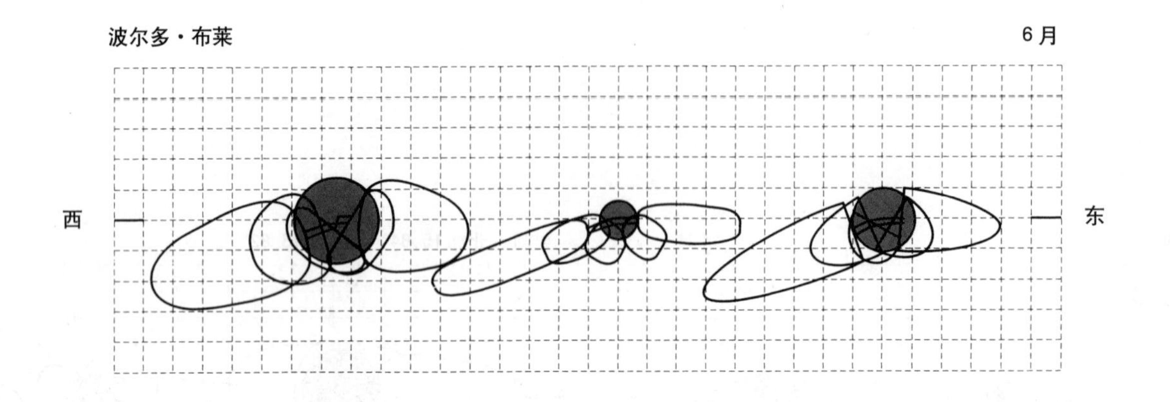


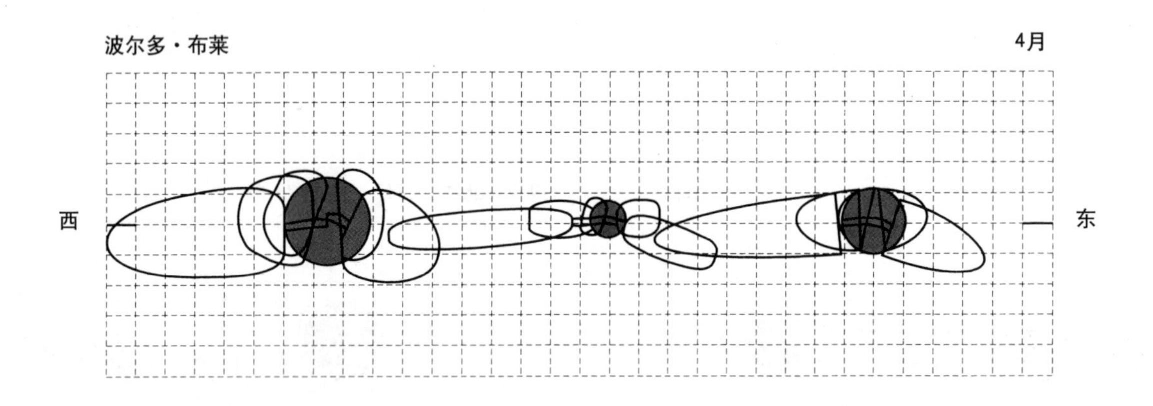


树木可看作伸展的，圆柱形或圆锥形，

它们15m高，树冠大小有5m、10m、15m几种。

虚线表示5m的网格。

阴影分别是8：00，10：00，12：00，14：00和16：00的。

不同大小树木的投影

# 数据表

# Data Tables

表7.1 地面反射

| 气候条件 | 地面反射系数 |
|---|---|
| 温和地区 | 0.2 |
| 湿热地区 | 0.2 |
| 干热地区 | 0.5 |

表7.2 特定环境的地面反射

| 环境条件 | 地面反射系数 |
|---|---|
| 新雪 | 0.8-0.9 |
| 陈雪 | 0.45-0.7 |
| 水 | 0.1-0.2 |
| 冰 | 0.7 |
| 草 | 0.25 |
| 农田和林地 | 0.2 |
| 混凝土地面 | 0.3 |
| 砖 | 0.2-0.4 |
| 沥青 | 0.15 |

表7.3 表面传热系数及热阻

| 表面 | 传热系数 w/m²K | 热阻 m²k/w |
|---|---|---|
| **内表面** | | |
| 墙 | 8.12 | 0.123 |
| 地板、顶棚，热流由下向上 | 9.48 | 0.105 |
| 地板、顶棚，热流由上向下 | 6.70 | 0.149 |
| 屋顶下面 | 9.48 | 0.105 |
| **外表面** | | |
| 墙（南向） | | |
| 有遮阳 | 7.78 | 0.128 |
| 一般 | 10.00 | 0.100 |
| 严密遮蔽 | 13.18 | 0.076 |
| 墙（西向、西南向、东南向） | | |
| 有遮阳 | 10.00 | 0.100 |
| 一般 | 13.18 | 0.076 |
| 严密遮蔽 | 18.90 | 0.053 |
| 墙（西北向） | | |
| 有遮阳 | 13.18 | 0.076 |
| 一般 | 18.90 | 0.053 |
| 严密遮蔽 | 31.50 | 0.032 |
| 墙（北向、东北向、东向） | | |
| 有遮阳 | 13.18 | 0.076 |
| 一般 | 18.90 | 0.053 |
| 严密遮蔽 | 31.50 | 0.032 |
| 屋顶 | | |
| 有遮阳 | 14.20 | 0.070 |
| 一般 | 22.70 | 0.044 |
| 严密遮蔽 | 56.70 | 0.018 |

表7.4 材料数据

| 材料 | 密度 kg/m³ | 导热系数 w/mK | 比热容 J/kgk | 材料 | 密度 kg/m³ | 导热系数 w/mK | 比热容 J/kgk |
|---|---|---|---|---|---|---|---|
| **墙（外墙和内墙）** | | | | | | | |
| 轻型石棉水泥板 | 700 | 0.36 | 1050 | 金属支架 | 7800 | 50.0 | 480 |
| 重型石棉水泥板 | 1500 | 0.36 | 1050 | 找平层 | 1200 | 0.41 | 840 |
| 砖墙（外） | 1700 | 0.84 | 800 | 木地板 | 650 | 0.14 | 1200 |
| 砖墙（内） | 1700 | 0.62 | 800 | 木砖 | 650 | 0.14 | 1200 |
| 现浇混凝土（密实） | 2100 | 1.40 | 840 | | | | |
| 现浇混凝土（轻骨料） | 1200 | 0.38 | 1000 | **绝热材料** | | | |
| 重型混凝土砌块 | 2300 | 1.63 | 1000 | 膨胀聚苯板 | 25 | 0.035 | 1400 |
| 中型混凝土砌块 | 1400 | 0.51 | 1000 | 玻璃纤维填料 | 12 | 0.040 | 840 |
| 轻型混凝土砌块 | 600 | 0.19 | 1000 | 玻璃纤维板 | 25 | 0.035 | 1000 |
| 纤维板 | 300 | 0.06 | 1000 | 黄麻（粘结纤维材料） | 50 | 0.036 | |
| 石膏板 | 950 | 0.16 | 840 | 矿物纤维板 | 30 | 0.040 | 1400 |
| 屋脊瓦 | 1900 | 0.84 | 800 | 聚氨酯泡沫 | 30 | 0.025 | 1400 |
| | | | | PVC | 1379 | 0.030 | 1764 |
| **表面涂层** | | | | 木毡板 | 500 | 100 | 1000 |
| 外抹灰 | 1300 | 0.50 | 1000 | 玻璃丝 | 200 | 0.04 | 670 |
| 石膏（密实） | 1300 | 0.50 | 1000 | | | | |
| 石膏（轻型） | 600 | 0.16 | 1000 | **石材** | | | |
| | | | | 花岗石 | 2650 | 2.9 | 900 |
| **屋顶** | | | | 砾石 | 1840 | 0.360 | 1000 |
| 加气混凝土板 | 500 | 0.16 | 840 | 石灰石 | 2180 | 1.5 | 840 |
| 沥青 | 1700 | 0.50 | 1000 | 大理石 | 2500 | 2.0 | 802 |
| 沥青油毡 | 1700 | 0.50 | 1000 | 砂石 | 2000 | 1.3 | 712 |
| 找平层 | 1200 | 0.41 | 840 | 页岩 | 2700 | 2.0 | 753 |
| 碎石 | 1800 | 0.96 | 1000 | 碎石 | 2050 | 0.520 | 184 |
| 瓦 | 1900 | 0.84 | 800 | | | | |
| 木毡板 | 500 | 0.10 | 1000 | **金属** | | | |
| | | | | 钢 | 7800 | 50 | 480 |
| **地板** | | | | 铜 | 8900 | 200 | 418 |
| 地毯（底层毛毡） | 160 | 0.045 | 1360 | 铝 | 2800 | 160 | 896 |
| 地毯（底层橡胶） | 400 | 0.10 | 1360 | | | | |
| 现浇混凝土 | 2000 | 1.13 | 1000 | | | | |

表7.5 一些构造的传热系数

| 构造类型 | U值 W/(m²·K) |
|---|---|
| **墙体** | |
| 砖：实心，未抹灰，114mm | 3.64 |
| 双面抹灰，114mm | 3.24 |
| 实心，未抹灰，228mm | 2.67 |
| 双面抹灰，228mm | 2.44 |
| 混凝土，一般，密度，152mm | 3.58 |
| 203mm | 3.18 |
| 石材，中等孔隙，305mm | 2.84 |
| 457mm | 2.27 |
| 280mm空心砖，外设油毡，内表面抹灰 | 1.70 |
| 带保温板的砖墙，抹灰 | |
| 25mm软木板 | 0.85 |
| 13mm纤维板 | 1.19 |
| 50mm 木毡板 | 0.85 |
| 砖墙，内表面为16mm蛭石砂浆抹灰 | 1.47 |
| 砖墙，内表面为木龙骨硬板 | |
| 13mm石棉板 | 1.19 |
| 13mm纤维板 | 0.95 |
| 50mm稻草板，抹灰 | 0.74 |
| 砖墙 | |
| 100mm加气混凝土板 | 1.13 |
| 100mm煤渣混凝土板 | 1.08 |
| 混凝土砌块墙，250mm(100+50+100)，内外抹灰 | |
| 石棉混凝土砌块 | 1.19 |
| 煤渣混凝土砌块 | 1.08 |
| 空心混凝土砌块，228mm，内外抹灰 | |
| 石棉混凝土砌块 | 1.70 |
| 煤渣混凝土砌块 | 1.59 |
| 用于钢框架结构的波形石棉水泥板 | 6.53 |
| +13mm纤维板 | 2.04 |
| +50mm稻草板或木毡板 | 1.19 |
| +76mm加气混凝土砌块 | 2.10 |
| **坡屋顶** | |
| 波形石棉水泥板 | 7.95 |
| +13mm木板 | 2.16 |
| +50mm稻草板或木毡板 | 1.25 |
| 在13mm木板上再加25mm填料 | 0.85 |

续表

| 构造类型 | U值 W/(m²·K) |
|---|---|
| 挂瓦条上的波形铁片或瓦 | 8.52 |
| +石膏顶棚 | 3.18 |
| 屋面板和油毡上的瓦或石棉瓦+石膏顶棚 | 1.70 |
| **平屋顶** | |
| 钢筋混凝土板，100mm | 3.35 |
| 找平层63-12mm，3层沥青油毡 | |
| 隔热做法如上 | |
| +25mm软木屑 | 1.08 |
| +50mm稻草板或木毡板 | 1.13 |
| 2层12mm纤维板 | 1.25 |
| 隔热做法如上 | |
| +127-76mm石棉混凝土 | 1.36 |
| +127-76mm矿渣混凝土 | 1.47 |
| 木板，25mm，位于178mm的小梁上+3层沥青油毡，石膏顶棚 | 1.82 |
| 隔热做法如上 | |
| +25mm软木板 | 0.85 |
| +13mm纤维板 | 1.25 |
| +50mm稻草板或木毡板 | 0.91 |
| **地面** | |
| 夯土或碎砖垫层上的混凝土地面 | |
| +人造石、水磨石或瓷砖 | 1.13 |
| +木地板 | 0.85 |
| 搁栅上的木地板，地下架空通风 | |
| +木地板或橡胶地面 | 1.98 |
| 在木板下加25mm纤维板 | 1.08 |
| 在木板下加25mm软木板 | 0.95 |
| 在格栅下加25mm 软木板 | 0.79 |
| 在格栅下加50mm稻草板 | 0.85 |
| 双面加褶皱铝箔 | 1.42 |
| **窗** | |
| 南向，暴露、有遮阳 | |
| 单层玻璃 | 3.97 |
| 双层玻璃，6mm间层 | 2.67 |
| 双层玻璃，20mm间层 | 2.67 |
| 南向，暴露；西向，一般；西南向，东南向，有遮阳 | |
| 单层玻璃 | 4.48 |
| 双层玻璃，6mm间层 | 2.90 |
| 双层玻璃，20mm间层 | 2.50 |

续表

| 构　造　类　型 | U值 W/(m²·K) |
|---|---|
| 南向，暴露；西向，严密遮蔽；西南向，一般；西北向、北向、东北向、东向，有遮阳 | |
| 单层玻璃 | 5.00 |
| 双层玻璃，6mm间层 | 3.29 |
| 双层玻璃，20mm间层 | 2.67 |
| 西南向，暴露；东南向，严密遮蔽；西北向、北向、东北向、东向，一般 | |
| 单层玻璃 | 5.67 |
| 双层玻璃，6mm间层 | 3.29 |

续表

| 构　造　类　型 | U值 W/(m²·K) |
|---|---|
| 双层玻璃，20mm间层 | 2.84 |
| 西北向，暴露或严密遮蔽 | |
| 单层玻璃 | 6.47 |
| 双层玻璃，6mm间层 | 3.58 |
| 双层玻璃，20mm间层 | 3.00 |
| 北向，暴露或严密遮蔽 | |
| 单层玻璃 | 7.38 |
| 双层玻璃，6mm间层 | 3.80 |
| 双层玻璃，20mm间层 | 3.18 |